全国高等院校计算机基础教育研究会 2019—2020 学术成果优秀教材

省级一流课程成果教材

U0169865

Photoshop 基础与实例教程

主　编　邓　娟　周　冰　雷　洁

副主编　杨华勇　李雪燕　乔　君　樊小龙

西安电子科技大学出版社

内 容 简 介

本书以 Photoshop CS6 为例，全面系统地介绍了 Photoshop 软件的基本操作方法和图形图像处理技巧。全书共 14 章，具体为图像及色彩基础知识、Photoshop CS6 的初级使用、选区的运用、应用图层编辑图像基础、图像绘制工具、修饰与仿制工具运用、路径与形状运用、文字处理、图像的色彩和色调运用、蒙版、通道、滤镜的应用、Photoshop 高级应用以及两个具体案例。

本书内容翔实，图文并茂，语言通俗易懂，案例配合扫码视频，以基本概念和入门知识为主线全面讲解 Photoshop CS6 应用方法，并且将案例融入到功能介绍中，力求通过案例讲解与演练，使读者快速掌握软件的应用技巧。

本书可作为高等院校信息类专业，设计类(平面设计、环艺设计、动画设计)专业，摄影、美术、多媒体、广告与传媒等相关专业的入门教材，也可作为设计人才的培训教材，还可作为相关人员的自学参考书。

图书在版编目(CIP)数据

Photoshop 基础与实例教程/邓娟，周冰，雷洁主编. —西安：西安电子科技大学出版社，2020.4(2021.10 重印)
ISBN 978-7-5606-5629-8

Ⅰ. ①P… Ⅱ. ①邓… ②周… ③雷… Ⅲ. ①图像处理软件—教材 ②办公自动化—应用软件 Ⅳ. ①TP391.413

中国版本图书馆 CIP 数据核字(2020)第 035775 号

策划编辑 杨丕勇
责任编辑 祝婷婷 杨丕勇
出版发行 西安电子科技大学出版社(西安市太白南路 2 号)
电　　话 (029)88202421 88201467　　邮　　编 710071
网　　址 www.xduph.com　　电子邮箱 xdupfxb001@163.com
经　　销 新华书店
印刷单位 陕西精工印务有限公司
版　　次 2020 年 4 月第 1 版 2021 年 10 月第 2 次印刷
开　　本 787 毫米×1092 毫米 1/16 印张 25
字　　数 593 千字
印　　数 3001～5000 册
定　　价 57.00 元
ISBN 978-7-5606-5629-8 / TP
XDUP 5931001-2
如有印装问题可调换

前　　言

Adobe Photoshop CS6 是 Adobe Photoshop 的第 13 代,是一个较为重大的版本更新。Adobe Photoshop CS6 也是在云服务版本之前的最后一个单机版。Photoshop 在前几代加入了 GPU Open GL 加速、内容填充等新特性，第 13 代加强了 3D 图像编辑，采用了新的暗色调用户界面，其他改进还有整合 Adobe 云服务、改进文件搜索等。Photoshop CS6 相比前几个版本，不再支持 32 位的 MacOS 平台，Mac 用户需要升级到 64 位环境。Adobe 公司于 2012 年 4 月 24 日发布了 Photoshop CS6 正式版。

全书共 14 章,第 1 章介绍图像及色彩基础知识,第 2 章介绍 Photoshop CS6 的初级使用，第 3 章介绍选区的运用，第 4 章介绍应用图层编辑图像基础，第 5 章介绍图像绘制工具，第 6 章介绍修饰与仿制工具运用，第 7 章介绍路径与形状运用，第 8 章介绍文字处理，第 9 章介绍图像的色彩和色调运用，第 10 章介绍蒙版,第 11 章介绍通道,第 12 章介绍滤镜的应用。第 13 章介绍 Photoshop 高级应用，第 14 章介绍案例。本书内容全面，基本满足 Photoshop 软件的全面应用需求。本书每一部分的知识点搭配了相关的实例，以便用户在学习软件知识的过程中，将所学应用到实践中。本书图文并茂，实例丰富，以二维码形式提供了大容量的视频教程和实例素材图及效果图，以典型实例作为演示范例和练习，更利于初学者学习和掌握。本书的原始素材可在出版社网站免费下载。在线课程网址 https://www.xueyinonline.com/detail/219912371，读者可自行学习。

本书凝结了多位高校老师及行业专家的心血，文字和图片都是他们从点滴的教学和设计实践中总结出来的。本书由武汉科技大学城市学院的邓娟、周冰、杨华勇、李雪燕、乔君，武汉职业技术学院的雷洁以及兰州工业学院的樊小龙老师共同编写，感谢其他老师的帮助。

由于编者水平有限，书中不足之处在所难免，恳请广大读者批评指正。

编　者

2020 年 1 月

目　录

第 1 章　图像及色彩基础知识

1.1　Photoshop 概述

1.1.1　Photoshop 简介

Photoshop 是 Adobe 公司旗下最为出名的图像处理软件之一，自 1988 年发展至今已有三十多年的历史。无论是计算机初学者还是专业的程序员、图像设计师，一提到图像处理软件，第一个想到的便是 Photoshop 软件。即使有的计算机用户还不会使用 Photoshop 软件，也能够从其他人的口中了解到这个软件的强大功能。

Adobe Photoshop CS6 是 Adobe Photoshop 的第 13 代，是一个较为重大的版本更新。Photoshop 在前几代加入了 GPU OpenGL 加速、内容填充等新特性，第 13 代加强了 3D 图像编辑功能，并采用了新的暗色调用户界面，其他改进还有整合 Adobe 云服务、改进文件搜索等。

2012 年 3 月 23 日 Adobe 公司发布了 Photoshop CS6 测试版，同年 4 月发布了 Photoshop CS6 正式版。Photoshop CS6 相比前几个版本，不再支持 32 位的 MacOS 平台，Mac 用户需要升级到 64 位环境。Photoshop CS6 整合了 Adobe 专有的 Mercury 图像引擎，通过显卡核心 GPU 提供了强悍的图片编辑能力。Content-Aware Patch(内容感知修补)帮助用户更加轻松地选取区域，方便用户进行抠图等操作。Blur Gallery(模糊画廊)可以允许用户在图片和文件内容上进行渲染模糊特效设置。Intuitive Video Creation(直观视频操作)提供了一种全新的视频操作体验。Photoshop CS6 包含 Photoshop CS6 和 Photoshop CS6 Extended 两个版本。

虽然自 2013 年后 Adobe 公司推出了一系列的 Photoshop CC(Creative Cloud)版本(截至 2018 年 10 月 15 日，Adobe Photoshop CC2019 为市场的最新版本)但 Photoshop CC 版本的用户必须连接网络并完成注册，才能启用软件、验证会员并获得线上服务。相对于安装、使用方便性而言，Photoshop CS6 版本依然有优势。

Photoshop CS6 的主要特性体现在内容感知(Content-Aware)工具所带来的新增功能之中：内容感知修补(Content-Aware Patch)功能使用户可以选择和复制图像的某个区域以填补或修补另一区域，从而获得更好的操控体验；内容感知移动(Content-Aware Move)功能则可以让用户选择图像中的某个对象，并将其移动到一个新位置。Photoshop CS6 还使用了全新典雅的 Photoshop 界面，深色背景的选项可凸显图像，见图 1-1。

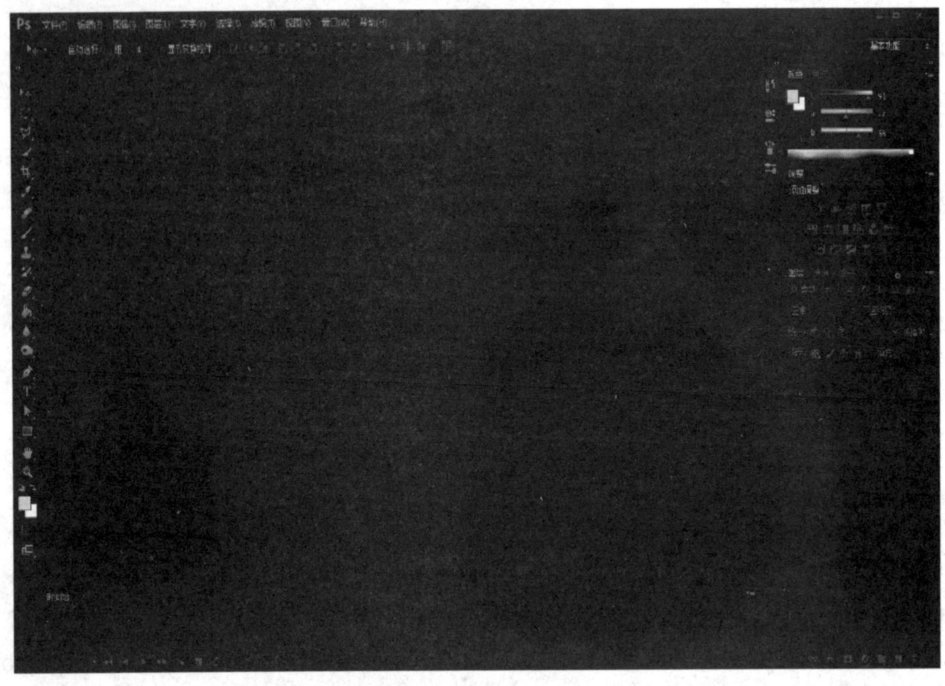

图 1-1　Photoshop CS6 工作界面

Photoshop CS6 的更新功能具体介绍如下。

1. 内容识别修补

Photoshop CS6 中优化了修补工具，其修补工具状态栏见图 1-2。利用内容识别修补可更好地控制图像修补。用户选择样本区，通过内容识别功能来创建修补填充效果。这个效果类似于 Photoshop CS6 中新增的内容感知型填充功能，但两者在不同图片的实现效果上有所差异。内容识别修补案例如图 1-3 和图 1-4 所示。

图 1-2　Photoshop CS6 修补工具状态栏

图 1-3　内容识别修补案例一

图 1-4　内容识别修补案例二

2. 全新的裁剪工具

Photoshop CS6 使用了全新的非破坏性裁剪工具。当使用裁剪工具后，被框选到的部分会高亮显示，四周部分为灰色，即为删除区域。Photoshop CS6 可以在画布上移动图像，来实时查看保留区域。若选择不删除裁剪像素，这部分信息会一直保留在图片中，下次还能够继续调整裁剪效果。裁剪效果如 1-5 所示。

图 1-5　裁剪效果

3. 内容感知移动工具

在 Photoshop CS6 中，内容感知移动工具可以在移动选区对象时，将图片中多余部分物体去除，同时会自动计算和修复移除部分，从而实现更加完美的图片合成效果。它可以将物体移动至图像其他区域，并且重新混合组色，从而产生新的位置视觉效果，其案例如图 1-6 和图 1-7 所示。

图 1-6　内容识别移动案例一

图 1-7　内容识别移动案例二

4. 后台存储及自动恢复

Photoshop CS6 可以在后台存储大型的 Photoshop 文件，在继续工作的同时，改善性能以提高工作效率。Photoshop CS6 还提供了自动恢复选项，该选项可在后台工作，因此可以在不影响用户操作的同时存储编辑内容。可以设置每隔 10 分钟存储工作内容，以便在意外关机时系统能够自动恢复文件，如图 1-8 所示。

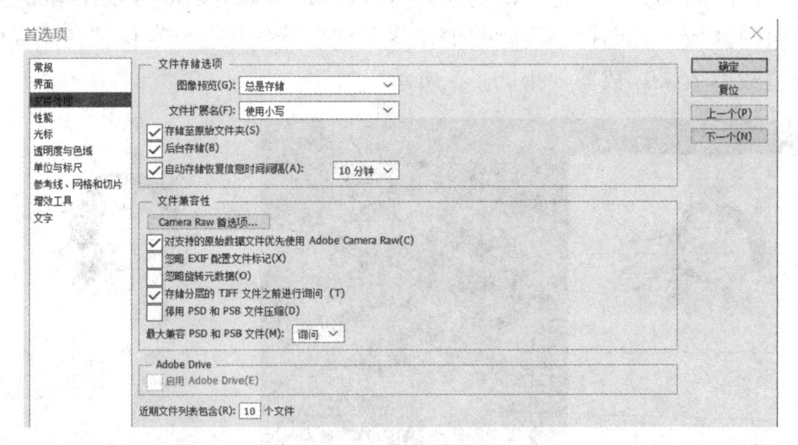

图 1-8　自动存储恢复

5. 肤色识别选区和蒙版

Photoshop CS6 可以通过色彩范围命令创建精确的选区和蒙版，并且增加了保留肤色的功能，使用户轻松快速地选择人物皮肤区域，其效果如图 1-9 所示。

图 1-9　自动肤色识别范围

6. 改进的自动校正功能

Photoshop CS6 利用改良的自动弯曲、色阶和亮度/对比度控制来增强图像，并智能内置了数以千计的手工优化图像，为修改图片奠定了基础。

7. 直观的视频制作

Photoshop CS6 提供了强大的视频编辑功能。用户可以通过各种 Photoshop 工具轻松地修饰视频剪辑，并使用直观的视频工具集来制作视频。

除此之外，Photoshop CS6 受网络用户启发提供了超过 65 种的全新创意功能和工作效率增强功能，节省了工作时间；提供了创新的侵蚀效果画笔并新增了绘图预设功能。Photoshop CS6 Extended 版本中还增强了一系列 3D 功能。

1.1.2　Photoshop 应用领域

Photoshop 以其强大的图像编辑、制作、处理功能，以及操作简便、实用性强等优点而备受广大用户的喜爱，它主要应用在平面设计、广告摄影、建筑装潢、网页设计、动画制作、出版发行等领域。

1. 平面设计与制作

平面设计是 Photoshop 应用最为广泛的领域，无论是图书封面，还是招贴画、海报这些具有丰富图像的平面印刷品，基本上都需要使用 Photoshop 软件对图像进行处理。Photoshop 丰富而强大的功能，使设计师的各种奇思妙想能够得以实现，使工作人员可以从繁琐的手工拼贴操作中解放出来。如图 1-10～图 1-13 所示为使用 Photoshop 创作的平面设计作品。

图 1-10　书籍封面设计

图 1-11　书籍内页设计

图 1-12　招贴画设计

图 1-13　电影海报设计

2. 数码照片处理

Photoshop 也是数码照片后期处理最常用的工具软件之一。数码照片处理包括数码照片后期处理和管理的各个方面。Photoshop 能够对原始图片中缺损或受到损坏的地方进行修饰、调整，使其成为一幅完美的照片，如图 1-14 所示。随着婚纱摄影潮流的发展，婚纱照片设计的处理成为一个新兴的行业。在进行婚纱照摄影时，通过照相机拍摄下的照片往往要经过 Photoshop 的修改才能得到满意的效果，因此 Photoshop 便成为了创作婚纱摄影艺术照的最强大处理工具之一，如图 1-15 所示。

图 1-14　数码照片修复

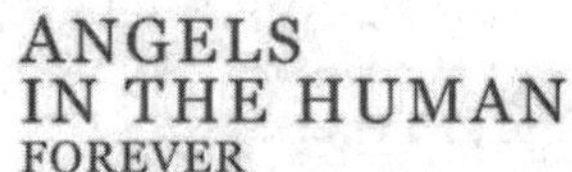

图 1-15　婚纱照片处理

3. 包装设计

包装作为产品的第一形象最先展现在顾客的眼前，被称为“无声的销售员”，只有在顾客被产品包装吸引并进行查看后，才会决定是否购买，由此可见包装设计是非常重要的。使用 Photoshop 在进行包装设计时，可以设计产品包装平面图和立体效果图，可以在印刷制作之前进行最直观的设计，如图 1-16 所示。

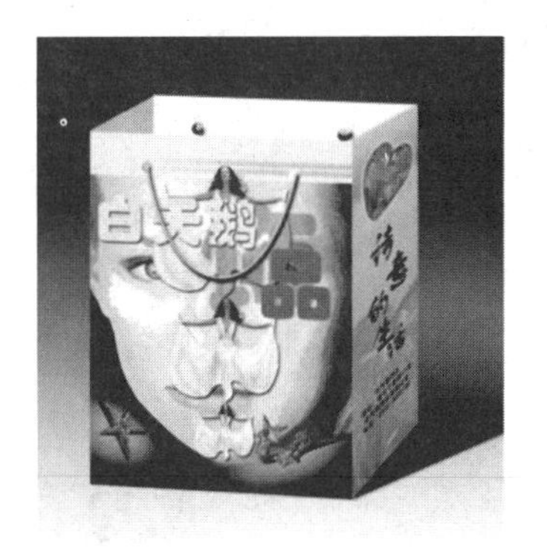

图 1-16 产品包装平面图和立体效果图

4. 网页创作

在网页设计中，Photoshop 用来设计网页页面，将设计好的页面导入到 Dreamweaver 中进行处理，再用 Flash 添加动画内容，便可以创建美观的网站页面了。互联网技术的飞速发展，使得上网冲浪、查阅资料、在线咨询或者学习成为人们生活的习惯和需要。优秀的网站设计，精美的网页动画，恰当的色彩搭配，能够带来更好的视觉享受，为浏览者留下难忘的印象。在网页美工设计中，Photoshop 起着重要的作用，图 1-17 所示为利用 Photoshop 设计的网页效果图。

图 1-17 网页设计效果图

5. 插画绘制

在现代设计领域中，插画设计可以说是最具有表现意味的。插画作为现代设计的一种重要的视觉传达形式，以其直观的形象性、真实的生活感和强大的感染力，在现代设计中占有特定的地位，并且它的许多表现技法都借鉴了绘画艺术的表现技法。图 1-18 所示是使用 Photoshop 绘制的插画。

图 1-18　插画绘制

6. 广告摄影及影像创意

广告摄影作为一种对视觉要求非常严格的工作，其最终成品往往要经过 Photoshop 的修改才能得到满意的效果。广告的构思与表现形式是密切相关的，有了好的构思，接下来就需要通过软件来完成它，而大多数的广告是通过图像合成与特效技术来完成的，如图 1-19 所示。通过这些技术手段可以更加准确地表达出广告的主题。

图 1-19　广告创意

通过 Photoshop 的影像创意处理，可以将原本风马牛不相及的对象组合在一起，也可以使用“狸猫换太子”的手段使图像发生面目全非的巨大变化。

7. 建筑效果图后期修饰

在环境艺术和建筑设计方面主要运用 3ds Max 进行前期渲染，如果在渲染过程中发现颜色或结构方面有缺陷，就可以运用 Photoshop 进行后期贴图、处理颜色或修饰纹理效果，美化场景，使图像更加完美，如图 1-20 和图 1-21 所示。在场景的美化和修饰方面，使用 Photoshop 可以提高工作效率。

图 1-20　建筑效果图后期修饰一

图 1-21　建筑效果图后期修饰二

8. 绘制或处理三维贴图

在三维软件中，如果能够制作出精良的模型，而无法为模型应用逼真的贴图，则无法得到较好的渲染效果。实际上在制作材质时，除了要依靠软件本身的材质功能外，利用 Photoshop 可以制作在三维软件中无法得到的合适的材质，如图 1-22 所示。

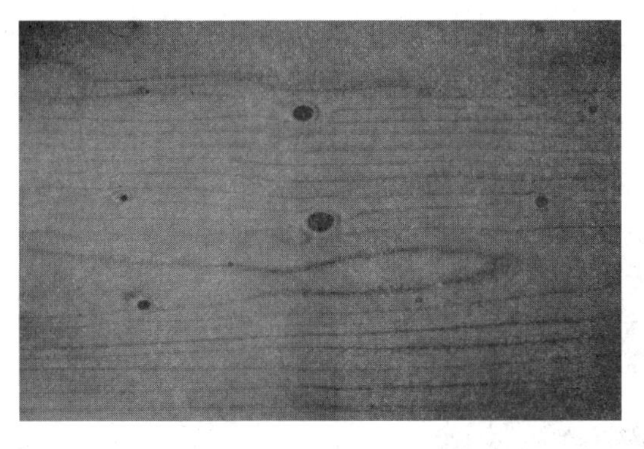

图 1-22　木纹材质贴图制作

9. 艺术文字设计

利用 Photoshop 还可以制作各种精美的艺术文字，进而可以将其应用到图书封面、海报设计、建筑设计和标识设计等领域。如图 1-23 和图 1-24 所示为不同应用领域的艺术文字设计。

图 1-23　艺术文字表现

图 1-24　海报文字表现

10. 图标和界面设计

使用 Photoshop 还能设计精美的图标(标志)，在各个领域进行应用，如图 1-25 所示。界面设计是人与机器之间传递和交换信息的媒介，而软件用户界面是指软件和用户交流的外观、部件和程序等。软件界面的设计既要外观上有创意以达到吸引眼球的目的，还要结合图形和版面设计的相关原理，这样才能给人带来意外的惊喜和视觉的冲击，如图 1-26 所示。

图 1-25　标志制作

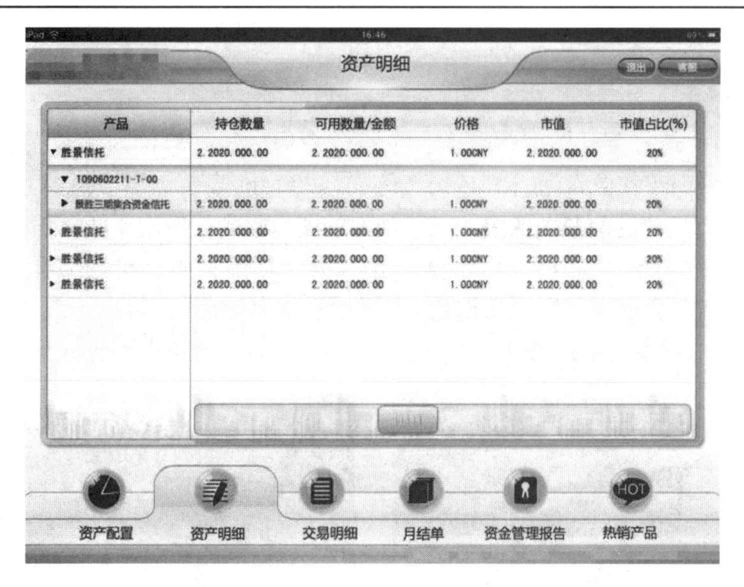

图 1-26　软件界面设计

1.2　图像基础知识

1.2.1　像素和分辨率

1. 像素

像素(Pixel)是组成位图图像最基本的单元。一个图像文件的像素越多，包含的图像信息就越多，就越能表现更多的细节，图像的质量自然就越高，同时保存它们所需要的磁盘空间也会越大，编辑和处理的速度也会越慢。如图 1-27 所示为将图像放大后看到的像素信息。

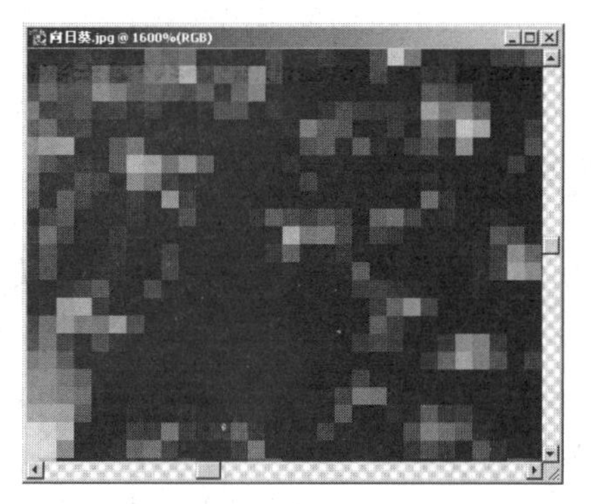

图 1-27　位图放大显示的像素

2. 分辨率

分辨率是指单位长度内所含有的点(即像素)的多少。同一单位长度中的像素越多，图像越清晰，文件越大，反之亦然。分辨率包括图像分辨率、屏幕分辨率、输出分辨率和扫描分辨率等。

1) 图像分辨率

图像分辨率就是每英寸图像含有多少个点或者像素，其单位为像素(点)/英寸(P/in 或dot/in 或缩写为 dpi)或者像素/厘米(P/cm)。例如，200 dpi 表示该图像每英寸含有 200 个点或者像素。在相同尺寸的两幅图像中，高分辨率的图像包含的像素比低分辨率的图像包含的像素多，如图 1-28 所示。图像分辨率越高，所需要占用的存储空间也就越大，因此在选择使用何种分辨率时，应根据其用途来选定。如果用于屏幕显示，分辨率一般可以选择 72 dpi；如果用于打印，分辨率可以选择 150 dpi；如果用于印刷，分辨率不应低于 300 dpi。

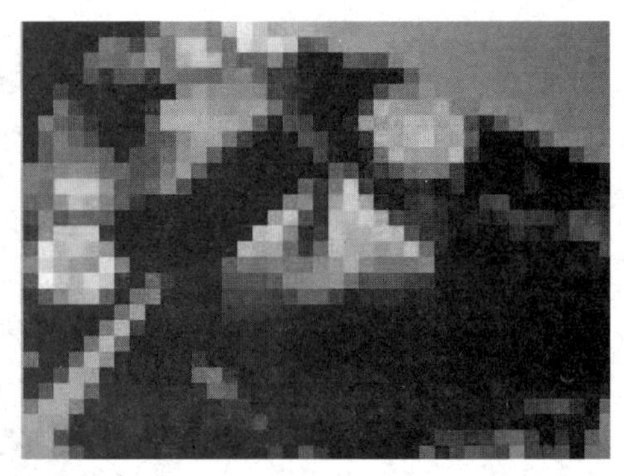

图 1-28　72dpi 和 10dpi 画质比较

2) 屏幕分辨率

屏幕分辨率是指显示器上每单位长度显示的像素数目，即每英寸有多少行或者线数来测量。屏幕分辨率取决于显示器的大小及其像素的设置。

3) 输出分辨率

输出分辨率是指激光打印机等输出设备在输出图像时每英寸所产生的点数。

4) 扫描分辨率

扫描分辨率是指在扫描一幅图像之前所设定的分辨率，其将直接影响扫描生成的图像文件的质量。

1.2.2　矢量图和位图

计算机记录图像的方式包括两种：一种是通过数学方法记录图像内容，即矢量图；一种是用像素点阵方法记录图像内容，即位图。

1. 矢量图

矢量图也称向量图，它是一种基于图形的几何特性来描述的图像。矢量图中的各种图形元素称为对象，每一个对象都是独立的个体，都具有大小、颜色、形状、轮廓等属性。矢量图与分辨率无关，可以将它设置为任意大小，其清晰度不变，也不会出现锯齿状的边缘。

2. 位图

位图也称点阵图，它是由许多单独的小方块组成的，这些小方块又称为像素点，每个像素点都有特定的位置和颜色值。计算机就是用存放像素信息来存放位图文件的。图像的像素点越多，图像的分辨率越高，相应地，图像的文件量也会随之增大，处理速度也就越慢。但是由于能够记录下每一个点的数据信息，因而可以精确地记录色调丰富的图像，并且可以逼真地表现现实中的对象，达到照片般的品质。使用放大工具放大后，可以清晰地看到像素的小方块形状与不同的颜色。如图 1-29 所示为矢量图和位图放大的对比。

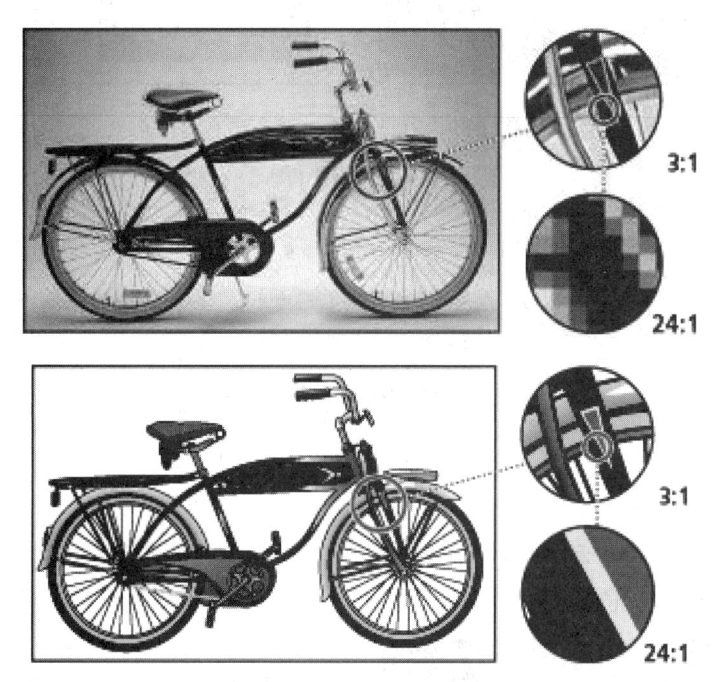

图 1-29　矢量图、位图放大前后对比

位图的好处是：色彩变化丰富；可以改变任何形状的区域的色彩显示效果；要实现的效果越复杂，需要的像素数越多，图像文件的大小(长宽)和体积(存储空间)越大。

矢量的好处是：轮廓的形状更容易修改和控制，但是对于单独的对象，色彩上变化的实现不如位图方便、直接。另外，支持矢量格式的应用程序也远远没有支持位图的多，很多矢量图形都需要专门设计的程序才能打开、浏览和编辑。

1.2.3　图像的颜色模式

在数字化的图像中，图像的颜色可以由各种各样不同的基色来合成，这构成了颜色的多种合成方式，在 Photoshop 中称为颜色模式。下面介绍四种常见的颜色模式。

1. RGB 颜色模式

RGB 颜色模式是 Photoshop 中最常用的一种颜色模式。不管是扫描输入的图像，还是绘制的图像，几乎都是以 RGB 颜色模式存储的。RGB 颜色模式基于自然界中三原色的加色混合原理(见图 1-30)，对红(Red)、绿(Green)和蓝(Blue)三种原色的各种值进行组合，从而产生出成千上万种颜色。在 Photoshop 中，RGB 颜色的设置如图 1-31 所示。

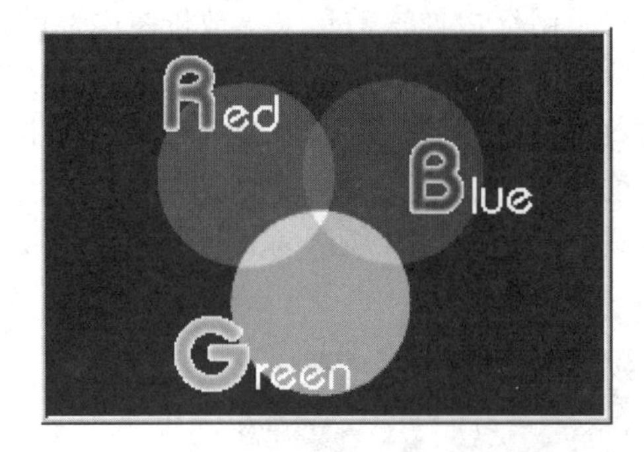

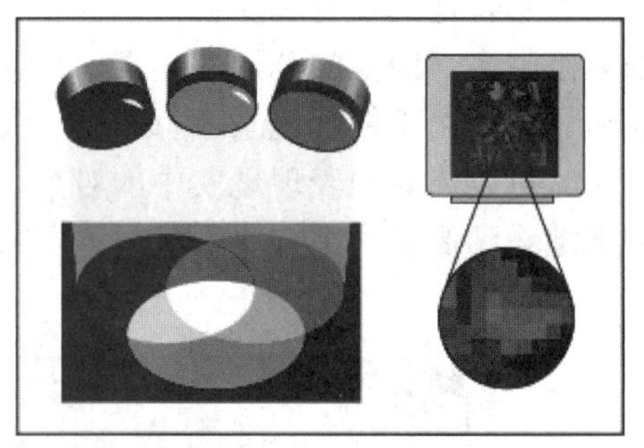

图 1-30　RGB 三原色混合理论

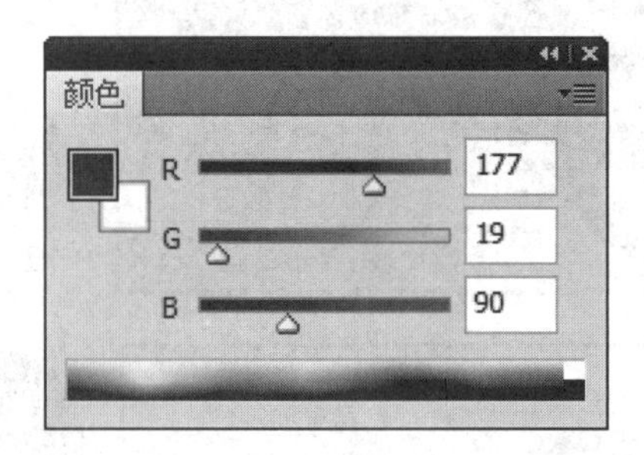

图 1-31　Photoshop 中的 RGB 颜色设置

2. CMYK 颜色模式

CMYK 颜色模式是一种印刷的颜色模式，它由分色印刷的四种颜色组成。青色(Cyan)、洋红色(Magenta)和黄色(Yellow)组合在一起可以生成黑色(Black)，如图 1-32 所示。

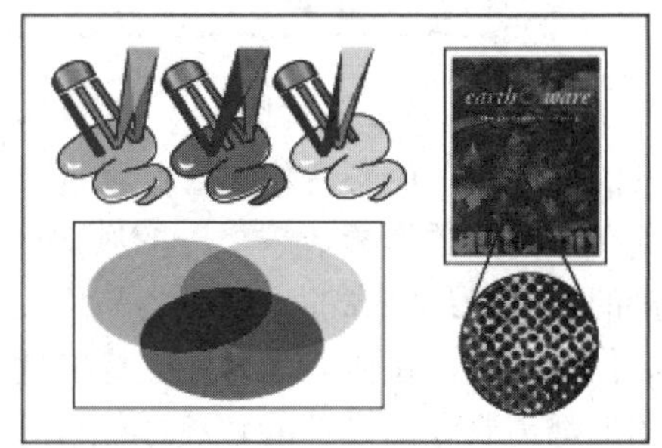

图 1-32　CMYK 三原色混合理论

CMYK 属于减色模式，当光线照到有不同比例 C、M、Y、K 油墨的纸上时，部分光谱被吸收，之后反射到人眼的光产生颜色。在混合成色时，随着 C、M、Y、K 四种成分的增多，反射到人眼的光会越来越少，光线的亮度会越来越低。实际上，等量的 CMY 三原色混合并不能产生完美的黑色和灰色，只有再加上一种黑色后，才会产生图像中的黑色和灰色，黑色以字母 K 表示，这样就产生了 CMYK 模式。在 Photoshop 中，CMYK 颜色的设置如图 1-33 所示。

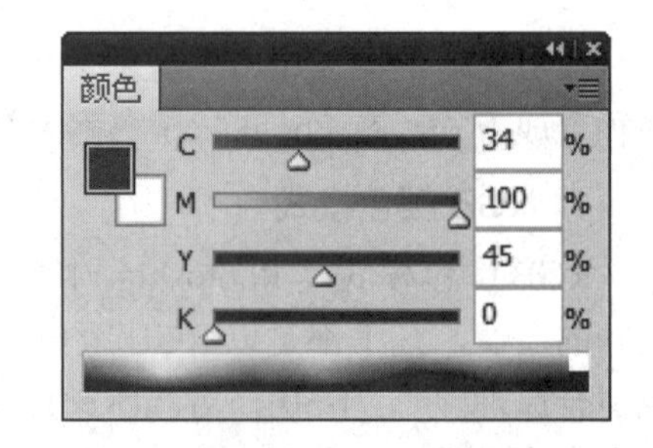

图 1-33　Photoshop 中的 CMYK 颜色设置

3. Lab 颜色模式

Lab 颜色是以一个亮度分量 L 及两个颜色分量 a 和 b 来表示颜色的，每像素有 24 位的分辨率。Lab 模式是 Photoshop 内部的颜色模式，它能毫无偏差地在不同系统和平台之间进行交换。Lab 模式也是由三个通道组成的，它的一个通道是亮度，即 L，取值范围是 0～100，另外两个是色彩通道，用 a 和 b 表示，a 和 b 的取值范围均为-120～120。在 Photoshop 中，Lab 颜色的设置如图 1-34 所示。

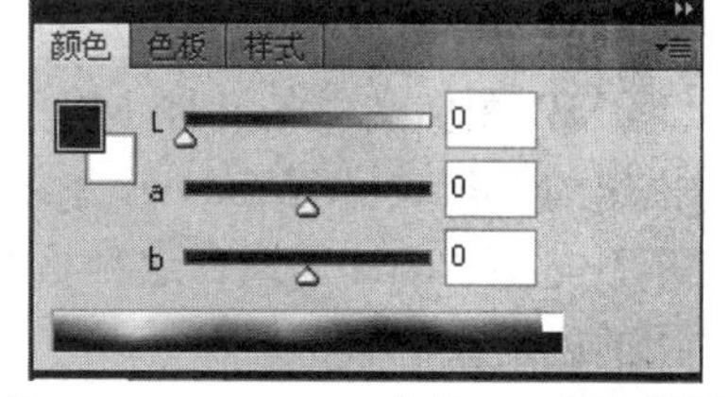

图 1-34　Photoshop 中的 Lab 颜色设置

4. HSB 颜色模式

HSB 颜色模式是一种基于人直觉的颜色模式，使用该模式可以非常轻松地选择不同亮度的颜色。Photoshop 中不直接支持这种模式，只能在“颜色”调板和“拾色器”对话框中定义颜色。该模式有三个特征，H 代表色相，用于调整颜色，范围为 0～360 度；S 代表饱和度，即彩度，范围为 0 (灰色)～100 (纯色)；B 代表亮度，表示颜色的相对明暗程度，范围为 0 (黑色)～100 (白色)。在 Photoshop 中，HSB 颜色设置及拾色器窗口如图 1-35 所示。

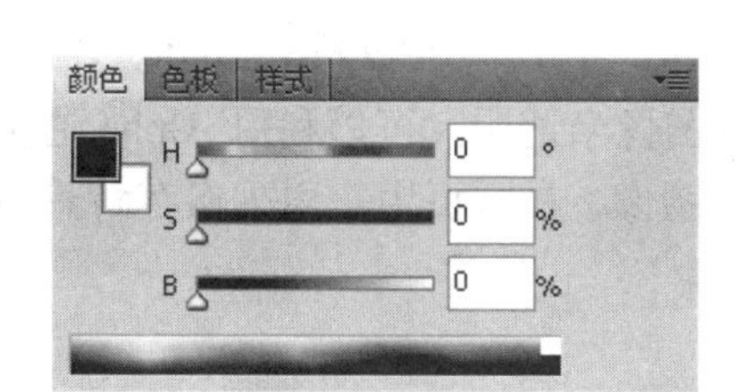

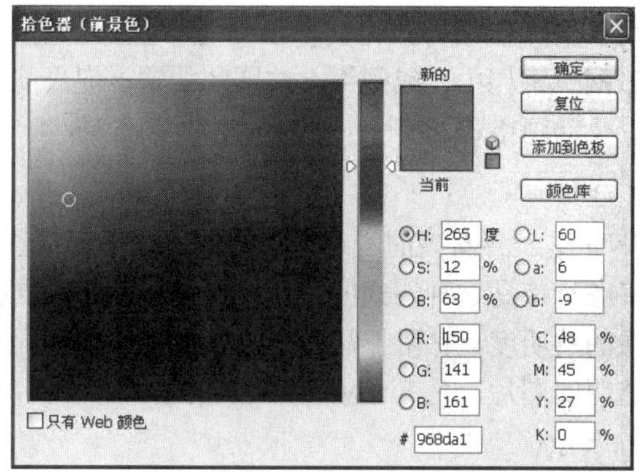

图 1-35　Photoshop 中的 HSB 颜色设置及拾色器窗口

1.2.4　常用的图像文件格式

图像文件有很多存储格式，在实际工作中，由于用途不同，使用的文件格式也是不一样的，比如适用于网络、出版印刷等，可以根据实际需要来选择图像文件格式，以便更有效地应用到实践当中。下面列举了关于图像文件格式的知识和一些常用图像格式的特点。

1. PSD

PSD 格式是 Photoshop 自身默认生成的图像格式，它可以保存图层、通道和颜色模式，还可以保存具有调节层、文本层的图像。PSD 文件自动保留图像编辑的所有数据信息，便于进一步修改。

2. TIFF

TIFF 格式是一种应用非常广泛的无损压缩图像格式，是用于在应用程序之间和计算机平台之间的交换文件，它的出现使得图像数据交换变得简单。TIFF 格式支持 RGB、CMYK

和灰度 3 种颜色模式，还支持使用通道、图层和裁切路径的功能，它可以将图像中裁切路径以外的部分在置入到排版软件中(如 PageMaker)时变为透明。

3. BMP

BMP 图像文件是一种 MS-Windows 标准的点阵式图形文件格式，最早应用于微软公司推出的 Microsoft Windows 系统。BMP 格式支持 RGB、索引颜色、灰度和位图颜色模式，但是不支持 Alpha 通道。这种格式的特点是包含的图像信息较丰富，几乎不进行压缩，但占用的磁盘空间较大。

4. JPEG

JPEG 是目前所有格式中压缩率最高的格式，普遍用于图像显示和一些超文本文档中。JPEG 格式支持 CMYK、RGB 和灰度颜色模式，不支持 Alpha 通道。在压缩保存的过程中与 GIF 格式不同，JPEG 保留 RGB 图像中的所有颜色信息，以失真最小的方式去掉一些细微数据，因此印刷品最好不要用此图像格式。

5. GIF

GIF 格式是 CompuServe 提供的一种图形格式，只是保存最多 256 色的 RGB 色阶数。它使用 LZW 压缩方式将文件压缩而不会占磁盘空间，因此 GIF 格式广泛应用于因特网 HTML 网页文档中，或网络上的图片传输，但只能支持 8 位的图像文件。它还可以支持透明背景及动画格式。

6. PNG

PNG 是一种新兴的网络图形格式，采用无损压缩的方式，与 JPEG 格式类似。网页中有很多图片都是这种格式的，压缩比高于 GIF，支持图像半透明，可以利用 Alpha 通道调节图像的透明度。它用于在网上进行无损压缩和显示图像，在网页中常用来保存背景透明和半透明的图片，是 Fireworks 默认的格式。

7. RAW

RAW 是拍摄时从影像传感器得到的信号转换后，不经过其他处理而直接存储的影像文件格式。该格式的影像文件既没有将得到的信号进行加权平均化而得到色彩信息，也没有进行清晰度、反差、色相、饱和度以及色彩平衡调整。

8. PDF

PDF 格式是应用于多个系统平台的一种电子出版物软件的文档格式，它可以包含位图和矢量图，还可以包含电子文档查找和导航功能。

9. EPS

EPS 是一种包含位图和矢量图的混合图像格式，主要用于矢量图像和光栅图像的存储。EPS 格式可以保存一些类型的信息，例如多色调曲线、Alpha 通道、分色、剪辑路径、挂网信息和色调曲线等，因此 EPS 格式常用于印刷或打印输出。

第 2 章　Photoshop CS6 的初级使用

2.1　Photoshop CS6 工作环境

在学习 Photoshop CS6 软件时，首先要了解软件的工作环境。Photoshop CS6 默认的软件界面为黑色，如图 2-1 所示，也可以按照习惯，设置为以前版本的灰色。如图 2-2 所示的图像就是启动 Photoshop CS6 的工作界面，界面设置为灰色。

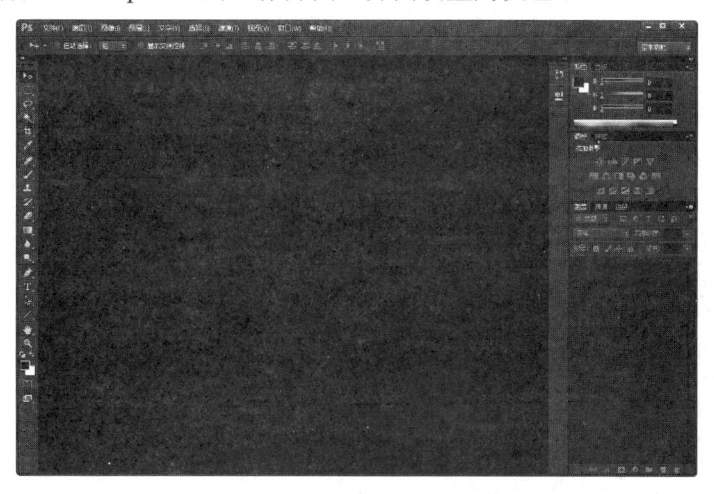

图 2-1　Photoshop CS6 默认的软件界面

图 2-2　Photoshop CS6 软件界面及各部分组成

工作界面组成部分的各项含义如下：

(1) 菜单栏：Photoshop CS6 标准版的菜中栏由“文件”“编辑”“图像”“图层”“文字”“选择”“滤镜”“视图”“窗口”和“帮助”共 10 类菜单组成，包含了各类操作时要使用的所有命令。利用下拉菜单命令可以完成大部分的图像编辑处理工作。

(2) 窗口控制按钮：新版本的 Photoshop 为了节约屏幕空间，不再设置标题栏，窗口控制按钮直接位于菜单栏的右侧，用于控制当前窗口显示的大小。

(3) 工具选项栏：提供了控制工具属性的选项，其显示内容根据所选工具的不同而发生变化。选择相应的工具后，Photoshop CS6 的工具选项栏将显示该工具可使用的功能和相应的设置。工具选项栏一般被固定存放在菜单栏的下方。要注意的是，工具选项栏的设置必须在使用工具之前设置，否则是无法改变工具已经使用的效果的。

(4) 工具箱：通常位于工作界面区域的左侧，可以以单列或双列显示工具。Photoshop CS6 标准版由 20 组工具组组成，所有工具共有 50 多，每个工具都有自己的属性和使用方法。要使用工具箱中的工具，只需要单击工具图标即可在文件中使用。如果该工具组中还有其他工具，长按鼠标左键，或单击鼠标右键可弹出其他工具，选择需要的工具即可。如图 2-3 所示为 Photoshop CS6 的工具箱。

(5) 工作窗口：显示当前打开文件的名称、颜色模式等信息。

(6) 工作区域：Photoshop CS6 中所有的操作都在该区域内显示并完成。

(7) 状态栏：位于图像窗口的底部，用来显示当前打开文件的显示比例、文档大小、暂存盘大小等相关信息，如图 2-4 所示。单击三角符号打开子菜单，即可显示状态栏包含的所有可显示选项。

图 2-3　工具箱

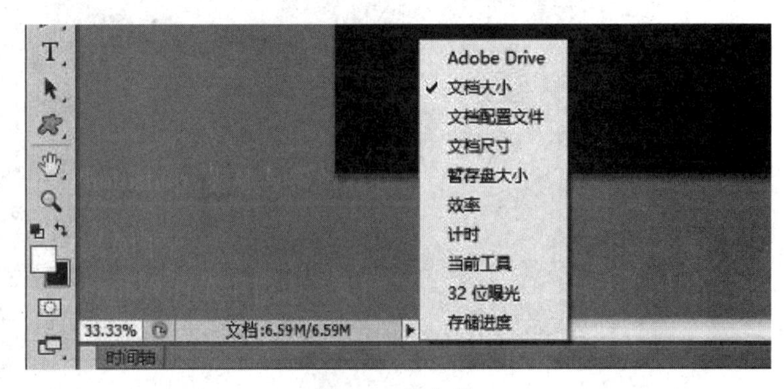

图 2-4　状态栏

(8) 调板组：Photoshop CS6 可以将不同类型的调板归类到相对应的调板组中并将其停靠在主界面右边的调板组中，在处理图像时需要哪个调板只需要单击标签就可以快速找到相对应的调板，而不必再到菜单中打开。Photoshop CS6 标准版在默认状态下，只要执行“菜单”→“窗口”命令，就可以在下拉菜单中选择相应的调板，之后该调板就会出现在调板组中。如图 2-5 所示就是在展开状态下的调板组。

练习：界面更改技巧——设置自己喜欢的工作环境。

在 Photoshop CS6 中，可以随意将工具箱进行单长条与短双条的转换，并可以将其拖动到其他位置。界面中的调板也可以随意折叠与展开并且可以将其进行拆分和重组。

1. 变换工具箱

(1) 在默认状态下，只要使用鼠标单击工具箱上面的展开与数据按钮，即可将工具箱由单长条变为短双条，再单击该按钮即可将短双条交换为单长条，如图 2-6 所示。

(2) 将鼠标移到工具箱的图标处，按下鼠标向外移动即可将工具箱由固定位置模式变为浮动模式。

(3) 在浮动工具箱的图标处按下鼠标，将其向左或者向右拖动，当出现可停泊的蓝色标示时，松开鼠标即可将工具箱放置到固定位置。

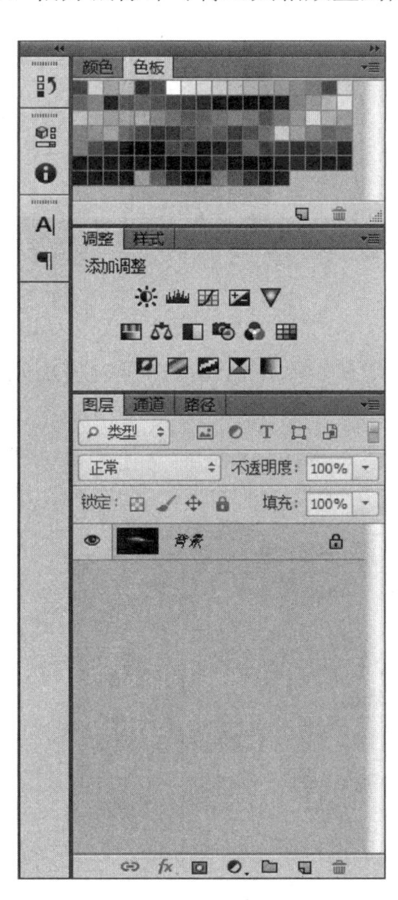

图 2-5　调板组

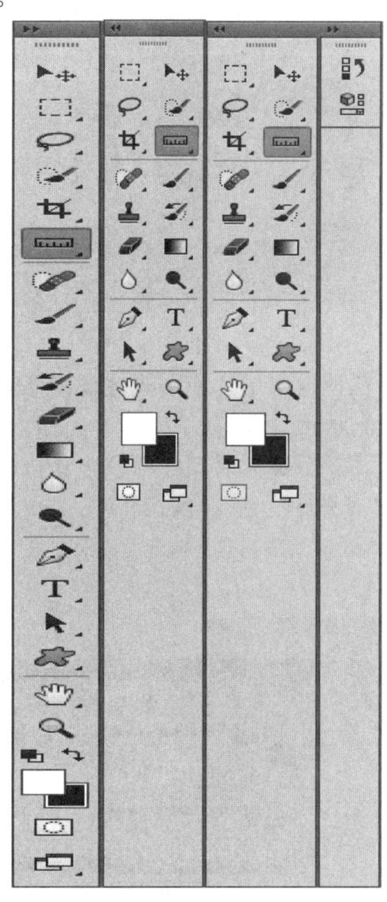

图 2-6　变换工具箱

2. 变换调板组

(1) 在打开全部调板后，工作空间就会变小。在处理图像时会感觉非常拥挤，这时就要关闭一些调板组或者将调板组以图标的样式停靠在工作界面右边的调板组中。在默认的打开调板组工作界面中使用鼠标单击双三角按钮，即可将该停泊窗内的调板组收缩为图标，如图 2-7 所示，再次单击双三角按钮可展开调板组。

(2) 在收缩的调板组中只要单击相应调板的名称图标，即可将该调板单独展开，如图 2-8 所示。

(3) 在展开的调板中单击收缩按钮 ▸▸|，即可将其收缩到调板组中以图标进行显示，如图 2-9 所示。

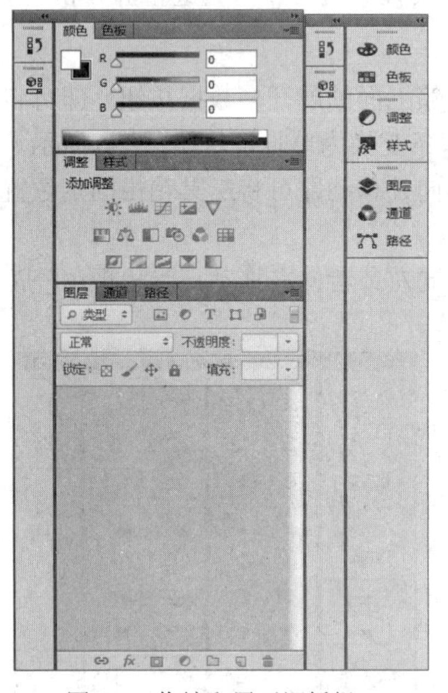

图 2-7　收缩和展开调板组

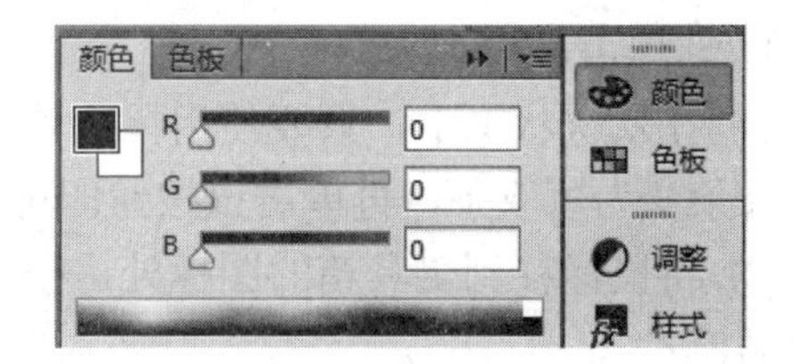

图 2-8　展开颜色调板

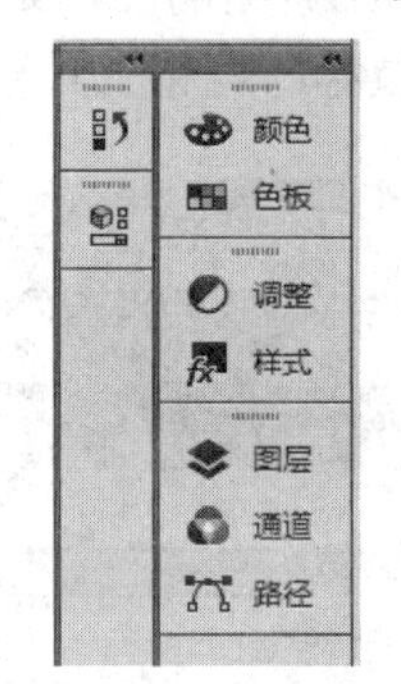

图 2-9　收缩颜色调板

(4) 在调板组中，使用鼠标直接拖动选取的调板标签，可以将其单独与调板组分离，如图 2-10 所示。

(5) 拖动分离后的调板标签到其他组中，当出现蓝色切入标示时，松开鼠标即可将其重组到其他组中，如图 2-11 所示。

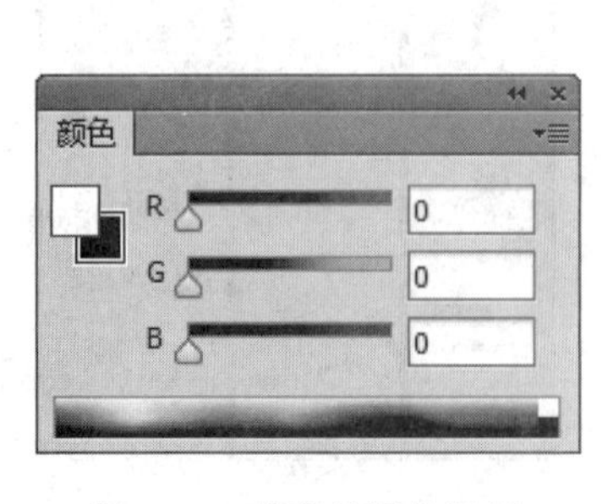

图 2-10　分离的颜色调板

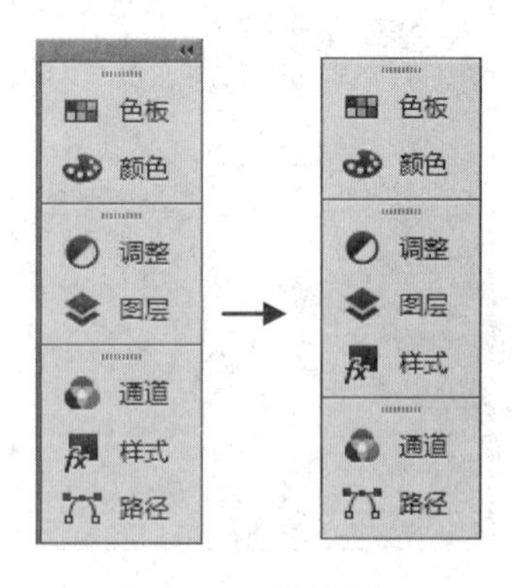

图 2-11　重组调板

2.2　文件的基本操作

在使用 Photoshop 开始创作之前，必须了解如何新建文件、打开文件，以及对完成的作品进行保存等操作。

2.2.1　新建文件

“新建”命令可以用来创建一个空白文档，可以通过执行菜单“文件”→“新建”命令或按组合键[Ctrl+N]，打开如图 2-12 所示的“新建”对话框。在该对话框中可以设置文件的名称、尺寸、分辨率、颜色模式等。

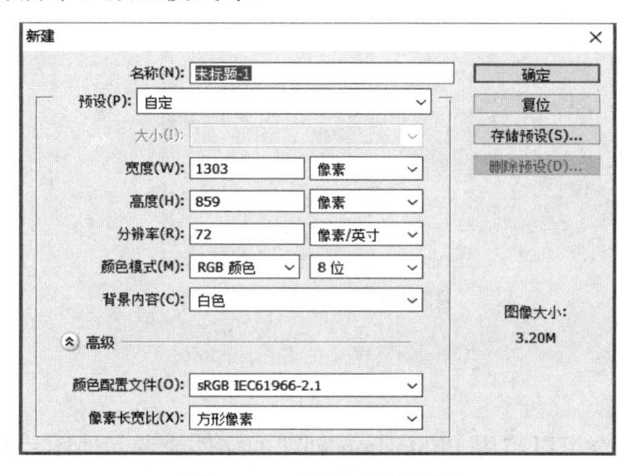

图 2-12　“新建”对话框

“新建”对话框中的各选项含义如下：

(1) 名称：设置新建文件的名称。

(2) 预设：在该下拉列表中包含软件预设的一些选项，如照片、Web 等，默认为 Photoshop 大小。

(3) 大小：在“预设”选项中选择相应的预设后，可以在“大小”选项中设置相应文件的大小。例如可以选择 A4 标准纸张大小。

(4) 宽度/高度：设置新建文档的宽度与高度，单位包括像素、英寸、厘米、毫米、点、派卡和列。

(5) 分辨率：设置新建文档的分辨率，单位包括像素/英寸和像素/厘米。

(6) 颜色模式：选择新建文档的颜色模式，包括位图、灰度、RGB 颜色、CMYK 颜色和 Lab 颜色。定位深度包括 1 位、8 位、16 位和 32 位，主要用于设置可使用颜色的最大数值。

(7) 背景内容：设置新建文档的背景颜色，包括白色、背景色(工具箱中的背景颜色)和透明色。

(8) 颜色配置文件：设置新建文档的颜色配置。

(9) 像素长宽比：设置新建文档的长宽比例。

(10) 存储预设：将新建文档的尺寸保存到预设中。

(11) 删除预设：将保存到预设中的尺寸删除(该选项只对自定存储的预设起作用)。

技巧：在打开的软件中，按住[Ctrl]键双击工作界面中的空白处同样可以弹出“新建”对话框，设置完成后单击“确定”按钮即可新建一个空白文档。

按照自己的意愿，设置好相应的名称、尺寸、分辨率、颜色模式后，直接单击“确定”按钮，即可在工作场景中得到一个新建的空白文档。图 2-13 所示的图像是名称为“我的工作区”，长为 12 厘米，宽为 9 厘米，分辨率为 150 的空白文档。

图 2-13　新建的空白文档

2.2.2　打开文件

“打开文件”命令可以将用 Photoshop 创建的文件或者其他图片格式的文件打开。在菜单中执行“文件”→“打开”命令或按组合键[Ctrl+O]，即会弹出如图 2-14 所示的“打开”对话框，在对话框中可以选择需要打开的图像素材。可以选择一张图片，也可以使用[Shift]键或[Ctrl]键选择多张图片。选择好打开文件后，单击“打开”按钮，会将选取的文件在工作区中打开，如图 2-15 所示。单击“取消”按钮会关闭“打开”对话框。

图 2-14　“打开”对话框　　　　图 2-15　打开的文件

技巧：在打开的软件中，双击工作界面中的空白处同样可以弹出“打开”对话框，选择需要的图像文件后，单击“确定”按钮即可将该文件在 Photoshop 中打开。

2.2.3　保存文件

“保存文件”命令可以将新建文档或处理完的图像进行存储。在菜单中执行“文件”→“存储”命令或按组合键[Ctrl+S]即可对文件进行保存。如果是第一次对新建文件进行保存，系统会弹出如图 2-16 所示的“存储为”对话框。

图 2-16　“存储为”对话框

“存储为”对话框中的各选项含义如下：

(1) 保存在：在下拉列表中可以选择需要存储的文件所在的文件夹。

(2) 文件名：用来为存储的文件进行命名。

(3) 格式：选择要存储的文件格式。

(4) 存储选项—存储：用来设置要存储文件时的一些特定设置。

① 作为副本：可以将当前的文件存储为一个副本，当前文件仍处于打开状态。

② Alpha 通道：可以将文件中的 Alpha 通道进行保存。

③ 图层：可以将文件中存在的图层进行保存，该选项只有在存储的格式与图像中存在图层时才会被激活。

④ 注释：可以将文件中的文字或语音附注进行存储。

⑤ 专色：可以将文件中的专设通道进行存储。

(5) 存储选项—颜色：用来对存储文件时的颜色进行设置。

① 使用校样设置：当前文件如果存储为 PSD 或 PDF 格式，此复选框才处于激活状态。

勾选此复选框，可以保存打印用的样校设置。

② ICC 配置文件：可以保存嵌入文档中的颜色信息。

(6) 缩览图：勾选该复选框，可以为当前存储的文件创建缩览图。

(7) 使用小写扩展名：勾选该复选框，可以将扩展名改为小写。设置完毕后，单击“保存”按钮，会将选取的文件进行存储。单击“取消”按钮，会关闭“存储为”对话框而继续工作。

技巧： 在 Photoshop 中，如果对打开的文件或已经存储过的新建文件进行存储，系统会自动进行存储而不会弹出对话框。如果想对其进行重新存储，可以执行“文件”→“存储为”命令或按组合键[Shift + Ctrl + S]，系统同样会弹出“存储为”对话框。

2.2.4 关闭文件

使用“关闭文件”命令，可以将当前处于工作状态的文件进行关闭。在菜单中执行“文件”→“关闭”命令或按组合键[Ctrl+W]可以将当前编辑的文件关闭。若对文件进行了改动，系统会弹出如图 2-17 所示的关闭文件警告对话框。单击“是”按钮可以对修改的文件进行保存后关闭；单击“否”按钮可以关闭文件不对修改进行保存；单击“取消”按钮可以取消当前关闭命令。

图 2-17　关闭文件警告对话框

2.2.5 恢复文件

在对文件进行编辑时，如果对修改的结果不满意，想返回到最初的打开状态，可以执行“文件”→“恢复”命令或按【F12】键，将文件恢复至最近一次保存的状态。

2.3 图像的初步管理

在 Photoshop 中对整体图像的管理主要表现为改变图像大小、更改分辨率、改变画布大小、复制图像、旋转画布等。

2.3.1 改变图像大小

使用“图像大小”命令可以调整图像的像素大小、文档大小和分辨率。在菜单中执行“图像”→“图像大小”命令，系统会弹出如图 2-18 所示的“图像大小”对话框。在该对话框中，只要在“像素大小”或“文档大小”对话框中重新输入相应的数字，就可以改变当前图像的大小。

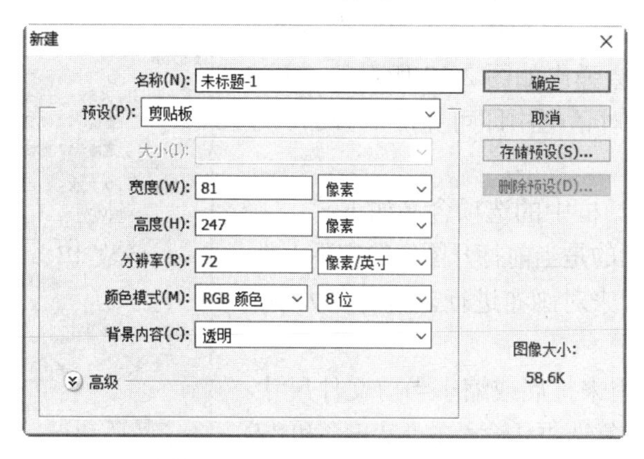

图 2-18　“图像大小”对话框

“图像大小”对话框中的各项含义如下：

(1) (像素)大小：用来设置图像像素的大小。在“像素大小”对话框中可以重新定义图像像素的宽度和高度，单位包括像素和百分比。更改像素尺寸不仅会影响屏幕上显示图像的大小，还会影响图像品质、打印尺寸和分辨率。

(2) (文档)大小：用来设置图像的打印尺寸和分辨率。

(3) 缩放样式：在调整图像大小的同时可以按照比例缩放图层中存在的图层样式。

(4) 约束比例：对图像的长宽可以进行等比例调整。

(5) 重定图像像素：在调整图像大小的过程中，系统会将原图的像素颜色按一定的内插方式重新分配给新像素。在下拉菜单中可以选择进行内插的方法，包括邻近、两次线性、两次立方(适用于平滑渐变)、两次立方较平滑和两次立方较锐利。

注意：在调整图像大小时，位图图像与矢量图图像会产生不同的结果。位图图像与分辨率有关，因此，更改位图图像的像素尺寸可能导致图像品质和锐化程度损失；相反，矢量图图像与分辨率无关，可以随意调整其大小而不会影响图像边缘的平滑度。

技巧：在“图像大小”对话框中更改像素大小时，文档大小会跟随改变，分辨率不发生变化；更改文档大小时，像素大小会跟随改变，分辨率不发生变化；更改分辨率时，像素大小会跟随改变，文档大小不发生变化。

2.3.2　更改分辨率

更改图像的分辨率，可以直接影响到图像的显示效果：增大分辨率时，会自动增加图像的像素；缩小分辨率时，会自动减少图像的像素。更改分辨率的方法非常简单，只要在图 2-18 所示的“图像大小”对话框中的“分辨率”选项处直接输入要改变的数值，即可改变当前图像的分辨率。

2.3.3　改变画布大小

在实际操作中，画布指的是实际打印的工作区域。改变画布大小会直接影响最终的输出与打印。使用“画布大小”命令可以按指定的方向增大围绕现有图像的工作空间或通过减小画布尺寸来裁剪掉图像边缘，还可以设置增大边缘的颜色。默认情况下，添加的画布颜色由背景色决定。执行菜单中的“图像”→“画布大小”命令，系统会弹出如图 2-19 所示的“画布大小”对话框，在该对话框中即可完成对画布大小的改变。

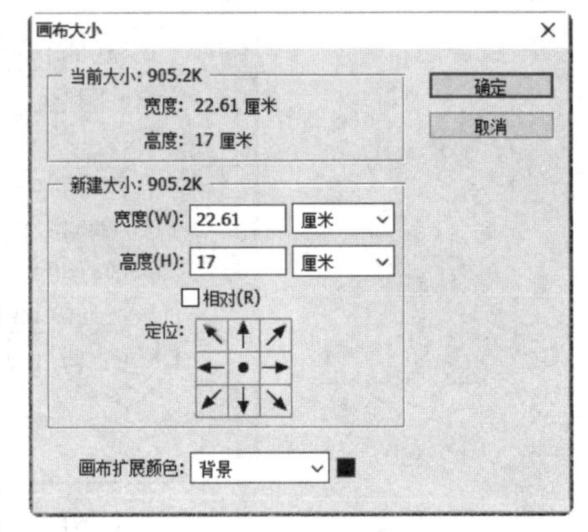

图 2-19　“画布大小”对话框

“画布大小”对话框中的选项含义如下：

(1) 当前大小：指的是当前打开图像的实际大小。

(2) 新建大小：用来对画布进行重新定义大小的区域。

① 宽度/高度：用来扩展或缩小当前文件尺寸。

② 相对：勾选该复选框，输入的“宽度”和“高度”数值将不再代表图像的大小，而表示图像被增加或减少的区域大小。输入的数值为正值，表示要增加区域的大小；输入的数值为负值，表示要裁剪区域的大小。图 2-20 和图 2-21 所示的图像分别为不勾选“相对”复选框与勾选“相对”复选框时的对比图。

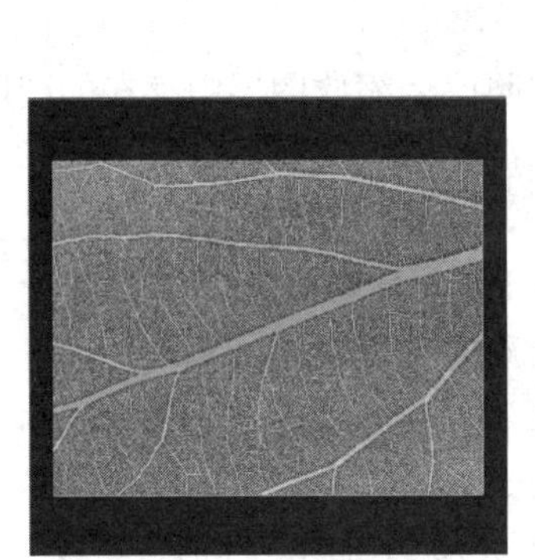
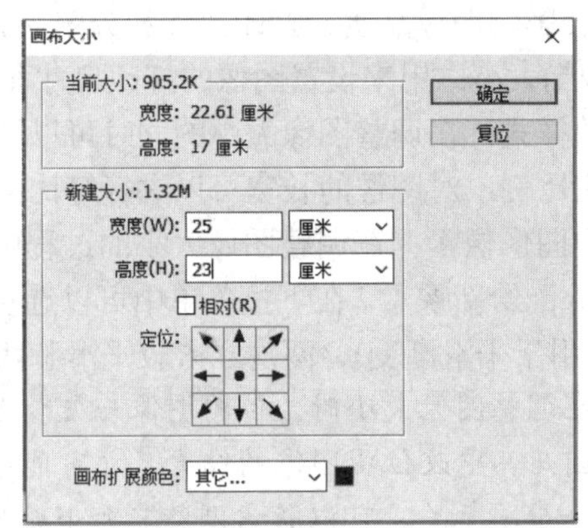

图 2-20　不勾选“相对”复选框

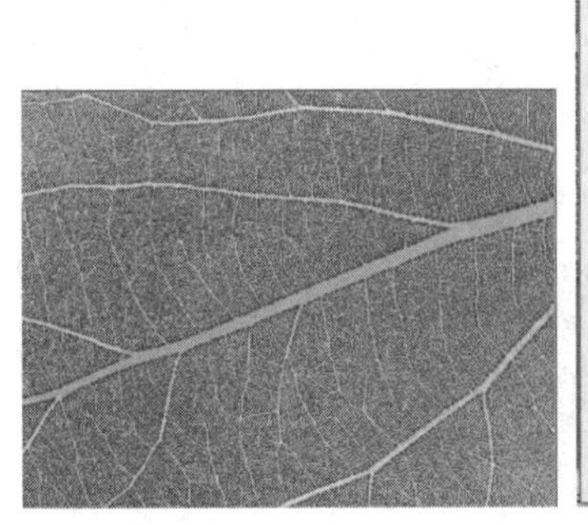
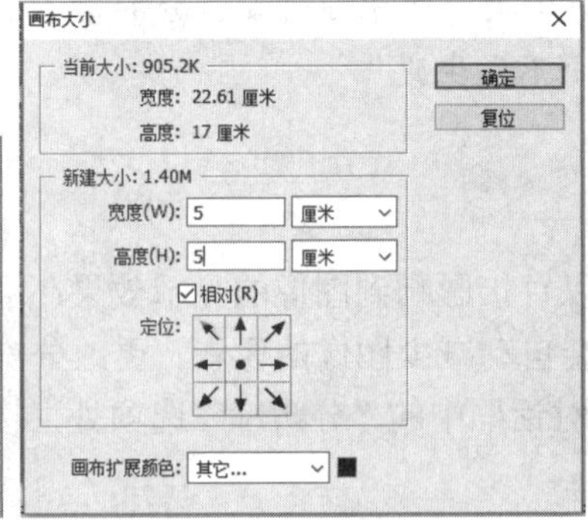

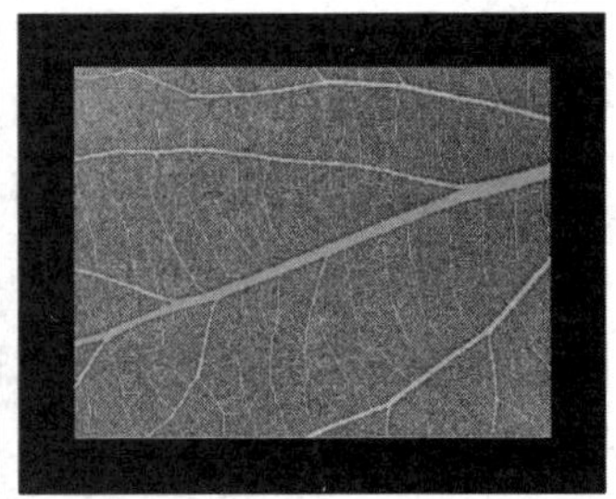

图 2-21　勾选“相对”复选框

技巧：在“画布大小”对话框中勾选“相对”复选框后，设置“宽度”与“高度”为正值时，图像会在周围显示扩展的像素；为负值时图像会被缩小。

③ 定位：用来设定当前图像在增加或减少图像时的位置，如图 2-22 和图 2-23 所示。

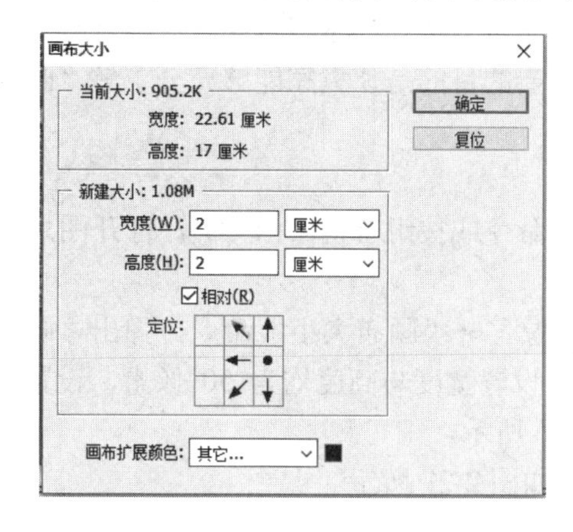

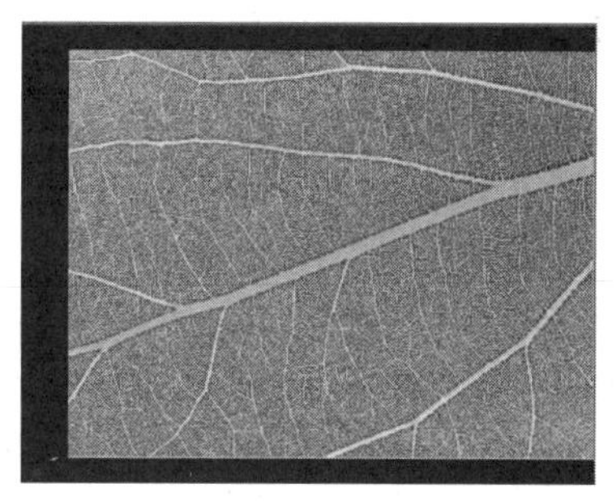

图 2-22　左定位

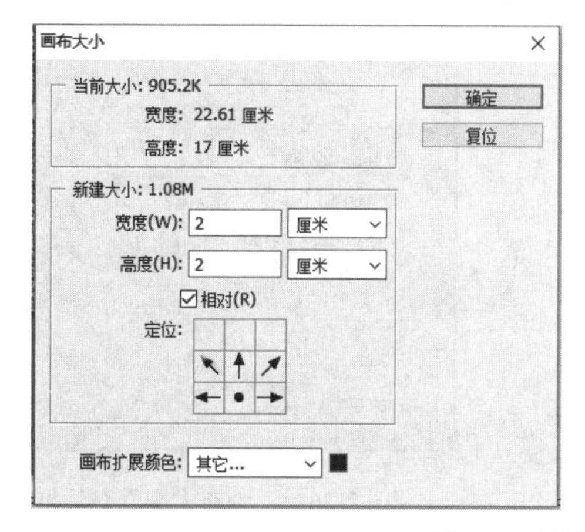

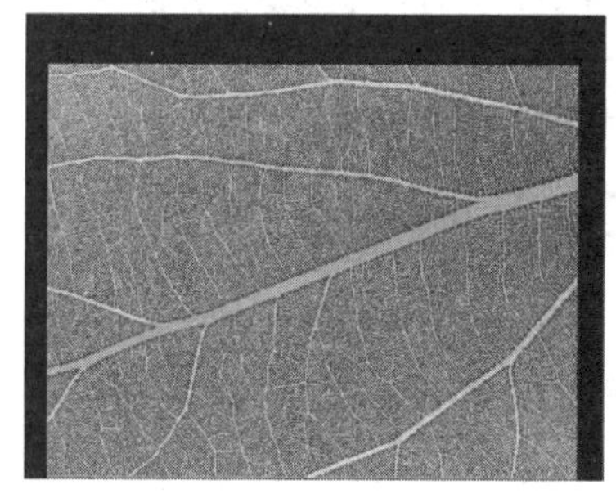

图 2-23　下定位

(3) 画布扩展颜色：用来设置当前图像增大空间的颜色，可以在下拉列表框中选择系统预设颜色，也可以通过单击后面的颜色图标打开“选择画布扩展颜色”对话框，在对话框中选择自己喜欢的颜色，如图 2-24 所示。

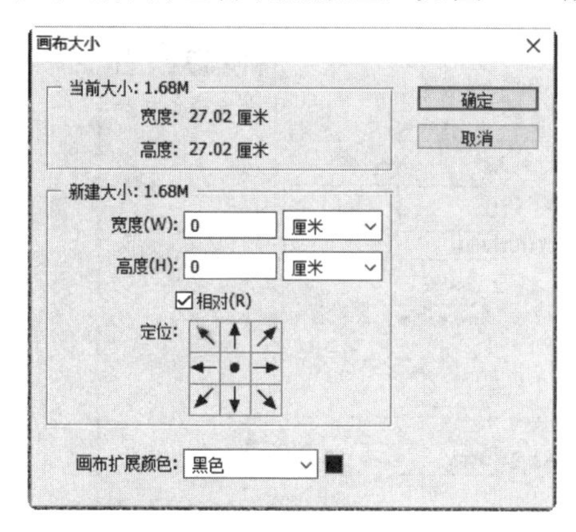

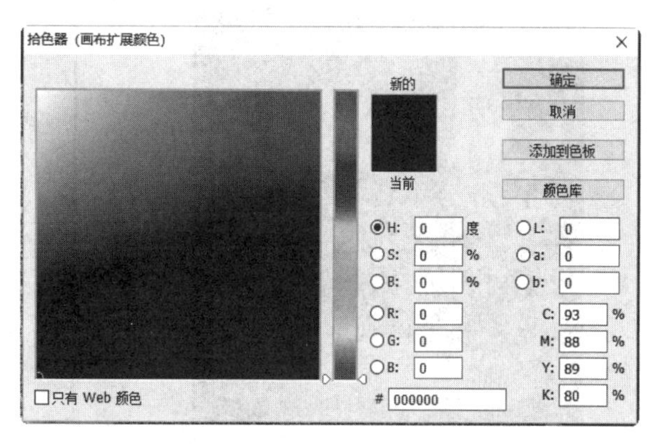

图 2-24　选择画布扩展颜色

范例 2-1　应用“画布大小”命令制作图像边框效果。

本范例主要讲解为打开的素材添加一个边框效果。在本范例中，只要反复使用“画布大小”命令即可完成边框的制作。本范例主要的目的是让大家能够充分了解“画布大小”命令的使用。

操作步骤：

(1) 在菜单中执行“文件”→“打开”命令或按组合键[Ctrl+O]，打开图片素材，将其作为背景，如图 2-25 所示。

(2) 添加绿色边框。在菜单中执行“图像”→“画布大小”命令，弹出“画布大小”对话框，在对话框中勾选“相对”复选框，设置宽度与高度均为 50 像素，设置画布扩展颜色为绿色(RGB：51，102，51)，如图 2-26 所示。

(3) 设置完毕单击“确定”按钮，效果如图 2-27 所示。

图 2-25　打开素材

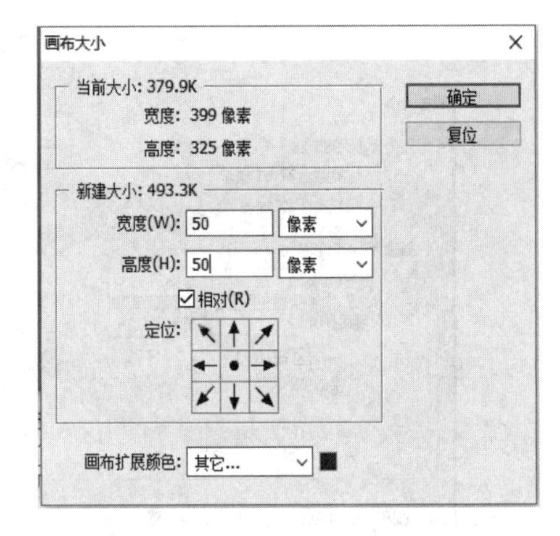

图 2-26　“画布大小”对话框 1

(4) 为图 2-27 所示的效果图添加黑色边框。首先在菜单中执行“图像”→“画布大小”命令，系统会弹出“画布大小”对话框，在对话框勾选“相对”复选框，设置高度为 150 像素，设置定位为上部定位，设置画布扩展颜色为绿色，如图 2-28 所示。

图 2-27　效果图 1

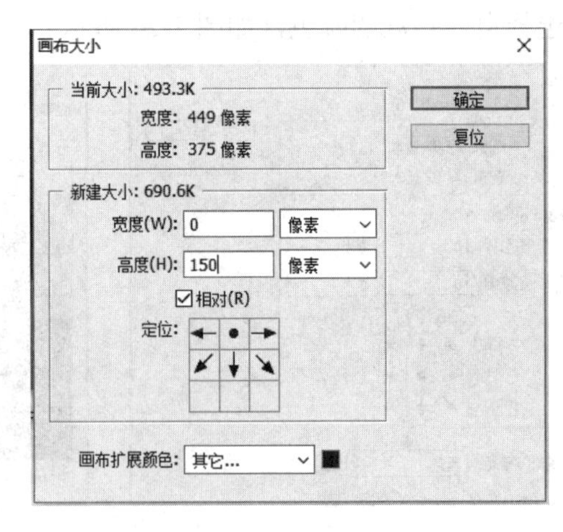

图 2-28　“画布大小”对话框 2

(5) 设置完毕单击“确定”按钮，即可完成图像边框添加，效果如图 2-29 所示。

(6) 打开文字素材，使用移动工具将素材移动到图片中合适的位置，效果如图 2-30 所示。

图 2-29　效果图 2

图 2-30　最终效果

2.3.4　设置前景色与背景色

在 Photoshop 中进行工作时，使用颜色是必不可少的。Photoshop 中的颜色主要应用在前景色和背景色上。Photoshop 使用前景色来绘画、填充和描边选区，使用背景色来生成渐变填充和在背景图像中填充清除区域。在一些滤镜中需要前景色和背景色配合来产生特殊效果，如云彩、便条纸等。设置相应的前景色后使用 (画笔工具)在页面中涂抹就会直接将前景色绘制到当前图像中。

在工具箱中单击“前景色”或“背景色”图标时，会弹出如图 2-31 所示的“拾色器”对话框，选取相应的颜色或者在颜色参数设置区设置相应的颜色参数，例如在 RGB、CMYK 等处输入颜色信息数值，单击“确定”按钮，即可完成对前景色或背景色的设置。

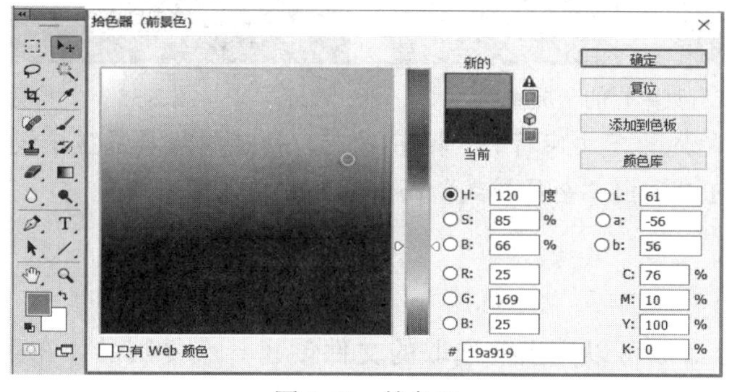

图 2-31　拾色器

技巧： 使用快捷键[D]可以快速将前景色和背景色还原为默认颜色。使用快捷键[X]可以快速交换前景色和背景色。

2.3.5　屏幕显示模式

在 Photoshop CS6 中，最大化屏幕模式功能被集成到工具箱中。在新增工具按钮中单击屏幕模式按钮(也可以在菜单中执行“视图”→“屏幕模式”命令)，可以在标准屏幕模式、带有菜单栏的全屏模式和全屏模式 3 种状态中切换；也可以通过单击鼠标右键弹出快捷菜单，在快捷菜单中选择模式，如图 2-32 所示。

(1) 标准屏幕模式：系统默认的屏幕模式，在这种模式下系统会显示标题栏、菜单栏、工作窗口标题栏等，如图 2-33 所示。

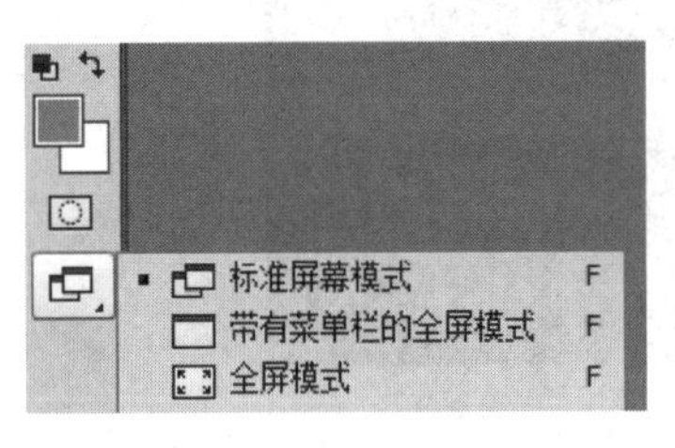

图 2-32　屏幕显示模式

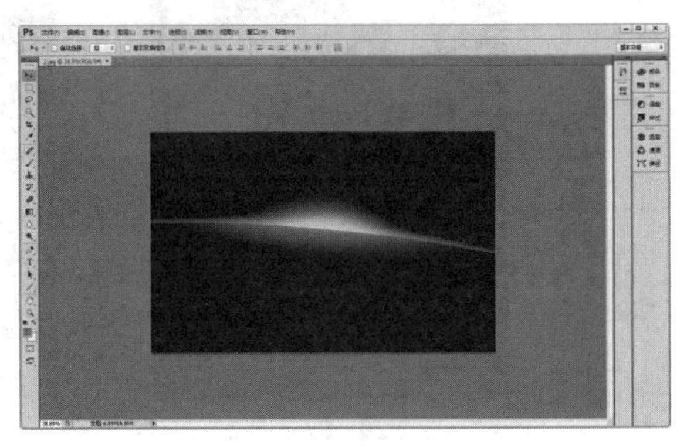

图 2-33　标准屏幕模式

(2) 带有菜单栏的全屏模式：该模式会显示一个带有菜单栏的全屏模式，不显示标题栏，如图 2-34 所示。

(3) 全屏模式：该模式会显示一个不含标题栏、菜单栏、工具箱、调板的全屏窗口，如图 2-35 所示。

图 2-34　带有菜单栏的全屏模式

图 2-35　全屏模式

技巧：当键盘输入为英文字符时，按[F]键可以快速转换屏幕显示模式。进入“全屏模式”后，按[Esc]键可以退出“全屏模式”而进入“标准屏幕模式”。

2.3.6　复制图像

使用“复制”命令可以为当前选取的文件创建一个复制品。在菜单栏中执行“图像”→“复制”命令，即可弹出如图 2-36 所示的“复制图像”对话框。在该对话框中可为复制的图像重新命名，单击“确定”按钮即可复制一个副本文件。

图 2-36　“复制图像”对话框

提示：“复制图像”对话框中的“仅复制合并的图层”复选框，只有在复制多图层文件时才会被激活，勾选该复选框后，被复制的图像即使是多图层的文件，副本也只会是一个图层的合并文件。

2.3.7 裁切图像

当大家将自己喜欢的图像扫描到计算机中时，经常会遇到图像中多出一些自己不想要的部分的情况，此时就需要对图像进行相应的裁切了。

1. 裁剪

使用“裁剪”命令可以将图像按照存在的选区进行矩形裁剪。在打开的文件中先创建一个任意形状的选区，再执行菜单命令“图像”→“裁剪”，就可以对图像进行裁剪了，如图 2-37 所示。

图 2-37 裁剪图像

技巧：即使裁剪前创建的是不规则选区，执行“裁剪”命令后图像仍然被裁剪为矩形，裁剪后的图像以选区的最高与最宽部位为参考点。

2. 裁切

使用“裁切”命令同样可以对图像进行裁剪。裁切时，先要确定要删除的像素区域，如透明色或边缘像素颜色，然后将图像中与该像素处于水平或垂直的像素的颜色进行比较，再将其进行裁切删除。执行菜单中的“图像”→“裁切”命令，系统会打开如图 2-38 所示的“裁切”对话框。

图 2-38 “裁切”对话框

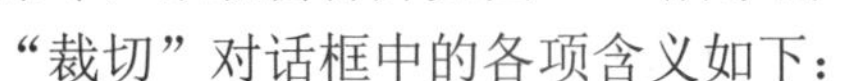

“裁切”对话框中的各项含义如下：

(1) 基于：用来设置要裁切的像素颜色。

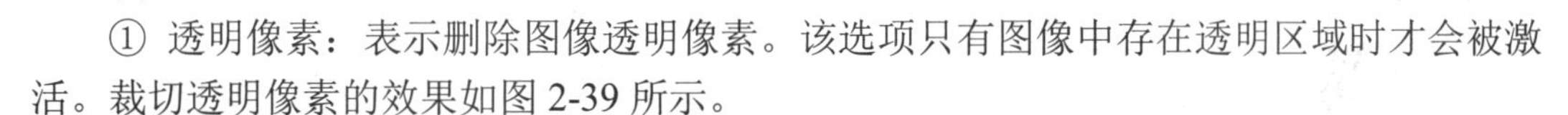

① 透明像素：表示删除图像透明像素。该选项只有图像中存在透明区域时才会被激活。裁切透明像素的效果如图 2-39 所示。

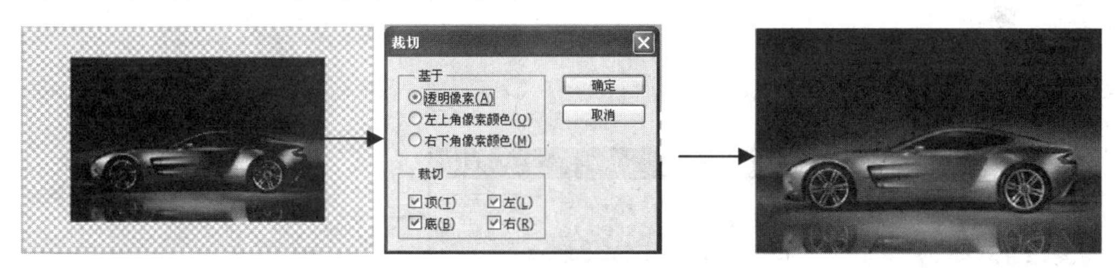

图 2-39 裁切透明区域

② 左上角像素颜色：表示删除图像中与左上角像素颜色相同的图像边缘区域。

③ 右下角像素颜色：表示删除图像中与右下角像素颜色相同的图像边缘区域。

(2) 裁切：包括顶、左、底、右四个选项。裁切左上角或者右下角像素颜色的效果如图 2-40 所示。

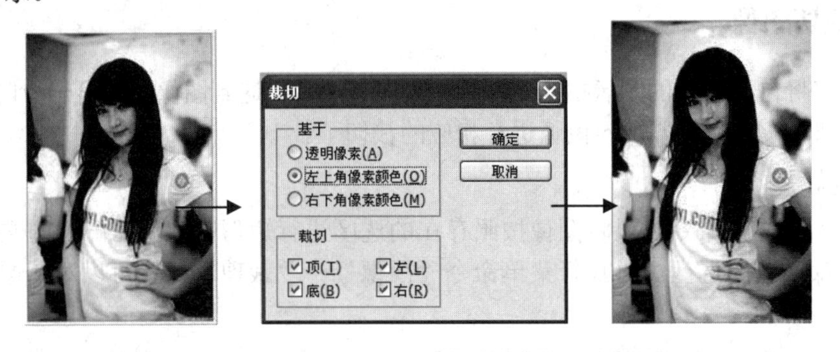

图 2-40　裁切透明区域左上角或者右下角像素颜色

2.3.8　旋转画布

当在 Photoshop 中打开扫描的图像时，尽管非常小心但有时还是会发现图像出现了颠倒或倾斜，此时只要执行菜单中的“图像”→“旋转画布”命令，即可在子菜单中按照相应的命令对其进行相应的旋转。如图 2-41 所示的图像分别为原图和系统默认旋转或者翻转的效果。

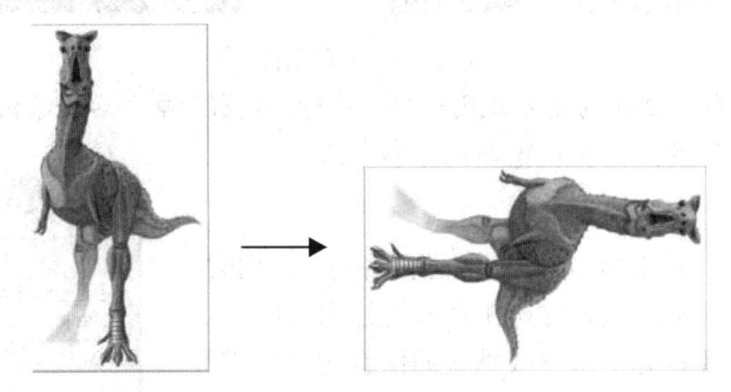

图 2-41　顺时针旋转 90 度

有时还会出现不规则的角度的倾斜，此时只要执行菜单中的“图像”→“旋转画布”→“任意角度”命令，就可以打开“旋转画布”对话框，设置相应的角度和顺时针或者逆时针就可以得到相应的旋转效果了，如图 2-42 所示。

图 2-42　顺时针旋转 20 度

提示：使用“旋转画布”命令可以旋转或翻转整个图像，但此命令不适用于单个图层、图层中的一部分、选区以及路径。

技巧：如果想对图像中的单个图层、图层中的一部分、选区内的图像或者路径进行旋转或者翻转，则可以执行菜单中的“编辑”→“变换”命令来完成。旋转某一角度时，可以先用“标尺”工具测量角度再精确旋转。

2.3.9 移动与裁剪图像

1. 移动图像

在 Photoshop CS6 中能够移动图像的工具是 (移动工具)。使用 (移动工具)可以将选区内的图像或透明图层中的图像移动到新位置，也可以在不同图像文件之间移动图层图像，还可以快速选取整个图层组和通过选项栏对图层中的对象进行对齐和分布。在“信息”调板打开的情况下，可以跟踪移动的确切距离。

选择 (移动工具)后，选项栏中会显示针对该工具的一些属性设置，如图 2-43 所示。

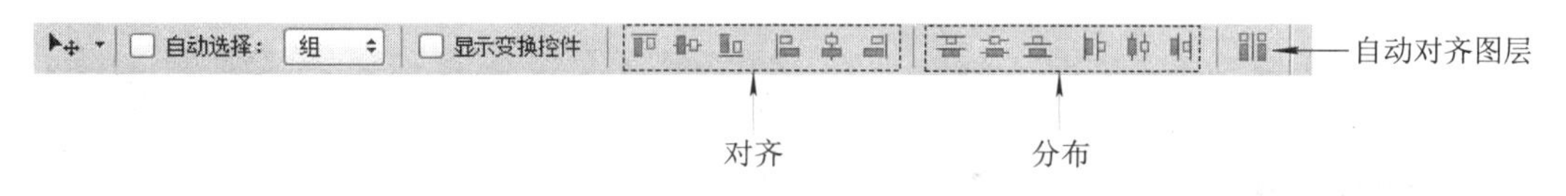

图 2-43 移动工具选项栏

移动工具选项栏中的各项含义如下：

(1) 自动选择：勾选该复选框后，在后面的下拉列表中，可以选择“组”或者“图层”选项。选择“组”选项时，在图像中相应图层上单击鼠标时，可以将该图层所对应的图层组一同选取，如图 2-44 所示。如果选择“图层”选项，那么选择图像时只会选择该图像所对应的图层，如图 2-45 所示。

图 2-44 组

图 2-45　图层

(2) 显示变换控件：勾选该复选框后，使用(移动工具)选择图像时，会在图像中出现变换框，如图 2-46 所示。当拖动控制点时，选项栏会自动变成如图 2-47 所示的变换设置。

图 2-46　变换框

图 2-47　变换设置

(3) 对齐：可以将两个以上图层中的图像进行对齐设置，对齐方式如图 2-48 所示。

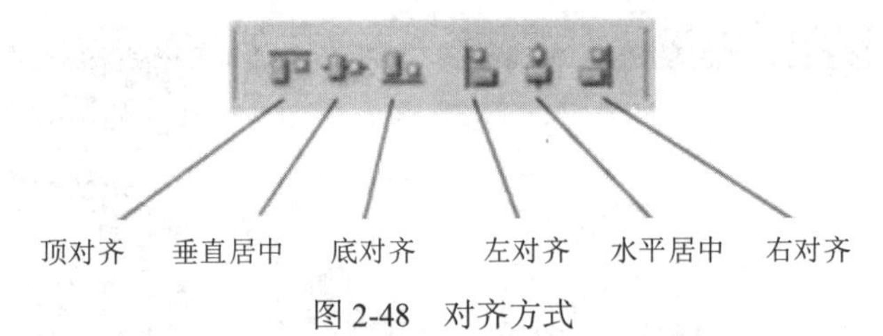

图 2-48　对齐方式

(4) 分布：可以将三个以上图层中的图像进行分布设置，分布方式如图 2-49 所示。

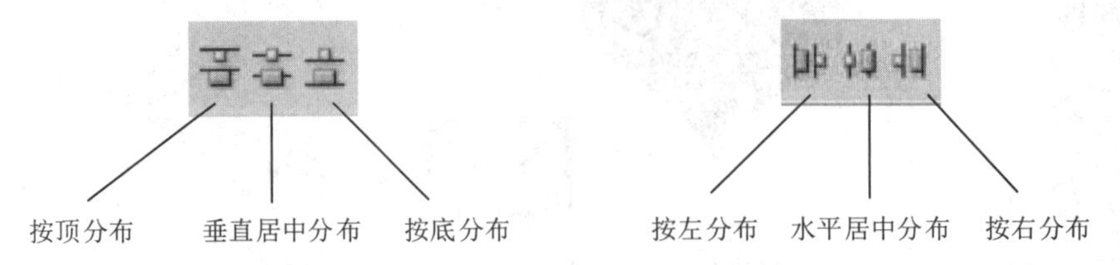

图 2-49　分布

(5) 自动对齐图层：可以将两个以上图层中的图像自动按照相同像素进行对齐。

2. **裁剪图像**

在 Photoshop CS6 中使用 (裁剪工具)可以对当前编辑的图像进行精确裁剪，并可以将透视图像裁剪成正常效果。

使用 (裁剪工具)创建裁剪框的方法与使用 (矩形选框工具)创建矩形选区的方法相同，创建裁剪框后，可以使用鼠标调整四周或边中间的控制点，选择裁剪区域；也可以用鼠标移动图片，调整合适的裁剪位置，选择好裁剪区域后，选择工具选项栏中的 (确定按钮)或者按[Enter]键即可完成对图片的裁切，如图 2-50 所示。

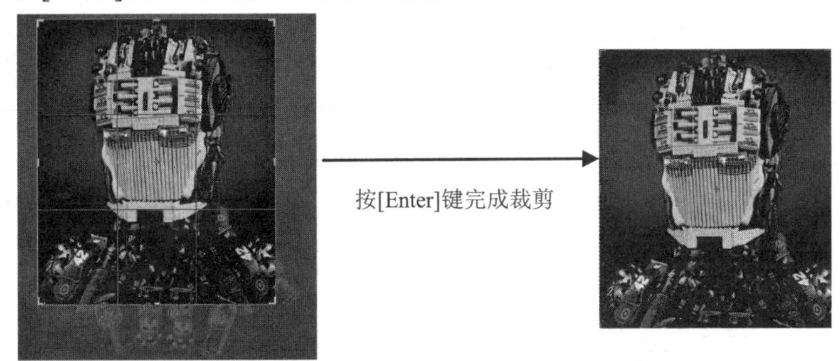

图 2-50　裁剪图像

选择 (裁剪工具)后，选项栏中会显示针对该工具的一些属性设置，如图 2-51 所示。

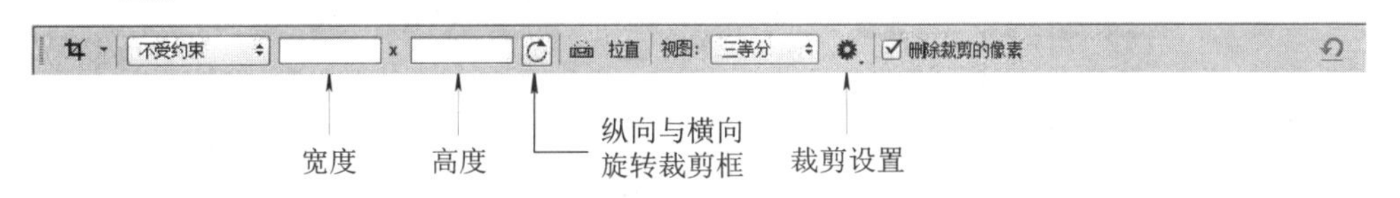

图 2-51　裁剪工具选项栏

裁剪工具选项栏中的各项含义如下：

(1) 预设尺寸：在预设尺寸中可以选择已经预设好的裁剪尺寸，比如方形、常见的照片尺寸等，如图 2-52 所示。默认情况下是不受约束，表示可以任意裁剪图像。

(2) 宽度/高度：用来固定裁切后图像的大小。

(3) 纵向与横向旋转裁剪框：该选项可以交换纵横裁剪框比例，如图 2-53 所示。点击该按钮后，纵横裁剪框交换。

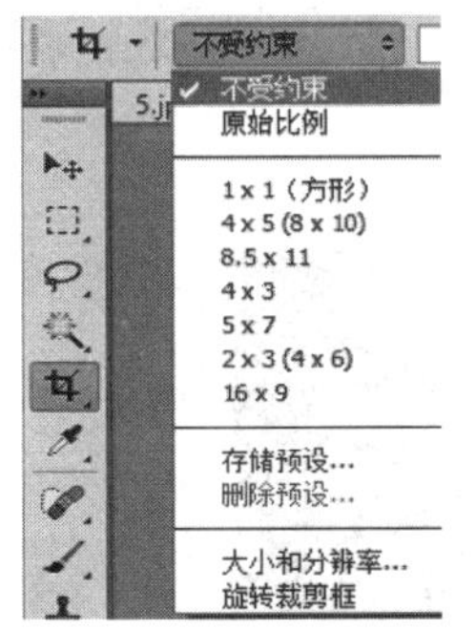

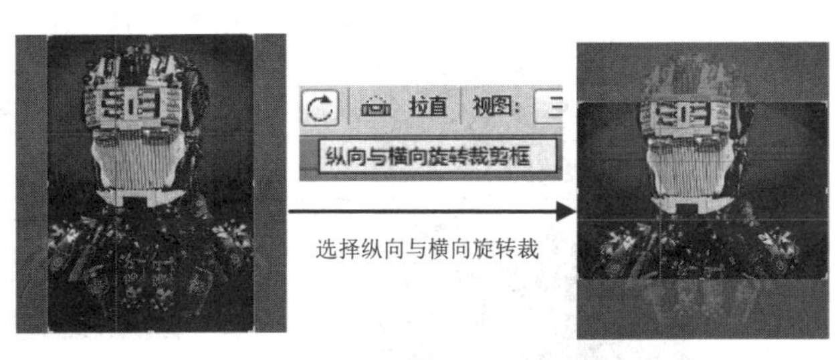

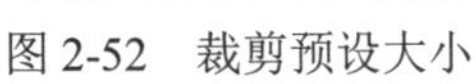

图 2-52　裁剪预设大小　　　图 2-53　纵向与横向旋转裁剪框设置

(4) 拉直：原有的拉直功能被集成到裁剪工具中，可以根据需要直接拉直图片。选择拉直功能后，在图像中画出一条直线，图片会以该直线为水平线将图片拉直，如图 2-54 所示。

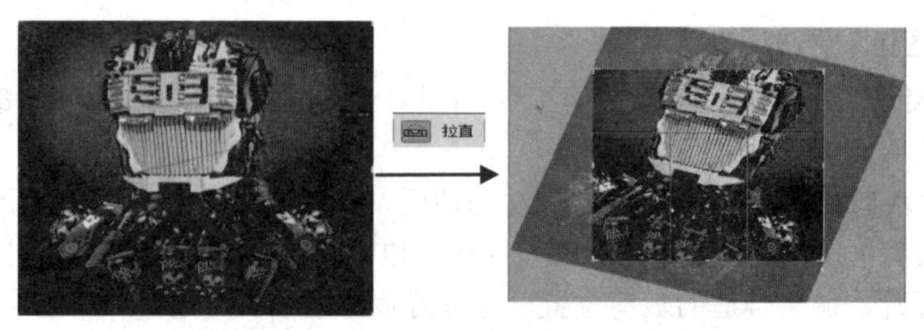

图 2-54　拉直功能

(5) 视图：在 Photoshop CS6 中提供了更为丰富的视图参考线，除了三等分、网格外，还增加了对角、三角形、黄金比例和金色螺线，可以根据需要选择不同参考线裁剪图片，如图 2-55 所示。

(6) 裁剪设置：在裁剪设置中可以选择还原经典模式和屏蔽模式，如图 2-56 所示。

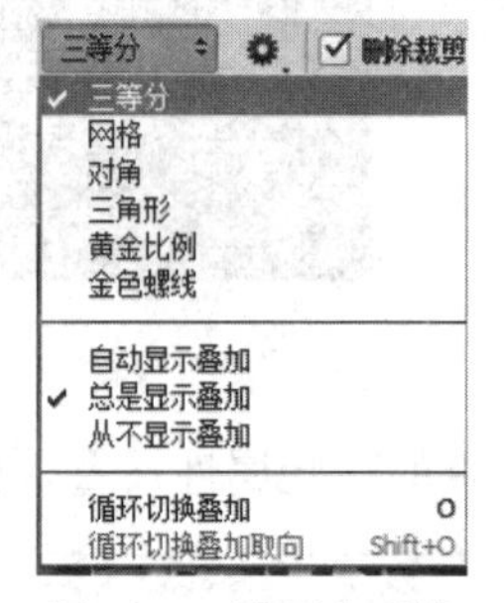

图 2-55　视图参考线

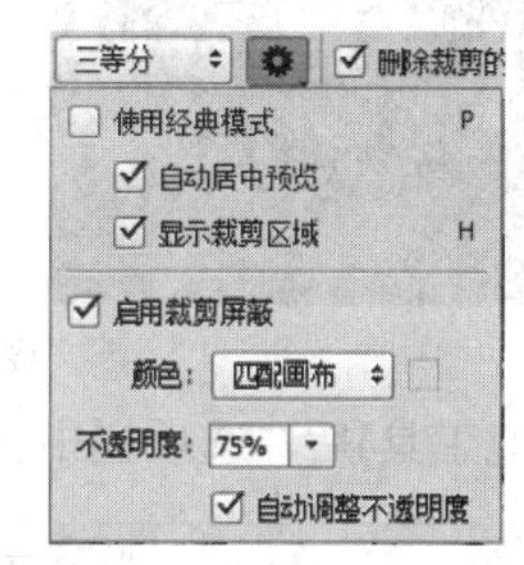

图 2-56　裁剪设置

(7) 删除裁剪的像素：该选项选定后，裁剪掉的部分直接删除掉，如果今后需要调整裁剪区域，可以不选该选项，裁剪的图片都可以根据需要还原。

2.3.10　透视裁剪工具

在 Photoshop CS6 中，新增了透视裁剪工具，可以实现透视裁剪功能。选择 (透视裁剪工具)后，其工具选项栏如图 2-57 所示。与裁剪工具类似，我们可以在需要裁剪的图片中画出裁剪区域，由于可以有透视效果，所以可以调整为非矩形裁剪范围。图 2-58 所示为透视裁剪效果图。

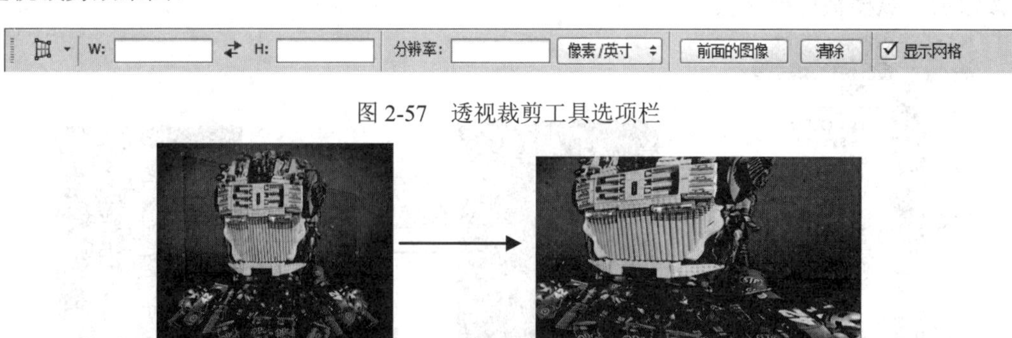

图 2-57　透视裁剪工具选项栏

图 2-58　透视裁剪效果图

透视裁剪工具选项栏中的各项含义如下：

(1) 宽度(W)/高度(H)：用来固定裁切后图像的大小。

(2) 分辨率：用来设置裁切后图像使用的分辨率。

(3) 前面的图像：单击此按钮后，会在宽度、高度和分辨率的文本框中显示当前处于编辑状态图像的相应参数值。

(4) 清除：单击此按钮后，裁切图像将会按照拖动鼠标产生的裁剪框来确定裁切大小。

(5) 显示网格：该选项可以控制在裁切框中是否可以显示网格线。

2.3.11　颜色取样

1. 吸管工具

在 Photoshop 中常用来取样颜色的辅助工具是(吸管工具)。使用可以将图像中的某个像素点的颜色定义为前景色或背景色。使用方法非常简单，只要选择吸管工具，在需要的颜色像素上单击即可。选择后选项栏会变成该工具对应的选项设置，如图 2-59 所示。

图 2-59　吸管工具选项栏

吸管工具选项栏中的各项含义如下：

(1) 取样大小：用来设置取色范围，包括取样点、3×3 平均、5×5 平均、11×11 平均、31×31 平均、51×51 平均和 101×101 平均。

(2) 样本：用来设置吸管取样颜色所在图层，该选项只适用于多图层图像。

(3) 显示取样环：勾选该复选框后，在图像中取色时，会自动出现一个取样环。

技巧：① 使用吸管工具对图像进行颜色取样时，按住组合键[Shift＋Alt]的同时，单击鼠标右键会自动出现一个快速拾色器，从而可以方便快速地选取颜色。② 使用吸管工具定义颜色时，按住[Alt]键在图像中单击，可以将当前颜色设置为“背景色”。

练习：取样设置前景色与背景色。

本练习主要让大家了解使用吸管工具定义前景色与背景色的方法。

操作步骤：

(1) 打开一张自己喜欢的图片作为设置取样颜色的背景图，在工具箱中选择吸管工具，如图 2-60 所示。

(2) 设置相应的取样大小，使用吸管工具在绿色的水果上单击，即可将其作为前景色出现在工具箱中，如图 2-61 所示。

图 2-60　选择工具

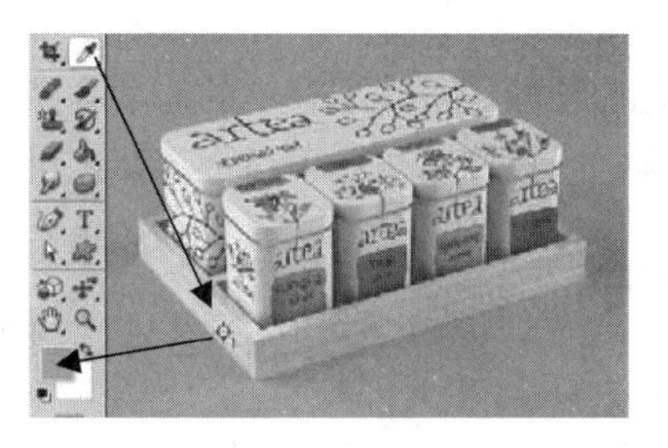

图 2-61　取样设置前景色

(3) 使用吸管工具单击的同时，颜色信息会自动在“信息”调板中显示数值，如图 2-62 所示。

(4) 使用吸管工具按住[Alt]键，在盒盖上单击，会自动将颜色信息转换成背景色，如图 2-63 所示。

图 2-62　“信息”调板　　　　图 2-63　取样设置背景色

2. 颜色取样器工具

在 Photoshop 中能够进行多处取样的工具只有颜色取样器工具。使用颜色取样器工具最多可以定义 4 个取样点，其在颜色调整过程中起着非常重要的作用，4 个取样点会同时显示在“信息”调板中，如图 2-64 所示。

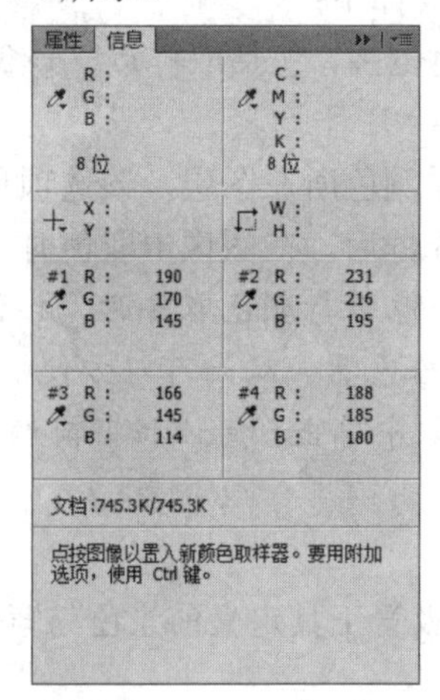

图 2-64　4 个取样点显示在“信息”调板中

选择颜色取样器工具后，选项栏中会显示针对该工具的一些属性设置，如图 2-65 所示。

图 2-65　颜色取样器工具选项栏

颜色取样器工具选项栏中的选项含义如下：

清除：设置样点后，单击该按钮，可以将取样点删除。

2.4　辅 助 工 具

在创作中使用辅助工具可以大大提高工作效率。Photoshop 中的辅助工具主要包括标尺、网格和参考线等。

2.4.1　标尺工具

在 Photoshop CS6 中使用(标尺工具)可以精确地测量图像中任意两点之间的距离，度量物体的角度，以及拉平倾斜图像。选择后，选项栏中会显示针对该工具的一些属性设置，如图 2-66 所示。

图 2-66　标尺工具

标尺工具选项栏中的各项含义如下：

(1) 坐标(X/Y)：用来显示测量线起点的纵横坐标值。

(2) 距离(W/H)：用来显示测量线起点与终点的水平和垂直距离。使用标尺工具在图像中拖动即可出现测量线和测量数值，如图 2-67 所示。

(3) 角度(A)：用来显示测量线的角度。按住[Alt]键的同时向另一边拖曳鼠标即可出现夹角，如图 2-68 所示。

(4) 夹角线(L1/L2)：用来显示第一条和第二条测量线的长度，如图 2-68 所示。

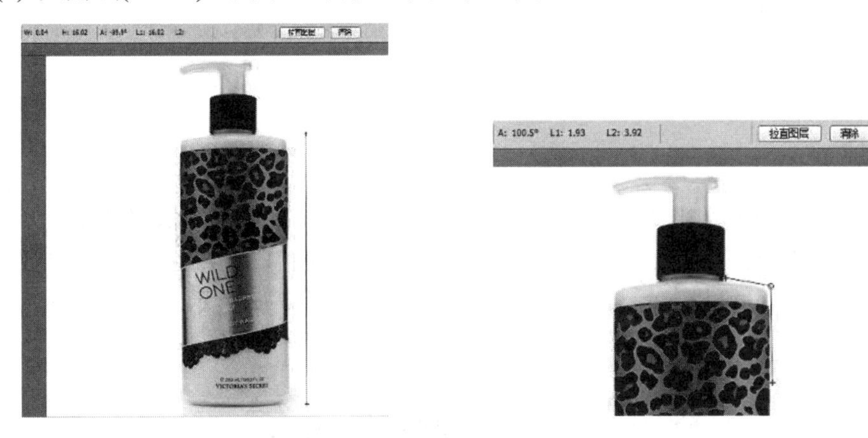

图 2-67　测量距离　　　图 2-68　测量角度和夹角线

(5) 使用测量比例：用来计算标尺测量的比例数据。

(6) 拉直：能够对倾斜的图像进行校正，并对其边缘进行内容识别式的填充修正。

练习：拉直倾斜图像。

本练习主要让大家了解使用标尺工具校正倾斜图像的方法。

操作步骤：

(1) 打开素材文件，如图 2-69 所示。从打开的素材中不难发现，由于拍摄时相机的角度摆放问题，导致相片的倾斜效果。

(2) 在工具箱中选择标尺工具，沿与素材图片中坦克履带平行的方向拖曳鼠标，如图 2-70 所示。

图 2-69　素材图

图 2-70　选择工具并拖动标尺线

(3) 标尺线创建完毕后，在标尺工具选项栏中单击拉直按钮。拉直后的效果如图 2-71 所示。注意：在 Photoshop CS6 中拉直的图片画布扩大的部分会补充为透明信息。

图 2-71　拉直后的效果

2.4.2　网格

网格是由一连串的水平和垂直点组成的，经常被用来协助绘制图像和对齐窗口中的任意对象。默认状态下网格是不可见的。在菜单中执行“视图”→“显示”→“网格”命令或按组合键[Ctrl+’]，可以显示与隐藏非打印的网格，如图 2-72 所示。

图 2-72　网格

2.4.3　参考线

参考线是浮在整个图像上但不能被打印的直虚线，可以移动、删除或锁定参考线。参考线主要用来协助对齐和定位对象。

1. 创建与删除参考线

(1) 在菜单中执行“视图”→“新建参考线”命令，可以弹出如图 2-73 所示的“新建参考线”对话框。设置取向为垂直、位置为 4 厘米，单击“确定”按钮，新建的垂直参考线如图 2-74 所示。

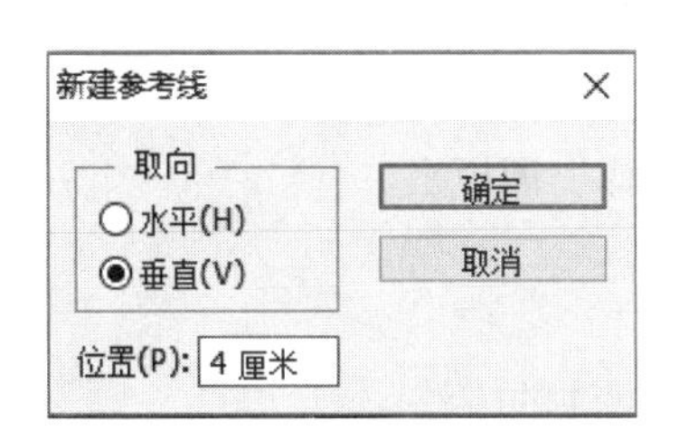

图 2-73　“新建参考线”对话框　　图 2-74　新建垂直参考线

(2) 在标尺上按下鼠标左键向工作区拖动可以创建参考线，如图 2-75 所示。

图 2-75　拖出参考线

(3) 如果要删除图像中所有的参考线，只要在菜单中执行“视图”→“清除参考线”命令即可。

(4) 如果要删除一条或几条参考线，只要使用 (移动工具)拖动要删除的参考线到工作区域外即可。

2. 显示与隐藏参考线

在菜单中执行“视图”→“显示”→“参考线”命令，可以完成对参考线的显示与隐藏。

3. 锁定与解锁参考线

在菜单中执行“视图”→“锁定参考线”命令，可以完成对参考线的锁定与解锁。

2.4.4　注释工具

在 Photoshop 中能够创建文字注释的工具只有注释工具。使用注释工具可以在图像上增加文字注释，起到对图像进行说明与提示的作用。选择注释工具后，选项栏中会显示针对该工具的一些属性设置，如图 2-76 所示。

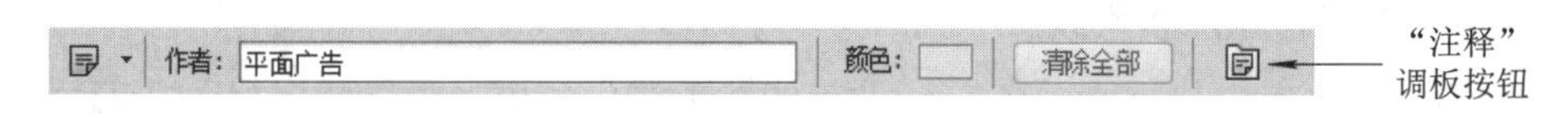

图 2-76　注释工具选项栏

注释工具选项栏中的各项含义如下：

(1) 作者：在此文本框中输入作者的名字，在图像中添加注释后，作者的名字将会出现在注释框上方的标题栏中。

(2) 颜色：此选项可以控制注释图框的颜色。

(3) 清除全部：单击此按钮可以将图像中存在的注释全部删除。

(4)“注释”调板按钮：单击该按钮会弹出“注释”调板。

练习：添加文字批注。

本练习主要让大家了解使用注释工具添加文字批注的方法。

操作步骤：

(1) 打开素材文件，如图 2-77 所示。

(2) 选择 (注释工具)，在选项栏中设置如图 2-78 所示的参数。

图 2-77　素材　　图 2-78　设置注释参数

(3) 使用鼠标在图像上单击，系统会自动打开“批注”调板，在调板中输入“招贴”，如图 2-79 所示。

(4) 此时将该图像关闭，再打开该图像时，选择注释工具，将鼠标移到注释工具图标上即可看到主题，如图 2-80 所示。双击注释工具图标即可打开“注释”调板看到批注文字。

图 2-79　设置批注文字　　图 2-80　显示批注符号

2.4.5　图像调整辅助工具

在 Photoshop CS6 中可以对图像在显示范围内进行平移、旋转和缩放等调整，其中用到的工具包括(抓手工具)、(旋转工具)和(缩放工具)。

1. 抓手工具

使用(抓手工具)可以在图像窗口中移动整个画布，移动时不影响图像的位置，在“导航器”调板中能够看到显示范围，如图 2-81 所示。选择后，选项栏中会显示针对该工具的一些属性设置，如图 2-82 所示。

图 2-81　抓手工具调整图像

图 2-82　抓手工具选项栏

抓手工具选项栏中的各项含义如下：

(1) 滚动所有窗口：勾选该复选框，则使用抓手工具可以移动所有打开窗口中的图像画布。

(2) 实际像素：画布将以实际像素显示，也就是以 100%的比例显示。

(3) 适合屏幕：画布将以最合适屏幕大小的比例显示在文档窗口中。

(4) 填充屏幕：画布将以工作窗口的最大化显示。

(5) 打印尺寸：画布将以打印尺寸显示。

2. 旋转工具

使用旋转工具可以将工作图像进行随意旋转，按任意角度实现无扭曲查看。在调整时会在图像中出现一个方向指示针，如图 2-83 所示。选择旋转工具后，选项栏中会显示针对该工具的一些属性设置，如图 2-84 所示。

图 2-83　使用旋转工具旋转画布

图 2-84　旋转工具选项栏

旋转工具选项栏中的各项含义如下：

(1) 旋转角度：用来设置对画布旋转的固定数值。

(2) 复位视图：单击该按钮，可以将旋转的画布复原。

(3) 旋转所有窗口：勾选该复选框可以将多个打开的图像一同旋转。

提示：使用 (旋转工具)时，必须有相应的显卡支持，否则该工具将不能够使用。安装显卡后，执行“编辑”→“首选项种”→“性能”命令，在打开的对话框中将“启用 OpenGL 绘图”复选框勾选即可。

3. 缩放工具

使用 (缩放工具)可以对图像放大或缩小，便于对图像的局部进行调整。使用该工具在图像上单击即可完成图像的缩放，如图 2-85 所示。

放大

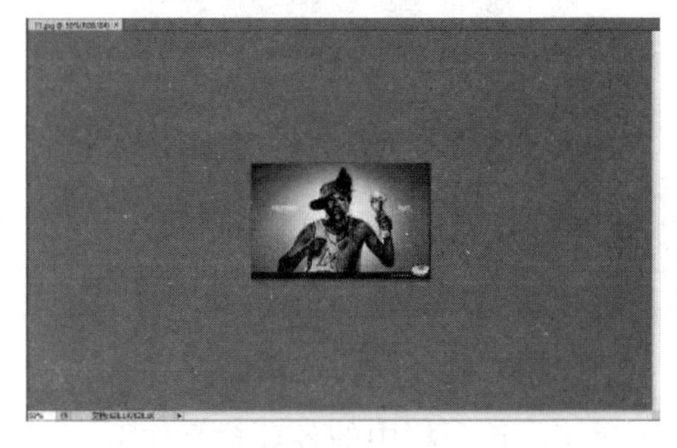

缩小

图 2-85　缩放

选择缩放工具后，选项栏中会显示针对该工具的一些属性设置，如图 2-86 所示。

放大　　缩小

图 2-86　缩放工具选项栏

缩放工具选项栏中的选项含义如下：

(1) 放大/缩小：单击放大或缩小按钮，即可执行对图像的放大与缩小。

(2) 调整窗口大小以满屏显示：勾选此复选框，对图像进行放大或缩小时图像会始终以满屏显示；不勾选此复选框，系统在调整图像适配至满屏时，会忽略控制调板所占的空间，使图像在工作区内尽可能地放大显示。

(3) 缩放所有窗口：勾选该复选框后，可以将打开的多个图像一同缩放。

提示：默认状态下，使用缩放工具在图像中单击，可以放大图像；按住[Alt]键单击图像时会对图像进行缩小。

2.5　Photoshop 工作环境的优化设置

在使用 Photoshop 处理图像或者进行设计创作时，环境优化是不可缺少的，本节就为大家简单介绍一下 Photoshop CS6 工作环境的优化设置。

2.5.1　常规

执行菜单中的“编辑”→“首选项”→“常规”命令，可以打开如图 2-87 所示的

“首选项—常规”对话框，在该对话框中可以对软件的拾色器、图像插值、历史记录等进行相应的设置。

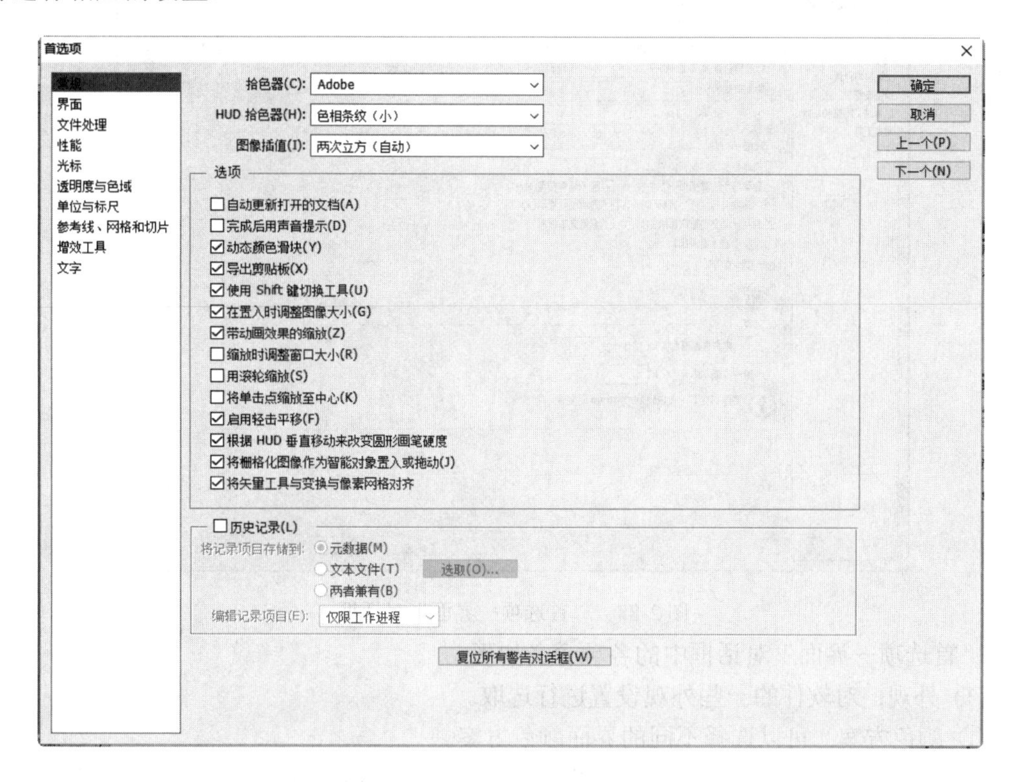

图 2-87　“首选项—常规”对话框

“首选项—常规”对话框中的各项含义如下：

(1) 拾色器：在下拉列表中可以选择 Adobe 拾色器或 Windows 拾色器，如果在 Windows 操作系统下工作，最好选择 Adobe 拾色器，因为它能根据 4 种颜色模型从整个色谱及 PANTONE 等颜色匹配系统中选择颜色；Windows 拾色器只涉及基本的颜色，而且只允许根据两种颜色模型选出想要的颜色。

(2) HUD 拾色器：用来设置对应的 HUD 拾色器效果，其中包括色相条纹(小)、色相条纹(中)、色相条纹(大)、色相轮(小)、色相轮、色相轮(中)、色相轮(大)。

(3) 图像插值：用来选择一个图像的像素作为重取样或转换结束进行调整的默认设置模式。当使用自由变换或图像大小命令时，图像中像素的数目会随图像形状的改变而发生变化，此时系统会通过图像插值选项的设置来生成或删除像素。在计算机条件允许的情况下，最好选择“两次立方”选项，它可以获得较为精确的效果。

(4) 选项：用来对软件一些基本的设置进行选取。

2.5.2　界面

执行菜单中的“编辑”→“首选项”→“界面”命令，可以打开如图 2-88 所示的“首选项—界面”对话框，在该对话框中可以对软件的工作界面进行相应的设置。

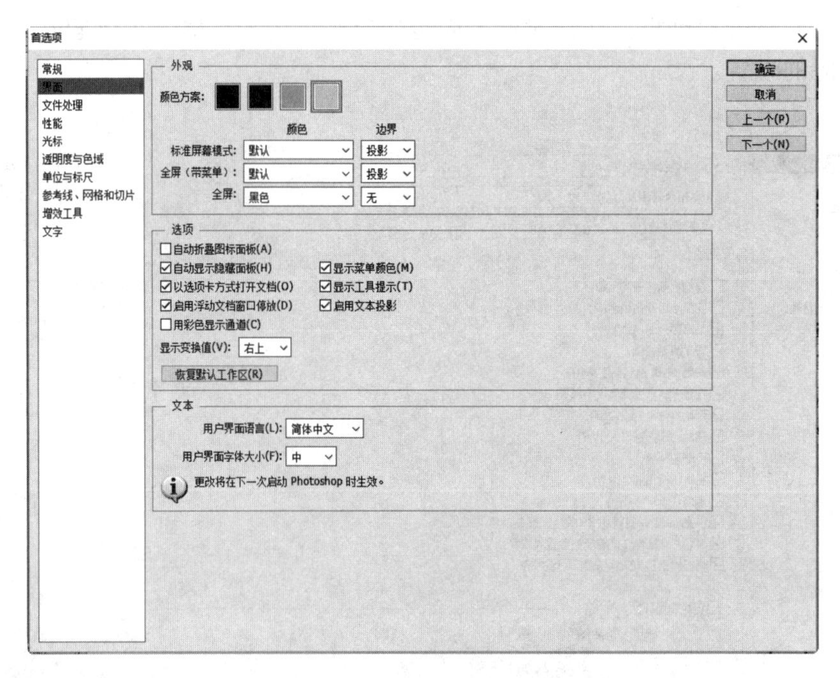

图 2-88　“首选项—界面”对话框

“首选项—界面”对话框中的各项含义如下：

(1) 外观：对软件的一些外观设置进行选取。

① 颜色方案：可以选择不同的界面颜色方案。

② 标准屏幕模式：用来设置工作界面显示状态为“标准屏幕模式”时的“颜色”和“边界”。

③ 全屏(带菜单)：用来设置工作界面显示状态为“全屏(带菜单)”时的“颜色”和“边界”。

④ 全屏：用来设置工作界面显示状态为“全屏”时的“颜色”和“边界”。

(2) 选项：对软件的基本设置进行选取。

① 用彩色显示通道：勾选该复选框，可以将通道预览框中的图像以通道对应的颜色显示。

② 显示菜单颜色：勾选该复选框，可以在菜单中以不同颜色来突出不同命令类型。

③ 显示工具提示：勾选该复选框，将鼠标光标移动到工具上时，会在光标下面显示该工具的相关信息，如图 2-89 所示。

图 2-89　显示工具提示

④ 自动折叠图标面板：勾选该复选框，可以自动折叠调板图标。

⑤ 自动显示隐藏面板：鼠标滑过时显示隐藏调板。

⑥ 以选项卡方式打开文档：确定打开文档的显示方式是用选项卡还是浮动的形式。

⑦ 启用浮动文档窗口停放：允许拖动浮动窗口到其他文档中以选项卡方式显示。

(3) 文本：用来设置软件显示的语言和字体。

① 用户界面语言：设置使用的语言。

② 用户界面字体大小：用来设置软件中字体的大小。

2.5.3　文件处理

执行菜单中的“编辑”→“首选项”→“文件处理”命令，可以打开如图 2-90 所示的“首选项—文件处理”对话框，在该对话框中可以对软件中处理的文件进行存储设置和兼容性设置等。

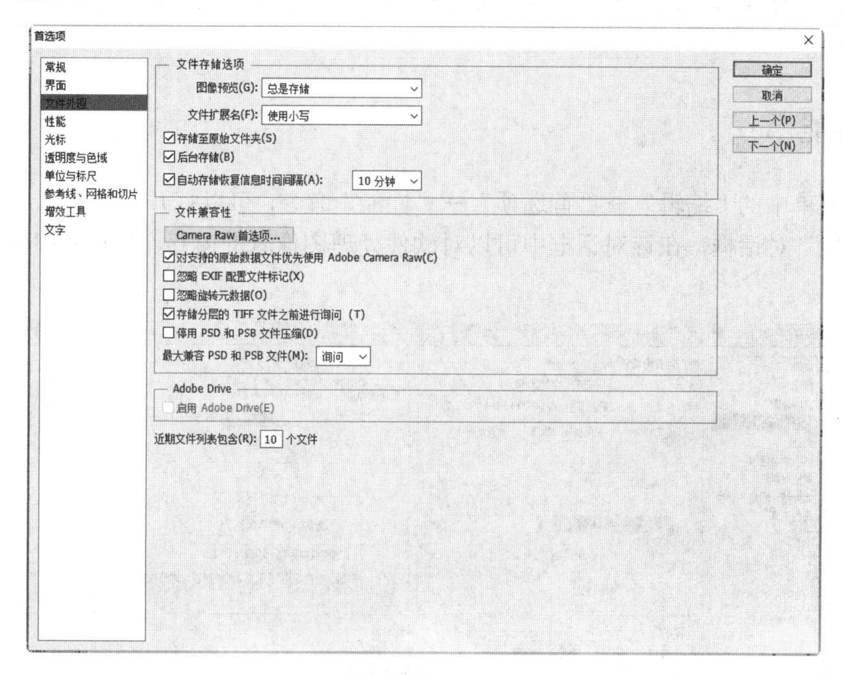

图 2-90　“首选项—文件处理”对话框

“首选项—文件处理”对话框中的各项含义如下：

(1) 文件存储选项：对文件的存储进行相应的设置。

① 图像预览：用来选择存储图像时是否保存图像的缩略图，其下拉列表中包含“总不存储”、“总是存储”和“存储时询问”。存储后，再执行“打开”命令时，缩览图会显示在对话框的底部。

提示： 使用 Photoshop 另存为图像时，在“存储为”对话框中可以勾选“缩略图”选项来查看图像预览。

② 文件扩展名：用来选择文件扩展名的大写或小写。

(2) 文件兼容性：用来对不同文件的兼容性进行设置。

① Camera Raw 首选项：单击该按钮会打开“Camera Raw 首选项”对话框，在其中可以设置相应的选项。

② 对支持的原始数据文件优先使用 Adobe Camera Raw：勾选该复选框，默认情况下，系统会使用 Adobe Camera Raw 而非其他软件打开原始数据文件。

③ 忽略 EXIF 配置文件标记：勾选该复选框，在保存文件时可忽略关于色彩空间的 EXIF 配置文件标记。

④ 存储分层的 TIFF 文件之前进行询问：勾选该复选框，在保存 TIFF 文件时会弹出询问对话框。

⑤ 最大兼容 PSD 和 PSB 文件：可以最大限度地将 PSD 和 PSB 文件应用于其他文件或 Photoshop 的其他版本。

(3) 启用 Adobe Drive：勾选该复选框，会自动启用 Adobe Drive 嵌入功能链接。

(4) 近期文件列表包含：用来设置近期打开的文件数目。

提示：执行菜单中的“文件”→“最近打开文件”命令，在下拉列表中可以看到最近打开的文件。

2.5.4　性能

执行菜单中的“编辑”→“首选项”→“性能”命令，可以打开如图 2-91 所示的“首选项—性能”对话框，在该对话框中可以对软件处理图像时的内存、暂存空间和历史记录进行设置。

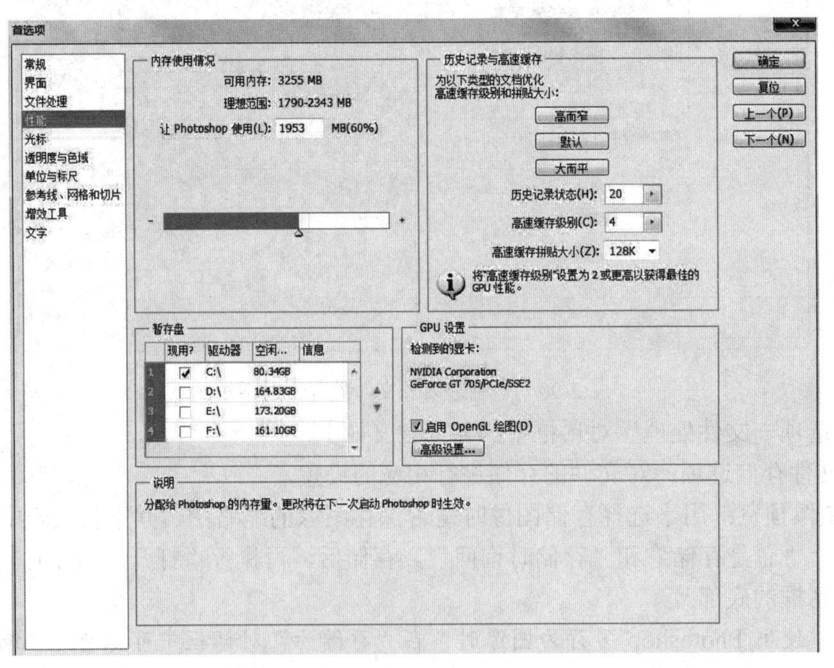

图 2-91　“首选项—性能”对话框

“首选项—性能”对话框中的各项含义如下：

(1) 内存使用情况：用来分配给 Photoshop 软件的内存使用量。

技巧：要获得 Photoshop 的最佳性能，建议将计算机的物理内存占用的最大数量值设置在 50%～75%之间。

(2) 历史记录与高速缓存：对工作中的历史记录和快速存储进行设置。

① 高而窄：适用于对图层多(几十或几百)而文档小的文档。

② 默认：适用于常规用途。

③ 大而平：适用于图层少的大型文档(数亿像素)。

④ 历史记录状态：用来设置“历史记录”调板中可以保留的历史记录的数量。系统默认值为 20，数值越大，保留的历史记录就越多，但是会消耗更多的系统资源。历史记录的数量最大值为 1000。

⑤ 高速缓存级别：用来设置高速缓存的级别。在进行颜色调整或图层调整时，Photoshop 使用高速缓存来快速更新屏幕。

(3) 暂存盘：在处理图像时，如果系统没有足够的内存来执行命令，系统会将硬盘分区作为虚拟内存使用。Photoshop 要求一个暂存盘的大小至少是打算处理的最大图像大小的三倍到五倍。可以按照硬盘分区设置多个暂存盘。

技巧：在设置暂存盘时，最好不要将第一暂存空间设置到 Photoshop 的安装盘中，这样会影响 Photoshop 的工作性能。

(4) GPU(图形处理器)设置：用来设置硬件加速设备的使用，可以启动 OpenGL 绘图功能。

提示：GPU 设置区中的“启用 OpenGL 绘图”复选框只有显卡达到要求时才可用，建议为计算机配置一个好一点的独立显卡。

2.5.5　光标

执行菜单中的“编辑”→“首选项”→“光标”命令，可以打开如图 2-92 所示的“首选项—光标”对话框，在该对话框中可以对软件处理图像时使用的工具图标进行相应的显示设置。

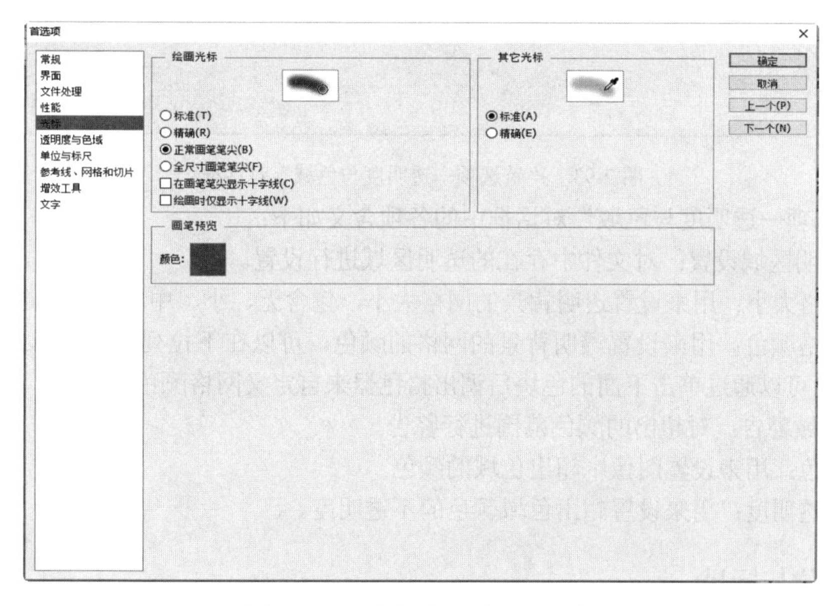

图 2-92　“首选项—光标”对话框

“首选项—光标”对话框中的各项含义如下：

(1) 绘图光标：可以选择其下的单选框来设置使用画笔绘画时的笔尖效果。选择不同选项后，可以在右边的预览框中看到画笔笔尖效果。勾选“在画笔笔尖显示十字线”复选框时，会在笔尖中心显示一个十字符号，该选项只有在选择“正常画笔笔尖”和“全尺寸画笔笔尖”选项时才会被激活。

(2) 其他光标：用来设置其他工具的光标效果，可以在右边的预览框中看到选择不同单选框时的效果。

2.5.6　透明度与色域

执行菜单中的“编辑”→“首选项”→“透明度与色域”命令，可以打开如图 2-93 所示的“首选项—透明度与色域”对话框，在该对话框中可以对图像的透明区域和色域进行设置。

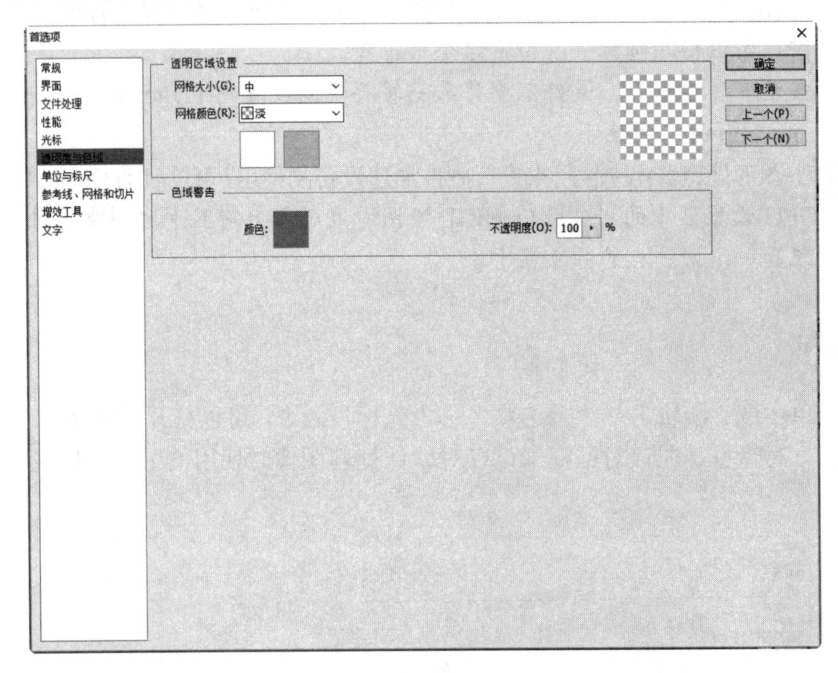

图 2-93　“首选项—透明度与色域”对话框

“首选项—透明度与色域”对话框中的各项含义如下：

(1) 透明区域设置：对文件中存在的透明区域进行设置。

① 网格大小：用来设置透明背景的网格大小，包含无、小、中和大 4 个选项。

② 网格颜色：用来设置透明背景的网格的颜色，可以在下拉列表中选择预设好的网格颜色，也可以通过单击下面的色块后调出拾色器来自定义网格颜色。

(2) 色域警告：对超出的颜色范围进行警告。

① 颜色：用来设置图像中超出色域的颜色。

② 不透明度：用来设置超出色域颜色的不透明度。

2.5.7　单位与标尺

执行菜单中的“编辑”→“首选项”→“单位与标尺”命令，可以打开如图 2-94 所示的“首选项—单位与标尺”对话框，在该对话框中可以对打开文件的显示单位和标尺进行相应的设置。

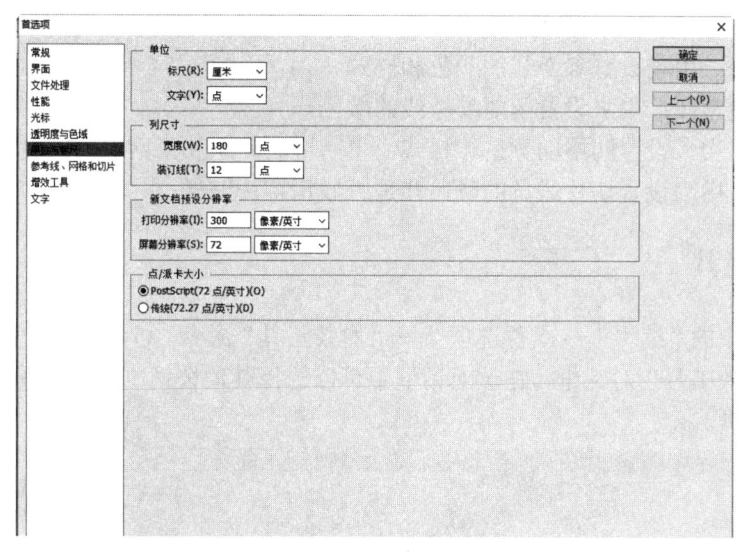

图 2-94　“首选项—单位与标尺”对话框

“首选项—单位与标尺”对话框中的各项含义如下：

(1) 单位：用来设置标尺与文字的单位。

(2) 列尺寸：用来精确确定图像尺寸。在用于打印或装订时就需要设置“列标尺”中的“宽度”和“装订线”。

(3) 新文档预设分辨率：用来为新建的文档预设“打印分辨率”和“屏幕分辨率”。

(4) 点/派卡大小：用来选择 PostScript(72 点/英寸)标准还是传统(72.27 点/英寸)标准。

2.5.8　参考线、网格和切片

执行菜单中的“编辑”→“首选项”→“参考线、网格和切片”命令，可以打开如图 2-95 所示的“首选项—参考线、网格和切片”对话框，在该对话框中可以对参考线、网格等复制工具进行设置。

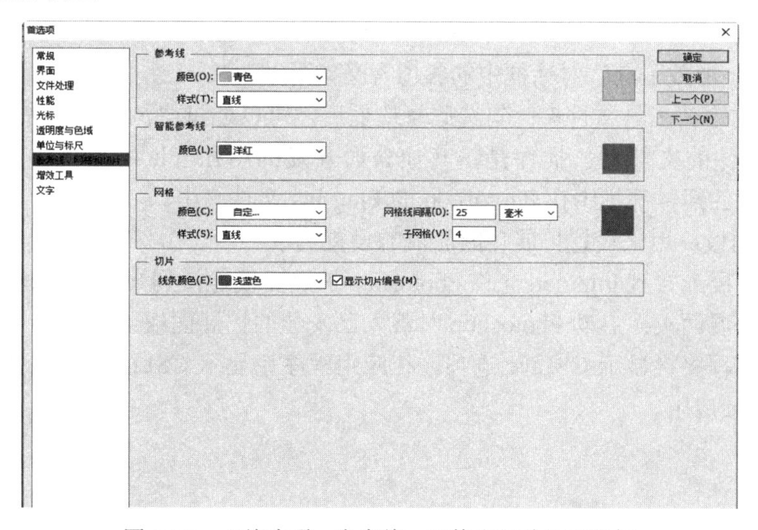

图 2-95　“首选项—参考线、网格和切片”对话框

“首选项—参考线、网格和切片”对话框中的各项含义如下：

(1) 参考线：用来设置参考线的颜色和样式。

(2) 智能参考线：用来设置智能参考线的颜色。

(3) 网格：用来设置网格的颜色、样式、主网格的间距和子网格的密度。

(4) 切片：用来设置切片线条的颜色和是否显示切片编号。

2.5.9　增效工具

执行菜单中的“编辑”→“首选项”→“增效工具”命令，可以打开如图 2-96 所示的“首选项—增效工具”对话框，在该对话框中可以选择其他公司制作的滤镜插件和设置老版本的增效工具。

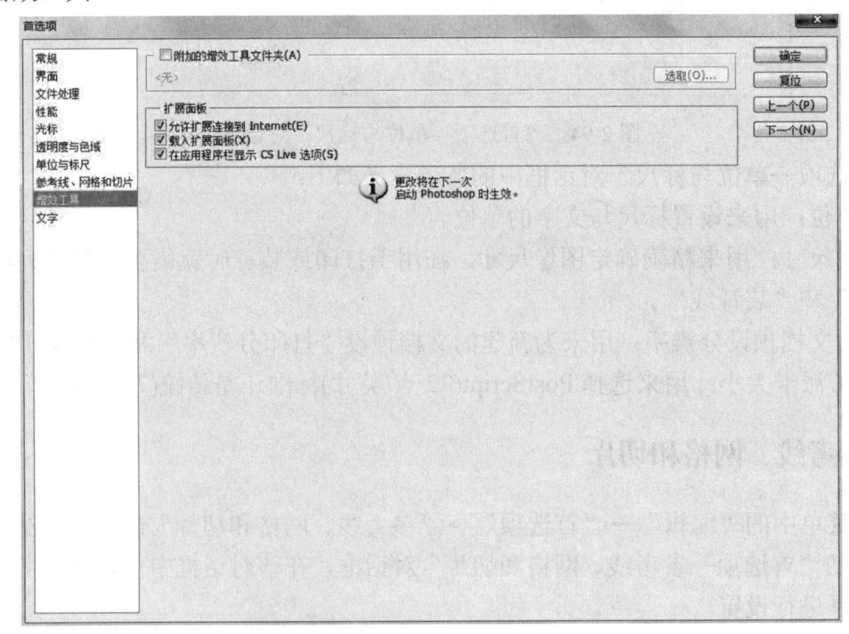

图 2-96　“首选项—增效工具”对话框

“首选项—增效工具”对话框中的各项含义如下：

(1) 附加的增效工具文件夹：勾选此复选框后，可以通过“浏览文件夹”对话框选择另一个存储插件的文件夹。插件是由其他公司开发的用在 Photoshop 中的增效滤镜。Photoshop 自带的插件都集中在 Photoshop 的 Plug-Ins 文件夹中。

(2) 扩展面板：用来设置扩展功能面板的设置选项。

① 允许扩展连接到 Internet：允许 Photoshop 扩展面板连接到 Internet 以获取新的信息。

② 载入扩展面板：启动 Photoshop 时载入已安装的扩展面板。

③ 在应用程序栏显示 CSLive 选项：在应用程序栏显示 CSLive 选项，此时“载入扩展面板”也必须启用。

2.5.10　文字

执行菜单中的“编辑”→“首选项”→“文字”命令，可以打开如图 2-97 所示的“首选项—文字”对话框，在该对话框中可以对相关的文字选项进行设置。

“首选项”→“文字”对话框中的各项含义如下：

(1) 文字选项：用来对处理图像中的修饰文字进行相应的设置。

(2) 使用智能引号：勾选此复选框后，输入文本使用弯曲的引号替代直引号。

(3) 显示亚洲字体选项：勾选此复选框后，可在字体下拉列表中显示中文、日文和韩文的字体选项。

(4) 启用丢失字形保护：勾选此复选框后，可以自动替换丢失的字体。

(5) 以英文显示字体名称：勾选此复选框后，在字体下拉列表中显示的字体用英文来代替。

(6) 字体预览大小：用来设置字体下拉列表中字体显示的大小，其中包括小、中、大、特大和超大 5 种。

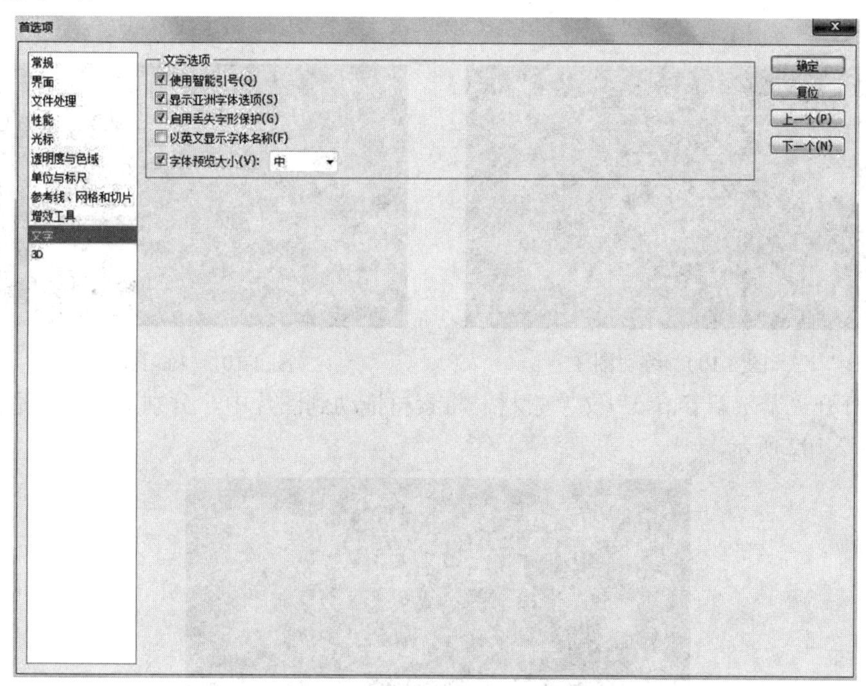

图 2-97　“首选项—文字”对话框

综合练习　制作新春桌面

制作新春桌面的步骤如下：

(1) 打开“背景.jpg”和“灯笼.psd”素材，将图片文件并列显示在屏幕中或浮动显示图片，选择工具箱中的移动工具，将灯笼素材拖动到背景图中，放置于图片中合适的位置，如图 2-98 所示。

制作新春桌面

(2) 关闭灯笼素材，在背景素材中，在图层面板中选中灯笼所在图层，按下[Alt]键，利用移动工具复制灯笼图层并移动到合适位置，效果如图 2-99 所示。

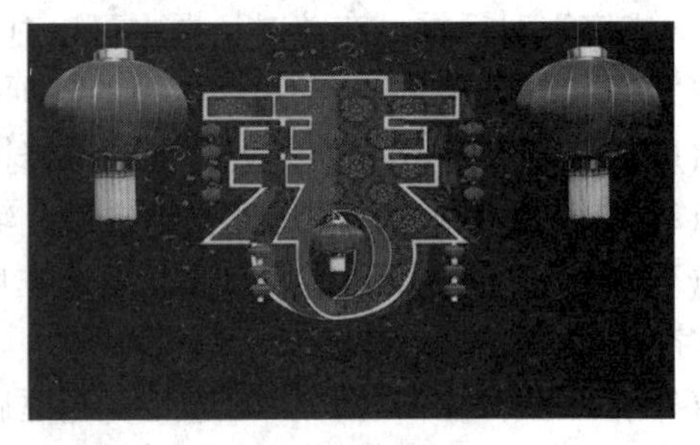

图 2-98　练习图 1　　　　图 2-99　练习图 2

(3) 打开“鞭炮.psd”素材，将鞭炮拖动到图片中，并利用同样的方法复制 3 个同样的对象，分别调整到合适的位置，如图 2-100 所示。

(4) 打开“金童.psd”素材，将素材拖动到图片中，分别调整到合适的位置，效果如图 2-101 所示。

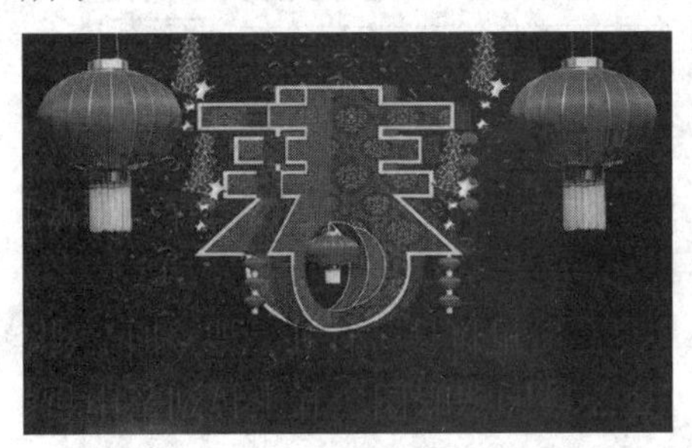

图 2-100　练习图 3

图 2-101　练习图 4

(5) 打开“恭贺新春.psd”文字素材，将素材拖动到图片中，分别调整到合适的位置，效果如图 2-102 所示。

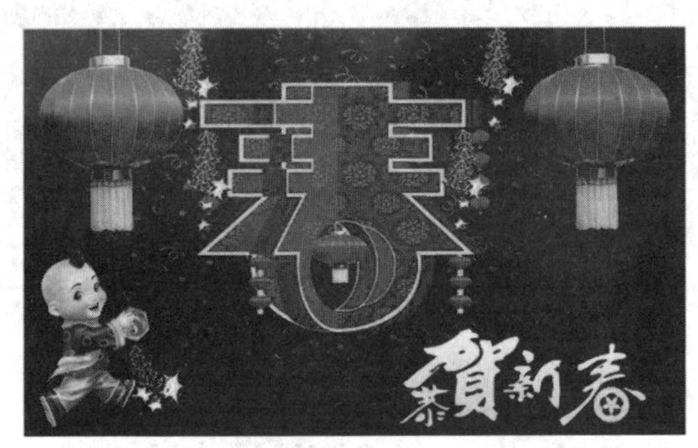

图 2-102　练习图 5

第3章 选区的运用

3.1 什么是选区

选区是指通过工具或者相应命令在图像上创建的选取范围。创建选区轮廓后，可以将选区内的区域进行隔离，以便复制、移动、填充或颜色校正。因此，要对图像进行编辑，首先要了解在Photoshop CS6中创建选区的方法和技巧。

设置选区时，特别要注意Photoshop软件是以像素为基础的，而不是以矢量为基础的。在以矢量为基础的软件中，可以用鼠标直接选择或者删除某个对象。而在Photoshop中，画布是以彩色像素或透明像素填充的。当在背景图层中删除选区内的像素时，会自动以工具箱中的背景颜色进行填充被删除区域；当在工作图层中删除选区内的像素时，会自动以透明像素显示在该选区内。创建的选区可以是连续的也可以是分开的。在图像中选取部分区域的方法，具体操作分为选区、工具路径、蒙版和通道几种，本章主要介绍选区工具的使用。

在Photoshop CS6中用来创建选区的工具主要分为创建规则选区与不规则选区两大类，它们分别集中在选框工具组、套索工具组和魔棒工具组中。

3.2 选取部分区域的方法

1. 通过选区工具选取

在Photoshop中，使用选区工具可以对图像进行快速选取，可以使用规则选区、不规则选区或快速创建选区工具来进行选取。使用选区选取图像的优点主要体现在灵活方便、操作简单，如图3-1所示。

图 3-1 使用选区选取局部图

2. 通过路径工具选取

在Photoshop中，使用路径工具对图像进行选取主要使用的是(钢笔工具)和(自由钢笔工具)。因为只有这两种路径工具可以随意创建路径，路径可以转换成选区，如图3-2所示。使用路径选取图像的优点是可以对图像的圆弧部位进行精确选取。按组合键[Ctrl+Enter]可将路径转换成选区。

3. 通过快速蒙版选取

在 Photoshop 中进入快速蒙版状态后，使用画笔或橡皮擦工具在蒙版中进行编辑，返回到标准模式后，即可将编辑区域以选区形式载入，如图 3-3 所示。使用快速蒙版选取图像可以对图像进行直观、精确的选取。

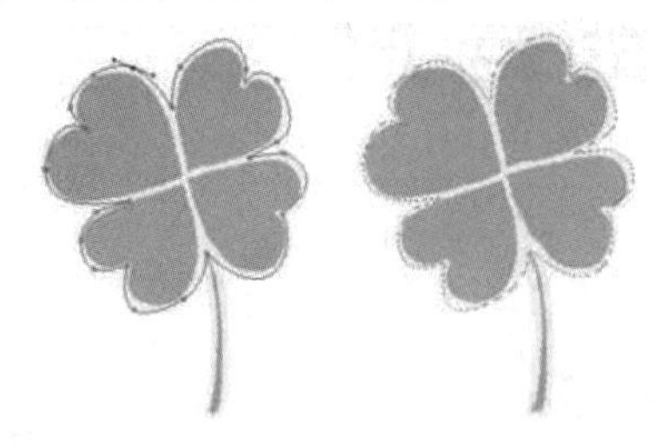

图 3-2　使用路径选取局部图像

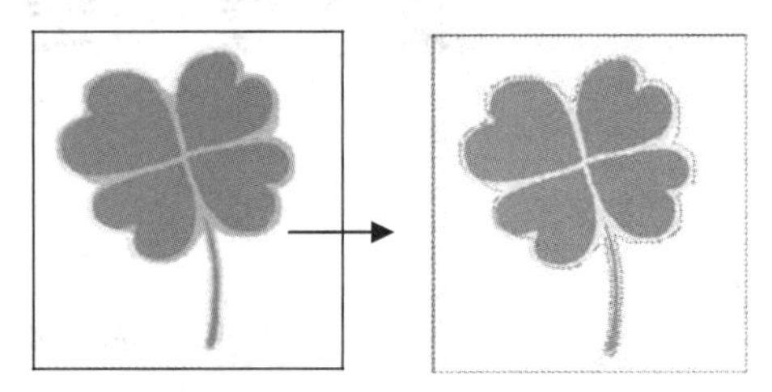

图 3-3　使用快速蒙版选取局部图像

4. 通过蒙版选取

在 Photoshop 中为当前图像添加蒙版后，可使用画笔或橡皮擦工具在蒙版中进行编辑，通过蒙版编辑的图像可以将选区以外的图像隐藏，如图 3-4 所示。使用蒙版选取图像的好处是不对当前图像的实际像素进行破坏。

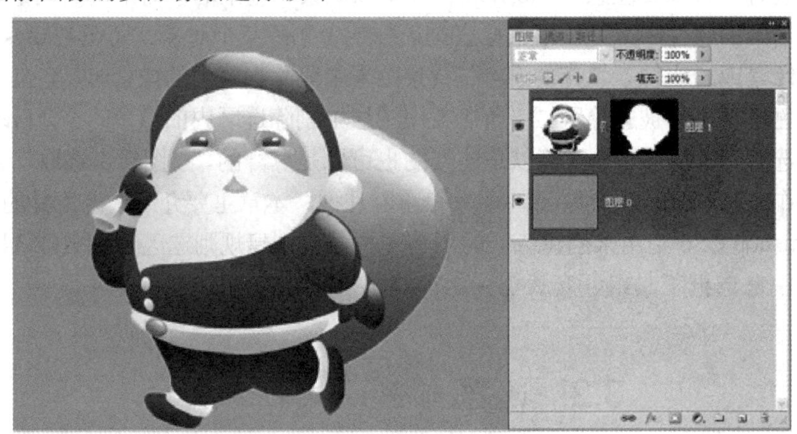

图 3-4　使用蒙版选取局部图像

5. 通过通道选取

在 Photoshop“通道”调板中，可以按不同的颜色通道，在预览中进行图像的选取，转换成选区后在原图中便可创建选区，如图 3-5 所示。使用通道选取图像的好处是可以对半透明的图像进行半透明选取。

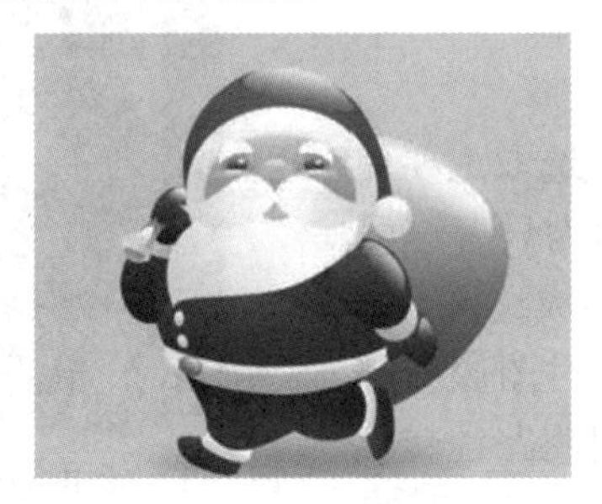

图 3-5　使用通道选取局部图像

3.3 创建规则选区的方法

本节主要学习用来创建规则几何选区的工具。使用选框工具组中的工具可以绘制出矩形选区、椭圆选区，以及包含一个像素的行与列选区，如图3-6所示。

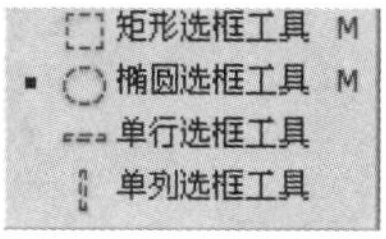

图3-6 矩形选区组

3.3.1 创建规则的几何选区

在Photoshop中用来创建矩形选区的工具只有(矩形选框工具)。矩形选框工具主要应用在对图像选区要求不太严格的图像操作中，创建选区的方法非常简单，在图像上选择一点，按住鼠标向对角处拖动，松开鼠标后便可创建矩形选区，如图3-7所示。

图3-7 创建矩形选区

技巧：*绘制矩形选区的同时按住[Shift]键，可以绘制出正方形选区。*

在工具箱中单击矩形选框工具后，Photoshop CS6的选项栏会变成矩形选框工具对应的选项栏，通过选项栏可以对选取的属性进行设置，如图3-8所示。

图3-8 矩形选框工具对应的选项栏

矩形选框工具选项栏的各项含义如下：

(1) 工具图标：用于显示当前使用工具的图标，单击右边的倒三角形图标可以打开“工具预设”选取器。

(2) 选框模式：包括新选区、添加到选区、从选区减去和与选区交叉。

(3) 羽化：可以将选择区域的边界进行柔化处理，在数值栏中输入数字即可。其取值范围为0～255像素。范围越大，填充或删除选区内的图像时边缘就越模糊。如图3-9～图3-11所示图像的羽化分别为0、10和40时清除背景图层选区内容后的效果。

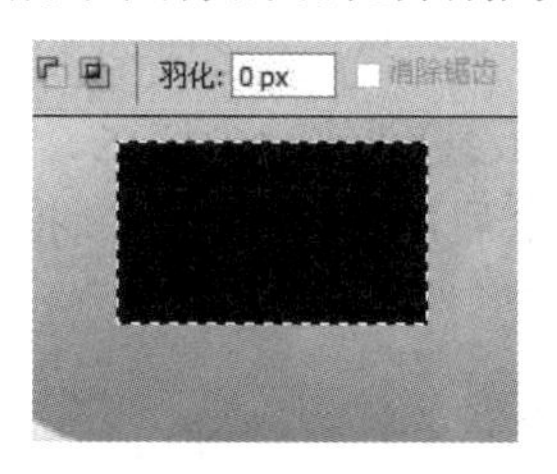

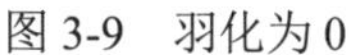
图3-9 羽化为0

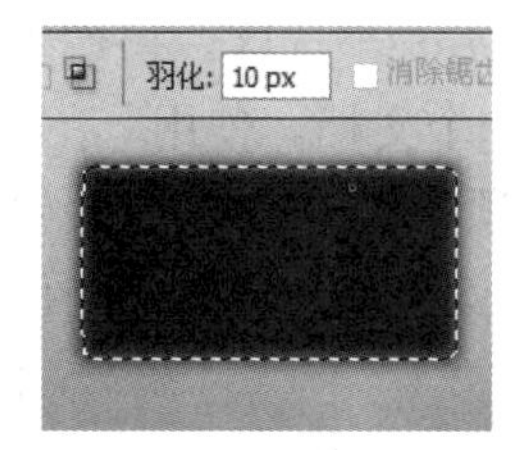

图3-10 羽化为10

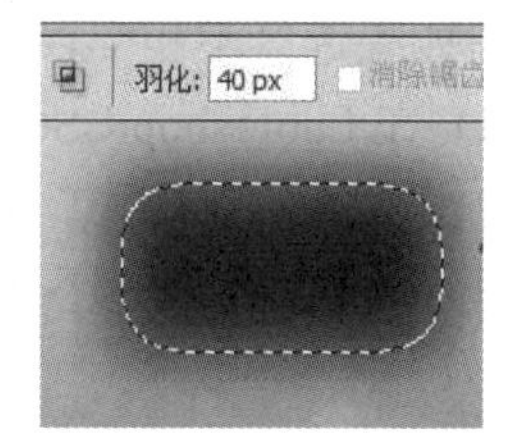

图3-11 羽化为40

(4) 消除锯齿：平滑选区边缘，只应用于椭圆选框工具。

(5) 样式：用来规定绘制矩形选区的形状，包括正常、固定长宽比例和固定大小。

① 正常：选区的标准状态，也是最常用的一种状态。拖曳鼠标可以绘制任意的矩形。

② 固定比例：用于输入矩形选区的长宽比例，默认状态下比例为1∶1。如图3-12所

示长宽比例为 1∶2 的矩形选区。

③ 固定大小：通过输入矩形选区的长宽大小，可以绘制精确的矩形选区。如图 3-13 所示的图像为长 100 像素、宽 100 像素的矩形选区。

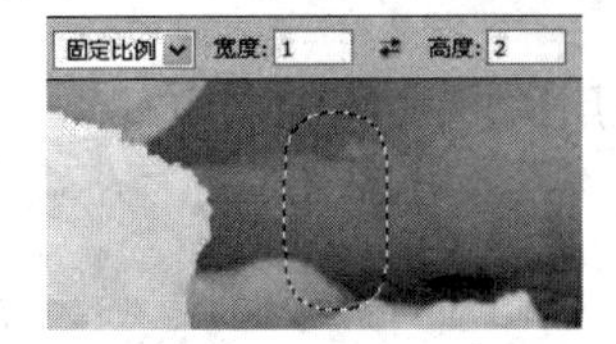

图 3-12　长宽为 1∶2 的矩形选区

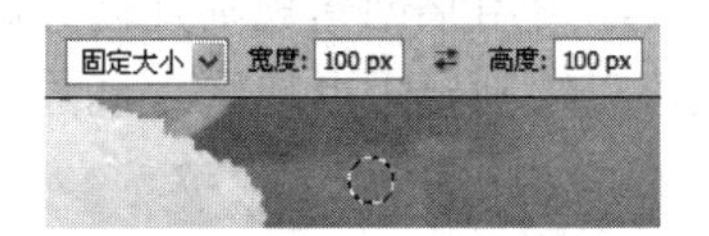

图 3-13　固定大小为 100 像素的矩形选区

(6) 调整边缘：用来对已绘制的选区进行精确调整。绘制选区后单击该按钮，即可打开如图 3-14 所示的“调整边缘”对话框。

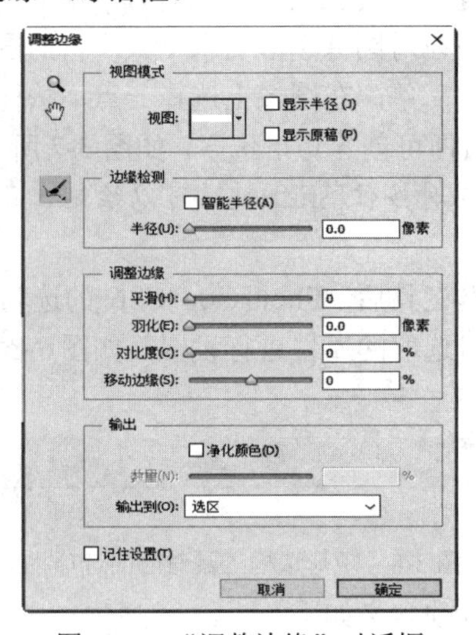

图 3-14　“调整边缘”对话框

提示：工具箱中的许多工具其选项栏的用法大致相同，以后再介绍工具属性时，只介绍该工具特有的属性选项。

下面对选框模式中的几种选项的具体操作步骤进行介绍。

1. 添加到选区

在已存在选区的图像中拖动鼠标绘制新选区，如果与原选区相交，则组合成新的选择区域；如果选区不相交，则新创建另一个选区。操作步骤如下：

(1) 在 Photoshop CS6 中新建一个文档。使用 (矩形选框工具)创建一个选区。

(2) 选择矩形选框工具，在选项栏中单击添加到选区按钮 后，在页面中重新拖动创建另一个选区。两个选区相交时，效果如图 3-15 所示。

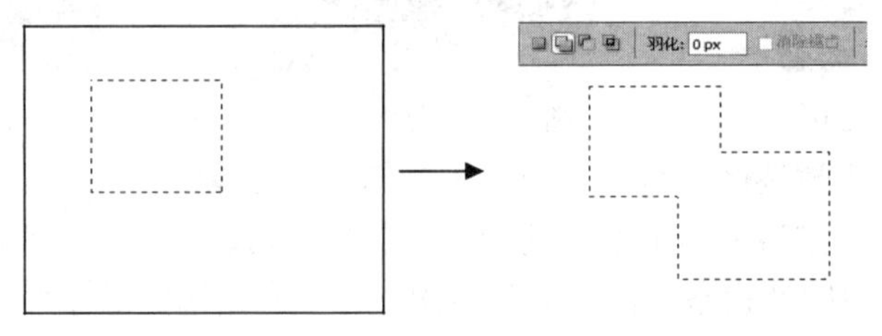

图 3-15　创建添加到选区(相交时)

(3) 再选择(矩形选框工具)，在选项栏中单击添加到选区按钮后，在页面中重新拖动创建另一个选区，两个选区不相交时，效果如图 3-16 所示。

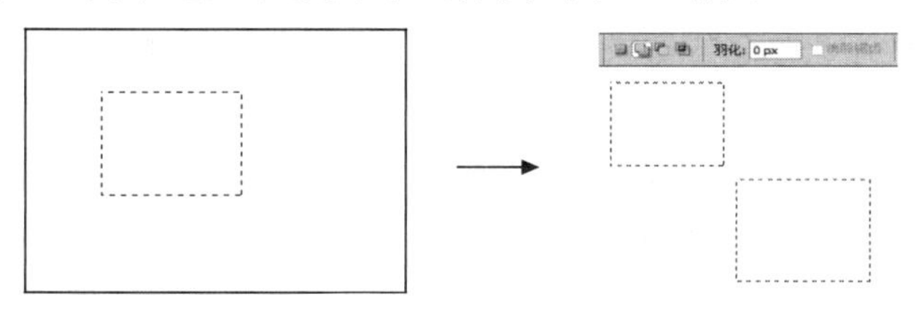

图 3-16 创建添加到选区(不相交时)

2. 从选区减去

在已存在选区的图像中拖动鼠标绘制新选区，如果选区相交，则合成的选择区域会剔除相交的区域；如果选区不相交，则不能绘制出新选区。具体操作步骤如下：

(1) 在 Photoshop CS6 中新建一个文档。使用(矩形选框工具)创建一个选区。

(2) 再次选择，在选项栏中单击从选区减去按钮后，在页面中重新拖动创建另一个选区，两个选区相交时，效果如图 3-17 所示。如果两个选区不相交，那么将不能绘制出新选区。

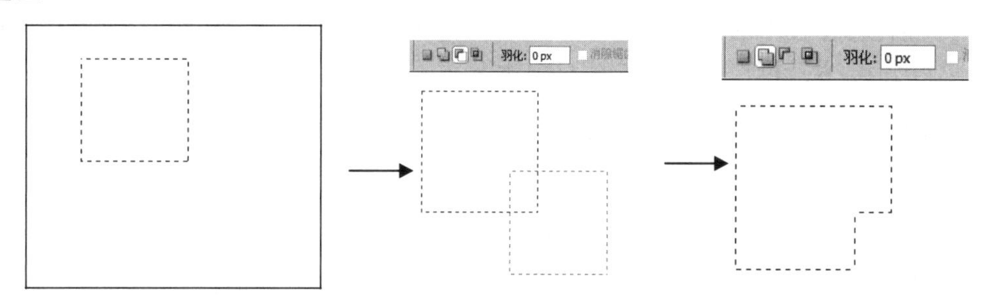

图 3-17 创建从选区减去

3. 与选区交叉

在已存在选区的图像中拖动鼠标绘制新选区，如果选区相交，则合成的选择区域会只留下相交的部分；如果选区不相交，则不能绘制出新选区。具体操作步骤如下：

(1) 在 Photoshop CS6 中新建一个文档。使用 (矩形选框工具)创建一个选区。

(2) 再次使用，在选项栏中单击与选区交叉按钮后，在页面中重新拖动创建另一个选区，两个选区相交时，效果如图 3-18 所示。如果两个选区不相交，那么将不能绘制出新选区。

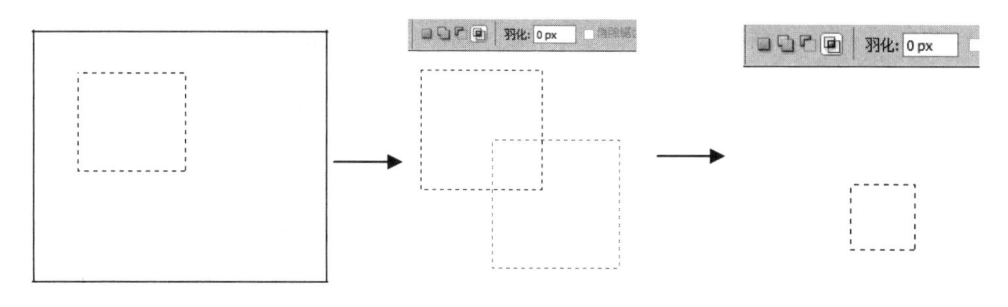

图 3-18 与选区交叉

3.3.2　创建椭圆选区

在 Photoshop 中用来创建椭圆选区的工具只有(椭圆选框工具)，使用该工具可以在页面中创建正圆或椭圆选区。使用在图像中绘制椭圆选区后的效果如图 3-19 所示。

技巧：绘制椭圆选区的同时按住[Shift]键，可以绘制出正圆形选区，如图 3-20 所示。按住[Alt]键，可以从中心开始绘制椭圆形。

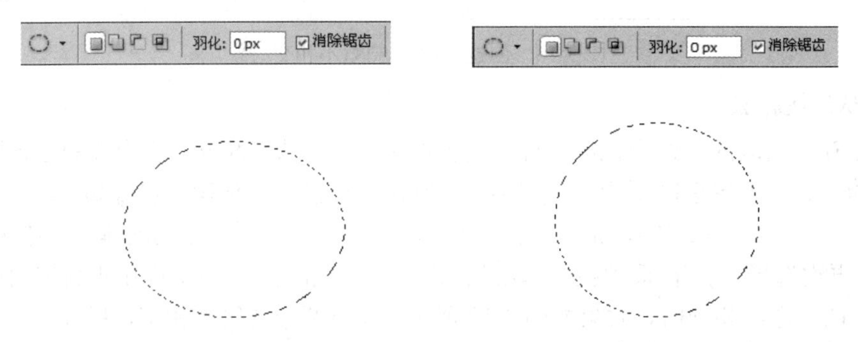

图 3-19　创建椭圆选区　　　　图 3-20　创建正圆形选区

(椭圆选框工具)的使用方法及选项栏与(矩形选框工具)大致相同，此时选项栏中的“消除锯齿”复选框被激活，如图 3-21 所示。

图 3-21　椭圆选框工具选项栏

椭圆选框工具选项栏中的选项含义如下：

消除锯齿：选择椭圆选框工具后，“消除锯齿”复选框被激活。Photoshop 中的图像是由像素组成的，而像素实际上是正方形的色块，所以在进行圆形选取或其他不规则选取时就会产生锯齿边缘。消除锯齿的原理就是在锯齿之间填入中间色调，这样就从视觉上消除了锯齿现象，如图 3-22 所示。

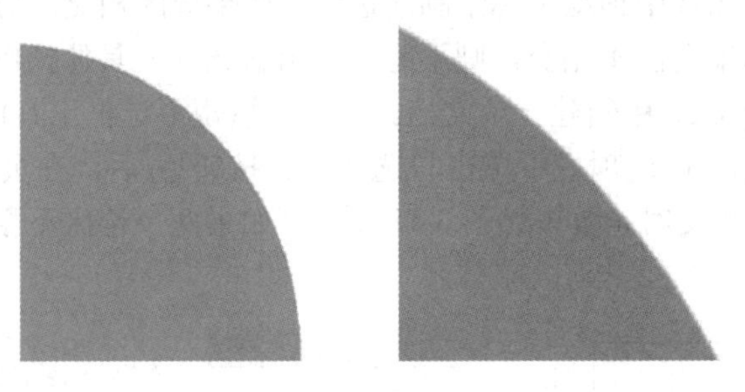

图 3-22　消除锯齿时的对比图

3.3.3　创建单行与单列选区

在 Photoshop 中使用(单行选框工具)在图像中单击或拖动，即可在页面中出现一个高度为一个像素的横向选区，如图 3-23 所示。使用(单列选框工具)在图像中单击或拖动，即可在页面中出现一个宽度为一个像素的纵向选区，如图 3-24 所示。

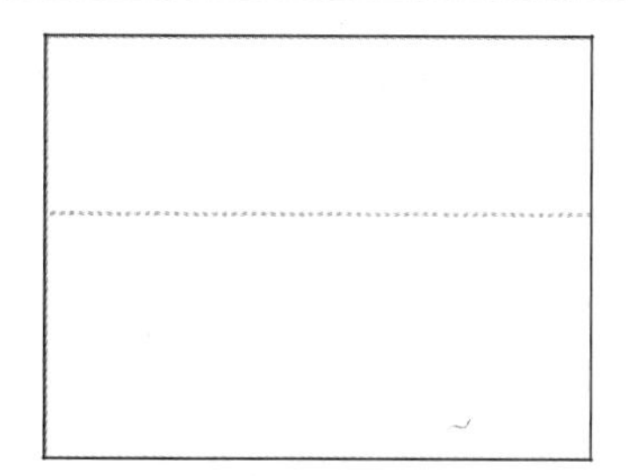

图 3-23　单行选区

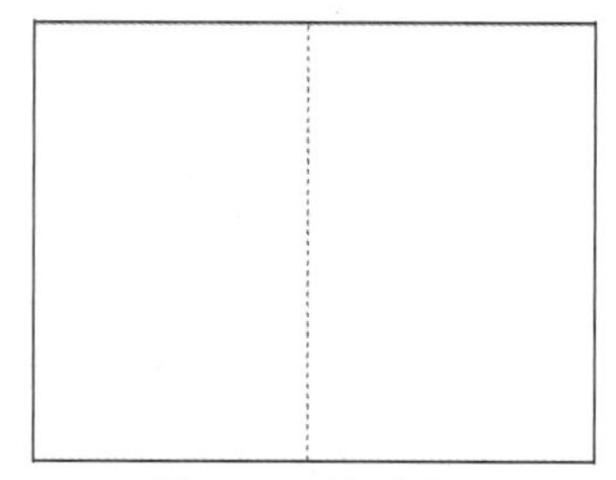

图 3-24　单列选区

提示：单行与单列的选项栏与矩形选框工具的选项栏功能一致，此处不再赘述。只有一点要注意的是，使用单行与单列创建选区时羽化值必须为 0。

范例 3-1　制作婚纱照模板。

(1) 按组合键[Ctrl + O]，打开“制作婚纱照模板”→“01.jpg”文件，单击“图层”调板下方的新创图层按钮，生成新的图层并将其命名为“白框”。在工具箱下方将前景色设为白色，如图 3-25 所示。按组合键[Alt + Delete]，用前景色填充图层，效果如图 3-26 所示。

图 3-25　设置前景色

图 3-26　填充前景色

制作婚纱照模板

(2) 选择椭圆选框工具，在图像窗口中绘制椭圆选区，如图 3-27 所示。选择菜单“选择”→“修改”→“羽化”命令，弹出“羽化选区”对话框，选项的设置如图 3-28 所示，单击“确定”按钮，羽化选区。

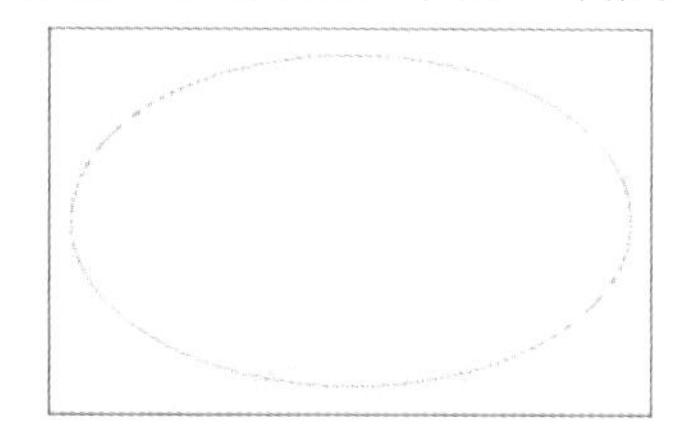

图 3-27　绘制椭圆选区

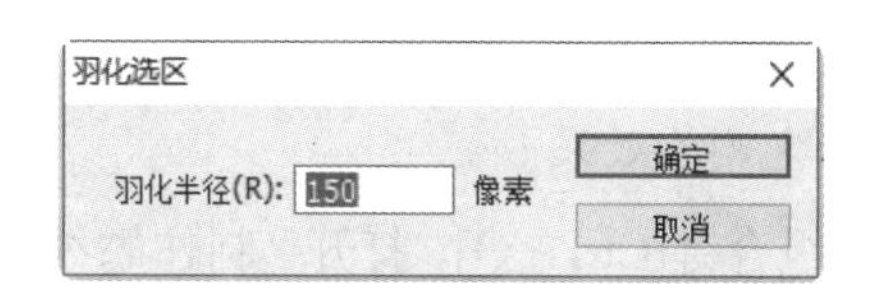

图 3-28　羽化选区(半径 150)

(3) 按[Delete]键删除选区中的图像，按组合键[Ctrl + D]，取消选区。图像效果如图 3-29 所示。

图 3-29　效果图 1

(4) 按组合键[Ctrl + O]，打开“制作婚纱照模板”→“02.jpg”文件，选择移动工具，将人物图片拖曳到图像窗口中适当的位置，效果如图 3-30 所示。在“图层”调板中生成新的图层并将其命名为“人物”。选择椭圆选框工具，在图像窗口中绘制椭圆选区，如图 3-31 所示。

图 3-30　添加人物图片

图 3-31　绘制椭圆选区

(5) 点击按钮 调整边缘... ，在弹出的“调整边缘”对话框中，选项的设置如图 3-32 所示，将羽化值设置为 60，单击“确定”按钮。按组合键[Shift + Ctrl + I]将选区反选，按[Delete]键删除选区中的图像，按组合键[Ctrl + D]取消选区。图像效果如图 3-33 所示。

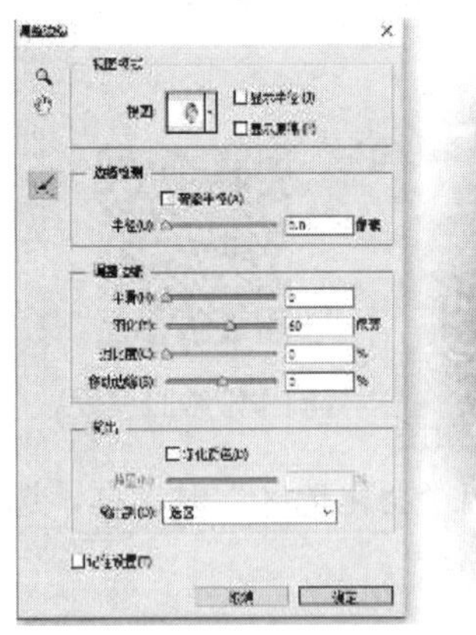

图 3-32　羽化选区(半径 60)

图 3-33　效果图 2

提示：选区反选后，按[Delete]键删除选区中的图像这个操作可以做多次，根据需要删除的效果确定删除效果。

(6) 按组合键[Ctrl + O]，打开“制作婚纱照模板”→“03.psd”文件，选择移动工具，将图片拖曳到图像窗口中适当的位置，调整其大小，效果如图 3-34 所示。至此，婚纱照片模板完成。

图 3-34　效果图 3

3.4 创建不规则选区

本节主要学习用来创建不规则选区工具的使用方法与性能。在 Photoshop CS6 中，不规则选区指的就是通过工具创建的随意性选区，这类选区不受几何形状局限，可以使用鼠标随意拖动或通过计算而自动形成的一个或多个选区。用来创建不规则选区的工具被集中在套索工具组与快速选择工具组内，如图 3-35 所示。

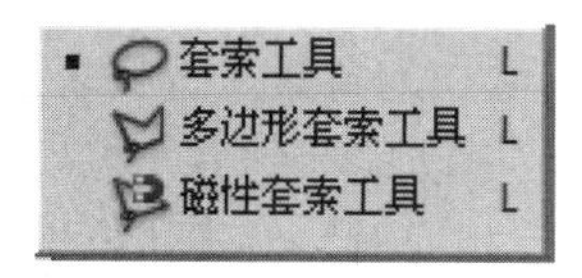

套索工具组

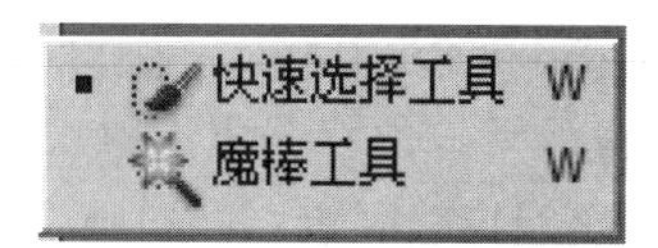

快速选择工具组

图 3-35 创建不规则选区的工具

3.4.1 创建任意形状的选区

在 Photoshop 中可以创建任意形状选区的工具为(套索工具)。使用可以通过鼠标位置的变换来创建选区，该工具最大的特点是创建选区时随意性强并且使用简单，通常用于创建不太精确的选区。使用该工具创建选区的方法非常简单，操作起来就好比在手中拿着一支笔在纸上绘制一样，绘制时只要选择起点后按住鼠标左键移动位置，松开后即可创建选区，如图 3-36 所示。

图 3-36 使用套索工具创建选区

技巧： 使用套索工具创建选区的过程中，当起点与终点不相交时松开鼠标，此时系统会自动按照选择的起点与当前的终点进行连接，创建封闭选区。

在工具箱中选择(套索工具)后，选项栏会变成该工具对应的选项设置，如图 3-37 所示。

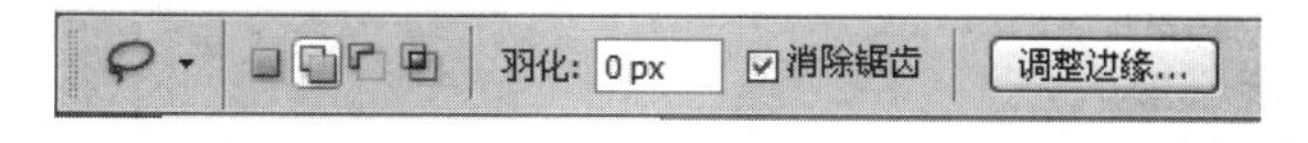

图 3-37 套索工具选项栏

3.4.2 创建多边形选区

在 Photoshop 中用来创建多边形选区的工具主要包括(多边形套索工具)和(磁性

套索工具)。

提示：当要使用的工具处于工具组中的隐藏状态时，只要使用鼠标在该组显示的工具图标中单击鼠标右键，即可在弹出的工具组中找到要使用的工具。

1. 多边形套索工具

在 Photoshop 中使用(多边形套索工具)可以在当前的文档中创建不规则的多边形选区。通常用来创建较为精确的选区。创建选区的方法也非常简单，在不同位置上单击鼠标，即可将两点以直线的形式连接，起点与终点相交时单击即可得到选区。

使用创建选区的步骤如下：

(1) 在 Photoshop CS6 中打开一张自己喜欢的图像作为背景，选择多边形套索工具。

(2) 根据图像的特点选择一点后单击鼠标左键，拖动鼠标到另一点后，再单击鼠标，沿图像的边缘依次创建选区点，直到最后终点与起点相交时，双击鼠标即可创建多边形选区，如图 3-38 所示。

图 3-38　创建多边形选区

技巧：使用多边形套索工具创建选区的过程中，按住[Shift]键时，可以沿水平、垂直或相对成 45 度角的方向绘制选区线；当起点与终点不相交时，双击鼠标或按住[Ctrl]键的同时单击鼠标，即可创建封闭选区，连接虚线以直线的方式体现。

2. 磁性套索工具

在 Photoshop 中使用(磁性套索工具)可以在图像中自动捕捉具有反差颜色的图像边缘，并以此来创建选区，此工具常用于背景复杂但边缘对比度较强烈的图像。创建选区的方法也非常简单，在图像中选择起点后沿边缘拖动即可自动创建选区。

使用创建选区的过程如下：

(1) 在 Photoshop CS6 中打开一张自己喜欢的图像作为背景，选择。

(2) 根据图像反差的特点选择一点后单击鼠标左键，沿边缘拖动鼠标，直到最后终点与起点相交时，双击鼠标即可创建多边形选区，如图 3-39 所示。

图 3-39　使用磁性套索工具创建多边形选区

在工具箱中选择磁性套索工具后，选项栏会变成该工具对应的选项设置，如图 3-40 所示。

图 3-40　磁性套索工具选项栏

磁性套索工具选项栏的各项含义如下：

(1) 宽度：用于设置磁性套索工具在选取图像时的探查距离。输入的数值越大，探查的图像边缘范围就越广。可输入的数值范围为 1～256。

(2) 对比度：用于设置磁性套索工具的敏感度。数值越大，边缘与周围环境的要求就越高，选区就越不精确。可输入的数值范围为 1%～100%。

(3) 频率：使用磁性套索工具时会出现许多小矩形标记对选区进行固定，以确保选区不变形。输入的数值越大，则标记越多，套索的选区范围越精确。可输入的数值范围为 1～100。

(4) 钢笔压力：如果使用绘图板创建选区，则单击该按钮后，系统会自动根据绘图笔创建多边形选区的压力来改变宽度。

技巧：使用磁性套索工具创建选区时，单击鼠标也可以创建矩形标记点，用来确定精确的选区；按键盘上的[Delete]键或[Backspace]键，可按照顺序撤销矩形标记点；按[Esc]键消除未完成的选区。

练习：简单抠图技巧——为不规则图像抠图。

本次练习主要让大家了解通过多边形套索工具在图像中为局部进行快速抠图的方法。

(1) 打开图片，在工具箱中选择多边形套索工具，如图 3-41 所示。

(2) 在选项栏中设置羽化为 1 像素，在人物的手指部选择起始点单击鼠标，拖动鼠标到另一点后，再次点击鼠标。

(3) 沿人物的边缘依次创建选区线，当终点与起点相交时，单击鼠标即可创建首个选区，如图 3-42 所示。

图 3-41　选择工具

图 3-42　创建的选区

(4) 此时抠图的范围也包括人物两腿之间的天空部位，继续使用多边形套索工具对天空进行刨除。首先在选项栏中单击(从选区减去)按钮，将羽化设置为 1，在两腿之间与天空的边缘处选择被刨除的选区起点，如图 3-43 所示。

(5) 沿边缘依次创建选区线，当终点与起点相交时，单击鼠标即可创建刨除部分的选区，此时人物部分被抠出，使用(移动工具)即可将选区内的图像移动，如图 3-44 所示。

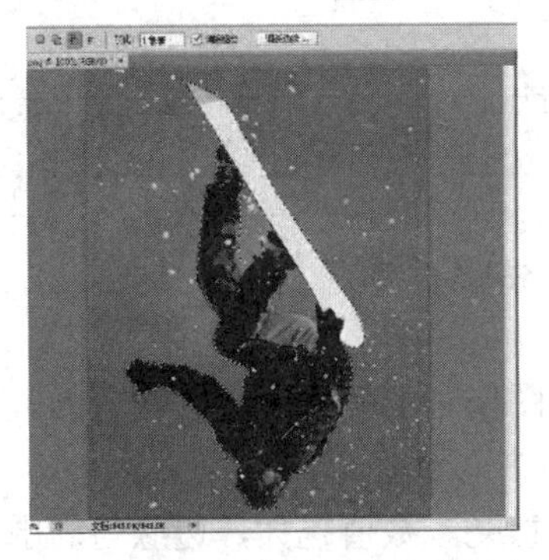

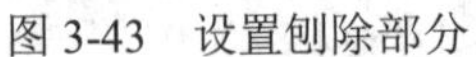

图 3-43　设置删除部分

图 3-44　完成抠图

技巧：使用多边形套索工具或磁性套索工具创建选区的过程中，双击鼠标即可在当前位置与起始点相交创建封闭选区；按[Ctrl]键单击同样会以当前点与起始点相连创建封闭选区。

3.4.3　魔棒工具

在 Photoshop 中使用(魔棒工具)能选取图像中颜色相同或相近的像素，像素之间可以是连续的也可以是不连续的。通常情况下使用(魔棒工具)可以快速创建图像颜色相近的选区，创建选区的方法非常简单，只要在图像中某个颜色像素上单击，系统便会自动以该选取点为样本创建选区，如图 3-45 所示。

在工具箱中选择魔棒工具后，选项栏会变成该工具对应的选项设置，如图 3-46 所示。

图 3-45　魔棒创建选区

取样大小：取样点　容差：32　消除锯齿　连续　对所有图层取样　调整边缘...

图 3-46　魔棒工具选项栏

魔棒工具选项栏中的各项含义如下：

(1) 容差：用来设置相同或相近像素的选取范围，在文本框中输入的数值越小，选取的颜色范围就越小；输入的数值越大，选取的颜色范围就越广。可输入的数值范围为 0～255，系统默认为 32。图 3-47 所示的图像分别是容差为 10 和 80 时的选区范围。

选取的范围较小　　选取的范围较大

图 3-47　容差比较

(2) 连续：勾选“连续”复选框后，选取范围只能是颜色相近的连续区域；不勾选“连续”复选框，选取范围可以是颜色相近的所有区域，效果如图 3-48 和图 3-49 所示。

图 3-48 选取相连的像素

图 3-49 选取所有相近的像素

(3) 对所有图层取样：当前文件为多图层时，勾选“对所有图层取样”复选框后，可以选取所有可见图层中的相同颜色像素；不勾选“对所有图层取样”复选框，只能在当前工作的图层中选取相同颜色区域。

范例 3-2 制作秋后风景。

制作秋后风景

(1) 按组合键[Ctrl + O]，打开“制作秋后风景”→“01.jpg”文件，图像效果如图 3-50 所示。按组合键[Ctrl + O]，打开“制作秋后风景”→“02.jpg”文件，图像效果如图 3-51 所示。选择魔棒工具，在属性框中取消勾选“连续”复选框，在蓝色背景区域单击鼠标生成选区，效果如图 3-52 所示。

图 3-50 01.jpg

图 3-51 02.jpg

图 3-52 生成选区

(2) 按组合键[Shift + Ctrl + I]将选区反选，如图 3-53 所示。选择移动工具，将选区中的图像拖曳到 01 文件窗口中适当的位置。按组合键[Ctrl + T]，周围图像出现变换框，将鼠标放置于变换框的控制手柄外边，光标变为旋转图标，如图 3-54 所示。拖曳鼠标将图像旋转至适当的位置，按[Enter]键确认操作，效果如图 3-55 所示。在“图层”调板中生成新的图层并将其命名为“稻草人”。

图 3-53 反选区

图 3-54 自由变换

图 3-55 调整位置

(3) 按组合键[Ctrl + O]，打开“制作秋后风景”→“03.jpg”文件，图像效果如图 3-56 所示。选择磁性套索工具，在蜻蜓图像的边缘单击鼠标，根据蜻蜓的形状拖曳鼠标，绘制一个闭合路径，路径自动转换为选区，如图 3-57 所示。选择移动工具，将选区中的图像拖曳到 01 文件窗口中适当的位置，如图 3-58 所示。在“图层”调板中生成新的图层并将其命名为“蜻蜓”。

图 3-56　03.jpg

图 3-57　创建选区

图 3-58　调整位置

(4) 将“蜻蜓”图层拖曳到“图层”调板下方的新建图层按钮上进行复制，生成新的图层“蜻蜓 副本”，如图 3-59 所示。选择移动工具，拖曳复制的蜻蜓到适合的位置，并运用组合键[Ctrl + T]和[Enter]键调整其大小和角度，效果如图 3-60 所示。

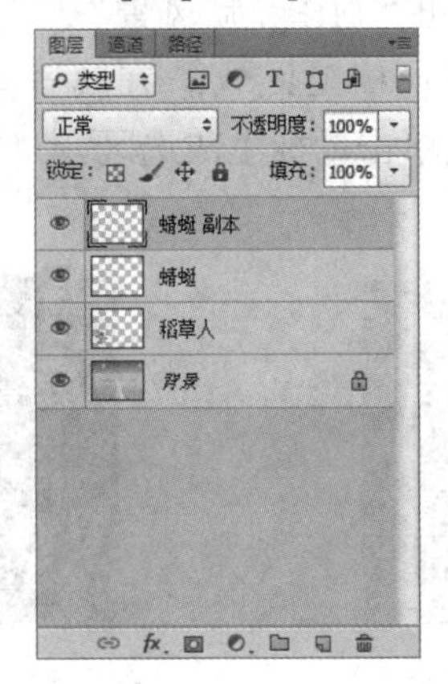

图 3-59　复制图层

图 3-60　复制并调整

(5) 按组合键[Ctrl + O]，打开“制作秋后风景”→“04.jpg”文件。选择磁性套索工具，在山丘图像的边缘单击鼠标，拖曳鼠标将山丘图像抠出，如图 3-61 所示。选择移动工具，拖曳选区中的图像到 01 文件窗口中适当的位置，如图 3-62 所示。在“图层”调板中生成新的图层并将其命名为“山丘”，如图 3-63 所示。

图 3-61　创建选区

图 3-62　调整位置

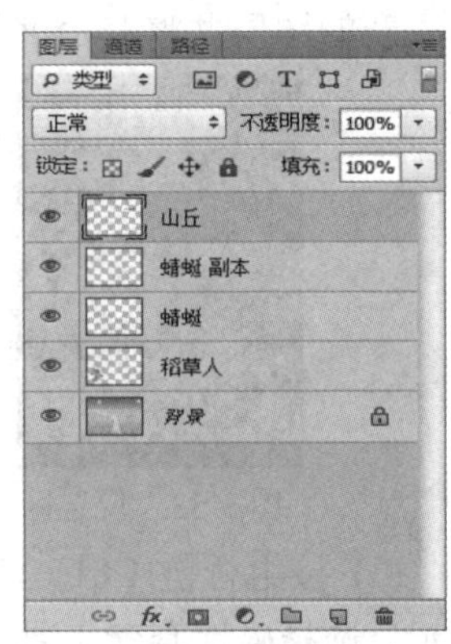

图 3-63　创建新图层

(6) 将"山丘"图层拖曳到"图层"调板下方的新建图层按钮上进行复制，生成新的图层"山丘 副本"。选择移动工具，拖曳复制的山丘到适合的位置，并运用组合键[Ctrl + T]和[Enter]键调整其大小和角度，效果如图 3-64 所示。

(7) 按组合键[Ctrl + O]，打开"制作秋后风景"→"05.jpg"文件。选择多边形套索工具，在风车图像的边缘多次单击并拖曳鼠标，将风车图像抠出，如图 3-65 所示。选择移动工具，将选区中的图像拖曳到 01 文件窗口中适当的位置，并运用组合键[Ctrl + T]和[Enter]键调整其大小和角度，效果如图 3-66 所示。在"图层"调板中生成新的图层并将其命名为"风车"。至此，秋后风景效果制作完成。

图 3-64　再次调整

图 3-65　创建选区

图 3-66　最终效果

练习：简单抠图技巧——快速为复杂图像抠图。

本次练习主要让大家了解通过魔棒工具为局部图像进行快速抠图的方法。

(1) 打开图片，在工具箱中选择魔棒工具，如图 3-67 所示。

(2) 在魔棒工具选项栏中设置容差为 50，勾选"连续"，在图像中模特的头发部位单击鼠标创建选区，如图 3-68 所示。

图 3-67　打开素材选择工具

图 3-68　创建选区

(3) 按住[Shift]键依次在面部、衣服和手上单击添加选区，如图 3-69 所示。

(4) 选区创建完毕后，抠图也就成功了，使用(移动工具)即可将选区内的图像移动，如图 3-70 所示。

图 3-69　创建选区

图 3-70　抠图效果

3.4.4　快速选择工具

在 Photoshop 中，使用(快速选择工具)可以快速在图像中为需要的区域创建选区。创建选区的方法非常简单，只要在图像中向下拖动鼠标，鼠标经过的区域就可以被创建选区，如图 3-71 所示。

图 3-71　使用快速选择工具创建选区

提示：当要创建的选区范围较小时，只需在快速选择工具选项栏中将(快速选择工具)的画笔调小再施动即可。

在工具箱中选择快速选择工具后，选项栏会变成该工具对应的选项设置，如图 3-72 所示。

图 3-72　快速选择工具选项栏

快速选择工具选项栏中的各项含义如下：

(1) 选区模式：用来设置对选取范围的计算方式，模式包括新选区、添加到选区和从选区中减去。

① 新选区：使用该选项创建选区时，鼠标经过的地方会自动形成选区，松开鼠标后，(新选区)模式会变成(添加到选区)模式。重新选择(新选区)，在图像中拖动时原来的选区会取消，鼠标经过的位置会形成新选区，如图3-73所示。

② 添加到选区：使用该选项创建选区时，可以创建多个选区，相交时会自动汇合成一个大选区，如图3-74所示。

③ 从选区减去：使用该选项创建选区时，鼠标拖动的位置如果存在选区将会被刨除，如图3-75所示。

图3-73　新选区

图3-74　添加到选区

图3-75　从选区减去

(2) 画笔：用来设置创建选区时的笔触，单击“画笔”的弹出按钮，会打开画笔选项板，如图3-76所示。

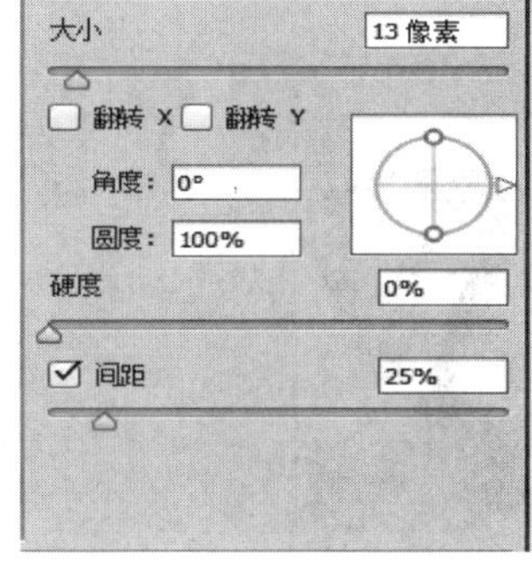

图3-76　画笔选项板

① 大小(上)：控制画笔笔尖大小。数值变大，在页面中的画笔笔尖会随之变大。

② 硬度：控制画笔边缘的柔软度。数值越大，画笔边缘越精确。

③ 间距：控制画笔笔尖之间的紧密度。数值变大，笔尖间的距离就会随之变大。

④ 角度：控制画笔笔尖的角度。随着数值的变化，笔尖会出现倾斜角度。数值范围为−180°～180°。

⑤ 圆度：控制画笔笔尖的正圆程度。随着数值的变化，笔尖会在正圆与椭圆之间变化。数值范围为0%～100%。

⑥ 大小(下)：在大小下拉列表中包括“关”“钢笔压力”和“光笔轮”，主要控制画笔在拖曳时的压力大小。

(3) 自动增强：勾选“自动增强”复选框后，可以在拖动鼠标创建选区时增强选区的边缘。

技巧：使用(快速选择工具)创建选区时，按住[Shift]键可以自动添加到选区，其功能与选项栏中的(添加到选区)按钮一致；按住[Alt]键可以自动从选区中减去选取部分选区，功能与选项栏中的(从选区减去)按钮一致。

3.5　选区的基本操作

本节主要学习对 Photoshop CS6 中创建的选区内容进行单独的编辑，其中包括剪切、复制、粘贴、填充、描边等操作，以及对选区的变换。

3.5.1　剪切、复制、粘贴选区内容

在 Photoshop 中，剪切命令将选取的图像进行复制并保留到剪贴板中，但源文件中该图像会丢失。如果在背景图层，该区域会被背景色代替。在图像中创建选区后，执行菜单中的“编辑”→“剪切”命令或按组合键[Ctrl + X]，再执行“编辑”→“粘贴”命令或按组合键[Ctrl + V]，可以将剪切的区域粘贴到新图层或新文件中，图 3-77 所示的图像为剪切后粘贴的效果。复制命令将选取的图像进行复制并保留到剪贴板中，但源文件中该图像还存在。执行“编辑”→“复制”命令或按组合键[Ctrl + C]，再执行“编辑”→“粘贴”命令或按组合键[Ctrl + V]，可以将选区内的图像进行复制粘贴，图 3-78 所示的图像为复制后粘贴的效果。粘贴命令可以将剪切命令、复制命令或合并复制命令得到的图像进行粘贴，系统会自动新建一个图层，也可以将其粘贴到其他打开的图像中并新建图层。

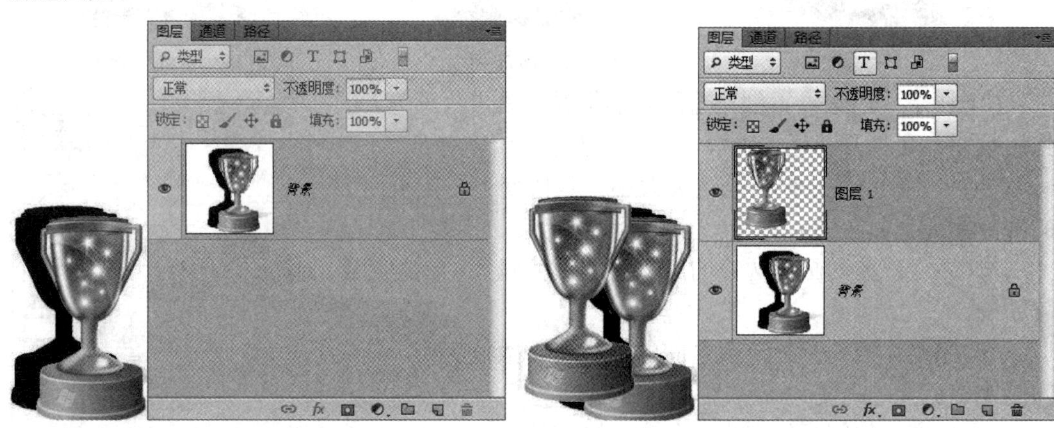

图 3-77　剪切并粘贴　　图 3-78　复制并粘贴

提示：剪切、复制与粘贴命令可以应用在不同的文件或不同的图层中。

3.5.2　填充选区

在 Photoshop 中，通过“填充”命令可以为图像填充前景色、背景色图案等。如果图像中存在选区的话，那么被填充的区域只局限在选区内。使用“填充”命令填充选区的方法如下：

(1) 打开一个自己喜欢的图像，围绕对象创建选区，如图 3-79 所示。

(2) 在工具箱中将前景色设置为白色，背景色设置为淡蓝色，如图 3-80 所示。

图3-79 创建选区

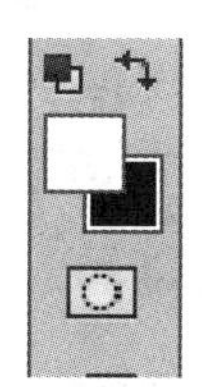

图3-80 设置前景色与背景色

(3) 执行“编辑”→“填充”命令，打开“填充”对话框，如图3-81所示。

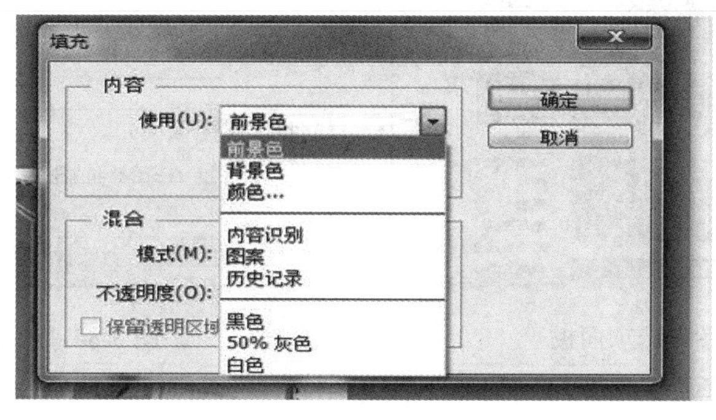

图3-81 “填充”对话框

“填充”对话框中的各项含义如下：

① 内容：包含填充的选项。

• 使用：在下拉列表中选择填充选项，其中“内容识别”选项为新增功能，该功能主要是用来对图像中的多余部分进行快速修复(例如草丛中的杂物、背景中的人物等)，修复效果如图3-82所示。

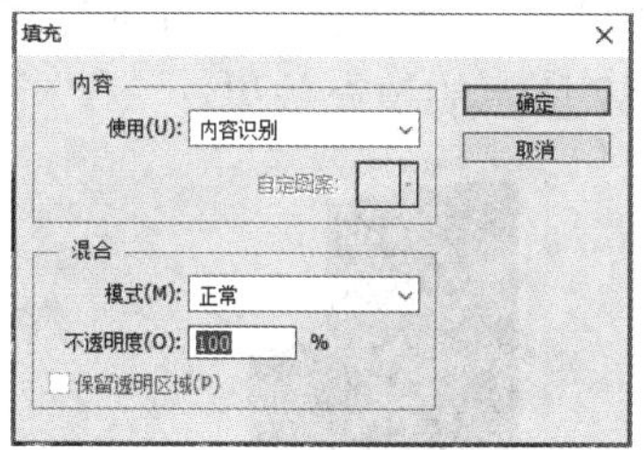

图3-82 使用“内容识别”填充

提示：选择“历史记录”选项后，可以将选中的区域恢复到“历史”调板中的任意步骤并完成快速填充。

• 自定图案：用来设置填充的图案，在“使用”选项中选择“图案”后，“自定图案”才会被激活，单击右边的下拉三角按钮会弹出图案选项面板，在其中可以选择要填充的图案。单击弹出菜单按钮 ，在弹出的菜单中可以选择其他的图案库进行载入并选择填充，如图3-83所示。

提示：在弹出菜单中选择要替换的填充图案后，系统会弹出如图3-84所示的提示对话框，单击“确定”按钮即可替换当前填充图案。

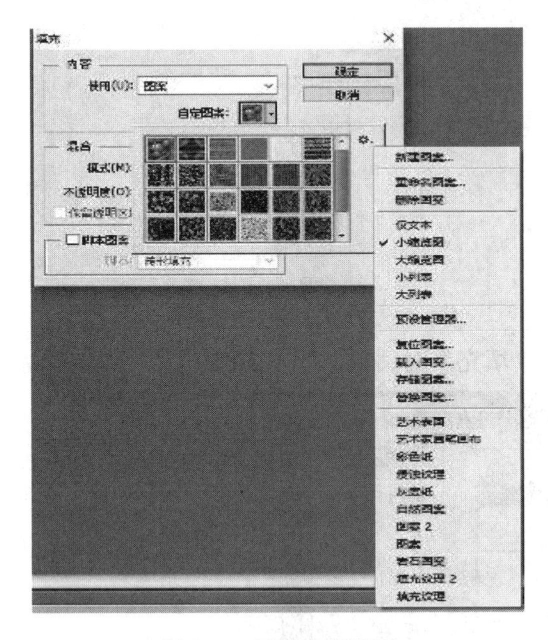

图 3-83　图案选项面板　　　　图 3-84　提示对话框

② 混合：设置填充时的混合模式、不透明度等。

- 模式：用来设置填充时的混合模式。
- 不透明度：用来设置填充时图案的不透明度。
- 保留透明区域：勾选此复选框后，填充时只对选区或图层中有像素的部分起作用，空白处不会被填充。

提示：只有当图层或选区内的图像存在透明区域时，“填充”对话框中的“保留透明区域”复选框才会被激活。

(4) 在“使用”下拉列表中分别选择前景色、背景色和 50%灰色后，单击“确定”按钮会依次得到如图 3-85～图 3-87 所示的填充效果。

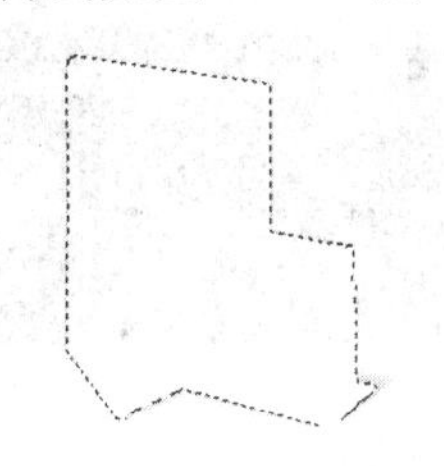

图 3-85　前景色　　图 3-86　背景色　　图 3-87　50%灰色

技巧：在图层或选区内填充时，按组合键[Alt + Delete]可以快速填充前景色；按组合键[Ctrl + Delete]可以快速填充背景色。

3.5.3　描边选区

在 Photoshop 中通过“描边”命令可以为选区添加居内、居中或居外的描边效果，操作方法如下：

(1) 新建一个空白文档，使用选区工具在页面中创建一个选区，如图 3-88 所示。

(2) 在工具箱中将前景色设置为#4951FA，如图3-89所示。

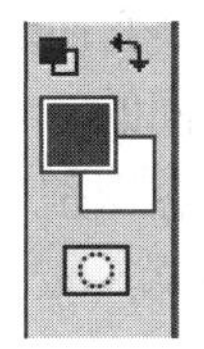

图3-88　创建选区　　　　图3-89　设置前景色

(3) 执行“编辑”→“描边”命令，打开“描边”对话框，如图3-90所示。

“描边”对话框中的各项含义如下：

① 描边：用来设置描边的“宽度”与“颜色”。

• 宽度：设置描边的厚度。

• 颜色：设置描边的颜色，如果想对选区进行自定义颜色的描边，只需单击后面的图标，即可打开“拾色器”对话框，如图3-91所示，在其中即可设置描边的颜色。

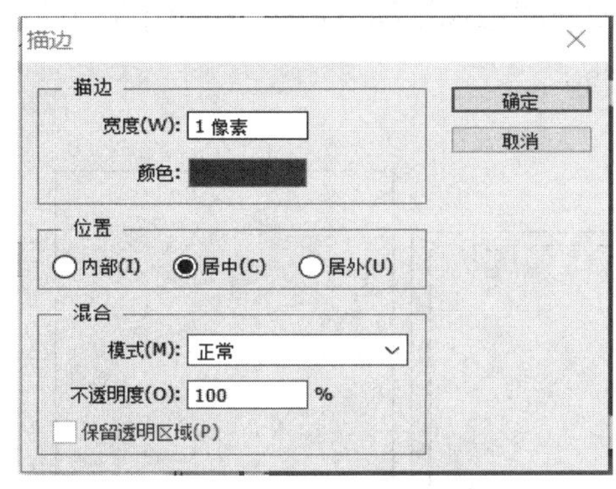

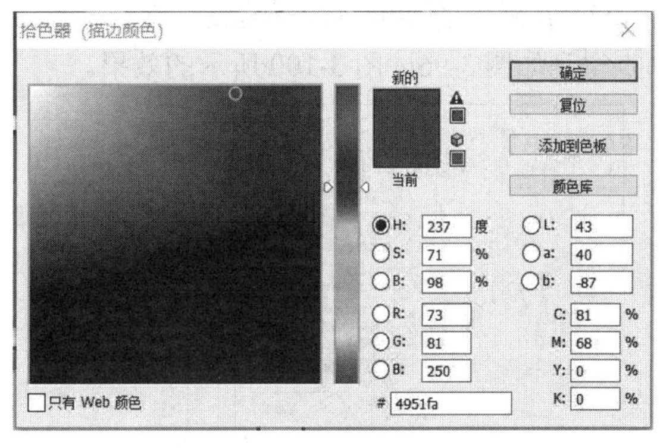

图3-90　“描边”对话框　　　　图3-91　“拾色器”对话框

② 位置：用来指定描边时的位置，包括“内部”“居中”“居外”3个选项。

③ 混合：用来设置描边时的混合模式及不透明度。

• 模式：用来设置描边时的混合模式。

• 不透明度：用来设置描边时的不透明度。

• 保留透明区域：勾选此复选框后，描边时如果存在选区的话，只对选区边缘中有像素的部分起作用，空白处不会被描边。

(4) 在“描边”对话框中分别设置位置为内部、居中和居外时，得到如图3-92～图3-94所示的效果。

图3-92　内部描边　　图3-93　居中描边　　图3-94　居外描边

3.5.4　变换选区、变换选区内容、内容识别变换

在 Photoshop 中“变换选区”命令与“变换选区内容”命令变换的原理是相同的，但是对应的变换却是不同的，一个只是针对选区的蚂蚁线起到变换作用；一个是对选区内的图像进行变换。“内容识别变换”是 Photoshop CS6 新增的一项功能，它可以按照图像的内容自动设置变换效果。

1. 变换选区

在 Photoshop 中，“变换选区”命令指的是对图像中创建的选区的蚂蚁线进行缩放、旋转、变形等操作，在变换过程中不会对选区内的图像起作用。变换选区的操作方法如下：

(1) 打开一个喜欢的图像，使用选区工具在页面中创建一个选区。

(2) 执行“选择”→“变换选区”命令，此时在选区边缘会出现一个变换框，再执行“编辑”→“变换”命令在子菜单中可以选择相应的变换，或在变换框中单击右键，在弹出的菜单中选择变换命令，如图 3-95 所示。

(3) 在弹出的菜单中选择缩放、旋转、斜切、扭曲和透视选项后，按住[Ctrl]键拖动控制点得到如图 3-96～图 3-100 所示的效果。

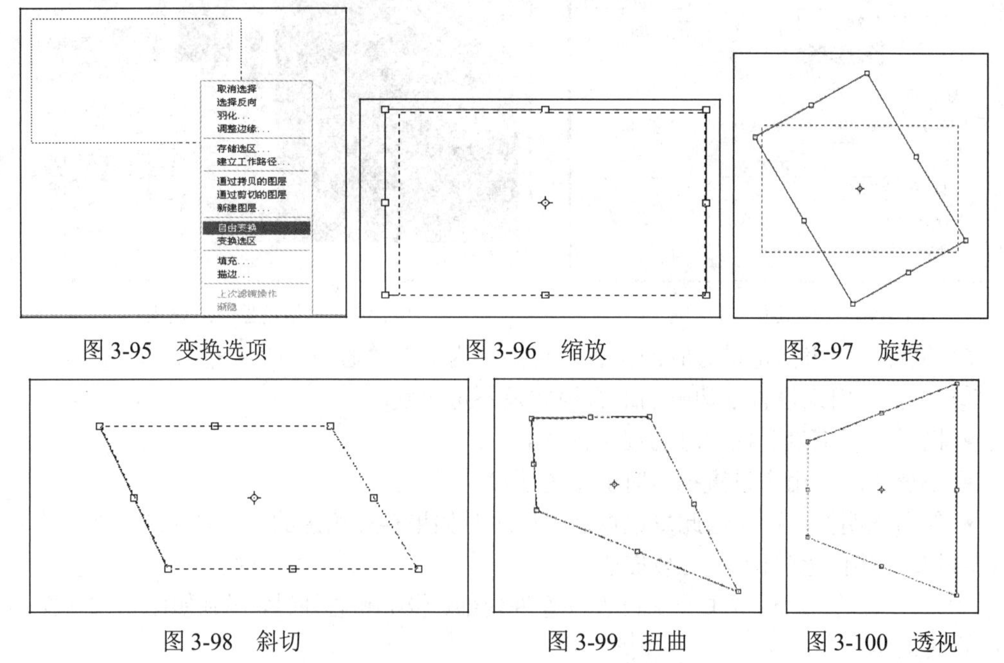

图 3-95　变换选项　　图 3-96　缩放　　图 3-97　旋转

图 3-98　斜切　　图 3-99　扭曲　　图 3-100　透视

(4) 在弹出的菜单中选择“变形”选项后，可以对选区进行变形调整，此时变形选项栏会变成如图 3-101 所示的变形模式。

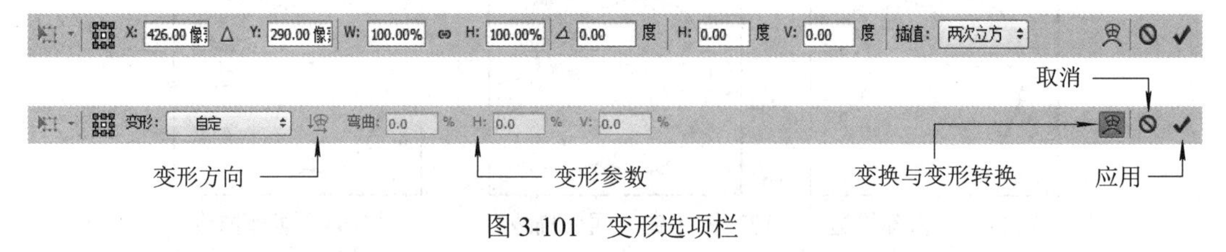

图 3-101　变形选项栏

变形选项栏中的各项含义如下：

① 参考点位置：用来设置变换与变形的中心点。

② 变形：用来设置变形的样式，单击右边的倒三角按钮即可弹出变形选项菜单，如图 3-102 所示。选择不同变形后，拖动控制点即可完成选区的变形，如图 3-103～图 3-105 所示。

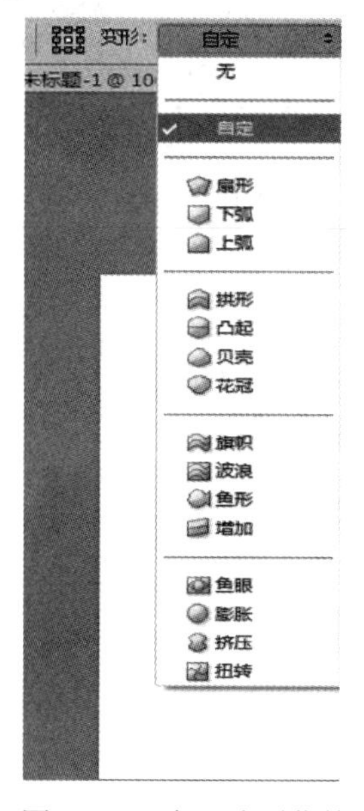

图 3-102 变形选项菜单

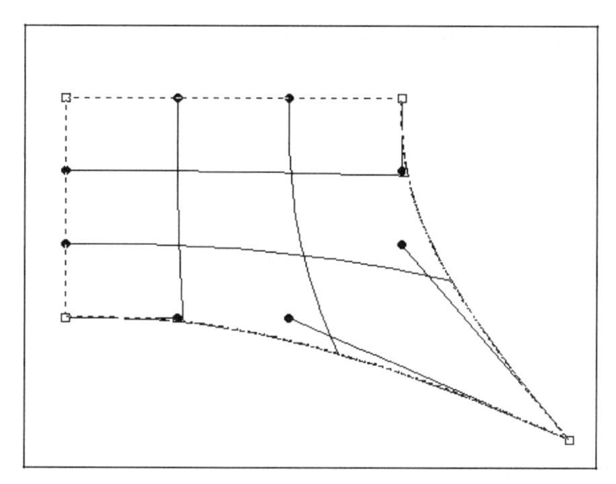

图 3-103 自定

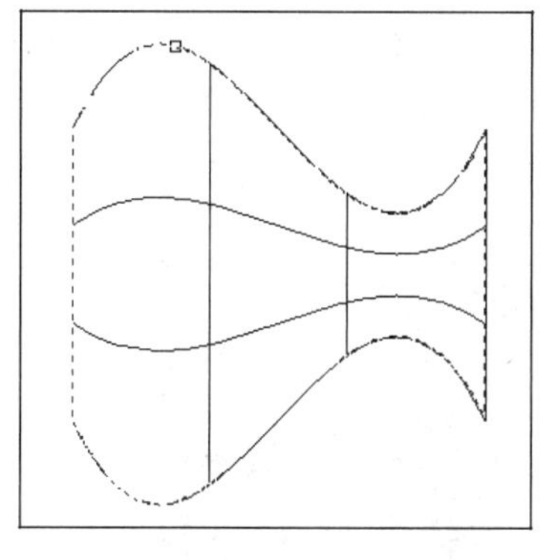

图 3-104 鱼形

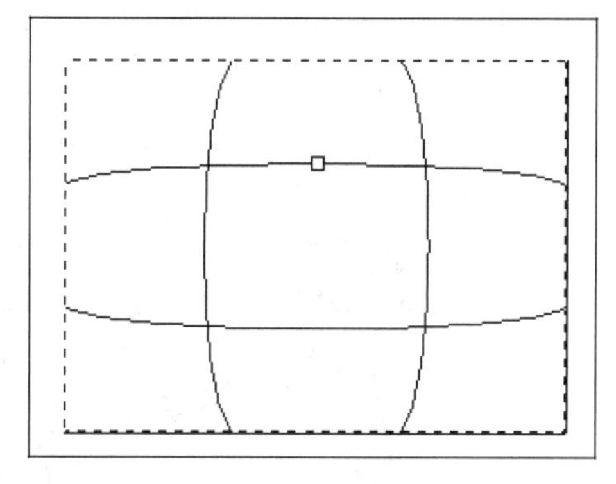

图 3-105 鱼眼

③ 变形方向：将变形的方向在垂直与水平之间转换。

④ 变形参数：在文本框中输入数值后，即可得到相应变形样式的各种效果。

⑤ 变换与变形转换：单击该按钮即可将选项栏在变换域变形模式下转换。

⑥ 应用：单击该按钮即可将变形的效果确定。

⑦ 取消：单击该按钮可以将变形的效果取消。

2. 变换选区内容

在 Photoshop 中，应用“变换”命令可以将选区内的图像进行变换，变换原理与“变换选区”相同。创建选区后，执行“编辑”→“变换”命令在子菜单中可以选择相应的变换，或在变换框中单击右键，在弹出的菜单中选择变换命令，变换效果如图 3-106～图 3-110 所示。

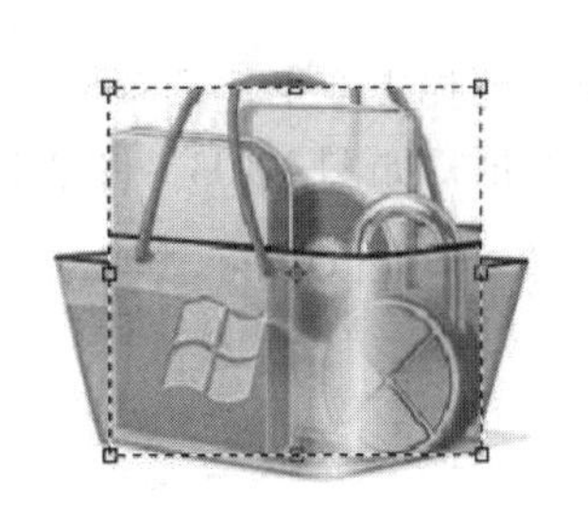
图 3-106　缩放

图 3-107　旋转

图 3-108　扭曲

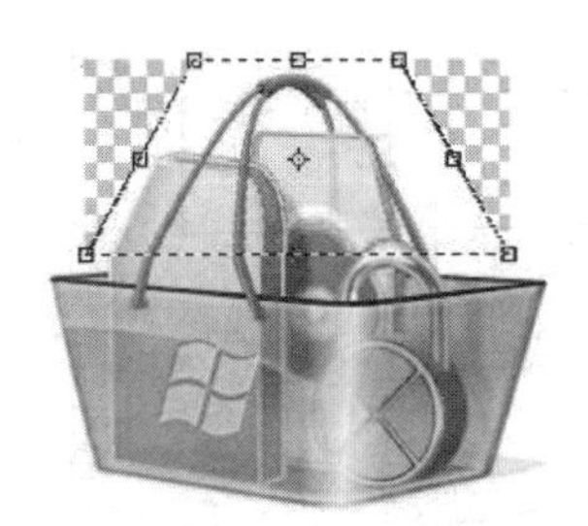
图 3-109　透视

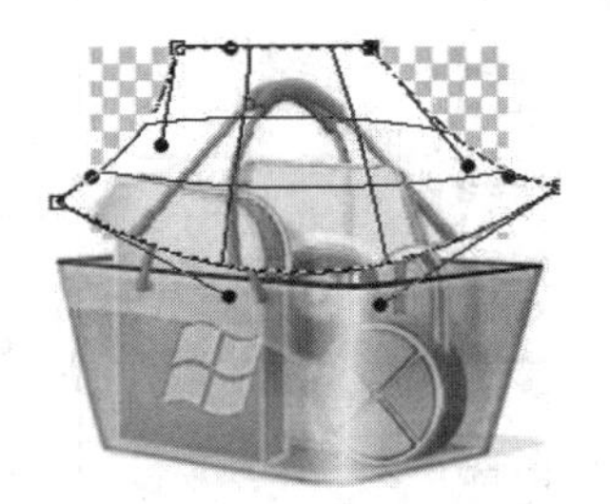
图 3-110　变形

提示：“变换选区”与“变换选区内容”的选项栏是相同的。

3. 内容识别变换

在 Photoshop 中，“内容识别变换”命令指的是可以根据变换框的变换来更改图像中特定像素的大小，应用此命令，系统会根据图像的像素自动改变图像。在图像中创建选区后，执行“编辑”→“内容识别变换”命令，拖动控制点即可调整图像的变换，如图 3-111 所示。

图 3-111　内容识别变换

执行“编辑”→“内容识别变换”命令后，选项栏会变成如图 3-112 所示的效果。

图 3-112　内容识别变换选项栏

内容识别变换选项栏中的选项含义如下：

保护：用来设置特定的保护区域，比如通道等，如图 3-113 所示。

点击[Ctrl + D]取消选择，点击“Alpha1”通道系统执行内容识别变换后，会自动查找图像中与人物肌肤相近的像素并加以保护，如图3-114所示。

图3-113 保护通道的效果

图3-114 保护肤色效果

3.5.5 扩大选取与选取相似

在Photoshop中通过“扩大选取”与“选取相似”命令可以对已经存在的选区进行进一步的编辑。“扩大选取”命令可以将选区扩大到与当前选区相连的相同像素范围；“选取相似”命令可以将图像中与选区相同像素的所有像素都添加到选区。如图3-115所示为在模特的肩部创建选区后的原图；图3-116所示为扩大选取；图3-117所示为选取相似。

图3-115 原图

图3-116 扩大选取

图3-117 选取相似

技巧：使用“扩大选取”命令和“选取相似”命令扩大选区时，选取容差范围与魔棒工具的容差值相关，容差越大选取的范围越广。

3.5.6 反选选区

使用“反向”命令可以将当前选区进行反选。在图像中创建选区后，执行“选择”→“反向”命令，或按组合键[Shift+Ctrl+I]，即可将当前的选取范围反选，如图3-118所示。

图3-118 反选选区

3.5.7 移动选区与移动选区内容

在Photoshop中一定要了解“移动选区”与“移动选区内容”命令的区别。移动选区指的是只改变选区在图像中的位置。移动选区的方法是使用选区工具在选区上按下鼠标拖动即可移动选区的蚂蚁线，如图 3-119 所示。移动选区内容指的是使用移动工具，通过鼠标拖动选区时会发现选区内的图像也跟随移动，如图 3-120 所示。

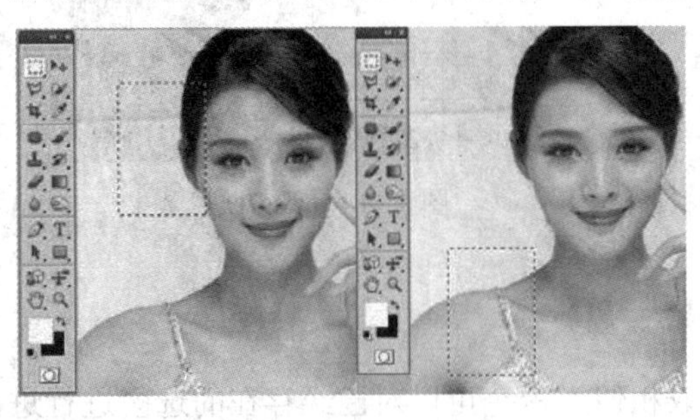

图 3-119　移动选区

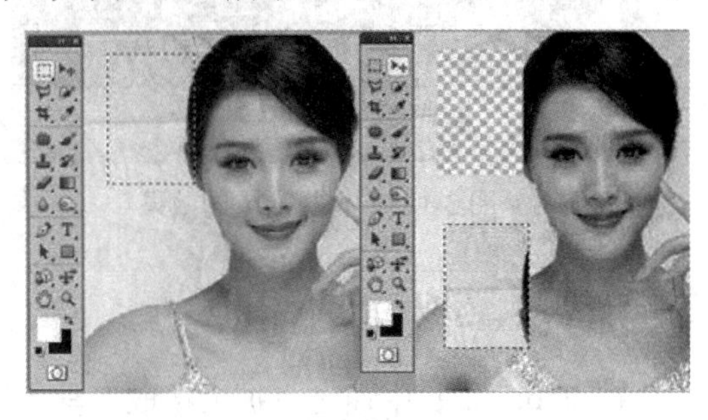

图 3-120　移动选区内容

3.6　对创建选区的修整

本节主要学习对 Photoshop CS6 中创建的选区进行进一步的修饰或修整，使其发挥更好的作用，从而进一步了解选区的神奇所在。

1. 调整边缘

在 Photoshop 中通过“调整边缘”命令可以对已建立的选区进行半径、对比度、平滑、羽化以及扩展与收缩的综合调整。在图像中创建选区后，执行“选择”→“调整边缘”命令，即可打开如图 3-121 所示的“调整边缘”对话框。

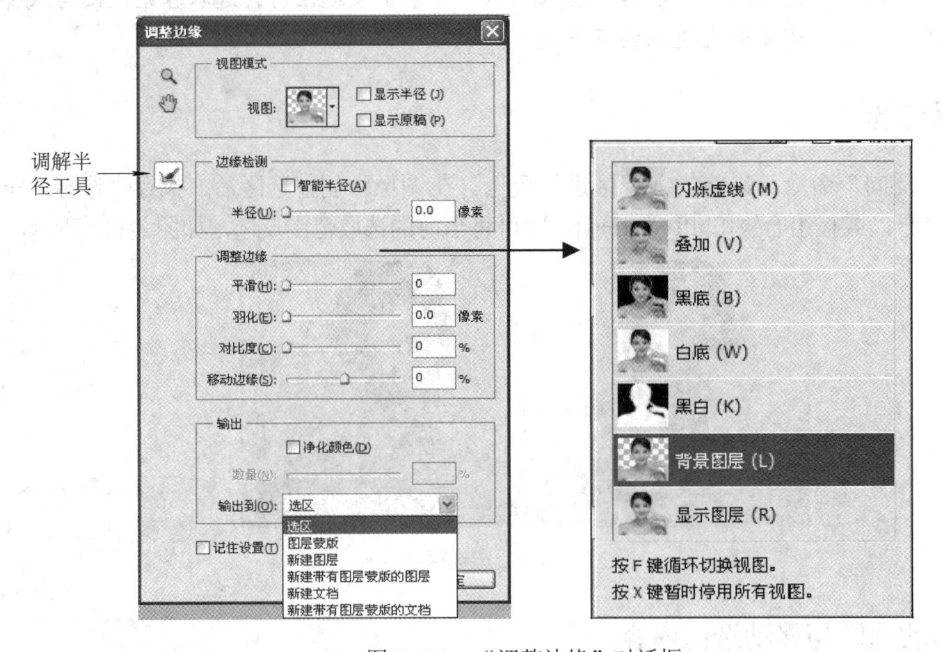

图 3-121　“调整边缘”对话框

“调整边缘”对话框中的各项含义如下：

(1) 调整半径工具：用来手动扩展选区范围，按[Alt]键变为收缩选区范围。

(2) 视图模式：用来设置调整时图像的显示效果。

① 视图：单击其下拉按钮，即可显示所有的预览模式。

② 显示半径：显示按照半径定义的调整区域。

③ 显示原稿：显示图像的原始选区。

(3) 边缘检测：用来对图像选区边缘精细查找。

① 智能半径：使检测范围自动适应图像边缘。

② 半径：用来设置调整区域的大小。

(4) 调整边缘：对创建的选区进行调整。

① 平滑：控制选区的平滑程度，数值越大，越平滑。

② 羽化：控制选区的柔和程度，数值越大，调整的图像边缘越模糊。

③ 对比度：用来调整选取边缘的对比程度，结合半径或羽化功能来使用，数值越大，模糊度就越小。

④ 移动边缘：数值变大选区变大，数值变小选区变小。

(5) 输出：对调整的区域进行输出。

① 净化颜色：用来对图像边缘的颜色进行删除。

② 数量：用来控制移去边缘颜色区域的大小。

③ 输出到：设置调整后的输出效果，可以是选区、图层蒙版、新建图层或新建文档等。

(6) 记住设置：在“调整边缘”和“调整蒙版”中始终使用以上的设置。

技巧：在“调整边缘”对话框中，按住[Alt]键，对话框中的“取消”按钮会自动变成“复位”按钮，这样可以自动将调整的数值恢复到默认值。

2. 边界

在 Photoshop 中，“边界”命令可以在原选区的基础上向内外两边扩大选区，扩大后的选区会形成新的选区，在图像中创建选区后，执行“选择”→“修改”→“边界”命令，即可打开如图 3-122 所示的“边界选区”对话框。

“边界选区”对话框中的选项含义如下：

宽度：用来控制重新生成选区的宽度。如图 3-123 所示的图像为创建选区后应用宽度为 15 时的选区效果。

图 3-122 “边界选区”对话框

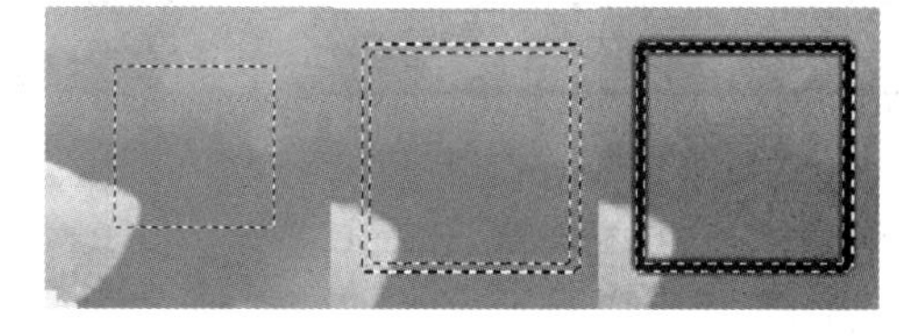
图 3-123 应用边界

3. 平滑

在 Photoshop 中，“平滑”命令可以用来控制选区的平滑程度。在图像中创建选区后，执行“选择”→“修改”→“平滑”命令，即可打开如图 3-124 所示的“平滑选区”对话框。

“平滑选区”对话框中的选项含义如下：

取样半径：用来设置平滑圆角的大小，数值越大越接近圆形。如图 3-125 所示的图像为创建选区后应用取样半径为 15 时的选区效果。

图 3-124　“平滑选区”对话框

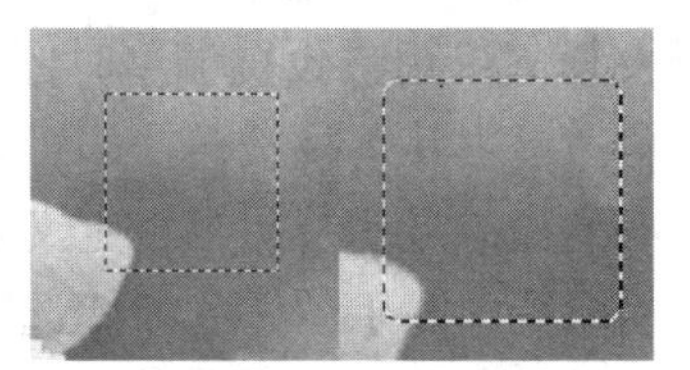

图 3-125　应用平滑

4. 扩展

在 Photoshop 中，“扩展”命令可以扩大选区并平滑边缘。在图像中创建选区后，执行“选择”→“修改”→“扩展”命令，即可打开如图 3-126 所示的“扩展选区”对话框。

“扩展选区”对话框中的选项含义如下：

扩展量：用来设置原选区与扩展后的选区之间的距离。如图 3-127 所示的图像为创建选区后应用扩展量为 15 时的选区效果。

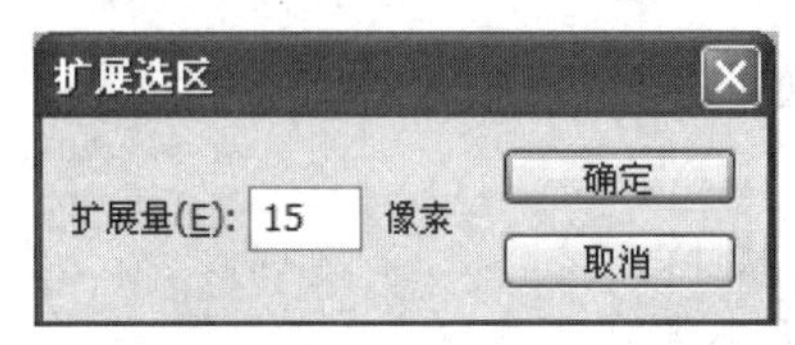

图 3-126　“扩展选区”对话框

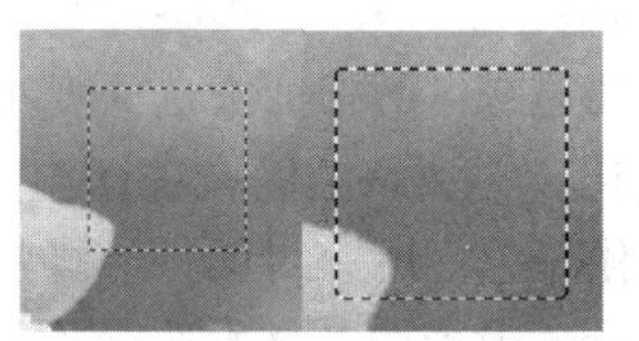

图 3-127　应用扩展

5. 收缩

在 Photoshop 中，“收缩”命令可以缩小选区。在图像中创建选区后，执行“选择”→“修改”→“收缩”命令，即可打开如图 3-128 所示的“收缩选区”对话框。

“收缩选区”对话框中的选项含义如下：

收缩量：用来设置原选区与缩小后的选区之间的距离。如图 3-129 所示的图像为创建选区后应用收缩量为 15 时的选区效果。

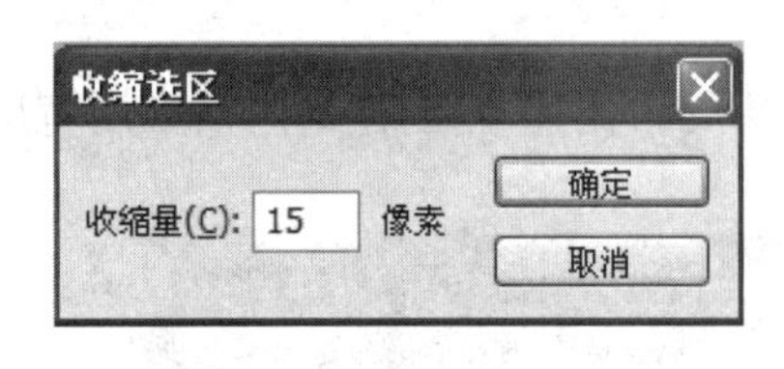

图 3-128　“收缩选区”对话框

原图

收缩量为 15 时的收缩效果

图 3-129　应用收缩

6. 羽化

在 Photoshop 中，“羽化”命令可以对选区进行柔化处理，填充羽化后的选区或移动区域边界会进行模糊处理。在图像中创建选区后，执行“选择”→“修改”→“羽化”命令，即可打开如图 3-130 所示的“羽化选区”对话框。

图 3-130　“羽化选区”对话框

“羽化选区”对话框中的选项含义如下：

羽化半径：用来设置选区边缘的柔化程度。如图 3-131 所示的图像为创建选区后应用羽化半径为 15 时的选区效果。

图 3-131 应用羽化

3.7 色彩范围命令

在 Photoshop 中使用“色彩范围”命令可以根据选择图像中指定的颜色自动生成选区，如果图像中存在选区，那么色彩范围只局限在选区内。执行“选择”→“色彩范围”命令，将弹出如图 3-132 和图 3-133 所示的“色彩范围”对话框。

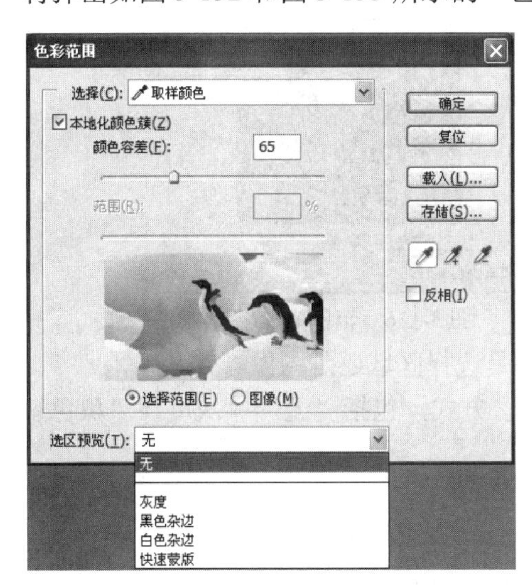

图 3-132 “色彩范围”对话框 1

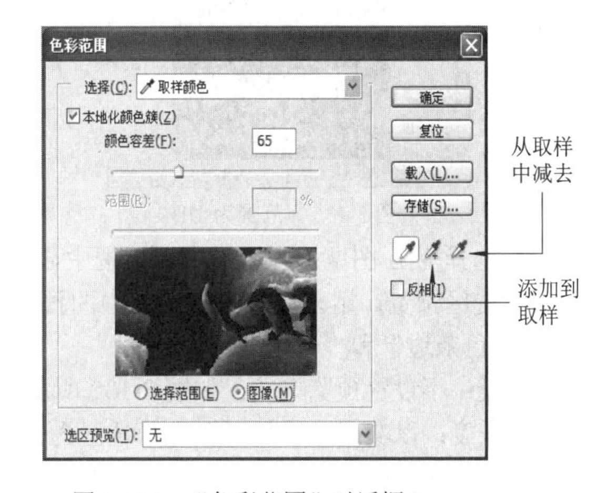

图 3-133 “色彩范围”对话框 2

提示：“色彩范围”命令不能应用于 32 位/通道的图像。

“色彩范围”对话框中的选项含义如下：

(1) 选择：用来设置创建选区的方式。在下拉菜单中可以选择创建选区的方式。

(2) 本地化颜色簇：用来设置相连范围的选取，勾选该复选框后，被选取的像素呈现放射状扩散相连的选区，如图 3-134 所示。

(3) 颜色容差：用来设置被选颜色的范围。数值越大，选取的同样颜色范围越广。只有在“选择”下拉菜单中选择“取样颜色”时，该选项才会被激活。

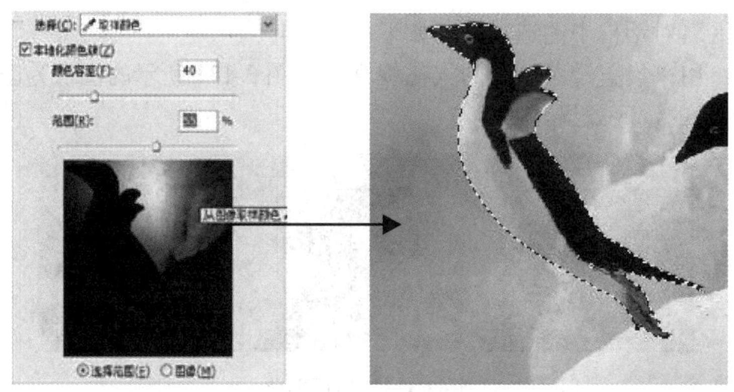

图 3-134　勾选“本地化颜色簇”后得到的选区

(4) 范围：用来设置[吸管图标](吸管工具)点选的范围，数值越大，选区的范围越广。如图 3-135 所示的图像为范围是 10%时的效果，如图 3-136 所示的图像为范围是 58%时的效果。只有使用[吸管图标](吸管工具)单击图像后，该选项才会被激活。

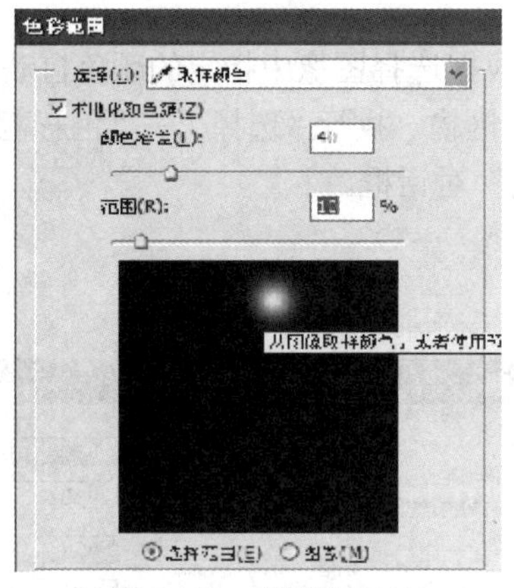

图 3-135　范围为 10%

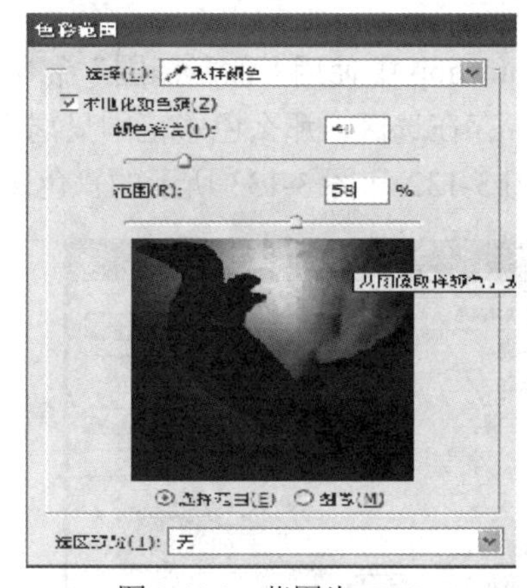

图 3-136　范围为 58%

(5) 选择范围/图像：用来设置预览框中显示的是选择区域还是图像。

(6) 选区预览：用来设置文件图像中的预览选区方式，包括“无”“灰度”“黑色杂边”“白色杂边”和“快速蒙版”。

① 无：不设置预览方式，如图 3-137 所示。

② 灰度：以灰度方式显示预览，选区为白色，如图 3-138 所示。

③ 黑色杂边：选区显示为原图像，非选区区域以黑色斑盖，如图 3-139 所示。

图 3-137　无

图 3-138　灰度

图 3-139　黑色杂边

④ 白色杂边：选区显示为原图像，非选区区域以白色搜盖，如图 3-140 所示。

⑤ 快速蒙版：选区显示为原图像，非选区区域以半透明蒙版颜色显示，如图 3-141 所示。

图 3-140　白色杂边

图 3-141　快速蒙版

(7) 载入：可以将之前的选区效果应用到当前文件中。

(8) 存储：将制作好的选区效果进行储存，以备后用。

(9) 吸管工具：使用吸管工具在图像上单击，可以设置由蒙版显示的区域。

(10) 添加到取样：使用添加到取样在图像上单击，可以将新选取的颜色添加到选区内。

(11) 从取样中减去：使用从取样中减去在图像上单击，可以将新选取的颜色从选区中删除。

(12) 反相：勾选该复选框，可以将选区反转。

综合练习 A　制作婚纱照

制作婚纱照

(1) 打开“背景.jpg”和“02.jpg”素材，在“02.jpg”素材中选择椭圆形选框工具◯，按住【Shift】键，在图像中画出一个圆形选区，如图 3-142 所示，选择移动工具将选区内图案移动到背景素材中，如图 3-143 所示。

图 3-142　练习图 1

图 3-143　练习图 2

(2) 按住组合键[Ctrl + T]，将新图层变换大小，调整到背景合适的位置，如图 3-144

所示。

(3) 打开“03.jpg”和“04.jpg”素材，使用相同方法将“03.jpg”和“04.jpg”素材合成到婚纱照片背景中，如图 3-145 所示。

(4) 再次打开“02.jpg”素材，选择椭圆形选框工具，设置羽化值为 100 px，选出椭圆形图像区域，选择移动工具将选区内图案移动到背景素材中，效果图如图 3-146 所示。

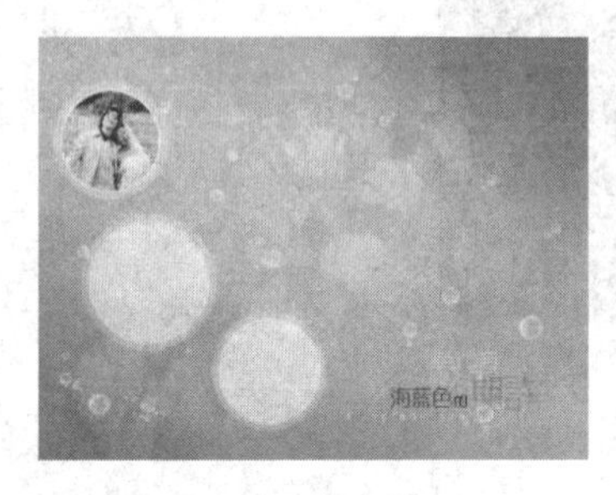

图 3-144　练习图 3

图 3-145　练习图 4

图 3-146　练习图 5

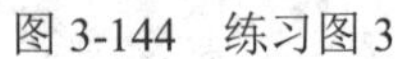

综合练习 B　制作圣诞贺卡

(1) 按组合键[Ctrl + O]，打开“素材”→“制作圣诞贺卡”→“01.jpg”文件，图像效果如图 3-147 所示。再打开素材中的“02.jpg”文件，图像效果如图 3-148 所示。

制作圣诞贺卡

(2) 选择移动工具，将图像拖曳到 01 文件窗口中。按组合键[Ctrl + T]，图像周围出现变换框，向内拖曳变换框的控制手柄，将图像缩小，如图 3-149 所示。将鼠标光标放至变换框的控制手柄外边，光标变为旋转图标。拖曳鼠标将图像旋转至适当的位置，按[Enter]键，效果如图 3-150 所示，在“图层”调板中生成新图层并将其命名为“圣诞卡片”。

图 3-147　练习图 1

图 3-148　练习图 2

图 3-149　练习图 3

图 3-150　练习图 4

(3) 打开素材“03.jpg”文件，选择快速选择工具将圆形的球选择出来，如图 3-151 所示。

(4) 选择移动工具，将选区中的图像拖曳到 01 文件窗口中适当的位置，效果图如图 3-152 所示，在“图层”调板中生成新的图层并将其命名为“圆球”。

(5) 打开素材“04.jpg”文件，图像效果如图 3-153 所示。选择多边形套索工具，在图像窗口中单击鼠标，沿着盒子边缘绘制不规则的选区，效果如图3-154所示。

图3-151 练习图5

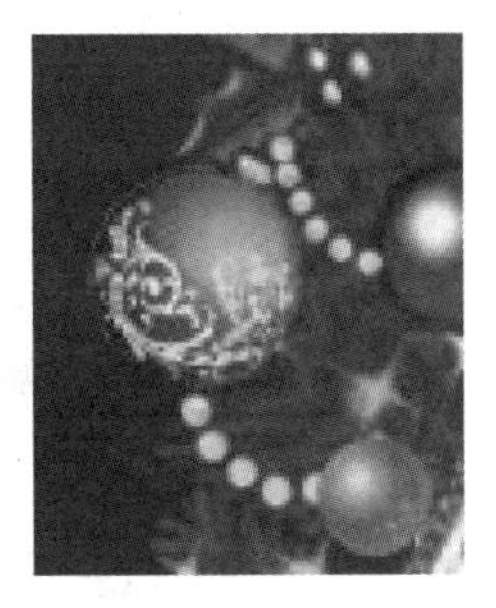

图3-152 练习图6

图3-153 练习图7

图3-154 练习图8

(6) 选择移动工具，将选区中的图像拖曳到01文件窗口中适当位置，调整其大小并旋转到合适的角度，效果如图3-155所示。在“图层”调板中生成新的图层并将其命名为“礼品盒”。

(7) 打开素材“05.jpg”文件，图像效果如图3-156所示。选择磁性套索工具，在图像中沿着边缘拖曳鼠标，绘制选区，效果如图3-157所示。

(8) 选择移动工具，将选区中的图像拖曳到01件窗口中适当位置，调整其大小并旋转到合适的角度，效果如图3-158所示。在“图层”调板中生成新的图层并将其命名为“拐杖”。

图3-155 练习图9

图3-156 练习图10

图3-157 练习图11

图3-158 练习图12

(9) 打开素材“06.jpg”文件，图像效果如图3-159所示。选择快速选择工具，在其选项栏中的设置如图3-160所示。在图像窗口中白色背景区域单击，周围生成选区，按组合键[Ctrl + Shift + I]将选区反选，如图3-161所示。

(10) 选择移动工具，将选区中的图像拖曳到01文件窗口中适当位置，调整其大小并旋转到合适的角度，效果如图3-162所示。在“图层”调板中生成新的图层并将其命名为“铃铛”。

图3-159 练习图13

图 3-160　练习图 14

图 3-161　练习图 15

图 3-162　练习图 16

(11) 打开素材“07.jpg”文件，图像效果如图 3-163 所示。选择魔棒工具，在其选项栏中的设置如图 3-164 所示。在图像窗口中的图案中点击生成选区，如图 3-165 所示。

(12) 选择移动工具，将选区中的图像拖曳到 01 文件窗口中适当位置，调整其大小并旋转到合适的角度，效果如图 3-166 所示。在“图层”调板中生成新的图层并将其命名为“娃娃”。

图 3-163　练习图 17

容差: 32　消除锯齿　连续　对所有图层取样　调整边缘...

图 3-164　练习图 18

图 3-165　练习图 19

图 3-166　练习图 20

(13) 打开素材“08jpg”文件，图像效果如图 3-167 所示。选择快速选择工具，在图像窗口中的图案中点击生成选区，如图 3-168 所示。

(14) 选择移动工具，将选区中的图像拖曳到 01 文件窗口中适当位置，调整其大小并旋转到合适的角度，效果如图 3-169 所示。在“图层”调板中生成新的图层并将其命名为“雪人”。圣诞贺卡制作完成，效果如图 3-170 所示。

图 3-167　练习图 21

图 3-168　练习图 22

图 3-169　练习图 23

图 3-170　练习图 24

第 4 章　应用图层编辑图像基础

4.1　图 层 概 念

对图层进行操作是 Photoshop 中使用最为频繁的一项工作。通过建立图层，然后在各个图层中分别编辑图像中的各个元素，可以产生既富有层次，又彼此关联的整体图像效果，所以图层在编辑图像时是不可或缺的。

4.1.1　什么是图层

每一个图层都是由许多像素组成的，而图层又通过上下叠加的方式来组成整个图像。打个比方，每一个图层就好比一层透明的“玻璃”，而图层内容就画在这些“玻璃”上。如果“玻璃”上什么都没有，这就是个完全透明的空图层；当各“玻璃”都有图像时，自上而下俯视所有图层，从而形成图像显示效果。对图层的编辑可以通过菜单或调板来完成。图层被存放在“图层”调板中，其中包含当前图层、文字图层、背景图层、智能对象图层等。执行“窗口”→“图层”命令，即可打开“图层”调板，“图层”调板中所包含的内容如图 4-1 所示，调板中的各项含义如下(重复或大致相同的选项设置就不做介绍了)。

(1) 图层查找。该功能是 Photoshop CS6 的新功能，用户可以通过该功能查找指定效果或内容的图层，更方便在众多图层中查找。

(2) 混合模式。该功能可以用来设置当前图层中图像与下面图层中图像的混合效果。

(3) 图层不透明度和填充不透明度。该功能可以用来设置当前图层或填充信息的透明程度。

(4) 图层锁定。图层锁定功能可以根据需要锁定透明像素、锁定图像像素、锁定位置或锁定图层全部。

(5) 图层的显示与隐藏。单击此按钮即可将图层在显示与隐藏之间转换。

(6) 智能滤镜。该功能可以用来为图层添加智能滤镜，该滤镜不直接应用于图层上，可以后期方便进行滤镜调整。

(7) 图层样式。该功能可以在图层上应用对应的图层样式以便后期修改。

(8) 智能对象。智能对象可以利用对智能对象源文件的修改一次性修改所有对象。

(9) 形状图层。新版本中的形状图层不再显示矢量蒙版，只在图层缩略图下显示一个形状图标。

(10) 链接图层。该功能可以将选中的多个图层进行链接。

(11) 添加图层样式。单击此按钮可弹出“图层样式”下拉列表，在其中可以选择相应的样式到图层中。

(12) 添加图层蒙版。单击此按钮可为当前图层创建一个蒙版。

(13) 新建填充或调整图层：单击此按钮在下拉列表可以选择相应的填充或调整命令，之后会在“调整”调板中进行进一步的编辑。

(14) 新建图层组。单击此按钮会在“图层”调板新建一个用于放置图层的组。

(15) 新建图层。单击此按钮会在“图层”调板新建一个空白图层。

(16) 删除图层。单击此按钮可以将当前图层从“图层”调板中删除。

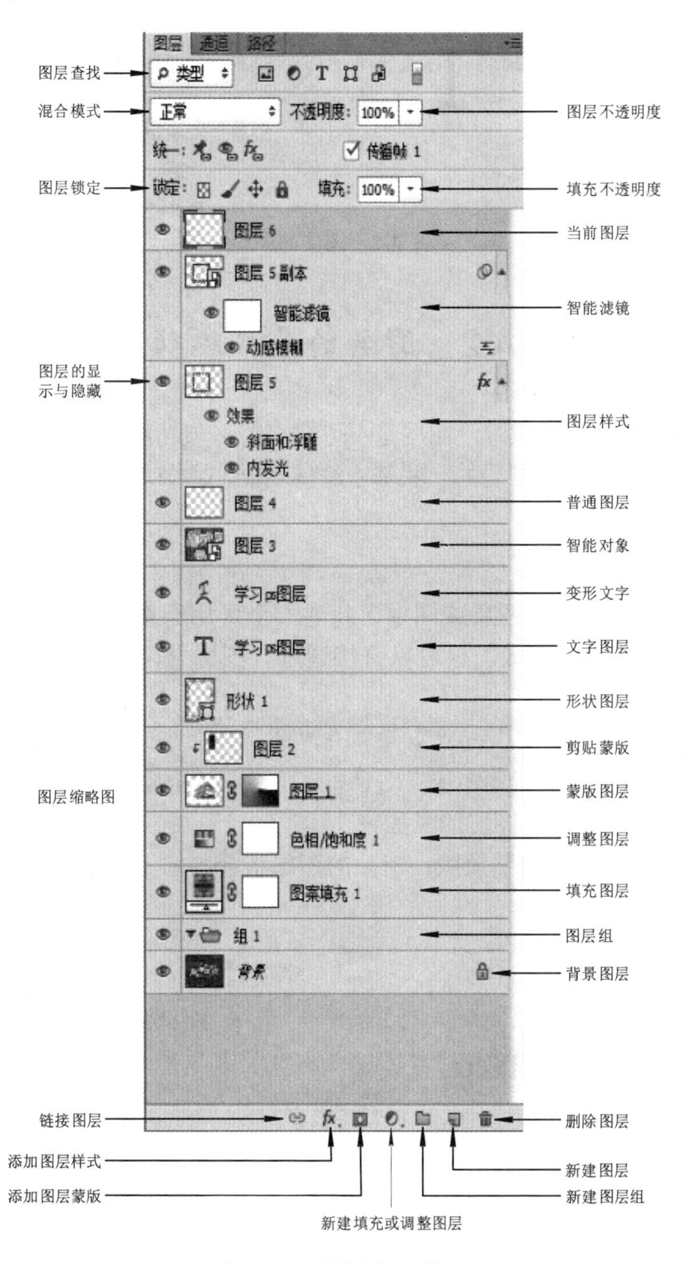

图 4-1　“图层”调板

4.1.2　图层的原理

图层与图层之间并不等于完全的白纸与白纸的重合，图层的工作原理类似于在印刷上使用的一张张重叠在一起的醋酸纤纸，透过图层中透明或半透明区域，可以看到下一图层相应区域的内容，如图 4-2 所示。

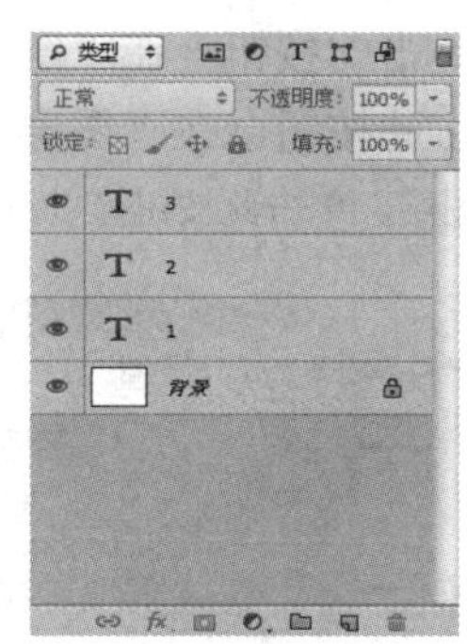

图 4-2　图层的原理

4.2　图层的基本编辑

在 Photoshop 中编辑图像时，图层是不可缺少的一项功能。在对图层中的图像进行编辑的同时，一定要了解关于图层的一些基本编辑功能。本节就为大家详细介绍一些关于图层的基本编辑操作。

1. 新建图层

新建图层指的是在原有图层或图像上新建一个可用于参与编辑的空白图层。创建图层可以在“图层”菜单中完成，也可以直接通过“图层”调板来完成。创建新图层的方法如下：

(1) 执行菜单中的“图层”→“新建”→“图层”命令或按组合键[Shift + Ctrl + N]，可以打开如图 4-3 所示的“新建图层”对话框。其中各项的含义如下：

① 名称：用来设置新建图层的名称。

② 使用前一图层创建剪贴蒙版：新建的图层将会与它下面的图层创建剪贴蒙版，如图 4-4 所示。

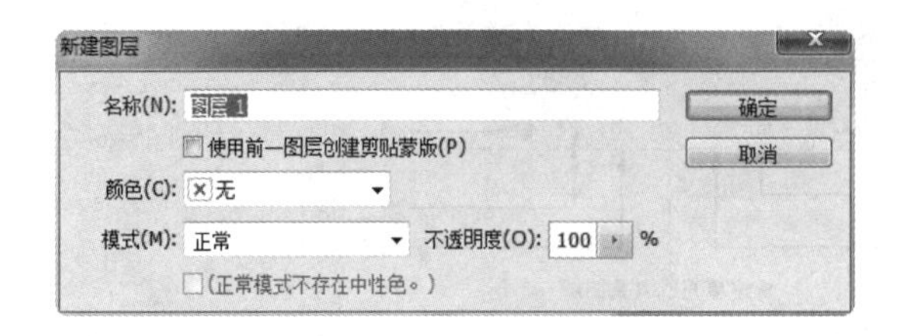

图 4-3　“新建图层”对话框

图 4-4　剪贴蒙版

③ 颜色：用来设置新建图层在调板中显示的颜色，在下拉列表中选择“绿色”，效果如图 4-5 所示。

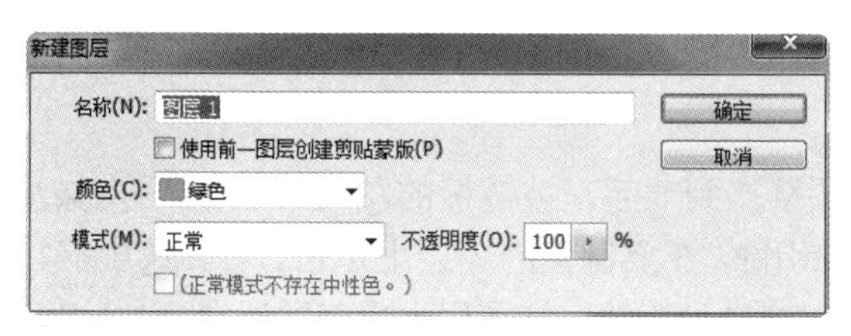

图 4-5　新建图层

④ 模式：用来设置新建图层与下面图层的混合效果。

⑤ 不透明度：用来设置新建图层的透明程度。

⑥ 填充叠加中性色(50%灰)：该选项只有选择除“正常”以外的模式时才会被激活，并以该模式的 50%灰色填充图层，如图 4-6 所示。

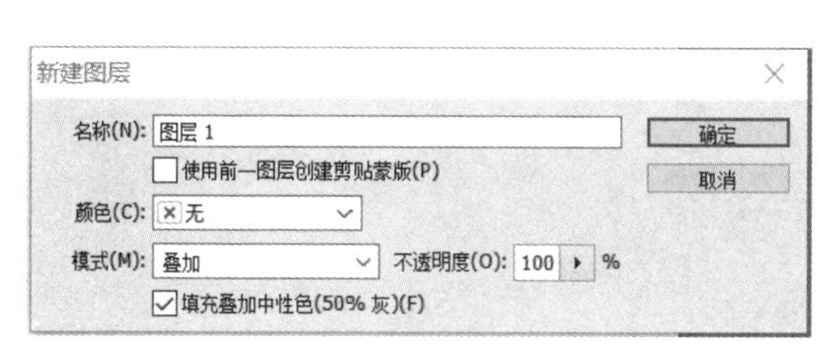

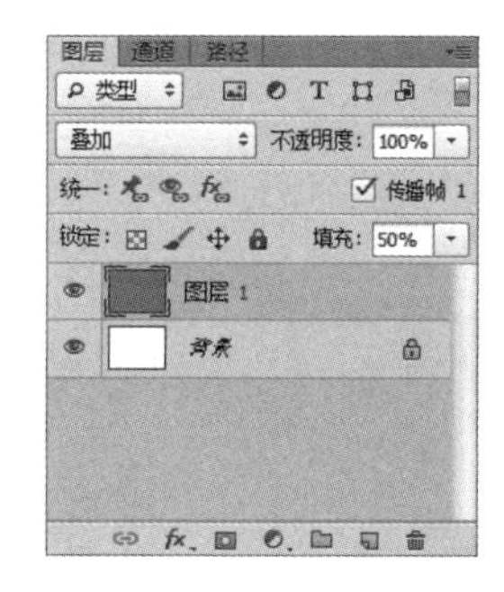

图 4-6　50%中性灰色

(2) 在“图层”调板中单击新建图层按钮，在“图层”调板中也会新创建一个图层，如图 4-7 所示。

技巧：拖动图像到当前文档中，可以为被拖动的图像新建一个图层。

双击“背景”图层，也可以将“背景”图层转换为普通图层。

(3) 执行菜单中的“图层”→“新建”→“背景图层”命令，可以将背景图层转换成普通图层。当“图层”调板中只存在一个图层时，执行菜单中的“图层”→“新建”→“背景图层”命令，可以将普通图层转换成背景图层，如图 4-8 所示。

图 4-7　创建新图层

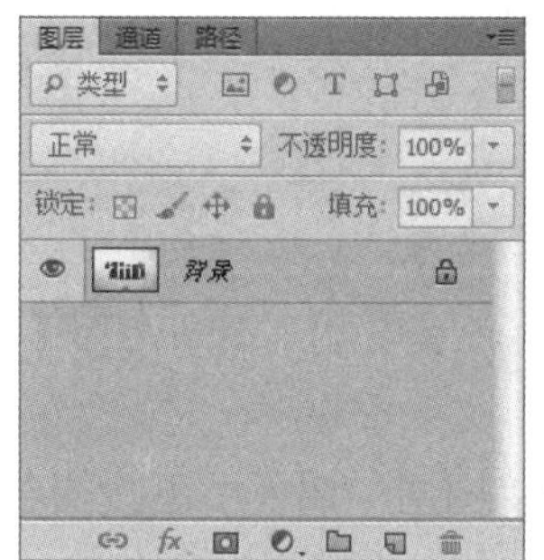

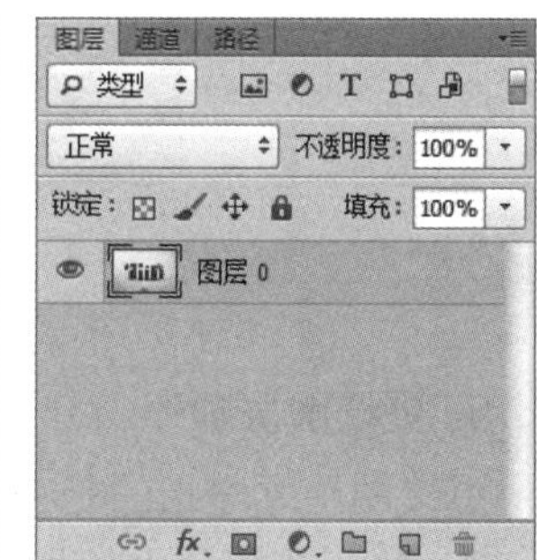

图 4-8　转换图层

2. 选择图层

使用鼠标在“图层”调板中的图层上单击即可选择该图层并将其变为当前工作图层。按住[Ctrl]键或[Shift]键在调板中单击不同图层，就可以选择多个图层了。

提示：使用(移动工具)在选项栏中设置“自动选择图层”功能后，在图像上单击，即可将该图像对应的图层选取。

3. 链接图层

链接图层可以将两个以上的图层链接到一起，被链接的图层可以被一起移动或变换。链接方法是在“图层”调板中按住[Ctrl]键，在要链接的图层上单击，将其选中后，单击“图层”调板中的“链接图层”按钮，此时会在调板的链接图层中出现链接符号，如图 4-9 所示。

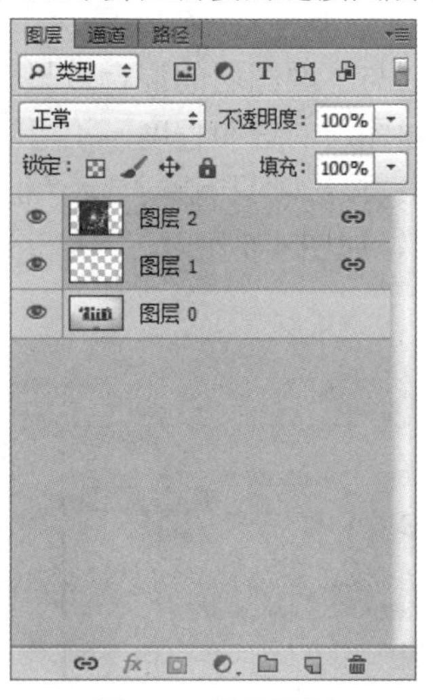

图 4-9　链接图层

4. 显示与隐藏图层

显示与隐藏图层命令可以将被选择图层中的图像在文档中进行显示与隐藏。只需在“图层”调板中单击图标，即可将图层在显示与隐藏之间转换，如图 4-10 所示。

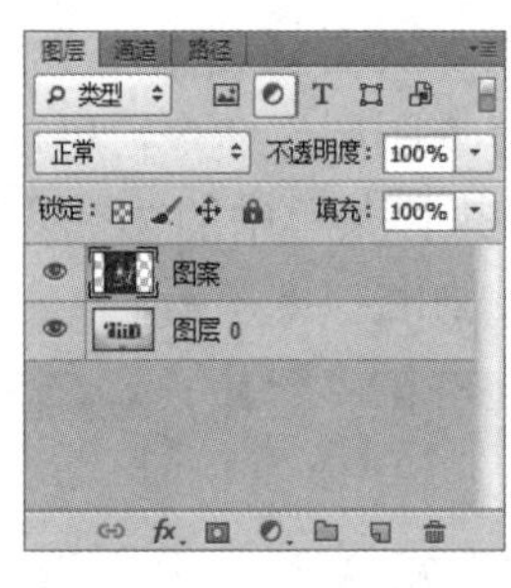

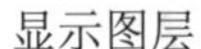
显示图层

隐藏图层

图 4-10　显示与隐藏图层

5. 更改图层顺序

更改图层顺序指的是在“图层”调板中更改图层之间的叠放层次，更改方法如下：

(1) 执行菜单中的“图层”→“排列”命令，在弹出的子菜单中选择相应命令对图层的顺序进行改变，如图 4-11 所示。

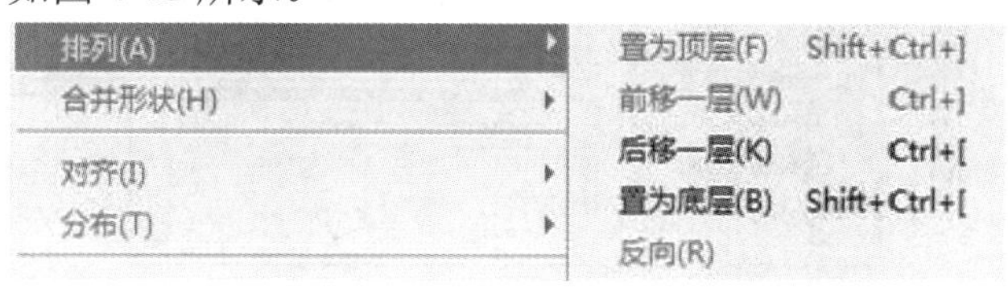

图 4-11　选择更改图层顺序命令

(2) 在“图层”调板中拖动当前图层到该图层的上面图层或下面图层，此时鼠标光标会变成小手形状，松开鼠标即可更改图层顺序，如图 4-12 所示。

原顺序

向下拖动调整后顺序

图 4-12　更改图层顺序

6. 为图层重新命名

命名图层指的是为当前选择的图层设置名称，更改方法如下：

(1) 执行菜单中的“图层”→“图层属性”命令，打开如图 4-13 所示的“图层属性”对话框，在该对话框中可以设置当前图层的名称。

提示：“图层属性”命令不能在“背景”图层中使用。

(2) 在“图层”调板中选择相应图层后双击图层名称，此时文本框会被激活，在其中输入名称，按[Enter]键完成命名设置，效果如图 4-14 所示。

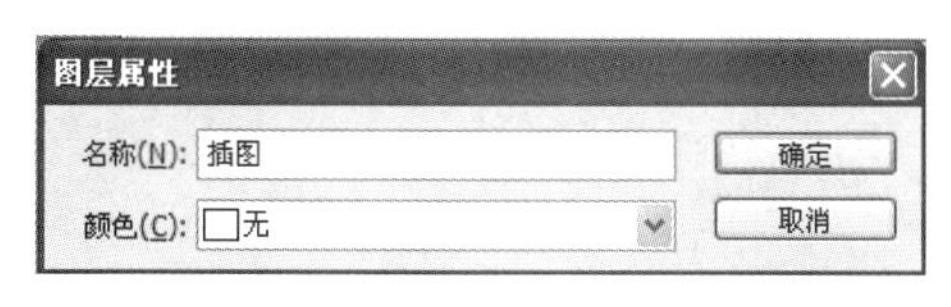

图 4-13　“图层属性”对话框

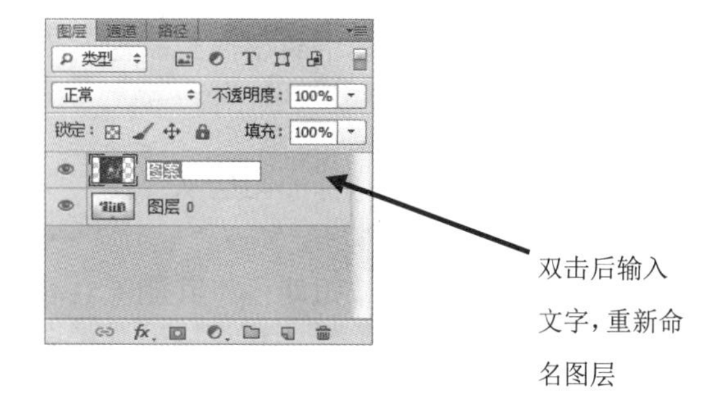

图 4-14　命名图层

7. 复制图层

复制图层指的是将当前图层复制一个副本。复制图层可以在“图层”菜单中完成也可以直接通过“图层”调板来完成。复制图层的方法如下：

(1) 执行菜单中的“图层”→“复制图层”命令，打开如图 4-15 所示的“复制图层”对话框。

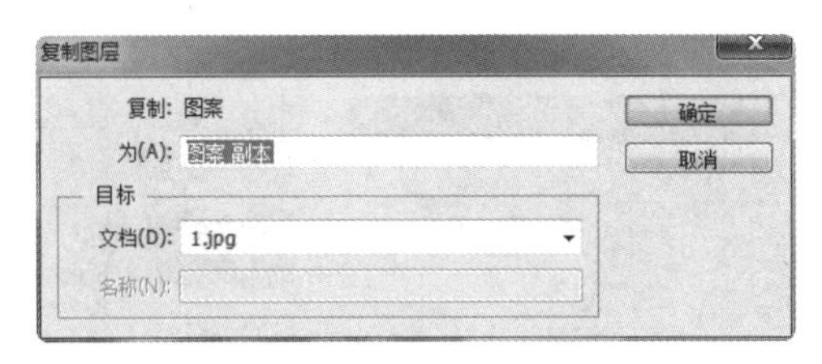

图 4-15　“复制图层”对话框

“复制图层”对话框中的各项含义如下：

① 复制：被复制的图像源。

② 为：副本的图层名称。

③ 目标：用来设置被复制的目标。

- 文档：默认情况下显示当前打开文件的名称，在下拉列表中选择“新建”时，被复制的图层会自动创建一个该图层所针对的文件。
- 名称：在“文档”下拉列表中选择“新建”选项时，该位置才会被激活，用来设置以图层新建文件的名称。

(2) 在“图层”调板中拖动当前图层到新建图层按钮上，即可得到该图层的副本，如图 4-16 所示。

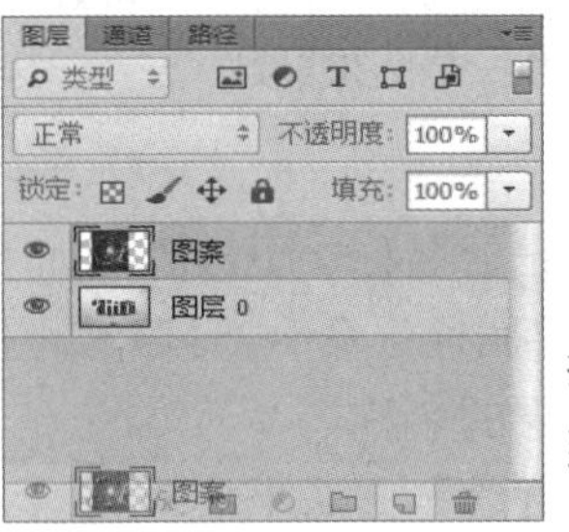

图 4-16　创建新图层

技巧：执行菜单中的“图层”→“新建”→“通过复制的图层”命令或按组合键[Ctrl + J]即可以快速复制当前图层中的图像到新图层中。

8. 删除图层

删除图层指的是将选择的图层从“图层”调板中删除，删除方法如下：

(1) 执行菜单中的“图层”→“删除”→“图层”命令，可以打开如图 4-17 所示的警告对话框，单击“是”按钮即可将其删除。

图 4-17　警告对话框

提示：当“图层”调板中存在隐藏图层时，执行菜单中的“图层”→“删除”→“隐藏图层”命令，即可将隐藏的图层删除。

(2) 在“图层”调板中拖动选择的图层到“删除”按钮上，即可将其删除。

9. 更改图层不透明度

图层不透明度指的是当前图层中图像的透明程度。在文本框中输入文字或拖动控制滑块即可更改图层的不透明度，取值范围是 0%～100%，数值越小图像越透明，如图 4-18 所示。

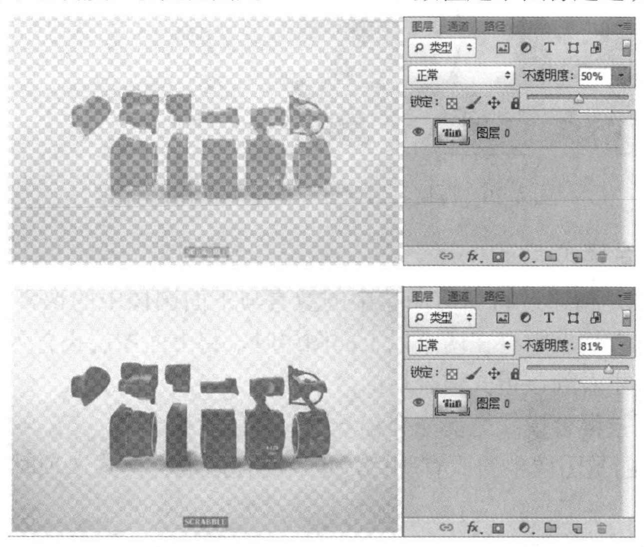

图 4-18　图层的不透明度

技巧：使用键盘直接输入数字，即可调整图层的不透明度。

10. 更改填充不透明度

填充不透明度指的是当前图层中实际图像的透明程度，调整方法与更改图层不透明度方法一样，填充取值范围是 0%～100%。图 4-19 所示的图像为添加外发光后调整填充不透明度的效果。与更改不透明度不同的是，更改填充不透明度，图层中的图层样式不受影响。图层不透明度和填充不透明度对比效果如图 4-20 所示。

图 4-19　填充不透明度

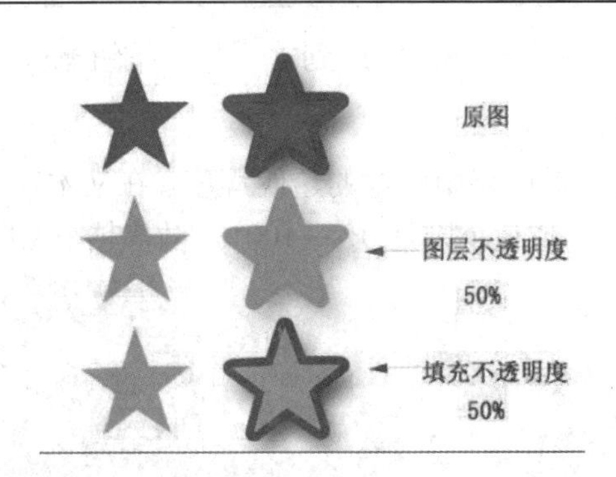

图 4-20　图层不透明度和填充不透明度对比图

11. 图层的混合模式

图层混合模式是指通过将当前图层中的像素与下面图像中的像素相混合从而产生奇幻效果。当“图层”调板中存在两个以上的图层时，将上面图层设置为“混合模式”后，会在“工作窗口”中看到该模式混合后的效果。

在具体讲解图层混合模式之前先介绍一下 3 种色彩概念。

(1) 基色：指的是图像中的原有颜色，也就是使用混合模式选项时，两个图层中下面的那个图层。

(2) 混合色：指的是通过绘画或编辑工具应用的颜色，也就是使用混合模式选项时，两个图层中上面的那个图层。

(3) 结果色：指的是应用混合模式后的色彩。打开两个图像并将其放置到一个文档中，此时在“图层”调板中上下两个图层中的图像分别如图 4-21 和图 4-22 所示。在“图层”调板中单击模式后面的倒三角形按钮，会弹出如图 4-23 所示的模式下拉列表。

图 4-21　上面图层的图像

图 4-22　下面图层的图像

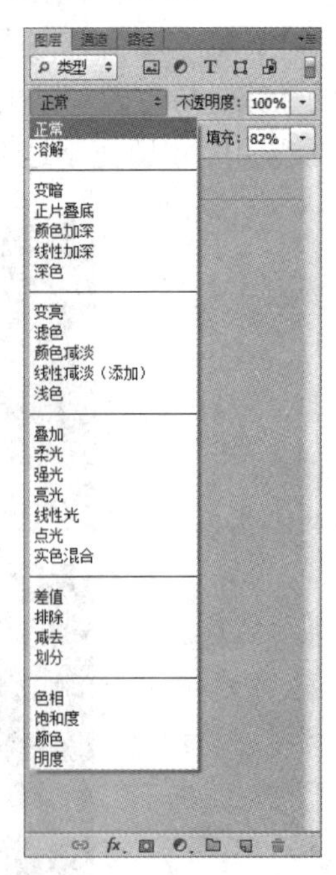

图 4-23　模式下拉列表

模式下拉列表中的各项含义如下：

(1) 正常：系统默认的混合模式。“混合色”的显示与不透明度的设置有关。当“不透明度”为“100%”时，上面图层中的图像区域会覆盖下面图层中该部位的区域。只有“不透明度”小于“100%”时，才能实现简单的图层混合，如图 4-24 所示的效果为不透明度等于“50%”。

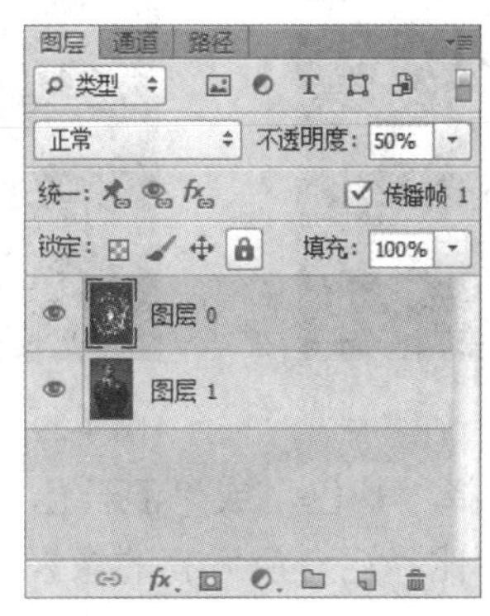

图 4-24 正常模式

(2) 溶解：当不透明度为“100%”时，该选项不起作用。只有透明度小于“100%”时，“结果色”才由“基色”或“混合色”的像素随机替换，如图 4-25 所示。

(3) 变暗：选择“基色”或“混合色”中较暗的颜色作为“结果色”。比“混合色”亮的像素被替换，比“混合色”暗的像素保持不变。变暗模式将导致比背景颜色淡的颜色从“结果色”中被去掉，如图 4-26 所示。

(4) 正片叠底：将“基色”与“混合色”复合。“结果色”总是较暗的颜色。任何颜色与黑色复合产生黑色，任何颜色与白色复合保持不变，如图 4-27 所示。

图 4-25 溶解模式

图 4-26 变暗模式

图 4-27 正片叠底模式

(5) 颜色加深：通过增加对比度使基色变暗以反映“混合色”。如果与白色混合将不会产生变化。颜色加深模式创建的效果和正片叠底模式创建的效果比较类似，如图 4-28 所示。

(6) 线性加深：通过减小亮度使“基色”变暗以反映“混合色”。如果“混合色”与

“基色”上的白色混合，将不会产生变化，如图 4-29 所示。

(7) 深色：两个图层混合后，通过“混合色”中较亮的区域被“基色”替换来显示“结果色”，如图 4-30 所示。

图 4-28　颜色加深模式

图 4-29　线性加深模式

图 4-30　深色模式

(8) 变亮：选择“基色”或“混合色”中较亮的颜色作为“结果色”。比“混合色”暗的像素被替换，比“混合色”亮的像素保持不变。在这种与变暗模式相反的模式下，较淡的颜色区域在最终的“结果色”中占主要地位。较暗区域并不出现在最终的“结果色”中，如图 4-31 所示。

(9) 滤色：滤色模式与正片叠底模式正好相反，它将图像的“基色”颜色与“混合色”颜色结合起来产生比两种颜色都浅的第三种颜色，如图 4-32 所示。

(10) 颜色减淡：通过减小对比度使“基色”变亮以反映“混合色”，与黑色混合则不发生变化。应用颜色减淡混合模式时，“基色”上的暗区域都将会消失，如图 4-33 所示。

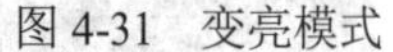

图 4-31　变亮模式

图 4-32　滤色模式

图 4-33　颜色减淡模式

(11) 线性减淡：通过增加亮度使“基色”变亮以反映“混合色”，与黑色混合时不发生变化，如图 4-34 所示。

(12) 浅色：两个图层混合后，通过“混合色”中较暗的区域被“基色”替换来显示“结果色”，效果与变亮模式类似，如图 4-35 所示。

(13) 叠加：把图像的“基色”与“混合色”相混合产生一种中间色，“基色”比“混合色”暗的颜色会加深，比“混合色”亮的颜色将被遮盖，而图像内的高亮部分和阴影部分保持不变，因此对黑色或白色像素着色时，叠加模式不起作用，如图 4-36 所示。

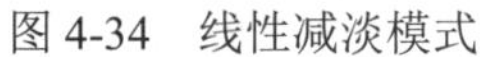

图 4-34　线性减淡模式

图 4-35　浅色模式

图 4-36　叠加模式

(14) 柔光：可以产生一种柔光照射的效果。如果“混合色”比“基色”的像素更亮一些，那么“结果色”将更亮；如果“混合色”比“基色”的像素更暗一些，那么“结果色”颜色将更暗，使图像的亮度反差增大，如图 4-37 所示。

(15) 强光：可以产生一种强光照射的效果。如果“混合色”比“基色”的像素更亮一些，那么“结果色”颜色将更亮；如果“混合色”比“基色”的像素更暗一些，那么“结果色”将更暗。除了根据背景中的颜色而使背景色是多重的或屏蔽的之外，这种模式实质上同柔光模式是一样的，只是效果比柔光模式更强烈一些，如图 4-38 所示。

提示：“叠加”与“强光”模式，可以在背景对象的表面模拟图案或文本。

(16) 亮光：通过增加或减小对比度来加深或减淡颜色，具体取决于“混合色”。如果“混合色”(光源)比 50%灰色亮，则通过减小对比度使图像变亮；如果“混合色”比 50%灰色暗，则通过增加对比度使图像变暗，如图 4-39 所示。

图 4-37　柔光模式

图 4-38　强光模式

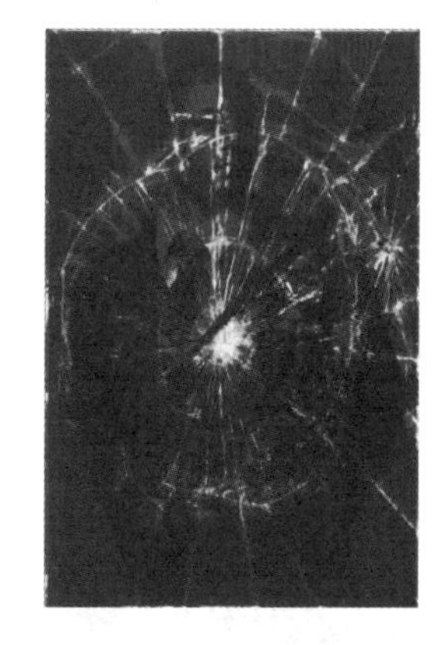

图 4-39　亮光模式

(17) 线性光：通过减小或增加亮度来加深或减淡颜色，具体取决于“混合色”。如果“混合色”(光源)比 50%灰色亮，则通过增加亮度使图像变亮；如果“混合色”比 50%灰色暗，则通过减小亮度使图像变暗，如图 4-40 所示。

(18) 点光：主要就是替换颜色，具体取决于“混合色”。如果“混合色”比 50%灰色亮，则替换比“混合色”暗的像素，而不改变比“混合色”亮的像素；如果“混合色”比50%灰色暗，则替换比“混合色”亮的像素，而不改变比“混合色”暗的像素。这对于向图像添加特殊效果非常有用，如图 4-41 所示。

(19) 实色混合：根据“基色”与“混合色”相加产生混合后的“结果色”，该模式能够产生颜色较少、边缘较硬的图像效果，如图 4-42 所示。

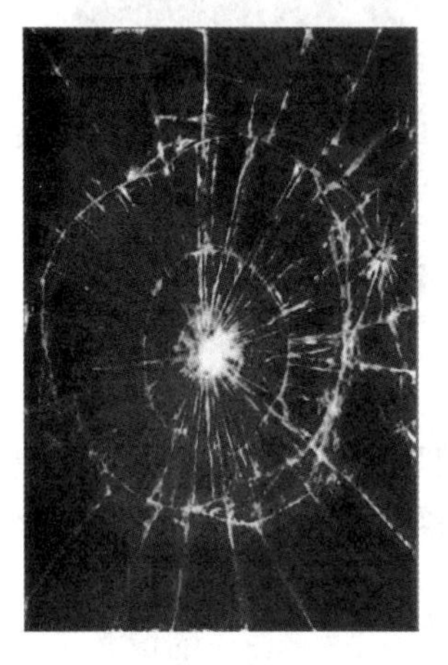

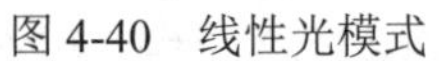

图 4-40　线性光模式

图 4-41　点光模式

图 4-42　实色混合模式

(20) 差值：将从图像中“基色”的亮度值减去“混合色”的亮度值，如果结果为负，则取正值，产生反相效果。由于黑色的亮度值为 0，白色的亮度值为 255，因此用黑色着色不会产生任何影响，用白色着色则产生与着色的原始像素颜色的反相效果。差值模式创建背景颜色的相反色彩，如图 4-43 所示。

(21) 排除：排除模式与差值模式相似，但是具有高对比度和低饱和度的特点，比用差值模式获得的颜色更柔和、更明亮一些，其中与白色混合将反转“基色”值，而与黑色混合则不发生变化，如图 4-44 所示。

(22) 减去：将“基色”与“混合色”中两个像素绝对值相减的值，如图 4-45 所示。

图 4-43　差值模式

图 4-44　排除模式

图 4-45　减去模式

(23) 划分：将“基色”与“混合色”中两个像素绝对值相加的值，如图 4-46 所示。

(24) 色相：用“混合色”的色相值进行着色，而使饱和度和亮度值保持不变。当“基色”与“混合色”的色相值不同时，才能使用描绘颜色进行着色，如图 4-47 所示。

提示：要注意的是“色相”模式不能在“灰度模式”下的图像中使用。

(25) 饱和度：饱和度模式的作用方式与色相模式相似，它只用“混合色”的饱和度值进行着色，而使色相值和亮度值保持不变。当“基色”与“混合色”的饱和度值不同时，才能使用描绘颜色进行着色处理，如图 4-48 所示。

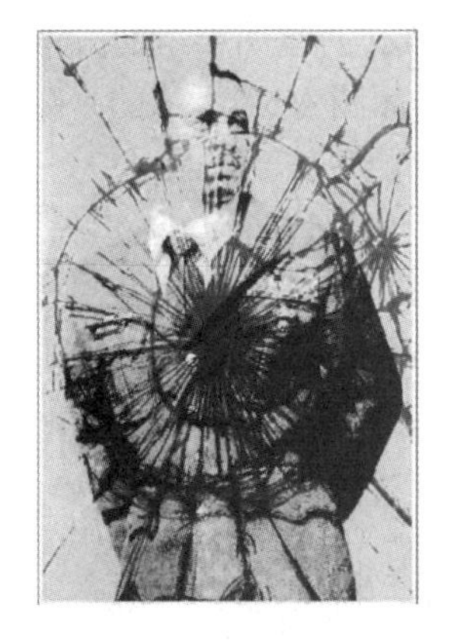

图 4-46　划分模式

图 4-47　色相模式

图 4-48　饱和度模式

(26) 颜色：使用“混合色”的饱和度值和色相值同时进行着色，而使“基色”的亮度值保持不变。颜色模式可以看成是饱和度模式和色相模式的综合效果。该模式能够使灰色图像的阴影或轮廓透过着色的颜色显示出来，产生某种色彩化的效果。这样可以保留图像中的灰阶，并且对于给单色图像上色和给彩色图像着色都会非常有用，如图 4-49 所示。

(27) 明度：使用“混合色”的亮度值进行着色，而保持“基色”的饱和度和色相数值不变，其实就是用“基色”中的“色相”和“饱和度”及“混合色”的亮度创建“结果色”。此模式创建的效果与颜色模式创建的效果相反，如图 4-50 所示。

图 4-49　颜色模式

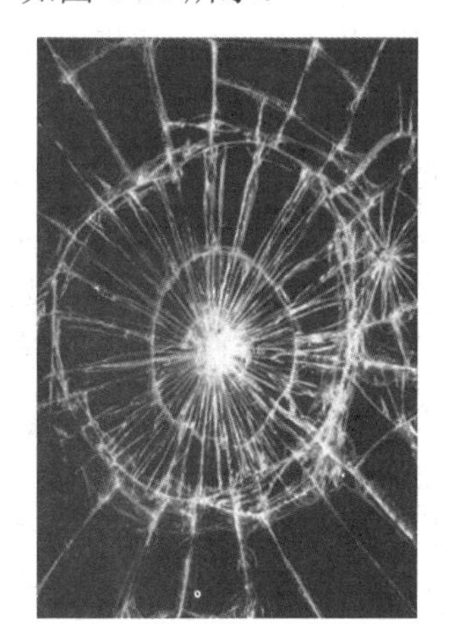

图 4-50　明度模式

4.3　图层组及图层编组

图层组可以让用户更方便地管理图层，图层组中的图层可以被统一进行移动或变换，还可以对其进行单独编辑。图层组的功能类似于 Windows 操作系统中的文件夹。

4.3.1　新建图层组

新建图层组指的是在“图层”调板中新建一个用于存放图层的图层组。创建图层组可以在“图层”菜单中完成，也可以直接通过“图层”调板来完成。创建图层组的方法如下：

(1) 执行菜单中的“图层”→“新建”→“组”命令，打开如图 4-51 所示的“新建组”对话框，设置相应参数后单击“确定”按钮，即可新建一个图层组。

(2) 在“图层”调板中单击新建图层组按钮，在“图层”调板中就会创建一个新的图层组，如图 4-52 所示。

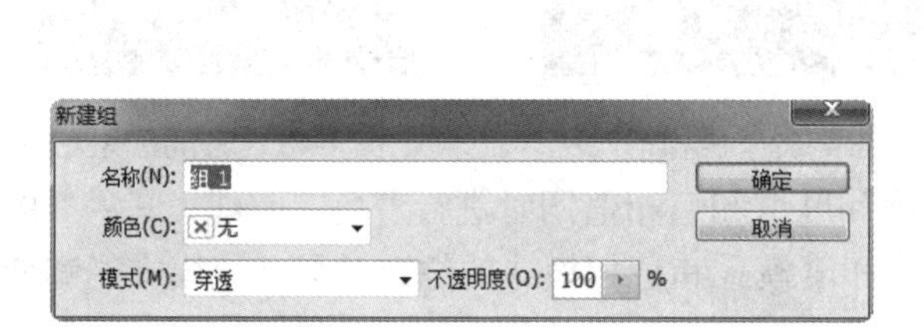

图 4-51　“新建组”对话框

图 4-52　创建新图层组

4.3.2　将图层移入或者移出图层组

移入图层组中的方法是：在“图层”调板中拖动当前图层到“图层组”上或组内的图层中松开鼠标，即可将其移入到当前图层组中，如图 4-53 所示。移出图层组中的方法是：拖动组内的图层到当前组的上方或组外的图层上方松开鼠标，即可移除图层组，如图 4-54 所示。

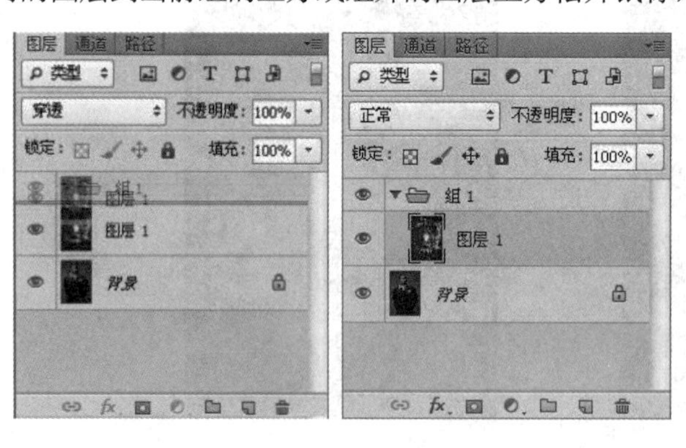

图 4-53　移入图层组中

图 4-54　从图层组中移出

4.3.3　复制图层组

复制图层组可以在“图层”菜单中完成，也可以直接通过“图层”调板来完成。复制图层组的方法如下：

(1) 执行菜单中的“图层”→“复制组”命令，打开如图 4-55 所示的“复制组”对话框，设置相应参数后，单击“确定”按钮，即可得到一个当前组的副本。

(2) 在“图层”调板中拖动当前图层组到新建图层按钮 上，即可得到该图层组的副本，如图 4-56 所示。

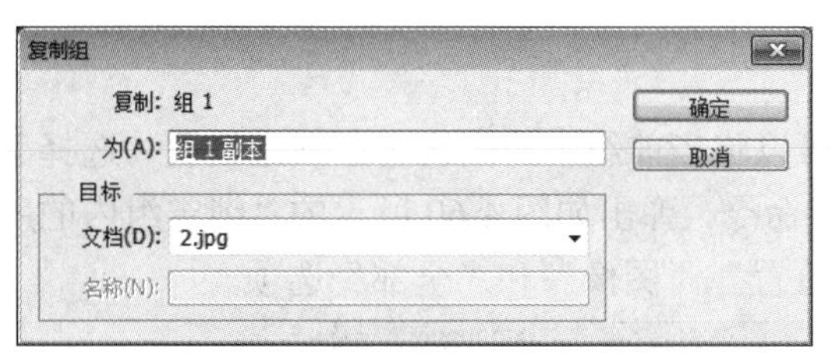

图 4-55　“复制组”对话框

图 4-56　复制图层组

技巧：在“图层”调板中拖动当前图层组到新建图层组按钮上，可以将当前组嵌套在新建的组中；在“图层”调板中拖动当前图层到新建图层组按钮上，可以从当前图层创建图层组；在菜单栏中执行“图层”→“新建”→“从图层建立组”命令，可以将当前图层创建到新建组中。

4.3.4　图层编组

图层编组指的是将当前选择的所有图层放置到一个图层组中，其效果和新建图层组后将图层拖入的效果相同，利用[Ctrl]键多选图层后，如图 4-57 所示，执行菜单中的“图层”→“图层编组”命令即可将所选图层放置到一个新建组中，如图 4-58 所示。

图 4-57　多选图层

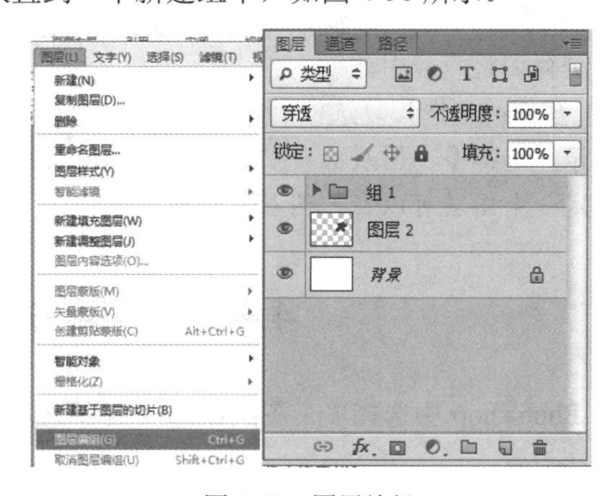

图 4-58　图层编组

4.3.5　删除图层组

删除图层组指的是将当前选择的组删除。删除图层组的方法与删除图层的方法相同，执行菜单中的“图层”→“删除”→“组”命令，如图 4-59 所示，可以在弹出的对话框中选择删除组和内容或者仅删除组完成图层组的删除，也可以拖动当前组到删除按钮上，将图层组和其内容直接删除。

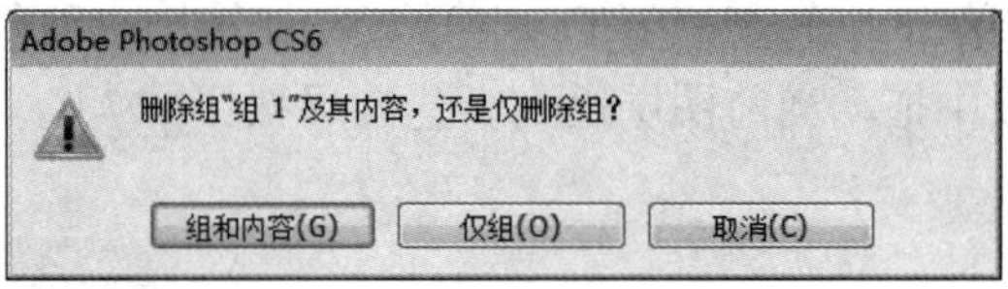

Adobe Photoshop CS6
删除组"组 1"及其内容，还是仅删除组？
组和内容(G)
仅组(O)
取消(C)

图 4-59　删除图层组

4.3.6　锁定组内的所有图层

使用“锁定组内的所有图层”命令可以将当前组中的图像进行锁定设置。选择菜单栏中的“图层”→“锁定组内的所有图层”命令，弹出如图 4-60 所示的“锁定组内的所有图层”对话框，其中包括“透明区域”“位置”“图像”和“全部”选项。

锁定组内的所有图层
锁定:
透明区域
位置
确定
图像
全部
取消

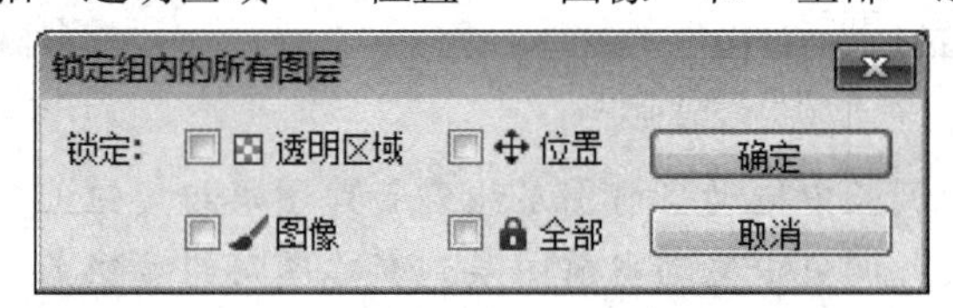

图 4-60　“锁定组内的所有图层”对话框

“锁定组内的所有图层”对话框中的各项含义如下：

(1) 透明区域：勾选该复选框后，图层组中的图层透明区域将会被锁定，此时图层中的图像部分可以被移动并可以对其进行编辑。例如，使用画笔在图层上绘制时只能在有图像的地方绘制，透明区域是不能使用画笔的。

(2) 位置：勾选该复选框后，图层组中图层内的图像是不能被移动的，但是可以对该图层进行编辑。

(3) 图像：勾选该复选框后，图层组中图层内的图像可以被移动和变换，但是不能对该图层进行调整或应用滤镜。

(4) 全部：勾选该复选框后，图层组中图层可以锁定以上的所有选项。

提示：选择多个图层后，“锁定组内的所有图层”命令将会变成“锁定图层”命令；单独锁定一个图层可以在“图层”调板中进行。

4.4　对齐与分布图层

在 Photoshop 中选择多个图层或选择具有链接的图层后，可以对图层中的像素进行对齐与分布设置。

4.4.1　对齐图层

使用“对齐”命令可以将当前选择的多个图层或与当前图层存在链接的图层图像进行对齐调整，如果存在选区，那么图层中的图像将会与选区对齐。选择菜单栏中的“图层”→“对齐”命令，弹出如图 4-61 所示的“对齐”命令子菜单，其中包括“顶边”“垂直居中”“底边”“左边”“水平居中”和“右边”选项。

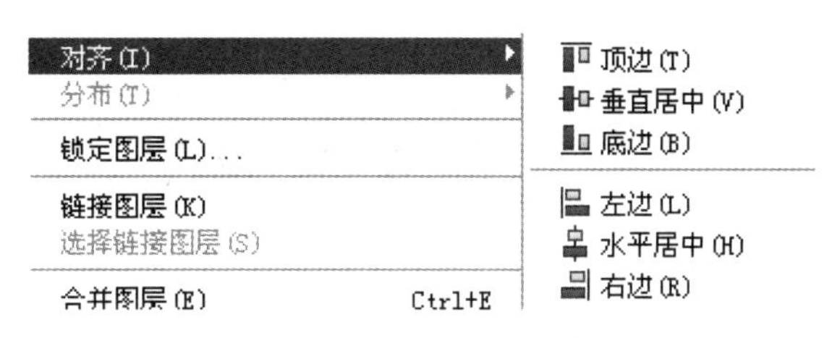

图 4-61 “对齐”命令子菜单

“对齐”命令子菜单中的各项含义如下：

(1) 顶边：所有选取或链接的图层都以图层中顶端的像素对齐，或者与选区边框的顶边对齐。

(2) 垂直居中：所有选取或链接的图层都以图层中像素的垂直中心点对齐，或者与选区边框的垂直中心对齐。

(3) 底边：所有选取或链接的图层都以图层中底端的像素对齐，或者与选区边框的底边对齐。

(4) 左边：所有选取或链接的图层都以图层中左端的像素对齐，或者与选区边框的左边对齐。

(5) 水平居中：所有选取或链接的图层都以图层中像素的水平中心点对齐，或者与选区边框的水平中心对齐。

(6) 右边：所有选取或链接的图层都以图层中右端的像素对齐，或者与选区边框的右边对齐。

4.4.2 分布图层

使用“分布”命令可以将当前选择的 3 个以上图层或链接图层图像进行分布调整。选择菜单栏中的“图层”→“分布”命令，弹出如图 4-62 所示的“分布”命令子菜单，其中包括“顶边”“垂直居中”“底边”“左边”“水平居中”和“右边”选项。

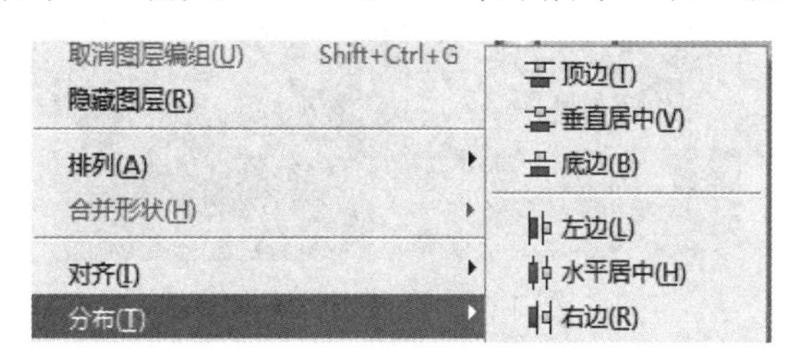

图 4-62 “分布”命令子菜单

“分布”命令子菜单中的各项含义如下：

(1) 顶边：以所选图层中每个图层的顶端图像像素为基准，均匀分布图层。

(2) 垂直居中：以所选图层中每个图层的垂直居中的图像像素为基准，均匀分布图层。

(3) 底边：以所选图层中每个图层的底端图像像素为基准，均匀分布图层。

(4) 左边：以所选图层中每个图层的左端图像像素为基准，均匀分布图层。

(5) 水平居中：以所选图层每个图层中的水平居中的图像像素为基准，均匀分布图层。

(6) 右边：以所选图层中每个图层的右端图像像素为基准，均匀分布图层。

4.5　合 并 图 层

合并图层可以减小当前编辑的图像在磁盘中占用的空间，缺点是文件重新打开后，合并后的图层将不能拆分。

4.5.1　合并所有图层

合并所有图层就是拼合图像，使用拼合图像可以将多图层图像以可见图层的模式合并为一个图层，被隐藏的图层将会被删除。执行菜单中的“图层”→“拼合图像”命令，即可拼合图像。如果文件中存在隐藏的图层，则执行此命令会弹出警告对话框，单击“确定”按钮，即可完成拼合。

4.5.2　向下合并图层

向下合并图层可以将当前图层与下面的一个图层合并，执行菜单中的“图层”→“合并图层”命令或按组合键[Ctrl + E]，即可完成当前图层与下一图层的合并。

4.5.3　合并所有可见图层

合并所有可见图层可以将“图层”调板中显示的图层合并为一个图层，隐藏图层不被删除。执行菜单中的“图层”→“合并可见图层”命令或按组合键[Shift + Ctrl + E]，即可将显示的图层合并，合并过程如图 4-63 所示。

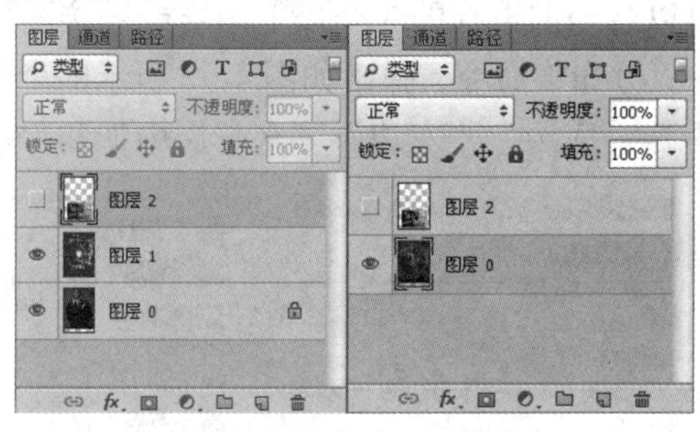

图 4-63　合并可见图层

4.5.4　合并选择的或链接的图层

可以将“图层”调板中被选择的图层或链接的图层合并为一个图层，方法是选择两个以上的图层或选择具有链接的图层后，则执行菜单中的“图层”→“合并图层”命令或按组合键[Ctrl + E]，即可将选择的图层或链接的图层合并为一个图层。

4.5.5　盖印图层

盖印图层可以将“图层”调板中显示的图层合并到一个新图层中，原来的图层还存在。

按组合键[Ctrl + Shift + Alt + E]，即可将文件执行盖印功能，如图 4-64 所示。

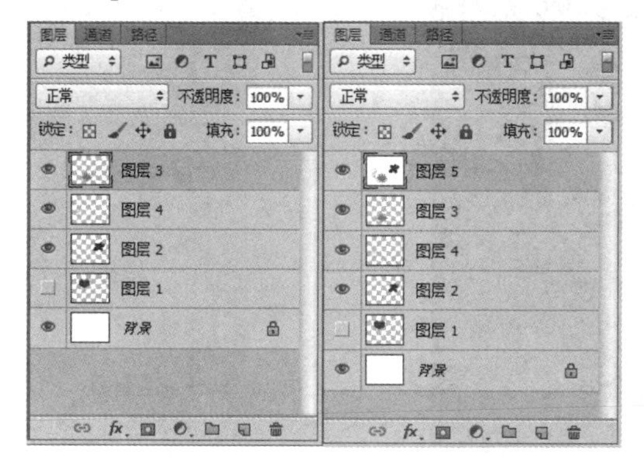

图 4-64　盖印图层

4.5.6　合并图层组

合并图层组可以将整组中的图像合并为一个图层。在“图层”调板中选择图层组后，执行菜单中的“图层”→“合并组”命令，即可将图层组中所有图层合并为一个单独图层。

4.6　剪 贴 蒙 版

在 Photoshop 中，可以通过“创建剪贴蒙版”命令实现两个图层制作的剪贴蒙版效果。

4.6.1　创建剪贴蒙版

创建图层剪贴蒙版指的是在下层图层形状中显示上层图像信息，如图 4-65 所示。创建方法是选择图层后，再执行菜单中的“图层”→“创建剪贴蒙版”命令，即可将当前选择图层的图像在下层图层区域中显示，如图 4-66 所示。剪贴蒙版实现效果如图 4-67 所示。

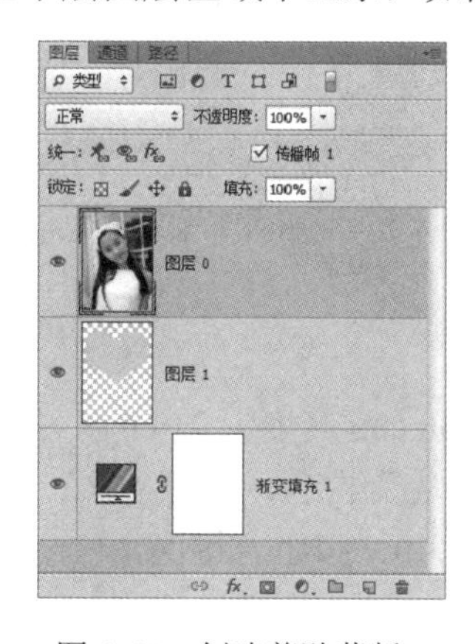

图 4-65　创建剪贴蒙版

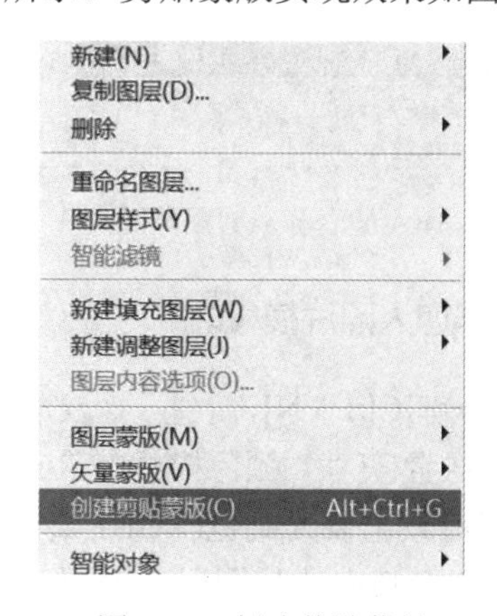

图 4-66　创建剪贴蒙版

技巧： 按住[Alt]键，在两个图层中间单击鼠标左键，也可以将上个图层创建为剪贴蒙版，如图 4-68 所示。

图 4-67　剪贴蒙版实现效果

图 4-68　使用鼠标创建剪贴蒙版

4.6.2　释放剪贴蒙版

释放剪贴蒙版的方法和建立剪贴蒙版类似，可以执行菜单中的“图层”→“释放剪贴蒙版”命令，即可将当前剪贴蒙版释放，如图 4-69 所示；也可以使用鼠标结合[Alt]键取消，如图 4-70 所示。

图 4-69　释放剪贴蒙版

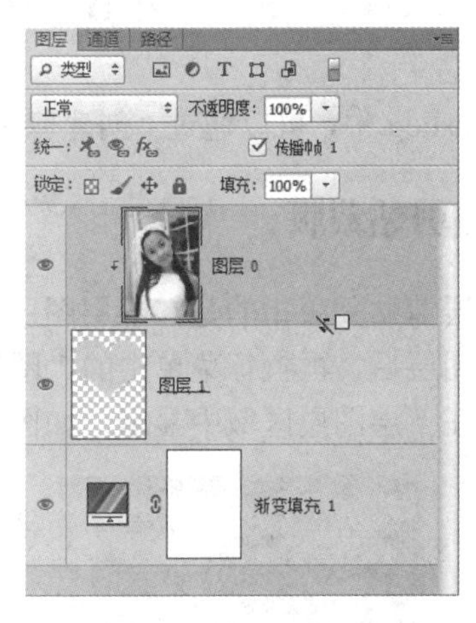

图 4-70　使用鼠标释放剪贴蒙版

范例 4-1　制作恋人照片模板。

(1) 按组合键[Ctrl + N]，新建一个文件：宽度为 30 cm，高度为 21 cm，分辨率为 200 像素/英寸，颜色模式为 RGB，背景内容为白色，单击“确定”按钮。将前景色设为黄色(RGB：243，213，132)，按组合键[Alt + Delete]，用前景色填充背景图层，如图 4-71 所示。

恋人照片模板

(2) 按组合键[Ctrl + O]，打开“制作恋人照片模板”→“新素材”→“03jpg”文件，选择移动工具，将人物图片拖曳到图像窗口中适当的位置，效果如图 4-72 所示。在“图层”面板中生成新的图层并将其命名为“照片 1”。

图 4-71　新建文件并填充

图 4-72　拖曳人物图

(3) 在“图层”调板上方，将“照片 1”图层的混合模式选项设为“明度”，效果如图 4-73 所示。新建图层并将其命名为“边框”，将前景色设为白色。选择直线工具，选中属性栏中的“像素”选项，将“线条粗细”设为 6 px，按住[Shift]键的同时，在图像窗口中绘制边框直线，效果如图 4-74 所示。

图 4-73　设置混合模式

图 4-74　绘制直线边框

(4) 选择矩形工具，属性栏中选择 “形状”选项，在图像窗口中绘制路径图形。按组合键[Ctrl + T]，路径图形周围出现变换框，将鼠标放在变换框的控制手柄外边，光标变为旋转图标，拖曳鼠标将其旋转到合适的位置，如图 4-75 所示。按[Enter]键确定操作，“图层”控制面板生成“矩形 1”图层，如图 4-76 所示。

图 4-75　绘制并调整路径图形

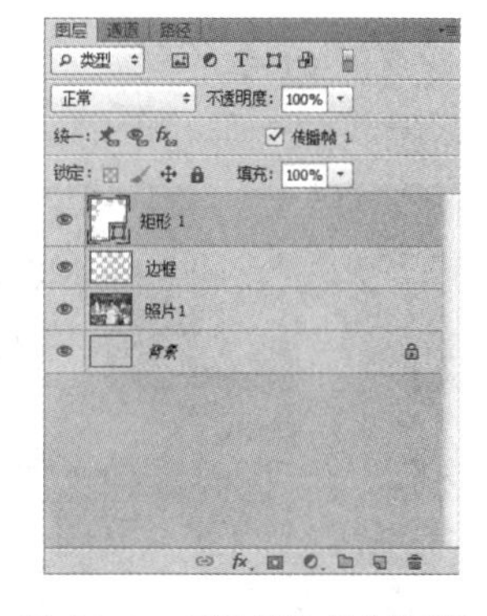

图 4-76　“图层”控制面板

(5) 单击“图层”调板下方的添加图层样式按钮，在弹出的菜单中选择“投影”选项，在切换到的相应控制面板中，将阴影颜色设置为黑色，其他选项的设置如图 4-77 所示。选择“描边”选项，在切换到的相应控制面板中，将描边颜色设为白色，其他选项的设置如图 4-78 所示，单击“确定”按钮，效果如图 4-79 所示。

(6) 将“矩形 1 副本”图层拖曳到“图层”调板下方的新建图层按钮上进行复制，

生成新的副本图层。选择移动工具，调整其位置和角度，效果如图 4-80 所示。单击“矩形 1 副本”图层左侧的眼睛图标，隐藏图层。

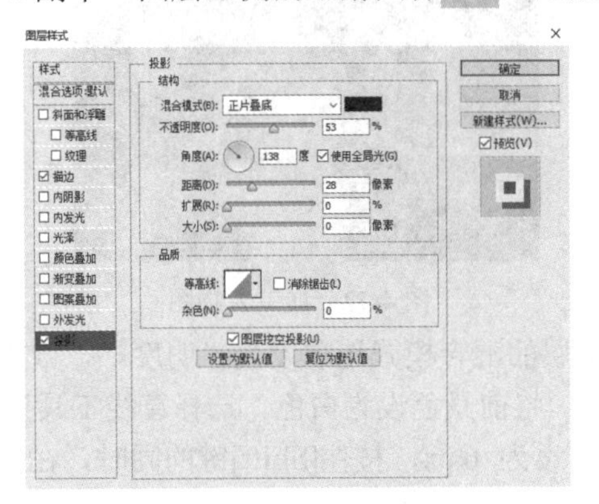

图 4-77　“投影”设置

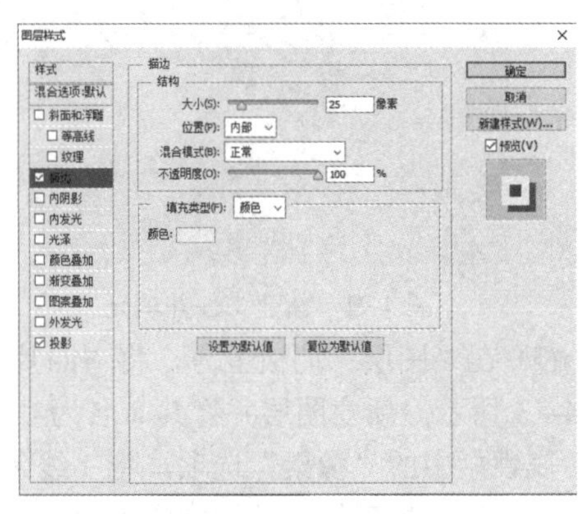

图 4-78　“描边”设置

图 4-79　设置“投影”和“描边”后的效果

图 4-80　复制并调整“矩形 1”图层

(7) 选中“矩形 1”图层，按组合键[Ctrl + O]，打开“制作恋人照片模板”→“新素材”→“01.jpg”文件，选择移动工具，将人物图片拖曳到图像窗口中适当的位置，并调整大小和角度，效果如图 4-81 所示。在“图层”调板中生成新的图层并将其命名为“照片 2”。

(8) 按住[Alt]键的同时，将鼠标放在“矩形 1”图层和“照片 2”图层的中间，鼠标光标变为带箭头的矩形。单击鼠标，创建剪贴蒙版，效果如图 4-82 所示。

图 4-81　拖曳人物图片并调整

图 4-82　创建剪贴蒙版

(9) 显示并选中“矩形 1 副本”图层，按组合键[Ctrl + O]，打开“制作恋人照片模板”→“新素材”→“02.jpg”文件，选择移动工具，将人物图片拖曳到图像窗口中适当的位置，效果如图 4-83 所示。在“图层”调板中生成新的图层并将其命名为“照片 3”。用相同的方法调整图片的角度并创建剪贴蒙版。选择横排文字工具 T，在属性栏中选择合适的字体并设置适当的文字大小，输入需要的白色文字，如图 4-84 所示。至此，恋人照片模板完成。

图 4-83　再次拖曳人物图片

图 4-84　输入文字

4.7　图 层 样 式

图层样式指的是在图层中添加样式效果，从而为图层添加斜面与浮雕、外发光、内发光、投影等效果。各个图层样式的使用方法与设置过程大体相同，可以使用图层菜单下的图层样式命令打开对话框，或者在图层面板中选择图层样式对话框设置。

4.7.1　斜面和浮雕

使用“斜面和浮雕”命令可以为图层中的图像添加立体浮雕效果及图案纹理。执行菜单中的“图层”→“图层样式”→“斜面和浮雕”命令，设置如图 4-85 所示的相应参数后，单击“确定”按钮，即可得到如图 4-86 所示的效果。

提示：在“斜面和浮雕”对话框中的“样式”下拉列表中可以选择添加浮雕的类型，其中包括外斜面、内斜面、浮雕效果、枕状浮雕和描边浮雕 5 项，如图 4-87 所示。可以通过设置“光泽等高线”控制斜面和浮雕外观，如图 4-88 所示。

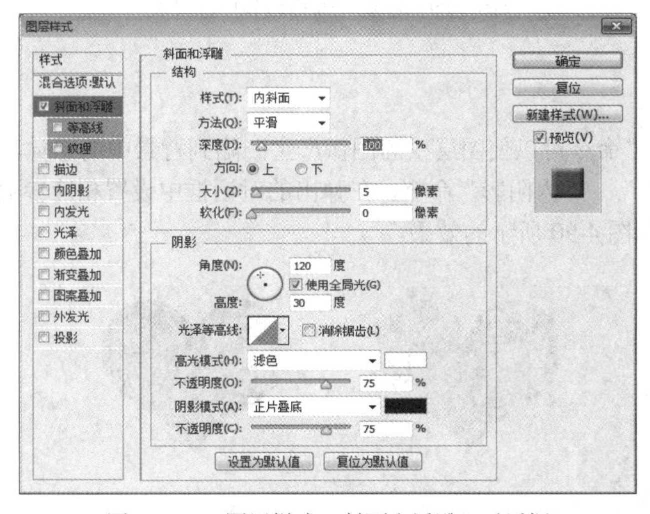

图 4-85　“图层样式—斜面和浮雕”对话框

图 4-86　添加斜面浮雕效果

样式(T): 内斜面
方法(Q): 外斜面
深度(D): 内斜面
浮雕效果
方向: 枕状浮雕
描边浮雕

图 4-87　浮雕的类型

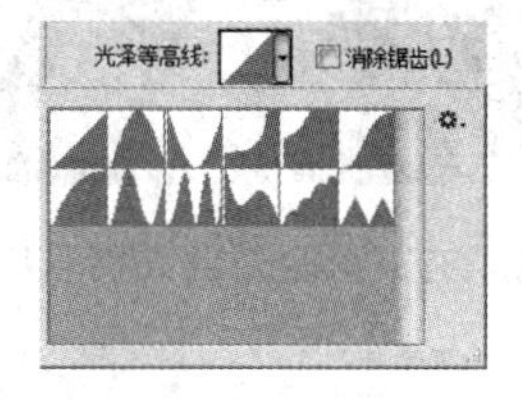

图 4-88 光泽等高线

4.7.2　描边

使用“描边”命令可以为图层中的图像添加内部、居中或外部的单色、渐变或图案。执行菜单中的“图层”→“图层样式”→“描边”命令，在弹出的对话框中设置相应参数后，单击“确定”按钮，即可得到如图 4-89 所示的效果。

提示：在应用“描边”样式时，一定要与“编辑”菜单下的“描边”命令区别开：“图层样式”中的“描边”添加的是样式；“编辑”菜单下的“描边”填充的是像素。

图 4-89　添加外部描边和内部描边

4.7.3　内阴影

使用“内阴影”命令可以使图层中的图像产生凹陷到背景中的感觉。执行菜单中的“图层”→“图层样式”→“内阴影”命令，在弹出的对话框中设置相应参数后，单击“确定”按钮，即可得到如图 4-90 所示的效果。

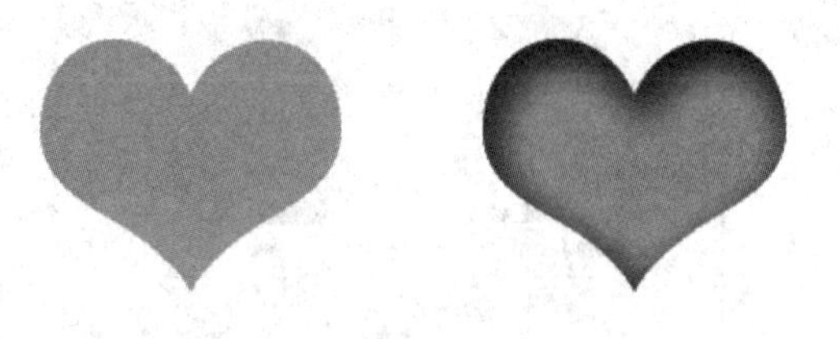

图 4-90　添加内阴影后的效果

4.7.4 内发光

使用“内发光”命令可以从图层中的图像边缘向内或从图像中心向外产生扩散发光的效果。执行菜单中的“图层”→“图层样式”→“内发光”命令，在弹出的对话框中设置相应参数后，单击“确定”按钮，即可得到如图 4-91 所示的效果。

提示：在“内发光”对话框中勾选“居中”单选框，发光效果是从图像或文字中心向边缘扩散；勾选“边缘”单选框，发光效果是从图像或文字边缘向图像或文字的中心扩散。

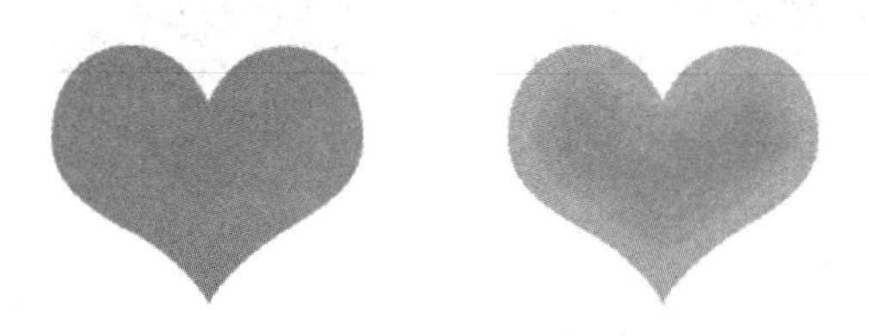

图 4-91　添加内发光后的效果

4.7.5 光泽

使用“光泽”命令可以为图层中的图像添加光源照射的光泽效果。执行菜单中的“图层”→“图层样式”→“光泽”命令，在弹出的对话框中设置相应参数后，单击“确定”按钮，即可得到如图 4-92 所示的效果。

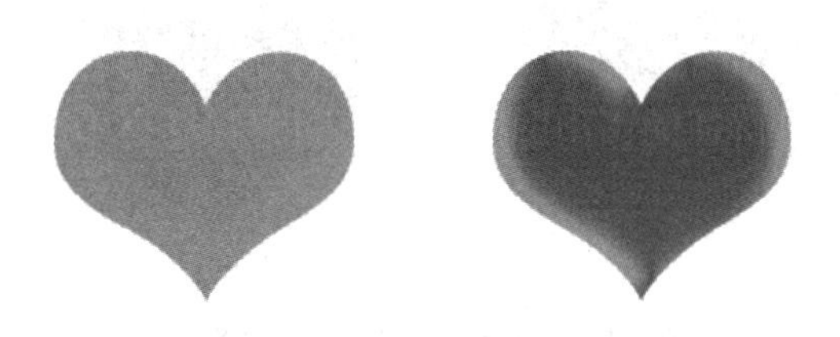

图 4-92　添加光泽后的效果

4.7.6 颜色叠加

使用“颜色叠加”命令可以为图层中的图像叠加一种自定义颜色。执行菜单中的“图层”→“图层样式”→“颜色叠加”命令，在弹出的对话框中设置相应参数后，单击“确定”按钮，即可得到如图 4-93 所示的效果。

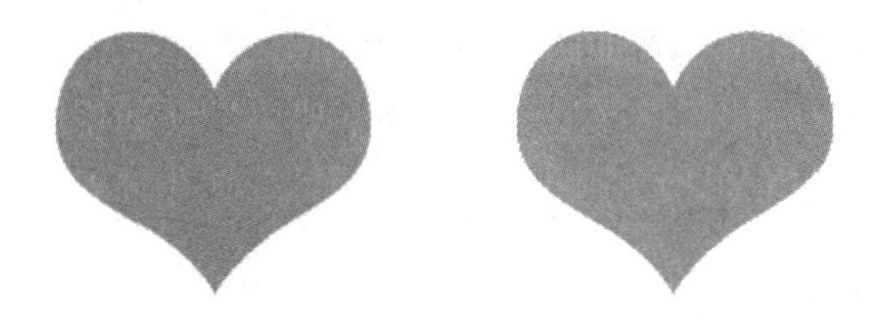

图 4-93　添加颜色叠加后的效果

4.7.7 渐变叠加

使用“渐变叠加”命令可以为图层中的图像叠加一种自定义或预设的渐变颜色。执行菜单中的“图层”→“图层样式”→“渐变叠加”命令，在弹出的对话框中设置相应参数后，单击“确定”按钮，即可得到如图 4-94 所示的效果。

图 4-94　添加渐变叠加后的效果

4.7.8 图案叠加

使用“图案叠加”命令可以为图层中的图像叠加一种自定义或预设的图案。执行菜单中的“图层”→“图层样式”→“图案叠加”命令，在弹出的对话框中设置相应参数后，单击“确定”按钮，即可得到如图 4-95 所示的效果。

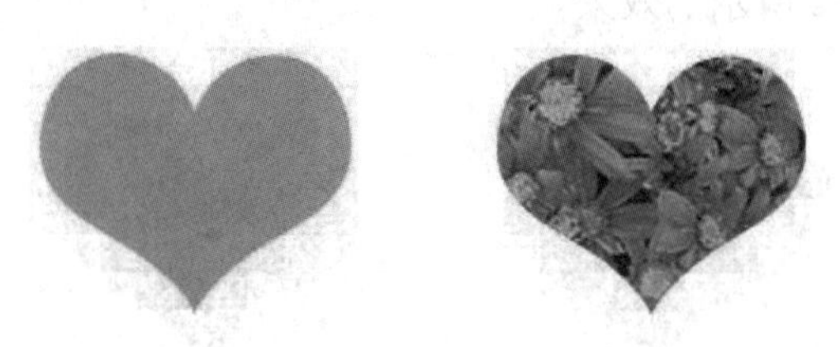

图 4-95　添加图案叠加后的效果

4.7.9 外发光

使用“外发光”命令可以在图层中的图像边缘产生向外发光的效果。执行菜单中的“图层”→“图层样式”→“外发光”命令，在弹出的对话框中设置相应参数后，单击“确定”按钮，即可得到如图 4-96 所示的效果。

图 4-96　添加外发光后的效果

4.7.10　投影

使用“投影”命令可以为当前图层中的图像添加阴影效果。执行菜单中的“图层”→“图层样式”→“投影”命令，在弹出的对话框中设置投影的颜色、角度、全局光、距离、扩展和大小、等高线等后，单击“确定”按钮，即可得到如图 4-97 所示的效果。

图 4-97　添加投影后的效果

范例 4-2　制作旅游宣传单。

制作旅游宣传单

(1) 按组合键[Ctrl + O]，打开“制作旅游宣传单”→“01.jpg”文件，图像效果如图 4-98 所示。按组合键[Ctrl + O]，打开“制作秋后风景”→“02.png”文件，图像效果如图 4-99 所示。选择移动工具，将图片 02.png 拖曳到图像 01.jpg 窗口中适当的位置，效果如图 4-100 所示。在“图层”调板中生成新的图层并将其命名为“图形”。

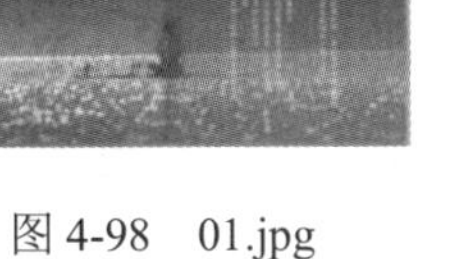

图 4-98　01.jpg

图 4-99　02.png

图 4-100　合成后的效果

(2) 单击“图层”调板下方的添加图层样式按钮，在弹出的菜单中选择“投影”选项，在切换到的相应控制面板中，将阴影颜色设置为黑色，其他选项的设置如图 4-101 所示。选择“内阴影”选项，在切换到的相应控制面板中进行设置，如图 4-102 所示。选择“外发光”选项，在切换到的相应控制面板中，将发光颜色设为橙色(RGB：235，175，35)，其他选项的设置如图 4-103 所示，单击“确定”按钮，效果如图 4-104 所示。

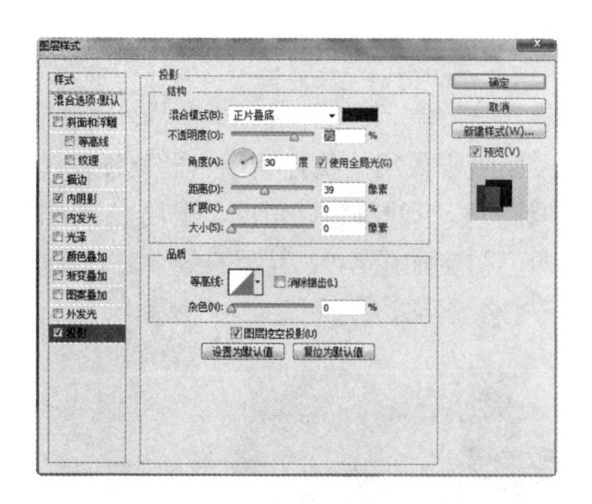

图 4-101　设置投影

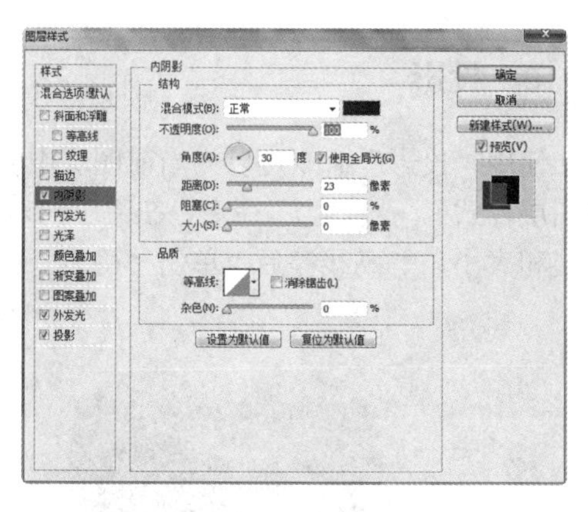

图 4-102　设置内阴影

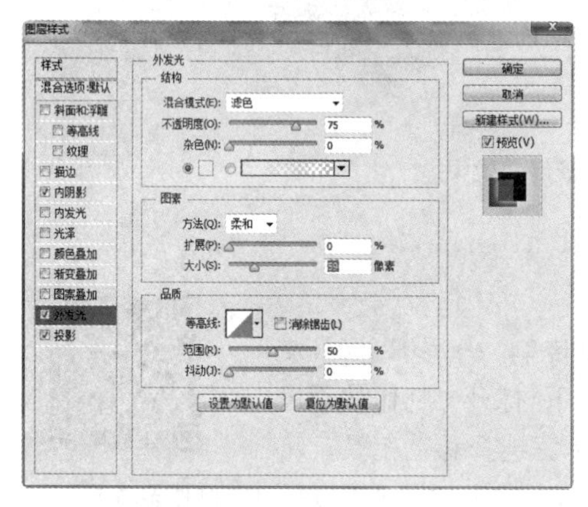

图 4-103　设置外发光

图 4-104　设置图层样式后的效果

(3) 单击“图层”调板下方的添加图层样式按钮，在弹出的菜单中选择“内发光”命令，在切换到的相应控制面板中，将发光颜色设为淡黄色(RGB：244，242，187)，其他选项的设置如图 4-105 所示。选择“斜面和浮雕”选项，在切换到的相应控制面板中进行设置，如图 4-106 所示。选择“描边”选项，在切换到的相应控制面板中，将描边颜色设为橙色(RGB：235，175，35)，其他选项的设置如图 4-107 所示，单击“确定”按钮，最终效果如图 4-108 所示。至此，旅游宣传单制作完成。

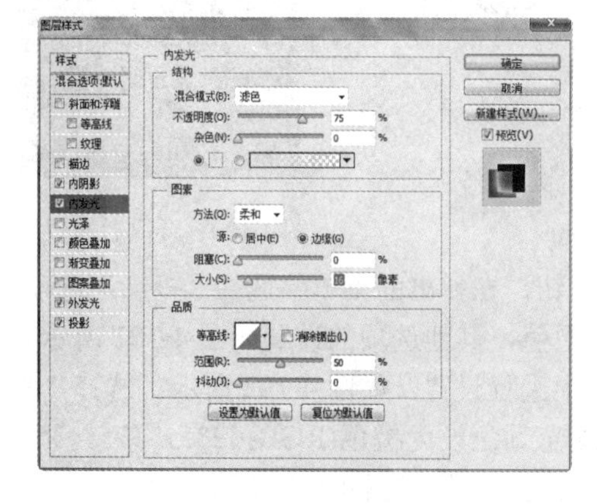

图 4-105　设置内发光

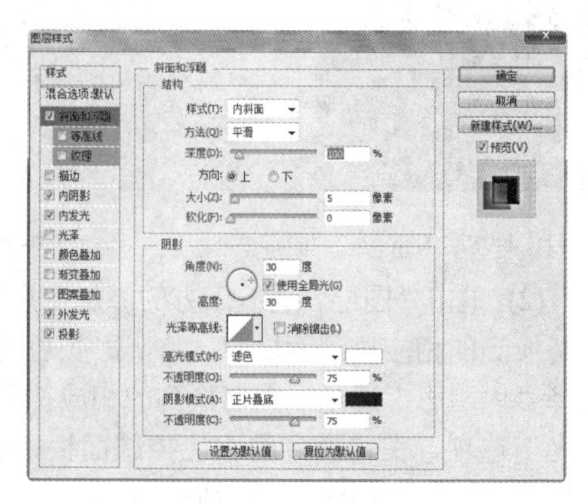

图 4-106　设置斜面和浮雕

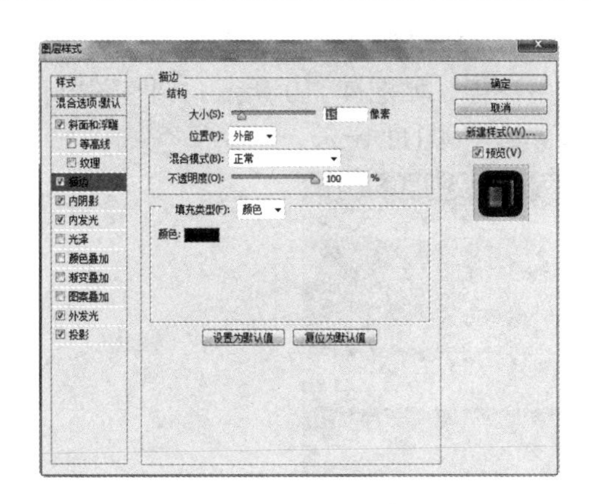

图 4-107　设置描边

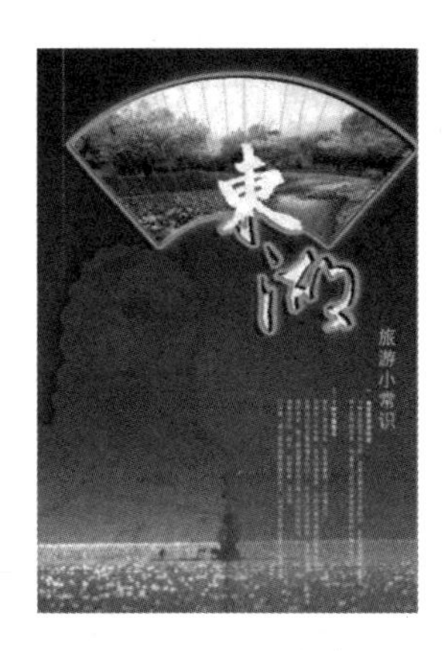

图 4-108　最终效果

4.8　应用填充或调整图层

应用“新建填充图层”或“新建调整图层”命令，可以在不更改图像本身像素的情况下对图像整体进行改观。

4.8.1　创建填充图层

填充图层与普通图层具有相同的颜色混合模式和不透明度，也可以对其进行图层顺序调整、删除、隐藏、复制和应用滤镜等操作。执行菜单中的“图层”→“新建填充图层”命令，即可打开该命令的子菜单，其中包括“纯色”“图案”和“渐变”命令，选择相应命令后可以根据弹出的“拾色器”“图案填充”和“渐变填充”进行设置。默认情况下创建填充图层后，系统会自动生成一个图层蒙版，如图 4-109 所示。

图 4-109　新建填充图层

4.8.2　创建调整图层

使用“新建调整图层”命令可以对图像的颜色或色调进行调整，与“图像”菜单中“调整”命令不同的是，它不会更改原图像中的像素。执行菜单中的“图层”→“新建调整图层”命令，系统会弹出该命令的子菜单，包括“色阶”“色彩平衡”“色相/饱和度”等命令。所有的修改都在新增的“调整”调板中进行，如图 4-110 所示。调整图层和填充图层一样拥有设置混合模式和不透明度的功能，如图 4-111 所示。

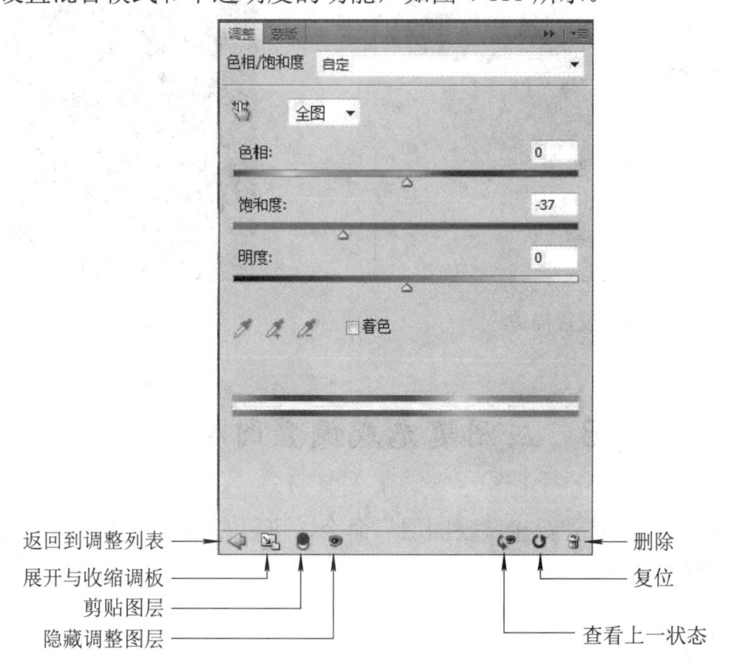

图 4-110　“调整”调板

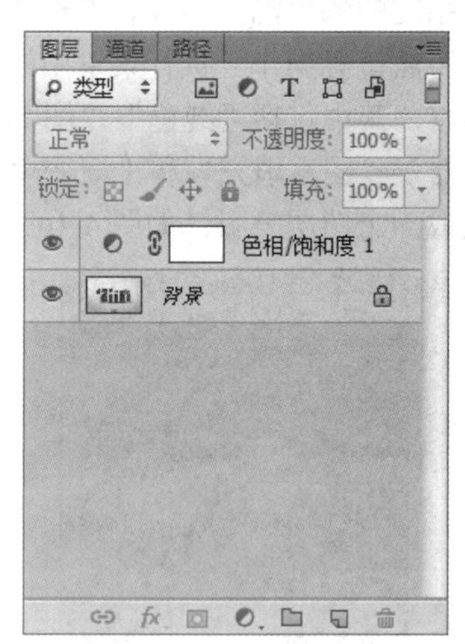

图 4-111　调整图层

“调整”调板中的各项含义如下：

(1) 返回到调整列表：单击此按钮可以转换到打开“调整”图层时的默认状态，如图 4-112 所示。

(2) 展开与收缩调板：单击此按钮可以将“调整”调板在展开与收缩之间转换。

(3) 剪贴图层：创建的调整图层对下面的所有图层都起作用，单击此按钮可以只对当前图层起到调整效果，如图 4-113 所示。

图 4-112　“调整”调板默认状态

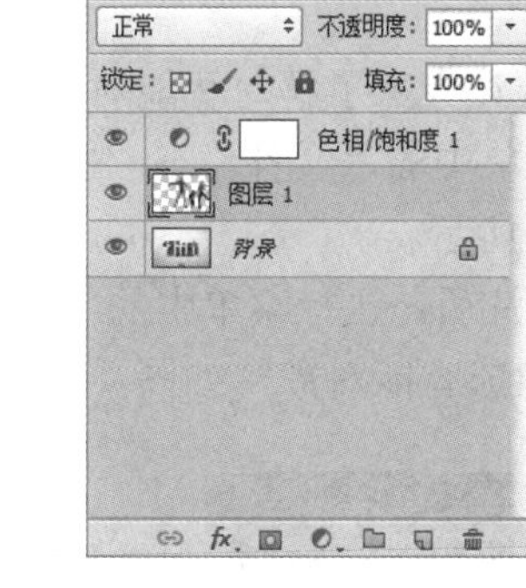

图 4-113　剪贴调整

(4) 隐藏调整图层：单击此按钮可以将当前调整图层在显示与隐藏之间转换。

(5) 查看上一状态：单击此按钮可以看到上一次调整的效果。

(6) 复位：单击此按钮恢复到调板的最初打开状态。

(7) 删除：单击此按钮可以将当前调整图层删除。

提示：新建的填充或调整图层，其合并、复制与删除的操作都与普通图层相同。

4.9　智能对象

图像转换成智能对象后，将图像缩小再复原到原来大小后，图像的像素不会丢失。智能对象还支持多层嵌套功能和应用滤镜，并将应用的滤镜显示在智能对象图层的下方。

4.9.1　创建智能对象

执行菜单中的“图层”→“智能对象”→“转换为智能对象”命令，可以将图层中的单个图层、多个图层转换成一个智能对象或将选取的普通图层与智能对象图层转换成一个智能对象。转换成智能对象后，图层缩略图会出现一个表示智能对象的图标，如图 4-114 所示。

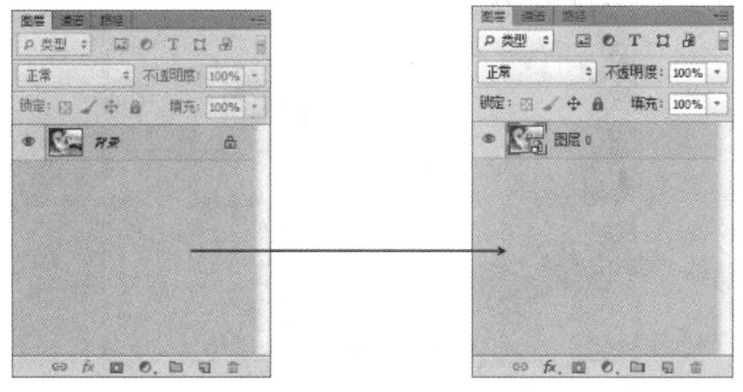

图 4-114　转换为智能对象

4.9.2　编辑智能对象

可以对智能对象的源文件进行编辑，修改并储存源文件后，对应的智能对象会随之改变。

练习：编辑智能对象。

本练习主要让大家了解对智能对象的编辑方法。操作步骤如下：

(1) 执行菜单中的“文件”→“打开”命令或按组合键[Ctrl + O]，打开自己喜欢的图片，如图 4-115 所示。

(2) 打开图片后，执行菜单中的“图层”→“智能对象”→“转换为智能对象”命令，将背景图层转换成智能对象，如图 4-116 所示。

图 4-115　素材

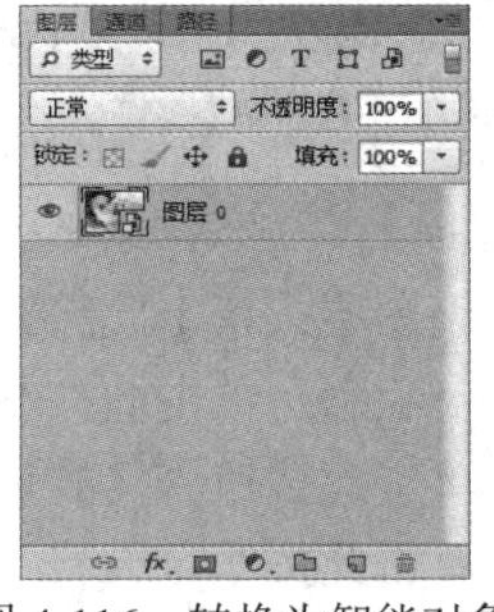

图 4-116　转换为智能对象

(3) 执行菜单中的“图层”→“智能对象”→“编辑内容”命令，弹出如图 4-117 所示的警告对话框。

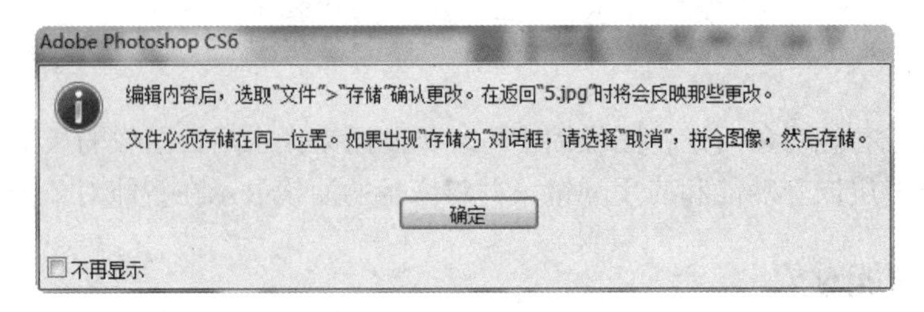

图 4-117　警告对话框

(4) 单击“确定”按钮，系统弹出编辑文件图像，如图 4-118 所示。

图 4-118　编辑内容

(5) 使用快速选择工具在图像中创建一个选区，单击“调整”调板中的“创建新的色相/饱和度调整图层”按钮，打开“色相/饱和度”调板，其中的参数值设置如图 4-119 所示。

(6) 设置完毕后，调整后的效果如图 4-120 所示。

图 4-119　调整“色相/饱和度”

图 4-120　调整后的效果

(7) 关闭编辑文件“图层 0”，弹出如图 4-121 所示的对话框。

(8) 单击“是”按钮，此时会发现智能对象已经发生了变化，效果如图 4-122 所示。

图 4-121　提示对话框

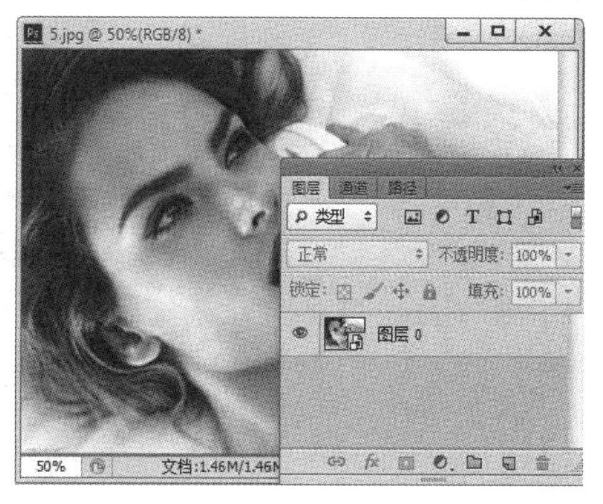

图 4-122　变化的智能对象

4.9.3　导出与替换智能对象

执行菜单中的“图层”→“智能对象”→“导出内容”命令，可以将智能对象的内容按照原样导出到任意驱动器中，智能对象将采用 PSB 或 PDF 格式储存。执行菜单中的“图层”→“智能对象”→“替换内容”命令，可以用重新选取的图像来替换掉当前文件中的智能对象的内容，如图 4-123 所示。

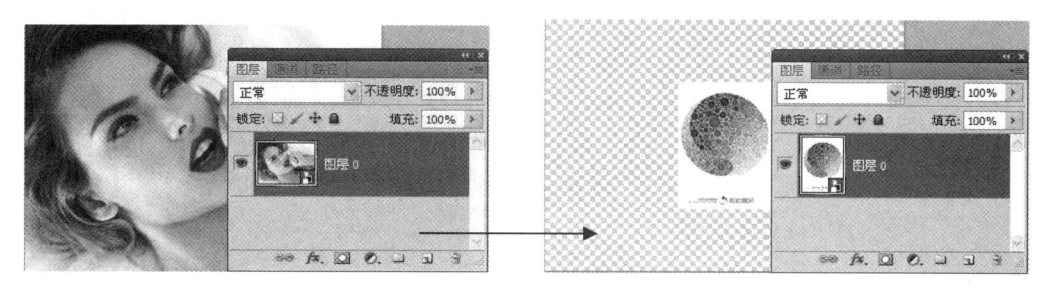

图 4-123　替换内容

4.9.4　转换智能对象为普通图层

执行菜单中的“图层”→“智能对象”→“转换到图层”命令，可以将智能对象转换成普通图层，智能对象拥有的特性将会消失。

综合练习　制作蜘蛛侠海报

制作蜘蛛侠海报

制作蜘蛛侠海报的步骤如下：

(1) 打开“蜘蛛侠.jpg”素材，选取文字工具T，在图像中单击鼠标，确定输入点，字体为“文鼎霹雳体”(若系统中无此字体，可利用给定素材先安装字体)，字号为 120 点，输入文字“蜘蛛侠”，如图 4-124 所示。

图 4-124　练习图 1

(2) 单击“图层”调板下方的图层样式按钮，选择“投影”选项，然后设置参数：不透明度为 60%，角度为 30 度，距离为 8 像素，大小为 3 像素，其余均为默认值，如图 4-125 所示。

(3) 在“图层样式”对话框中选择“斜面和浮雕”复选框，然后设置参数：大小为 3 像素，角度为 120 度，不勾选“使用全局光”，高光模式设置为颜色减淡，其余为默认值，如图 4-126 所示。

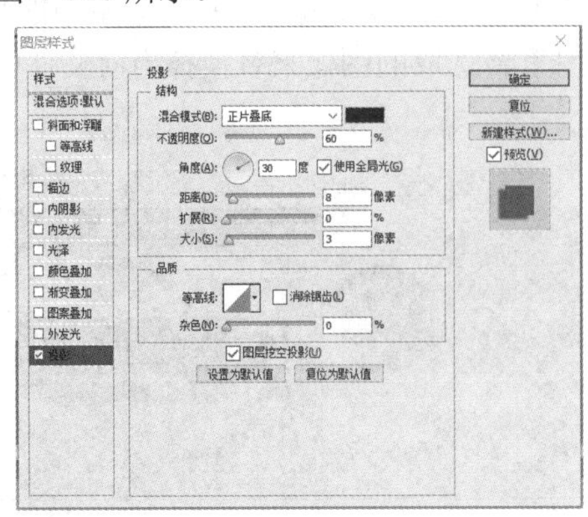

图 4-125　练习图 2

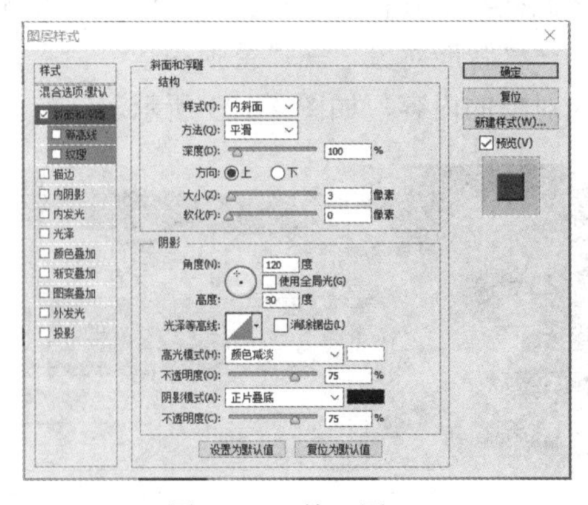

图 4-126　练习图 3

(4) 在图层样式中选择“图案叠加”复选框，载入“蜘蛛侠.pat”图案(见图 4-127)，并叠加至文字上，如图 4-128 所示；然后点击“确定”按钮设置好文字样式，效果如图 4-129 所示。

图 4-127　练习图 4

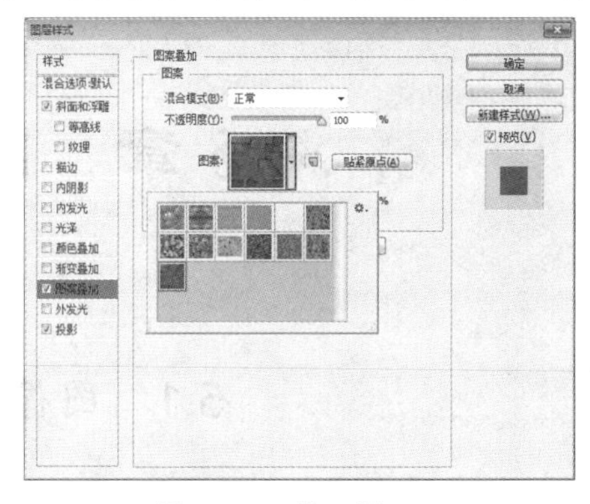

图 4-128　练习图 5

图 4-129　练习图 6

(5) 在“图层”调板中，按[Ctrl]键的同时，单击“蜘蛛侠”文字图层缩略图，载入选中区域；单击“图层”调板下方的创建调整图层按钮，创建渐变映射调整图层，载入提供的渐变颜色素材“文字渐变.grd”，选择“自定”渐变颜色，单击“确定”按钮，如图 4-130 所示。

(6) 在“图层”调板中单击图层面板下方的创建调整图层按钮，创建亮度对比度调整图层，设置亮度值为 59，对比度值为 21，单击“确定”按钮，然后按组合键[Ctrl + D]取消选中区域，最终效果如图 4-131 所示。

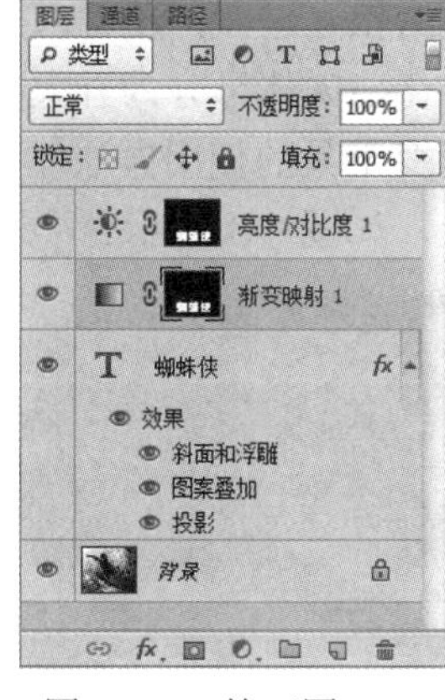

图 4-130　练习图 7

图 4-131　练习图 8

第 5 章　图像绘制工具

5.1　图像的填充与擦除

5.1.1　用于填充与擦除的工具

在 Photoshop CS6 中，用于填充与擦除的工具主要集中在渐变工具组和橡皮擦工具组中，其中用于填充的工具包括(渐变工具)和(油漆桶工具)，如图 5-1 所示。用于擦除的工具包括(橡皮擦工具)、(背景橡皮擦工具)和(魔术橡皮擦工具)，如图 5-2 所示。

图 5-1　填充工具

图 5-2　擦除工具

5.1.2　填充图像

填充图像在 Photoshop CS6 中主要指的是在图层或选区内进行相应的渐变色、前景色、背景色或图案的填充。在 Photoshop 中能够用于填充的工具主要集中在渐变工具组中，其中包括(渐变工具)和(油漆桶工具)，下面就对这两种工具进行详细讲解。

1. 渐变工具

在 Photoshop 中，(渐变工具)可以在图像图层或选区内填充一个逐渐过渡的颜色，可以是一种颜色过渡到另一种颜色，也可以是多个颜色之间的相互过渡，还可以是从一种颜色过渡到透明或从透明过渡到一种颜色。渐变样式千变万化，大体可分为五大类，包括线性渐变、径向渐变、角度渐变、对称渐变和菱形渐变。渐变工具的使用方法非常简单，只要选择一点后按下鼠标拖动，松开鼠标后即可填充渐变色，如图 5-3 所示。

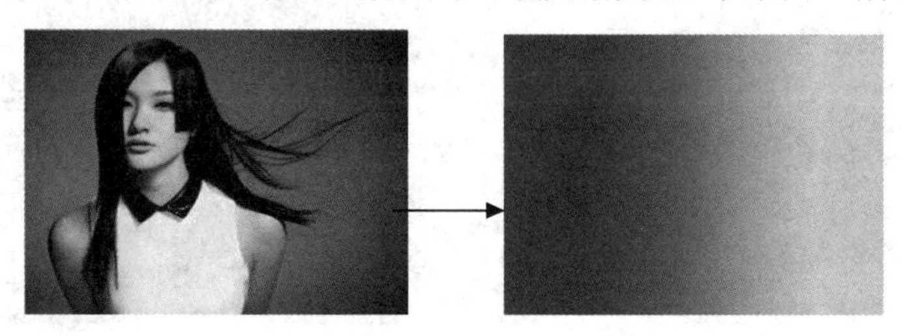
图 5-3　渐变镇充

通常情况下，渐变工具常用于创建一个绚丽的渐变背景、填充渐变色或创建渐变蒙版效果。渐变工具不能在智能对象中使用。在工具箱中选择渐变工具后，属性栏会变成该工具对应的选项效果，如图 5-4 所示。

图 5-4　渐变工具属性栏

渐变工具属性栏中的各项含义如下：

(1) 渐变类型：用于设置不同渐变样式填充时的颜色渐变，可以是从前景色到背景色，也可以由一种颜色到透明，或者自定义渐变的颜色。只要单击渐变类型图标右面的倒三角形按钮，即可打开“渐变拾色器”列表框，从中可以选择要系统预设或自定义的填充渐变类型。单击该列表框中的弹出按钮，可以在弹出菜单中选择其他渐变类型，如图 5-5 所示。

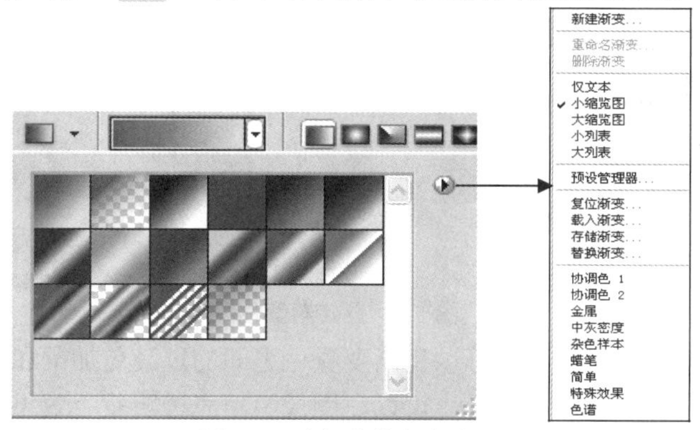

图 5-5　选择其他渐变类型

(2) 渐变样式：用于设置填充渐变颜色的形式，包括线性渐变、径向渐变、角度渐变、对称渐变和菱形渐变。

(3) 模式：设置填充渐变色与图像之间的混合模式，如图 5-6 所示的效果为在图像中以强光模式进行菱形渐变填充。

图 5-6　强光模式下的菱形渐变

(4) 不透明度：设置填充渐变色的透明度。数值越小，填充的渐变色越透明，取值范围为 0%～100%，如图 5-7 所示。

不透明度为 100%

不透明度为 50%

图 5-7　不同透明度渐变填充

(5) 反向：勾选该复选框后，可以将填充的渐变颜色顺序翻转，如图 5-8 所示。

图 5-8　翻转渐变色

(6) 仿色：勾选该复选框后，可以使渐变颜色之间的过渡更加柔和。

(7) 透明区域：勾选该复选框后，可以在图像中填充透明蒙版效果。

技巧：“渐变类型”中的“从前景色到透明”选项，只有在选项栏中勾选“透明区域”复选框时，才会真正起到从前景色变到透明的作用。如果勾选“透明区域”复选框，而使用从前景色到透明功能时，填充的渐变色会以当前“工具箱”中的前景色进行填充。

在 Photoshop CS6 中使用渐变工具进行填充时，很多时候都会想按照自己创造的渐变颜色进行填充，此时就会使用渐变编辑器对要填充的渐变颜色进行详细的编辑。渐变编辑器的使用方法非常简单，只要在渐变工具属性栏中单击“渐变类型”的颜色条，就会打开“渐变编辑器”对话框，如图 5-9 所示。

图 5-9　“渐变编辑器”对话框

“渐变编辑器”对话框中的各项含义如下：

(1) 预设：显示当前渐变组中的渐变类型，可以直接选择。

(2) 名称：当前选取渐变色的名称，可以自行定义渐变名称。

(3) 渐变类型：在“渐变类型”下拉列表中包括实底和杂色。在选择不同类型时参数和设置效果也会随之改变。选择“实底”时，参数设置的变化如图 5-10 所示；选择“杂色”时，参数设置的变化如图 5-11 所示。

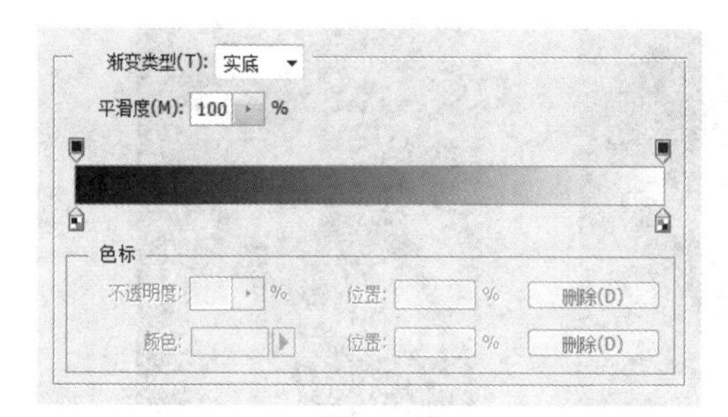

图 5-10　选择“实底”时的设置选项

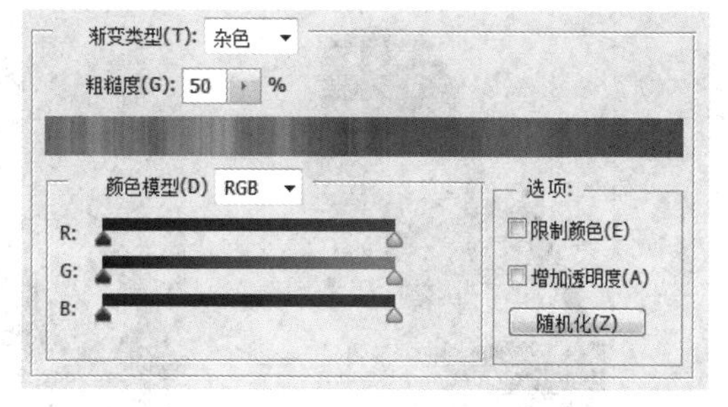

图 5-11　选择“杂色”时的设置选项

① “实底”选项下有如下参数：

- 平滑度：设置颜色过渡时的平滑均匀度，数值越大，过渡越平稳。
- 色标：对渐变色的颜色与不透明度以及颜色和不透明度的位置进行控制的区域，选择“颜色”色标时，可以对当前色标对应的颜色和位置进行设定，如图 5-12 所示；选择“不透明度”色标时，可以对当前色标对应的不透明度和位置进行设定，如图 5-13 所示。

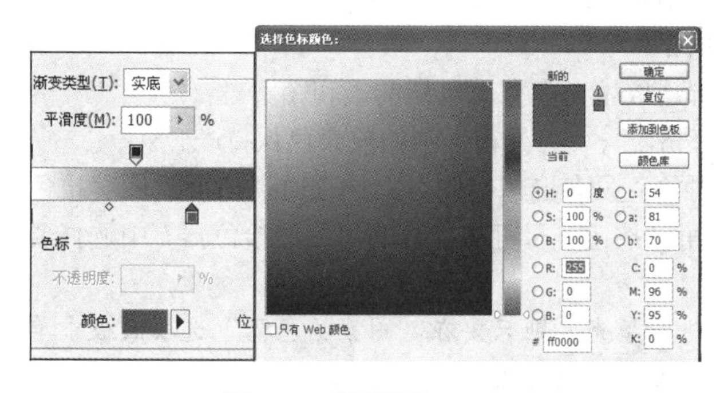

图 5-12　设置颜色

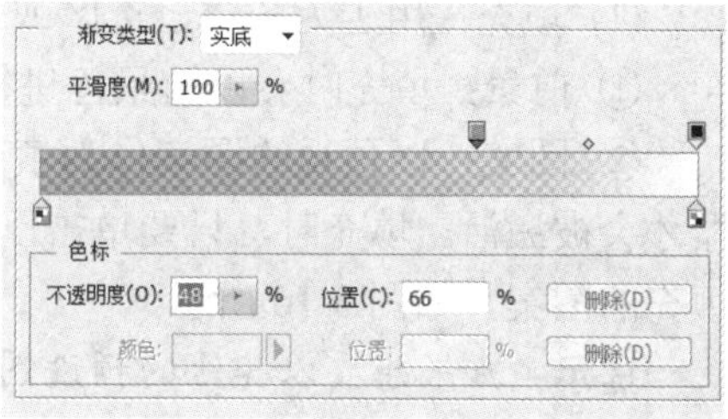

图 5-13　设置不透明度

② “杂色”选项下有如下参数：

- 粗糙度：设置渐变颜色过渡时的粗糙程度。输入的数值越大，渐变填充就越粗糙，取值范围是 0%～100%。
- 颜色模型：在下拉列表中可以选择的模型包括 RGB、HSB 和 LAB 三种，选择不同模型后，通过下面的颜色条来确定渐变颜色。
- 限制颜色：可以降低颜色的饱和度。
- 增加透明度：可以降低颜色的透明度。
- 随机化：单击该按钮，可以随机设置渐变颜色。

2. 油漆桶工具

在 Photoshop 中使用 (油漆桶工具)可以将图像颜色相近的区域填充前景色或者图案，也可以将填充的区域局限在选区或图层内。

通常情况下，该工具常用于快速对图像进行前景色或图案填充，使用方法非常简单，只要使用该工具在图像上单击就可以填充前景色或图案了，如图 5-14 所示。

在工具箱中选择 (油漆桶工具)后，属性栏会变成该工具对应的选项设置，如图 5-15 所示。

原图

单击填充前景色

单击填充图案

图 5-14　油漆桶工具填充

前景　模式：正常　不透明度：100%　容差：21　☑ 消除锯齿　☑ 连续的　☐ 所有图层

图 5-15　油漆桶工具属性栏

油漆桶工具属性栏中的各项含义如下：

(1) 填充：用于为图层、选区或图像选取填充类型，包括前景和图案。

① 前景：填充时会以前景色进行填充，与“工具箱”中的前景色保持一致。

② 图案：以预设的图案作为填充对象，只有选择“图案”选项时，后面的图案拾色器才会被激活。填充时，只要单击倒三角形按钮，即可在打开的“图案拾色器”中选择要填充的图案，如图 5-16 所示。

提示：如果想要以其他的预设图案进行填充，则只要在“图案拾色器”选项面板中单击弹出按钮，即可在弹出菜单中选择要替换的预设图案，如图 5-17 所示。

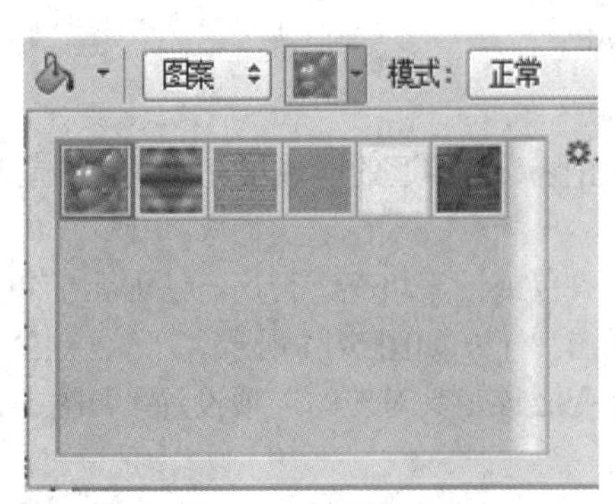

图 5-16　选择图案

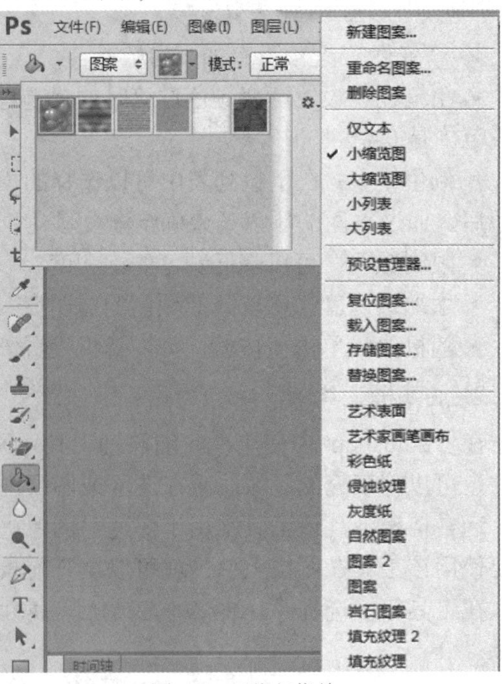

图 5-17　弹出菜单

(2) 容差：用于设置填充前景色或图案的区域范围，取值范围是0～255。在文本框中输入的数值越小，选取的颜色范围就越接近；输入的数值越大，选取的颜色范围就越广。如图5-18所示的图像，是容差分别为10和30时的填充效果。

容差为10

容差为30

图5-18　不同容差时的填充效果

(3) 连续的：用于设置填充时的连续性。勾选“连续的”复选框时的填充效果为相连的像素，如图5-19所示；不勾选“连续的”复选框时的填充效果为所有与单击点像素相似的范围，如图5-20所示。

图5-19　勾选“连续的”复选框

图5-20　不勾选“连续的”复选框

(4) 所有图层：勾选该复选框，可以将多图层的文件看做单图层文件一样填充，不受图层限制。

技巧：如果在图层中填充但又不想填充透明区域，则只要在“图层”调板中锁定该图层的透明区域就行了，如图5-21所示。

※工具上手处※

在Photoshop中使用油漆桶工具最多的地方是为图像快速着色或替换整体与局部背景，如图5-22所示。

图 5-21　锁定透明区域后的填充效果图

图 5-22　为图像快速着色

范例 5-1　制作彩虹。

制作彩虹

(1) 按组合键[Ctrl + O]，打开素材“制作彩虹”→“01.jpg”文件，图像效果如图 5-23 所示。再打开“制作彩虹”→“02.jpg”文件，选择移动工具 将小鸟图片拖曳到图像窗口中，效果如图 5-24 所示。在“图层”调板中生成新的图层并将其命名为“小鸟”。

图 5-23　原图 1

图 5-24　加入素材小鸟

(2) 将前景色设为浅蓝色(RGB：190，221，237)。选择油漆桶工具，属性栏中的设置如图 5-25 所示，在图像窗口中的黑色小鸟区域单击鼠标，效果如图 5-26 所示。

(3) 将“小鸟”图层拖曳到“图层”调板下方的新建图层按钮上进行复制，生成新的图层“小鸟副本”。按组合键[Ctrl + T]，将鼠标放在变换框的控制手柄外边，光标变为旋转图标，拖曳鼠标将图像旋转适当的角度并调整其大小和位置，按[Enter]键确定操作，效果如图 5-27 所示。

图 5-25　油漆桶属性设置

图 5-26　填充效果

图 5-27　复制并调整

(4) 在“图层”调板中，按住 [Ctrl] 键的同时，单击“小鸟副本”图层的缩略图，在图形周围生成选区。选择吸管工具，在背景图像的深蓝色区域单击鼠标吸取颜色，如图 5-28 所示，吸取颜色转换为前景色，按组合键[Alt + Delete]，用前景色填充选区，按组合键[Ctrl + D]取消选区，效果如图 5-29 所示。

图 5-28　吸取前景色

图 5-29　用前景色填充选区

(5) 在“图层”调板中，将“小鸟副本”图层不透明度选项设为 50%，如图 5-30 所示，图像效果如图 5-31 所示。再打开素材中的“03.jpg”文件，选择移动工具将小鸟图片拖曳到图像窗口中间位置，效果如图 5-32 所示。在图层生成新的图层并将其命名为“小鸟图形”。

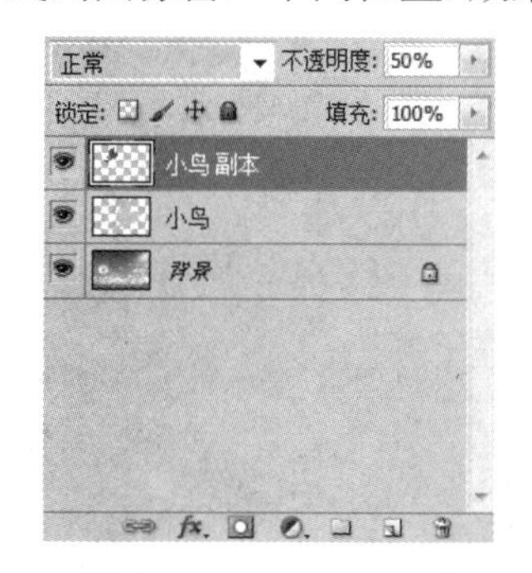

图 5-30　设置不透明度

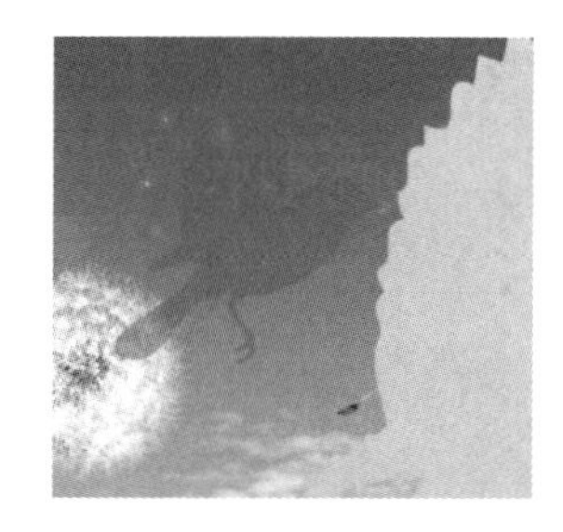

图 5-31　半透明效果

图 5-32　导入小鸟图片并调整

(6) 将前景色设为浅蓝色(RGB：70，177，223)。选择油漆桶工具，在图像窗口中的黑色小鸟区域单击鼠标，效果如图 5-33 所示。

图 5-33　填充前景色

(7) 单击“图层”调板下方的新建图层按钮，生成新的图层并将其命名为“彩虹”。选择渐变工具，单击属性栏中的点按可编辑渐变按钮，弹出“渐变编辑器”对话框，在预设组中选择“透明彩虹渐变”选项，在色带上将“色标”的位置调整为 70、72、76、81、86、90，将“不透明色标”的位置设为 58、66、84、86、91、96，如图 5-34 所示，单击“确定”按钮。选中属性栏中径向渐变按钮，按住[Shift]键的同时，在图像窗口中从左至右拖曳渐变色，编辑状态如图 5-35 所示，松开鼠标后效果如图 5-36 所示。

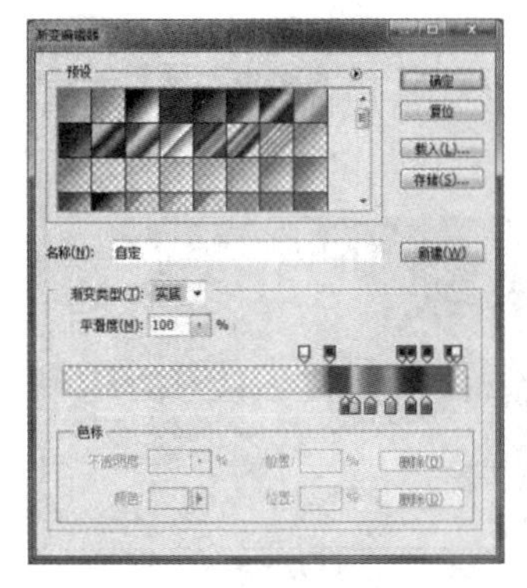

图 5-34　设置渐变色

图 5-35　拖曳渐变色

图 5-36　渐变效果

(8) 按组合键[Ctrl + T]，图形周围出现变换框，将图形拖曳到适当的位置并调整其大小，旋转图形到适当的角度，按[Enter]键确认操作，用橡皮擦工具擦掉多余的部分，如图 5-37 所示。选择菜单“滤镜”→“模糊”→“动感模糊”命令，弹出“动感模糊”对话框，在该对话框中进行设置，如图 5-38 所示，单击“确定”按钮，效果如图 5-39 所示。

图 5-37　擦除操作

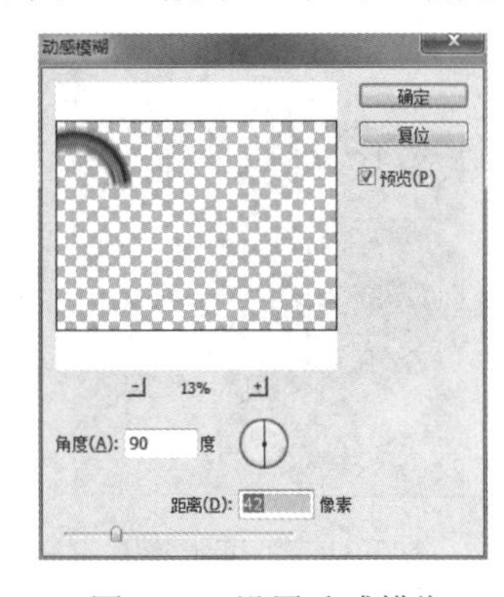

图 5-38　设置动感模糊

图 5-39　模糊效果

(9) 打开素材“04.jpg”文件，选择移动工具将文字图片拖曳到图像窗口上方，效果如图 5-40(a)所示。在图层控制面板中生成新的图层并将其命名为“装饰文字”。至此，彩虹效果制作完成，如图 5-40(b)所示。

(a) 添加文字

(b) 最终效果

图 5-40　添加文字与最终效果

5.1.3　擦除图像

擦除图像指的是将图像的整体或局部删除。在 Photoshop CS6 中用于擦除的工具被集中在橡皮擦工具组中，使用该组中的工具可以将打开的图像整体或局部擦除，也可以单独对选取的某个区域进行擦除。在工具箱中(橡皮擦工具)上单击鼠标右键便可以显示该组工具中的所有工具。在其中可以看到除橡皮擦工具以外的(背景橡皮擦工具)和(魔术橡皮擦工具)。

1. 橡皮擦工具

在 Photoshop CS6 中使用橡皮擦工具可以将图像中的像素擦除。该工具的使用方法非常简单，只要选择橡皮擦工具后，在图像上单击并拖动鼠标即可将鼠标经过的内容擦除，并以背景色或透明色来显示被擦除的部分，如图 5-41 所示。

图 5-41　橡皮擦擦除图像

提示：如果在背景图层或在透明图层被锁定的图层中擦除，则像素会以背景色填充橡皮擦经过的位置。

在工具箱中选择橡皮擦工具后，属性栏会变成该工具对应的选项设置，如图 5-42 所示。

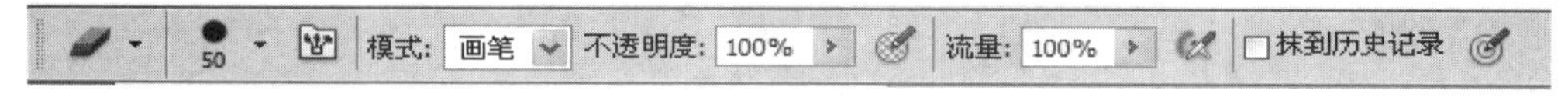

图 5-42　橡皮擦工具属性栏

橡皮擦工具属性栏中的各项含义如下：

(1) 画笔：设置橡皮擦的主直径、硬度和选择画笔样式。

(2) 模式：设置橡皮擦的擦除方式，单击模式后面的倒三角按钮会弹出下拉列表，其中包括画笔、铅笔和块。应用不同模式擦除后的效果如图 5-43 所示。

画笔擦除　　铅笔擦除　　块擦除

图 5-43　不同模式的橡皮擦擦除效果

(3) 不透明度：控制橡皮擦在擦除时的透明度，数值越大，擦除的效果越好。数值范围是 0%～100%。

(4) 流量：控制橡皮擦在擦除时的流动频率，数值越大，频率越高。数值范围是 0%～100%。

(5) 抹到历史记录：设置编辑图像时不同步骤的擦除效果。可以在“历史记录”调板中确定要擦除的操作，再勾选“抹到历史记录”复选框，在图像上涂抹时会将在“历史记录”调板中选择的步骤选项擦除，如图 5-44 所示。

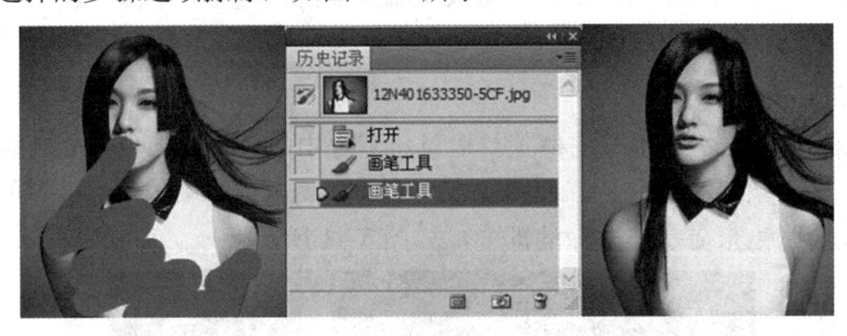

图 5-44　擦除历史记录

技巧：使用橡皮擦工具时，按住[Shift]键可以以直线的方式擦除；按住[Ctrl]键可以暂时将橡皮擦工具换成移动工具；按住[Alt]键系统会将擦除的地方在鼠标经过时自动还原。

※工具上手处※

在 Photoshop 中经常使用橡皮擦工具将编辑图像时产生的多余部位擦除，可使图像更加完美，如图 5-45 所示。

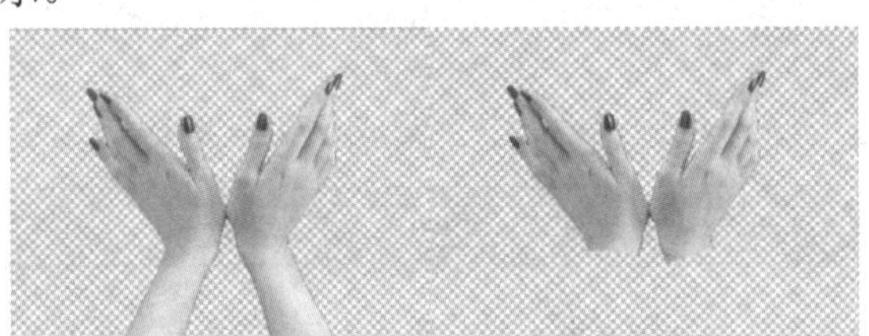

图 5-45　橡皮擦的使用

2. 背景橡皮擦工具

在 Photoshop CS6 中，使用(背景橡皮擦工具)可以在图像中擦除指定颜色的图像像素，鼠标经过的位置将会变为透明区域。即使在“背景”图层中擦除图像后，也会将“背景”图层自动转换成可编辑的普通图层，如图 5-46 所示。

图 5-46　背景橡皮擦擦除指定颜色像素

在工具箱中选择(背景橡皮擦工具)后，属性栏会变成该工具对应的选项设置，如图

5-47 所示。

图 5-47　背景橡皮擦工具属性栏

背景橡皮擦工具属性栏中的各项含义如下：

(1) 取样：设置擦除图像颜色的方式，包括连续、一次和背景色板。

① 连续：可以将鼠标经过的所有颜色作为选择色并对其进行擦除。

② 一次：在图像上需要擦除的颜色上按下鼠标，此时选取的颜色将自动变为背景色，只要不松手即可一直在图像上擦除该颜色对应的像素。

③ 背景色板：选择此项后，背景橡皮擦工具只能擦除与背景色一样的颜色区域。

(2) 限制：设置擦除时的限制条件，包括不连续、连续和查找边缘。

① 不连续：可以在选定的色彩范围内多次重复擦除。

② 连续：在选定的色彩范围内只可以擦除一次，也就是说必须在选定颜色后连续擦除。

③ 查找边缘：擦除图像时可以更好地保留图像边缘的锐化程度。

(3) 容差：设置擦除图像中颜色的准确度。数值越大，擦除的颜色范围就越广，可输入的数值范围是 0%～100%。如图 5-48 所示的图像为不同容差时的擦除范围。

原图

容差为 10%

容差为 60%

图 5-48　不同容差时的擦除效果

(4) 保护前景色：勾选该复选框后，图像中与前景色一致的颜色将不会被擦除掉。

※工具上手处※

在 Photoshop 中，背景橡皮擦工具一般用于擦除指定图像中的颜色区域，也可以用于为图像去掉背景，如图 5-49 所示。

图 5-49　背景橡皮擦的使用

3. 魔术橡皮擦

在 Photoshop CS6 中，(魔术橡皮擦工具)的使用方法与(魔术棒工具)类似，不同的是，(魔术橡皮擦工具)会直接将选取的范围清除而不是建立选区。

魔术橡皮擦工具一般用于快速去掉图像的背景。该工具的使用方法非常简单，只要选择要清除的颜色范围，单击即可将其清除，如图 5-50 所示。

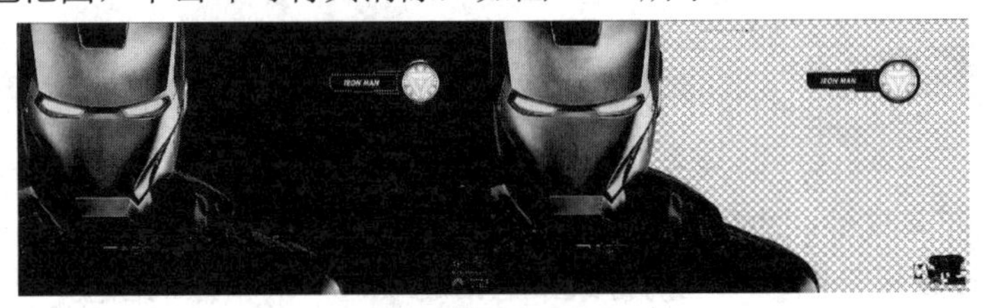

图 5-50　魔术橡皮擦

在工具箱中选择魔术橡皮擦工具后，属性栏会变成该工具对应的选项设置，如图 5-51 所示。

图 5-51　魔术橡皮擦工具属性栏

※工具上手处※

在 Photoshop 中，魔术橡皮擦工具常用于快速清除图像的背景，从而得到抠图效果，如图 5-52 和图 5-53 所示。

图 5-52　去掉背景 1

图 5-53　去掉背景 2

5.2　绘图功能

5.2.1　用于绘制图像的工具

在 Photoshop CS6 中，用于绘图的工具被集中在画笔工具组中，其中包括(画笔工具)、(铅笔工具)、(颜色替换工具)和(混合器画笔工具)，如图 5-54 所示。

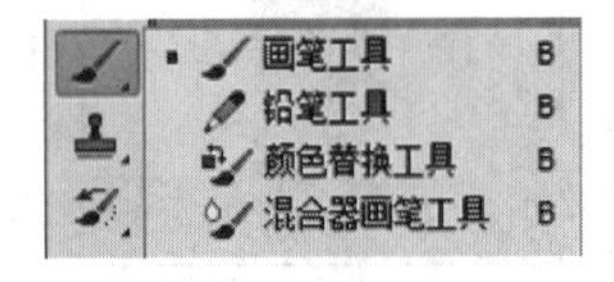

图 5-54　画笔工具组

5.2.2　直接绘制工具

在 Photoshop CS6 中能够直接用于绘图创建图像的工具包括(画笔工具)和(铅笔工具)。

1. 画笔工具

(画笔工具)可以将预设的笔尖图案直接绘制到当前的图像中，也可以将其绘制到新建的图层内。一般用于绘制预设画笔笔尖图案或绘制不太精确的线条。该工具的使用方法与现实中的画笔较相似，只要选择相应的画笔笔触后，在文档中按下鼠标拖动便可以进行绘制，被绘制的笔触颜色以前景色为准，如图 5-55 所示。

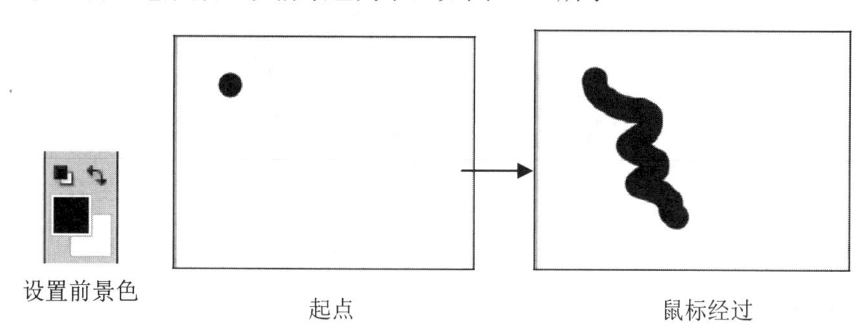

图 5-55　画笔工具绘制

技巧：使用画笔工具绘制线条时，按住[Shift]键可以以水平、垂直的方式绘制直线或者相对于水平与垂直绘制 45 度角的直线。

在工具箱中选择后，属性栏会变成该工具对应的选项效果，如图 5-56 所示。该属性栏中的各项含义如下：

(1) 主直径：设置画笔的大小。

(2) 硬度：设置画笔的柔和度，数值越小，画笔边缘越柔和，取值范围是 1%～100%。

(3) 绘图板压力不透明度：通过连接的绘图板和绘图笔来控制擦除的不透明度。

(4) 喷枪：使擦除图像具有一种喷枪效果。

(5) 绘图板压力控制：自动根据绘图笔与绘图板之间的受力程度，对图像进行擦除力度的调整。

(6) 画笔调板：单击该按钮后，系统会自动打开如图 5-57 所示的“画笔”调板，从中可以对选取的笔触进行更精确的设置。

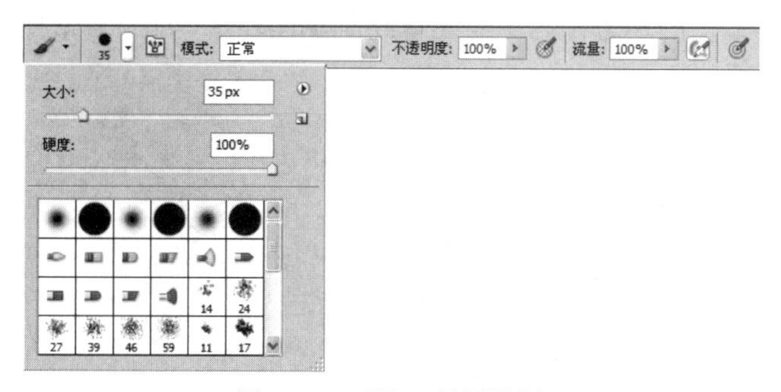

图 5-56　画笔工具属性栏

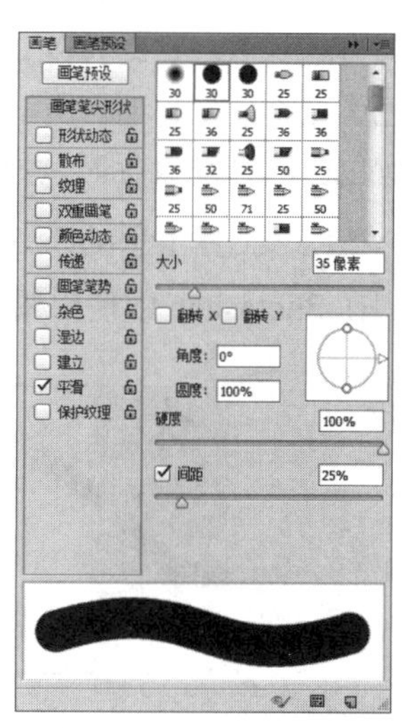

图 5-57　“画笔”调板

※工具上手处※

在 Photoshop 中使用画笔工具最多的地方是手绘图像，或通过画笔对结合的图像进行精确的蒙版调整，如图 5-58 所示。

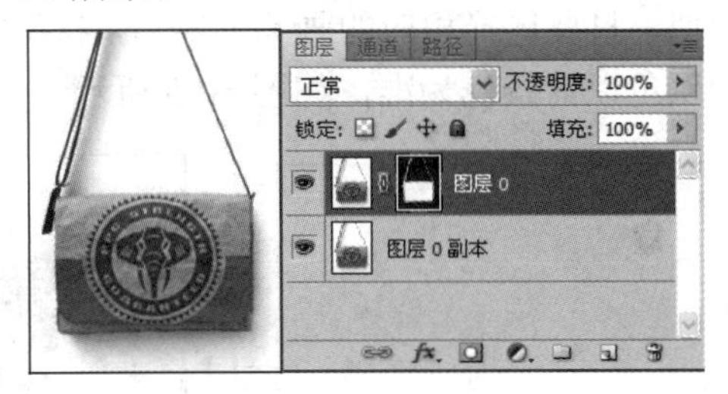

图 5-58　画笔运用

技巧：按左右中括号键“[”、“]”可以快速地缩小和放大画笔。

2. 铅笔工具

(铅笔工具)的使用方法与(画笔工具)大致相同。该工具能够真实地模拟铅笔绘制出的曲线。铅笔绘制的图像边缘较硬，有棱角。

在 Photoshop CS6 中选择后，属性栏会变为对该工具箱对应的属性设置，如图 5-59 所示。

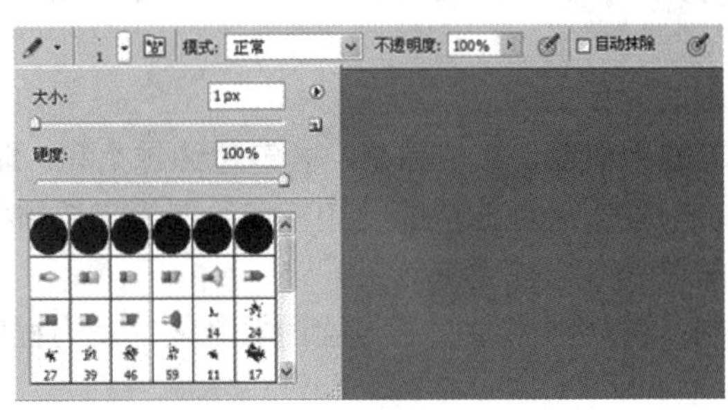

图 5-59　铅笔属性栏

铅笔属性栏中的选项含义如下：

自动抹除：自动抹除是铅笔工具的特殊功能。当勾选该复选框后，在与前景色一致的颜色区域拖动鼠标时，所拖动的痕迹将以背景色填充，如图 5-60 所示；在与前景色不一致的颜色区域拖动鼠标时，所拖动的痕迹将以前景色填充，如图 5-61 所示。

※工具上手处※

在 Photoshop 中使用铅笔工具最多的地方是为手绘图像绘制草图轮廓，如图 5-62 所示。

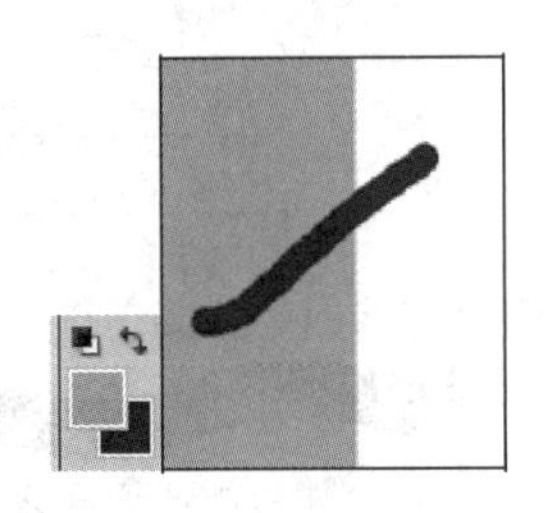

图 5-60　与前景色一致

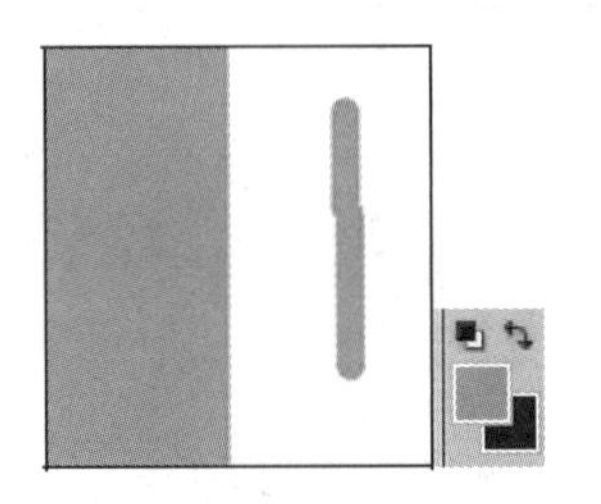

图 5-61　与前景色不一致

图 5-62　铅笔运用

5.2.3　替换颜色

在 Photoshop CS6 中能够直接在图像中按指定颜色对图像局部替换颜色的工具为(颜色替换工具)，该工具被放置在画笔工具组中。

使用可以十分轻松地将图像中的颜色按照设置的模式替换成前景色。该工具一般常用于快速替换图像中的局部颜色。

在“工具箱”中选择后，属性栏会变成该工具对应的选项效果，如图 5-63 所示。

图 5-63　颜色替换工具属性栏

颜色替换工具属性栏中的选项含义如下：

模式：设置替换颜色时的混合模式，包括色相、饱和度、颜色和明度。

练习：使用不同模式替换颜色时的效果。

本次练习主要让大家了解使用(颜色替换工具)在不同模式下对图像局部进行替换后的效果。

操作步骤如下：

(1) 色相替换。

① 执行“文件”→“打开”命令或按组合键[Ctrl + O]，打开素材，如图 5-64 所示。

② 在工具箱中选择(颜色替换工具)，在属性栏中的“模式”下拉列表中选择“色相”，单击“取样”中的“一次”按钮，设置“容差”为“54%”，设置“前景色”为“紫红色”，在图像中的婴儿车上拖曳鼠标，如图 5-65 所示。

图 5-64　素材

图 5-65　色相替换

(2) 饱和度替换。

① 按[F12]键恢复素材。

② 在工具箱中选择(颜色替换工具)，在属性栏中的“模式”下拉列表中选择“饱和度”，单击“取样”中的“一次”按钮，设置“容差”为“54%”，设置“前景色”为“深蓝色”，在图像中的婴儿车上拖曳鼠标，如图 5-66 所示。

(3) 颜色替换。

① 按[F12]键恢复素材。

② 在工具箱中选择(颜色替换工具)，在属性栏中的“模式”下拉列表中选“颜色”选项，单击“取样”中的“背景色板”按钮，设置“背景色”为车的“蓝色”(利用取色工具)，设置“容差”为“54%”，设置“前景色”为“绿色”，在图像中的婴儿车上拖曳鼠标，可根据需要调整背景色进行替换，如图 5-67 所示。

图 5-66　饱和度替换

图 5-67　颜色替换

5.2.4　混合器效果

通过混合器功能可以将打开的图像进行溶解处理，使图像的效果就像是还未晒干的油漆，只要涂抹便会改变像素的显示效果。

使用(混合器画笔工具)可以通过选定的不同画笔笔触对选定的照片或图像轻松地描绘，使其产生具有实际绘画的艺术效果。为 Photoshop CS6 新增了一个工具，该工具不需要使用者具有绘画基础就能绘制出艺术画作。该工具的使用方法与现实中的画笔比较相似，只要选择相应的画笔笔触后，在文档中拖曳鼠标便可以进行绘制，效果如图 5-68 所示。(该工具如果使用数位板效果会更好。)

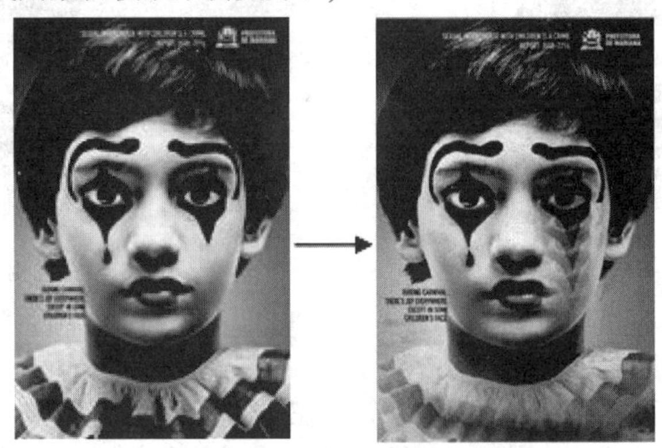

图 5-68　混合器画笔工具

在工具箱中单击(混合器画笔工具)后，Photoshop CS6 的属性栏会自动变为其所对应的选项设置，通过属性栏可以对该工具进行相应的属性设置，如图 5-69 所示。

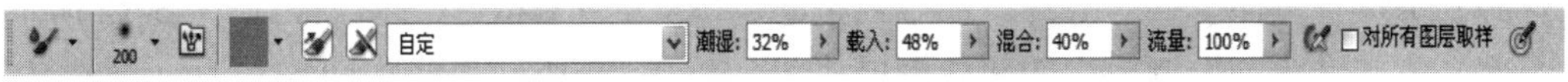

图 5-69　混合器画笔工具属性栏

混合器画笔工具属性栏中的各项含义如下：

(1) 当前载入画笔：设置使用时载入的画笔与清理画笔，下拉菜单中包括载入画笔、清理画笔和只载入纯色，如图 5-70 所示。

(2) 每次描边后载入画笔：选择此功能后，每次绘制完成松开鼠标后，系统会自动载入画笔。

(3) 每次描边后清理画笔：选择此功能后，每次绘制完成松开鼠标后，系统会自动将之前的画笔清除。

(4) 有用的混合画笔组合：设置不同混合预设效果，其中包括如图 5-71 所示的选项。

(5) 潮湿：设置画布拾取的油彩量，数字越大油彩越浓。

(6) 载入：设置画笔上的油彩量。

(7) 混合：设置绘画时颜色的混合比。

(8) 流量：设置绘画时画笔流动的速率。

(9) 对所有图层取样：勾选该复选框后，画笔会自动在多个图层中起作用。

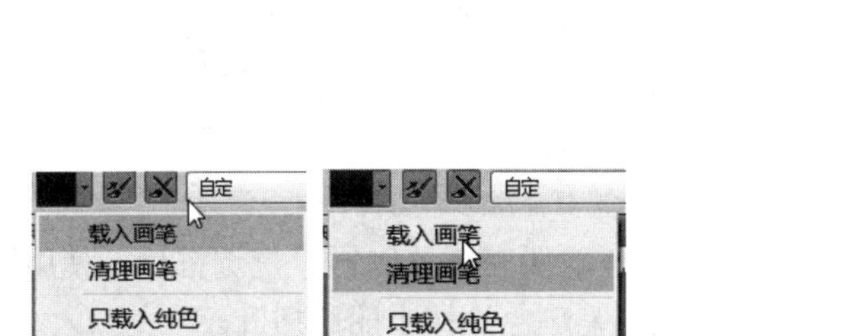

图 5-70　当前载入画笔

图 5-71　有用的混合画笔组合

技巧：输入法处于英文状态时，按[B]键可以选择画笔工具、铅笔工具、颜色替换工具和混合器画笔工具最后使用的那个工具；按组合键[Shift + B]可以在画笔工具、铅笔工具、颜色替换工具和混合器画笔工具之间转换。

范例 5-2　使用混合器画笔工具制作绘画效果。

范例概述：

本案例主要让大家了解在图像中使用混合器画笔工具，将图像转换成绘画作品的具体操作方法。

操作步骤如下：

(1) 执行“文件”→“打开”命令或按组合键[Ctrl + O]，打开素材，如图 5-72 所示。

(2) 单击“图层”调板中的新建图层按钮，新建“图层 1”，如图 5-73 所示。

图 5-72　素材

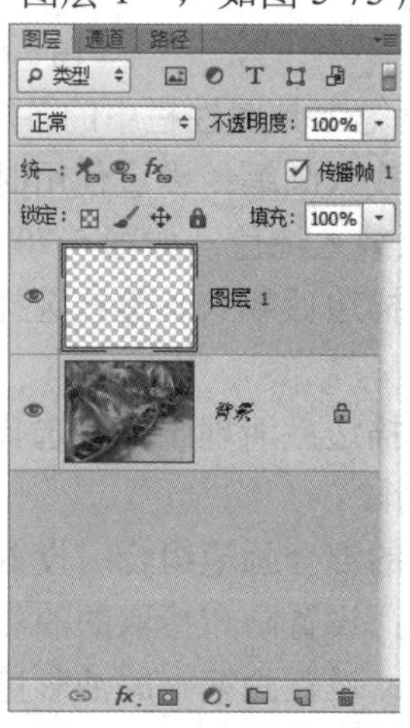

图 5-73　新建图层

(3) 在工具箱中选择(混合器画笔工具)，设置对应的画笔色彩，在混合器画笔工具属性栏中选择画笔笔触为“干画笔尖浅描”选项，选择“每次描边后载入画笔”选项和“每次描边后清理画笔”选项，设置“有用的混合画笔组合”为“湿润，深混合”，如图 5-74 所示。

图 5-74　设置混合器画笔工具

(4) 在混合器画笔工具属性栏中勾选“对所有图层取样”复选框后，使用(混合器画笔工具)在图像中进行细致涂抹，更换画笔颜色涂抹小船和树叶。

(5) 整个图像都涂抹一遍后，完成本例的最终效果，如图 5-75 所示。

图 5-75　最终效果

提示：在使用混合器画笔工具制作图像时，可以根据图像的大小，适当对工具的画笔直径进行调整，以便得到更好的效果。

5.2.5　画笔调板

在“画笔”调板中不但提供了画笔的各种预设，还可以在调板中对预设的画笔进行进一步的调整，应用这些功能，可以绘制出许多意想不到的绘画效果。按[F5]键即可快速打开“画笔”调板。

提示：当选择可以应用“画笔”调板的不同工具时，“画笔”调板左侧的样式选项会根据选择工具的不同而激活可使用选项。

1. 画笔预设

在“画笔”调板中选择“画笔预设”选项，在调板的右侧会显示当前画笔预设组中的画笔笔触，如图 5-76 所示。

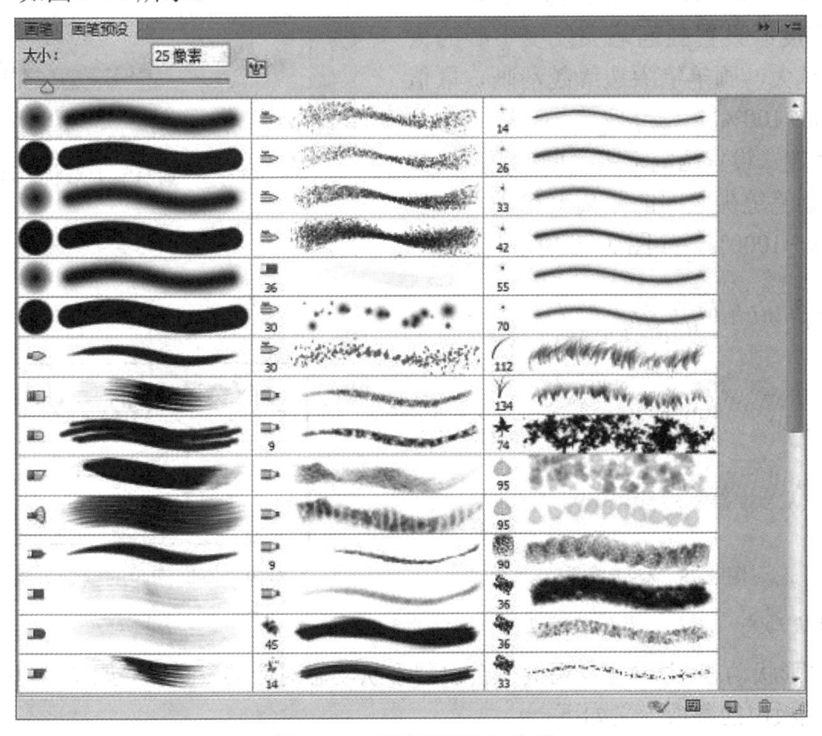

图 5-76　“画笔预设”选项

“画笔预设”调板中的各项含义如下：

(1) 画笔笔触列表：显示当前画笔预设组中的所有笔触，在图标上单击即可选择该笔触。

(2) 大小：设置画笔笔触大小。

2. 画笔

在“画笔”调板中选择“画笔”选项，会弹出“画笔”选项框，各介绍如下：

1) 画笔笔尖形状

选择“画笔笔尖形状”选项后，调板中会出现画笔笔尖形状对应的参数值，如图 5-77

所示。

“画笔笔尖形状”调板中的各项含义如下：

(1) 大小：设置画笔笔尖大小。

(2) 画笔预设：单击该按钮，可以将画笔笔尖直径以预设的大小显示。

(3) 翻转 X/翻转 Y：将画笔笔尖沿 X 轴和 Y 轴的方向进行翻转，如图 5-78 所示。

(4) 角度：设置画笔笔尖沿水平方向上的角度。

(5) 圆度：设置画笔笔尖的长短轴的比例。当圆度值为 100%时，画笔笔尖为圆形；当圆度值为 0 时，画笔笔尖为线形；为圆度值在 0%～100%时，画笔笔尖为椭圆形。

(6) 硬度：设置画笔笔尖硬度中心的大小，数值越大，画笔笔尖边缘越清晰，取值范围是 0%～100%。

(7) 间距：设置画笔笔尖之间的距离，数值越大，画笔笔尖之间的距离就越大，取值范围是 1%～1000%，如图 5-79 所示。

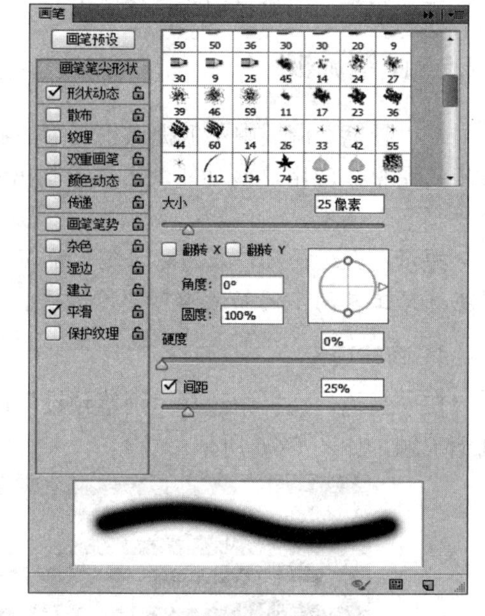

图 5-77　“画笔笔尖形状”选项

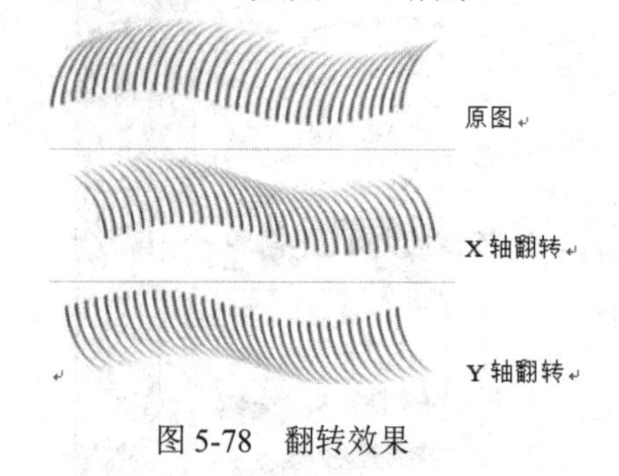

图 5-78　翻转效果

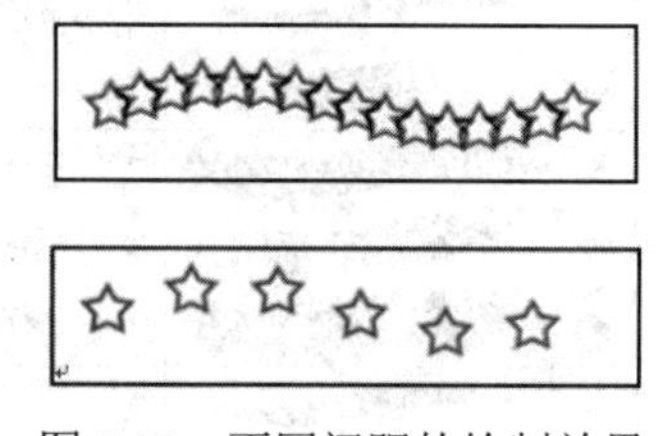

图 5-79　不同间距的绘制效果

2) 形状动态

选择“形状动态”选项后，调板中会出现形状动态对应的参数值，如图 5-80 所示。“形状动态”调板中的各项含义如下：

(1) 大小抖动：设置画笔笔尖大小之间变化的随机性，数值越大，变化越明显。

(2) (大小抖动)控制：在下拉菜单中可以选择改变画笔笔尖大小的变化方式。

① 关：不控制画笔笔尖的大小变化。

② 渐隐：按指定数量的步长在初始直径和最小直径之间渐隐画笔笔迹的大小，每个步长等于画笔笔尖的一个笔尖，取值范围是 1～9999。如图 5-81 所示的图像分别是渐隐步长为 5 和 10 时的效果。

③ 钢笔压力、钢笔斜度和光笔轮：基于钢笔压力、钢笔斜度、钢笔光笔轮位置来改变画笔笔尖的大小。这几项只有安装了数位板或压感笔时才可以产生效果。

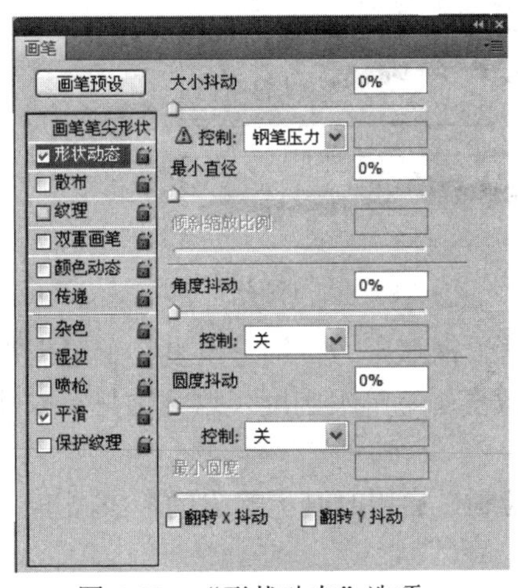

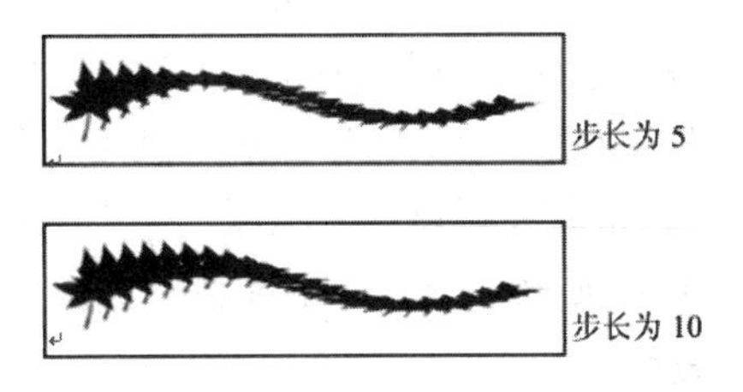

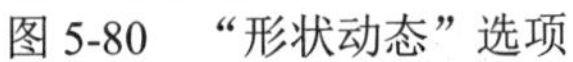
图 5-80　“形状动态”选项　　　图 5-81　渐隐

(3) 最小直径：指定当启用“大小抖动”或“控制”选项时画笔笔尖可以缩放的最小百分比。可通过输入数值或使用拖动滑块来改变百分比。数值越大，变化越小。

(4) 倾斜缩放比例：在大小抖动“控制”下拉菜单中选择“钢笔斜度”后此项才可以使用。在旋转前应用于画笔高度的比例因子。可通过输入数值或拖动滑块来改变百分比。

(5) 角度抖动：设置画笔笔尖随机角度的改变方式，如图 5-82 所示。

(6) (角度抖动)控制：在下拉菜单中可以选择设置角度的动态控制。

① 关：不控制画笔笔尖的角度变化。

② 渐隐：可按指定数量的步长在 0～360° 之间渐隐画笔笔尖角度。如图 5-83 所示的图像从左到右分别是渐隐步长为 1、3 和 6 时的效果。

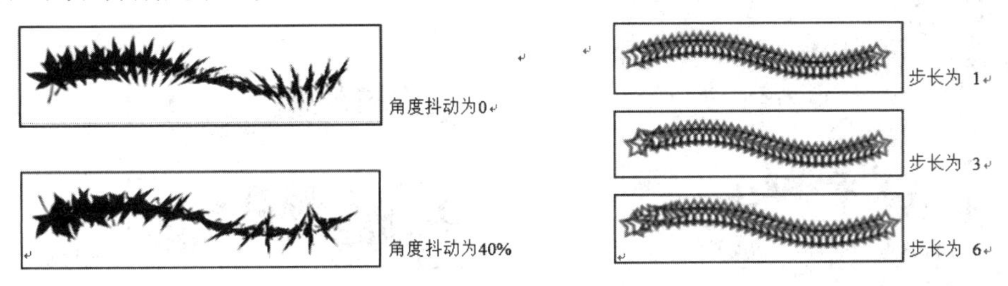

图 5-82　角度抖动　　　图 5-83　角度渐隐

③ 钢笔压力、钢笔斜度、光笔轮和旋转：基于钢笔压力、钢笔斜度、钢笔光笔轮位置或钢笔的旋转在 0～360° 之间改变画笔笔尖角度。这几项只有安装了数位板或压感笔时才可以产生效果。

④ 初始方向：使画笔笔尖的角度基于画笔描边的初始方向。

⑤ 方向：使画笔笔尖的角度基于画笔描边的方向。

(7) 圆度抖动：设定画笔笔尖的圆度在描边中的改变方式，如图 5-84 所示。

(8) (圆度抖动)控制：在下拉菜单中可以选择设置画笔笔尖圆度的变化。

① 关：不控制画笔笔尖的圆度变化。

② 渐隐：可按指定数量的步长在 100%和“最小圆度”值之间渐隐画笔笔尖的圆度。如图 5-85 所示的图像分别是渐隐步长为 1 和 10 时的效果。

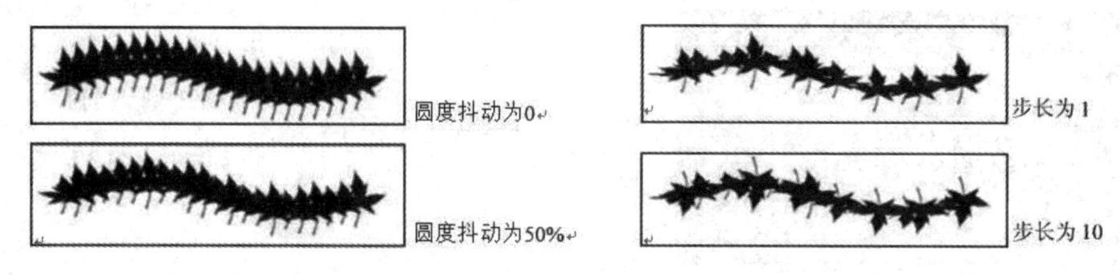

图 5-84　圆度抖动　　　　图 5-85　圆度渐隐

③ 钢笔压力、钢笔斜度、光笔轮和旋转：基于钢笔压力、钢笔斜度、钢笔拇指轮位置或钢笔的旋转在 100%和“最小圆度”值之间改变画笔笔尖圆度。这几项只有安装了数位板或压感笔时才可以产生效果。

(9) 最小圆度：设置“圆度抖动”或“圆度控制”启用时画笔笔尖的最小圆度。

3) 散布

“散布”选项用来设置画笔笔尖散布的数量和位置，选择该选项后，调板中会出现散布对应的参数值，如图 5-86 所示。

(1) 散布：设置画笔笔尖垂直于描边路径分布，数值越大，散布越广，如图 5-87 所示。

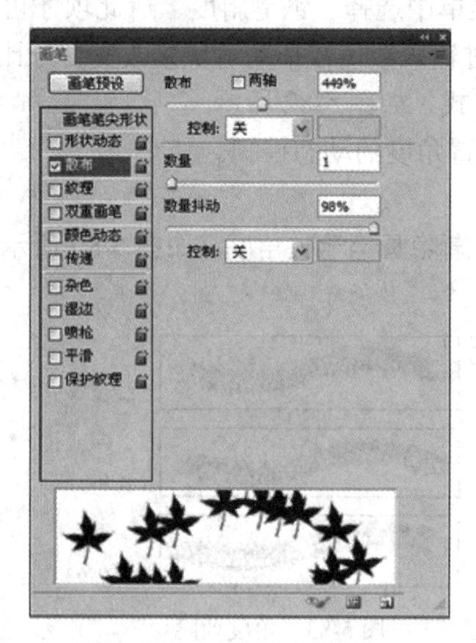

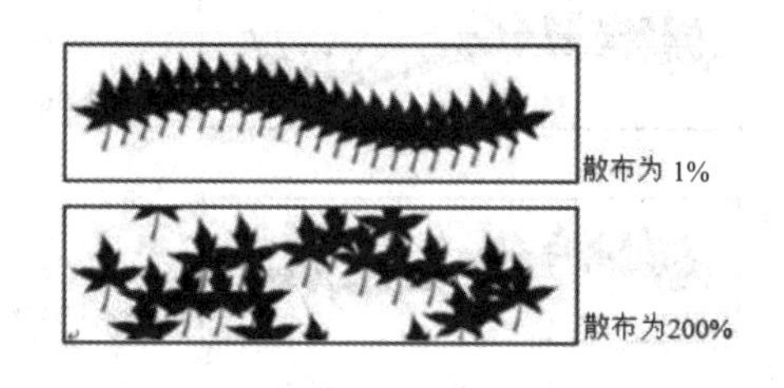

图 5-86　“散布”选项　　　　图 5-87　散布

(2) 两轴：画笔笔尖按径向分布。

(3) (散布)控制：在下拉菜单中可以选择改变画笔笔尖的散布方式。

① 关：不控制画笔笔尖的散布变化。

② 渐隐：可以按指定数量的步长将画笔笔尖的散布从最大散布渐隐到无散布。

③ 钢笔压力、钢笔斜度、光笔轮和旋转：基于钢笔压力、钢笔斜度、绘图笔位置或钢笔的旋转来改变画笔笔尖的散布。这几项只有安装了数位板或压感笔时才可以产生效果。

(4) 数量：设置在每个间距应用的画笔笔尖数量，数值越大，笔尖越多，如图 5-88 所示。

提示：如果在不增大间距值或散布值的情况下增加数量，绘画性能可能会降低。

(5) 数量抖动：设置画笔笔尖的数量针对各种间距而发生的随机变化，数值越大，笔尖越多。

(6) (数量抖动)控制：在下拉菜单中可以选择改变画笔笔尖的数量方式。

① 关：不控制画笔笔尖的数量变化。

② 渐隐：可以按指定数量的步长将画笔笔尖数量从数量值中渐隐，如图 5-89 所示。

③ 钢笔压力、钢笔斜度、光笔轮和旋转：基于钢笔压力、钢笔斜度、绘图笔位置或钢笔的旋转来改变画笔笔尖的数量。这几项只有安装了数位板或压感笔时才可以产生效果。

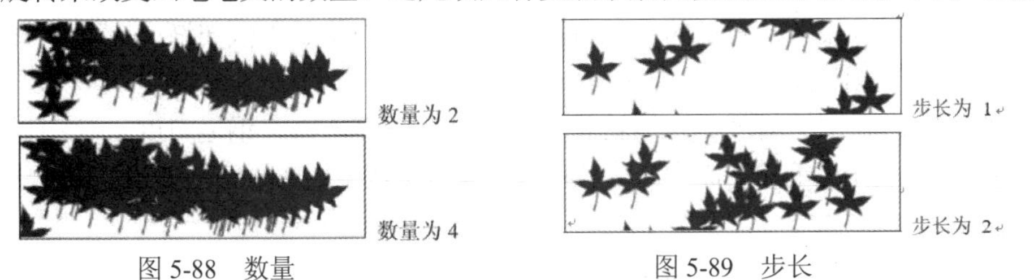

图 5-88　数量　　　图 5-89　步长

4) 纹理

“纹理”选项用来设置画笔笔尖的纹理效果，选择该选项后，调板中会出现纹理对应的参数值，如图 5-90 所示。

“纹理”调板中的各项含义如下：

(1) 选择纹理：在调板中单击纹理缩览图右边的三角形按钮，弹出如图 5-91 所示的图案选项板。单击下拉图案列表中的任意图案，就会将该图案的纹理添加到画笔笔尖上；勾选调板右边的“反相”复选框，可以将图案纹理反转。

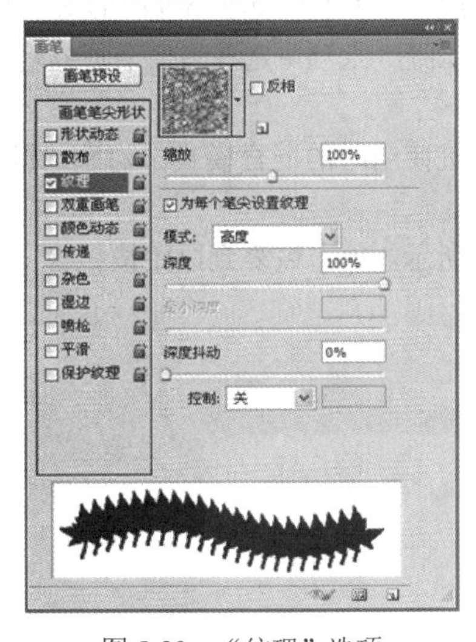

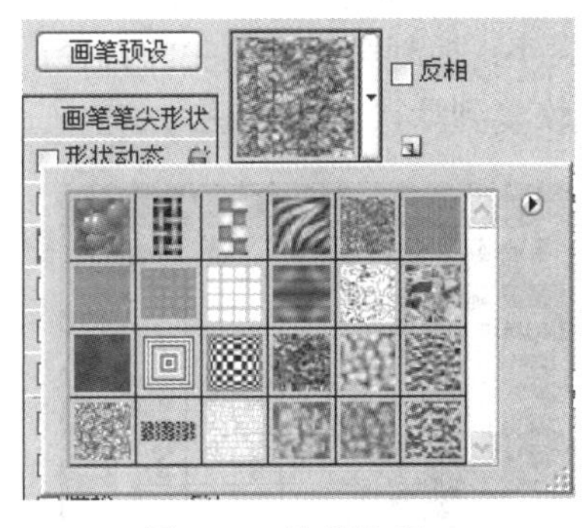

图 5-90　“纹理”选项　　　图 5-91　选择纹理

(2) 缩放：控制每个笔尖中添加图案的缩放比例。

(3) 为每个笔尖设置纹理：勾选此复选框后，可以在绘画时分别渲染每个笔尖。此时调板中的“最小深度”和“最深抖动”选项才被激活。

(4) 模式：设置组合画笔和图案的混合模式。

(5) 深度：指定油彩渗入纹理中的深度，通过输入数值或者直接拖动滑块来确定。如果深度为 100%，则纹理中的暗点不接收任何油彩；如果深度为 0，则纹理中的所有点都接收相同数量的油彩，从而隐藏图案，如图 5-92 所示。

(6) 最小深度：指当“控制”设置为“渐隐”“钢笔压力”“钢笔斜度”“光笔轮”或“旋转”时油彩可渗入的最小深度。

(7) 深度抖动：设置纹理抖动的百分比。

(8) 控制：在下拉菜单中可以选择改变画笔笔尖的深度方式。

① 关：不控制画笔笔尖的深度变化。

② 渐隐：可以按指定数量的步长将画笔笔尖的散布从最大散布渐隐到无散布。如图 5-93 所示的图像分别是渐隐步长为 5 和 20 时的效果。

③ 钢笔压力、钢笔斜度、光笔轮和旋转：基于钢笔压力、钢笔斜度、绘图笔位置或钢笔的旋转来改变画笔笔尖的深度。这几项只有安装了数位板或压感笔时才可以产生效果。

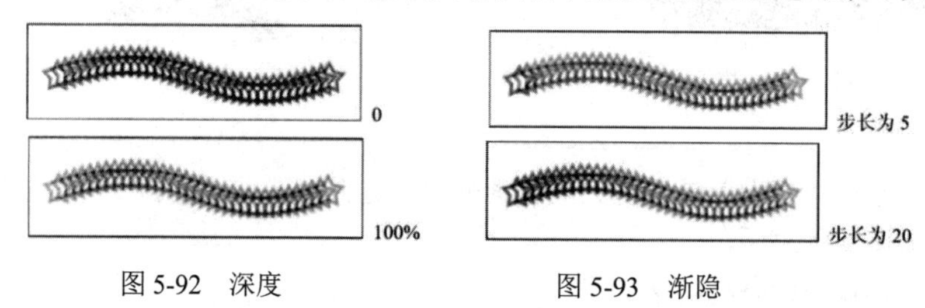

图 5-92　深度　　　　图 5-93　渐隐

5) 双重画笔

“双重画笔”选项可以用两个画笔笔尖创建绘制的画笔笔迹。在“画笔”调板左侧单击“双重画笔”选项后，调板中会出现双重画笔对应的参数值，如图 5-94 所示。在“画笔笔尖形状”选项中选择相应的一个笔尖，再在“双重画笔”选项中选择另一个画笔笔尖即可。

“双重画笔”调板中的各项含义如下：

(1) 模式：设置主要笔尖和双笔尖组合画笔笔迹使用时的混合模式。勾选“翻转”复选框可以将第二个画笔笔尖的方向进行改变。

(2) 大小：控制第二个笔尖的直径，如图 5-95 所示。单击恢复到原始按钮，可以使画笔笔尖恢复到默认原始直径。

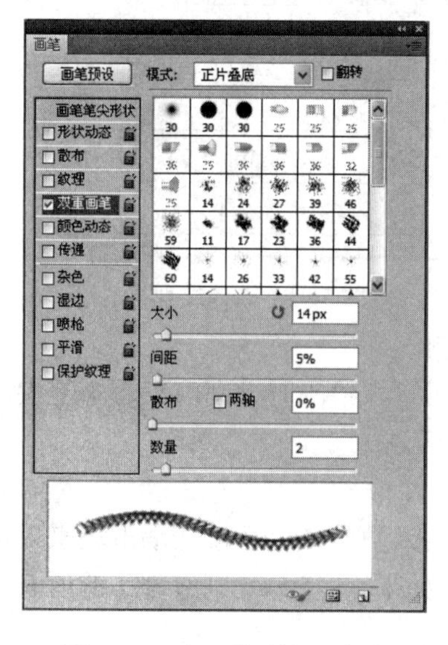

图 5-94　“双重画笔”选项

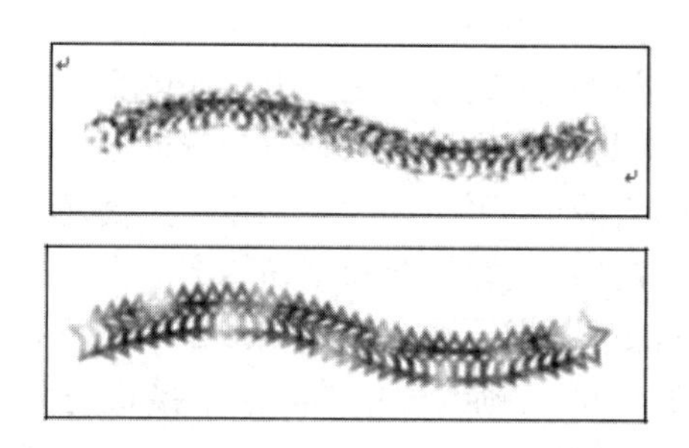

图 5-95　不同直径

(3) 间距：控制绘画时第二个画笔笔尖在笔迹之间的距离，如图 5-96 所示。

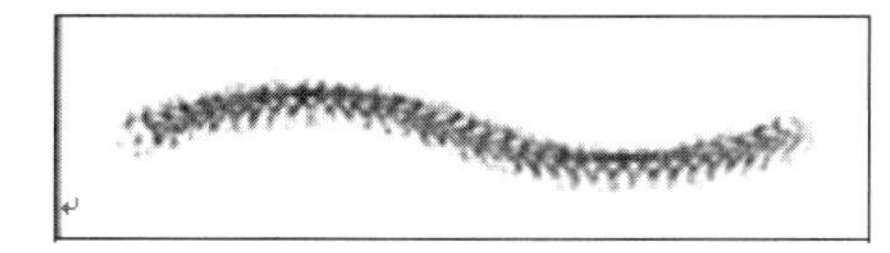

图 5-96　不同间距

(4) 散布：控制绘画时第二个画笔笔尖在笔迹中的分布方式。当勾选“两轴”复选框时，第二个画笔笔尖在笔迹中按径向分布。

(5) 数量：控制在每个间距应用的第二个画笔笔尖在笔迹中的数量，如图 5-97 所示。

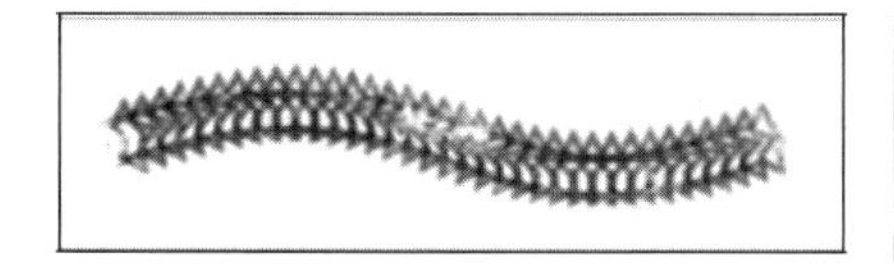
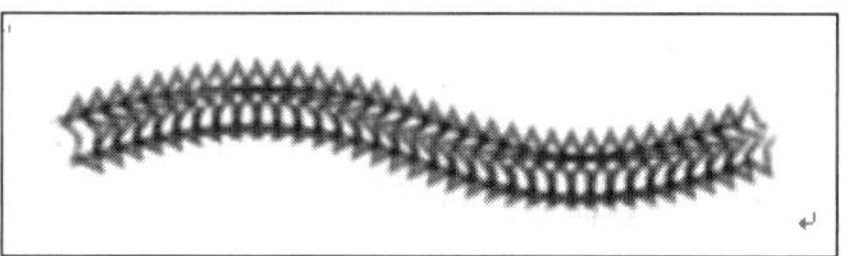

图 5-97　不同数量

6) *颜色动态*

“颜色动态”选项指在绘画笔迹中油彩颜色的变化方式。在“画笔”调板左侧单击“颜色动态”选项后，调板中会出现颜色动态对应的参数值，如图 5-98 所示。

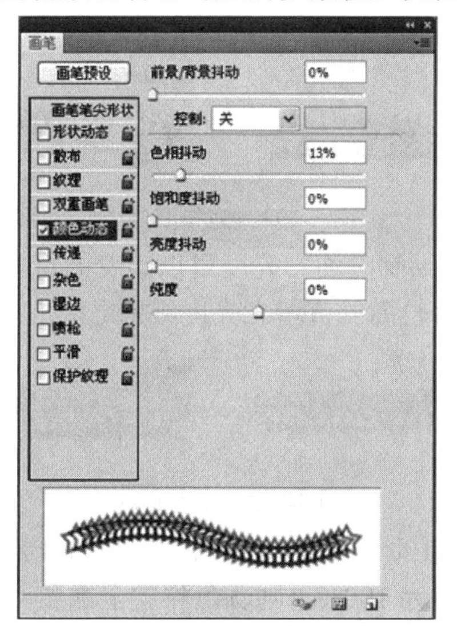

图 5-98　“颜色动态”选项

“颜色动态”调板中的各项含义如下：

(1) 前景/背景抖动：用来设置油彩在前景色与背景色之间的变化方式。数值越小，油彩越接近前景色，如图 5-99 所示，此时前景色为“红色”，背景色为“蓝色”。

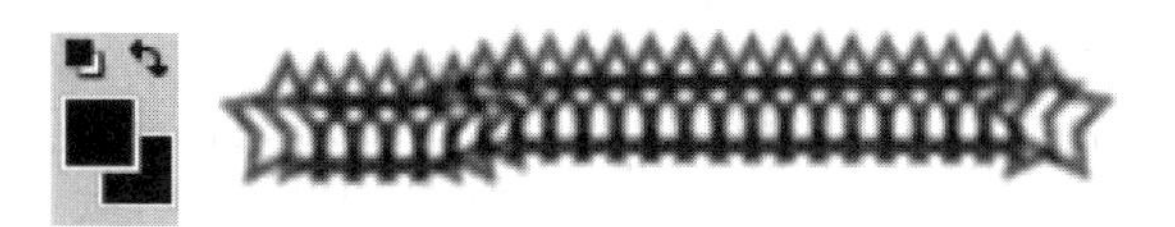

图 5-99　前景/背景抖动

(2) 控制：用来控制画笔笔迹的颜色变化。

① 关：不控制画笔笔迹的颜色变化。

② 渐隐：可以按指定数量的步长在前景色和背景色之间改变油彩颜色，如图 5-100 所示。

③ 钢笔压力、钢笔斜度、光笔轮和旋转：基于钢笔压力、钢笔斜度、绘图笔位置或钢笔的旋转在前景色和背景色之间改变油彩颜色。这几项只有安装了数位板或压感笔时才可以产生效果。

(3) 色相抖动：用来设置绘制时油彩色相可以改变的百分比。较低的值在改变色相的同时保持接近前景色的色相；较高的值增大色相间的差异，如图 5-101 所示。

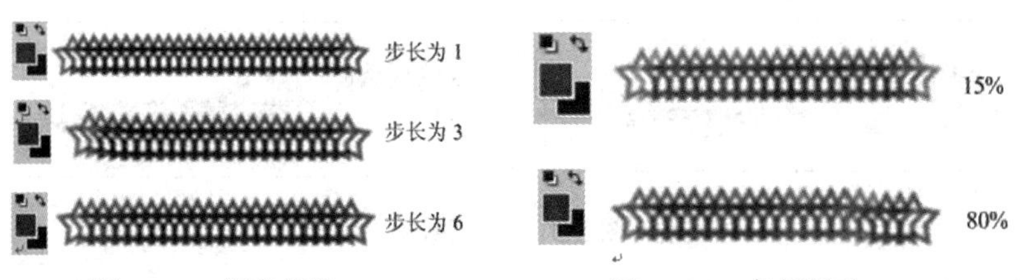

图 5-100　颜色渐隐　　　　图 5-101　色相抖动

(4) 饱和度抖动：用来设置绘制时油彩饱和度可以改变的百分比。较低的值在改变饱和度的同时保持接近前景色的饱和度；较高的值增大饱和度级别之间的差异，如图 5-102 所示。

图 5-102　饱和度抖动

(5) 亮度抖动：用来设置绘制时油彩亮度可以改变的百分比。较低的值在改变亮度的同时保持接近前景色的亮度；较高的值增大亮度级别之间的差异，如图 5-103 所示。

图 5-103　亮度抖动

(6) 纯度：增大或减小颜色的饱和度，取值范围为 -100%～100%。如果该值为 -100%，则颜色将完全去色；如果该值为 100%，则颜色将完全饱和，如图 5-104 所示。

图 5-104　纯度

范例 5-3　绘制风景插画。

制作风景插画

本实例主要使用魔棒工具将人物抠出，使用画笔工具绘制草地、太阳和蝴蝶。

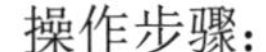

操作步骤：

(1) 按组合键[Ctrl+O]，打开素材“绘制风景插画”→“01.jpg”文件，如图 5-105 所示。

(2) 再打开素材“02.jpg”文件，选择魔棒工具，点击白色区域，按组合键[Ctrl + Shift + I] 反选，再选择移动工具，将人物图片拖曳到图像窗口的右侧，效果如图 5-106 所示。在“图层”调板中生成新的图层并将其命名为“卡通人物”。

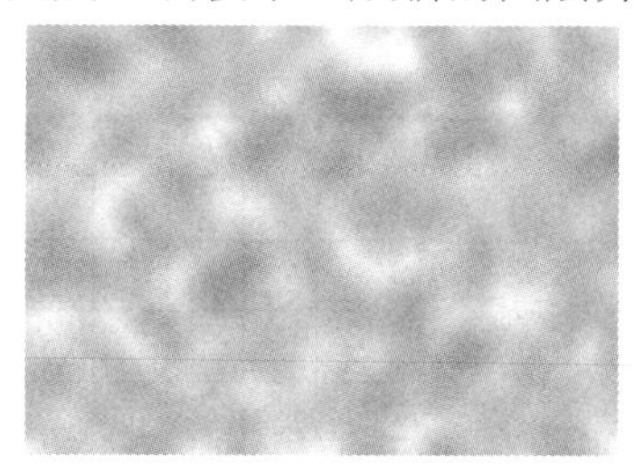

图 5-105 背景图

图 5-106 加入卡通人物

(3) 单击“图层”调板下方的新建图层按钮，生成新的图层并将其命名为“草地”。将前景色设为深绿色(RGB：48，125，8)，背景色设为浅绿色(RGB：85，180，18)。

(4) 选择画笔工具，在属性栏中单击画笔选项右侧的按钮，在弹出的面板中选择需要的画笔形状，如图 5-107 所示，再次单击属性栏中的切换画笔面板按钮，弹出“画笔”控制面板，在该面板中设置画笔大小，如图 5-108 所示。选择“颜色动态”选项，切换到相应的面板，具体设置如图 5-109 所示。在窗口中拖曳鼠标，绘制草地图形，效果如图 5-110 所示。

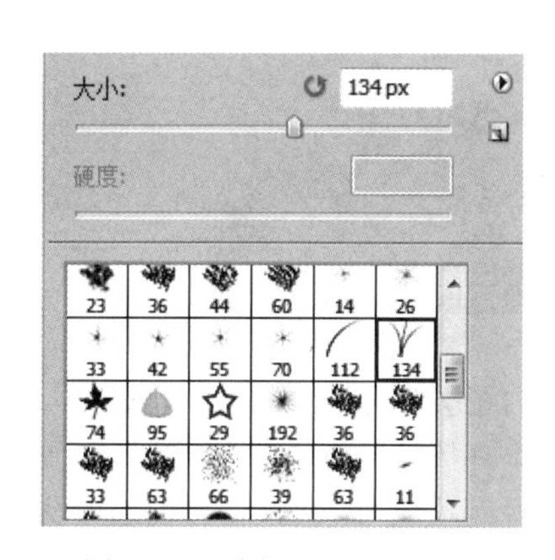

图 5-107 选择画笔笔刷样式

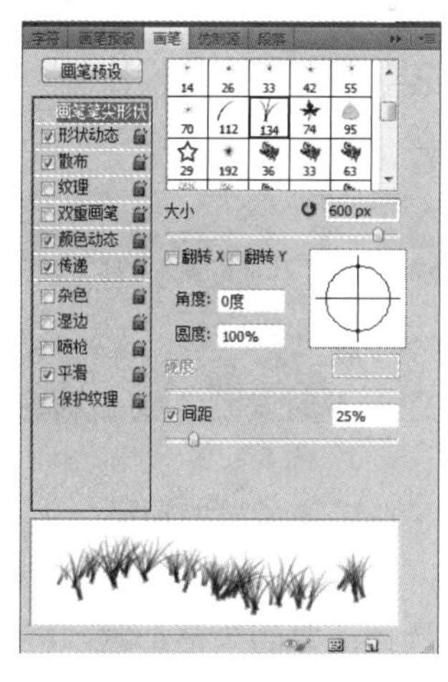

图 5-108 设置基本参数

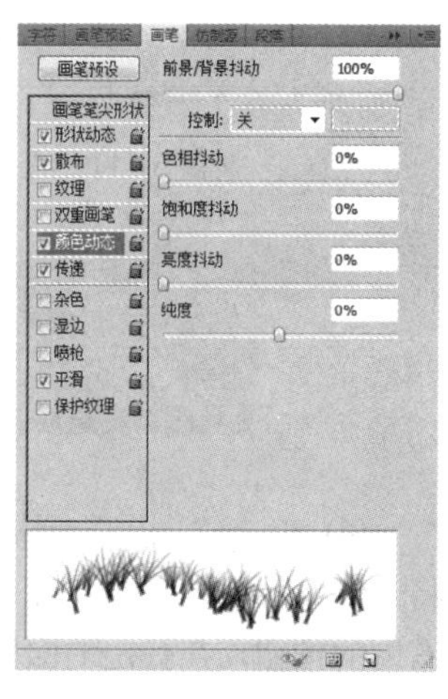

图 5-109 设置颜色动态

图 5-110 效果图

(5) 将前景色设为草绿色(RGB：32，111，0)，背景色设为浅绿色(RGB：70，170，16)。选择铅笔工具，在属性栏中单击“画笔”选项右侧的按钮，在弹出的面板中选择需要的画笔形状，如图 5-111 所示，再次单击属性栏中的切换画笔面板按钮，弹出“画笔”控制面板，在其中设置画笔大小，如图 5-112 所示。在窗口中拖曳鼠标，绘制草地图形，效果如图 5-113 所示。

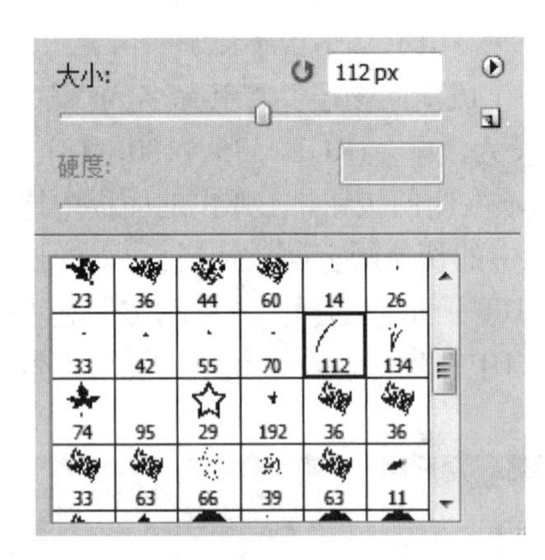

图 5-111　选择画笔

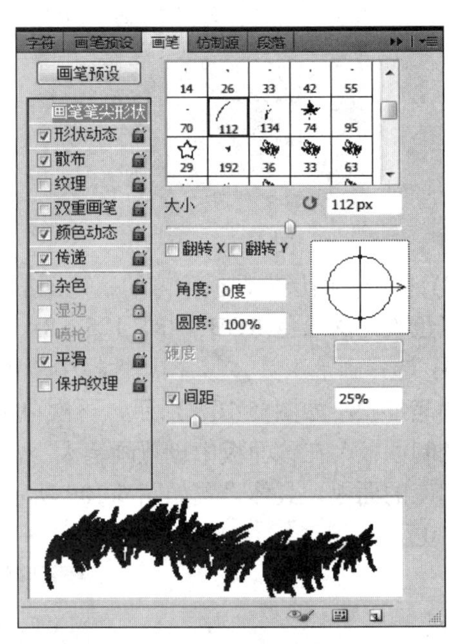

图 5-112　设置画笔参数

图 5-113　绘制草地

(6) 单击“图层”调板下方的新建图层按钮，生成新的图层并将其命名为“太阳”。将前景色设为黄色(RGB：225，250，1)，选择画笔工具，在属性栏中单击“画笔”选项右侧的按钮，在弹出的面板中选择需要的画笔形状，将主直径选项设为 750 px，硬度选项设为 40%，如图 5-114 所示，在图像窗口中单击鼠标绘制太阳图像，效果如图 5-115 所示。

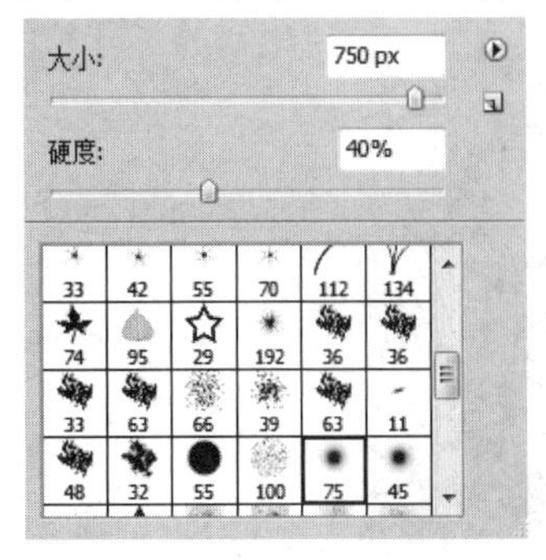

图 5-114　设置画笔

图 5-115　绘制太阳

(7) 单击“图层”调板下方的新建图层按钮，生成新的图层并将其命名为“蝴蝶”。将前景色设为黄色(RGB：255，230，8)，背景色设为橘红色(RGB：255，141，45)。

(8) 选择画笔工具，在属性栏中单击“画笔”选项右侧的按钮，弹出“画笔”选择面板，单击该面板右上方的按钮，在弹出的菜单中选择“特殊效果画笔”选项，在弹出的提示对话框中单击“追加”按钮。在弹出的面板中选择需要的画笔形状，如图 5-116 所示，再次单击属性栏中的切换画笔面板按钮，弹出“画笔”控制面板，设置如图 5-117 所示。选择“颜色动态”选项，切换到相应的面板，具体设置如图 5-118 所示。在窗口中多次单击鼠标，绘制蝴蝶图形，效果如图 5-119 所示。

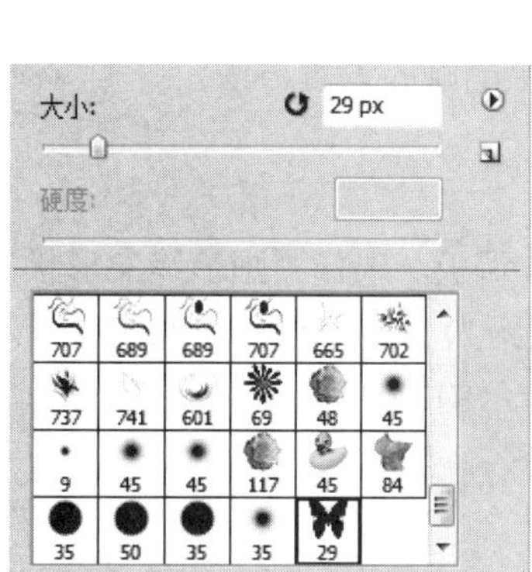

图 5-116　选择画笔样式

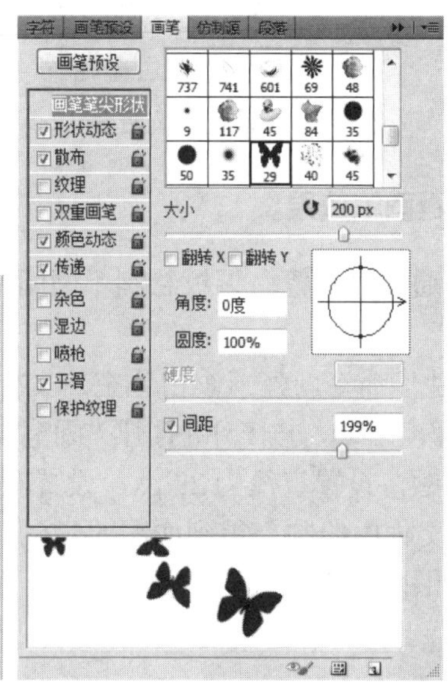

图 5-117　设置画笔参数

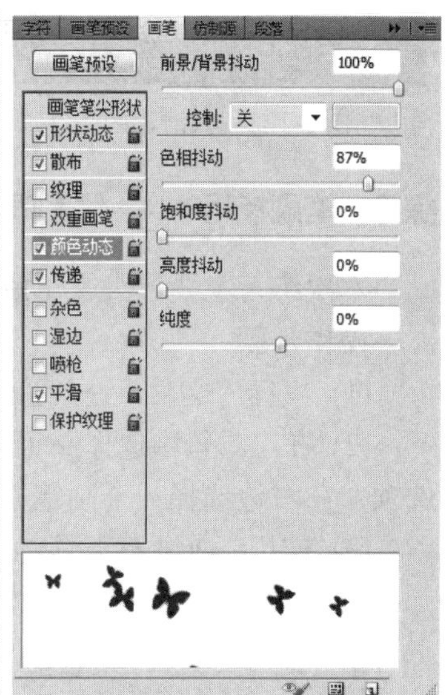

图 5-118　设置动态颜色

(9) 单击“图层”调板下方的新建图层按钮，生成新的图层并将其命名为“边框”。将前景色设为黑色。按组合键[Ctrl + A]，在图像周围生成选区，如图 5-120 所示。选择矩形选框工具，选中属性栏中的从选区减去按钮，拖曳鼠标绘制矩形选区，效果如图 5-121 所示。

图 5-119　绘制蝴蝶效果

图 5-120　选取选区

图 5-121　减去选区

(10) 按组合键[Alt + Delete]，用前景色填充选区。按组合键[Ctrl + D]，取消选区，效果如图 5-122 所示。在“图层”调板上方，将边框图层的不透明度选项设为 10%，如图 5-123 所示，图像效果如图 5-124 所示。至此，风景插画制作完成。

图 5-122 取消选区

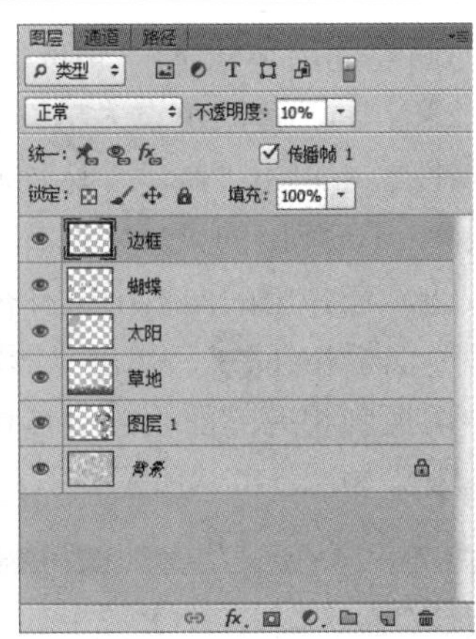

图 5-123 设置不透明度

图 5-124 最终效果图

练习：笔刷技巧 1——绘制间距画笔效果。

本次练习主要让大家了解通过“画笔”调板绘制不同间距笔触的设置方法。

操作步骤：

(1) 执行“文件”→“新建”命令新建一个白色空白文档。

(2) 在工具箱中选择 (画笔工具)，按[F5]键打开“画笔”调板，选择“画笔笔尖形状”选项，在右边选择一个画笔笔触，设置直径为 29 px，设置间距为 25%，如图 5-125 所示。

(3) 使用 (画笔工具)在文件中绘制，得到如图 5-126 所示的效果。

(4) 设置间距为 101%，如图 5-127 所示。

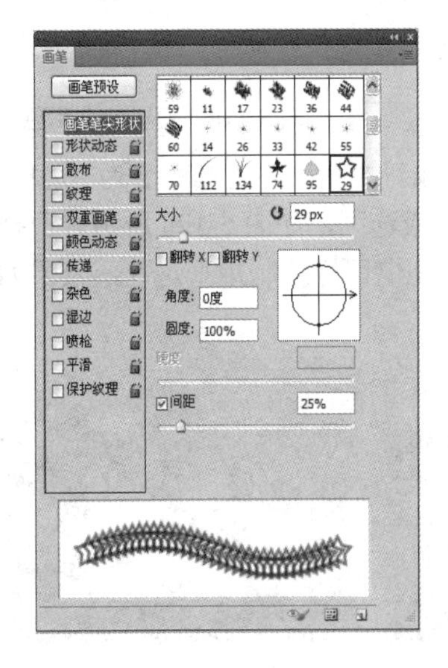

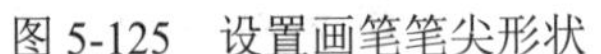
图 5-125 设置画笔笔尖形状

图 5-126 画笔绘制

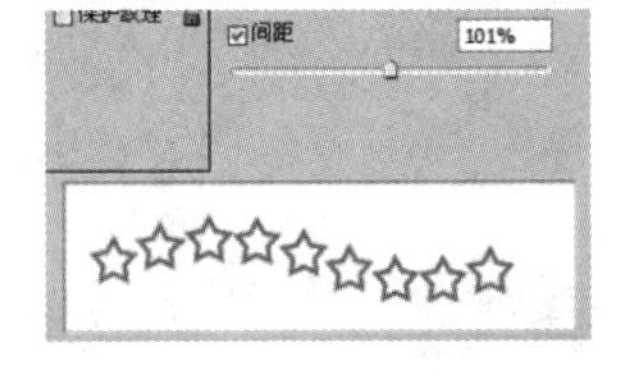

图 5-127 设置间距

(5) 使用 (画笔工具)在页面中绘制，得到如图 5-128 所示的效果。

(6) 设置间距为 200%，如图 5-129 所示。

(7) 使用 (画笔工具)在页面中绘制，得到如图 5-130 所示的效果。

图 5-128　画笔绘制

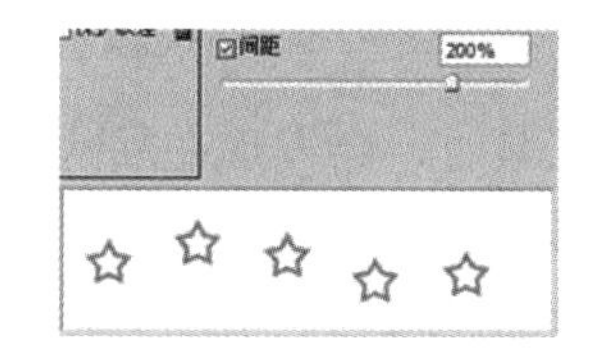

图 5-129　设置间距

图 5-130　画笔绘制

练习：笔刷技巧 2——绘制渐变画笔效果。

本次练习主要让大家了解通过“画笔”调板绘制前景色与背景色相混合的颜色画笔。

操作步骤：

(1) 执行“文件”→“新建”命令新建一个白色空白文档。

(2) 在工具箱中选择(画笔工具)，按[F5]键打开“画笔”调板，选择“颜色动态”选项，在右边设置“颜色动态”选项对应的参数，如图 5-131 所示。

(3) 将前景色设置为红色、背景色设置为蓝色，使用(画笔工具)在文件中绘制，得到如图 5-132 所示的效果。

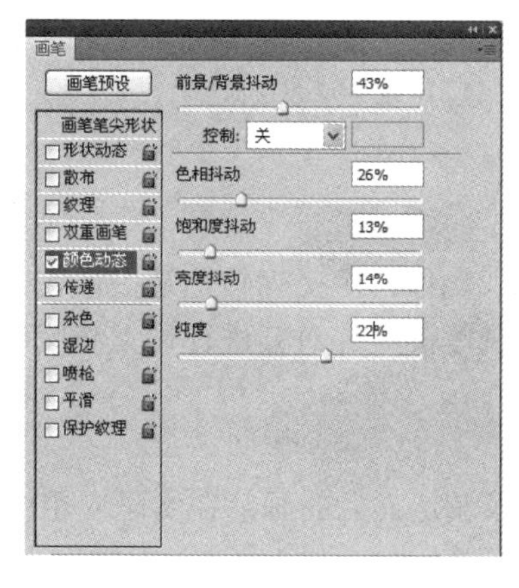

图 5-131　设置颜色动态

图 5-132　画笔绘制

(4) 重新设置“颜色动态”选项对应的参数，如图 5-133 所示。

(5) 使用(画笔工具)在页面中绘制，得到如图 5-134 所示的效果。

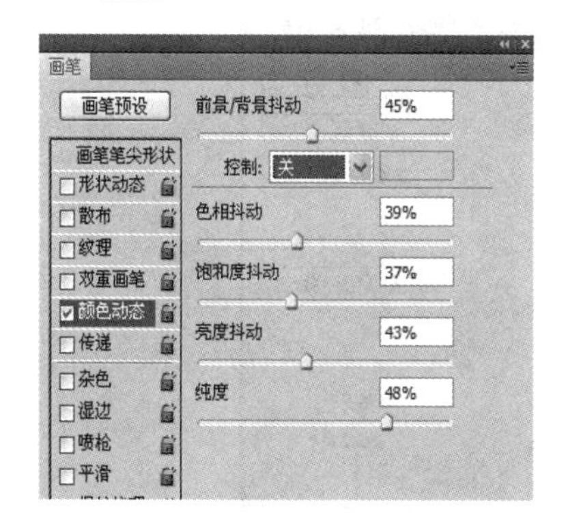

图 5-133　重新设置颜色动态

图 5-134　画笔绘制

3. 硬毛刷画笔预览

在 Photoshop CS6 中使用绘画工具时，会发现在默认状态下“画笔”调板中增加了几个硬毛刷画笔，这几个画笔可以通过“画笔”调板中的“切换硬毛刷画笔预览”按钮在绘制时进行效果预览，如图 5-135 所示的效果为显示预览时的笔刷效果。

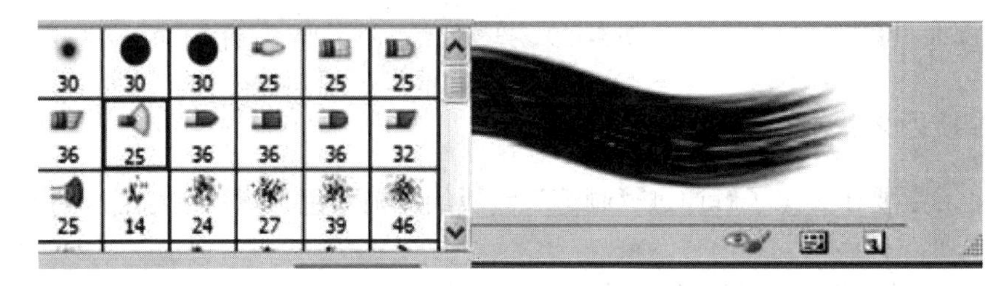

图 5-135 预览时的笔刷效果

5.3 自定义命令

在 Photoshop 中通过自定义命令可以对图像进行画笔、图案和形状等方面的定义，从而可以快速将被选择的图像局部应用到画笔、填充和自定义形状中。

5.3.1 自定义画笔预设命令

利用“定义画笔预设”命令可以将需要的文字或图像自定义为画笔笔尖。在“画笔”调板或“画笔拾色器”调板中，可以找到被定义的画笔图案并对其进行设置和应用。

范例 5-4 使用画笔工具绘制自定义画笔图案。

本例主要讲解“定义画笔预设”命令的使用，以及定义后的画笔在实际应用中的具体应用。

操作步骤：

(1) 执行“文件”→“新建”命令或按组合键[Ctrl + N]，打开“新建”对话框，其中的参数值设置如图 5-136 所示。

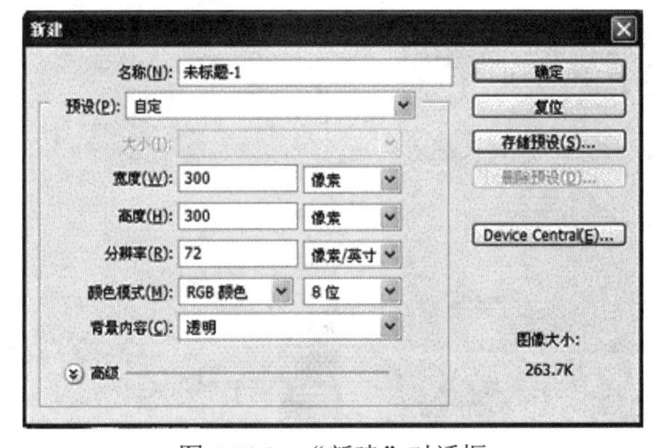

图 5-136 “新建”对话框

(2) 使用◯(椭圆选框工具)，在属性栏中设置羽化为 2，在文档中按住[Shift]键绘制正圆选区并填充黑色，如图 5-137 所示。

图 5-137　绘制正圆选区填充黑色

(3) 执行“选择”→“调整边缘”命令，打开“调整边缘”对话框，其中的参数值设置如图 5-138 所示。

(4) 设置完毕单击“确定”按钮，按[Delete]键清除选区内容，再按组合键[Ctrl + D]去掉选区，使用🖌(画笔工具)在其中绘制黑色高光，如图 5-139 所示。

(5) 执行“编辑”→“定义画笔预设”命令，可以打开“画笔名称”对话框，设置名称为气泡，单击“确定”按钮，如图 5-140 所示。

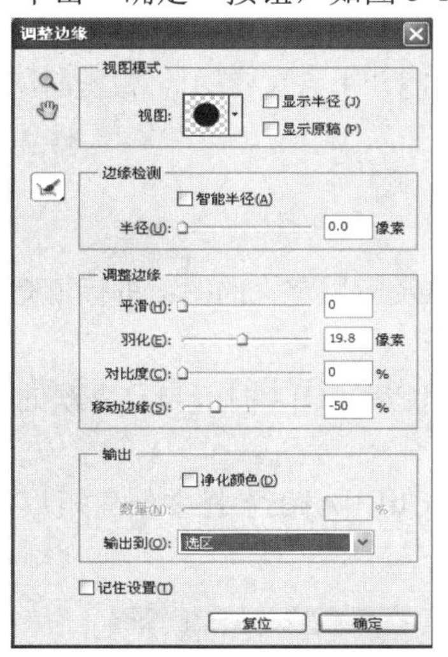

图 5-138　“调整边缘”对话框

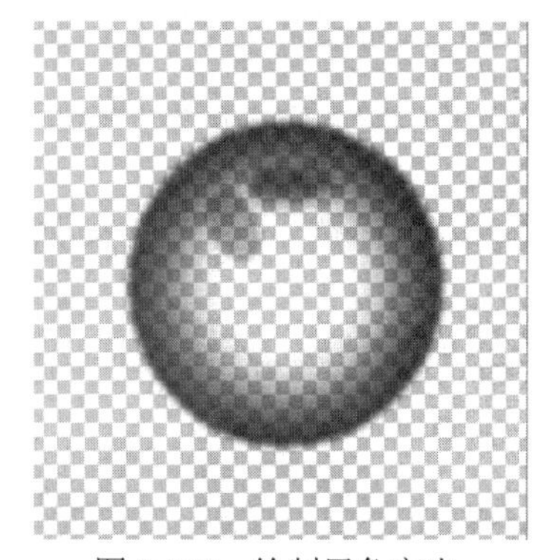

图 5-139　绘制黑色高光

图 5-140　“画笔名称”对话框

(6) 单击“确定”按钮后，选择画笔工具，打开“画笔拾色器”下拉列表，在预设部位就可以看到气泡笔触了，如图 5-141 所示。

(7) 打开素材文件，如图 5-142 所示。

(8) 使用(画笔工具)，将前景色设置为不同的颜色，调整不同的画笔直径后，在素材中单击进行绘制，如图 5-143 所示。

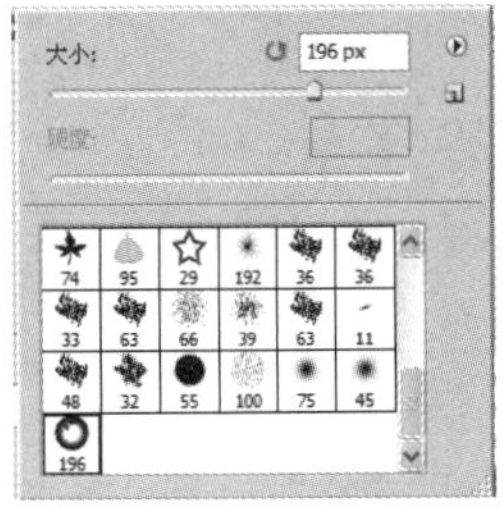

图 5-141　画笔拾色器　　图 5-142　素材　　图 5-143　最终效果

技巧：在自定义画笔笔触时，如果想得到实色图形，就必须是白色背景下的黑色图案。彩色图像在定义画笔预设时，会得到不同透明度的图像。

提示：如果只想将打开图像中的某个部位定义为画笔，则只需在该部位周围创建选区即可，在图像中输入的文字可以直接定义为画笔预设。

5.3.2　定义图案命令

利用“定义图案”命令可以将整个图像或图像的一部分定义为可填充的图案，这样除了使用 Photoshop 图案库中提供的图案外，还可以将自己喜爱的图像定义为可填充的图案。定义的图案还可以应用于(修复画笔工具)、(修补工具)、(图案图章工具)和(油漆桶工具)等工具中。

练习：应用自定义图案填充背景。

本练习主要讲解“定义图案”命令的使用，以及应用定义的图案进行填充的过程。

操作步骤：

(1) 执行“文件”→“打开”命令或按组合键[Ctrl + O]，打开自己喜欢的素材，如图 5-144 所示。

(2) 使用(矩形选框工具)或者使用组合键[Ctrl + A]在素材中创建矩形选区，如图 5-145 所示。

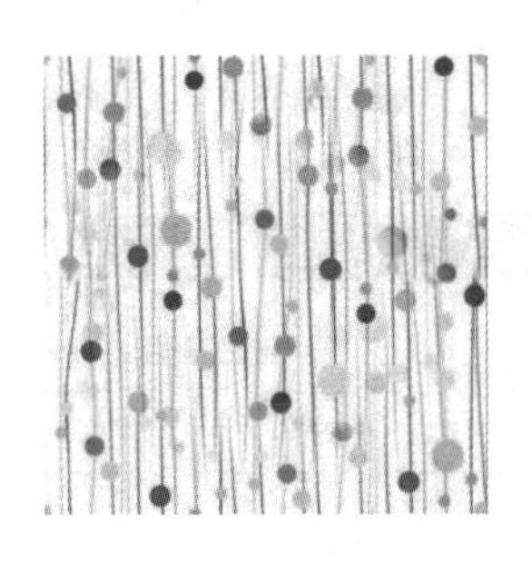

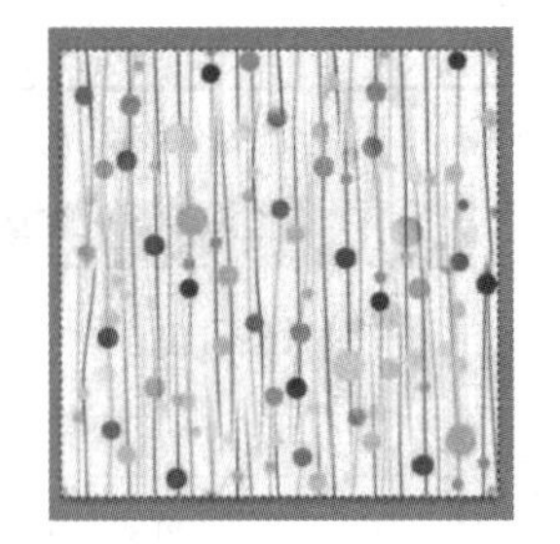

图 5-144　素材　　图 5-145　绘制选区

(3) 选区绘制完毕后，执行“编辑”→“定义图案”命令，打开“图案名称”对话框，其中的参数值设置如图 5-146 所示。

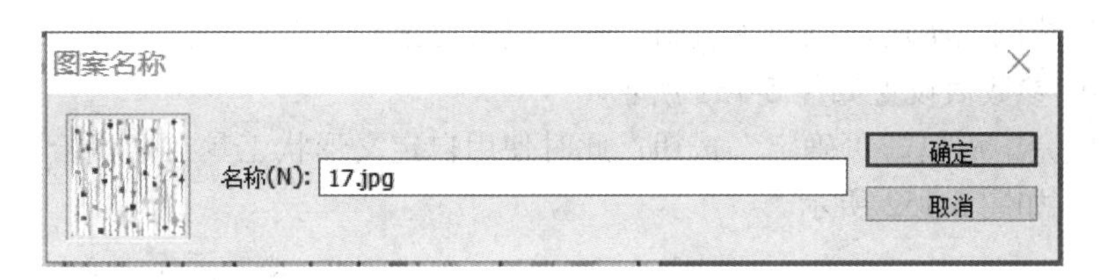

图 5-146　“图案名称”对话框

(4) 设置完毕后单击“确定”按钮，再新建一个空白文件。执行“编辑”→“填充”命令，或按组合键[Shift + F5]，打开“填充”对话框，在“使用”下拉列表中选择“图案”，在“自定图案”面板中选择“青蛙”，如图 5-147 所示。

(5) 设置完毕单击“确定”按钮，效果如图 5-148 所示。

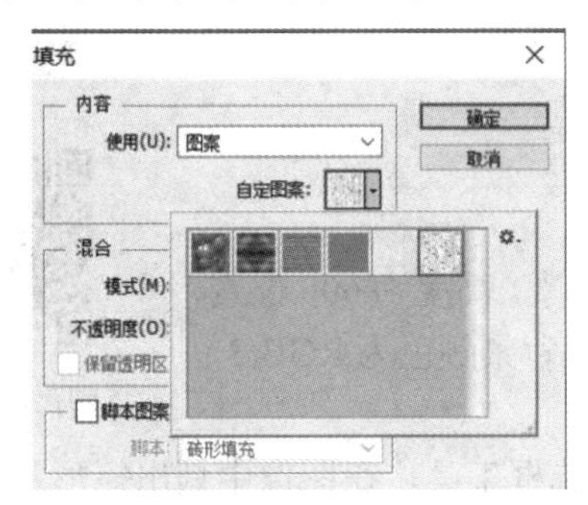

图 5-147　选择图案

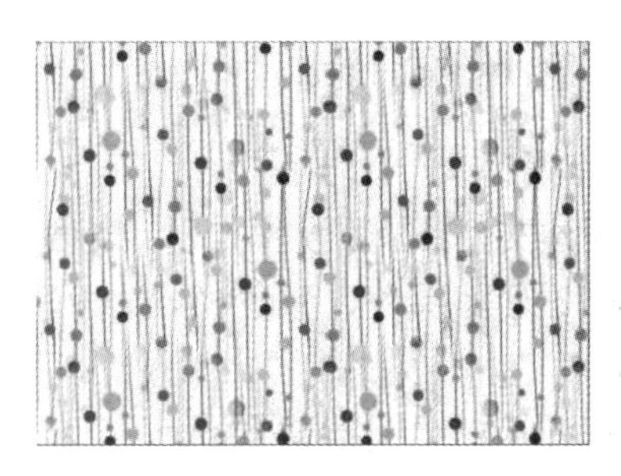

图 5-148　最终效果

5.3.3　定义自定形状命令

利用“定义自定形状”命令可以将使用(钢笔工具)或形状工具创建的路径直接定义为矢量图案，这样除了 Photoshop 提供的自定义图案库中的图案外，还可以创建不同的路径将其定义为填充的图像。

练习：将路径定义为形状图案。

本练习主要讲解“定义自定形状”命令的使用。

操作步骤：

(1) 执行“文件”→“打开”命令或按组合键[Ctrl + O]，打开素材，如图 5-149 所示。

(2) 使用(钢笔工具)在素材中的奖杯处创建路径，如图 5-150 所示。

图 5-149　素材

图 5-150　创建路径

(3) 路径绘制完毕后，执行“编辑”→“定义自定形状”命令，打开“形状名称”对话框，其中的参数值设置如图 5-151 所示。

(4) 设置完毕后单击“确定”按钮，此时使用自定义形状工具在形状拾色器中可以看到奖杯形状，如图 5-152 所示。

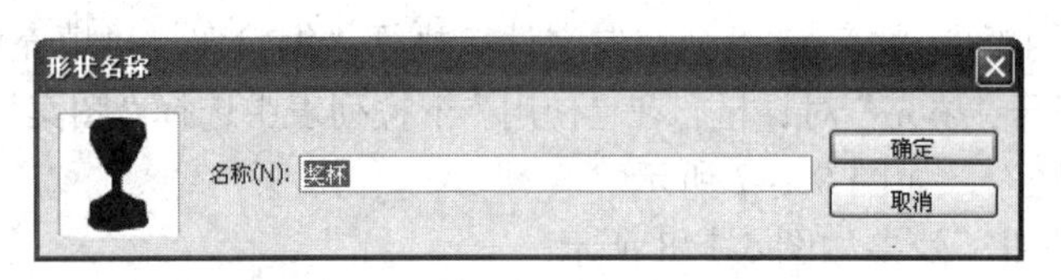

图 5-151　“形状名称”对话框

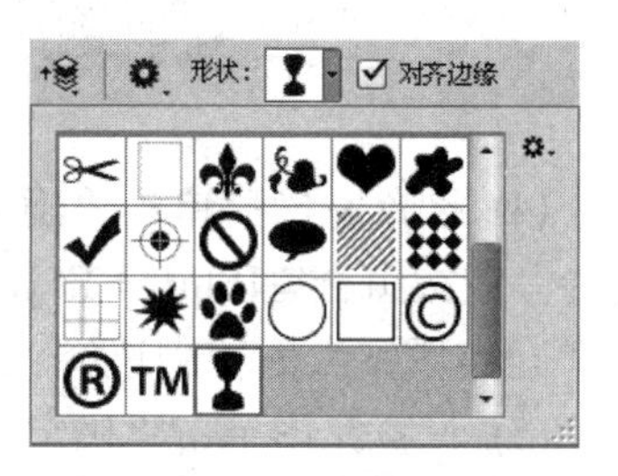

图 5-152　定义后的形状

范例 5-5　制作图案背景。

制作图案背景

操作步骤：

(1) 新建文件，参数设置如下：宽度为 800 像素，高度为 600 像素，分辨率为 72 像素/英寸，颜色模式为 RGB 模式，背景颜色为 RGB(3，113，83)。

(2) 打开素材“图案背景.png”，选择矩形选框工具，在图像中划出矩形范围，如图 5-153 所示；选择编辑菜单下的定义图案命令，将该图案定义为图案 1，如图 5-154 所示，然后按组合键[Ctrl + D]取消选择。

图 5-153　矩形选框

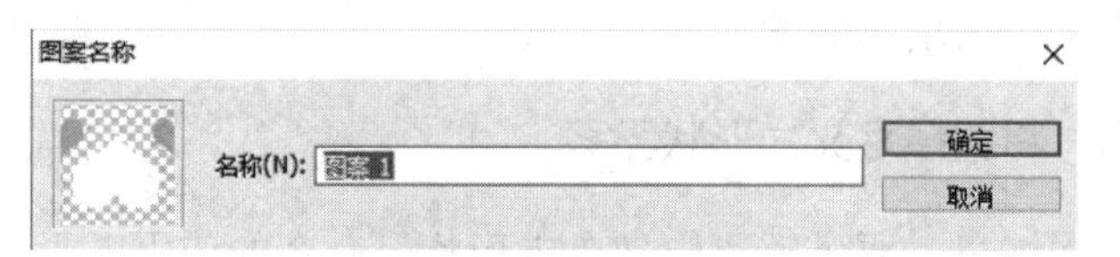

图 5-154　定义图案

(3) 在“图层”调板中单击下方的新建填充或调整图层按钮，创建图案填充图层；选择新建的图案 1 填充，设置缩放为 50%，如图 5-155 所示，点击“确定”按钮，效果如图 5-156 所示。

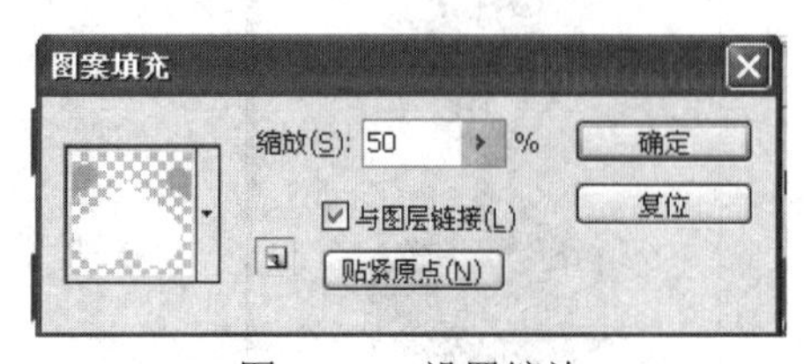

图 5-155　设置缩放

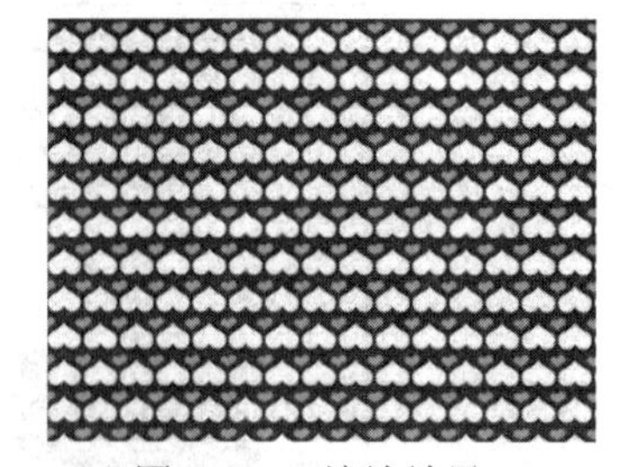

图 5-156　缩放效果

(4) 打开“人物素材.psd”素材，选择移动工具将人物素材拖动到图像中，调整合适的位置和大小，最终效果如图 5-157 所示。

图 5-157　最终效果

综合练习　制作休闲生活插画

制作休闲生活插画

(1) 按组合键[Ctrl + N]，新建一个文件：宽度为 18 cm，高度为 21 cm，分辨率为 300 像素/英寸，颜色模式为 RGB，背景色为白色，单击“确定”按钮。

(2) 单击“图层”调板下方的新建图层按钮，生成新的图层并将其命名为“渐变”。选择渐变工具，单击属性栏中的点按编辑渐变按钮，弹出“渐变编辑器”对话框，将渐变色设为从白色到天蓝色(RGB：0，160，224)，如图 5-158 所示，单击“确定”按钮。选中属性栏中的线性渐变按钮，按住[Shfit]键的同时，在图像窗口中从下至上拖曳渐变色，效果如图 5-159 所示。

图 5-158　练习图 1

图 5-159　练习图 2

(3) 单击“图层”调板下方的新建图层按钮，生成新的图层并将其命名为“画笔”。选择画笔工具，单击属性栏中的“切换画笔面板”按钮，选择“画笔笔尖形状”选项，在弹出的相应面板中进行设置。单击“平滑”选项，取消选中状态，如图 5-160 所示。选择“形状动态”选项，在弹出的相应的面板中进行设置，如图 5-161 所示。选择“散布”选项，在弹出的相应面板中进行设置，如图 5-162 所示。

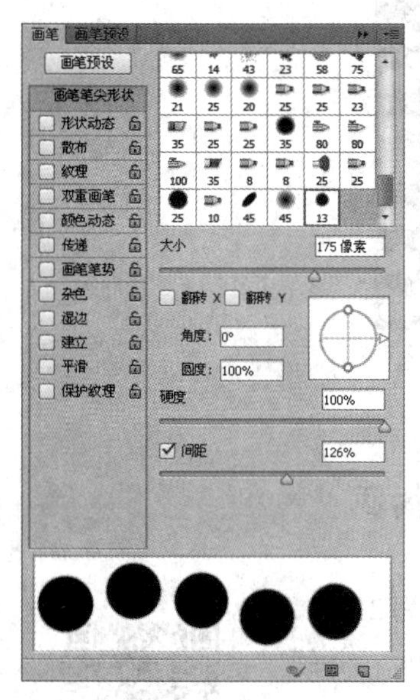

图 5-160　练习图 3

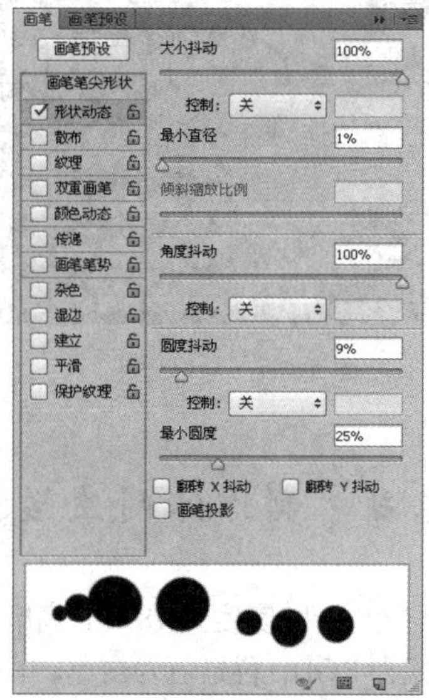

图 5-161　练习图 4

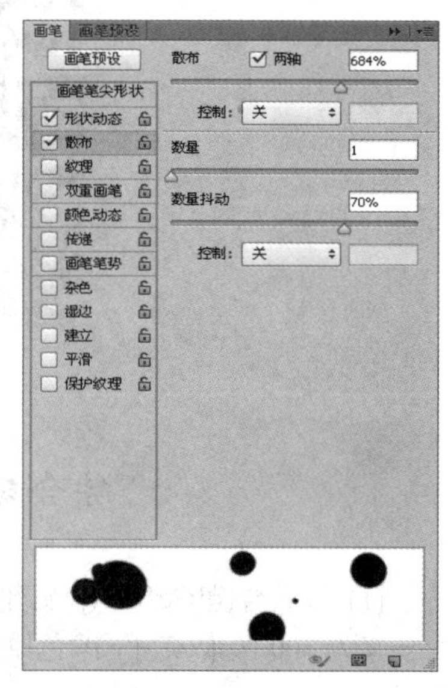

图 5-162　练习图 5

(4) 将前景色设为白色，在图像窗口中拖曳鼠标绘制圆形，如图 5-163 所示。在“图层”调板上方，将画笔图层的不透明度选项设为 80%，效果如图 5-164 所示。

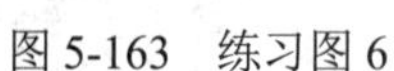

图 5-163　练习图 6

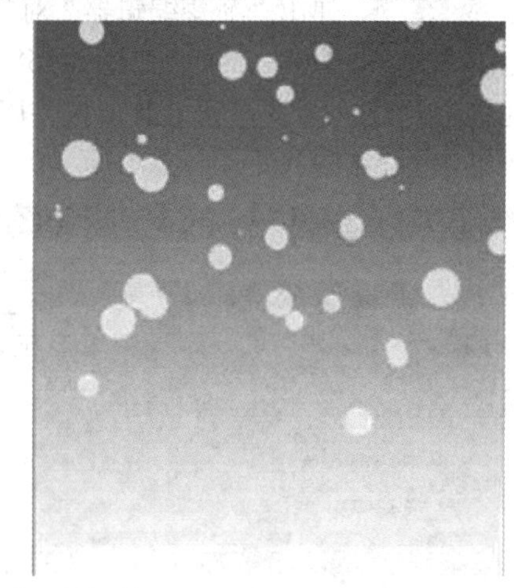

图 5-164　练习图 7

(5) 按组合键[Ctrl + O]，打开素材“制作休闲生活插画”→“01.png”文件，选择移动工具，将图像拖曳到图像窗口的下方，效果如图 5-165 所示。在“图层”调板中生成新的图层并将其命名为“图片”。

(6) 选择“横排文字”工具，在属性栏中选择合适的字体并设置大小，输入需要的黑色文字，并适当调整文字间距，如图 5-166 所示，在“图层”调板中生成新的文字图层。按组合键[Ctrl + Shift + Alt + E]，将每个图层中的图像复制并合并到一个新的图层中，将图层重新命名为“图像”，如图 5-167 所示。

图 5-165 练习图 8

图 5-166 练习图 9

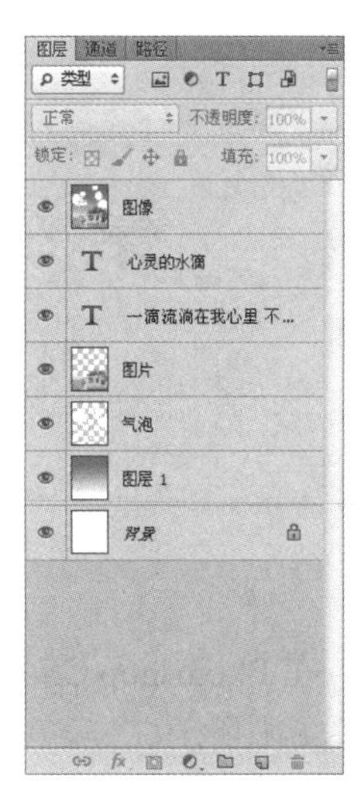

图 5-167 练习图 10

(7) 用 Photoshop CS6 打开素材“02.ai”文件，选择移动工具，将图像拖曳到图像窗口中，效果如图 5-168 所示。在“图层”调板中生成新的图层并将其命名为“小鸟”。

(8) 单击“图层”调板下方的添加图层样式按钮 fx，在弹出的菜单中选择“投影”命令，在“投影”的对话框中将阴影颜色设为黑色，其他选项设置如图 5-169 所示，单击“确定”按钮，效果如图 5-170 所示。至此，休闲生活插画效果制作完成。

图 5-168 练习图 11

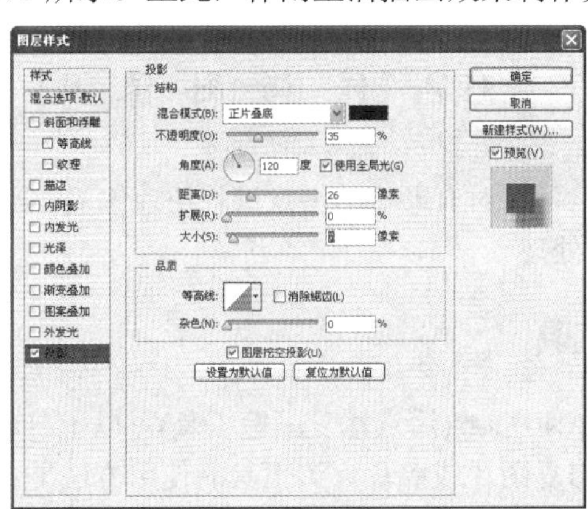

图 5-169 练习图 12

图 5-170 练习图 13

第 6 章　修饰与仿制工具运用

6.1　用来进行修饰与修复的工具

在 Photoshop CS6 中，用于修饰与修复的工具分别集中在修复工具组和修饰工具组中，如图 6-1 所示。

修复工具组　　修饰工具组

图 6-1　工具组

6.2　修饰图像

在 Photoshop CS6 中，可以对有瑕疵的图像进行快速修复，还可以在图像中进行涂抹、模糊、锐化、减淡或加深处理。

6.2.1　污点修复画笔工具

在 Photoshop CS6 中使用(污点修复画笔工具)可以十分轻松地将图像中的瑕疵修复。一般常用于快速修复图片或照片。该工具的使用方法非常简单，只要将鼠标指针移到要修复的位置，按下鼠标左键并拖动，即可对图像进行修复，如图 6-2 所示。

图 6-2　污点修复画笔的使用方法

在工具箱中选择后，属性栏会变成该工具对应的选项效果，如图 6-3 所示。

图 6-3　污点修复画笔工具属性栏

污点修复画笔工具属性栏中的各项含义如下：

(1) 模式：用来设置修复时的混合模式。当选择“正常”选项时，画笔经过的区域会自动以笔触周围的像素纹理与之相混合；当选择“替换”选项时，可以保留画笔描边的边缘处的杂色、胶片颗粒和纹理。

(2) 近似匹配：勾选“近似匹配”单选框时，如果没有为污点建立选区，则样本自动采用污点外部四周的像素；如果在污点周围绘制选区，则样本采用选区外围的像素。

(3) 创建纹理：勾选“创建纹理”单选框时，使用选区中的所有像素创建一个用于修复该区域的纹理。

(4) 内容识别：该选项为智能修复功能，使用污点修复画笔工具在图像中涂抹时，鼠标经过的位置，系统会自动使用画笔周围的像素将经过的位置进行填充修复。

提示：使用污点修复画笔工具修复图像时最好将画笔直径调整得比污点大一些。

※工具上手处※

在 Photoshop 中使用污点修复画笔工具最多的地方是为图像快速修复图像中存在的污点或图像中存在的文字，如图 6-4 所示。

图 6-4　污点修复画笔工具运用

6.2.2　修复画笔工具

在 Photoshop CS6 中，使用(修复画笔工具)可以对被破坏的图片或有瑕疵的图片进行轻松修复。

(修复画笔工具)一般常用于修复瑕疵图片。使用该工具进行修复时首先要取样(取样方法为按住[Alt]键在图像中单击)，然后使用鼠标在需要修复的位置上按下鼠标涂抹。使用样本像素进行修复的同时可以把样本像素的纹理、光照、透明度和阴影与所修复的像素相融合。

(修复画笔工具)的使用方法是：在需要修复的像素周围相近纹理处按住[Alt]键单击鼠标左键，设置源文件的选取点后，松开鼠标将指针移动到要修复的地方按住鼠标跟随目标选取点拖动，便可以轻松修复，如图 6-5 所示的图像为修复图像的过程。

取样　　　　修复过程　　　　修复结果

图 6-5　修复画笔工具的使用方法

在工具箱中选择后，属性栏会变成该工具对应的选项效果，如图 6-6 所示。

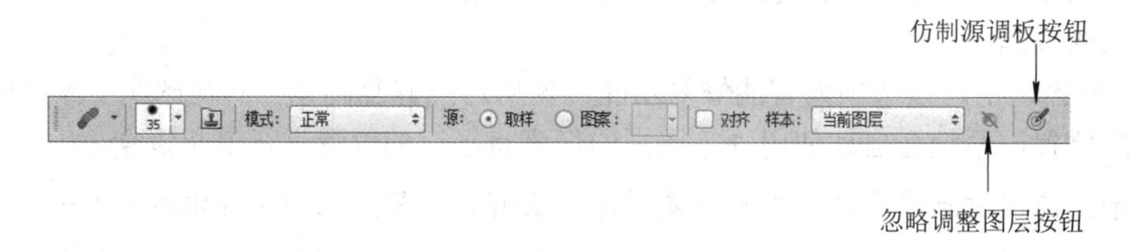

图 6-6　修复画笔工具属性栏

修复画笔工具属性栏中的各项含义如下：

(1) 模式：用来设置修复图像时的混合模式。如果选用“正常”选项，则使用样本像素进行绘画的同时把样本像素的纹理、光照、透明度和阴影与所修复的像素相融合；如果选用“替换”选项，则只用样本像素替换目标像素且与目标位置没有任何融合。(也可以在修复前先建立一个选区，则选区限定了要修复的范围在选区内而不在选区外。)

(2) 取样：勾选“取样”单选框后，必须按[Alt]键单击取样并使用当前取样点修复目标。

(3) 图案：可以在“图案”列表中选择一种图案来修复目标。

(4) 对齐：当勾选该选项后，只能用一个固定位置的同一个图像来修复，如图 6-7 所示。

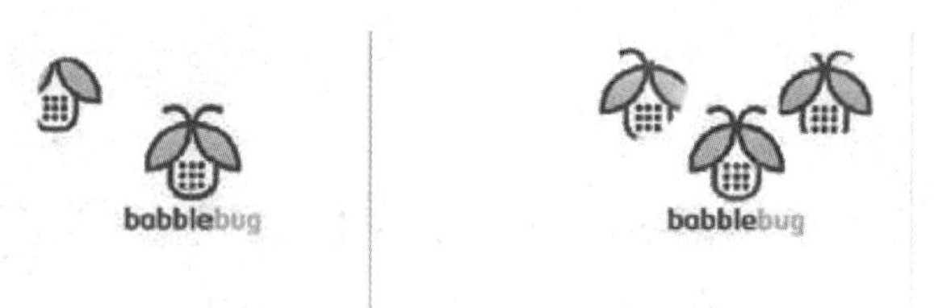

勾选“对齐”单选框　　　　不勾选“对齐”单选框

图 6-7　对齐与不对齐的修复效果

(5) 样本：选取复制图像时的源目标点，包括当前图层、当前图层和下面图层、所有图层三种。

① 当前图层：正在处于工作中的图层。

② 当前图层和下面图层：处于工作中的图层和其下面的图层。

③ 所有图层：将多图层文件看做单图层文件。

(6) 忽略调整图层按钮：单击该按钮，在修复时可以将调整图层的效果忽略，修复效果如图 6-8 所示。

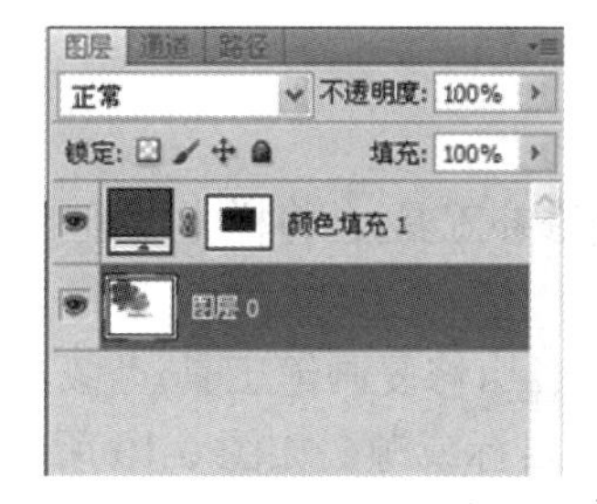

单击“忽略调整图层”按钮　　　不单击“忽略调整图层”按钮

图 6-8　忽略调整图层的修复效果

(7) 仿制源调板按钮：单击该按钮，系统会弹出如图 6-9 所示的“仿制源”调板。“仿制源”调板的各项含义如下：

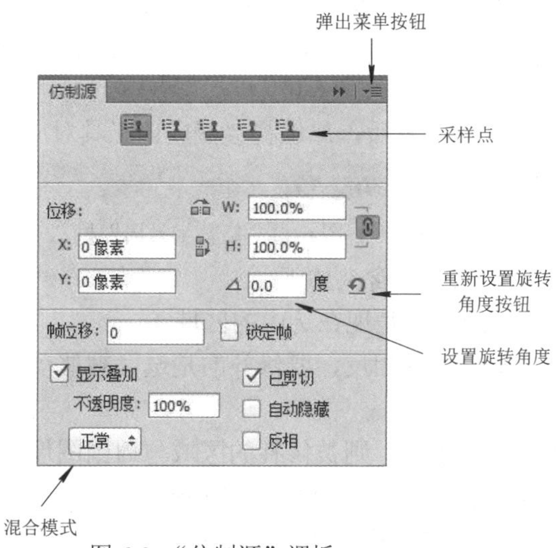

图 6-9　“仿制源”调板

① 采样点：用来取样的复制采样点，最多可以设置 5 个取样点。

② 位移：用来表示取样点在图像中的坐标值。

③ 帧位移：设置动画中帧的位移。

④ 锁定帧：将被仿制的帧锁定。

⑤ 显示叠加：勾选此复选框后，在使用克隆源复制的同时会出现采样图像的图层。

⑥ 不透明度：用来设置复制的同时会出现采样图像图层的不透明度。

⑦ 混合模式：用来设置复制的图像与背景图像之间的混合模式，包括“正常”“变暗”“变亮”和“差值”。

⑧ 弹出菜单按钮：单击该按钮，可以打开“仿制源”调板的弹出菜单。

⑨ 缩放文本框(W/H)：用来表示取样点在图像件复制后的缩放大小。

⑩ 重新设置旋转角度按钮：单击此按钮，可以将旋转的角度归 0。

⑪ 设置旋转角度：在文本框中可以直接输入旋转的角度。

⑫ 已剪切：将图像剪切到当前画笔内显示。

⑬ 自动隐藏：勾此复选框后，复制时会将出现的叠加层在复制时隐藏，完成复制会显示叠加层。

⑭ 反相：勾此复选框后，会将出现的叠加层以负片效果显示。

6.2.3　修补工具

在 Photoshop CS6 中，(修补工具)会将样本像素的纹理、光照和阴影与源像素进行匹配。

(修补工具)修复的效果与(修复画笔工具)类似，只是使用方法不同，该工具的使用方法是通过创建的选区来修复目标或源，如图 6-10 所示。

图 6-10　修补工具修复过程

在工具箱中选择修补工具后，属性栏会变成该工具对应的选项效果，如图 6-11 所示。

图 6-11　修补工具属性栏

修补工具属性栏中的各项含义如下：

(1) 源：指要修补的对象是现在选中的区域。

(2) 目标：与“源”选项相反，要修补的是选区被移动后到达的区域而不是移动前的区域。

(3) 透明：如果不选该项，则被修补的区域与周围图像只在边缘上融合，而内部图像纹理保留不变，仅在色彩上与源区域融合；如果选中该项，则被修补的区域除边缘融合外，还有内部的纹理融合，即被修补区域如同做了透明处理，如图 6-12 所示。

原图　　勾选透明选项　　不勾选透明选项

图 6-12　修补

(4) 使用图案：单击该按钮，被修补的区域将会以后面显示的图案来修补，如图 6-13 所示。

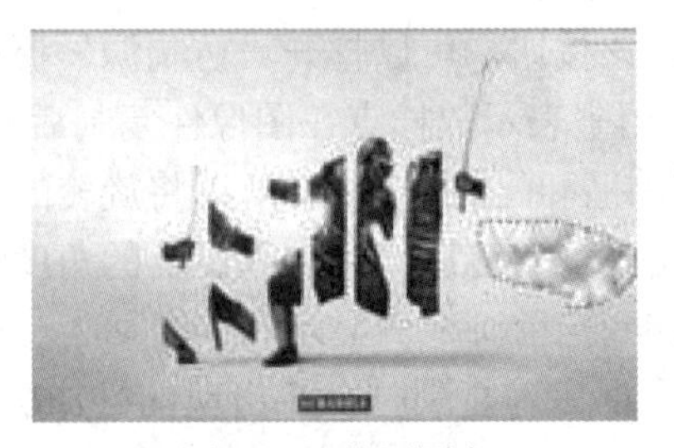

图 6-13　使用图案

提示：使用(修补工具)时，只有创建完选区后，“使用图案”选项才会被激活。

6.2.4　内容感知移动工具

在 Photoshop CS6 中，(内容感知移动工具)可以将样本像素根据图像的纹理、光照和阴影等进行移动操作，使得移动对象后图像会自动修复原始位置，类似于移动图像像素后，再修补工具进行修补。

(内容感知移动工具)的使用方法是：在选择需要移动的像素，创建选区后，利用内容感知移动工具，移动选区内容，图像会自动修复移动后的部分，如图 6-14 所示。

原图

选择移动区域

移动完成

图 6-14　使用内容感知移动工具调整图像

在工具箱中选择内容感知移动工具后，属性栏会变成该工具对应的选项效果，如图 6-15 所示。

图 6-15　内容感知移动工具属性栏

内容感知移动工具属性栏中的各项含义如下：

(1) 模式：指要移动的对象的模式。

① 移动：指的是该区域移动后原始区域被内容识别修复。

② 扩展：指的是该区域进行移动，原始区域内容不变。

(2) 适应：指修复图像的适应度，可选值有“非常严格”“严格”“中”“松散”非常松散 5 种取值，以适应不同的图像修复需要。

6.2.5　红眼工具

在 Photoshop CS6 中，使用(红眼工具)可以将照相过程中产生的红眼效果轻松去除并与周围的像素相融合。该工具的使用方法非常简单，只要在红眼上单击鼠标即可将红眼去掉。在工具箱中选择红眼工具后，属性栏会变成该工具对应的选项效果，如图 6-16 所示。

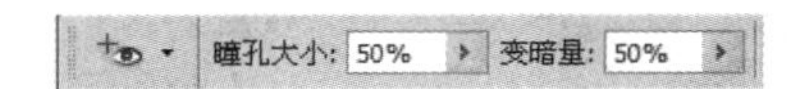

图 6-16　红眼工具属性栏

红眼工具属性栏中的各项含义如下：

(1) 瞳孔大小：用来设置眼睛的瞳孔或中心黑色部分的比例，数值越大，黑色范围越广。

(2) 变暗量：用来设置瞳孔的变暗量，数值越大越暗。

※工具上手处※

在 Photoshop CS6 中，红眼工具更多的是用在快速为数码相片清除红眼上，效果如图 6-17 所示。

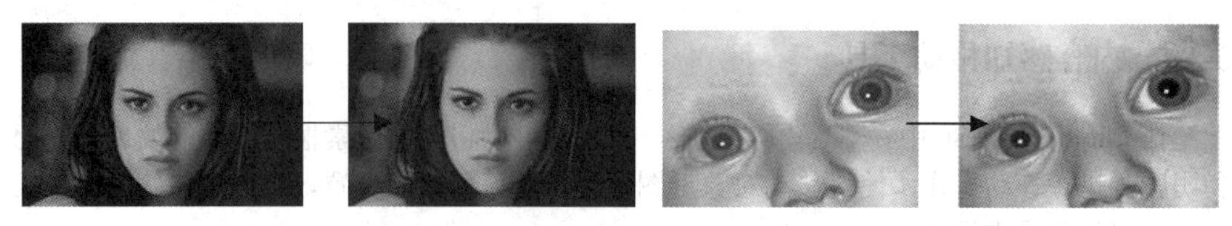

图 6-17　红眼工具运用

6.2.6　减淡工具

在 Photoshop CS6 中，(减淡工具)可以改变图像中的亮调与暗调，将图像中的像素淡化。减淡工具的工作原理来源于胶片曝光显影后，经过部分暗化和亮化可改变曝光效果。

在工具箱中选择减淡工具后，属性栏会变成该工具对应的选项效果，如图 6-18 所示。

图 6-18　减淡工具属性栏

减淡工具属性栏中的各项含义如下：

(1) 范围：用于对图像进行减淡时的范围选取，包括阴影、中间调和高光。选择“阴影”时，加亮的范围只局限于图像的暗部，如图 6-19 所示；选择“中间调”时，加亮的范围只局限于图像的灰色调，如图 6-20 所示；选择“高光”时，加亮的范围只局限于图像的亮部，如图 6-21 所示。

原图

阴影

图 6-19　阴影减淡

图 6-20　中间调减淡

图 6-21　高光减淡

(2) 曝光度：用来控制图像的曝光强度。数值越大，曝光强度就越明显。建议在使用减淡工具时将曝光度设置的尽量小一些。

(3) 保护色调：对图像进行减淡处理时，可以对图像中存在的颜色进行保护，如图 6-22 所示。

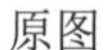

原图　　不勾选“保护色调”单选项　　勾选“保护色调”单选项

图 6-22　保护色调时的减淡效果

6.2.7　加深工具

(加深工具)正好与(减淡工具)相反，使用该工具可以将图像的亮度变暗，如图 6-23 所示。

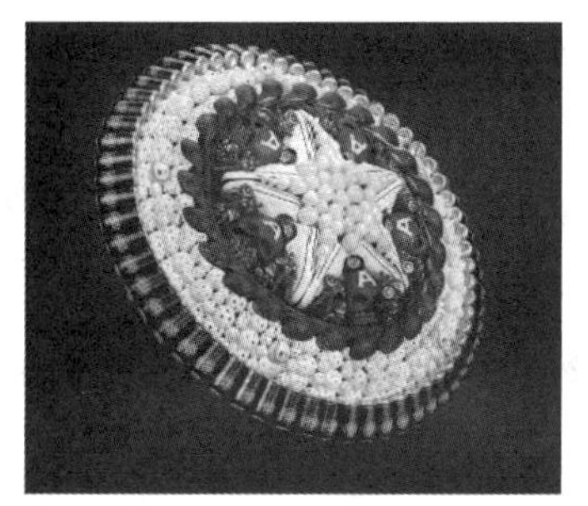

图 6-23　加深

范例 6-1　通过减淡与加深工具制作立体图像。

本次练习主要让大家了解(加深工具)与(减淡工具)的使用方法。

操作步骤：

(1) 执行“文件”→“新建”命令或按组合键[Ctrl+N]，将蓝色作为背景，如图 6-24 所示。

(2) 单击新建图层按钮，新建一个“图层 1”，使用矩形选框工具和椭圆选框工具在页面中创建选区，如图 6-25 所示。

图 6-24　设置背景

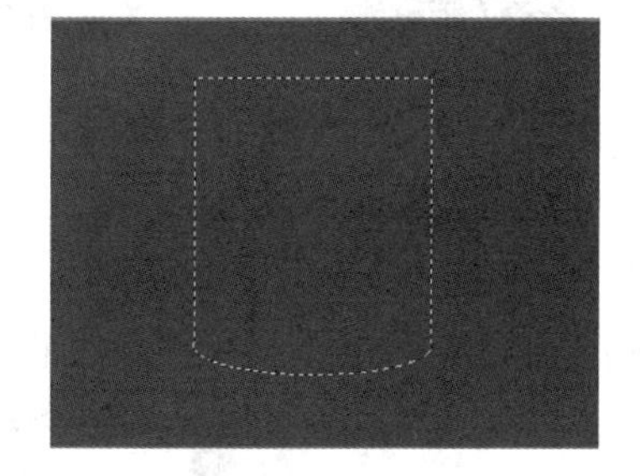

图 6-25　创建选区

(3) 将前景色设置为灰色，按组合键[Alt + Delete]填充前景色，如图 6-26 所示。

(4) 按组合键[Ctrl + D]去掉选区，选择(减淡工具)，在其属性栏中设置画笔，主直径设置为 195、硬度为 0，设置范围为阴影，曝光度为 20%”，使用减淡工具在灰色区域上下拖动进行减淡处理，如图 6-27 所示。

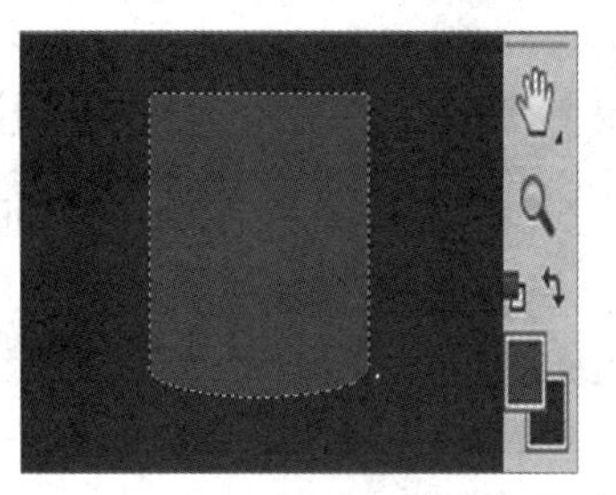

图 6-26　填充前景色

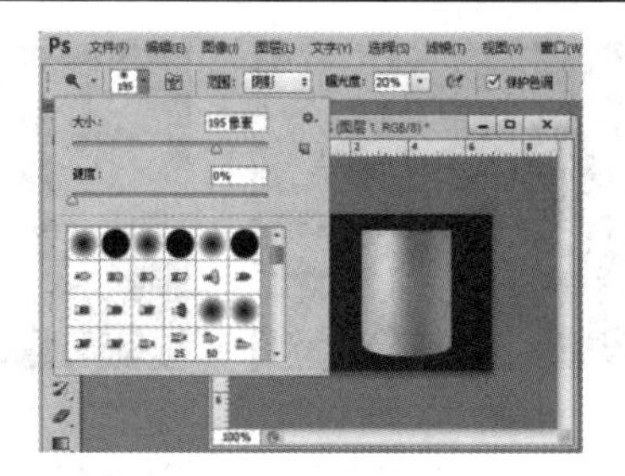

图 6-27　减淡

(5) 使用◌(椭圆选框工具)在上方绘制选区并填充前景色，如图 6-28 所示。

(6) 使用减淡工具在选区内上下拖动进行减淡处理，如图 6-29 所示。

(7) 执行“选择”→“变换选区”命令，调出变换框，拖动控制点，将选区缩小，如图 6-30 所示。

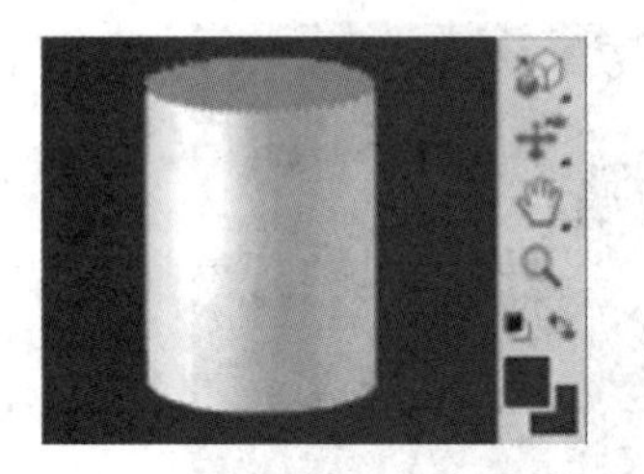

图 6-28　绘制选区并填充

图 6-29　减淡

图 6-30　变换选区

(8) 按[Enter]键确定，使用减淡工具在选区内上下拖动进行减淡处理，如图 6-31 所示。

(9) 使用加深工具，设置范围为高光，在选区局部进行加深，如图 6-32 所示。

(10) 按组合键[Ctrl+D]去掉选区，使用加深工具在整个图像边缘进行加深，如图 6-33 所示。

图 6-31　减淡

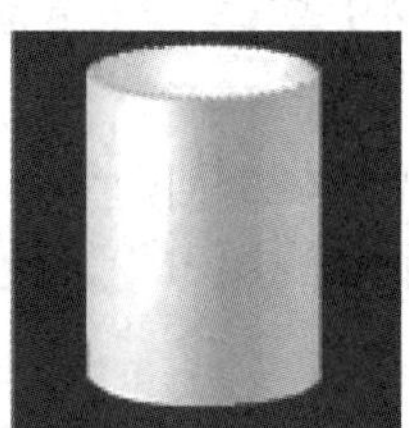

图 6-32　局部加深

图 6-33　图像边缘加深

(11) 复制“图层 1”，得到“图层 1 副本”，将下面图层中的图像向下移动，设置不透明度为 34%，如图 6-34 所示。

(12) 选择背景图层(图层 0)，使用(加深工具)在立体图像与背景接触的位置进行加深，得到如图 6-35 所示的图像。至此本例制作完成。

图 6-34　加深

图 6-35　最终效果

6.2.8　海绵工具

在 Photoshop CS6 中，(海绵工具)可以精确地更改图像中某个区域的色相饱和度。当增加颜色的饱和度时，其灰度就会减少，使图像的色彩更加浓烈；当降低颜色的饱和度时，其灰度就会增加，使图像的色彩变为灰度值。

在工具箱中选择后，属性栏会变成该工具对应的选项效果，如图 6-36 所示。

图 6-36　海绵工具属性栏

海绵工具属性栏中的各项含义如下：

(1) 模式：用于对图像进行加色或去色的设置选项，其下拉列表包括“降低饱和度”和“饱和”。

(2) 自然饱和度：从灰色到饱和色调的调整，用于提升饱和度不够的图片，可以调整出非常优雅的灰色调。

技巧：使用(减淡工具)或(加深工具)时，在键盘中输入相应的数字便可以改变“曝光度”。0 代表曝光度为 100%，10 代表曝光度为 10%，43 代表曝光度为 43%，依此类推，只要输入相应的数字就会改变曝光度，范围在 1%～100%。(海绵工具)改变的是“流量”。

※工具上手处※

海绵工具的使用方法是：在图像中拖曳鼠标，鼠标经过的位置就会被加色或去色，如图 6-37 所示。

原图

饱和

降低饱和度

图 6-37　海绵工具运用

6.2.9　模糊工具

在 Photoshop CS6 中，(模糊工具)可以对图像中被拖动的区域进行柔化处理使其显得模糊。模糊工具的原理是降低像素之间的反差。在工具箱中选择(模糊工具)后，属性栏会变成该工具对应的选项效果，如图 6-38 所示。

图 6-38　模糊工具属性栏

模糊工具属性栏中的选项含义如下：

强度：用于设置模糊工具对图像的模糊程度，设置的数值越大，模糊的效果越明显。

※工具上手处※

模糊工具的使用方法是：在图像中拖动鼠标，鼠标经过的像素就会变得模糊，如图 6-39 所示。

原图

模糊

图 6-39　模糊工具运用

6.2.10　锐化工具

Photoshop CS6 中的(锐化工具)正好与(模糊工具)相反，可以增加图像的锐化度，使图像看起来更加清晰。此工具的原理是增强像素之间的反差。锐化工具常用来将图像变得看起来更加清晰，使用方法与(模糊工具)一致，如图 6-40 所示。

原图

锐化

图 6-40　锐化工具运用

6.2.11　涂抹工具

在 Photoshop CS6 中，(涂抹工具)在图像上涂抹产生的效果就像使用手指在未干的油漆上涂抹一样，会将颜色进行混合或产生水彩般的效果。

在工具箱中选择(涂抹工具)后，属性栏会变成该工具对应的选项效果，如图 6-41 所示。

图 6-41　涂抹工具属性栏

涂抹工具属性栏中的各项含义如下：

(1) 强度：用来控制涂抹区域的长短，数值越大，该涂抹点越长。

(2) 手指绘画：勾选此项，涂抹图片时的痕迹将会是前景色与图像的混合涂抹。

※工具上手处※

涂抹工具的使用方法是：在图像中拖动鼠标，鼠标经过的像素会跟随鼠标移动，如图 6-42 所示。

图 6-42　涂抹工具运用

练习：利用涂抹工具制作喷溅效果。

本次练习主要让大家了解(涂抹工具)的使用。

操作步骤如下：

(1) 新建画布，背景色为黄色(R：249，G：250，B：205)，如图 6-43 所示。

(2) 新建图层，选择多边形套索创建一个多边形，如图 6-44 所示，并将其填充为白色，如图 6-45 所示。

图 6-43　新建画布

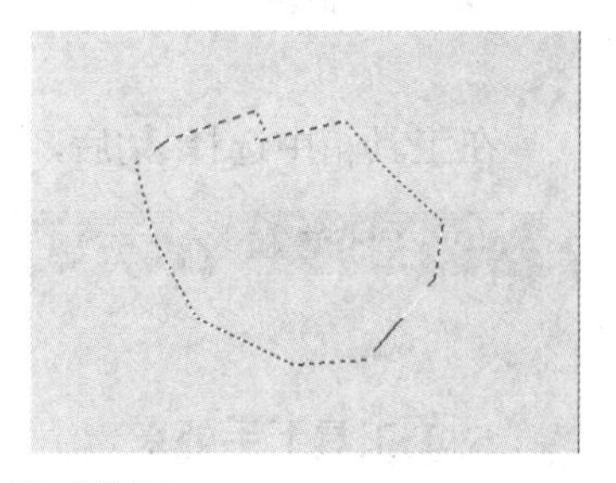

图 6-44　创建多边形

(3) 选择涂抹工具，画笔尺寸不要太大也不要太小，在多边形的四周进行涂抹，制作喷溅效果，如图 6-46 所示。

图 6-45　填充白色

图 6-46　涂抹制作喷溅效果

6.3 仿制与记录

在 Photoshop CS6 中，仿制图像中的某个部分可以直接对其进行绘画式的仿制或通过缩放、旋转等功能来仿制；记录功能可以对操作的某个步骤进行针对性的恢复或编辑。

6.3.1 仿制图章工具

在 Photoshop CS6 中，使用(仿制图章工具)可以十分轻松地将整个图像或图像中的局部进行复制。

使用复制图像时可以是同一文档中的同一个图层，也可以是不同图层，还可以在不同文档之间进行复制。该工具的使用方法与(修复画笔工具)的使用方法一致(取样方法都是按住[Alt]键)，如图 6-47 所示。

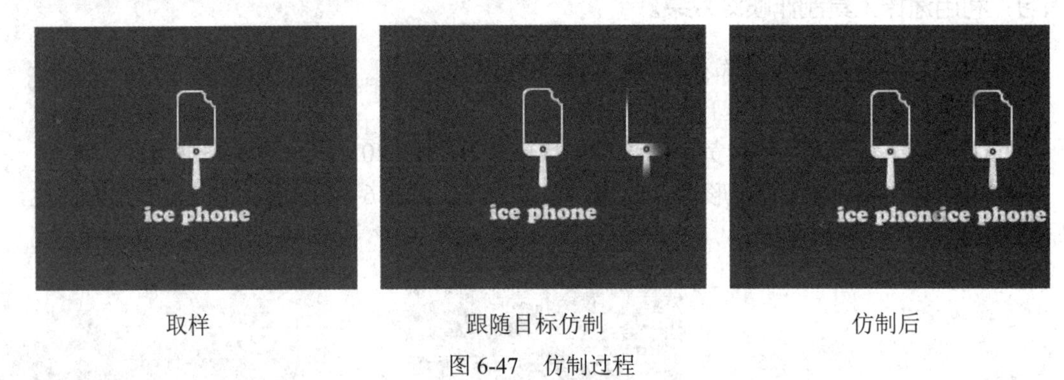

取样　　跟随目标仿制　　仿制后

图 6-47　仿制过程

在工具箱中选择后，属性栏会变成该工具对应的选项效果，如图 6-48 所示。

图 6-48　仿制图章工具属性栏

※工具上手处※

在 Photoshop CS6 中，一般用于对图像中的某个区域进行复制，如图 6-49 所示。

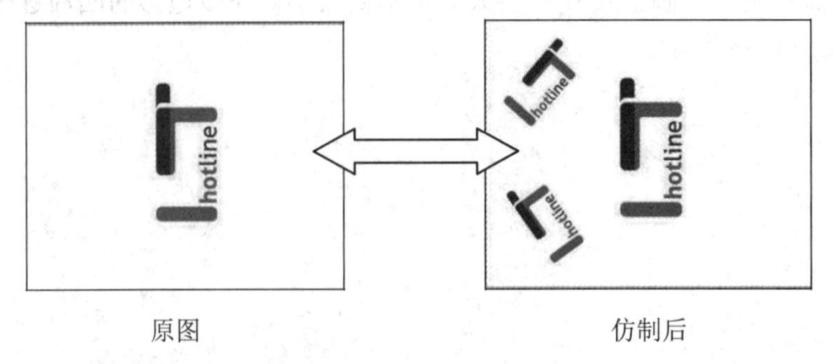

原图　　仿制后

图 6-49　仿制图章工具运用

练习：仿制图章工具应用技巧——利用仿制源调板仿制不同效果的图像。

本次练习主要让大家了解使用(仿制图章工具)结合“仿制源”调板仿制图像的方法。

操作步骤如下：

(1) 执行“文件”→“打开”命令或按组合键[Ctrl + O]，将素材作为背景，如图 6-50 所示。

(2) 单击仿制源调板按钮，打开“仿制源”调板，选择第一个采样点图标，设置缩放为 40%，旋转为 45 度，如图 6-51 所示。

图 6-50　素材

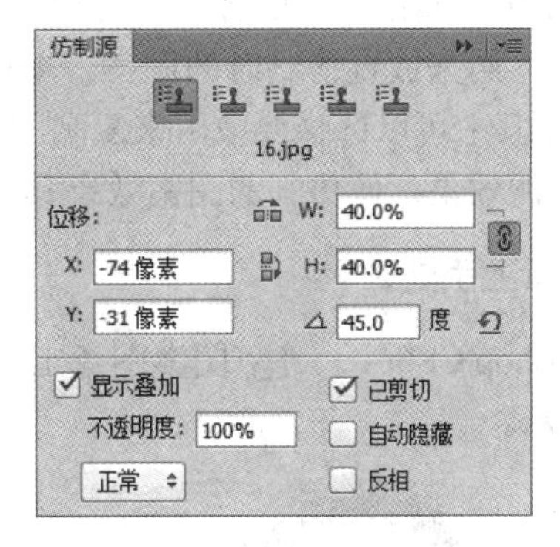

图 6-51　“仿制源”调板-第一个采样点

(3) 按住[Alt]键在图像中单击进行取样。松开鼠标和键盘，将鼠标移动到图像的左侧，按住鼠标左键进行仿制，效果如图 6-52 所示。

(4) 再在“仿制源”调板中单击第二个采样点图标，设置缩放为 50%、旋转为 90 度，其他为默认值，按住[Alt]键在图像中标准部分单击进行取样，如图 6-53 所示。

(5) 将鼠标移动到图像的左侧，按住鼠标左键进行仿制，效果如图 6-54 所示。

图 6-52　仿制图

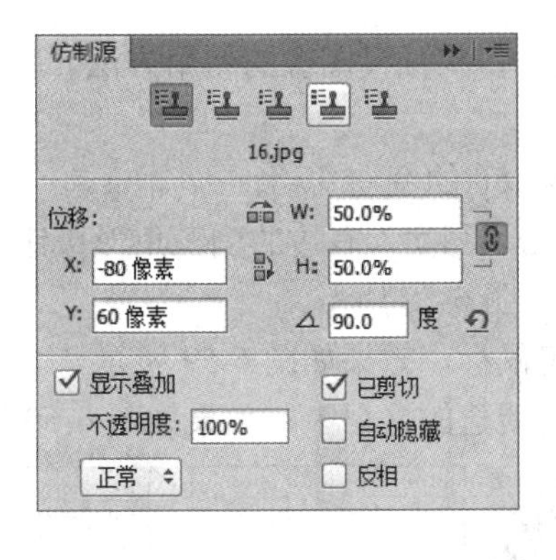

图 6-53　“仿制源”调板-第二个采样点

图 6-54　仿制效果

6.3.2　图案图章工具

在 Photoshop CS6 中，使用(图案图章工具)可以将预设的图案或自定义的图案复制到当前文件中。该工具的使用方法非常简单，只要选择图案后在文档中拖动即可复制。

在工具箱中选择图案图章工具后，属性栏会变成该工具对应的选项效果，如图 6-55 所示。

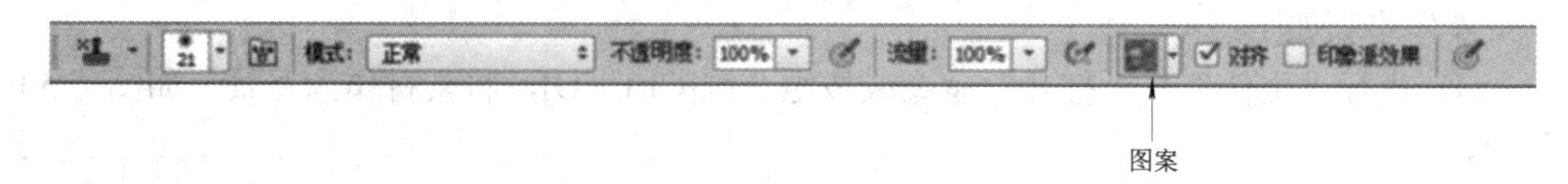

图 6-55　图案图章工具属性栏

图案图章工具属性栏中的各项含义如下：

(1) 图案：用来放置仿制时的图案，单击右边的倒三角形按钮，打开“图案拾色器”选项面板，在其中可以选择要被用来复制的源图案。

(2) 印象派效果：使仿制的图案效果具有一种印象派绘画的效果，如图 6-56 所示。

※工具上手处※

在 Photoshop CS6 中，(图案图章工具)通常用在快速仿制预设或自定义的图案上，如图 6-57 所示。

图 6-56　勾选“印象派效果”复选框仿制的效果

预设图案

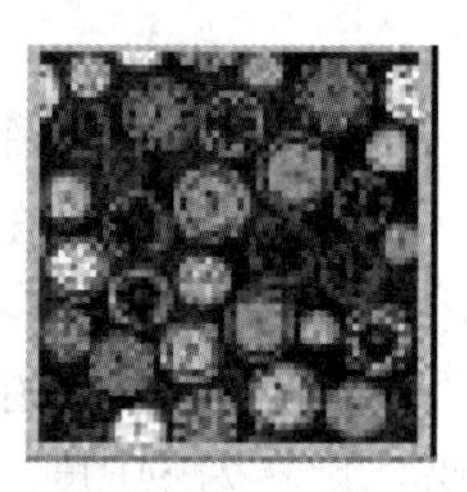

自定义图案

图 6-57　图案图章工具效果

练习：填充技巧——通过图案图章工具仿制预设的图案。

本次练习主要让大家了解(图案图章工具)仿制预设图像的使用方法。

操作步骤：

(1) 新建一个 10 厘米 × 10 厘米、分辨率为 150 的空白文档。

(2) 在工具箱中选择，再在属性栏中单击“图案”右边的倒三角形按钮，打开“图案拾色器”选项面板，选择之前定义的图案，如图 6-58 所示。

(3) 选择图案后，在新建的空白文档内拖曳鼠标，效果如图 6-59 所示。

(4) 在整个文档中拖动，即可将图案仿制到新建的文档中，效果如图 6-60 所示。

图 6-58　设置图案图章工具

图 6-59　仿制过程

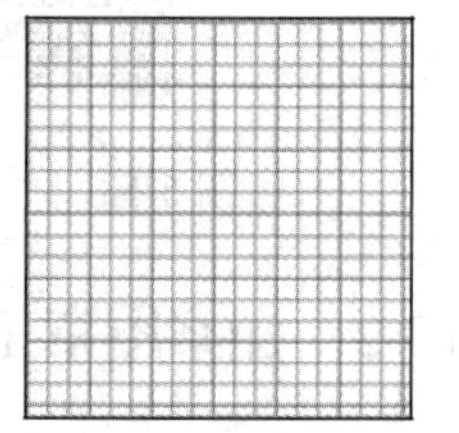

图 6-60　仿制效果

提示：如果在仿制的过程中松开了鼠标，再想以原来的仿制效果继续的话，就得在仿制之前，在属性栏中勾选“对齐”复选框。

6.3.3　历史记录调板

在 Photoshop CS6 中，“历史记录”调板可以记录所有制作步骤所对应的选项设置。执行“窗口”→“历史记录”命令，即可打开“历史记录”调板，如图 6-61 所示。

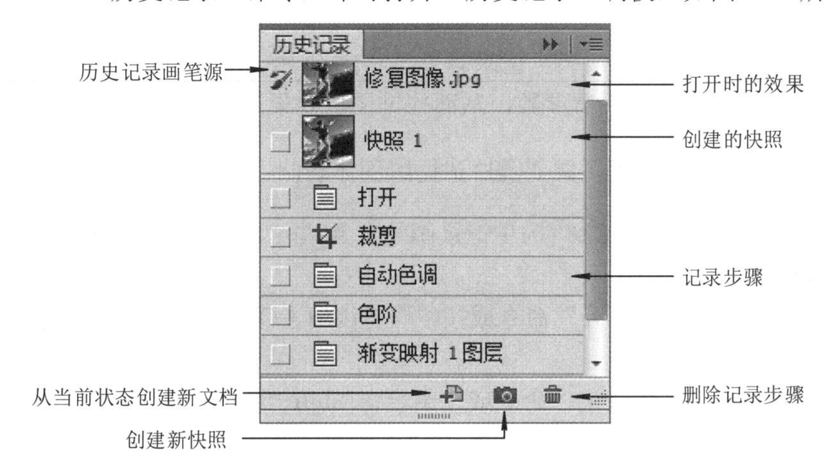

图 6-61　“历史记录”调板

“历史记录”调板中的各项含义如下：

(1) 打开时的效果：显示最初刚打开时的文档效果。

(2) 创建的快照：用来显示创建快照的效果。

(3) 记录步骤：用来显示操作中出现的命令步骤，直接选择其中的命令就可以在图像中看到该命令得到的效果。

(4) 历史记录画笔源：在“历史记录”调板前面的图标上单击，可以在该图标上出现画笔图标，此图标出现在什么步骤前面就表示该步骤为所有以下步骤的新历史记录源。此时结合历史记录画笔工具就可以将图像或图像的局部恢复到出现画笔图标时的步骤效果。

(5) 从当前状态创建新文档：单击此按钮可以为当前操作出现的图像效果创建一个新的图像文件。

(6) 创建新快照：单击此按钮可以为当前操作出现的图像效果建立一个照片效果保存在“历史记录”调板中。

提示：在“历史记录”调板中新建一个执行到此命令时的图像效果快照，可以保留此状态下的图像不受任何操作的影响。

(7) 删除记录步骤：选择某个状态步骤后，单击此按钮就可以将其删除；或直接拖动某个状态步骤到该按钮上同样可以将其删除。

6.3.4　历史记录画笔工具

使用(历史记录画笔工具)结合“历史记录”调板可以很方便地恢复图像至任意操作。

常用于为图像恢复操作步骤。该工具的使用方法与(画笔工具)相同，它们都是绘画工具，只是需要结合“历史记录”调板才能更方便地发挥该工具的功能。在工具箱中选择(历史记录画笔工具)后，属性栏会变成该工具对应的选项效果，如图 6-62 所示。

图 6-62　历史记录画笔工具属性栏

※工具上手处※

在 Photoshop CS6 中，(历史记录画笔工具)通常用于应用多个命令后要恢复某个步骤时调整流量、不透明度等设置参数，从而修饰图像效果。

范例 6-2　通过历史记录画笔工具对照片进行局部体现。

本次练习主要让大家了解(历史记录画笔工具)与“历史记录”调板的使用方法。

操作步骤：

(1) 执行“文件”→“打开”命令或按组合键[Ctrl + O]，将素材作为背景，如图 6-63 所示。

(2) 执行“图像”→“去色”命令或按组合键[Shift + Ctrl + U]，将打开的素材去掉颜色变成黑白效果，如图 6-64 所示。

图 6-63　素材

图 6-64　去掉颜色

(3) 选择(历史记录画笔工具)，执行“窗口”→“历史记录”命令，打开“历史记录”调板，选择“去色”选项，在“打开”选项前面设置历史记录画笔源，如图 6-65 所示。

(4) 使用在荷花部分涂抹，完成本例制作，效果如图 6-66 所示。

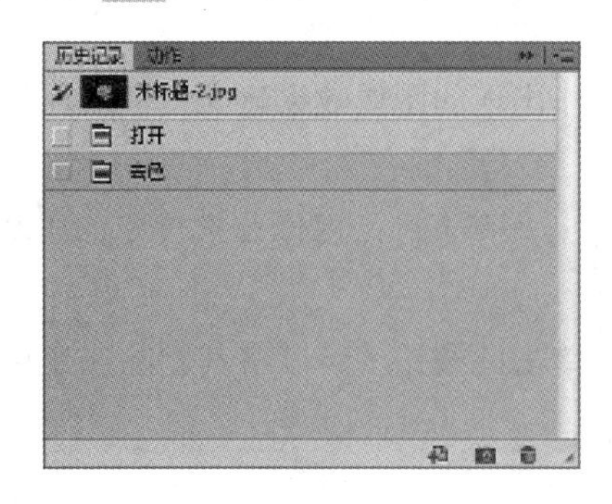

图 6-65　设置“历史记录”调板

图 6-66　最终效果

提示：在使用历史记录画笔工具恢复某个步骤时，将“不透明度”与“流量”设置得小一些可以避免恢复过程中出现较生硬的效果。

6.3.5　历史记录艺术画笔工具

使用(历史记录艺术画笔工具)结合“历史记录”调板可以很方便地恢复图像至任意操作步骤下的效果，并产生艺术效果。该工具的使用方法与(历史记录画笔工具)相同。

在工具箱中选择(历史记录艺术画笔工具)后，属性栏会变成该工具对应的选项效果，如图 6-67 所示。

图 6-67　历史记录艺术画笔工具属性栏

历史记录艺术画笔工具属性栏中的各项含义如下：

(1) 样式：用来控制产生艺术效果的风格，具体效果如图 6-68～图 6-77 所示。

(2) 区域：用来控制产生艺术效果的范围，取值范围是 0～500。数值越大，范围越广。

(3) 容差：用来控制图像的色彩保留程度。

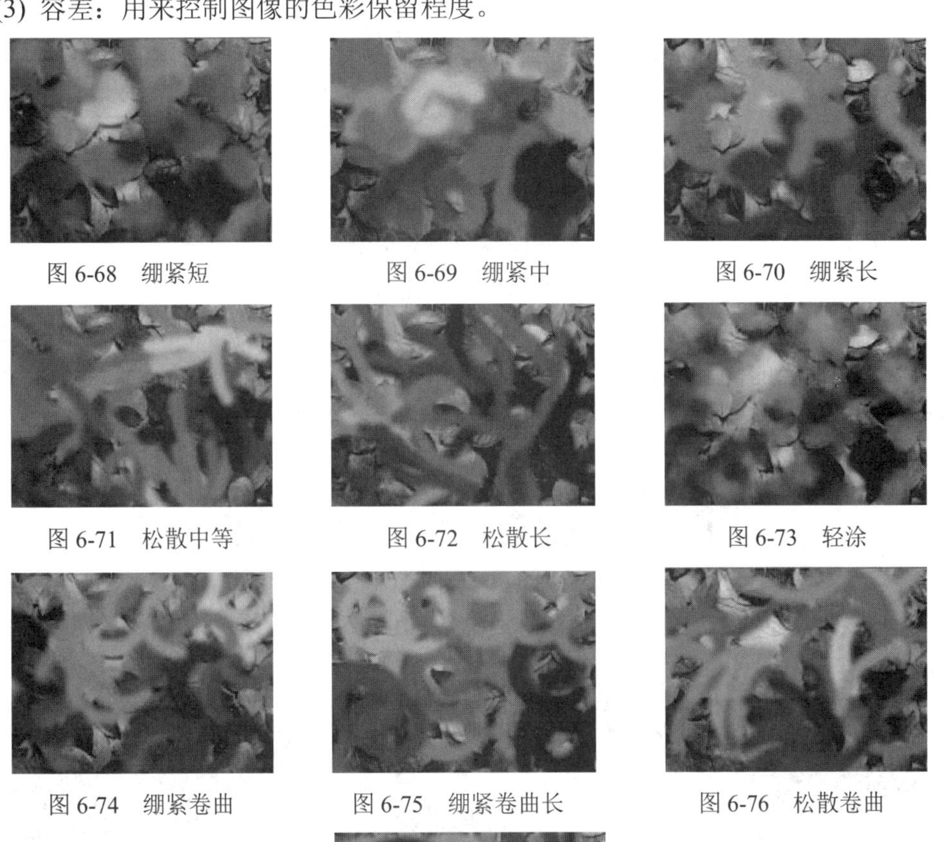

图 6-68　绷紧短　图 6-69　绷紧中　图 6-70　绷紧长

图 6-71　松散中等　图 6-72　松散长　图 6-73　轻涂

图 6-74　绷紧卷曲　图 6-75　绷紧卷曲长　图 6-76　松散卷曲

图 6-77　松散卷曲长

综合练习　修 复 图 像

修复图像的步骤如下：

(1) 打开“修复图像.jpg”文件，在“图层”调板中将“背景”图层拖曳到新建图层按钮上进行复制，生成新的图层“背景副本”，如图 6-78 所示。

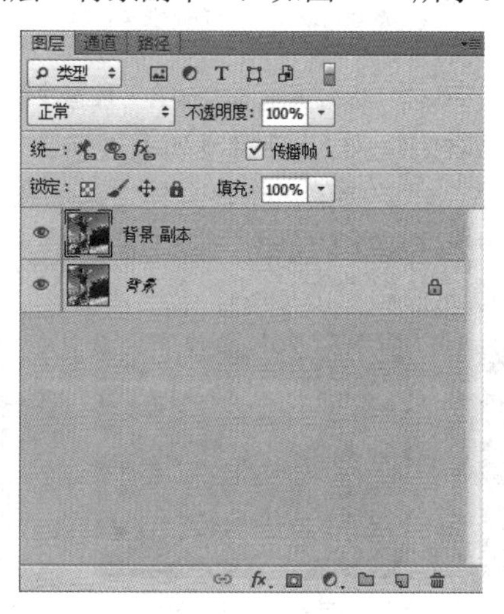

修复图像

图 6-78　练习图 1

(2) 选择修复画笔工具，在属性栏中设置合适画笔的大小，如图 6-79 所示；拖曳鼠标到图像窗口中适当的位置，按住[Alt]键的同时单击鼠标，选择取样点；然后将鼠标拖曳到需要清除的区域，单击鼠标，取样点区域的图像就会应用到写有文字的区域，如图 6-80 所示。

图 6-79　练习图 2

(3) 重复使用此操作，使用鼠标涂抹有文字的区域。清除照片中的涂鸦效果后图片如图 6-81 所示。

图 6-80　练习图 3

图 6-81　练习图 4

第 7 章　路径与形状运用

7.1　什么是路径

Photoshop 中的路径指的是在图像中使用钢笔工具或形状工具创建的贝塞尔曲线轮廓，如图 7-1 所示。路径多用于绘制矢量图形或对图像的某个区域进行精确抠图。路径不能够打印输出，只能存放于“路径”调板中。

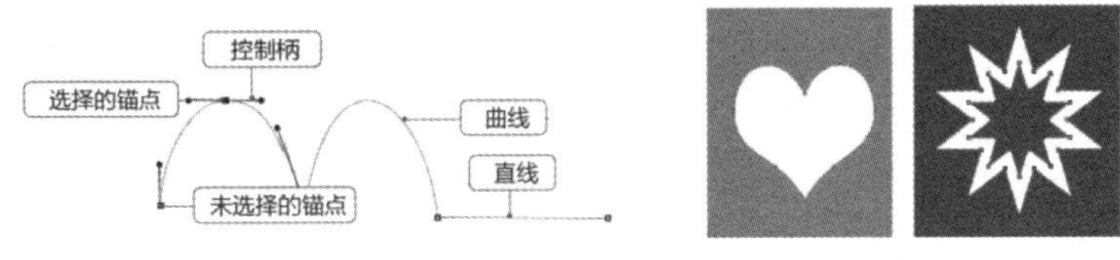

图 7-1　路径

线段：路径由一个或多个直线段或曲线段组成，线段既可以根据起点与终点的情况分为闭合线段和开放式线段，也可以根据线条的类型分为直线和曲线。

锚点：路径上连接线段的小正方形就是锚点，其中锚点表现为黑色实心时，表示该锚点为选择状态。

控制柄：指调整线段(曲线线段)位置、长短、弯曲度等参数的控制点。选择平滑点锚点后，该锚点上将显示控制柄，拖动控制柄一端的小圆点，即可修改该线段的形状和弧度。

7.2　路径与形状的区别

路径与形状在创建的过程中都是通过钢笔工具或形状工具来创建的，区别在于：路径表现的是绘制图形以轮廓显示，不可以进行打印；形状表现的是绘制的矢量图以蒙版的形式出现在“图层”调板中，绘制形状时系统会自动创建一个形状图层，形状可以参与打印输出和添加图层样式。路径与形状如图 7-2 所示。

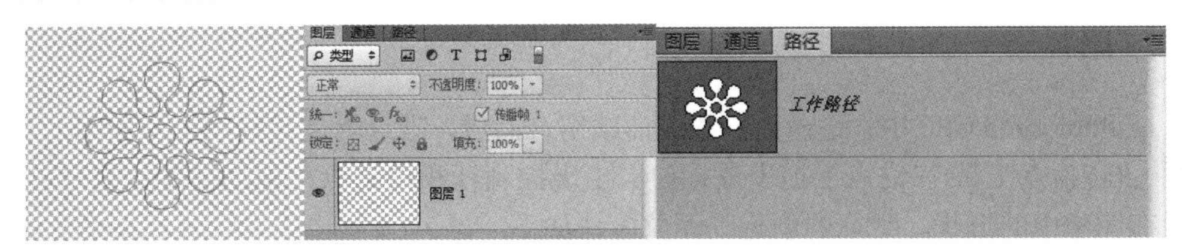

路径

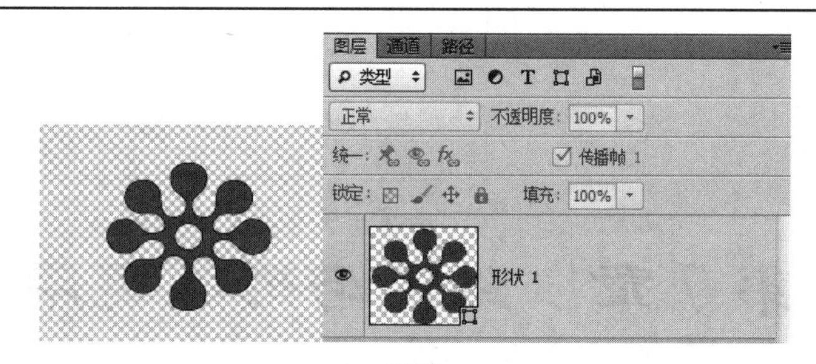

形状

图 7-2　路径与形状

7.2.1　形状

在 Photoshop CS6 中，形状图层可以通过钢笔工具或形状工具来创建。形状图层在“图层”调板中一般以矢量蒙版的形式进行显示，更改形状的轮廓可以改变页面中显示的图像，更改图层颜色会自动改变形状的颜色。形状图层的创建方法如下：

(1) 新建一个空白文档，默认状态下在工具箱中单击(钢笔工具)或(形状工具)。

(2) 在属性栏中选择“形状”选项，再选择填充颜色或描边颜色及粗细，如图 7-3 所示。

(3) 设置完毕后，使用(钢笔工具)在页面中选择起点并单击，将鼠标移动到另一点再单击，直到回到与起始点相交处，再单击，系统会自动创建如图 7-4 所示的形状图层。或者使用(形状工具)直接画出所选择的形状。

图 7-3　设置形状属性栏

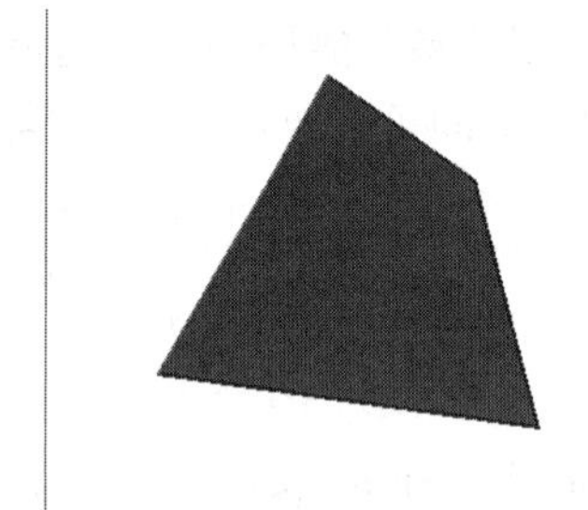

钢笔工具创建

形状工具创建

图 7-4　创建形状图层

7.2.2　路径

在 Photoshop CS6 中，路径由直线或曲线组合而成，锚点就是这些线段或曲线的端点。使用(转换点工具)在锚点上拖曳鼠标便会出现控制杆和控制点，拖动控制点就可以更改路径在图像中的形状。路径的创建与调整方法如下：

(1) 新建一个空白文档，默认状态下在工具箱中单击(钢笔工具)或(形状工具)。

(2) 此时只要在属性栏中选择“路径”选项，属性栏就会变成绘制路径时的属性设置，如图 7-5 所示。

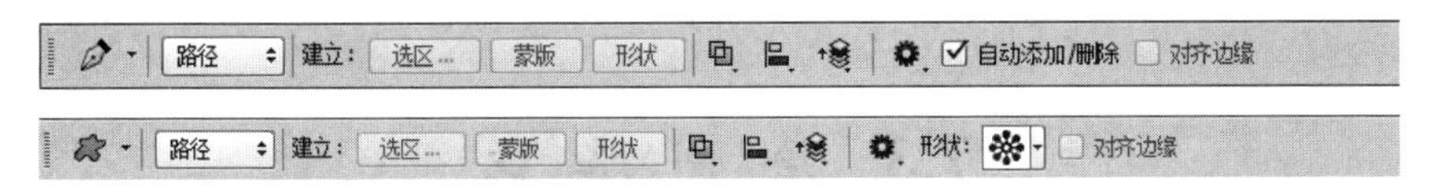

图 7-5　路径属性栏

(3) 使用(钢笔工具)在页面中选择起点单击，移动鼠标到另一点后再单击，直到回到与起始点相交处，此时指针会变成图标，再单击，即可创建封闭路径，如图 7-6 所示。使用(形状工具)选择合适的形状图形，可以直接绘制出封闭的路径，如图 7-7 所示。

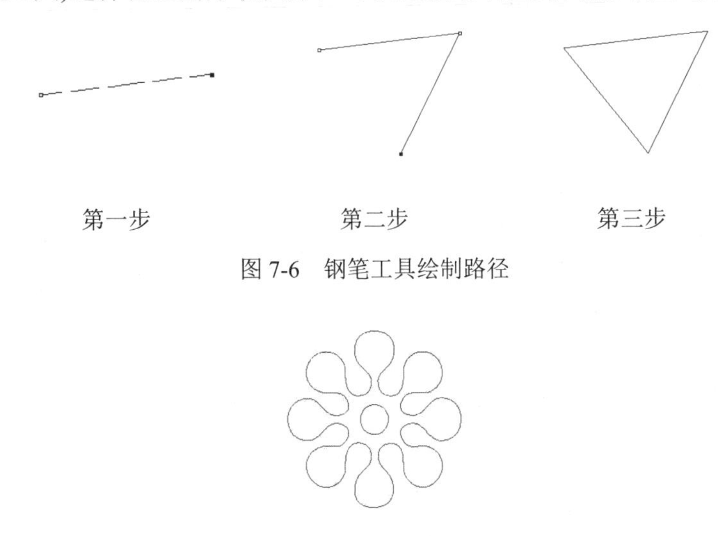

图 7-6　钢笔工具绘制路径

图 7-7　形状工具绘制路径

7.2.3　填充像素

在 Photoshop CS6 中，形状工具可以直接创建填充像素，其效果可以认为是使用选区工具绘制选区后，再以前景色填充。如果不新建图层，那么使用填充像素填充的区域会直接出现在当前图层中，填充像素在背景图层中是不能被单独编辑的，填充像素不会自动生成新图层，如图 7-8 所示。

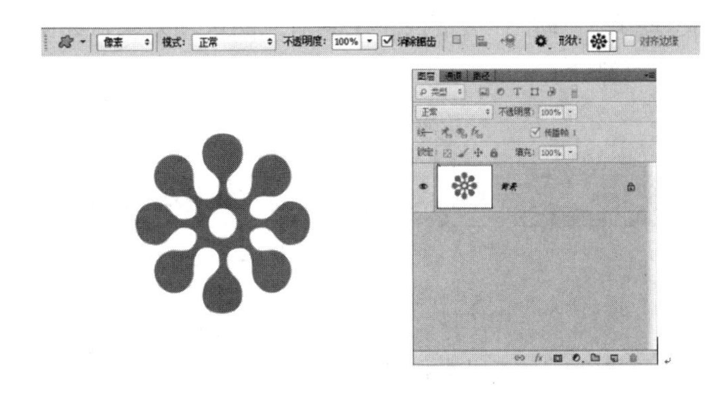

图 7-8　填充像素

提示：“填充像素”选项按钮，只有在使用形状工具组中的“工具”时才可以被激活，使用钢笔工具时该选项处于不可用状态。

7.3　绘 制 路 径

使用 Photoshop 绘制的路径包括直线路径、曲线路径和封闭路径三种。使用钢笔工具组中的工具与矩形工具组中的工具都可以绘制路径，使用矩形工具中的工具绘制的路径都是封闭的路径。本节为大家详细讲解不同路径的绘制方法和使用的工具。

7.3.1　钢笔工具

在 Photoshop CS6 中，(钢笔工具)是所有绘制路径工具中最精确的工具。使用钢笔工具可以精确地绘制出直线或光滑的曲线，还可以创建形状图层。

钢笔工具的使用方法也非常简单。

绘制直线线段：选择钢笔工具，在图像中依次单击鼠标产生锚点，即可在生成的锚点之间绘制一条直线线段，如图 7-9 所示。

绘制曲线线段：选择钢笔工具，在图像上单击并拖动鼠标，即可生成带控制柄的锚点，继续单击并拖动鼠标，即可在锚点之间生成一条曲线线段，如图 7-10 所示。

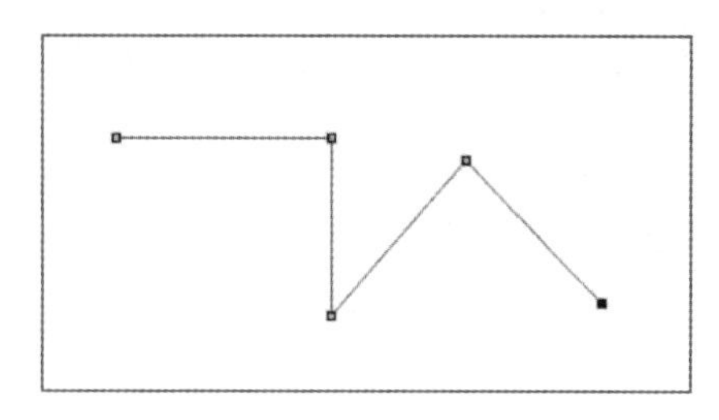

图 7-9　绘制直线线段

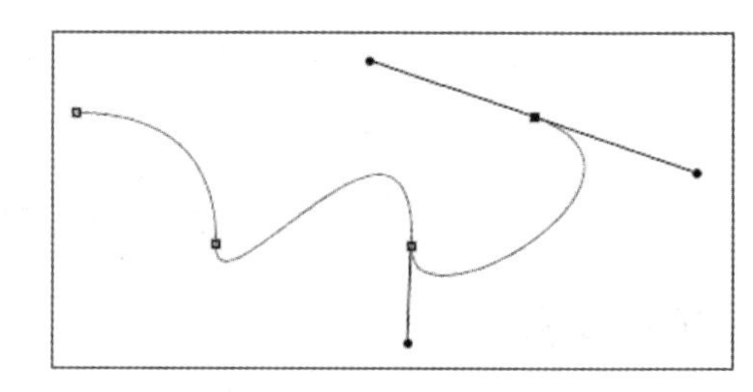

图 7-10　绘制曲线线段

按[Enter]键，绘制的路径会形成不封闭的路径；在绘制路径的过程中，当起始点的锚点与终点的锚点相交时，鼠标指针会变成图标，此时单击鼠标，系统会将该路径创建成封闭路径。

在工具箱中选择后，属性栏会变成该工具对应的选项效果，如图 7-11 所示。钢笔工具属性栏中的各项含义如下：

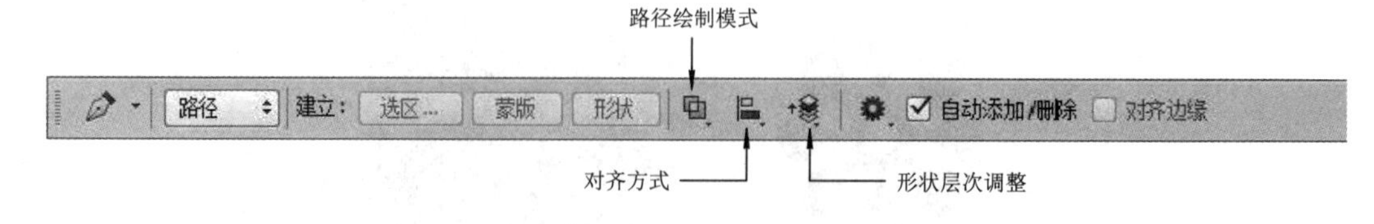

图 7-11　钢笔工具属性栏

(1) 建立：在创建了路径后，可以直接使用创建好的路径直接建立选区、蒙版或形状，直接选择对应的按钮即可转换。

(2) 路径绘制模式：对创建路径方法进行运算的方式，包括(添加到路径区域)、(从路径区域减去)、(交叉路径区域)和(重叠路径区域除外)。

① 添加到路径区域：可以将两个以上的路径进行重组。具体操作方法与创建选区相同。

② 从路径区域减去：创建第二个路径时，会将经过第一个路径的位置的区域减去。具体操作方法与选区相同。

③ 交叉路径区域：两个路径相交的部位会被保留，其他区域会被刨除。具体操作方法与选区相同。

④ 重叠路径区域除外：选择该项创建路径时，当两个路径相交时，重叠的部位会被路径刨除，如图 7-12 所示。

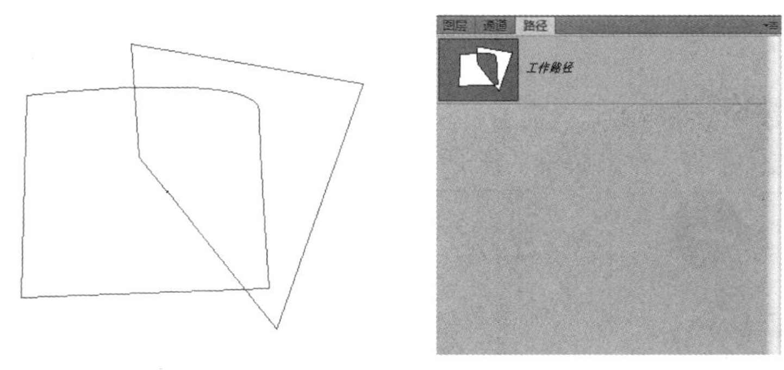

图 7-12　重叠路径区域除外

(3) 对齐方式：该选项可以选择多条路径的对齐方式，其设置和图层的对齐方式类似，可以选择左对齐、水平居中对齐、右对齐、顶边对齐、垂直居中对齐、底边对齐、按宽度或高度均匀分布等多种对齐和分布选项，如图 7-13 所示。若只选择一条路径，则对齐菜单无效。

(4) 形状层次调整：该选项可以调整形状路径的前后层次，通过选择一条路径后可以调整其前后的层次关系，如图 7-14 所示。

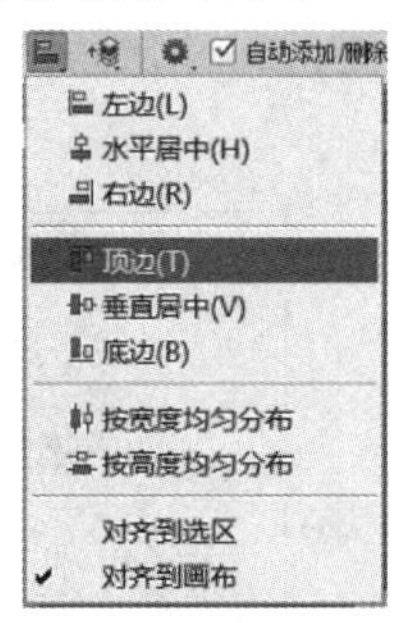

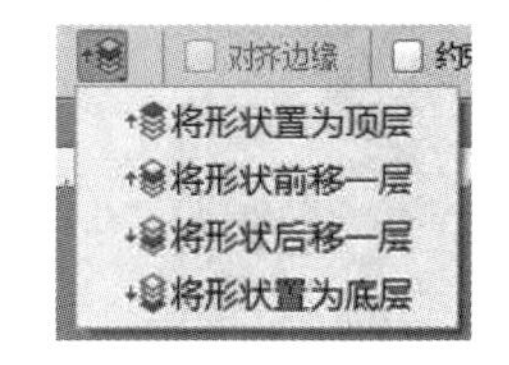

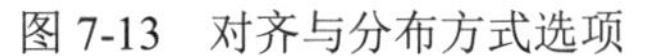

图 7-13　对齐与分布方式选项　　　　图 7-14　形状层次调整选项

(5) 橡皮带：如图 7-15 所示，勾选此复选框后，使用绘制路径时，在第一个锚点和要建立的第二个锚点之间会出现一条假想的线段，只有单击鼠标后，这条线段才会变成真正存在的路径。

图 7-15　橡皮带复选框

(6) 自动添加/删除：勾选此复选框后，就具有了自动添加或删除锚点的功能。当钢笔工具的光标移动到没有锚点的路径上时，光标右下角会出现一个“+”号，单击鼠标便会自动添加一个锚点；当钢笔工具的光标移动到有锚点的路径上时，光标右下角会出现一个“－”号，单击鼠标便会自动删除该锚点。

练习：高级抠图技巧——使用钢笔工具抠图。

本练习主要让大家了解使用钢笔工具对复杂图像进行描绘并抠图的过程。操作步骤如下：

(1) 执行“文件”→“打开”命令或按组合键[Ctrl + O]，打开素材，如图 7-16 所示。下面使用(钢笔工具)对素材中的人物进行抠图。

(2) 在工具箱中选择钢笔工具，在要描绘的图像边缘单击，创建路径的起点，如图 7-17 所示。

(3) 移动鼠标沿头部的边缘向右移动，选择第 2 点后向下拖曳鼠标，使曲线正好按照头部的弧线进行弯曲，效果如图 7-18 所示。

图 7-16　素材

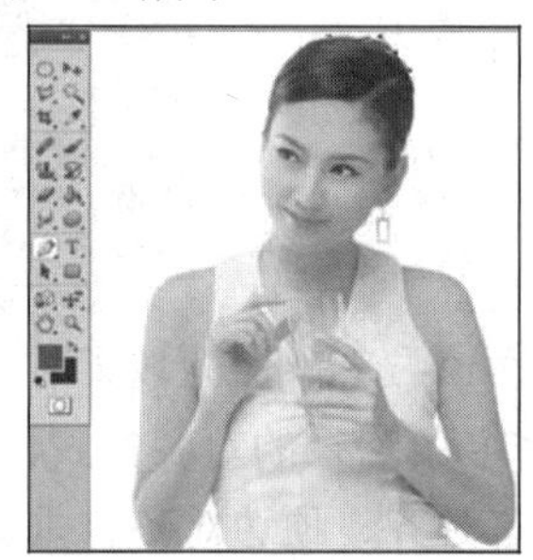

图 7-17　设置路径起点

图 7-18　调整曲线

(4) 松开鼠标后，按住[Alt]键拖曳鼠标到第 2 个锚点处，此时光标变成图标，单击会将后面的控制杆取消，如图 7-19 所示。

(5) 移动鼠标到另一个可以产生曲线的位置，向下拖曳鼠标，如图 7-20 所示。

(6) 松开鼠标后，按住[Alt]键拖曳鼠标到第三个锚点处，此时光标变成图标，单击会将后面的控制杆取消，如图 7-21 所示。

图 7-19　设置控制杆

图 7-20　调整曲线

图 7-21　设置控制杆

(7) 使用同样的方法沿图像边缘创建路径，按住[Shift]键增加选区，单击鼠标，如图 7-22 所示。

(8) 终点与起点相交时，单击并拖曳鼠标，完成路径的创建，如图 7-23 所示。

(9) 按组合键[Ctrl + Enter]将路径转换成选区，抠图也就成功了，使用移动工具即可将选区内的图像移动，如图 7-24 所示。

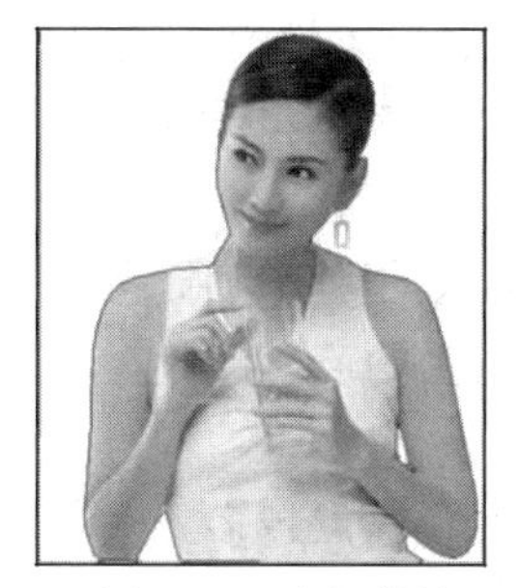

图 7-22　路径描绘　　图 7-23　创建的最终路径　　图 7-24　抠图效果

7.3.2　自由钢笔工具

在 Photoshop CS6 中使用 (自由钢笔工具)可以随意地在页面中绘制路径，当图标变为 (磁性钢笔工具)时可以快速沿图像反差较大的像素边缘进行自动描绘。自由钢笔工具的使用方法非常简单，就像在手中拿着画笔在页面中随意绘制一样，松开鼠标即可创建路径，如图 7-25 所示。

自由钢笔工具　　磁性钢笔工具

图 7-25　自由钢笔工具绘制路径

在工具箱中选择自由钢笔工具后，属性栏会变成该工具对应的选项效果，如图 7-26 所示。

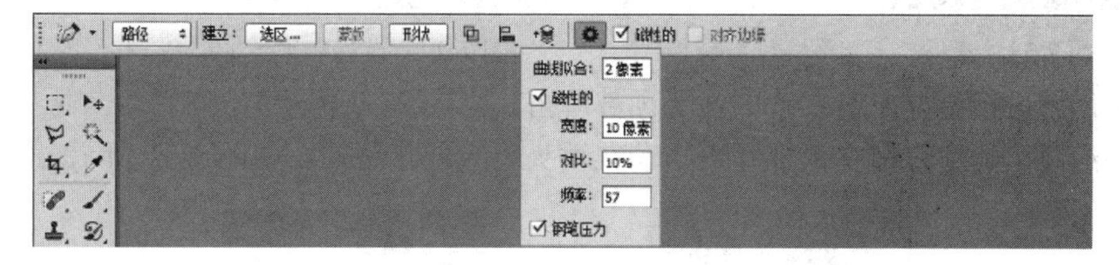

图 7-26　自由钢笔工具属性栏

自由钢笔工具属性栏中的各项含义如下：

(1) 曲线拟合：用来控制光标产生路径的灵敏度，输入的数值越大，自动生成的锚点越少，路径越简单。输入的数值范围是 0.5～10。如图 7-27 所示的图像为设置不同曲线拟合时的对比图。

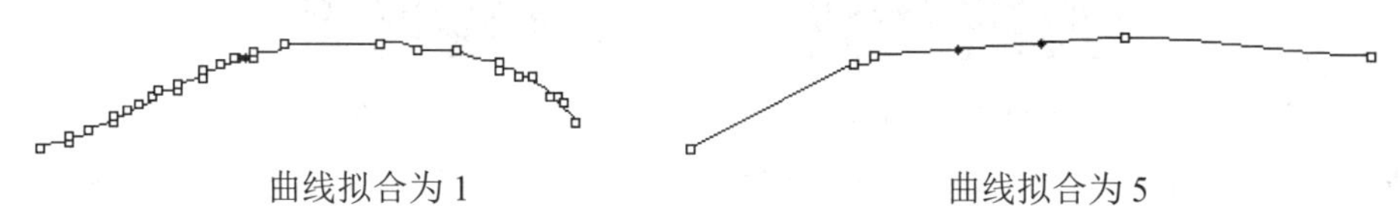

曲线拟合为 1　　曲线拟合为 5

图 7-27　设置不同曲线拟合时的路径

(2) 磁性的：勾选此复选框后，(自由钢笔工具)会变成(磁性钢笔工具)，光标也会随之变为。(磁性钢笔工具)与(磁性套索工具)相似，都是自动寻找反差较大像素边缘的工具。

① 宽度：设置磁性钢笔与边之间的距离以区分路径。输入的数值范围是 1～256。

② 对比：设置磁性钢笔的灵敏度。数值越大，边缘与周围的反差越大。输入的数值范围是 1%～100%。

③ 频率：设置在创建路径时产生锚点的多少。数值越大，锚点越多。输入的数值范围是 0～100。

(3) 钢笔压力：增加钢笔的压力，会使钢笔在绘制路径时变细。此选项适用于数位板。

练习：创建磁性钢笔路径。

本练习主要让大家了解使用(自由钢笔工具)转换成(磁性钢笔工具)创建路径的过程。

(1) 执行“文件”→“打开”命令或按组合键[Ctrl + O]，打开素材文件，如图 7-28 所示。下面使用自由钢笔工具绘制磁性路径。

(2) 在工具箱中选择(自由钢笔工具)，在属性栏中单击“路径”按钮，勾选“磁性的”复选框，在弹出的“自由钢笔选项”中设置参数，如图 7-29 所示。

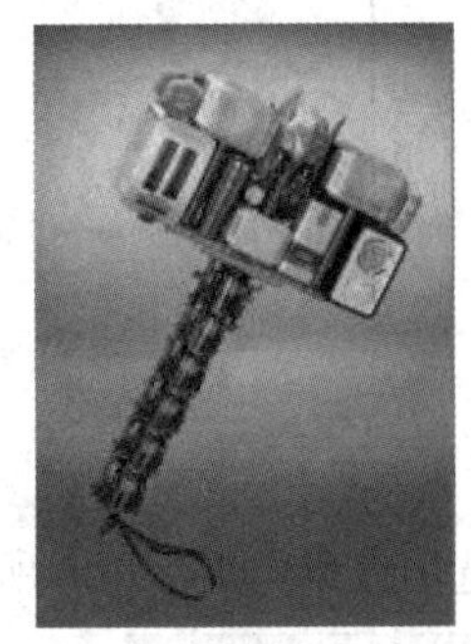

图 7-28　素材

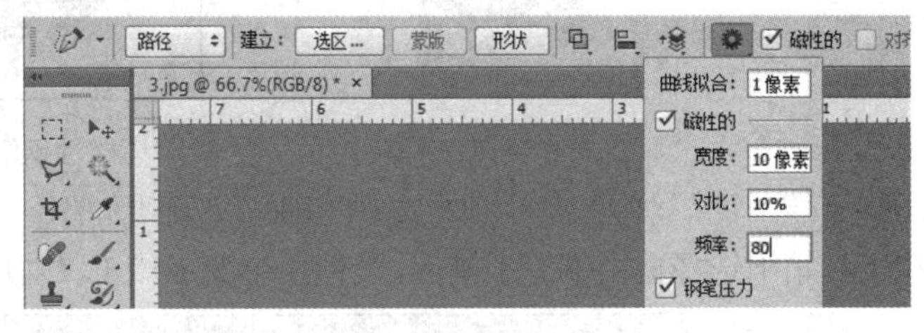

图 7-29　设置参数

(3) 使用鼠标指针在最左边的锤头顶部单击，如图 7-30 所示。

(4) 沿锤头的边缘拖曳鼠标即可自动在锤头边缘创建路径，如图 7-31 所示。

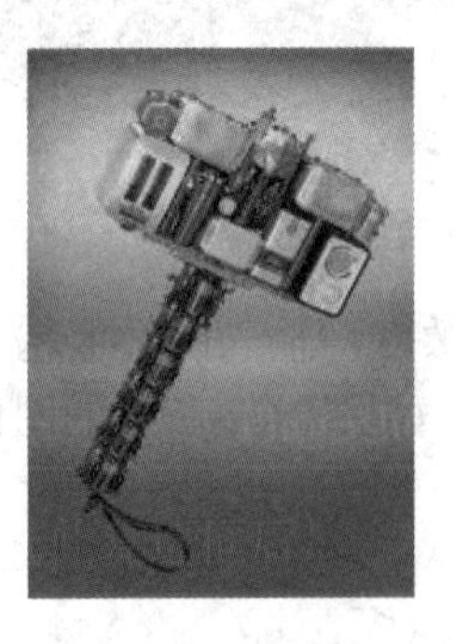

图 7-30　选择起点

图 7-31　创建路径

技巧：使用(磁性钢笔工具)绘制路径时，按[Enter]键可以结束路径的绘制；在最后一个锚点上双击可以与第一锚点进行自动封闭路径；按[Alt]键可以暂时转换成钢笔工具。

7.4　编 辑 路 径

在 Photoshop CS6 中创建路径后，对其进行相应的编辑也是非常重要的。路径的编辑主要体现在添加、删除锚点，更改曲线形状，移动与变换路径等。用来编辑的工具主要包括(添加锚点工具)、(删除锚点工具)、(转换点工具)、(路径选择工具)和(直接选择工具)。本节详细讲解编辑路径工具的使用方法。

7.4.1　添加与删除锚点工具

在 Photoshop CS6 中，使用(添加锚点工具)可以在已创建的直线或曲线路径上添加新的锚点。添加锚点的方法非常简单，只要使用(添加锚点工具)将光标移到路径上，此时光标右下角会出现一个“＋”号，单击鼠标便会自动添加一个锚点，如图 7-32 所示。使用删除锚点工具可以将路径中存在的锚点删除。删除锚点的方法也非常简单，只要使用删除锚点工具将光标移到路径中的锚点上，此时光标右下角会出现一个“－”号，单击鼠标便会自动删除该锚点，如图 7-33 所示。

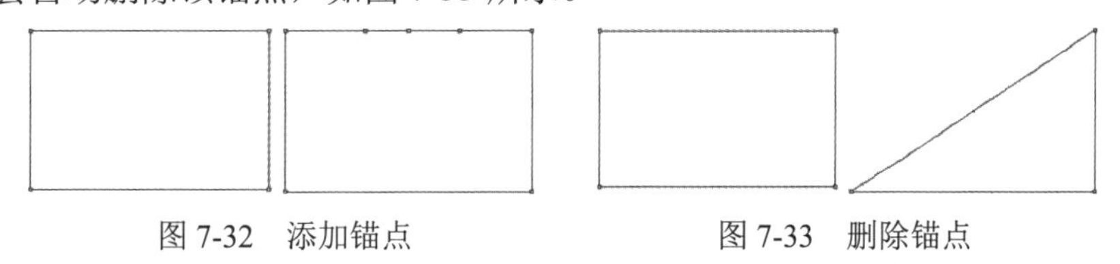

图 7-32　添加锚点　　　　图 7-33　删除锚点

7.4.2　转换点工具

使用(转换点工具)可以让锚点在平滑点和转换角点之间进行变换。(转换点工具)没有属性栏。

7.4.3　路径选择工具

在 Photoshop CS6 中，(路径选择工具)主要用于快速选取路径或对其进行适当的编辑变换。

(路径选择工具)的使用方法与(移动工具)相类似，不同的是该工具只对图像中创建的路径起作用。在工具箱中选择(路径选择工具)后，属性栏会变成该工具对应的选项效果，如图 7-34 所示。

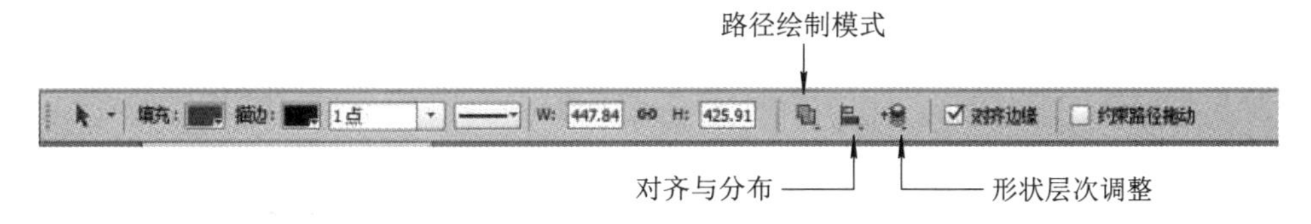

图 7-34　路径选择工具对应的选项栏

路径选择工具属性栏中的各项含义如下：

(1) 填充：可以修改形状的填充颜色，对路径无效。

(2) 描边：可以修改形状的描边颜色、粗细以及线条类型，对路径无效。

(3) 宽度和高度：可以设置形状的宽度和高度控制形状的大小。

(4) 路径绘制模式：对创建路径或形状进行运算的方式，包括(添加到路径区域)、(从路径区域减去)、(交叉路径区域)和(重叠路径区域除外)，其功能与钢笔工具类似。

(5) 对齐与分布：在一个路径层中，如果存在两个以上的路径，可以通过此选项对其进行重新对齐操作。在一个路径层中如果存在三个以上的路径，可以通过此选项对其进行重新分布操作。

(6) 组合：当选择两个以上的路径后，选择不同的路径模式，再单击“组合”按钮可以完成路径重叠部分的再次组合，如图 7-35 所示。

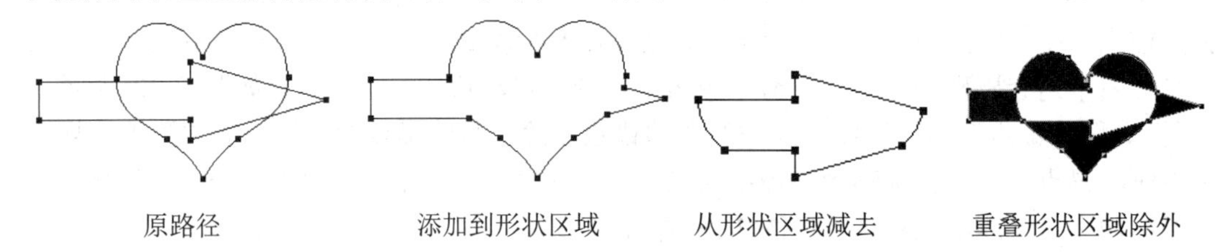

图 7-35　组合后的不同效果

(7) 形状层次调整：该选项可以调整形状路径的前后层次，通过选择一条路径后可以调整其前后层次关系，与钢笔工具类似。

使用路径选择工具选择路径后，可以利用自由变换命令(Ctrl + T)对路径直接进行变换，属性栏变为如图 7-36 所示的变换路径属性栏，路径周围会出现调整变换框，拖动控制点，可以进行路径的变换。

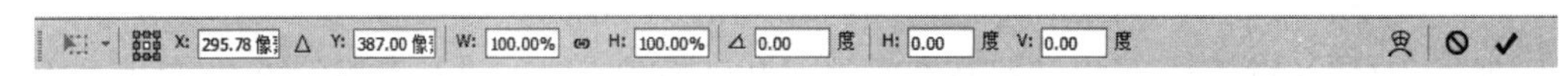

图 7-36　变换路径属性栏

练习：变换路径。

本次练习主要让大家了解使用路径选择工具对路径的变换方法。

操作步骤：

(1) 新建文件，使用(钢笔工具)绘制一个封闭路径，如图 7-37 所示。下面使用(路径选择工具)对图像中创建的路径进行变换。

(2) 使用路径选择工具在页面中的路径上单击，便可以选择当前路径，按住并拖动鼠标便可以将路径进行移动，如图 7-38 所示。

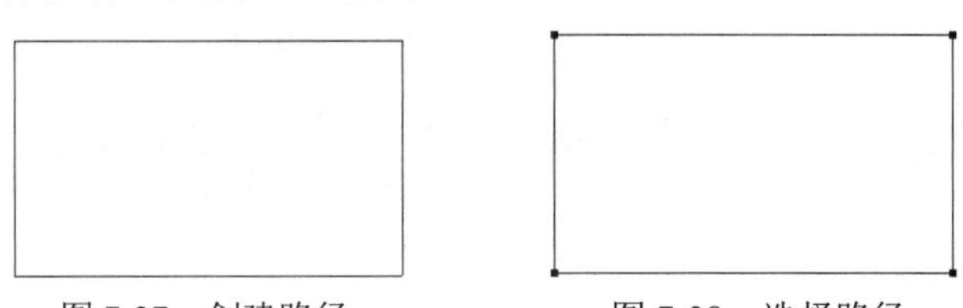

图 7-37　创建路径　　图 7-38　选择路径

(3) 在属性栏中勾选“显示定界框”复选框，拖动控制点后，单击鼠标右键，在弹出的菜单中可以选择变换的选项，如图 7-39 所示。

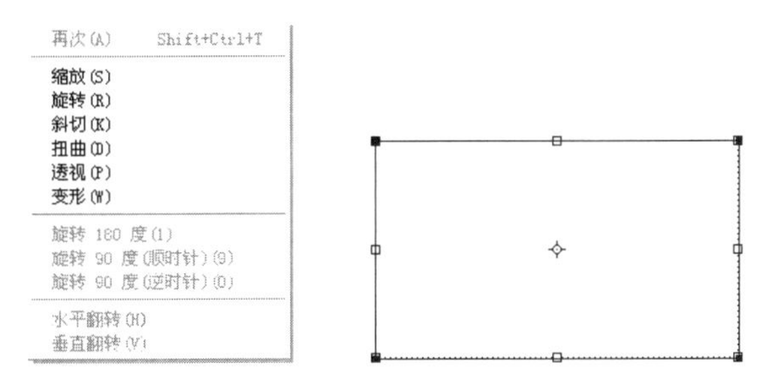

图 7-39　变换路径

提示：在菜单中执行“编辑”→“变换路径”命令，在弹出的子菜单中同样可以选择变换选项。

(4) 选择相应变换后拖动鼠标即可看到变换效果，如图 7-40 所示。

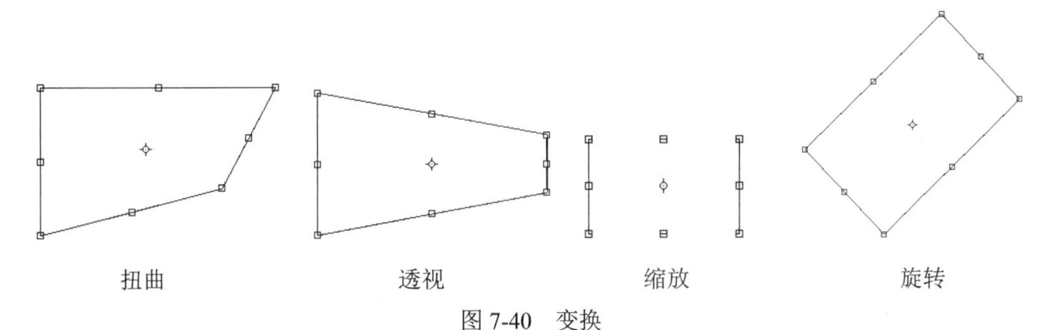

图 7-40　变换

(5) 选择“变形”选项命令时属性栏会变成“变形”效果的属性设置，单击“样式”弹出按钮，效果如图 7-41 所示。

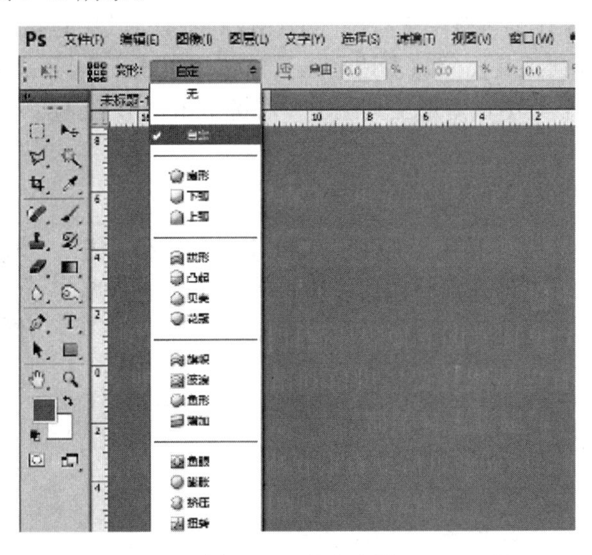

图 7-41　变形选项

(6) 在“变形”下拉列表中选择相应命令后，可以在属性栏中设置相应的方向、弯曲等参数，也可以使用鼠标直接拖动控制点调整变形大小。如图 7-42～图 7-44 所示的效果图就是选择不同命令时的变形效果。选择“自定”选项时，只能通过拖动鼠标来改变变形效果，如图 7-45 所示。

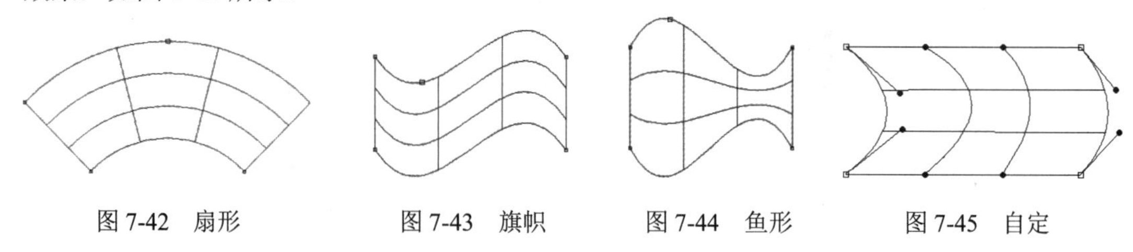

图 7-42　扇形　　图 7-43　旗帜　　图 7-44　鱼形　　图 7-45　自定

7.4.4　直接选择工具

在 Photoshop CS6 中，使用(直接选择工具)可以直接调整路径，也可以在锚点上拖动鼠标来改变路径形状，如图 7-46 所示。

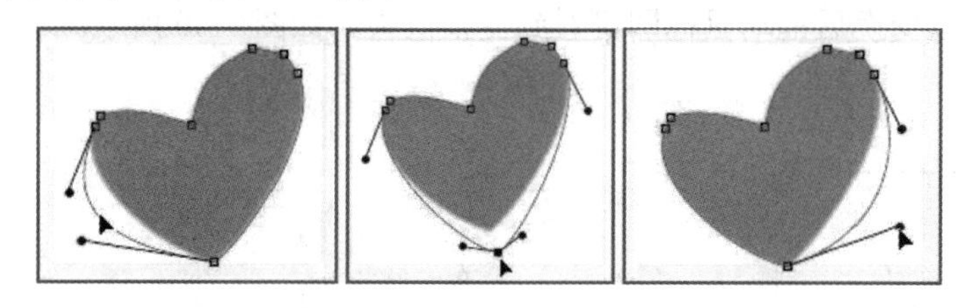

图 7-46　直接选择工具

7.5　绘制几何形状

在 Photoshop CS6 中可以通过相应的工具直接在页面中绘制矩形、椭圈形、多边形等几何图形。本节为大家详细讲解用来绘制几何图像的工具，其中包括(矩形工具)、(圆角矩形工具)、(椭圆工具)、(多边形工具)、(直线工具)和(自定义形状工具)。绘制几何图形的工具被集中在矩形工具组中，右键单击矩形工具即可弹出矩形工具组。

7.5.1　矩形工具

在 Photoshop CS6 中，使用矩形工具可以绘制矩形和正方形，通过设置的属性可以创建形状图层、路径和以像素进行填充的矩形图形。该工具的使用方法与矩形选框工具相同，如图 7-47 所示。

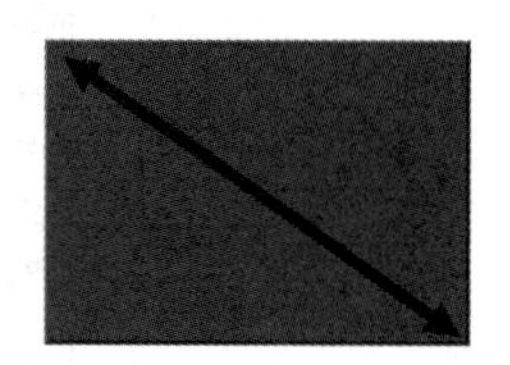

图 7-47　使用矩形工具绘制矩形

在工具箱中选择(矩形工具)，在属性栏中选择“形状”后，属性栏变成该工具对应的选项效果，如图 7-48 所示。

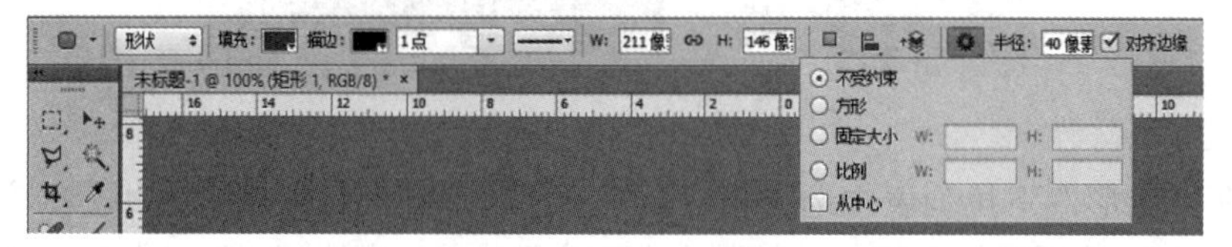

图 7-48　选择“形状”的矩形工具属性栏

矩形选项中的各项含义如下：

(1) 不受约束：绘制矩形时不受宽、高限制，可以随意绘制。

(2) 方形：绘制矩形时会自动绘制出四边相等的正方形。

(3) 固定大小：选择该单选框后，可以通过在后面的宽(W)、高(H)文本框中输入数值来控制绘制矩形的大小，如图 7-49 所示。

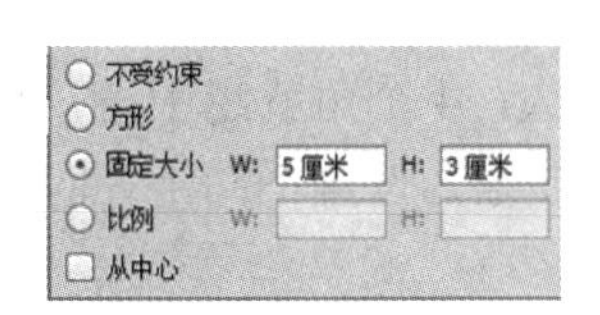

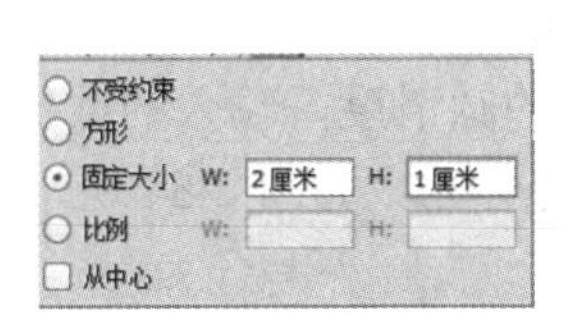

图 7-49　固定大小

(4) 比例：选择该单选框后，可以通过在后面的宽、高文本框中输入预定的矩形长宽比例来控制绘制矩形的大小，如图 7-50 所示。

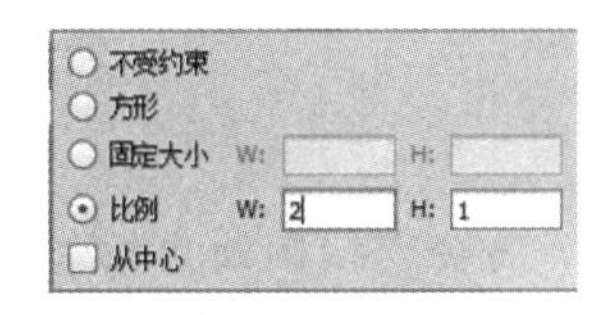

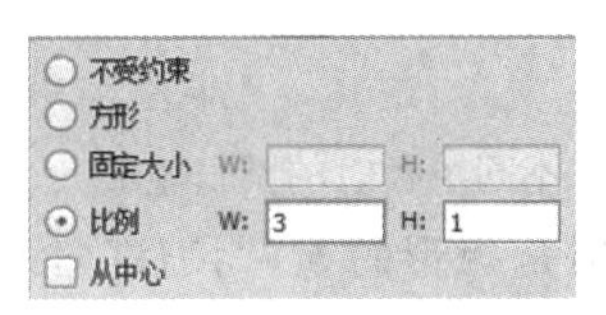

图 7-50　比例

(5) 从中心：勾选此复选框后，在以后绘制矩形时，将会以绘制矩形的中心点为起点。其他的设置和钢笔工具设置形状完全一致，可以参考钢笔工具的选项设置。

在工具箱中选择(矩形工具)，在属性栏中选择“路径”后，属性栏变成该工具对应的选项效果，如图 7-51 所示。

图 7-51　选择“路径”时的矩形工具属性栏

在工具箱中选择(矩形工具)，在属性栏中选择“填充像素”后，属性栏变成该工具对应的选项效果，如图 7-52 所示。

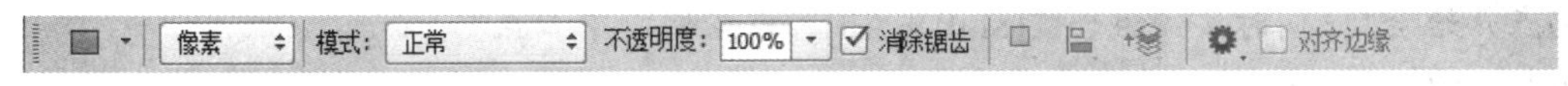

图 7-52　选择“填充像素”时的矩形工具属性栏

技巧：绘制矩形图像的同时按住[Shift]键会自动绘制正方形，相当于在“矩形选项”中选择“方形”。

7.5.2　圆角矩形工具

在 Photoshop CS6 中使用(圆角矩形工具)可以绘制具有平滑边缘四个角为圆弧状的矩形，通过设置属性栏中的“半径”值来调整圆角的圆弧度。(圆角矩形工具)的使用方法与(矩形工具)相同。

在工具箱中选择(圆角矩形工具)后，在属性栏中选择“形状”后，属性栏变成该工具对应的选项效果，如图 7-53 所示。

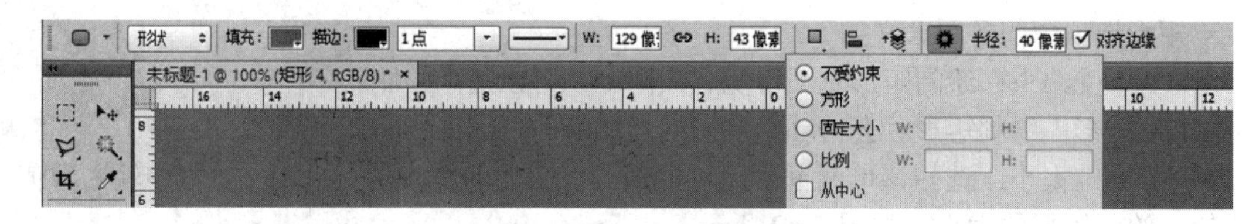

图 7-53　圆角矩形工具属性栏

圆角矩形工具属性栏中的选项含义如下：

半径：用来控制圆角矩形的 4 个角的圆滑度，输入的数值越大，4 个角就越平滑，输入的数值为 0 时，绘制出的圆角矩形就是矩形。如图 7-54 所示的图像为设置不同半径时的圆角矩形。

半径为 10　　　　半径为 50

图 7-54　不同半径时的圆角矩形

技巧：在使用圆角矩形工具绘制圆角矩形的同时按住[Alt]键，将会以绘制圆角矩形的中心点为起点开始绘制。

7.5.3　椭圆工具

在 Photoshop CS6 中使用(椭圆工具)可以绘制椭圆形和正圆形，通过设置的属性可以创建形状图层、路径和以像素进行填充的椭圆形。

(椭圆工具)的使用方法和属性栏都与(矩形工具)相同，在页面中单击并拖曳鼠标便可绘制出椭圆形，如图 7-55 所示。

图 7-55　绘制椭圆

技巧：在使用(椭圆工具)绘制椭圆的同时按住[Shift]键，可绘制正圆形；按住[Alt]键，将会以绘制椭圆的中心点为起点开始绘制；同时按住组合键[Shift + Alt]可以绘制以中心点为起点的正圆。

7.5.4　多边形工具

在 Photoshop CS6 中使用(多边形工具)可以绘制正多边形或星形，通过设置的属性可以创建形状图层、路径和以像素进行填充的多边形。

(多边形工具)的使用方法与(矩形工具)相同，绘制时的起点为多边形中心，终点为多边形的一个顶点，如图 7-56 所示。

图 7-56　绘制多边形

在工具箱中选择(多边形工具)后，在属性栏中选择“形状”按钮后，属性栏变成该工具对应的选项效果，如图 7-57 所示。

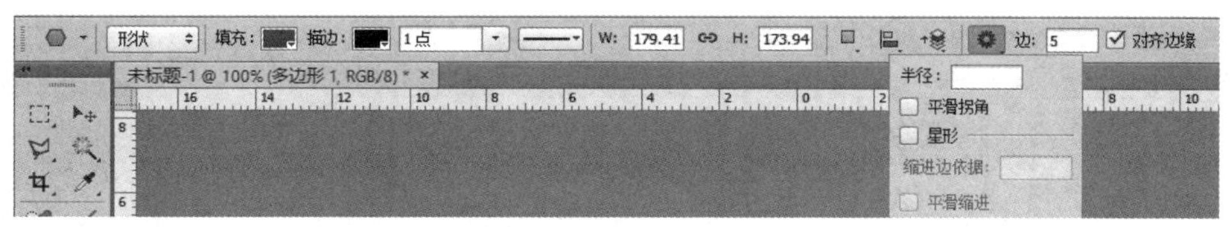

图 7-57　多边形工具属性栏

多边形工具属性栏中的各项含义如下：

(1) 边：用来控制创建的多边形或星形的边数，如图 7-58 所示。

(2) 半径：用来设置多边形或星形的半径。

(3) 平滑拐角：勾选此复选框后，使多边形具有圆滑的拐角，边数越多越接近圆形。

(4) 星形：勾选此项后，绘制多边形时会以星形进行绘制，如图 7-59 所示。

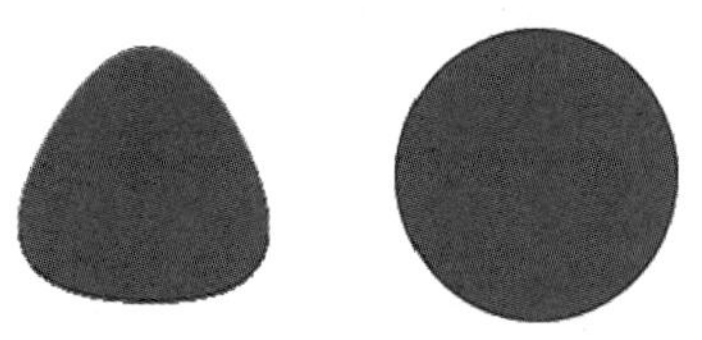

3 边形　　9 边形

图 7-58　勾选“平滑拐角”时的多边形

图 7-59　勾选“星形”时的多边形

(5) 缩进边依据：控制绘制星形的缩进程度，输入的数值越大，缩进的效果越明显，取值范围为 1%～99%，如图 7-60 所示。

(6) 平滑缩进：勾选此项后，可以使星形的边平滑地向中心缩进，如图 7-61 所示。

缩进边依据为 20%　缩进边依据为 80%

图 7-60　勾“选缩进边依据”时的多边形

不勾选“平滑缩进”复选框　勾选“平滑缩进”复选框

图 7-61　不勾选与勾选“平滑缩进”时的多边形

提示：“缩进边依据”与“平滑拐角”复选框，只有当选择“星形”复选框时才能被激活。

7.5.5　直线工具

在 Photoshop CS6 中，使用(直线工具)可以绘制预设粗细的直线或带箭头的指示线。的使用方法非常简单，使用该工具在图像中选择起点后，向任何方向拖曳鼠标，即可完成直线的绘制，如图 7-62 所示。在工具箱中选择直线工具，在属性栏中选择“形状”选项后，属性栏会变成该工具对应的选项效果，如图 7-63 所示。

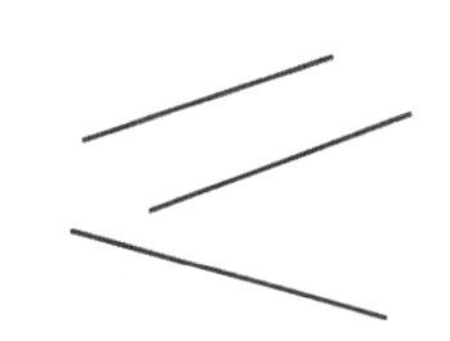

图 7-62　使用直线工具绘制直线

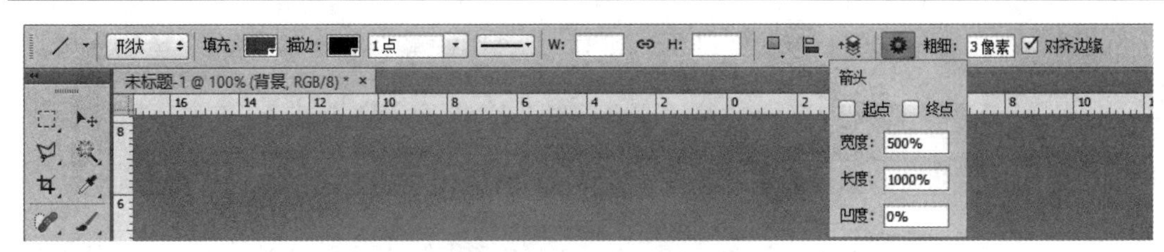

图 7-63　直线工具属性栏

直线工具属性栏中的各项含义如下：

(1) 粗细：控制直线的宽度，数值越大，直线越粗，取值范围为 1～1000。如图 7-64 所示的图像为不同粗细的直线。

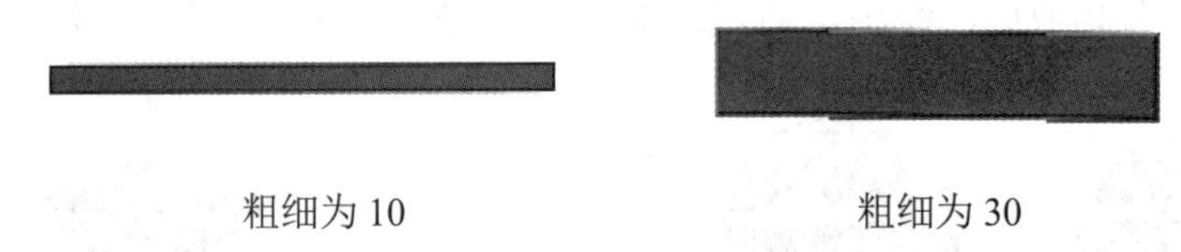

图 7-64　不同粗细的直线

(2) 起点/终点：用来设置在绘制直线时，在起点或终点出现的箭头，如图 7-65 所示。

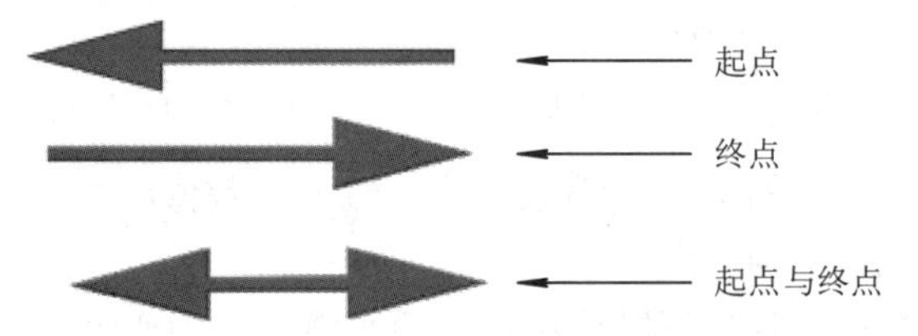

图 7-65　起点与终点箭头

(3) 宽度：用来控制箭头的宽窄度，数值越大，箭头越宽，取值范围是 10%～1000%，如图 7-66 所示。

(4) 长度：用来控制箭头的长短，数值越大，箭头越长，取值范围是 10%～5000%，如图 7-67 所示。

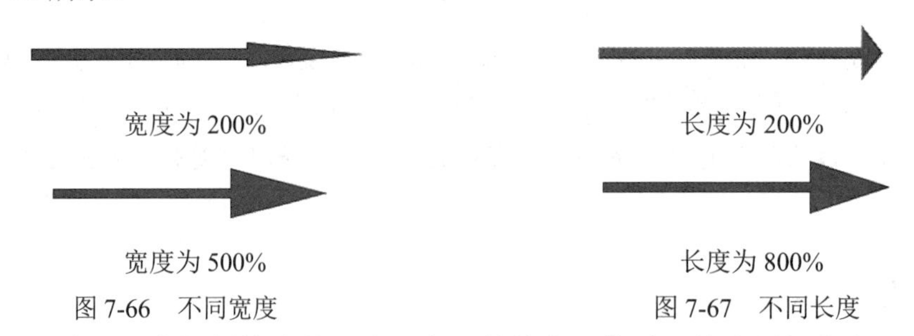

图 7-66　不同宽度　　　图 7-67　不同长度

(5) 凹度：用来控制箭头的凹陷程度，数值为正数时，箭头尾部向内凹；数值为负数时，箭头尾部向外凸出；数字为 0 时，箭头尾部平齐。取值范围是 –50%～50%。不同凹度的箭头如图 7-68 所示。

图 7-68　不同凹度

7.5.6　自定义形状工具

在 Photoshop CS6 中，使用(自定义形状工具)可以绘制出“形状拾色器”中选择的预设图案。在工具箱中选择(自定义形状工具)，在属性栏中选择“形状”选项后，属性栏变成该工具对应的选项效果，如图 7-69 所示。

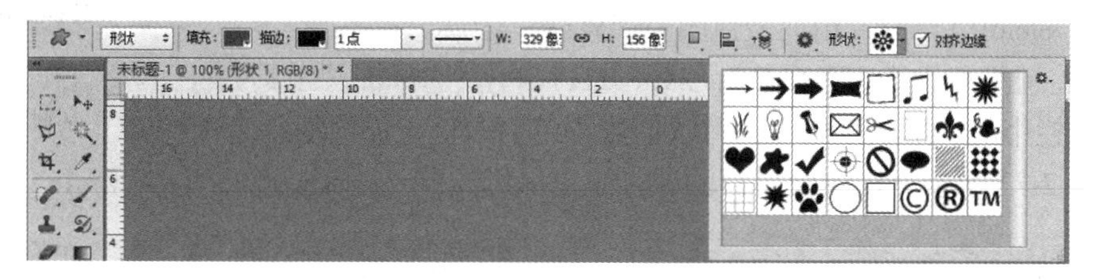

图 7-69　自定义形状工具属性栏

自定义形状工具属性栏中的选项含义如下：

形状选择器：其中包含系统自定预设的所有图案，选择相应的图案，使用(自定义形状工具)便可以在页面中绘制，如图 7-70 所示。

图 7-70　自定义图案

通过“载入形状”菜单，如图 7-71 所示，可以载入软件自带的其他形状，也可以载入本地文件中的形状文件，如图 7-72 所示。

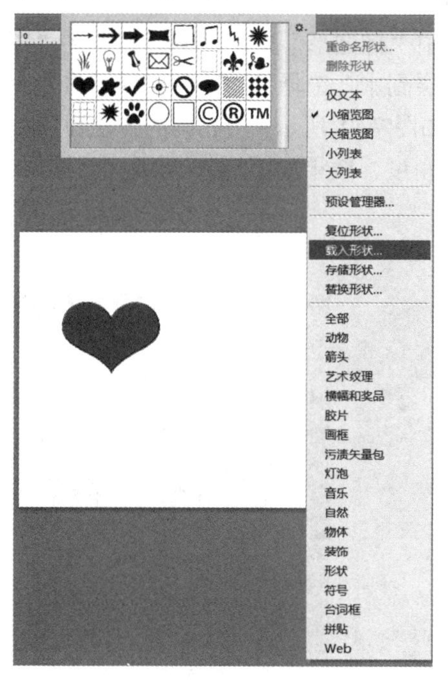

图 7-71　“载入形状”菜单

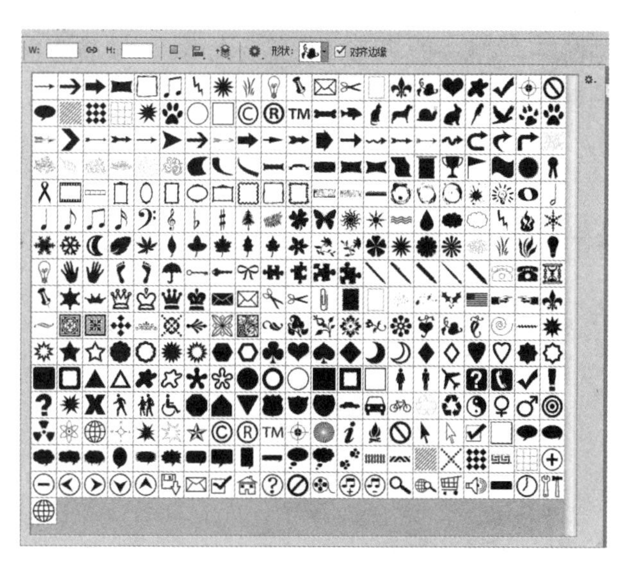

图 7-72　载入形状后属性栏

范例 7-1　制作儿童插画背景。

制作儿童插画背景

(1) 按组合键[Ctrl + N]，新建一个文件：宽度为 21 cm，高度为 29.7 cm，分辨率为 200 像素/英寸，颜色模式为 RGB，背景内容为白色，单击“确定”按钮。将前景色设为淡黄色(RGB：243，227，156)，按[Alt + Delete]组合键，用前景色填充“背景”图层。

(2) 将前景色设为橙色(RGB：250，211，48)，选择椭圆工具，选择属性栏中的“形状”属性，形状描边颜色为白色，描边粗细为 15 点，如图 7-73 所示。在图像窗口的下方拖曳鼠标绘制椭圆形，如图 7-74 所示。

图 7-73　椭圆工具属性栏设置

图 7-74　绘制橙色椭圆形

(3) 在“图层”调板中，按住[Ctrl]键的同时，选中“椭圆形”图层，将其拖曳到“图层”调板下方的新建图层按钮进行复制，生成新的图层副本。选择移动工具，分别将复制的副本图层拖曳到适当的位置，并调整其大小，效果如图 7-75 所示。用相同的方法再次复制图层，调整副本图形的位置及大小，并旋转适当的角度，效果如图 7-76 所示。“图层”调板的效果如图 7-77 所示。

图 7-75　复制并调整图层

图 7-76　再次复制并调整图层

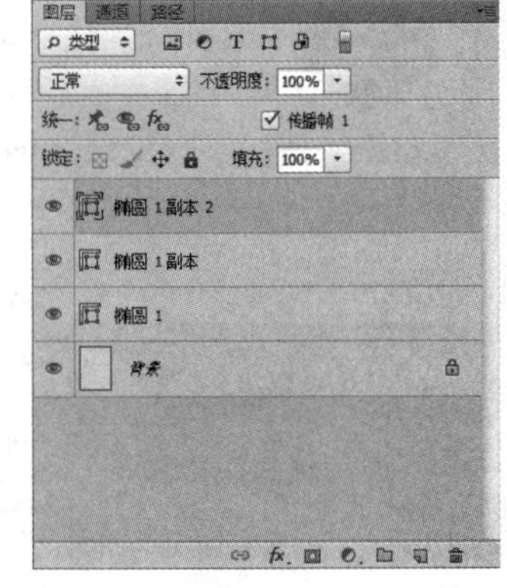

图 7-77　“图层”调板

(4) 按组合键[Ctrl + O]，打开“制作儿童插画背景”→“新素材”→“01.png”文件，选择移动工具，将风车图片拖曳到图像窗口中适当的位置，效果如图 7-78 所示，并在“图层”调板中将该图层命名为“风车”，如图 7-79 所示。

图 7-78　添加风车图片

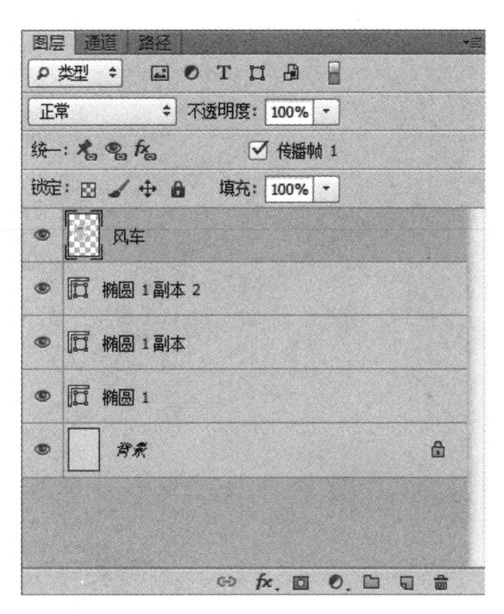

图 7-79　图层命名为“风车”

(5) 将前景色设为白色，选择多边形工具，选择属性栏中的“形状”属性，填充为前景色，形状描边颜色设置为无，边数设置为 6，在多边形选项中选择“星型”，缩进边依据设置为 50%，如图 7-80 所示。在图像中拖曳鼠标绘制六角形，如图 7-81 所示。

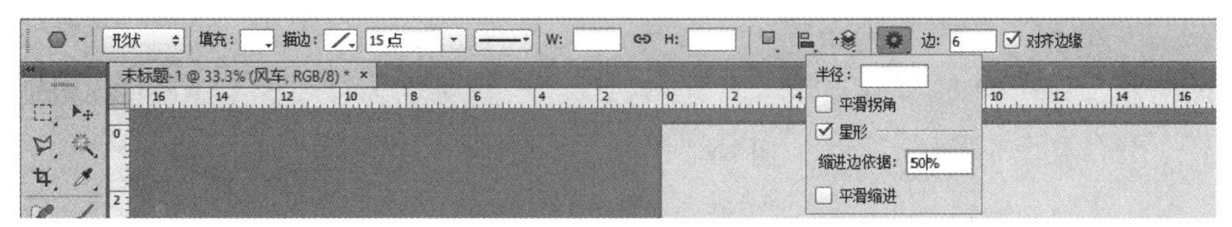

图 7-80　多边形工具属性栏

图 7-81　绘制星形

(6) 将前景色设为白色，选择矩形工具，选择属性栏中的“形状”属性，形状描边颜色设置为无，填充为前景色，如图 7-82 所示。在图像中拖曳鼠标绘制矩形，如图 7-83 所示。

图 7-82　矩形工具属性栏

图 7-83　绘制矩形

(7) 将前景色设为黄色(RGB：250，211，48)，选择矩形工具，选择属性栏中的“形状”属性，填充为前景色，形状描边颜色设置为无，如图 7-84 所示。在图像中拖曳鼠标绘制矩形，如图 7-85 所示。

图 7-84　矩形工具属性栏

图 7-85　绘制矩形

(8) 选择圆角矩形工具，选择属性栏中的“形状”属性，填充为前景色，形状描边颜色设置为无，并在属性栏中将半径设置为 5 px，按住[Shift]键的同时，在图像中拖曳鼠标绘制圆角矩形，选中属性栏中的“合并形状”按钮，再次绘制圆角矩形，效果如图 7-86 所示。“图层”调板效果如图 7-87 所示。

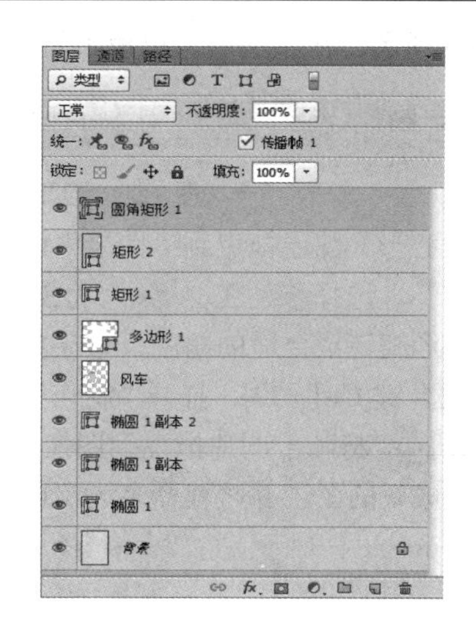

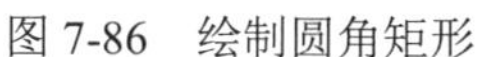
图 7-86　绘制圆角矩形　　　　图 7-87　“图层”调板

(9) 单击“图层”调板下方的新建图层组按钮，生成新的图层组并将其命名为“花”。选择直线工具，选择属性栏中的“形状”属性，填充为前景色，形状描边颜色设置为无，线条粗细选项设为 20px，如图 7-88 所示。按住[Shift]键的同时拖曳鼠标绘制直线，如图 7-89 所示。将图层重命名为“花柄”，如图 7-90 所示。

图 7-88　直线工具属性栏

(10) 按组合键[Ctrl + O]，打开“制作儿童插画背景”→“新素材”→“02.png”文件，选择移动工具，将图片拖曳到图像窗口中适当的位置，效果如图 7-91 所示。在“图层”调板中创建新图层，将其命名为“花朵”。

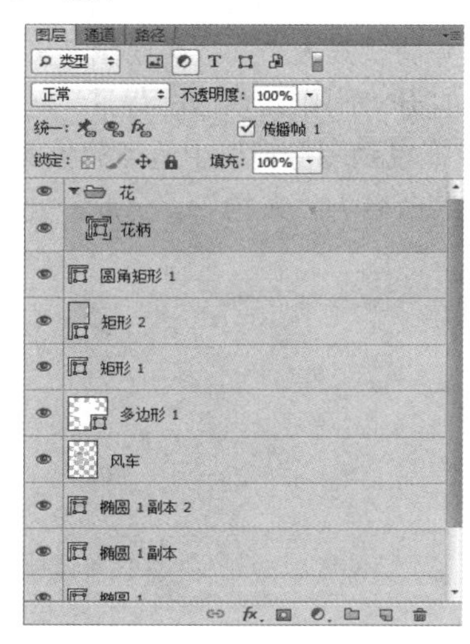

图 7-89　绘制直线　　　　图 7-90　“图层”调板　　　　图 7-91　添加花朵

(11) 将前景色设为淡黄色(RGB：243，227，156)，选择自定义形状工具，选择属性栏中的“形状”属性，填充为前景色，形状描边颜色设置为无，选择形状为红心型卡，如图 7-92 所示。按住[Shift]键的同时，拖曳鼠标绘制图形，并将图形旋转至合适的角度，效果如图 7-93 所示。在“图层”调板中新建图层，将其命名为“心形”。

图 7-92　自定义形状工具属性栏

(12) 将“心形”图层拖曳到“图层”调板下方的新建图层按钮上进行复制，生成新图层“心形副本”。选择移动工具，将副本图片拖曳到图像窗口中适当的位置并调整其大小，并将图形旋转至合适的角度，效果如图 7-94 所示。

(13) 按组合键[Ctrl + O]，打开“制作儿童插画背景”→“新素材”→“03.png”文件，选择移动工具，将叶子图片拖曳到图像窗口中适当的位置，效果如图 7-95 所示。在“图层”调板中生成新的图层并将其命名为“叶子”。至此，“花”图层组的效果制作完成。

图 7-93　绘制心形

图 7-94　复制并调整

图 7-95　“花”图层组

(14) 将“花”图层组拖曳到控制面板下方的新建图层按钮上进行复制，将其复制两次，生成新的副本图层组，如图 7-96 所示。选择移动工具，在图像窗口中分别将复制出的副本图形拖曳到合适的位置，并调整其大小，效果如图 7-97 所示。

(15) 按组合键[Ctrl + O]，打开“制作儿童插画背景”→“新素材”→“04.png”文件，选择移动工具，将人物图片拖曳到图像窗口中适当的位置，效果如图 7-98 所示。在“图层”调板中生成新的图层并将其命名为“人物”。至此，儿童插画背景效果制作完成。

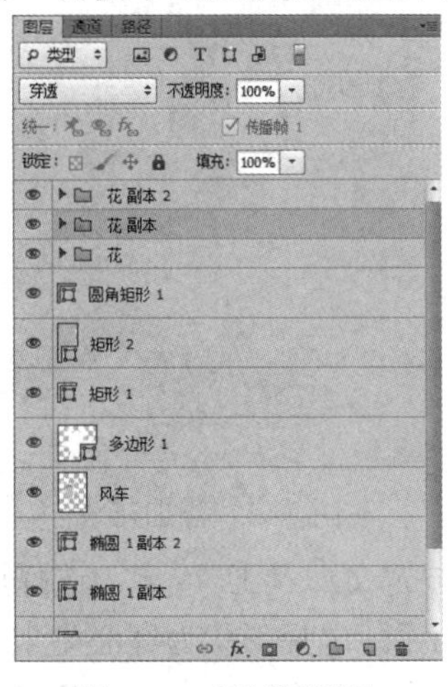

图 7-96　复制图层组

图 7-97　调整位置及大小

图 7-98　最终效果

7.6　路径的基本应用

在 Photoshop CS6 中，对路径的管理可以通过“路径”调板来完成。应用“路径”调板可以对创建的路径进行更加细致的编辑，在该调板中主要包括“路径”“工作路径”和“形状矢量蒙版”选项。在该调板中可以将路径转换成选区，将选区转换成工作路径，填充路径和对路径进行描边等。在菜单栏中执行“窗口”→“路径”命令，即可打开“路径”调板，如图 7-99 所示。通常情况下“路径”调板与“图层”调板被放置在同一个调板组中。

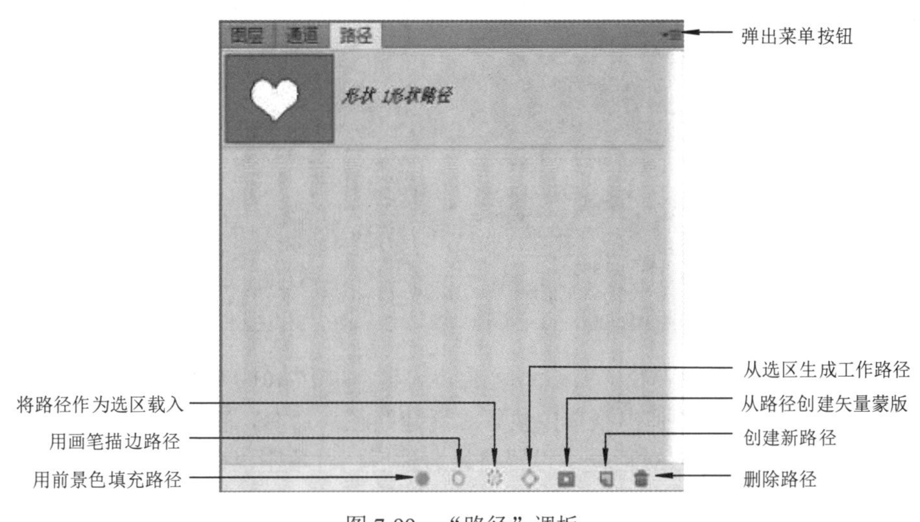

图 7-99　“路径”调板

“路径”调板属性栏中的各项含义如下：

(1) 路径：用于存放当前文件中创建的路径，在存储文件时路径会被存储到该文件中。

(2) 工作路径：一种用来定义轮廓的临时路径。

(3) 矢量蒙版：显示当前文件中创建的矢量蒙版的路径。

(4) 用前景色填充路径：单击此按钮可以对当前创建的路径区域以前景色填充。

(5) 用画笔描边路径：单击此按钮可以对创建的路径进行描边。

(6) 将路径作为选区载入：单击该按钮可以将当前路径转换成选区。

(7) 从选区生成工作路径：单击该按钮可以将当前选区转换成工作路径。

(8) 从路径创建矢量蒙版：单击该按钮可以在当前图层利用当前路径转换为矢量蒙版，注意矢量图层和背景图层无效。

(9) 创建新路径：单击该按钮可以新建路径。

(10) 删除路径：选定路径后，单击此按钮可以将选择的路径删除。

(11) 弹出菜单按钮：单击该按钮可以打开“路径”调板的弹出菜单。

7.6.1　新建路径

下面介绍创建路径的四种方法：

(1) 使用钢笔路径或形状工具在页面中绘制路径后，在“路径”调板中会自动创建一个“工作路径”图层，如图 7-100 所示。

提示：“路径”调板中的“工作路径”是用来存放路径的临时场所，在绘制第二个路径时该“工作路径”会消失，只有将其存储才能将其长久保留。

(2) 在“路径”调板中单击创建新路径按钮，此时在“路径”调板中会出现一个空白路径，如图 7-101 所示。此时再绘制路径，就会将其存放在此路径层中。

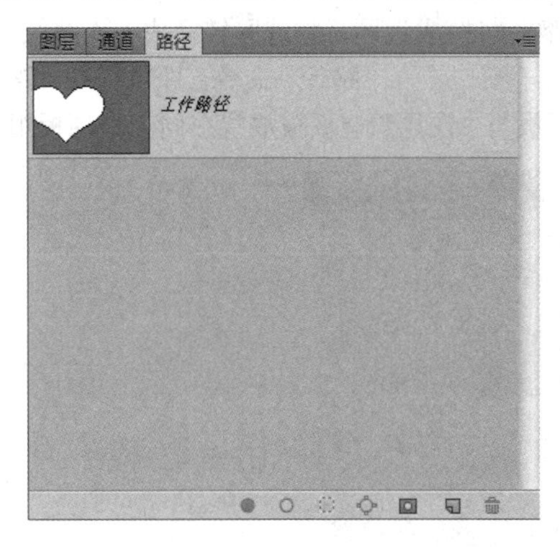

图 7-100　工作路径

图 7-101　新建路径

(3) 在“路径”调板的弹出菜单中执行“新建路径”命令，会弹出“新建路径”对话框，如图 7-102 所示。在该对话框中设置路径名称后，再单击“确定”按钮，即可新建一个自定义名称的路径。

(4) 创建形状图层后，在“路径”调板中会出现一个矢量蒙版，如图 7-103 所示。矢量蒙版只有选择该图层时，才会在“路径”调板中出现。

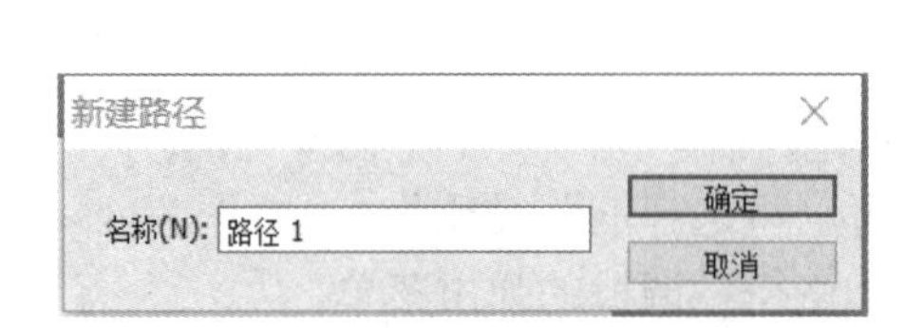

图 7-102　“新建路径”对话框

图 7-103　形状矢量蒙版路径

提示：按住[Alt]键的同时在“路径”调板中单击“创建新路径”按钮，系统也会弹出“新建路径”对话框。

7.6.2　存储工作路径

创建工作路径后，如果不及时存储，则绘制第二个路径时会将前一个路径删除。所以本小节教大家如何对“工作路径”进行存储，具体的方法有以下三种：

(1) 绘制路径时，系统会自动出现一个“工作路径”作为临时存放点，在“工作路径”上双击，即可弹出“存储路径”对话框，设置名称后，单击“确定”按钮，即可完成存储，如图 7-104 所示。

(2) 创建工作路径后，执行弹出菜单中的“存储路径”命令，也会弹出“存储路径”对话框，设置名称后，单击“确定”按钮，即可完成存储。

(3) 拖动“工作路径”到创建新路径按钮上，也可以存储工作路径。

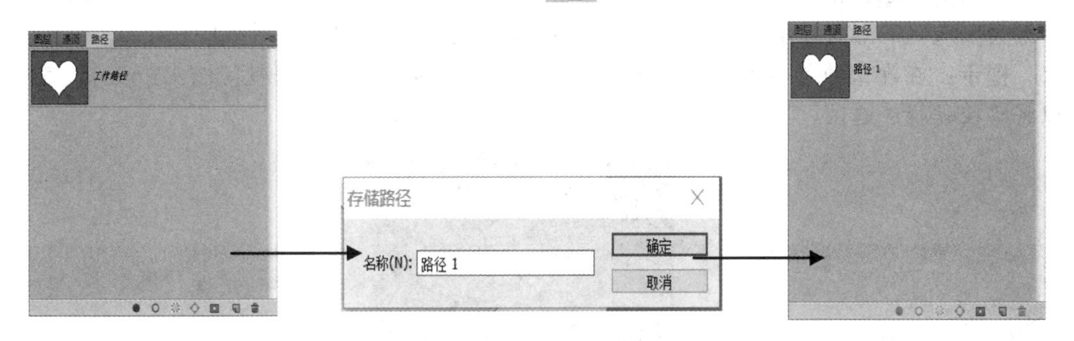

图 7-104　存储工作路径为路径

7.6.3　移动、复制、删除与隐藏路径

使用(路径选择工具)选择路径后，拖动路径到创建新路径按钮上时，就可以得到一个该路径的副本；拖动路径到删除路径按钮上时，就可以将当前路径删除；在“路径”调板空白处单击，可以将路径隐藏，如图 7-105 所示。

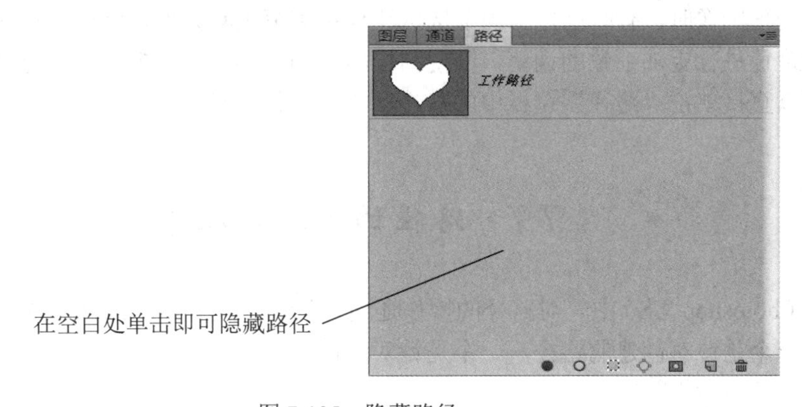

图 7-105　隐藏路径

7.6.4　路径转换成选区

在处理图像时，用到路径的机会不是很多，但是要对图像创建精确的选区时，就需要

使用路径。创建精确路径后再转换成选区，就可以应用 Photoshop 中对选区起作用的所有命令。单击“路径”调板中的将路径作为选区载入按钮，即可将创建的选区变成可编辑的选区。

练习：将路径转换成选区载入。

本练习是为了让大家了解路径转换为选区的过程。

操作步骤：

(1) 打开一个自己喜欢的图片作为背景，执行“文件”→“打开”命令或按组合键[Ctrl+O]，使用钢笔工具沿物体的边缘绘制一个封闭路径，如图 7-106 所示。

(2) 路径创建完毕后，单击将路径作为选区载入按钮 (见图 7-107)，此时图像中的路径会以选区的形式显示，“路径”调板中的路径还是存在的，如图 7-108 所示。

提示：在弹出的菜单中单击“建立选区”命令或者直接按组合键[Ctrl + Enter]，都可以将路径转换成选区。

图 7-106　创建路径

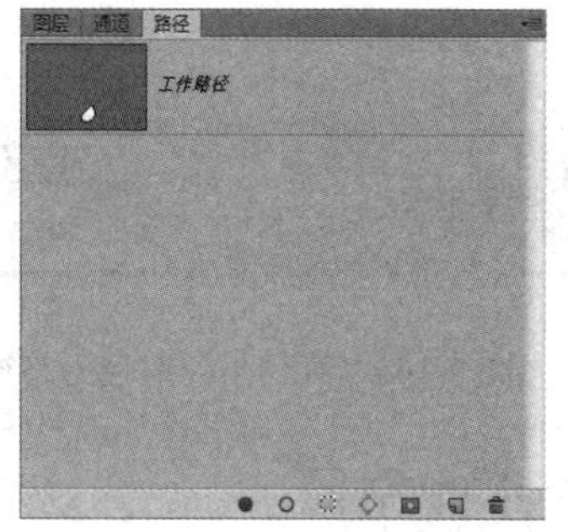

图 7-107　“路径”调板

图 7-108　将路径作为选区载入

7.6.5　选区转换成工作路径

在处理图像时，有时创建出局部选区比使用钢笔工具方便，将选区转换成路径，可以继续对路径进行更加细致的调整，以便制作出更加细致的图像抠图。将选区转换成工作路径，可以直接单击“路径”调板中的从选区生成工作路径按钮。

7.7　路径的描边与填充

在 Photoshop CS6 中，对路径的操作还包括描边与填充，和选区的描边与填充原理不同的是一个是针对创建的路径，一个是针对选区。

7.7.1　描边路径

在图像中创建路径后，可以应用“描边路径”命令对路径边缘进行描边。直接单击“路径”调板中的用画笔描边路径按钮 ，即可将路径进行描边，如图 7-109 所示。

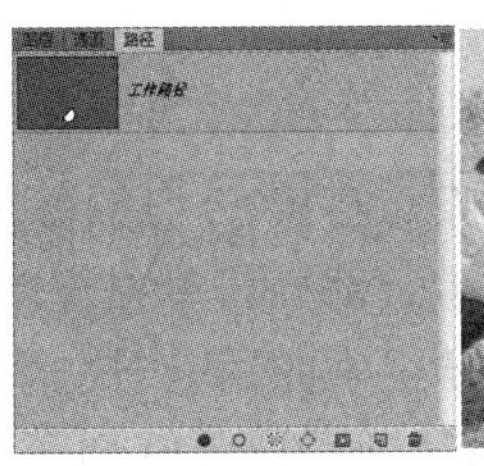

图 7-109　描边路径

练习：对路径进行描边。

本次练习主要让大家了解路径描边的方法。

操作步骤：

(1) 执行菜单“文件”→“打开”命令或按组合键[Ctrl + O]，打开自己喜欢的素材，使用形状工具创建如图 7-110 所示的路径。

(2) 选择 (加深工具)，设置画笔尺寸为 80 像素，如图 7-111 所示.

(3) 在路径面板弹出的菜单中选择“描边路径”命令，打开“描边路径”对话框，在其中可以选择描边工具，如图 7-112 所示。

(4) 选择“加深”选项，勾选“模拟压力”复选框，单击“确定”按钮，效果如图 7-113 所示。

(5) 再次反复执行该描边命令多次，直到出现心形的加深效果为止。

图 7-110　创建路径

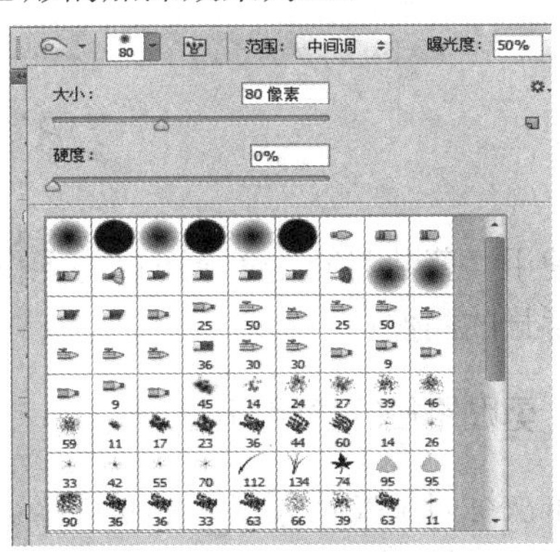

图 7-111　设置加深工具

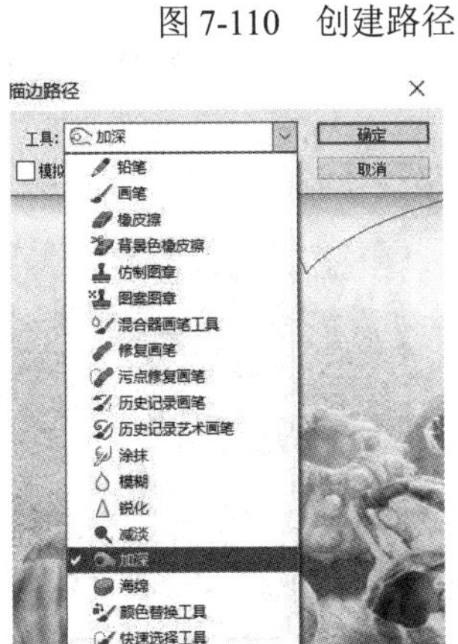

图 7-112　“描边路径”对话框

图 7-113　加深描边效果

7.7.2　填充路径

通过“路径”调板，可以为路径填充前景色、背景色或者图案。直接在“路径”调板中选择“路径”或“工作路径”时，填充的路径会是所有路径的组合部分。单独选择一个路径可以为子路径进行填充。要填充路径可以直接单击“路径”调板中的用前景色填充路径按钮●，将路径填充为前景色，其效果类似于直接绘制填充像素，如图 7-114 所示。

提示：弹出菜单中的“描边子路径”命令和“填充子路径”命令，只有在图像中选择子路径时才会被激活。

图 7-114　填充路径

7.8　剪贴路径

使用“剪贴路径”命令可以将图像的局部从整体中分离出来，在其他软件中可以得到透明背景的图像。

练习：剪贴路径的使用方法。

本次练习主要让大家了解通过“剪贴路径”命令制作无背景图像的方法。

操作步骤：

(1) 执行菜单“文件”→“打开”命令或按组合键[Ctrl + O]，打开素材，使用(钢笔工具)沿图像边缘创建路径，如图 7-115 所示。

(2) 拖动“工作路径”到创建新路径按钮上，得到“路径 1”，如图 7-116 所示。

图 7-115　在素材中创建路径

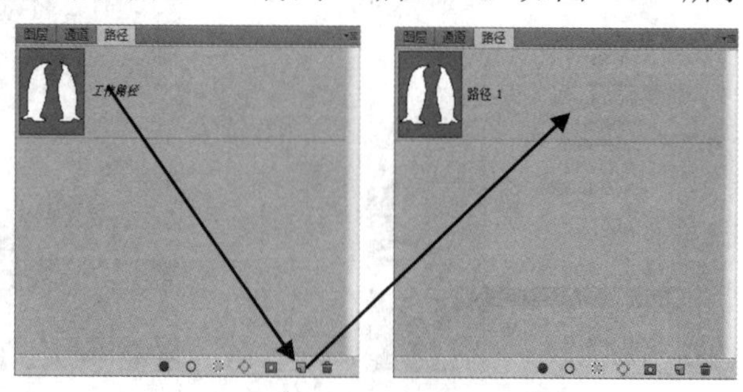

图 7-116　存储路径

提示：在图像像素边缘反差较大的图片中，可以考虑使用(自由钢笔工具)中的磁性功能，这样可以更加快速地创建路径。

(3) 在弹出的菜单中执行“剪贴路径”命令，打开“剪贴路径”对话框，其中的参数值设置如图 7-117 所示。

(4) 设置完毕后单击“确定”按钮，再在菜单栏中执行“文件”→“存储为”命令，选择存储位置，设置格式为 Photoshop EPS，如图 7-118 所示。

(5) 单击“保存”按钮，系统会弹出“EPS 选项”对话框，其中的参数值设置如图 7-119 所示。

图 7-117　“剪贴路径”对话框

图 7-118　“存储为”对话框

(6) 设置完毕单击“确定”按钮，在其他软件中导入该图像，会发现此图像为无背景图像。例如，在 Illustrator 中打开此图像，效果如图 7-120 所示。

提示：使用“剪贴路径”命令可以将路径内的图像单独分离出来，应用“剪贴路径”命令后不能直接看到效果，只有将其存储为 EPS 格式，在其他软件中置入后，才会发现该图像为透明背景的图像。

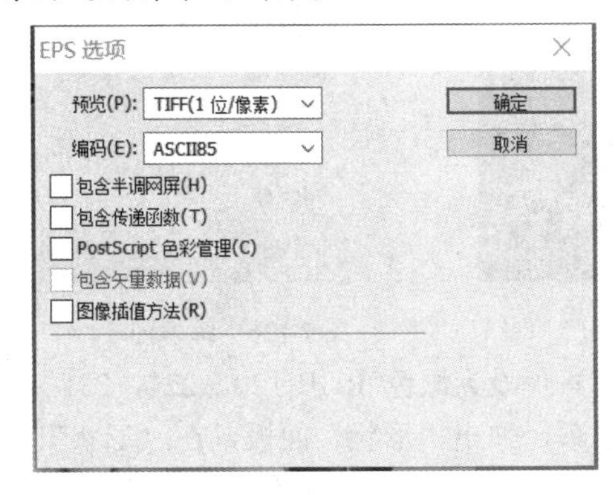

图 7-119　“EPS 选项”对话框

图 7-120　无背景图像

综合练习　制作插画

制作插画的步骤如下：

制作插画

(1) 新建文件，宽度为 10 厘米，高度为 15 厘米，分辨率为 150 像素/英寸，颜色模式为 RGB 模式，背景颜色为 RGB(1，163，62)。

(2) 新建图层并将其命名为“线条 1”。将前景色设为嫩绿色 RGB(189，255，0)。选择“画笔”工具，选择圆形画笔，主直径为 4 px。选择钢笔工具，在图像窗口中绘制路径，如图 7-121 所示。

(3) 选择路径选择工具，选取路径，并单击鼠标右键，在弹出的菜单中选择“描边路径”命令，在弹出的对话框中使用画笔进行描边，按[Enter]键将路径隐藏，如图 7-122 所示。

(4) 选择钢笔工具，在图像窗口中继续绘制路径，如图 7-123 所示。再次选择“描边路径”命令。按 Enter 键将路径隐藏，效果如图 7-124 所示。

(5) 使用相同的方法，绘制多条路径，并为路径进行描边，按[Enter]键将路径隐藏，效果如图 7-125 所示。“图层”调板中的效果如图 7-126 所示。

图 7-121　练习图 1

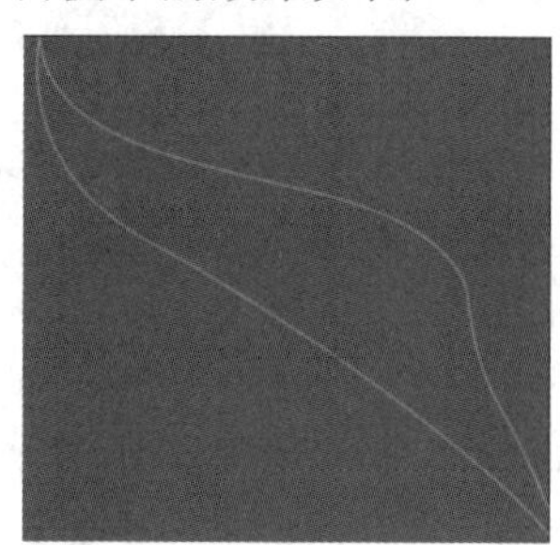

图 7-122　练习图 2

图 7-123　练习图 3

图 7-124　练习图 4

图 7-125　练习图 5

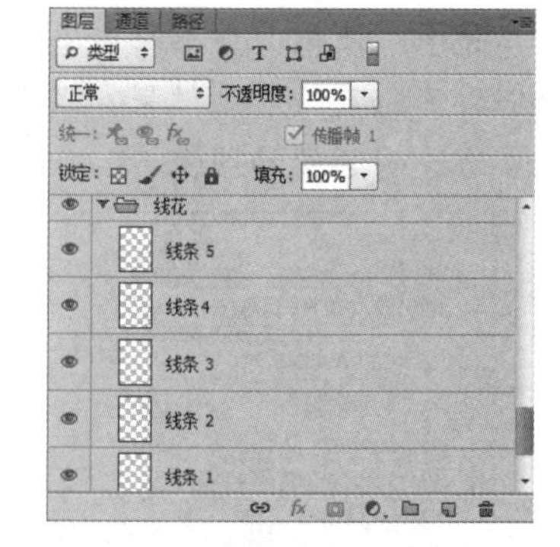

图 7-126　练习图 6

(6) 新建图层并将其命名为“花圈”。将前景色设为绿色 RGB(120，221，23)。选择自定形状工具，单击属性栏中的“形状”选项，弹出“形状”面板，在“形状”面板中选中图形“螺旋”，如图 7-127 所示。在属性栏中选中填充像素按钮，在图像窗口中拖曳绘制图形，如图 7-128 所示。按组合键[Ctrl + T]，图形周围出现变换框，将鼠标光标放在变换框的控制手柄外边，光标变为旋转图标↰，拖曳鼠标将图形旋转到适当的位置，并将其拖曳到适当的位置，按[Enter]键确定操作，如图 7-129 所示。

图 7-127　练习图 7

图 7-128　练习图 8

图 7-129　练习图 9

(7) 将“花圈”图层复制两次，生成新的副本图层，分别调整图形的大小，并分别旋转适当的角度，效果如图 7-130 所示。

(8) 新建图层并将其命名为“多个圆形”。将前景色设为嫩绿色 RGB(189，255，0)。选择椭圆工具，选中属性栏中的“路径”选项，按住[Shift]键的同时，在图像窗口中左下方绘制路径，如图 7-131 所示。选择路径选择工具，选中路径，按组合键[Ctrl + C]，复制路径，按组合键[Ctrl + V]，粘贴路径。按组合键[Ctrl + T]，路径周围出现控制手柄。按住组合键[Shift + Alt]的同时，调整路径的大小，按[Enter]键后效果如图 7-132 所示。

图 7-130　练习图 10

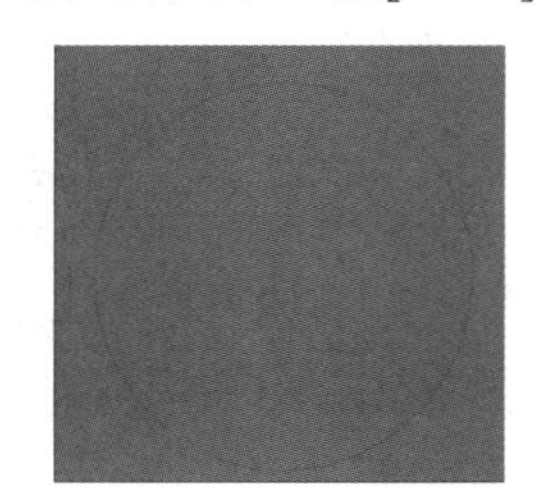

图 7-131　练习图 11

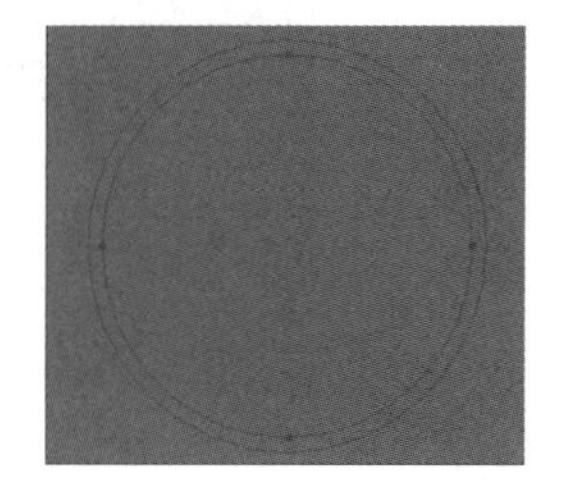

图 7-132　练习图 12

(9) 使用相同的方法复制多个路径，并调整路径的大小，效果如图 7-133 所示。选择路径选择工具，用圈选的方法，将路径同时选取，在属性栏中单击右对齐按钮，效果如图 7-134 所示。按组合键[Ctrl + T]，路径周围出现控制手柄，将鼠标光标放在变换框的控制手柄外边，光标变为旋转图标↰，拖曳鼠标将路径旋转到适当的角度，按[Enter]键确定操作，效果如图 7-135 所示。

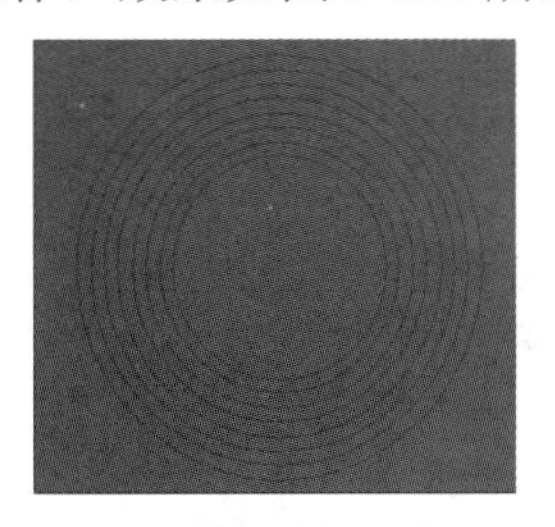

图 7-133　练习图 13

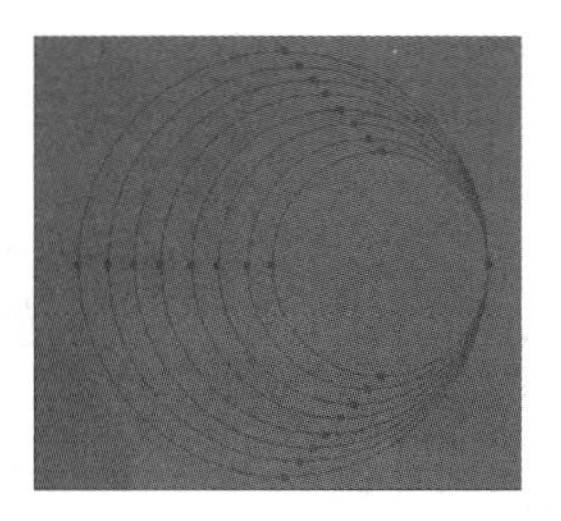

图 7-134　练习图 14

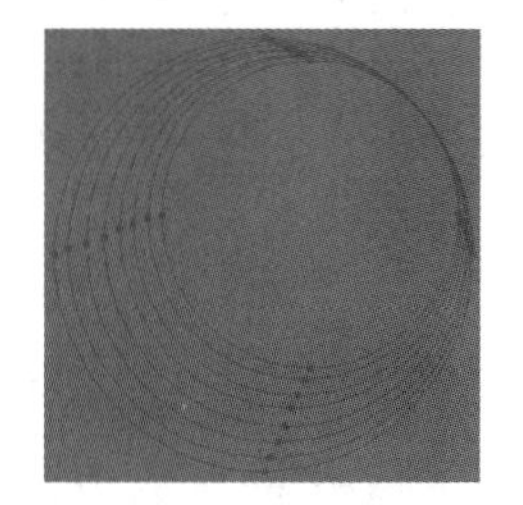

图 7-135　练习图 15

(10) 选择画笔工具，选择圆形画笔，主直径为 3px。选择路径选择工具，选择“描边路径”命令，使用画笔描边，按[Enter]键将路径隐藏，效果如图 7-136 所示。

(11) 新建图层并将其命名为“花”。将前景色设为黄色 RGB(254，242，0)。选择自定形状工具，单击属性栏中的“形状”选项，弹出“形状”面板，在“形状”面板中选中图形“花 5”，如图 7-137 所示。在属性栏中选中填充像素按钮，拖曳鼠标绘制图形，如图 7-138 所示。

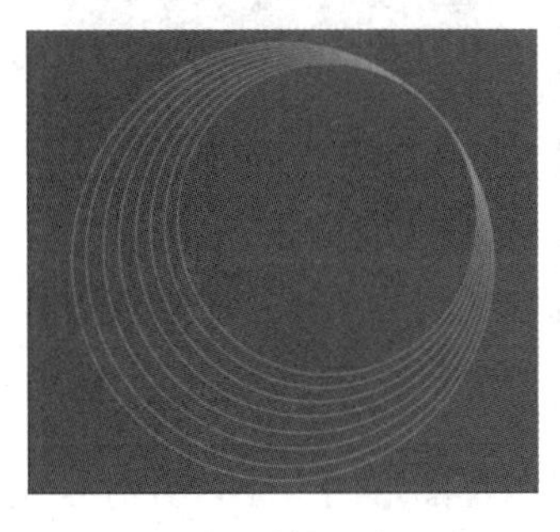

图 7-136　练习图 16

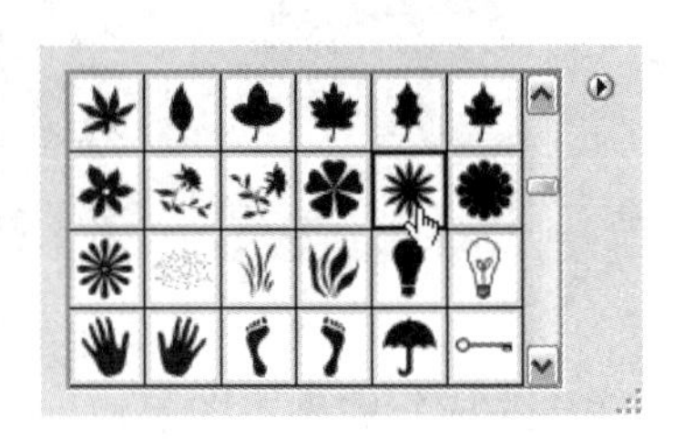

图 7-137　练习图 17

图 7-138　练习图 18

(12) 新建图层并将其命名为“逗点”。将前景色设为白色。选择钢笔工具，在图像窗口绘制路径，如图 7-139 所示。按组合键[Ctrl + Enter]，将路径转换为选区，按组合键[Alt + Delete]，用前景色填充选区，按组合键[Ctrl + D]取消选区，效果如图 7-140 所示。

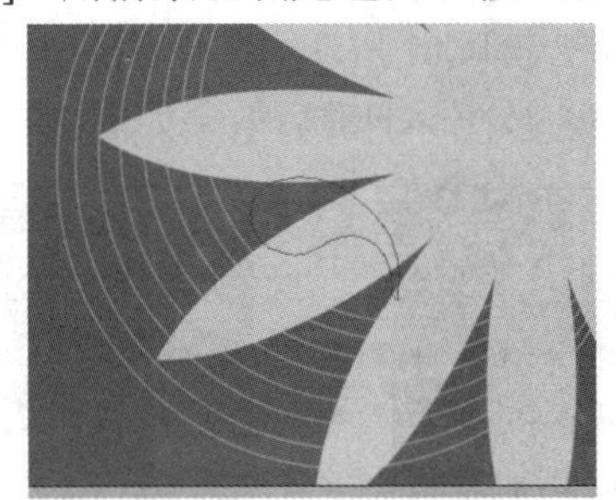

图 7-139　练习图 19

图 7-140　练习图 20

(13) 将“逗点”图层拖曳到“图层”调板下方的新建图层按钮上进行复制，生成新的图层“逗点副本”，如图 7-141 所示。将“逗点副本”图层拖曳到“逗点”图层的下方。

(14) 按组合键[Ctrl + T]，图形周围出现控制手柄，将鼠标光标放在变换框的控制手柄外边，光标变为旋转图标，拖曳鼠标将图形旋转到适当的角度，并调整大小，按[Enter]确定操作，效果如图 7-142 所示。

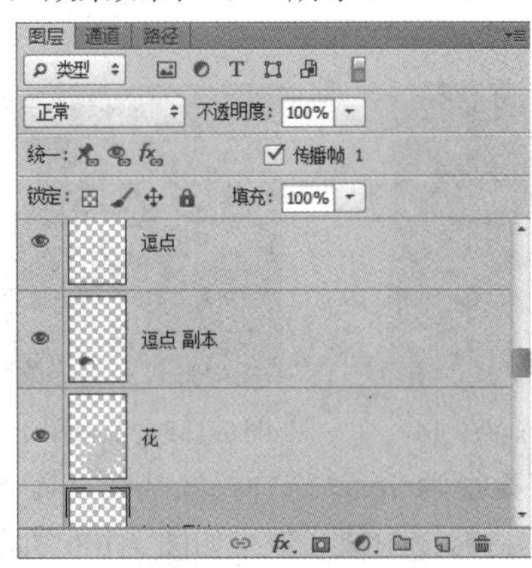

图 7-141　练习图 21

图 7-142　练习图 22

(15) 按住[Ctrl]键的同时，单击“逗点副本”图层的缩览图，图形周围生成选中区域；将前景色设为洋红色 RGB(220，40，140)；按组合键[Alt + Delete]，用前景色填充选区，按组合键[Ctrl + D]取消选区，效果如图 7-143 所示。

(16) 将“逗点副本”图层拖曳到“图层”调板下方的新建图层按钮上进行复制，生成新的图层“逗点副本 2”，将“逗点副本”图层拖曳到“逗点副本”图层的下方，如图 7-144 所示。

(17) 按组合键[Ctrl + T]，图形周围出现控制手柄，调整图形的大小并拖曳到适当的位置，按[Enter]键确定操作，效果如图 7-145 所示。

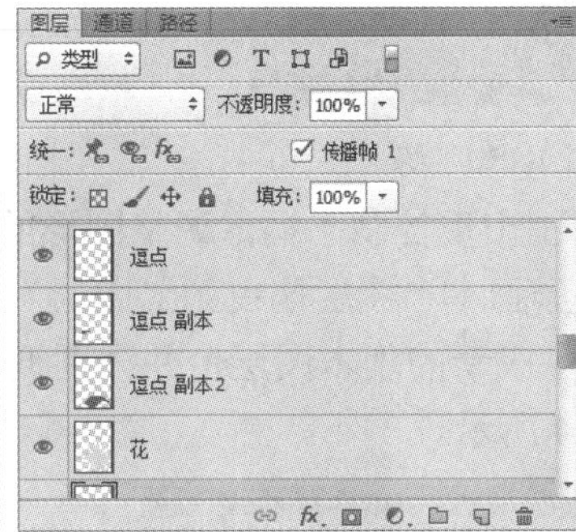

图 7-143　练习图 23　　　图 7-144　练习图 24　　　图 7-145　练习图 25

(18) 新建图层并将其命名为“形状 1”，选择钢笔工具，在图像窗口的右下方绘制路径，如图 7-146 所示；将前景色设为紫色 RGB(220，40，140)，按组合键[Ctrl + Enter]将路径转换为选区，按组合键[Alt + Delete]用前景色填充选区，按组合键[Ctrl + D]取消选区，效果如图 7-147 所示。

(19) 打开素材“01.jpg”文件，选择移动工具，将人物图片拖曳到图像窗口的右侧，效果如图 7-148 所示；在“图层”调板中生成新的图层并将其命名为“人物”。

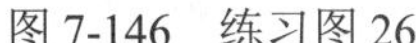

图 7-146　练习图 26　　　图 7-147　练习图 27　　　图 7-148　练习图 28

(20) 新建图层并将其命名为“心形”，将前景色设为黄色 RGB(251，165，30)；选择自定形状工具，单击属性栏中的“形状”选项，在弹出的“形状”面板中选中图形“心形”，如图 7-149 所示；在属性栏中选中“填充像素”选项，在人物的右侧拖曳绘制图形，效果如图 7-150 所示。

(21) 将“心形”图层拖曳到“图层”调板下方的新建图层按钮上进行复制，生成新的图层“心形副本”；按住[Ctrl]键的同时，单击“心形副本”图层的缩览图，在图形周围生成选中区域，用白色填充选区，并在“图层”调板上方将“心形副本”图层的“不透明度”

选项设为 20%，如图 7-151 所示。

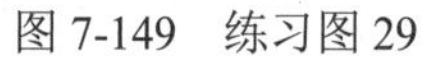

图 7-149　练习图 29

图 7-150　练习图 30

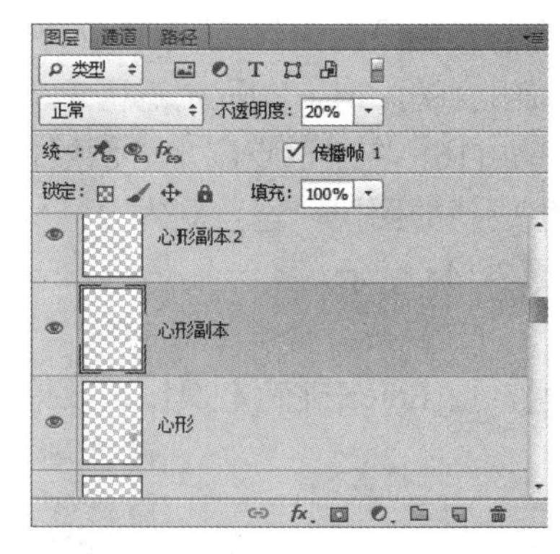

图 7-151　练习图 31

(22) 按组合键[Ctrl + T]，图形周围出现控制手柄，调整图形的大小，按[Enter]键确定操作，效果如图 7-152 所示；将“心形副本”图层拖曳到“图层”调板下方的新建图层按钮 上进行复制，将其复制两次，生成新的副本图层，并分别调整不透明度，设置图层如图 7-153 所示，图像效果如图 7-154 所示。

图 7-152　练习图 32

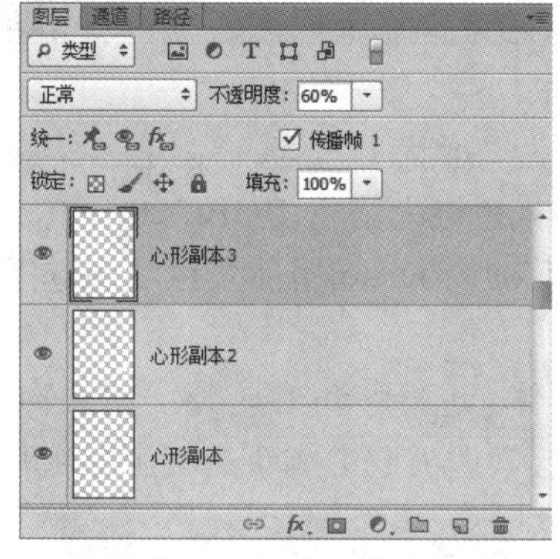

图 7-153　练习图 33

图 7-154　练习图 34

(23) 新建图层并将其命名为“小鸟”，将前景色设为白色；选择自定形状工具，单击属性栏中的“形状”选项，在弹出的“形状”面板中选中图形“鸟 2”，如图 7-155 所示；在属性栏中选中“填充像素”选项，在图像窗口中拖曳绘制图形，如图 7-156 所示。

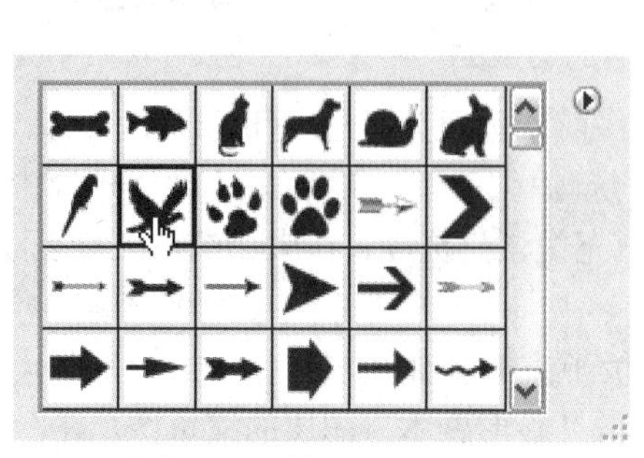

图 7-155　练习图 35

图 7-156　练习图 36

(24) 按组合键[Ctrl + T]，图形周围出现控制手柄，将鼠标光标放在变换框的控制手柄外边，光标变为旋转图标↰，拖曳鼠标将图形旋转到适当的角度，单击鼠标右键，在弹出的菜单中选择“扭曲”命令，调整各个控制点的位置，如图 7-157 所示；再次单击鼠标右键，在弹出的菜单中选择“水平翻转”命令，并拖曳到适当的位置，按[Enter]键确定操作，效果如图 7-158 所示。

(25) 复制“小鸟”图层，按组合键[Ctrl + T]，图形周围出现控制手柄，调整图形的大小，并将其旋转拖曳到适当的位置，按[Enter]键确定操作，效果如图 7-159 所示。

图 7-157　练习图 37

图 7-158　练习图 38

图 7-159　练习图 39

(26) 新建图层并将其命名为“画笔圆点”，选择画笔工具，单击属性栏中的切换画笔调板按钮，在弹出的“画笔”调板中选择“画笔笔尖形状”选项；然后在弹出的“画笔笔尖形状”面板中选择需要的画笔形状，其他选项的设置如图 7-160 所示；选择“形状动态”选项，在弹出的“形状动态”面板中进行参数设置，如图 7-161 所示。

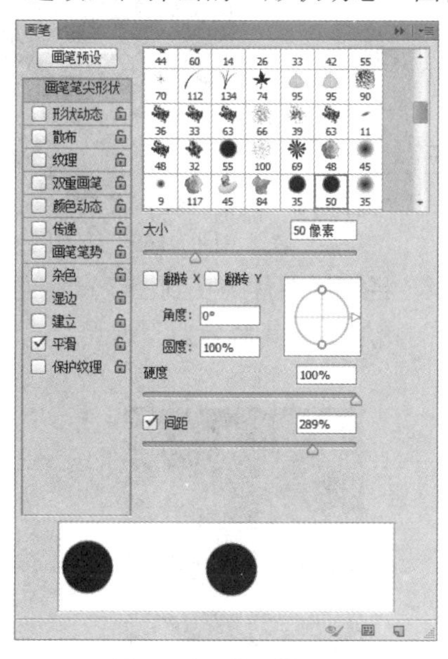

图 7-160　练习图 40

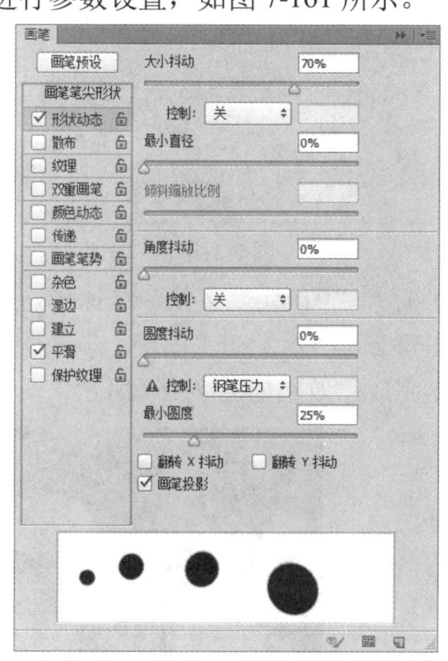

图 7-161　练习图 41

(27) 选择“散布”选项，在弹出的“散布”面板中设置参数，如图 7-162 所示；在图像窗口中拖曳鼠标绘制图形，图像效果如图 7-163 所示。

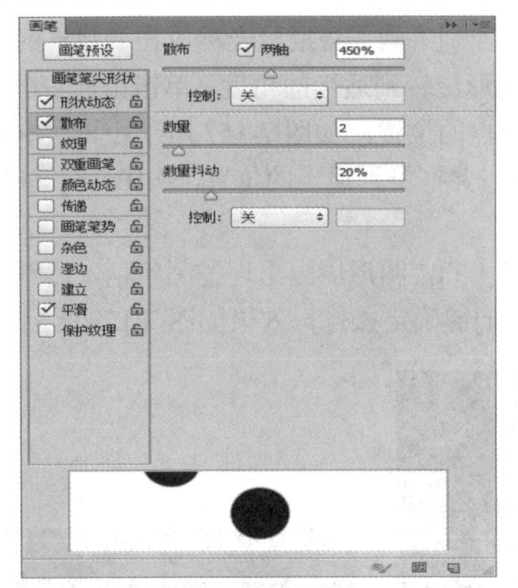

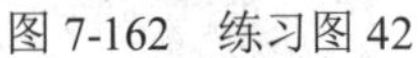

图 7-162　练习图 42　　　　图 7-163　练习图 43

(28) 单击“图层”调板下方的添加图层样式按钮 *fx*，在弹出的菜单中选择“描边”命令，在“描边”对话框中将描边颜色设为黄色 RGB(254，242，0)，其他选项的设置如图 7-164 所示，单击“确定”按钮，效果如图 7-165 所示。

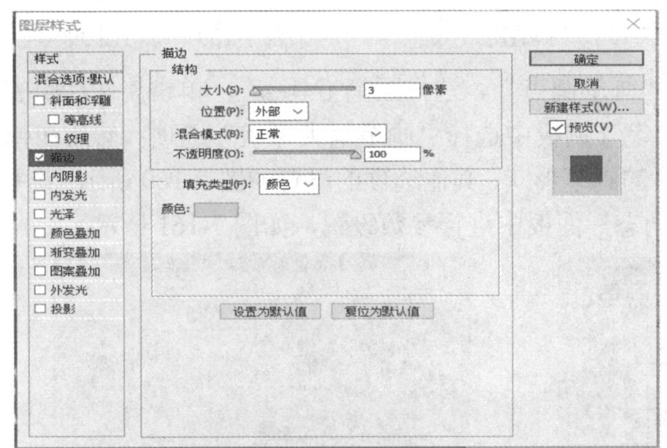

图 7-164　练习图 44　　　　图 7-165　练习图 45

(29) 打开“02.jpg”文件，选择移动工具，将蝴蝶图片拖曳到图像窗口的左下角，效果如图 7-166 所示；在“图层”调板中生成新的图层并将其命名为“蝴蝶”，动感插画效果制作完成，效果如图 7-167 所示。

图 7-166　练习图 46　　　　图 7-167　练习图 47

第 8 章　文 字 处 理

在 Photoshop CS6 中，用于创建文字或文字选区的工具被集中在横排文字工具组中，其中包含T(横排文字工具)、↓T(直排文字工具)、T(横排文字蒙版工具)和↓T(直排文字蒙版工具)，如图 8-1 所示。

图 8-1　文字工具

8.1　直接输入文字

在 Photoshop CS6 中，能够直接创建文字的工具只有两个：T(横排文字工具)和↓T(直排文字工具)。

8.1.1　输入横排文字

在 Photoshop CS6 中，使用T(横排文字工具)可以在水平方向上输入横排文字，该工具是文字工具组中最基本的文字输入工具，同时也是使用最频繁的一个工具。

T(横排文字工具)的使用方法非常简单，只要在工具箱中选择T(横排文字工具)，然后在画面中找到要输入文字的地方。单击鼠标会出现输入光标，此时输入所需要的文字即可，输入方法如图 8-2 所示，这种文字输入方法也称为点式文字输入法。

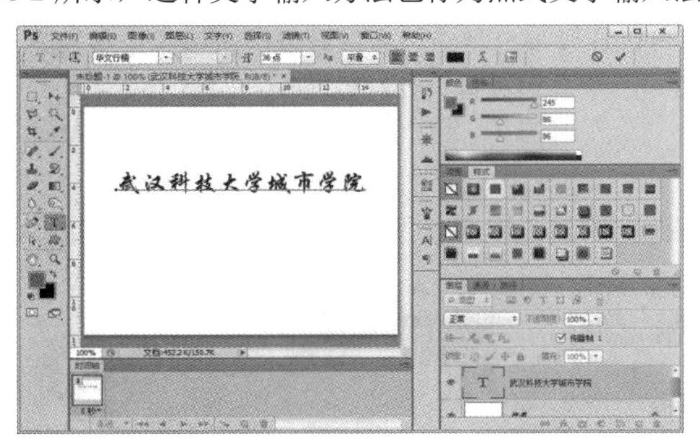

图 8-2　输入的文字

提示：文字输入完毕后，单击提交所有当前编辑按钮✓，或在工具箱中单击一下其他工具，即可完成文字的输入。

在工具箱中选择横排文字工具输入文字后，属性栏会变成该工具对应的选项，如图 8-3 所示。

图 8-3　横排文字工具属性栏

横排文字工具属性栏中的各项含义如下：

(1) 更改文字方向 ：单击此按钮即可将输入的文字在水平与垂直之间进行转换。

(2) 字体：用来设置输入文字的字体。单击该下拉列表按钮，可以在下拉列表中选择文字的字体，在 Photoshop CS4 以后的版本中，会自动显示字体预览效果。

(3) 字体样式：选择不同字体时，会在字体样式下拉列表中出现该文字字体对应的不同字体样式。例如选择 Arial 字体时，字体样式列表中就会包含六种该文字字体所对应的样式，如图 8-4 所示。选择不同样式时输入的文字会有所不同，如图 8-5 所示。

提示：不是所有的字体都存在字体样式。

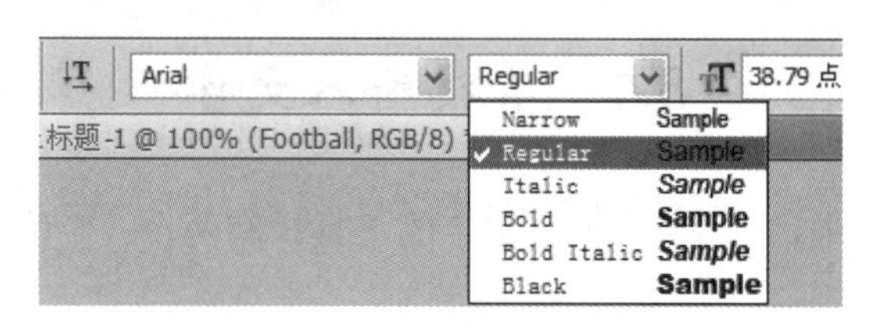

图 8-4　字体样式

City College	*City College*	**City College**	***City College***	**City College**
Regular 样式	Italic 样式	Bold 样式	Bold Italic 样式	Black 样式

图 8-5　Arial 字体的五种样式

(4) 文字大小：用来设置输入文字的大小，可以在下拉列表中选择，也可以直接在文本框中输入数值。

(5) 消除锯齿：可以通过部分填充边缘像素来产生边缘平滑的文字。其下拉列表中包含五个选项，如图 8-6 所示。该设置只针对当前输入的整个文字起作用，不能对单个字符起作用。

(6) 对齐方式：用来设置输入文字的对齐方式，包括文本左对齐、文本水平居中对齐和文本右对齐，如图 8-7 所示。

图 8-6　消除锯齿选项

图 8-7　三种对齐方式

(7) 文字颜色：用来控制输入文字的颜色。

(8) 文字变形：输入文字后，单击该按钮可以在弹出的“文字变形”对话框中对输入的文字进行变形设置。

(9) 显示或隐藏“字符”和“段落”调板：单击该按钮即可将“字符”和“段落”调板组进行显示。图 8-8 所示的图像为“字符”调板，图 8-9 所示的图像为“段落”调板。

(10) 取消所有当前编辑：将当前编辑状态下的文字还原。

(11) 提交所有当前编辑：将正处于编辑状态的文字应用使用的编辑效果。

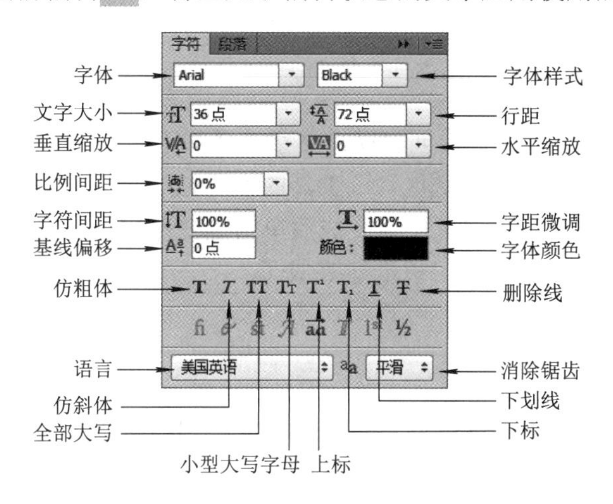

图 8-8　“字符”调板

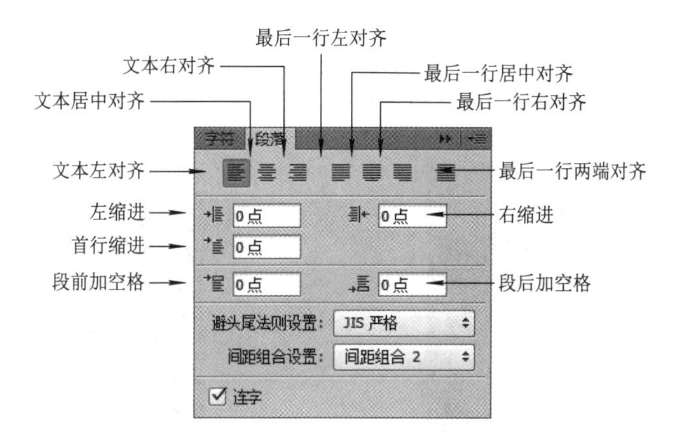

图 8-9　“段落”调板

提示：取消所有当前编辑按钮与提交所有当前编辑按钮，只有当文字处于输入状态时才可以显示出来。“段落”调板的设置在段落文字中才有效，其具体设置参考 8.6 节段落文字的使用。

8.1.2　输入直排文字

在 Photoshop CS6 中使用(直排文字工具)可以在垂直方向上输入竖排文字。该工具的使用方法与(横排文字工具)相同，其属性栏也是一模一样的。

8.2 文 字 蒙 版

设计作品时，经常会遇到在文字上添加一些其他图案的情况，这时如果直接使用文字工具创建文字后，再调出选区就会变得比较麻烦，但是不用担心，Photoshop CS6 提供了直接创建文字选区的工具(横排文字蒙版工具)和(直排文字蒙版工具)。

8.2.1 横排文字选区

在 Photoshop CS6 中能够直接创建横排文字选区的工具为(横排文字蒙版工具)。可以在水平方向上直接创建文字选区，该工具的使用方法与(横排文字工具)相同，只是在创建过程中一直处于蒙版状态，创建完成后单击提交所有当前编辑按钮或在工具箱中直接单击一下其他工具，选区便可以创建完成了。

8.2.2 直排文字选区

在 Photoshop CS6 中使用(直排文字蒙版工具)可以在垂直方向上直接创建文字选区。该工具的使用方法与(直排文字工具)相同，只是在创建过程中一直处于蒙版状态，创建完成后单击提交所有当前编辑按钮或在工具箱中直接单击一下其他工具，选区便可以创建完成了。

技巧：使用横排文字蒙版工具和直排文字蒙版工具创建选区时，在文字输入后没有被提交之前，选区的字体和大小是可以更改的，提交之后则无法改变，如图 8-10 所示。

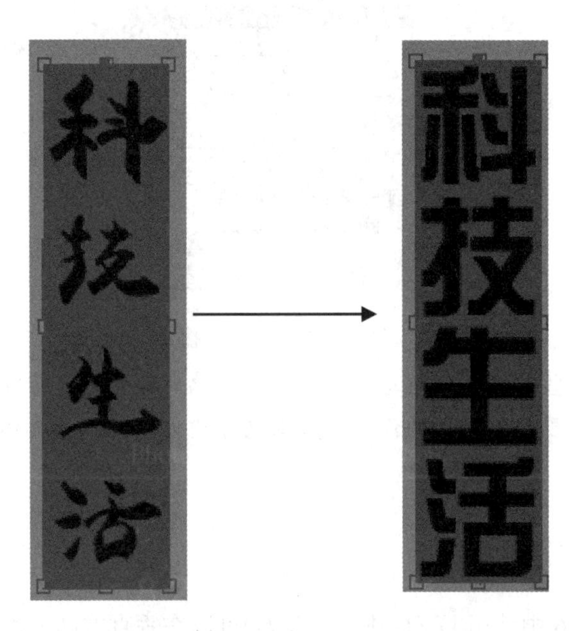

图 8-10　改变选区的字体

8.3　文 字 变 形

在 Photoshop 中通过“文字变形”命令可以对输入的文字进行更加艺术化的变形，使文字更加具有观赏感，变形后仍然具有文字所具有的共性。“文字变形”命令可以在输入文字对通过直接单击文字变形按钮来执行，或者执行菜单“图层”→“文字”→“文字变形”命令来打开“变形文字”对话框，如图 8-11 所示。

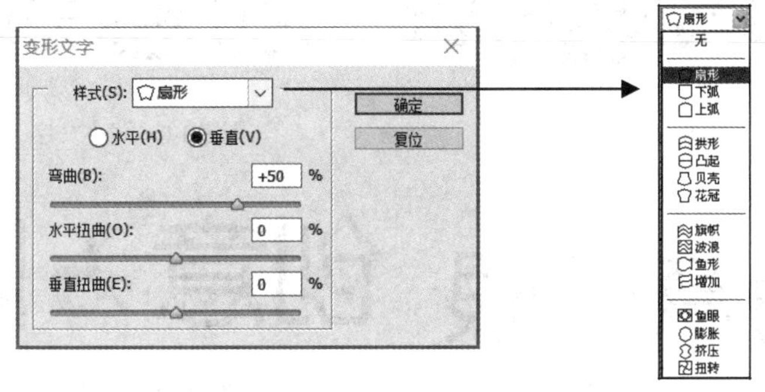

图 8-11　“变形文字”对话框

“变形文字”对话框中的各项含义如下：

(1) 样式：用来设置文字变形的效果，在下拉列表中可以选择相应的样式。

(2) 水平/垂直：用来设置变形的方向。

(3) 弯曲：设置变形样式的弯曲程度。

(4) 水平扭曲：设置水平方向上扭曲的程度。

(5) 垂直扭曲：设置垂直方向上扭曲的程度。

输入文字后，分别对输入的文字应用扇形与上弧效果，并勾选“水平”单选框，设置弯曲为 50%、水平扭曲和垂直扭曲为 0，得到如图 8-12 所示的效果。

不变形　　扇形　　上弧

图 8-12　文字变形

8.4　编 辑 文 字

在 Photoshop 中编辑文字指的是对已经创建的文字通过属性栏、“字符”调板或“段落”调板进行重新设置，例如设置文字行距、文字缩放、基线偏移等。属性栏中针对文字的设置已经讲过了，本节主要讲解“字符”调板和“段落”调板中关于文字的一些基本编辑。

8.4.1　设置文字

使用 T (横排文字工具)在图像中输入文字后，在单个文字或字母上拖曳鼠标，可以单独选取要选取的文字或字母，在属性栏中可以改变选取的文字或字母的大小、颜色或字体等，如图 8-13～图 8-16 所示。

图 8-13　原图 　　图 8-14　缩小文字

图 8-15　文字变色 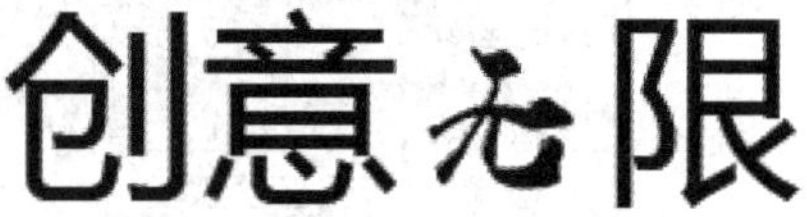　　图 8-16　更改字体

8.4.2　字符间距

字符间距指的是放宽或收紧字符之间的距离。输入文字后，在“字符”调板中单击字距调整右边的下拉列表，在其中分别选择 –100 和 200，得到如图 8-17 和图 8-18 所示的效果。

8.4.3　比例间距

比例间距按指定的百分比值减少字符周围的空间。比例间距数值越大，字符间压缩越紧密，取值范围是 0%～100%。输入文字后，在“字符”调板中单击比例间距右边的下拉列表，在其中选择比例间距为 90%，此时字符间距将会缩紧，如图 8-19 所示。

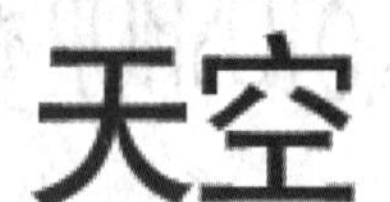

图 8-17　字符间距–100

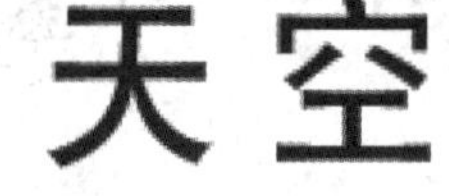

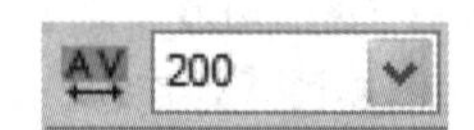

图 8-18　字符间距 200

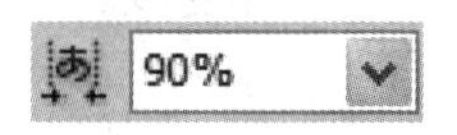

图 8-19　比例间距

提示：要想使“设置比例间距”选项出现在“字符”调板中，那就必须在“首选项”对话框的“文字”选项中选择“显示亚洲字体选项”选项。

8.4.4　字距微调

字距微调是增加或减少特定字符之间的间距的过程。在“字距微调”下拉列表中包含三个选项：度量标准、视觉和 0。输入文字后，分别选择不同选项后会得到如图 8-20 所示的效果。

度量标准　　视觉　　0

图 8-20　字距微调

8.4.5　水平缩放与垂直缩放

水平缩放与垂直缩放用来对输入文字在水平或垂直方向上进行缩放，如图 8-21 所示为分别设置垂直与水平缩放值为 300%时的效果。

原图

垂直缩放

水平缩放

图 8-21　垂直缩放与水平缩放

8.4.6　基线偏移

基线偏移可以使选中的字符相对于基线进行提升或下降。输入文字后，选择其中的一个文字，如图 8-22 所示，设置基线偏移为 10 和–10，得到如图 8-23 和图 8-24 所示的效果。

图 8-22　正常文字 　　图 8-23　偏移为 10 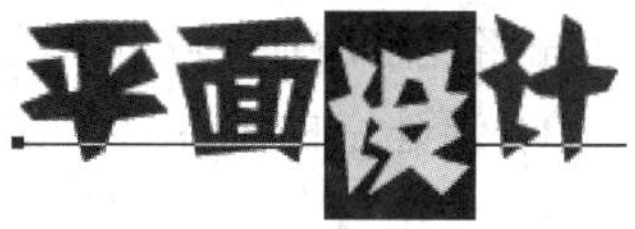　　图 8-24　偏移为–10

8.4.7　文字行距

文字行距指的是文字基线与下一行基线之间的垂直距离。输入文字后，在“字符”调板的行距文本框中输入相应的数值，会使垂直文字之间的距离发生改变，如图 8-25 和图 8-26 所示。

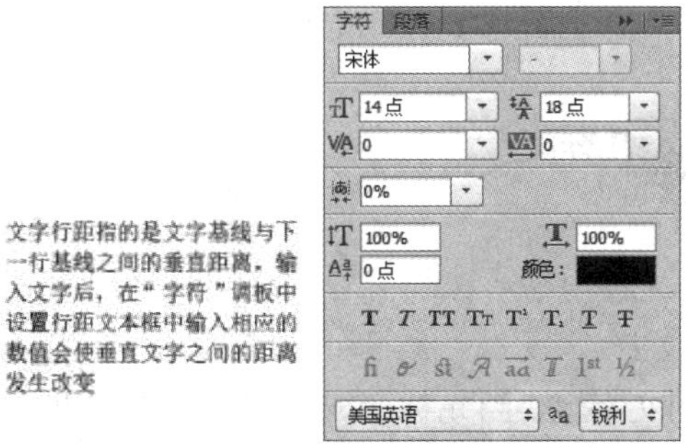

文字行距指的是文字基线与下一行基线之间的垂直距离，输入文字后，在“字符”调板中设置行距文本框中输入相应的数值会使垂直文字之间的距离发生改变

图 8-25　行距为 18 时的效果

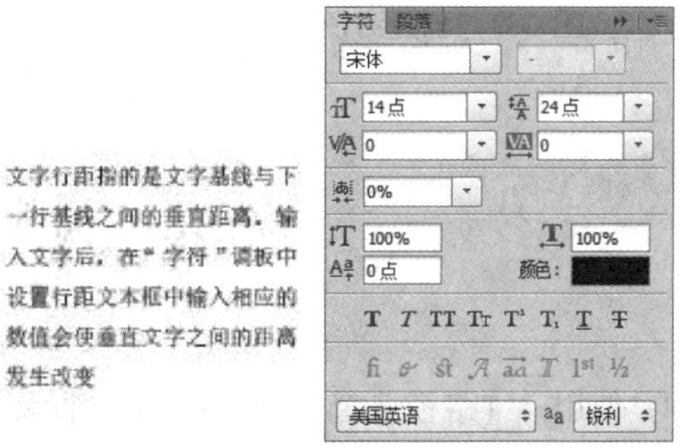

文字行距指的是文字基线与下一行基线之间的垂直距离，输入文字后，在“字符”调板中设置行距文本框中输入相应的数值会使垂直文字之间的距离发生改变

图 8-26　行距为 24 时的效果

8.4.8　字符样式

字符样式指的是输入字符的显示状态，单击不同按钮会完成所选字符的样式效果，包括仿粗体、斜体、全部大写字母、上标、下标、下画线和删除线等。图 8-27～图 8-30 所示的图像分别为原图和应用斜体、上标和下画线后的效果。

图 8-27　原图

图 8-28　斜体

图 8-29　上标

图 8-30　下画线

8.5　创建路径文字

自 Photoshop CS 版本之后，便可以在创建的路径上直接输入文字。

8.5.1　在路径上添加文字

在路径上添加文字指的是在所创建路径的外侧创建文字。方法如下：

(1) 新建空白文件后，使用(钢笔工具)在页面中创建如图 8-31 所示的曲线路径。

(2) 使用(横排文字工具)将光标拖动到路径上，当光标变成形状时，单击鼠标，变成如图 8-32 所示的形状时，便可以输入所需的文字了。

(3) 此时输入需要的文字，如图 8-33 所示。

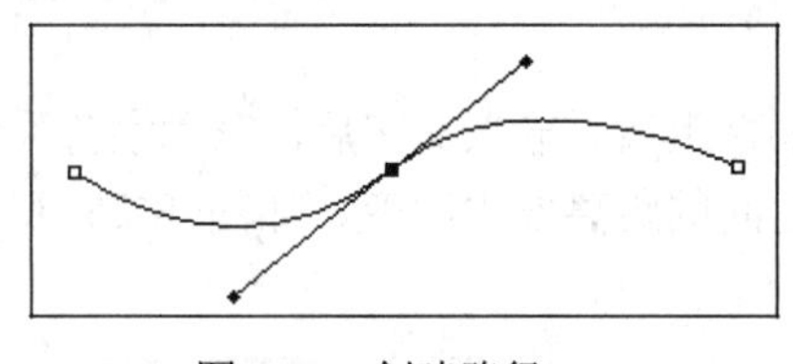

图 8-31　创建路径

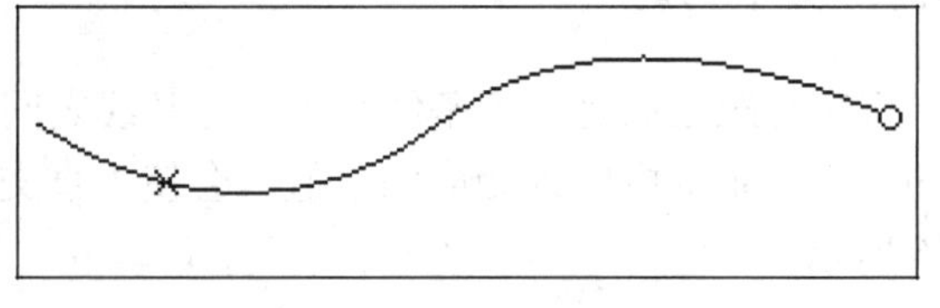

图 8-32　设置起点

图 8-33　输入文字

(4) 使用(路径选择工具)后，将光标移动到文字上，当光标变成如图 8-34 所示的形状时，按下鼠标并水平拖动会改变文字在路径上的位置，如图 8-35 所示。

图 8-34　选择拖动点

PHOTOSHOP 案

图 8-35　拖动

(5) 按住鼠标向下拖动，即可将文字更改方向和依附路径的顺序，如图 8-36 所示。

(6) 在“路径”调板空白处单击鼠标可以将路径隐藏，如图 8-37 所示。

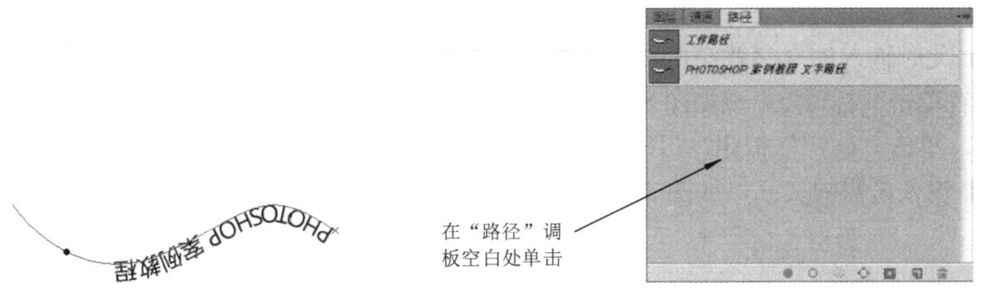

图 8-36　更改方向　　　　图 8-37　隐藏路径

8.5.2　在路径内添加文字

在路径内添加文字指的是在创建的封闭路径内创建文字。方法如下：

(1) 新建文件后，使用椭圆工具在页面中创建椭圆路径。

(2) 使用横排文字工具将光标拖动到椭圆路径内部，当光标变成如图 8-38 所示的形状时，单击鼠标，变成如图 8-39 所示的状态便可以输入所需的文字了。

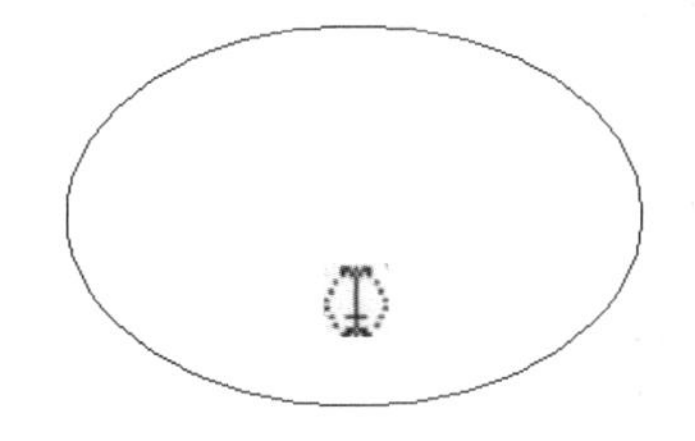

图 8-38　选择起点

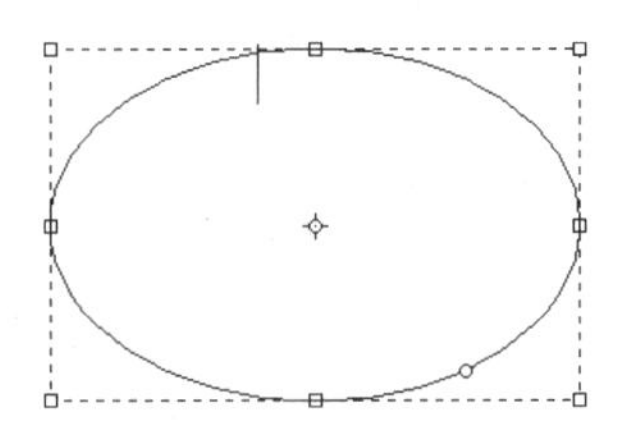

图 8-39　设置起点

(3) 输入需要的文字，如图 8-40 所示。

(4) 从输入的文字中可以看到文字按照路径形状自行更改位置，将路径隐藏即可完成输入，如图 8-41 所示。

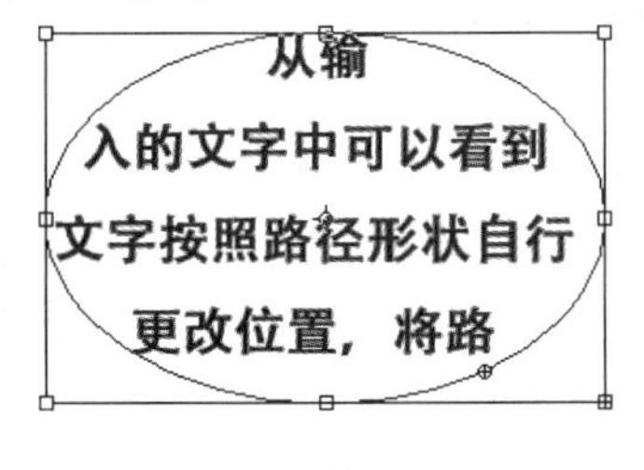

图 8-40　输入文字

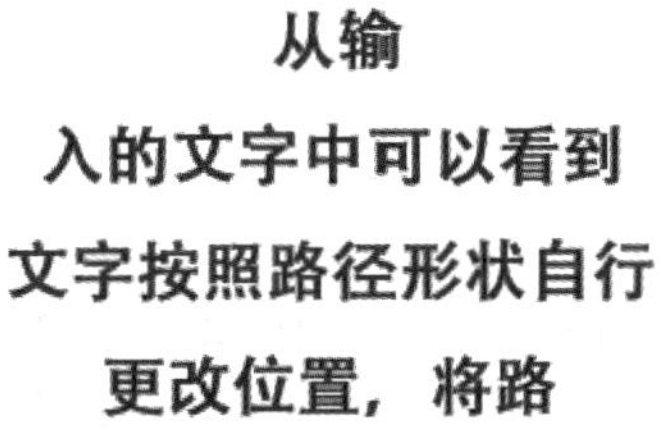

从输
入的文字中可以看到
文字按照路径形状自行
更改位置，将路

图 8-41　隐藏路径

8.6　创建段落文字

在 Photoshop 中使用文字工具不但可以创建点式文字，还可以创建大段的段落文本。在创建段落文字时，文字基于定界框的尺寸自动换行。创建段落文字的方法如下：

(1) 选中横排文字工具，在页面中选择相应的位置向右下角拖曳鼠标，松开鼠标会出现文本定界框。

(2) 此时输入的文字就会出现在文本定界框内。另一种方法是，按住[Alt]键在页面中拖动或者单击鼠标，会出现如图 8-42 所示的“段落文字大小”对话框，设置“高度”与“宽度”后，单击“确定”按钮，可以设置更为精确的文字定界框。

(3) 输入所需的文字，如图 8-43 所示。

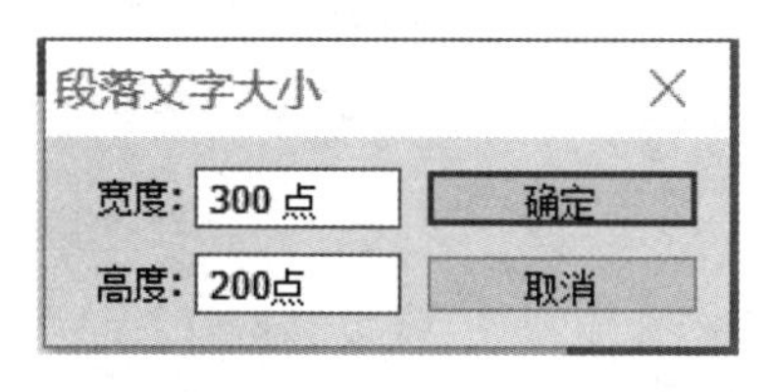

图 8-42　“段落文字大小”对话框

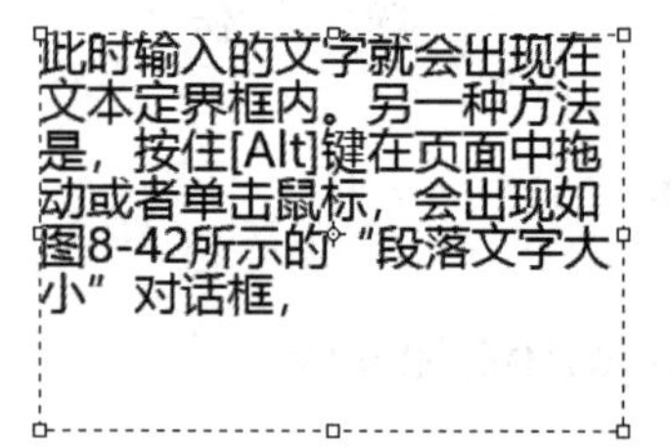

图 8-43　输入文字

(4) 如果输入的文字超出了文本定界框的容纳范围，就会在右下角出现超出范围的图标，如图 8-44 所示。

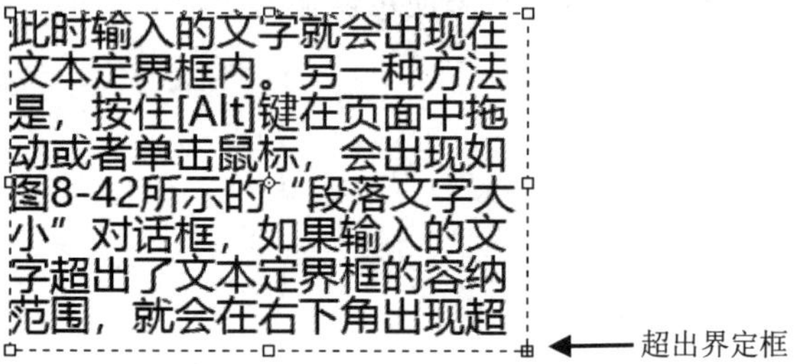

图 8-44　超出定界框

8.7　变换段落文字

在 Photoshop 中创建段落文本后可以通过拖动文本定界框来改变文本在页面中的样式。方法如下：

(1) 创建段落文字后，直接拖动文本定界框的控制点来缩放定界框，会发现此时变换的只是文本定界框，其中的文字没有跟随变换，如图 8-45 所示。

(2) 拖动文本定界框的控制点时按住[Ctrl]键来缩放定界框，会发现此时变换的不只是文本定界框，其中的文字也跟随文本定界框一同变换。

(3) 当鼠标指针移到四个角的控制点时会变成旋转的符号，拖动鼠标可以将其旋转，如图 8-46 所示。

(4) 按住[Ctrl]键将鼠标指针移到四条边的控制点时会变成斜切的符号，拖动鼠标可以将其斜切，如图 8-47 所示。

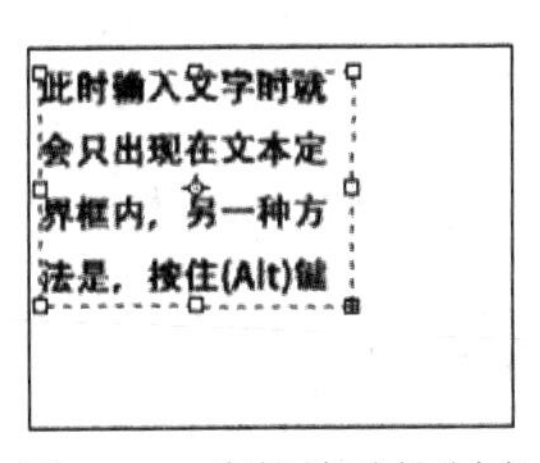

图 8-45 直接施动控制点

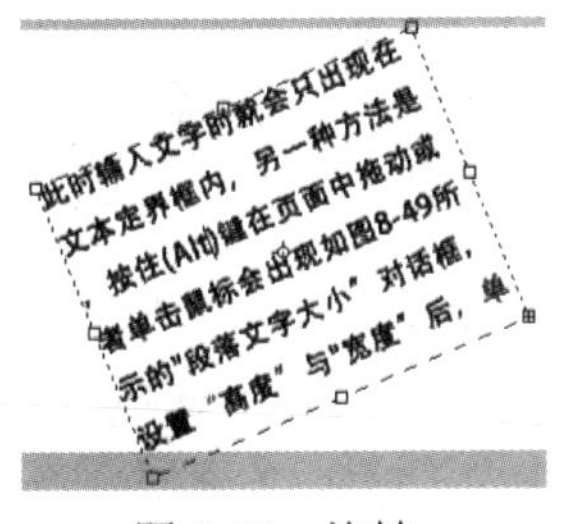

图 8-46 旋转

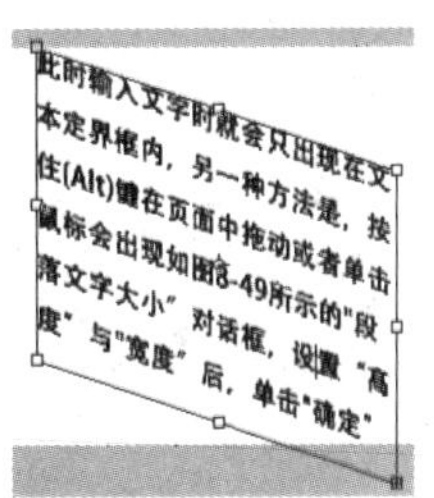

图 8-47 斜切

范例 8-1 制作音乐播放器广告。

(1) 按组合键[Ctrl + O]，打开“制作音乐播放器广告”文件夹下的“01.jpg、02.png”文件，将 02 图像拖曳到 01 图像窗口中，效果如图 8-48 所示。在“图层”调板中生成新的图层并将其命名为“形状”。

我的音乐

(2) 选择横排文字工具[T]，在图像窗口中创建文字“我的音乐”并选取，单击属性栏中的文字变形按钮，在弹出的对话框中进行设置，如图 8-49 所示。单击“确定”按钮，效果如图 8-50 所示。

图 8-48 将 02 图像拖曳到 01 图像窗口中

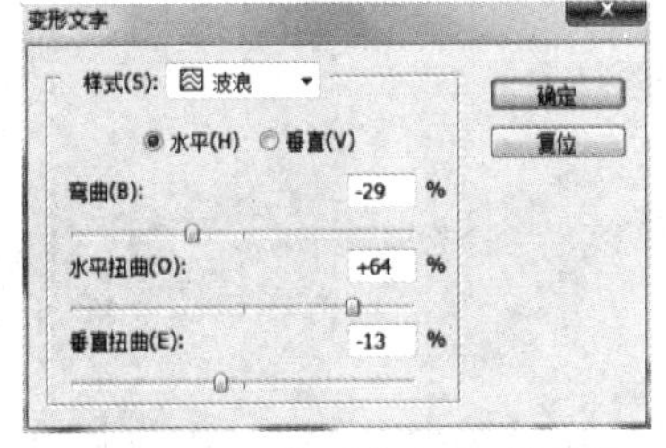

图 8-49 “变形文字”对话框

图 8-50 变形文字效果

(3) 单击“图层”调板下方的添加图层样式按钮fx，在弹出的菜单中选择“斜面和浮雕”命令，在弹出的对话框中进行设置，如图 8-51 所示。单击“确定“按钮，效果如图 8-52 所示。

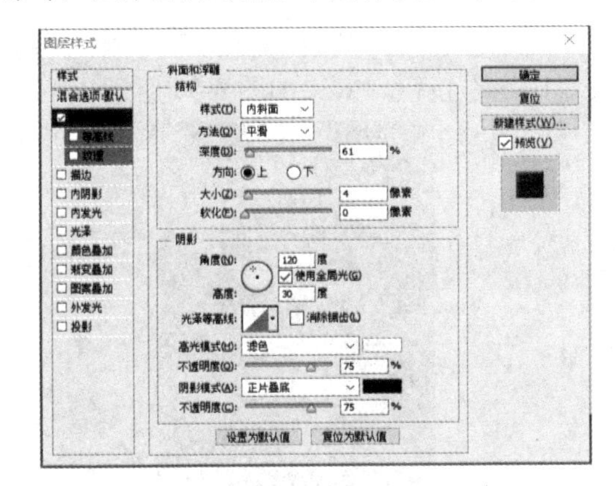

图 8-51 设置“斜面和浮雕”

图 8-52 斜面和浮雕效果

(4) 单击“图层”调板下方的添加图层样式按钮fx，在弹出的菜单中选择“描边”命令，在弹出的对话框中，将描边颜色设为灰色(RGB：161，161，161)，其他选项的设置如图 8-53 所示。单击“确定”按钮，效果如图 8-54 所示。

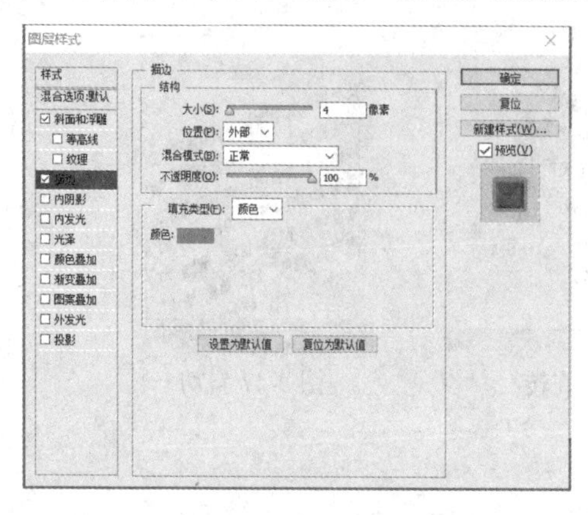

图 8-53　设置“描边”　　图 8-54　描边效果

(5) 选择横排文字工具T，在图像窗口中分别创建文字“我”和“做主”，生成两个新的图层，如图 8-55 和图 8-56 所示。

(6) 在“我的音乐”文字层上单击鼠标右键，在弹出的菜单中选择“拷贝图层样式”命令；分别在“我”和“做主”文字层上单击右键，在弹出的菜单中选择“粘贴图层样式”命令，图形效果如图 8-57 所示。

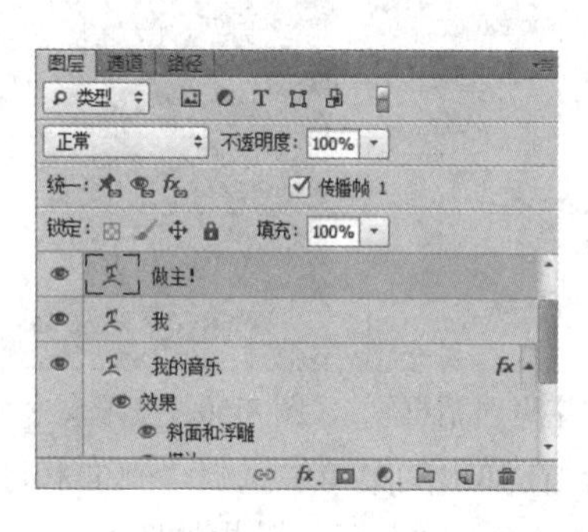

图 8-55　创建文字　　图 8-56　文字效果　　图 8-57　复制图层样式

(7) 选择横排文字工具T，选取文字“我”，单击属性栏中的文字变形按钮，在弹出的对话框中进行设置，如图 8-58 所示。单击“确定”按钮，效果如图 8-59 所示。

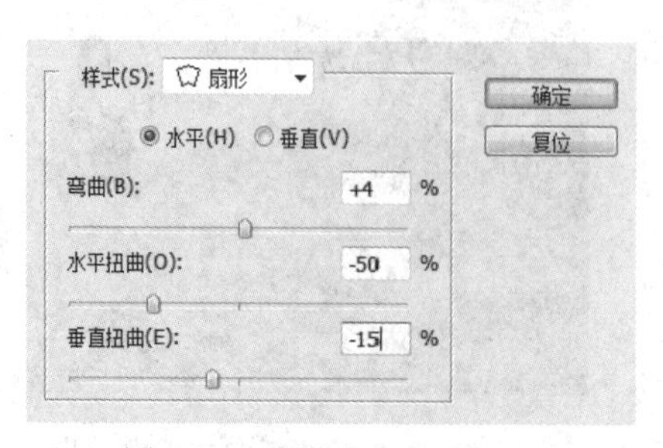

图 8-58　设置文字变形　　图 8-59　文字变形效果

(8) 选择横排文字工具[T]，并选取文字“做主！”，单击属性栏中的文字变形按钮，在弹出的对话框中进行设置，如图 8-60 所示。单击“确定”按钮，效果如图 8-61 所示。

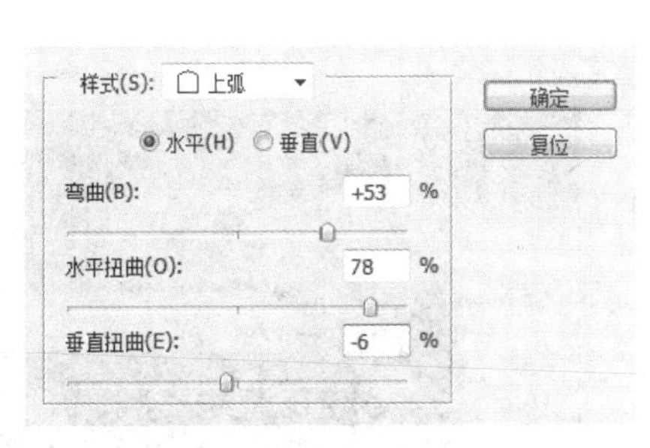

图 8-60　设置文字变形

图 8-61　文字变形效果

(9) 按组合键[Ctrl + O]，打开“制作音乐播放器广告”文件夹下的 03.png 文件，选择移动工具，将图片 03.png 拖曳到图像窗口中适当的位置，效果如图 8-62 所示。在“图层”调板中生成新的图层并将其命名为“装饰图形”，至此，音乐播放器广告制作完成。

图 8-62　最终效果

范例 8-2　制作欢乐儿童宣传单。

(1) 按组合键[Ctrl + O]，打开文件夹“制作欢乐儿童英语宣传单”中的 01.jpg 文件，图像效果如图 8-63 所示。将前景色设为橘色(RGB：254，171，12)。选择横排文字工具[T]，在属性栏中选择字体为华文琥珀，字号为 36 点，输入文字“欢乐儿童英语”，分别设置文字大小，如图 8-64 所示。在“图层”调板中生成新的文字图层。

欢乐儿童宣传单

图 8-63　原图

图 8-64　输入文字

(2) 单击“图层”调板下方的添加图层样式按钮 fx，在弹出的菜单中选择“描边”命令，在弹出的对话框中，将描边颜色设为白色，其他选项的设置如图 8-65 所示。单击“确定”按钮，效果如图 8-66 所示。

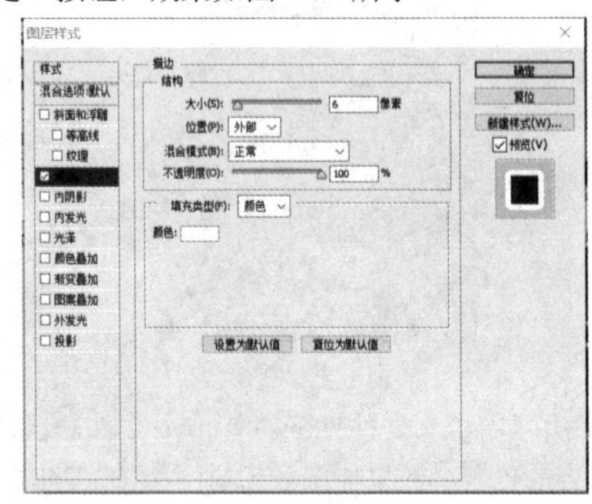

图 8-65　“图层样式”对话框

图 8-66　文字变形效果

(3) 选择横排文字工具 T，用鼠标在黑板中间拖曳，出现文本界定框，在属性栏中选择字体为楷体，字号为 14 点，在文本界定框内输入文本，如图 8-67 所示。

(4) 将前景色设为橘色(RGB：254，171，12)。选择横排文字工具T，在属性栏中选择字体为微软雅黑，输入文字，分别设置文字大小为 30，如图 8-68 所示。在“图层”调板中生成新的文字图层。

图 8-67　输入段落文字

图 8-68　输入文字

(5) 选择横排文字工具，单击文字工具属性栏中的文字变形按钮，弹出“变形文字”对话框，在其中进行设置，如图 8-69 所示。单击“确定”按钮，效果如图 8-70 所示。

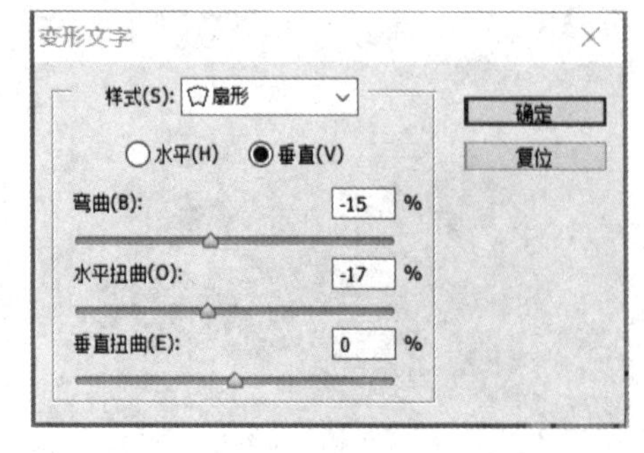

图 8-69　“变形文字”对话框

图 8-70　文字变形效果

(6) 单击“图层”调板下方的添加图层样式按钮 fx，在弹出的菜单中选择“描边”命令，在弹出的对话框中，将描边颜色设为白色，其他选项的设置如图 8-71 所示。单击“确定”按钮，儿童英语宣传单制作完成，效果如图 8-72 所示。

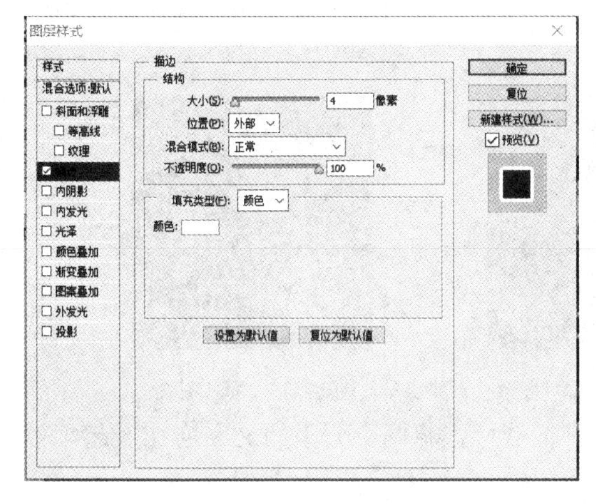

图 8-71　添加图层样式

图 8-72　最终效果

综合练习　制作文字变形效果

制作文字变形效果的步骤如下：

(1) 新建文件，参数设置如下：宽度为 800 像素，高度为 300 像素，分辨率为 72 像素/英寸，颜色模式为 RGB，背景内容为 RGB(147，23，207)，单击“确定”按钮。

文字变形效果

(2) 输入文字“欢乐缤纷”，字体为宋体，字号为 150 点，颜色为黑色，如图 8-73 所示。

(3) 选择“文字”菜单下的“转换为形状”命令，将文字图层转换为形状图层，如图 8-74 所示。

图 8-73　练习图 1

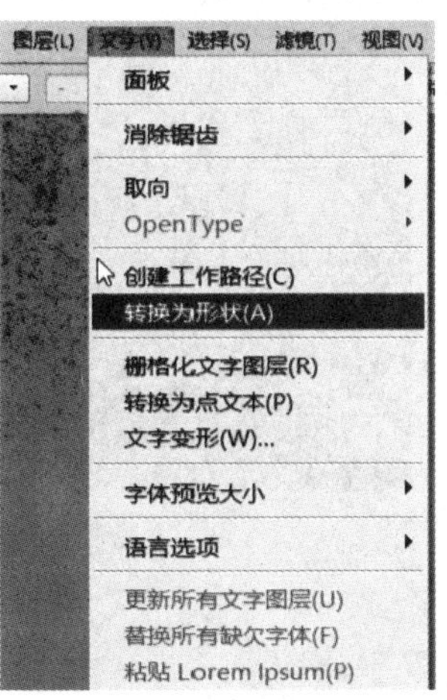

图 8-74　练习图 2

(4) 使用删除锚点工具将“欢”字右侧“欠”字的第一笔中的锚点减少，使用直接选择工具调整锚点，使笔画表现尽量流畅，效果如图 8-75 所示。

(5) 使用直接选择工具，选择“乐”字右下角的点中的一个锚点，利用键盘上的[Delete]键删除该锚点，此时该路径为断开状态，如图 8-76 所示。使用同样的方法，将“纷”字其中一个笔画的路径断开，如图 8-77 所示。

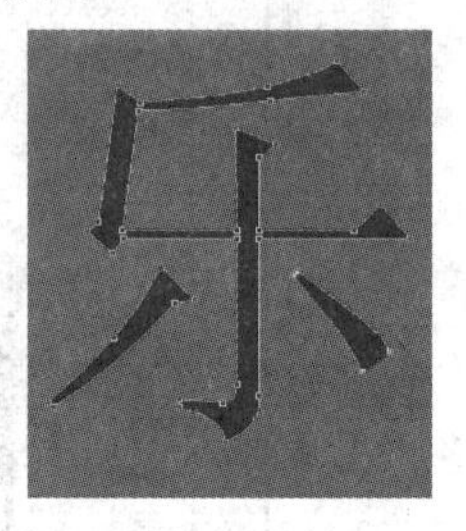

图 8-75　练习图 3　　图 8-76　练习图 4　　图 8-77　练习图 5

(6) 选择钢笔工具，在断开路径的两端进行连接，将两个分离的文字连在一起，效果如图 8-78 所示。

(7) 再次使用删除锚点工具，将连接两个字的笔画中的锚点减少，使用直接选择工具调整锚点，使笔画表现尽量流畅，如图 8-79 所示。

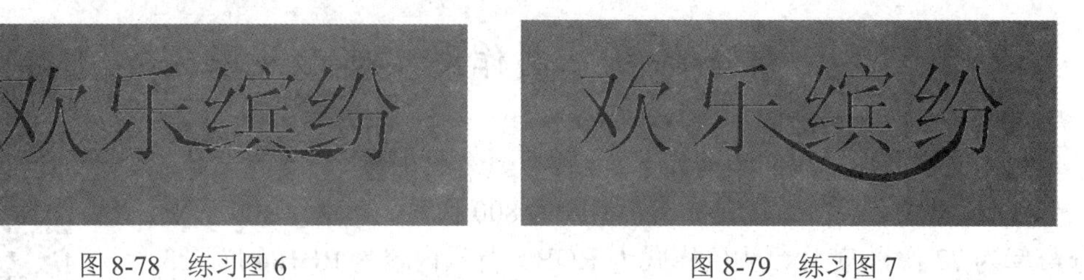

图 8-78　练习图 6　　图 8-79　练习图 7

(8) 单击图 8-78“图层”调板下方的图层样式按钮，选择渐变叠加方案，色彩为七彩色，角度为 −90°，其他为默认值。

(9) 选择图层样式中的“外发光”选项，扩展为 33%，大小为 10 像素，其他为默认值。

(10) 选择图层样式中的“描边”选项，大小为 3 像素，颜色为白色 RGB(255，255，255)，其他为默认值。最终效果如图 8-80 所示。

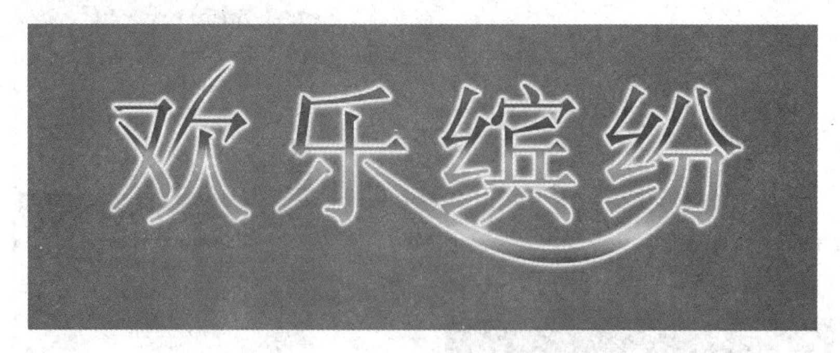

图 8-80　练习图 8

第 9 章　图像的色彩和色调运用

9.1　颜色的基本原理

了解如何创建颜色，以及如何将颜色相互关联可以让我们在 Photoshop 中更有效地工作。只有了解基本的颜色理论，才能使作品达到预期的效果，而不是偶然获得某种效果。在对颜色进行创建的过程中，可以依据加色原色(RGB)、减色原色(CMYK)和色轮来完成最终的效果图。加色原色是指三种色光(红色、绿色和蓝色)，按照不同的组合添加在一起时，可以生成可见色谱中的所有颜色。添加等量的红色、蓝色和绿色光可以生成白色。完全缺少红色、蓝色和绿色光将导致生成黑色。计算机的显示器是使用加色原色来创建颜色的设备，如图 9-1 所示。

减色原色是指一些颜料按照不同组合在一起时，可以创建一个色谱。与显示器不同，打印机使用减色原色(青色、洋红色、黄色和黑色颜料)，并通过减色混合来生成颜色。之所以使用“减色”这个术语是因为这些原色都是纯色，将它们混合在一起后生成的颜色都是原色的不纯版本。例如，橙色是通过将洋红色和黄色进行减色混合后创建的，如图 9-2 所示。如果你是第一次调整颜色分量，在处理色彩平衡时有一个标准色轮图表会很有帮助。可以使用色轮来预测一个颜色分量中的更改如何影响其他颜色，并了解这些更改如何在 RGB 和 CMYK 颜色模型之间转换。例如，通过增加色轮中相反颜色的数量，可以减少图像中某一颜色的数量，反之亦然。在标准色轮上，处于相对位置的颜色被称为补色。同样，通过调整色轮中两个相邻的颜色，甚至将两个相邻的色彩调整为相反的颜色，可以增加或减少一种颜色。

在 CMYK 图像中，可以通过减少洋红色数量或增加其补色的数量来减淡洋红色，洋红色的补色为绿色(在色轮上位于洋红色的相对位置)。在 RGB 图像中，可以通过删除红色和蓝色或通过添加绿色来减少洋红色。所有这些调整都会得到一个包含较少洋红色的整体色彩平衡，如图 9-3 所示。

图 9-1　加色原色(RGB 颜色)

图 9-2　减色原色(CMYK 色)

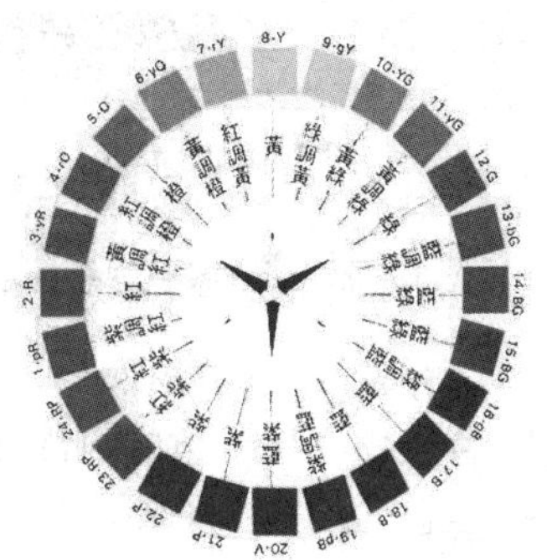

图 9-3　色轮

9.2　颜色的基本设置

在 Photoshop 中，设置颜色是非常重要的一个环节。色彩的运用可以完全掌握一个作品的“生死”，结合加色原色、减色原色与色轮，可以更有效地进行工作。如何才能更好地设置颜色，这是非常重要的工作，本节就为大家详细讲解通过“颜色”调板和“色板”调板设置颜色的方法，以便帮助大家处理图像时准确使用颜色。

9.2.1　“颜色”调板

“颜色”调板可以显示当前前景色和背景色的颜色值。使用“颜色”调板中的滑块，可以利用几种不同的颜色模型来编辑前景色和背景色，也可以从调板底部的四色曲线图中的色谱中选取前景色或背景色。执行“窗口”→“颜色”命令，即可打开“颜色”调板，如图 9-4 所示。

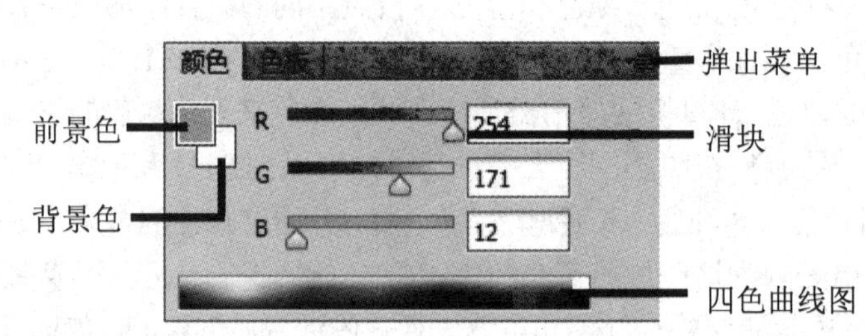

图 9-4　“颜色”调板

“颜色”调板中的各项含义如下(重复或大致相同的选项设置就不做介绍了)：

(1) 前景色：显示当前的前景色。单击此按钮，会打开“拾色器”对话框，如图 9-5 所示，在其中可以设置前景色或拖动“颜色”调板中的滑块，也可以在四色曲线图中设置前景色，如图 9-6 所示。

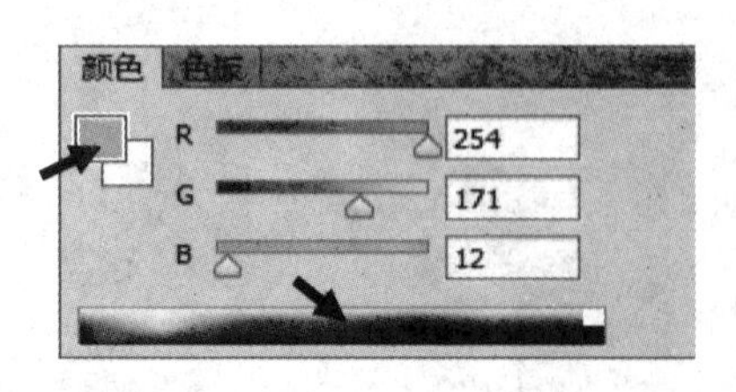

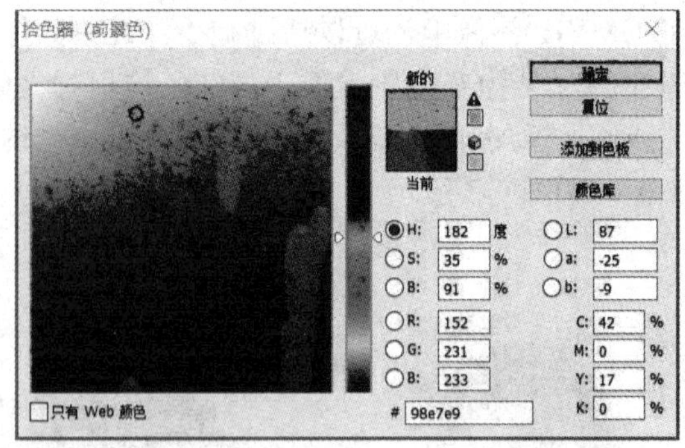

图 9-5　设置前景色　　　　图 9-6　“拾色器”对话框

(2) 背景色：显示当前的背景色，设置方法与前景色相同。

(3) 四色曲线图：将光标移到该色条上，单击鼠标就可以直接设置前景色了，按住[Alt]键在四色曲线图上单击鼠标就可以直接设置背景色。

(4) 滑块：可以直接拖动、控制滑块来确定颜色。

(5) 弹出菜单：单击该按钮可以打开“颜色”调板的弹出菜单，如图 9-7 所示。选择不同颜色模式滑块后，“颜色”调板会变成该模式对应的样式，如图 9-8 所示。

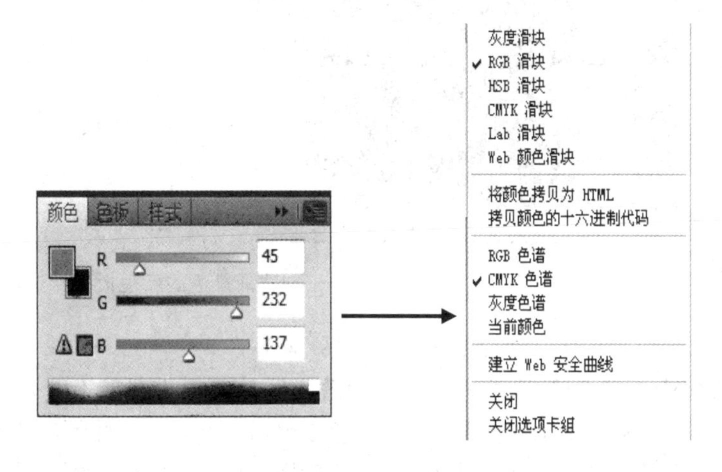

图 9-7　弹出菜单

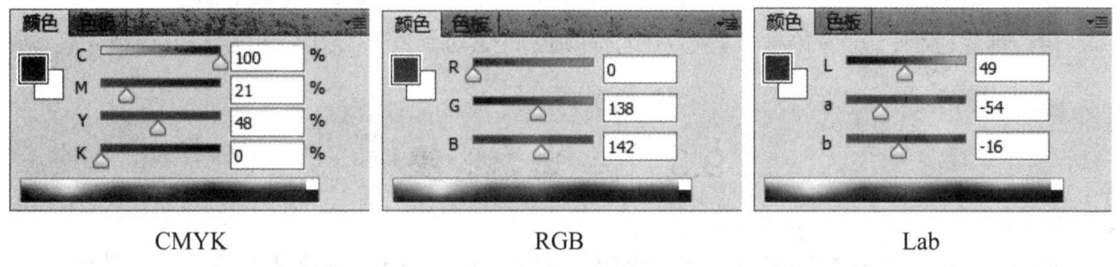

图 9-8　不同颜色模式滑块下的“颜色”调板

提示：当选取不能使用 CMYK 油墨打印的颜色时，四色曲线图左侧上方将出现一个内含惊叹号的三角形，如图 9-9 所示；当选取的颜色不是 Web 安全色时，在拾色器中会出现一个立方体，如图 9-10 所示。

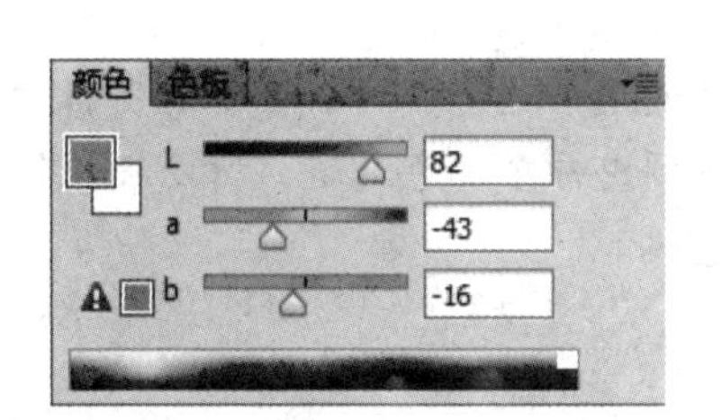

图 9-9　不能使用 CMYK 油墨打印的颜色

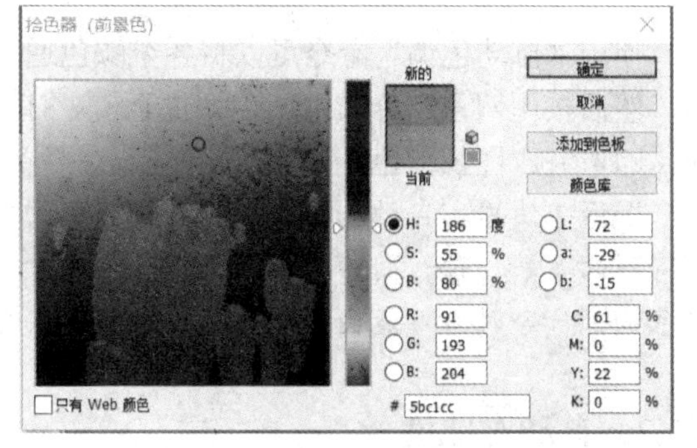

图 9-10　超出 Web 安全色

9.2.2　“色板”调板

“色板”调板可存储我们经常使用的颜色。在“色板”调板中可以添加或删除颜色，或者为不同的项目显示不同的颜色库。执行“窗口”→“色板”命令，即可打开“色板”调板，如图 9-11 所示。

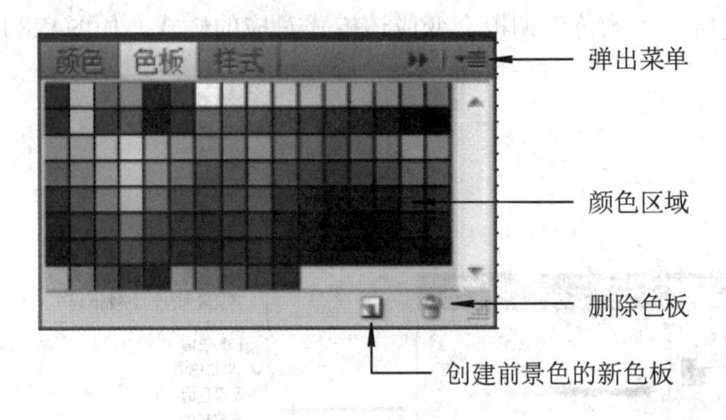

图 9-11 “色板”调板

“色板”调板中的各项含义如下(重复或大致相同的选项设置就不做介绍了)：

(1) 颜色区域：在颜色区域中选择相应的颜色后单击，便可以用此颜色替换当前前景色。

(2) 创建前景色的新色板：单击此按钮可以将设置的前景色保存到“色板”调板中。

(3) 弹出菜单：单击该按钮可以弹出菜单，在其中可以选择其他颜色库。

(4) 删除色板：在“色板”调板中选择颜色后拖动到此按钮上，可以将其删除。

9.3 快 速 调 整

Photoshop 系统已经预设了一些对图像中的颜色、色阶等快速调整的命令，从而能加快操作的进度。打开图像后执行相应的快速调整命令就可以完成效果。

9.3.1 自动色调

使用“自动色调”命令可以将各个颜色通道中最暗和最亮的像素自动映射为黑色和白色，然后按比例重新分布中间色调像素值。打开图像后，执行“图像”→“自动色调”命令，即可完成图像的色调调整。

提示：使用“自动色调”调整命令得到的效果与使用“色阶”对话框中的“自动”按钮得到的效果一致，因为“自动色调”调整命令单独调整每个颜色通道，所以在执行“自动色调”命令时，可能会消除色偏，也可能会加大色偏。

9.3.2 自动对比度

使用“自动对比度”命令可以自动调整图像中颜色的总体对比度。打开图像后，执行“图像”→“自动对比度”命令，即可完成图像的对比度调整。

提示：“自动对比度”既不能调整颜色单一的图像，也不能单独调节颜色通道，所以不会导致色偏；但也不能消除图像已经存在的色偏，所以不会添加或减少色偏。

“自动对比度”的原理是将图像中最亮和最暗的像素映射为白色和黑色，使暗调更暗而高光更亮。“自动对比度”调整命令可以改进许多摄影或连续色调图像的外观。

9.3.3　自动颜色

使用“自动颜色”命令可以自动调整图像中的色彩平衡。原理是首先确定图像的中性灰色像素，然后选择一种平衡色来填充图像的灰色像素，起到平衡色彩的作用。打开图像后，执行“图像”→“自动颜色”命令，即可完成图像的颜色调整。

提示：“自动颜色”调整命令，在调整图像时只能应用于 RGB 颜色模式。

9.3.4　去色

使用“去色”命令可以将当前模式中的色彩去掉，将其变为当前模式下的灰度图像。执行“图像”→“调整”→“去色”命令，即可将彩色图像去掉颜色。

9.3.5　反相

使用“反相”命令可以将一张正片图像转换成负片，产生底片效果。原理是通道中每个像素的亮度值都转化为 256 级亮度值刻度上相反的值。执行“图像”→“调整”→“反相”命令，即可将图像转换成反相的负片效果，效果如图 9-12 所示。

原图

反相后

图 9-12　反相后的对比效果

9.4　自定义调整

应用 Photoshop CS6 软件提供的自定义调整功能，可以根据显示器中的预览变化，通过调整对话框的参数值来设置最佳图像效果。

9.4.1　色阶

使用“色阶”命令可以校正图像的色调范围和颜色平衡。“色阶”直方图可以用作调整图像基本色调的直观参考，调整方法是使用“色阶”对话框，通过调整图像的阴影、中间调和高光的强度级别来达到最佳效果。执行“图像”→“调整”→“色阶”命令，即可打开如图 9-13 所示的“色阶”对话框。

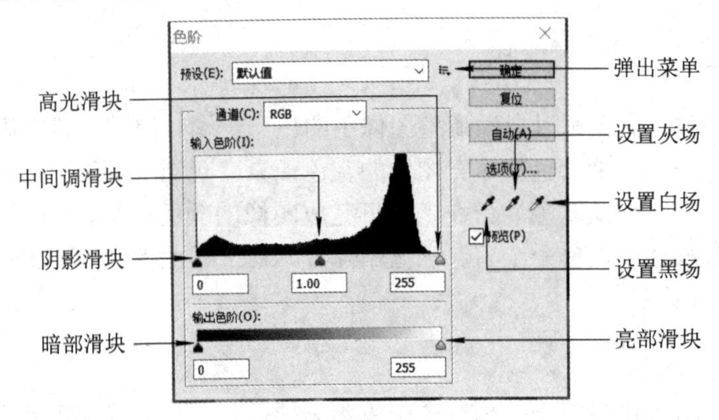

图 9-13　“色阶”对话框

技巧：在对话框中按住[Alt]键可以将取消按钮转换为复位按钮，将图像的设置还原为初始状态。

“色阶”对话框中的各项含义如下(重复或大致相同的选项设置就不做介绍了)：

(1) 预设：用来选择已经调整完毕的色阶效果，单击右侧的倒三角形按钮即可弹出下拉列表。

(2) 通道：用来选择设定调整色阶的通道。

技巧：在“通道”调板中按住[Shift]键在不同通道上单击可以选择多个通道，再在“色阶”对话框中对其进行调整。此时在“色阶”对话框中的“通道”选项中，将会出现选取通道名称的字母缩写。

(3) 输入色阶：在输入色阶对应的文本框中输入数值或拖动滑块来调整图像的色调范围，以提高或降低图像对比度。

① 阴影：用来控制图像中暗部区域的大小，数值越大，图像越暗。

② 中间调：用来控制图像的明亮度，数值越大，图像越亮。

③ 高光：用来控制图像中亮部区域的大小，数值越大，图像越亮。

(4) 输出色阶：在输出色阶对应的文本框中输入数值或拖动滑块来调整图像的亮度范围，“暗部”可以使图像中较暗的部分变亮；“亮部”可以使图像中较亮的部分变暗。

(5) 弹出菜单：单击该按钮可以弹出下拉菜单，其中包含储存预设、载入预设和删除当前预设。

① 存储预设：单击该按钮可以将当前设置的参数进行存储。

② 载入预设：单击该按钮可以载入一个色阶文件作为对当前图像的调整。

③ 删除当前预设：单击该按钮可以将当前选择的预设删除。

(6) 自动：单击该按钮可以将“暗部”和“亮部”自动调整到最暗和最亮。单击此按钮执行命令得到的效果与“自动色阶”命令相同。

(7) 选项：单击该按钮可以打开“自动颜色校正选项”对话框，在该对话框可以设置“阴影”和“高光”所占的比例，如图 9-14 所示。

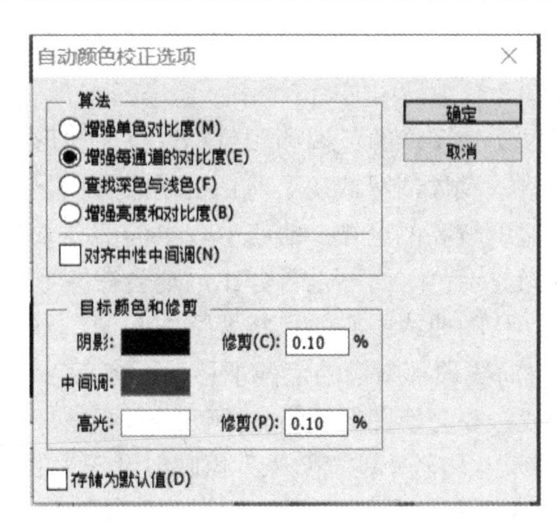

图 9-14　“自动颜色校正选项”对话框

(8) 设置黑场：用来设置图像中阴影的范围。在“色阶”对话框中单击设置黑场按钮后，在图像中选取相应的点单击，单击后图像中比选取点更暗的像素颜色将会变得更深(黑色选取点除外)，如图 9-15 所示。在黑色区域单击后会恢复图像，如图 9-16 所示。

图 9-15　设置黑场　　图 9-16　恢复黑场

(9) 设置灰场：用来设置图像中中间调的范围。在“色阶”对话框中单击设置灰点按钮后，在图像中选取相应的点单击，效果如图 9-17 所示。在黑色区域或白色区域单击后会恢复图像。

(10) 设置白场：与设置黑场的方法正好相反，用来设置图像中高光的范围。在“色阶”对话框中单击设置白场按钮后，在图像中选取相应的点单击，单击后图像中比选取点更亮的像素颜色将会变得更浅(白色选取点除外)，如图 9-18 所示。在白色区域单击后会恢复图像。

图 9-17　设置灰场　　图 9-18　设置白场

技巧：在设置黑场、设置灰场或设置白场的吸管图标上双击鼠标，会弹出相对应的“拾色器”对话框，在该对话框中可以选择不同颜色作为最亮或最暗的色调。通过设置场不光可以调整图像的明暗程度，还可以调节图像的色调。

9.4.2　曲线

使用“曲线”命令可以调整图像的色调和颜色。设置曲线形状时，将曲线向上或向下移动将会使图像变亮或变暗，具体情况取决于对话框是设置为显示色阶还是显示百分比。曲线中较陡的部分表示对比度较高的区域；曲线中较平的部分表示对比度较低的区域；如果将“曲线”对话框设置为显示色阶而不是百分比，则会在图形的右上角呈现高光。移动曲线顶部的点将调整高光，移动曲线中心的点将调整中间调，而移动曲线底部的点将调整阴影。要使高光变暗，需将曲线顶部附近的点向下移动。将点向下或向右移动会将“输入”值映射到较小的“输出”值，并会使图像变暗。要使阴影变亮，则将曲线底部附近的点向上移动。将点向上或向左移动会将较小的“输入”值映射到较大的“输出”值，并会使图像变亮。执行“图像”→“调整”→“曲线”命令，会打开如图 9-19 所示的“曲线”对话框。

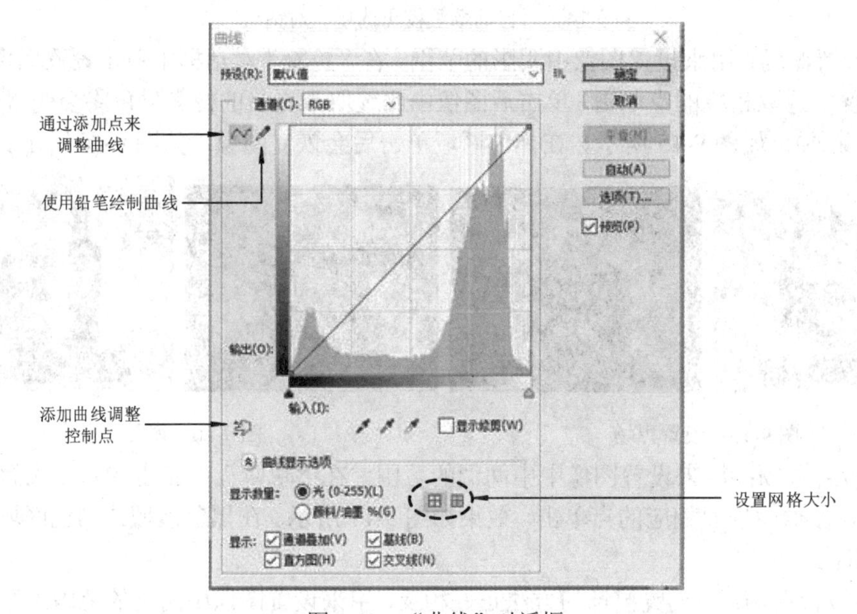

图 9-19　“曲线”对话框

“曲线”对话框中的各项含义如下(重复或大致相同的选项设置就不做介绍了)：

(1) 通过添加点来调整曲线：可以在曲线上添加控制点来调整曲线，拖动控制点即可改变曲线的形状。

(2) 使用铅笔绘制曲线：可以随意在直方图内绘制曲线。单击该按钮后“平滑”按钮被激活，用来控制绘制铅笔曲线的平滑度，如图 9-20 和图 9-21 所示。

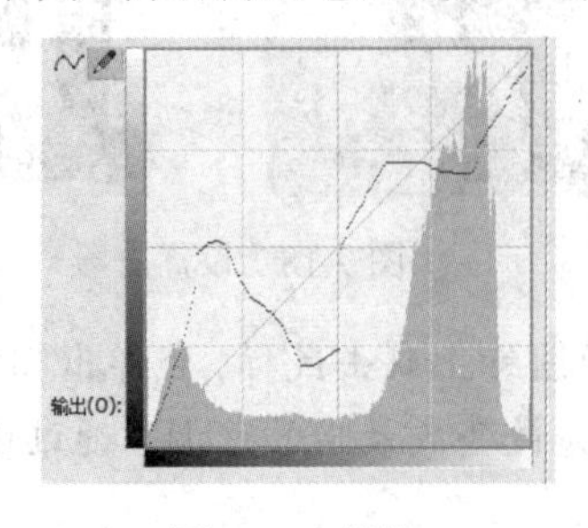

图 9-20　铅笔

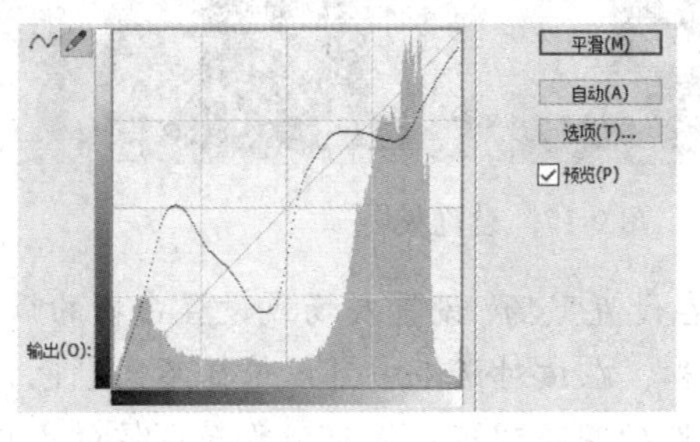

图 9-21　平滑

(3) 高光：拖动曲线中的高光控制点可以改变高光。

(4) 中间调：拖动曲线中的中间调控制点可以改变图像中间调，向上弯曲将使图像变亮，向下弯曲将使图像变暗。

(5) 阴影：拖动曲线中的阴影控制点可以改变阴影。

(6) 显示修剪：勾选该复选框后，可以在预览的情况下显示图像中发生修剪的位置。

(7) 显示数量：包括“光”和“颜料/油墨”两个单选框，分别代表加色与减色颜色模式状态。

(8) 显示：包括显示不同通道的曲线(通道叠加)、显示对角线的那条浅灰色的基准线(基线)、显示色阶直方图(直方图)和显示拖动曲线时水平和竖直方向的参考线(交叉线)。

(9) 设置网格大小：在两个按钮上单击可以在直方图中显示不同大小的网格。简单网格指以 25%的增量显示网格，如图 9-22 所示；详细网格指以 10%的增量显示网格，如图 9-23 所示。

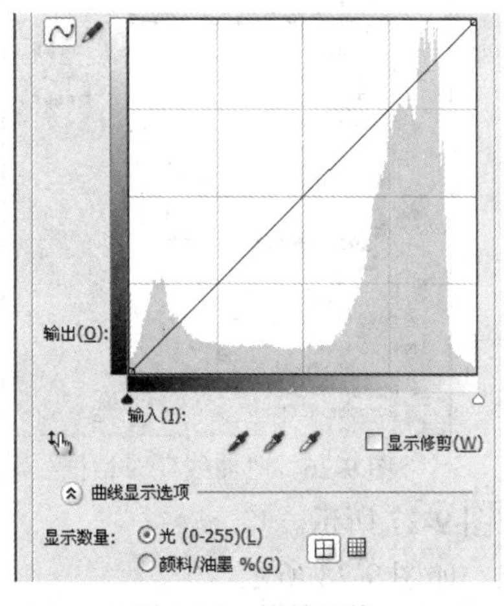

图 9-22　简单网格

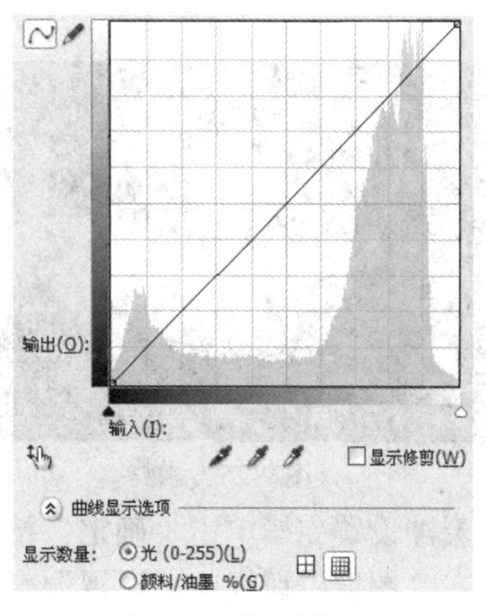

图 9-23　详细网格

(10) 添加曲线调整控制点：单击此按钮后，使用鼠标指针在图像上单击，会自动按照图像单击像素点的明暗，在曲线上创建调整控制点，在图像上拖曳鼠标即可调整曲线，如图 9-24 所示。

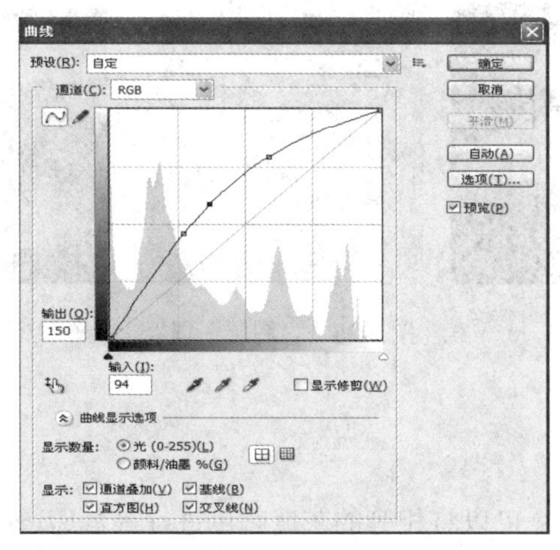

图 9-24　添加调整点

范例 9-1　使用曲线增强照片个性效果。

本范例主要让大家了解“曲线”调整命令在制作“反冲效果”时的使用方法。

照片增强效果

操作步骤：

(1) 执行“文件”→“打开”命令或按组合键[Ctrl + O]，打开自己喜欢的素材，如图 9-25 所示。

(2) 按组合键[Ctrl + J]复制背景得到图层。执行“图像”→“调整”→“曲线”命令或按组合键[Ctrl + M]，打开“曲线”对话框，单击“预设”下拉列表按钮，选择“反冲”选项，如图 9-26 所示。

图 9-25　素材

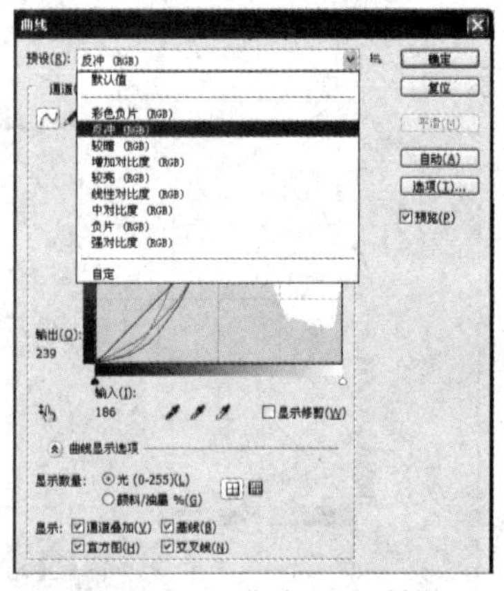

图 9-26　“曲线”对话框

(3) 反冲设置完毕单击“确定”按钮，效果如图 9-27 所示。

(4) 在“图层”调板中，设置混合模式为滤色，如图 9-28 所示。

至此，“使用曲线增强照片个性效果”制作完毕，效果如图 9-29 所示。

图 9-27　反冲效果

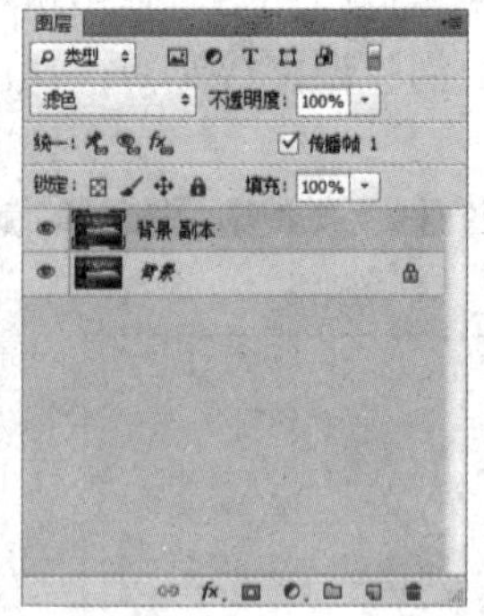

图 9-28　“图层”调板

图 9-29　最终效果

9.4.3　渐变映射

使用“渐变映射”命令可以将相等的灰度颜色进行等量递增或递减运算，从而得到渐变填充效果。指定双色渐变填充时，图像中暗调映射到渐变填充的一个端点颜色，高光映射到渐变填充的一个端点颜色，中间调映射为两种颜色混合的结果。执行“图像”→“调整”→“渐变映射”命令，会打开如图 9-30 所示的“渐变映射”对话框。

“渐变映射”对话框中的各项含义如下(重复或大致相同的选项设置就不做介绍了)：

(1) 灰度映射所用的渐变：单击渐变颜色条右边的倒三角形按钮，在打开的下拉菜单中可以选择系统预设的渐变类型作为映射的渐变色。单击渐变颜色条会弹出“渐变编辑器”对话框，如图 9-31 所示，在该对话框中可以自己设定喜爱的渐变映射类型。

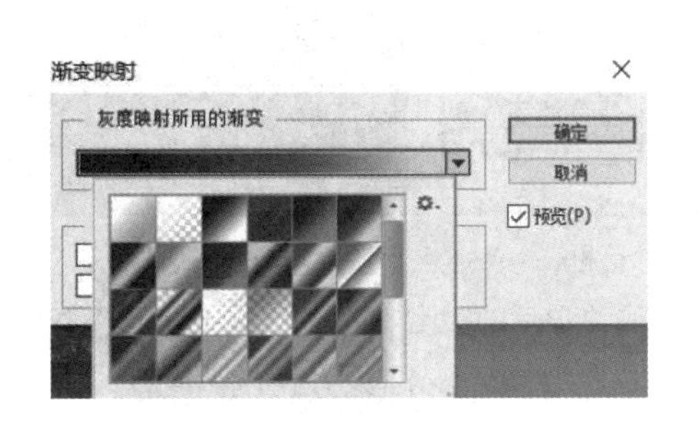

图 9-30　“渐变映射”对话框

图 9-31　“渐变编辑器”对话框

(2) 仿色：用来平滑渐变填充的外观并减少带宽效果，如图 9-32 所示。

(3) 反向：用于切换渐变填充的顺序，如图 9-33 所示。

图 9-32　仿色

图 9-33　反色

9.4.4　阈值

使用“阈值”命令可以将灰度图像或彩色图像转换为高对比度的黑白图像，效果如图 9-34 所示。

原图

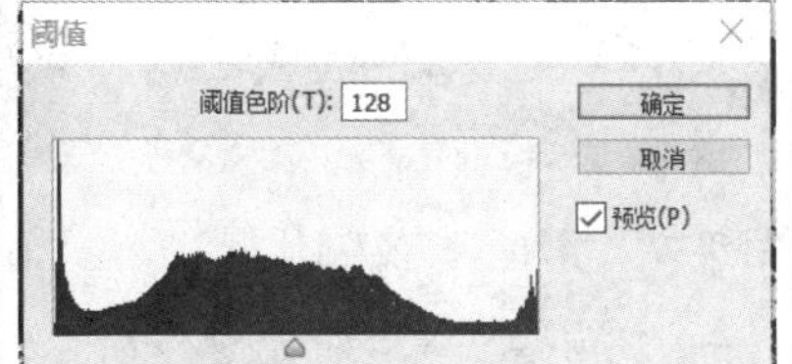

阈值色阶设置为 128

阈值后

图 9-34　应用“阈值”命令前后对比效果

执行“图像”→“调整”→“阈值”命令，会打开“阈值”对话框，对话框中的选项含义如下。

阈值色阶：用来设置黑色与白色分界数值，数值越大，黑色越多；数值越小，白色越多。

9.4.5　色调分离

使用“色调分离”命令可以指定图像中每个通道的色调级(或亮度值)的数目，然后将像素映射为最接近的一种色调。执行该命令后的图像由大面积的单色构成，效果如图 9-35 所示。

原图

“色调分离”对话框

色调分离后

图 9-35　应用“色调分离”命令前后的对比效果

执行“图像”→“调整”→“色调分离”命令，打开“色调分离”对话框，对话框中的选项含义如下：

色阶：用来指定图像转换后的色阶数量，数值越小，图像变化越剧烈。

9.4.6　亮度/对比度

使用“亮度/对比度”命令可以对图像的整个色调进行调整，从而改变图像的亮度/对比度。“亮度/对比度”命令会对图像的每个像素都进行调整，所以会导致图像细节的丢失。如图 9-36 至图 9-38 所示的图像分别为原图、增加“亮度/对比度”后的效果和减少“亮度/对比度”后的效果。

图 9-36　原图

图 9-37　增加“亮度/对比度”

图 9-38　减少“亮度/对比度”

执行“图像”→“调整”→“亮度”→“对比度”命令，会打开 “亮度/对比度”对话框，对话框中的各项含义如下(重复或大致相同的选项设置就不做介绍了)：

(1) 亮度：亮度用来控制图像的明暗度，负值可以将图像调暗，正值可以加亮图像，

取值范围是 -100～100。

(2) 对比度：用来控制图像的对比度，负值将会降低图像对比度，正值可以加大图像对比度，取值范围是 -100～100。

(3) 使用旧版：使用老版本中的“亮度/对比度”命令调整图像。

9.5 色调调整

在 Photoshop CS6 中通过系统提供的色调调整功能，可以将图像调整为不同的色调样式，从而达到想要的效果。

9.5.1 自然饱和度

使用“自然饱和度”命令可以对图像进行灰色调到饱和色调的调整，用于提升不够饱和度的图片，或调整出非常优雅的灰色调。图 9-39 至图 9-41 所示的图像分别为原图、增加“饱和度”后的效果和降低“饱和度”后的效果。

执行“图像”→“调整”→“自然饱和度”命令，会打开“自然饱和度”对话框，对话框中的各项含义如下(重复或大致相同的选项设置就不做介绍了)：

图 9-39　原图

图 9-40　增加“饱和度”

图 9-41　降低“饱和度”

(1) 自然饱和度：可以对图像进行从灰色调到饱和色调的调整，用于提升不够饱和度的图片，或调整出非常优雅的灰色调，取值范围在 -100～100，数值越大色彩越浓烈。

(2) 饱和度：通常指的是一种颜色的纯度，颜色越纯，饱和度就越大；颜色纯度越低，相应颜色的饱和度就越小。取值范围是 -100～100，数值越小颜色纯度越小，越接近灰色。

9.5.2 色相/饱和度

使用“色相/饱和度”命令可以调整整个图片或图片中单个颜色的色相、饱和度和亮度。

执行“图像”→“调整”→“色相/饱和度”命令，会打开如图 9-42 所示的“色相/饱和度”对话框，对话框中的各项含义如下(重复或大致相同的选项设置就不做介绍了)：

(1) 预设：系统保存的调整数据。

(2) 编辑：用来设置调整的颜色范围，单击右边的倒三角按钮即可弹出下拉列表，如图 9-43 所示。

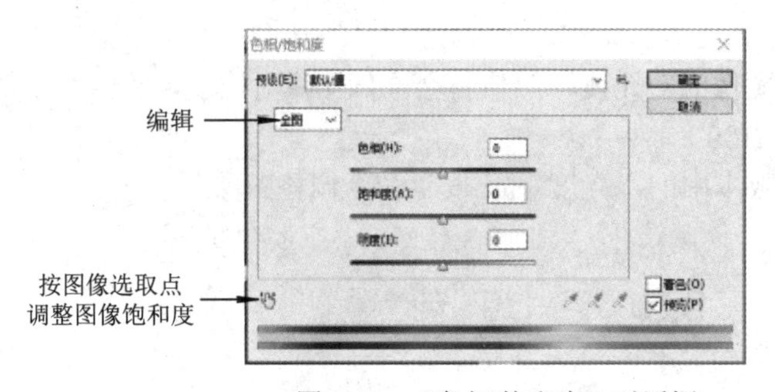

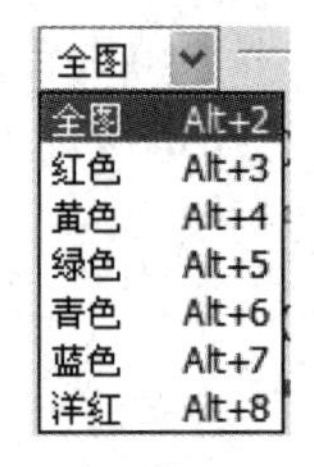

图 9-42　“色相/饱和度”对话框　　　　图 9-43　下拉列表

(3) 色相：通常指的是颜色，即红色、黄色、绿色、青色、蓝色和洋红。

(4) 明度：通常指的是色调的明暗度。

(5) 着色：勾选该复选框后，只可以为全图调整色调，并将彩色图像自动转换成单一色调的图片。

(6) 按图像选取点调整图像饱和度：单击此按钮，使用鼠标在图像的相应位置拖动时，会自动调整被选取区域颜色的饱和度，如图 9-44 所示。

图 9-44　选取特定颜色调整图像色相

在“色相/饱和度”对话框的编辑下拉列表中选择单一颜色后，“色相/饱和度”对话框的下面几项功能才会被激活。

(7) 吸管工具：可以在图像中选择具体的编辑色调。

(8) 添加到取样：可以在图像中为已选取的色调再增加调整范围。

(9) 从取样中减去：可以在图像中为已选取的色调减少调整范围。

9.5.3　通道混合器

使用“通道混合器”命令调整图像，指的是通过从单个颜色通道中选取它所占的百分比来创建高品质的灰度、棕褐色调或其他彩色的图像。执行“图像”→“调整”→“通道混合器”命令，会打开如图 9-45 所示的“通道混合器”对话框。

“通道混合器”对话框中的各项含义如下(重复或大致相同的选项设置就不做介绍了)：

(1) 预设：系统保存的调整数据。

(2) 输出通道：用来设置调整图像的通道。

(3) 源通道：根据色彩模式的不同源通道会出现不同的调整颜色通道。

(4) 常数：用来调整输出通道的灰度值，正值可增加白色，负值可增加黑色。值为 200%时输出的通道为白色；值为 −200%时输出的通道为黑色。

(5) 单色：勾选该复选框，可将彩色图片变为单色图像，而图像的颜色模式与亮度保持不变。

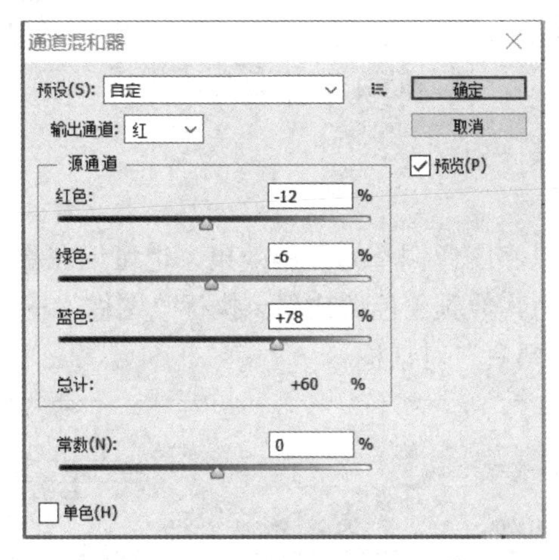

图 9-45　“通道混合器”对话框

9.5.4　色彩平衡

使用“色彩平衡”命令可以单独对图像的阴影、中间调和高光进行调整，从而改变图像的整体颜色。执行“图像”→“调整”→“色彩平衡”命令，会打开如图 9-46 所示的“色彩平衡”对话框。该对话框中有三组相互对应的互补色，分别为青色对红色、洋红对绿色、黄色对蓝色。例如，减少青色后就会由红色来补充减少的青色。

“色彩平衡”对话框中的各项含义如下(重复或大致相同的选项设置就不做介绍了)：

(1) 色彩平衡：可以在对应的文本框中输入相应的数值或拖动下面的三角滑块来使颜色增加或减少。

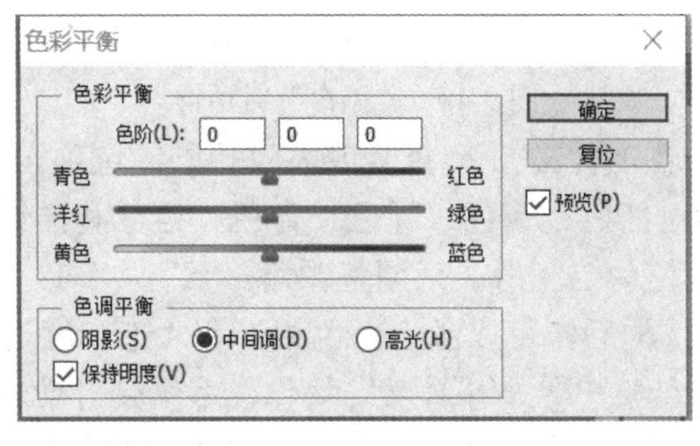

图 9-46　“色彩平衡”对话框

(2) 色调平衡：可以选择在阴影、中间调或高光中调整色彩平衡。

(3) 保持明度：勾选此复选框后，在调整色彩平衡时保持图像亮度不变。打开要调整的图像，选择“中间调”后，调整色彩平衡中的颜色控制滑块或在“色阶”文本框中输入数值，得到如图 9-47 所示的效果。

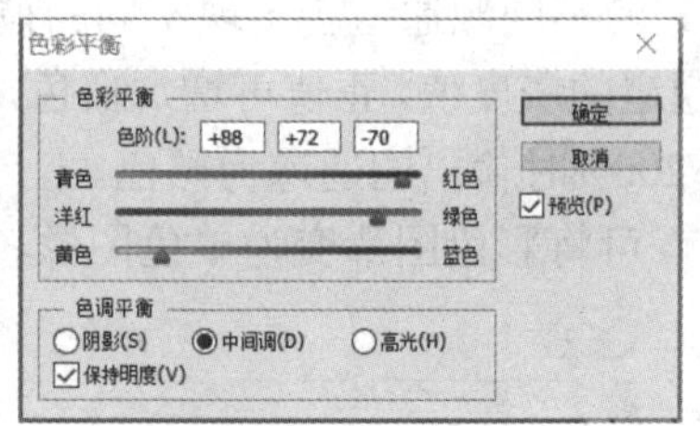

图 9-47　调整色彩平衡

9.5.5　黑白

使用“黑白”命令可以将图像调整为黑白效果，也可以在黑白艺术效果的基础上，通过“色调”的调整将其变为其他颜色色调效果。执行“图像”→“调整”→“黑白”命令，会打开如图 9-48 所示的“黑白”对话框。

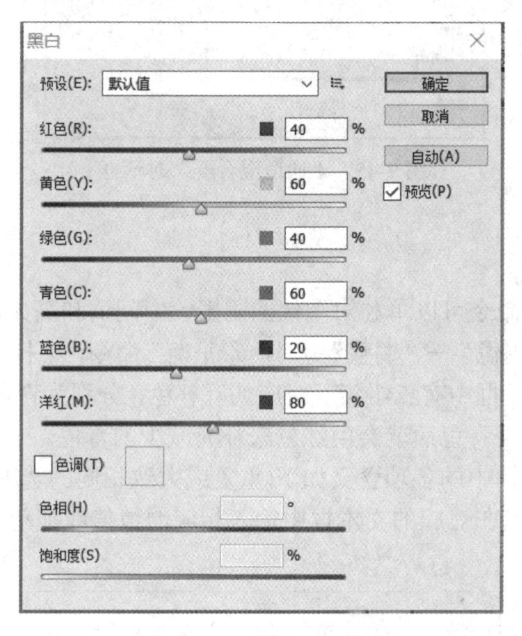

图 9-48　“黑白”对话框

“黑白”对话框中的各项含义如下(重复或大致相同的选项设置就不做介绍了)：

(1) 颜色调整：包括对红色、黄色、绿色、青色、蓝色和洋红的调整，可以在文本框中输入数值，也可以直接拖动控制滑块来调整颜色。

(2) 色调：勾选该复选框后，可以激活“色相”和“饱和度”来制作其他单色效果。

提示：在“黑白”对话框中单击“自动”按钮，系统会自动通过计算对照片进行最佳状态的调整。对于初学者来说，单击该按钮就可以完成调整效果，非常方便。

9.5.6　照片滤镜

使用“照片滤镜”命令可以将图像在冷、暖色调之间进行调整。执行“图像”→“调整”→“照片滤镜”命令，会打开如图 9-49 所示的“照片滤镜”对话框。

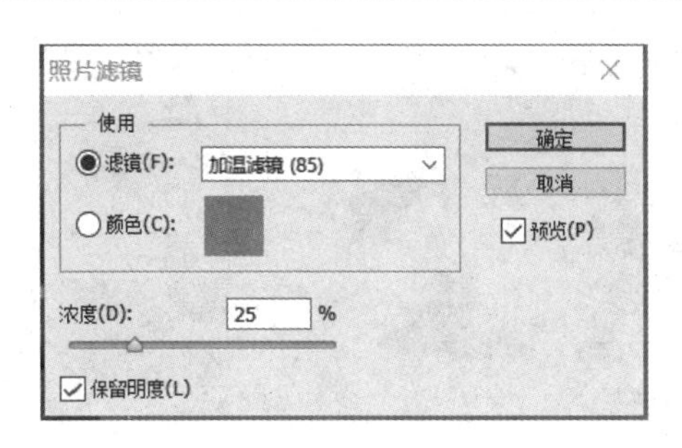

图 9-49　“照片滤镜”对话框

“照片滤镜”对话框中的各项含义如下(重复或大致相同的选项设置就不做介绍了)：

(1) 滤镜：选择此单选框后，可以在右面的下拉列表中选择系统预设的冷、暖色调选项。

(2) 颜色：选择此单选框后，可以通过点击颜色图标后弹出的“选择滤镜颜色”对话框选择定义冷、暖色调的颜色，如图 9-50 所示。

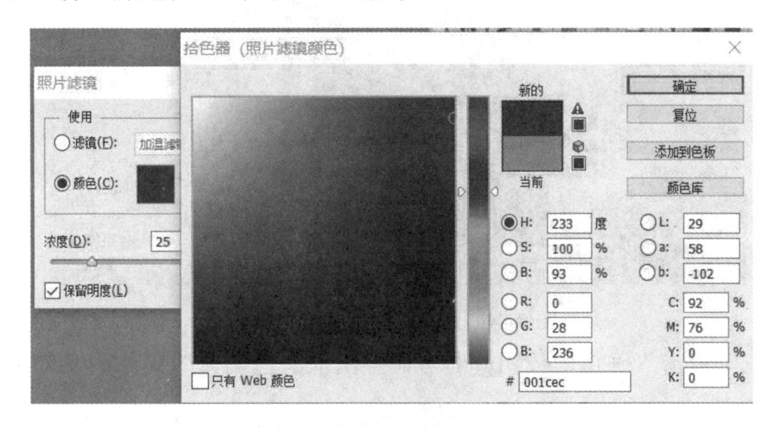

图 9-50　设置照片滤镜颜色

(3) 浓度：用来调整应用到照片中的颜色数量，数值越大，色彩越接近饱和。

范例 9-2　通过“照片滤镜”命令调节照片冷暖色调。

本范例主要让大家了解“照片滤镜”命令调整冷、暖色调的使用方法。其操作步骤如下：

(1) 执行“文件”→“打开”命令或按组合键[Ctrl + O]，打开素材，如图 9-51 所示。

(2) 打开素材后，执行“图像”→“调整”→“照片滤镜”命令，打开“照片滤镜”对话框，在“滤镜”后面的下拉列表中分别选择“冷却滤镜”、“加温滤镜”，设置浓度分别为 25%和 56%，得到如图 9-52 和图 9-53 所示的效果图。

图 9-51　原图

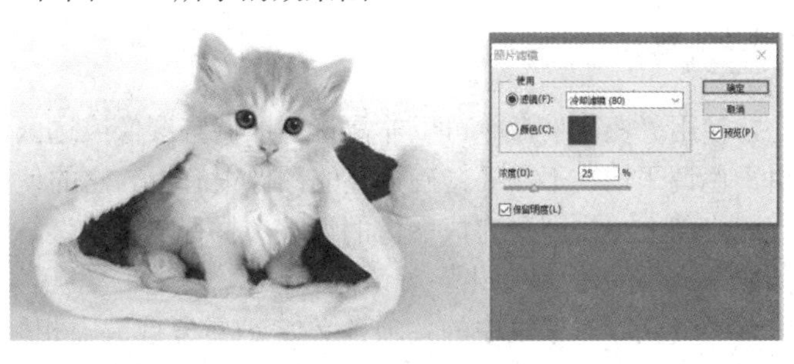

图 9-52　冷色调

图 9-53　暖色调

(3) 在“照片滤镜”对话框中勾选“颜色”单选框，单击后面的颜色图标，打开“选择滤镜颜色”对话框，设置颜色为(R：29；G：234；B：82)，如图 9-54 所示。

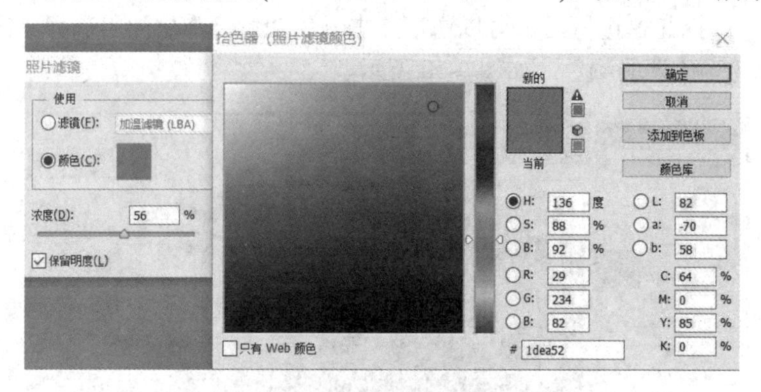

图 9-54　选择“照片滤镜”颜色

(4) 设置完毕单击“确定”按钮，即可调整图像的色调，效果如图 9-55 所示。

图 9-55　调整色调

9.5.7　变化

使用“变化”命令可以非常直观地调整图像或选区的色彩平衡、对比度和饱和度，它对于色调平均、不需要精确调整的图像很有用。它的使用方法非常简单，只要在不同的变化缩略图上单击即可完成图像的调整。执行“图像”→“调整”→“变化”命令，会打开如图 9-56 所示的“变化”对话框。

“变化”对话框中的各项含义如下(重复或大致相同的选项设置就不做介绍了)：

(1) 对比区：用来查看调整前后的对比效果。

(2) 颜色调整区：单击相应的加深颜色，可以在对比区中查看效果。

(3) 明暗调整区：用来调整图像的明暗。

(4) 调整范围：用来设置图像被调整的固定区域。

① 阴影：勾选该单选框，可调整图像中较暗的区域。

② 中间调：勾选该单选框，可调整图像中中间调的区域。

③ 高光：勾选该单选框，可调整图像中较亮的区域。

④ 饱和度：勾选该单选框，可调整图像中颜色的饱和度。选择该项后，左下角的缩略图会变成只用于调整饱和度的缩略图，如果同时勾选“显示修剪”复选框，当调整效果超出了最大的颜色饱和度时，颜色可能会被剪切并以霓虹灯效果显示图像，如图 9-57 所示。

(5) 精细/粗糙：用来控制每次调整图像的幅度，滑块每移动一格可使调整数量成倍地增加。

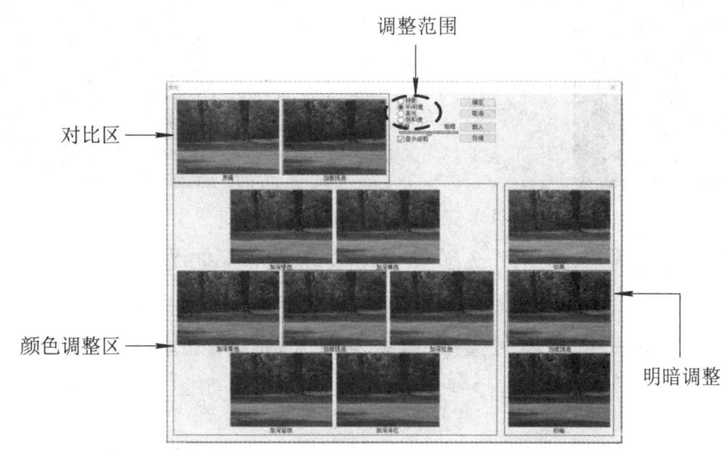

图 9-56　“变化”对话框

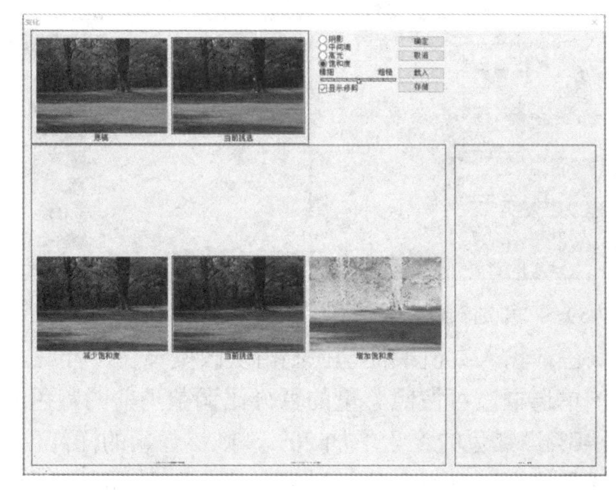

图 9-57　选择饱和度后的调整区域

(6) 显示修剪：勾选该复选框，在图像中因过度调整而无法显示的区域以霓虹灯效果显示，而调整中间调时不会显示出该效果。

提示：在“变化”对话框中设置调整范围为中间色调时，即使勾选“显示修剪”复选框，也不会显示无法调整的区域。

9.5.8 可选颜色

使用“可选颜色”命令可以调整任何主要颜色中的印刷色数量而不影响其他颜色。例如在调整“红色”颜色中的“黄色”的数量多少后，而不影响“黄色”在其他主色调中的数量，从而可以对颜色进行校正与调整。调整方法是：选择要调整的颜色，再拖动该颜色中的调整滑块即可完成，如图 9-58 所示。

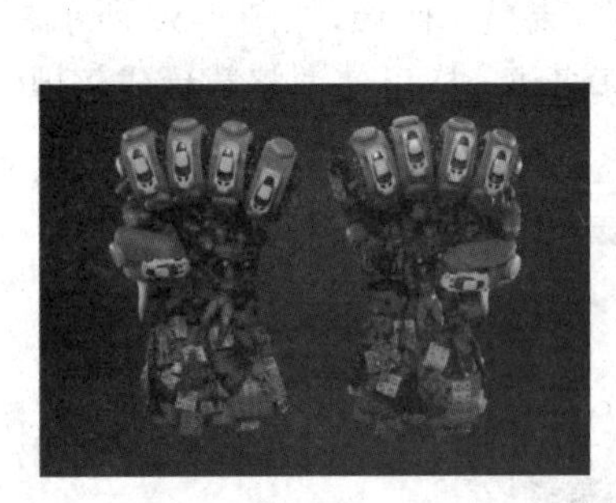

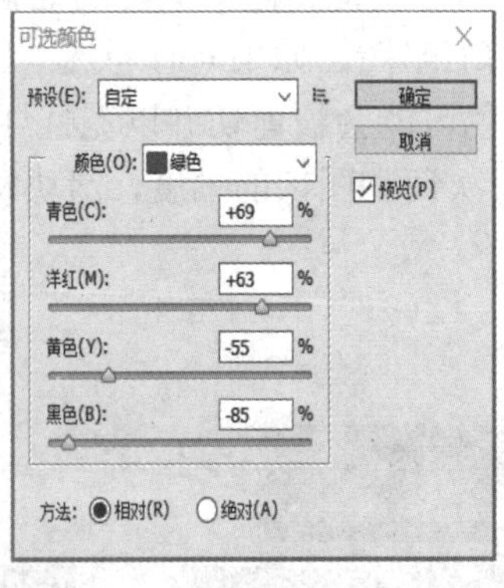

图 9-58　调整可选颜色

执行“图像”→“调整”→“可选颜色”命令，会打开如图 9-59 所示的“可选颜色”对话框。

“可选颜色”对话框中的各项含义如下(重复或大致相同的选项设置就不做介绍了)：

(1) 颜色：在下拉菜单中可以选择要进行调整的颜色，如图 9-60 所示。

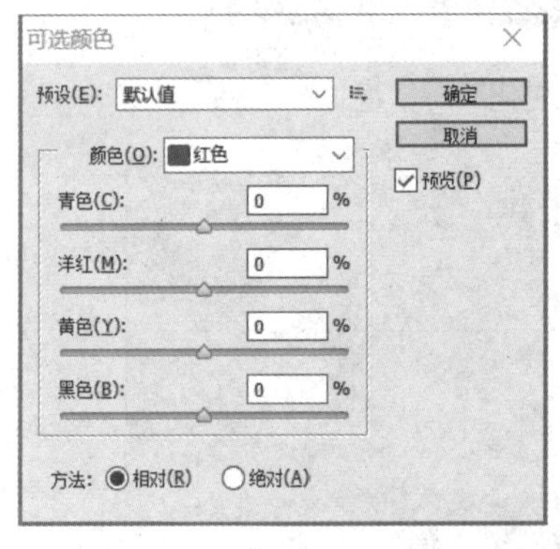

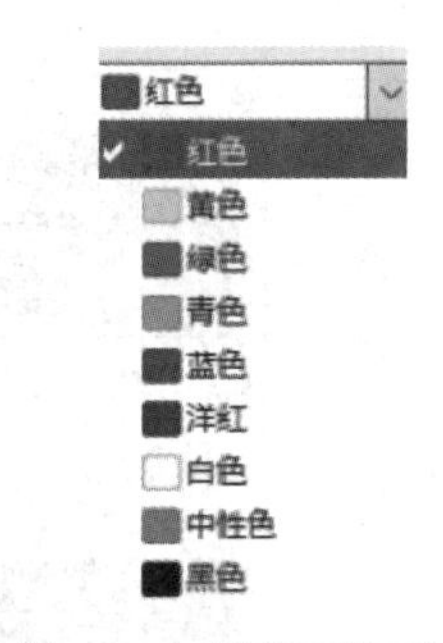

图 9-59　“可选颜色”对话框　　　　图 9-60　颜色下拉列表

(2) 调整选择的颜色：输入数值或拖动控制滑块改变青色、洋红、黄色和黑色含量。

(3) 相对：勾选该单选框，可按照总量的百分比调整当前的青色、洋红、黄色和黑色的量。如为起始含有 40%洋红色的像素增加 20%，则该像素的洋红色含量为 60%。

(4) 绝对：勾选该单选框，可对青色、洋红、黄色和黑色的量采用绝对值调整。如为起始含有 40%洋红色的像素增加 20%，则该像素的洋红色含量为 60%。

技巧：“可选颜色”命令主要用于微调颜色，从而进行增减所用颜色的油墨百分比。在“信息”调板弹出菜单中选择“调板选项”命令，将“模式”设置为“油墨总量”，将吸管移到图像便可以查看油墨的总体百分比。

范例 9-3　通过“可选颜色”调节卡通人物衣服的颜色。

本范例主要让大家了解“可选颜色”调整命令调整颜色的使用方法。其操作步骤如下：

(1) 执行“文件”→“打开”命令或按组合键[Ctrl + O]，打开素材，如图 9-61 所示。

(2) 执行“图像”→“调整”→“可选颜色”命令，打开“可选颜色”对话框，设置方法为相对，设置颜色为黄色，再在调整区域设置各个颜色的值，如图 9-62 所示。

(3) 设置完毕单击“确定”按钮，此时发现模特的衣服颜色已从绿色变为了淡绿色，如图 9-63 所示。

图 9-61　素材

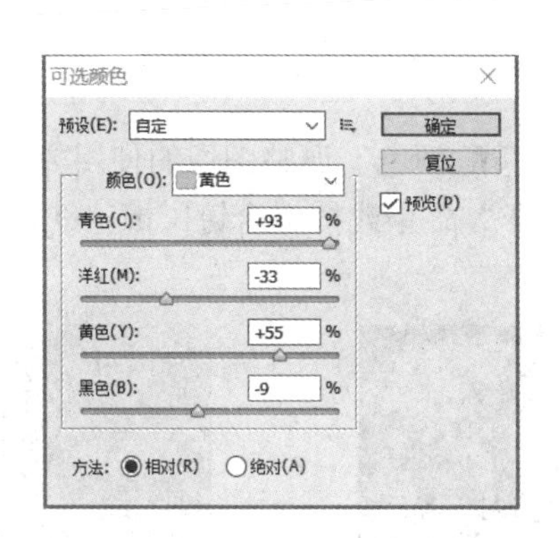

图 9-62　“可选颜色”对话框

图 9-63　调整后结果

9.6　其他调整

Photoshop 软件提供的其他调整功能可以作为色调调整和自定义调整的一个补充。

9.6.1　匹配颜色

使用“匹配颜色”命令可以匹配不同图像、多个图层或多个选区之间的颜色，将其保持一致。当一个图像中的某些颜色与另一个图像中的颜色一致时，作用非常明显。执行“图像”→“调整”→“颜色匹配”命令，可打开“匹配颜色”对话框。

“匹配颜色”对话框中的各项含义如下(重复或大致相同的选项设置就不做介绍了)：

(1) 目标图像：当前打开的工作图像，其中的“应用调整时忽略选区”复选框指的是在调整图像时会忽略当前选区的存在，只对整个图像起作用。

(2) 图像选项：调整被匹配图像的选项。

① 明亮度：控制当前目标图像的明暗度。当数值为 100 时，目标图像将会与源图像拥有一样的亮度，当数值变小图像会变暗，当数值变大图像会变亮。

② 颜色强度：控制当前目标图像的饱和度，数值越大，饱和度越强。

③ 渐隐：控制当前目标图像的调整强度，数值越大调整的强度越弱。

④ 中和：勾选该复选框可消除图像中的色偏。

(3) 图像统计：设置匹配与被匹配的选项设置。

① 使用源选区计算颜色：如果在源图像中存在选区，勾选该复选框，可对源图像选区中颜色进行计算调整，不勾选该复选框，则会使用整幅图像进行匹配。

② 使用目标选区计算调整：如果在目标图像中存在选区，勾选该复选框，可以对目标选区进行计算调整。

③ 源：在下拉菜单中可以选择用来与目标相匹配的源图像。

④ 图层：用来选择匹配图像的图层。

⑤ 载入统计数据：单击此按钮，可以打开“载入”对话框，找到已存在的调整文件。此时，无需在 Photoshop 中打开源图像文件，就可以对目标文件进行匹配。

⑥ 存储统计数据：单击此按钮，可以将设置完成的当前文件进行保存。

范例 9-4　匹配图像的颜色。

本范例主要让大家了解“匹配颜色”调整图像的使用方法。其操作步骤如下：

(1) 执行“文件”→“打开”命令或按组合键[Ctrl + O]，打开两个不同色调的素材，如图 9-64 和图 9-65 所示。

图 9-64　风景 1

图 9-65　风景 2

(2) 打开素材后选择“风景 1”素材，执行“图像”→“调整”→“匹配颜色”命令，打开“匹配颜色”对话框，在“源”下拉列表中选择“风景 2”，再调整“图像选项”的参数，如图 9-66 所示。

(3) 设置完毕单击“确定”按钮，效果如图 9-67 所示。

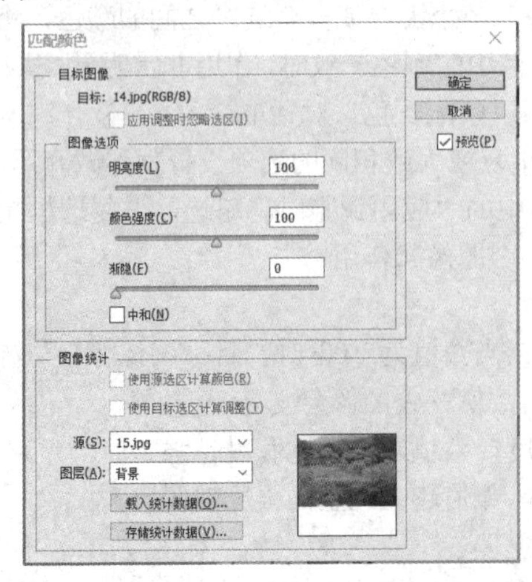

图 9-66　“匹配颜色”对话框

图 9-67　匹配后效果

9.6.2　替换颜色

使用“替换颜色”命令可以将图像中的某种颜色提出并替换成另外的颜色，原理是在图像中基于一种特定的颜色创建一个临时蒙版，然后替换图像中的特定颜色。在菜单栏中执行“图像”→“调整”→“替换颜色”命令，会打开“替换颜色”对话框。在该对话框中选择“选区”时，显示效果如图 9-68 所示；在该对话框中选择“图像”时，显示效果如图 9-69 所示。

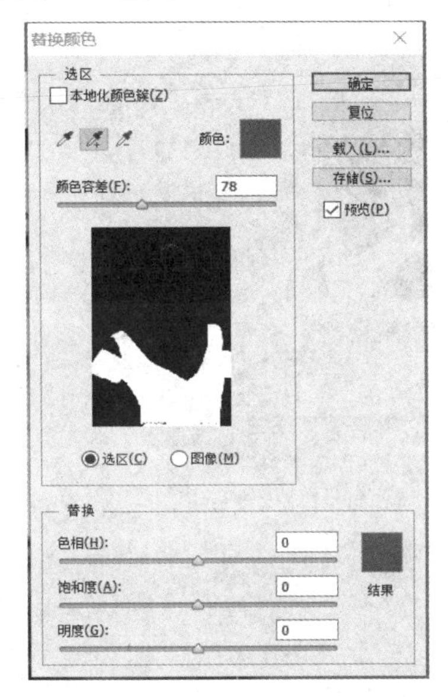

图 9-68　选择“选区”的“替换颜色”对话框

图 9-69　选择“图像”的“替换颜色”对话框

“替换颜色”对话框中的各项含义如下(重复或大致相同的选项设置就不做介绍了)：

(1) 本地化颜色簇：勾选此复选框时，设置替换范围会被集中在选取点的周围，对比效果如图 9-70 所示。

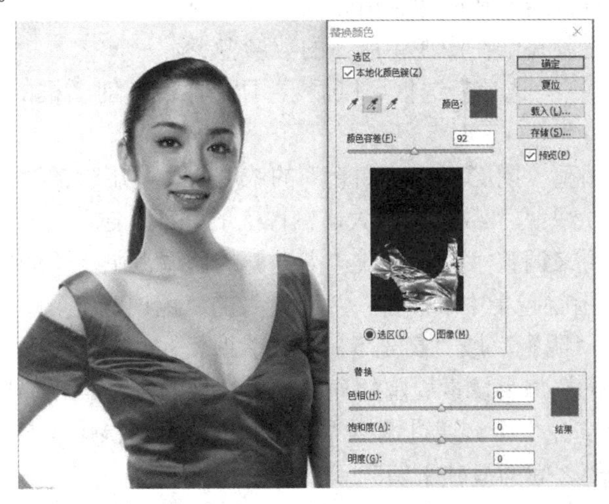

图 9-70　对比

(2) 颜色容差：用来设置被替换的颜色的选取范围。数值越大，颜色的选取范围就越广；数值越小，颜色的选取范围就越窄。

(3) 选区：勾选该单选框，将在预览框中显示蒙版。未蒙版的区域显示白色，就是选取的范围；蒙版的区域显示黑色，就是未选取的区域；部分被蒙版的区域(覆盖有半透明蒙版)会根据不透明度而显示不同亮度的灰色。

(4) 图像：勾选该单选框，将在预览框中显示图像。

(5) 替换：用来设置替换后的颜色，如图 9-71 所示。

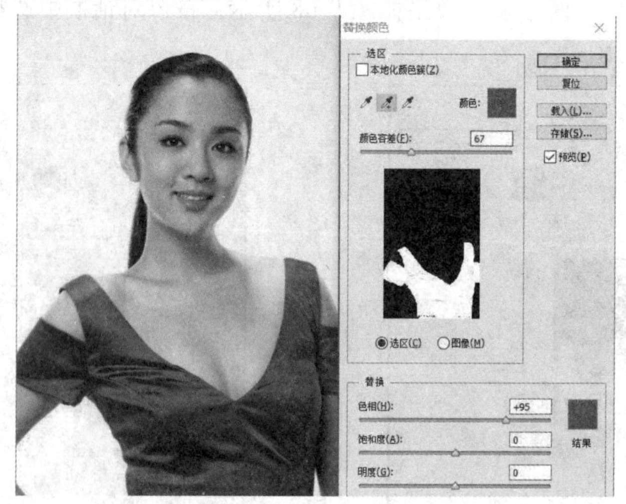

图 9-71　替换颜色后

9.6.3　阴影/高光

“阴影/高光”命令主要用于修整在强背光条件下拍摄的照片。执行菜单栏中的“图像”→“调整”→“阴影/高光”命令，会打开如图 9-72 所示的“阴影/高光”对话框，对话框中的各项含义如下(重复或大致相同的选项设置就不做介绍了)：

(1) 阴影：用来设置暗部在图像中所占的数量多少。

(2) 高光：用来设置亮部在图像中所占的数量多少。

(3) 显示更多选项：勾选该复选框可以显示“阴影/高光”对话框的详细内容，如图 9-73 所示。

(4) 数量：用来调整“阴影”或“高光”的浓度。“阴影”的“数量”越大，图像上的暗部就越亮；“高光”的“数量”越大，图像上的亮部就越暗。

(5) 色调宽度：用来调整“阴影”或“高光”的色调范围。“阴影”的“色调宽度”数值越小，调整的范围就越集中于暗部；“高光”的“色调宽度”数值越小，调整的范围就越集中于亮部。当“阴影”或“高光”的值太大时，也可能会出现色晕。

(6) 半径：用来调整每个像素周围的局部相邻像素的大小，相邻像素用来确定像素是在“阴影”还是在“高光”中。通过调整“半径”值，可获得焦点对比度与背景相比的焦点的级差加亮(或变暗)之间的最佳平衡。

(7) 颜色校正：用来校正图像中已做调整的区域色彩，数值越大，色彩饱和度就越高；数值越小，色彩饱和度就越低。

(8) 中间调对比度：用来校正图像中中间调的对比度，数值越大，对比度越高；数值越小，对比度就越低。

(9) 修剪黑色/白色：用来设置在图像中将阴影或高光剪切到新的极端阴影(色阶为 0)和高光(色阶为 255)颜色的数量。数值越大，生成图像的对比度越强，但会丢失图像细节。

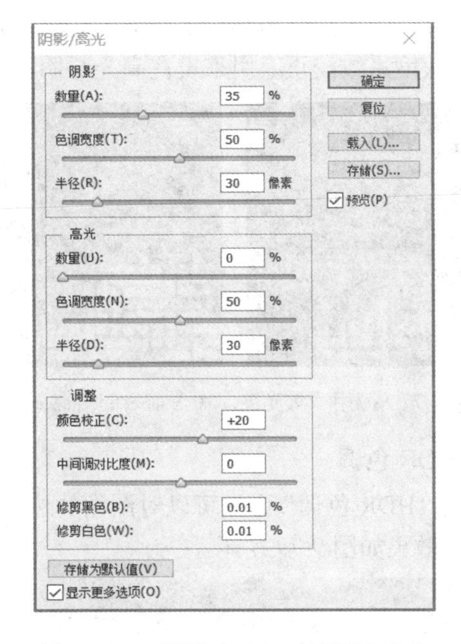

图 9-72　“阴影/高光”对话框展开前　　　图 9-73　“阴影/高光”对话框展开后

范例 9-5　通过“阴影/高光”命令调整背光照片。

本范例主要让大家了解“阴影/高光”命令的使用方法。其操作步骤如下：

(1) 执行“文件”→“打开”命令或按组合键[Ctrl+O]，打开一张素材，如图 9-74 所示。

(2) 打开素材后发现照片中人物面部较暗，此时只要执行菜单中的“图像”→“调整”→“阴影/高光”命令，打开“阴影/高光”对话框，设置默认值即可，如图 9-75 所示。

(3) 设置完毕单击“确定”按钮，调整背光照片后的效果如图 9-76 所示。

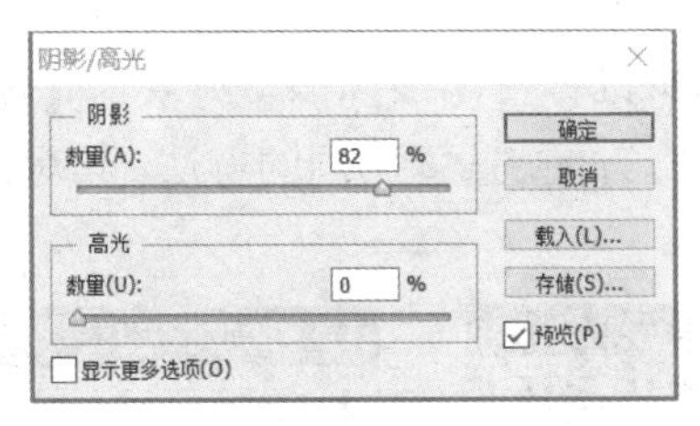

图 9-74　素材　　图 9-75　“阴影/高光”对话框　　图 9-76　调整背光后

9.6.4　其他色调调整

1. 曝光度

使用“曝光度”命令可以调整 HDR 图像的色调，它可以是 8 位或 16 位图像，可以对曝光不足或曝光过度的图像进行调整，效果如图 9-77 所示。执行菜单中的“图像”→“调整”→“曝光度”命令，会打开如图 9-78 所示的“曝光度”对话框。

“曝光度”对话框中的各项含义如下(重复或大致相同的选项设置就不做介绍了)：

(1) 曝光度：用来调整色调范围的高光端，该选项可对极限阴影产生轻微影响。

(2) 位移：用来使阴影和中间调变暗，该选项可对高光产生轻微影响。

(3) 灰度系数校正：用来设置高光与阴影之间的差异。

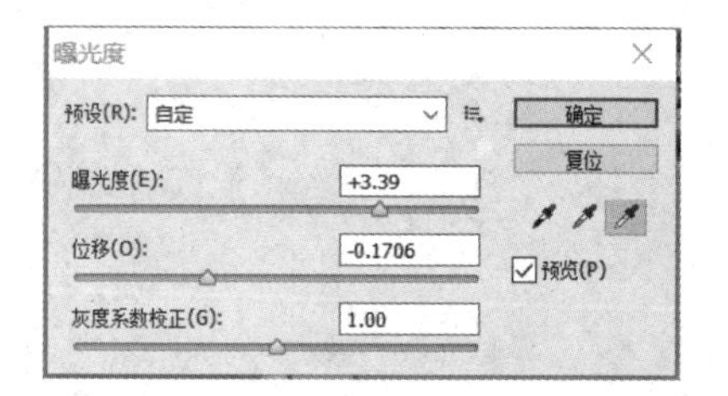

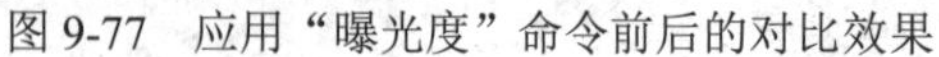

图 9-77　应用“曝光度”命令前后的对比效果　　图 9-78　“曝光度”对话框

2. HDR 色调

使用“HDR 色调”命令可以对图像的边缘光、色调和细节、颜色等方面进行更加细致的调整，效果如图 9-79 所示。

图 9-79　应用“HDR 色调”命令前后的对比效果

执行菜单中的“图像”→“调整”→“HDR 色调”命令，会打开如图 9-85 所示的“HDR 色调”对话框。

“HDR 色调”对话框中的各项含义如下(重复或大致相同的选项设置就不做介绍了)：

(1) 预设：在下拉菜单中可以选择系统预设的选项。

(2) 方法：在下拉菜单中可以设置图像的调整方法，其中包括曝光度和灰度系数、高光压缩、局部适应和色调均化直方图。选择不同的方法，其对话框也会有所不同，如图 9-80 和图 9-81 所示。

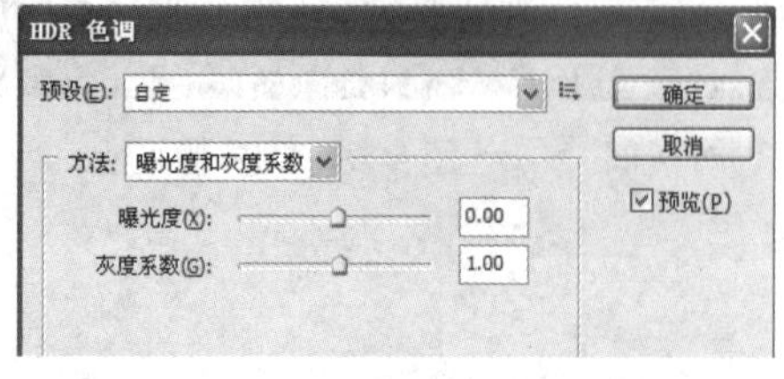

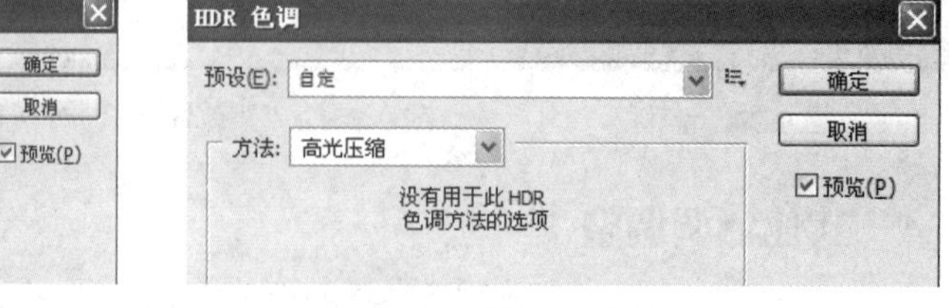

图 9-80　选择“曝光度和灰度系数”　　图 9-81　选择“高光压缩”

(3) 边缘光：用来设置照片的发光效果的大小和对比度。

① 半径：用来设置发光效果的大小。

② 强度：用来设置发光效果的对比度。

(4) 色调和细节：用来设置照片光影部分的调整。

① 细节：用来设置查找图像细节。

② 阴影：用来调整阴影部分的明暗度。

③ 高光：用来调整高光部分的明暗度。

(5) 颜色：用来设置照片的色彩调整。

① 自然饱和度：可以将图像进行灰色调到饱和色调的调整，用于提升不够饱和度的图片，或调整出非常优雅的灰色调，取值范围是-100～100，数值越大色彩越浓烈。

② 饱和度：用来设置图像色彩的浓度。

(6) 色调曲线和直方图：用曲线直方图的方式对图像进行色彩与亮度的调整。

3. 色调均匀

使用“色调均匀”命令可以重新分布图像中像素的亮度值，使它们能更均匀地呈现所有范围的亮度级别，将图像中最亮的像素转换为白色，图像中最暗的像素转换为黑色，而中间的值则均匀地分布在整个灰度中，效果如图 9-82 所示。图像中存在选区时，执行菜单中的“图像”→“调整”→“色调均匀”命令，会打开“色调均化”对话框，如图 9-83 所示。

图 9-82　应用“色调均匀”命令后的对比效果

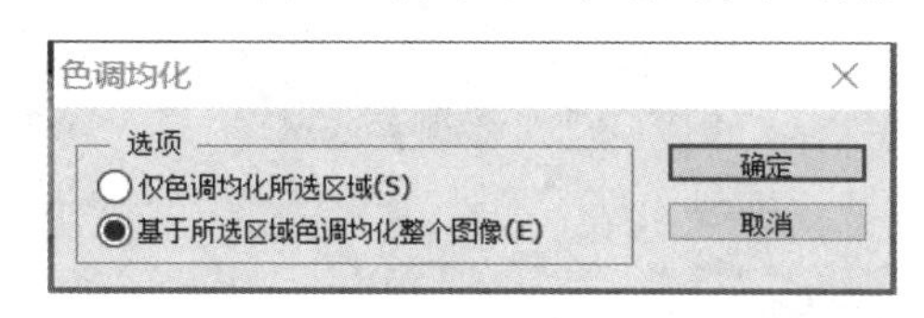

图 9-83　“色调均化”对话框

“色调均化”对话框中的各项含义如下(重复或大致相同的选项设置就不做介绍了)：

(1) 仅色调均化所选区域：勾选该单选框，只对选区内图像进行色调均匀调整。

(2) 基于所选区域色调均化整个图像：勾选该单选框，可根据选区内像素的明暗来调整整个图像。

范例 9-6　制作艺术照片。

(1) 按组合键[Ctrl + O]，打开“制作艺术照片”→“新素材”→“01.jpg”文件，选择矩形选框工具，在图像窗口中适当的位置绘制一个矩形选框，效果如图 9-84 所示。

图 9-84　绘制矩形选框

艺术照片

(2) 单击“图层”调板下方的新建填充或调整图层按钮，在弹出的菜单中选择“通道混合器”命令，在“图层”调板中生成“通道混合器 1”图层，同时会弹出“通道混合器”控制面板，选项的设置如图 9-85 所示。单击“输出通道”选项右侧的按钮，在弹出的菜单中选择“绿”选项，弹出相应的面板，选项的设置如图 9-86 所示。再次单击“输出通道”选项右侧的按钮，在弹出的菜单中选择“蓝”选项，弹出相应的面板，选项的设置如图 9-87 所示。图像窗口中的效果如图 9-88 所示。按住[Shift]键的同时，在“图层”调板中，将所有的图层同时选取，按组合键[Ctrl + E]，将其合并。

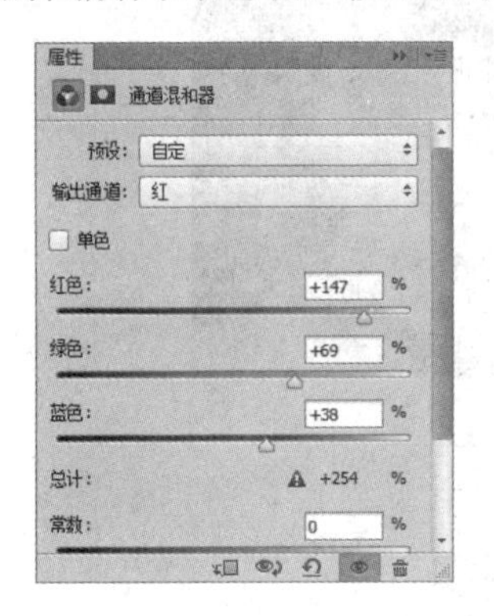

图 9-85　“红”通道设置

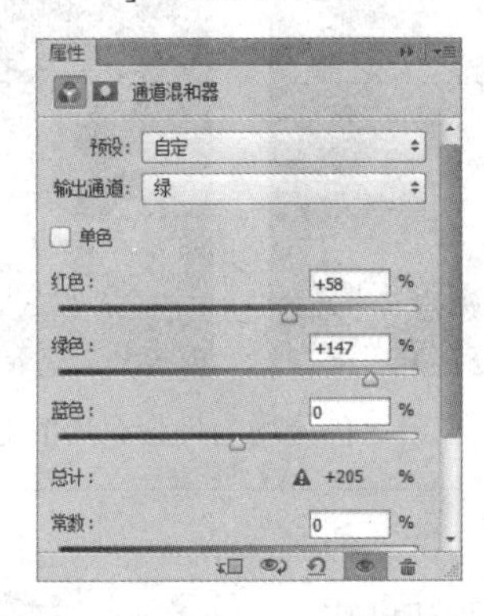

图 9-86　“绿”通道设置

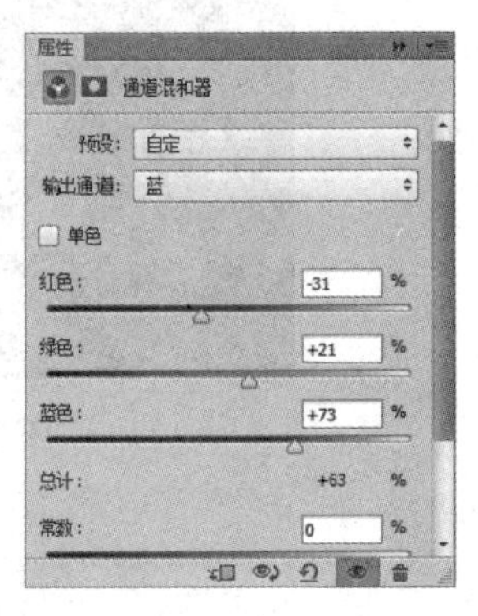

图 9-87　“蓝”通道设置

图 9-88　设置通道后的效果

(3) 选择矩形选框工具，在图像窗口中适当的位置绘制一个矩形选框，效果如图 9-89 所示。

图 9-89　绘制矩形选框

(4) 选择菜单“图像”→“调整”→“色阶”命令，弹出“色阶”对话框，选择红色通道，选项的设置如图 9-90 所示，单击“确定”按钮，效果如图 9-91 所示。

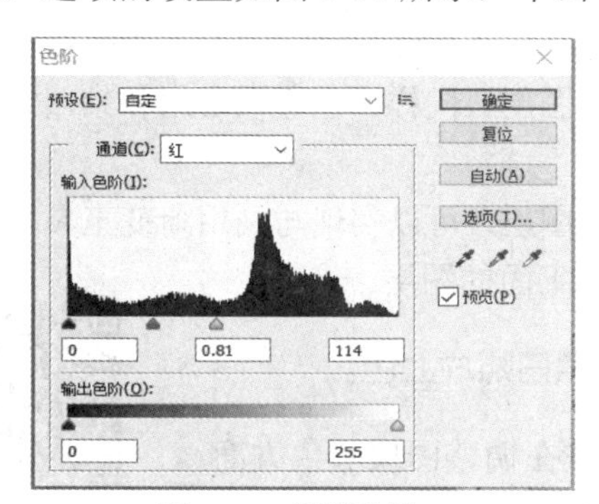

图 9-90　调整色阶

图 9-91　色阶效果

(5) 选择菜单“图像”→“调整”→“匹配颜色”命令，弹出“匹配颜色”对话框，选项的设置如图 9-92 所示，单击“确定”按钮，效果如图 9-93 所示。至此，艺术照片制作完成。

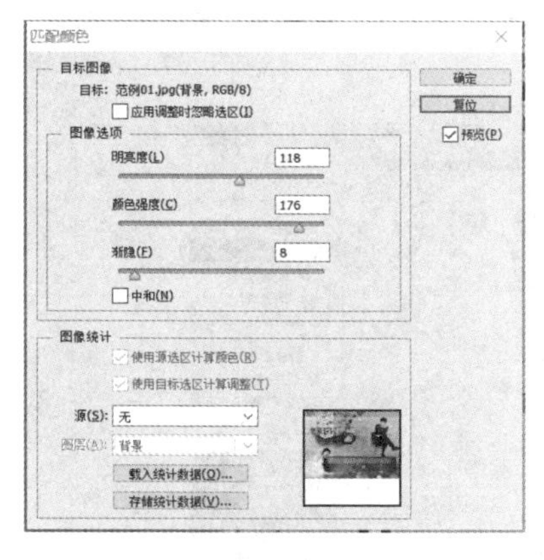

图 9-92　调整匹配颜色

图 9-93　最终效果

9.7　调整图层和填充图层

图像菜单下的调整命令会直接修改图像的像素信息，除了历史记录的方法可以还原图像，其他方法都无法还原，在需要保存原图的情况下，可以利用调整图层来进行调节。调整图层可将颜色和色调调整应用于图像，而不会永久更改像素值。例如，可以创建“色阶”或“曲线”调整图层，而不是直接在图像上调整“色阶”或“曲线”。颜色和色调调整存储在调整图层中并应用于该图层下面的所有图层；可以通过一次调整来校正多个图层，而不用单独的对每个图层进行调整。可以随时删除更改并恢复原始图像。

调整图层具有以下优点：

(1) 调整图层的编辑不会造成破坏。可以通过尝试不同的设置并随时重新编辑调整图层，以得到不同的调整效果，也可以通过降低该图层的不透明度来减轻调整的效果。

(2) 调整图层的编辑具有选择性。在调整图层的图像蒙版上绘画可将调整应用于图像的一部分。通过重新编辑图层蒙版，可以控制调整图像的哪些部分。

(3) 调整图层能够将调整效果应用于多个图像中。在图像之间拷贝和粘贴调整图层，以便应用相同的颜色和色调调整。

(4) 调整图层具有许多与其他图层相同的特性。可以通过调整它们的不透明度和混合模式，并且可以将它们编组以便将调整应用于特定图层。同样，也可以启用和禁用它们的可见性，以便应用或预览效果。

填充图层使我们可以用纯色、渐变或图案填充图层，可以实现与利用渐变工具填充相同的效果。与调整图层不同，填充图层不影响它们下面的图层。

范例 9-7　黑白照片上色——通过创建调整图层为黑白照片上色。

黑白照片上色

本范例主要让大家了解“创建调整图层”命令在调整图像颜色方面的使用方法。

操作步骤：

(1) 执行菜单中的“文件”→“打开”命令或按组合键[Ctrl + O]，打开黑白照片，如图 9-94 所示。此图像为灰度模式，执行菜单中的“图像”→“模式”→“RGB 颜色”命令，将灰度图转换为 RGB 模式图像，如图 9-95 所示。

图 9-94　原图

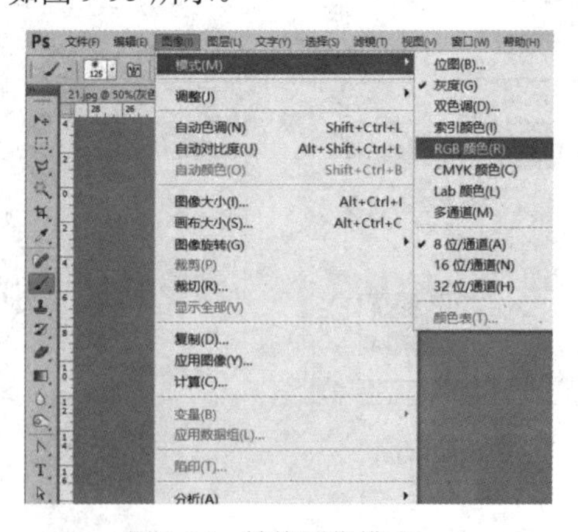

图 9-95　转换图像模式

(2) 选择菜单“图像”→“调整”→“色相/饱和度”命令，或者使用组合键[Ctrl + U]，打开“色相/饱和度”对话框，点击“着色”选项，为素材统一上色。这里选择皮肤的颜色，如图 9-96 所示，此时图像已经上了统一色彩了，如图 9-97 所示。

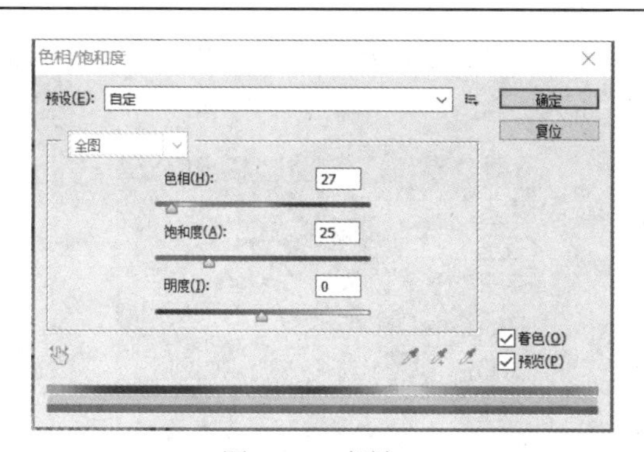

图 9-96　素材

图 9-97　创建选区

(3) 选择多边形套索工具，选取图像中衣服的区域，创建选区，单击“图层”调板中的新建填充和调整图层按钮，创建新的“色相/饱和度”调整图层，打开“色相/饱和度”调整调板，设置相应的参数值，如图 9-98 所示。在“图层”调板中可以看到已经添加了“色相/饱和度”调整图层，在对应调整的区域产生了白色的图层蒙版，如图 9-99 所示，下次通过双击图层缩略图前的按钮，可以再次打开调整调板进行参数调节。

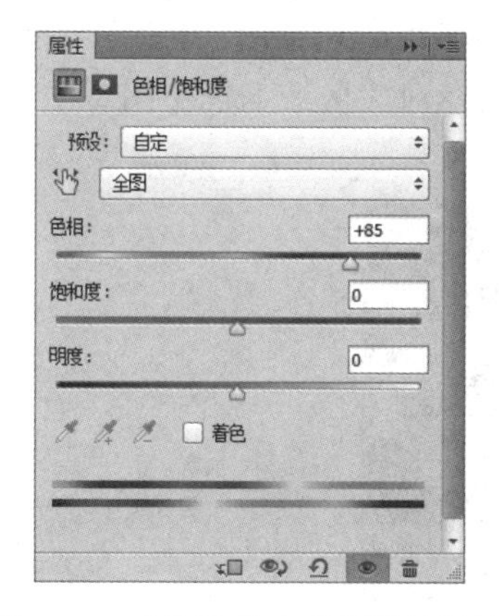

图 9-98　“色相/饱和度”调整调板

图 9-99　添加了调整图层

(4) 选择画笔工具，按 D 键将前景背景色还原。利用画笔在对应的蒙版上对没有调整好的区域进行涂抹，如图 9-100 所示，白色为产生调整效果，黑色为不调整，在涂抹过程中可以使用 X 键交换前景和背景色彩，直到把需要调整的区域都涂抹为白色。设置完毕后，调整的效果如图 9-101 所示。

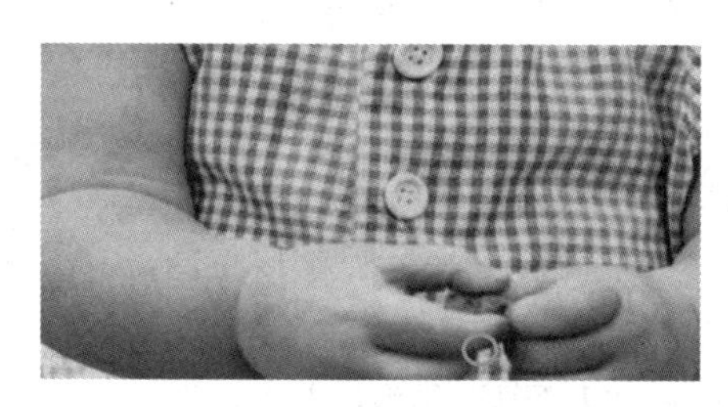
图 9-100　利用画笔精细涂抹

图 9-101　调整后的效果 1

(5) 使用相同的方法可以先选择帽子、背景、扣子、嘴巴、背景等区域，建立调整图层调整色彩，再精细用画笔调整调整范围，即可得到上色图像。设置完毕后，调整的效果如图 9-102 所示，其图层效果如图 9-103 所示。

图 9-102　调整后的效果

图 9-103　调整后的图层

(6) 调整好图像色彩后，若需要修改，只需要在对应区域的调整图层中进行修改色彩参数即可得到新的上色结果，非常快速，如图 9-104 所示。

图 9-104　调整上色效果

综合练习　制作日出风景

制作日出风景的步骤如下：

(1) 打开素材“01.jpg”文件，单击“图层”调板下方的新建填充或调整图层按钮，在弹出的菜单中选择“纯色”命令，然后在“图层”调板中生成“颜色填充 1”图层，选择填充颜色为 RGB(0，72，255)。

制作日出风景

(2) 在“图层”调板上方，将“颜色填充 1”图层的“混合模式”选项设为“叠加”如图 9-105 所示，图像效果如图 9-106 所示。

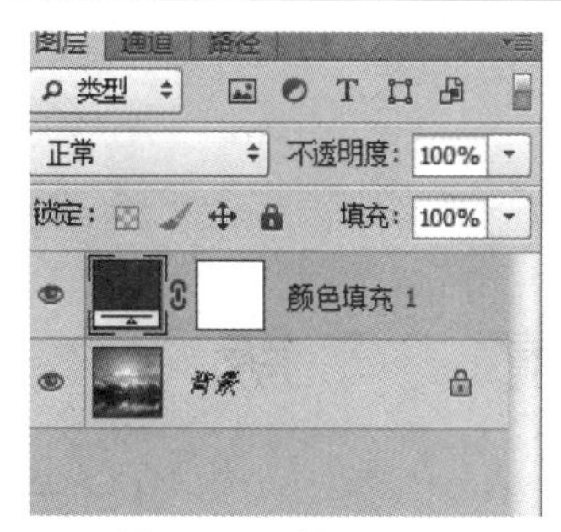

图 9-105　练习图 1

图 9-106　练习图 2

(3) 单击“图层”调板下方的新建填充或调整图层按钮，在弹出的菜单中选择“色相/饱和度”命令，在“图层”调板中生成“色相/饱和度 1”图层，同时在弹出的“色相/饱和度”对话框中，调整饱和度为 −35。

(4) 单击“图层”调板下方的新建填充或调整图层按钮，在弹出的菜单中选择“通道混和器”命令，在“图层”调板中生成“通道混和器 1”图层，在“红”通道中设置绿色为 60%，蓝色为 −8%，如图 9-107 所示；再选择“绿”通道，设置红色为 30%，绿色为 100%，如图 9-108 所示，图片效果如图 9-109 所示。(注：软件翻译有误，“混和器”应为“混合器”。)

(5) 打开“02.png”文件，选择移动工具，拖曳文字到图像窗口的左上方；在“图层”调板中生成新的图层并将其命名为“装饰文字”，效果如图 9-110 所示。至此，日出风景画制作完成。

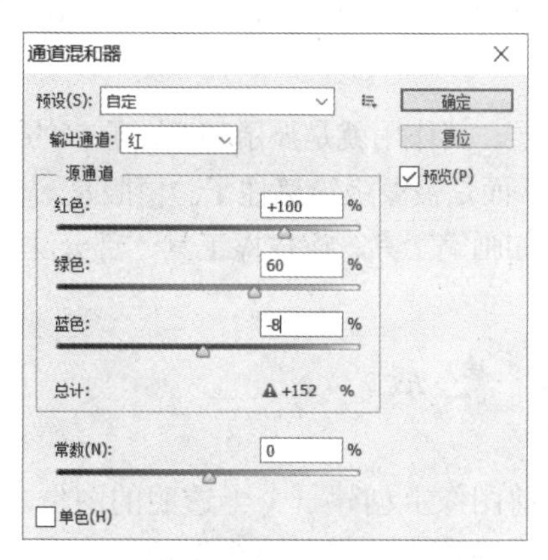

图 9-107　练习图 3

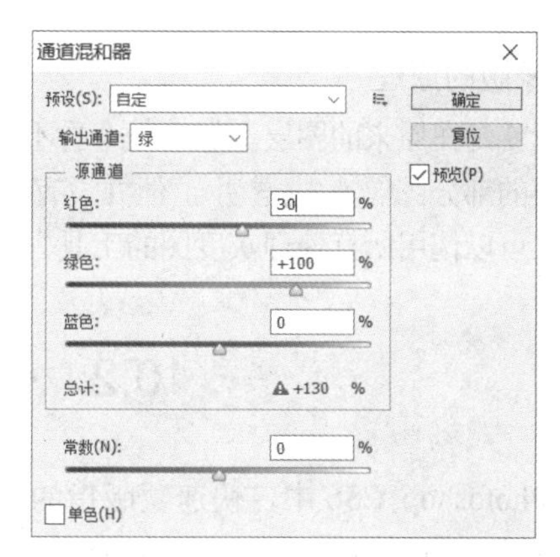

图 9-108　练习图 4

图 9-109　练习图 5

图 9-110　练习图 6

第 10 章　蒙　　版

10.1　蒙版的概念

在 Photoshop CS6 中，通过应用蒙版可以对图像的某个区域进行保护，在处理其他位置的图像时，该区域将不会被编辑。在处理完效果后，如果感觉效果不满意，只要将蒙版取消即可还原图像，此时会发现被编辑的图像根本没有遭到破坏。总之，蒙版可以对图像起到保护作用。

1. 蒙版的概念

蒙版是一种选区，但它与常规的选区颇为不同。常规的选区表现了一种操作趋向，即将对所选区域进行处理；而蒙版却相反，它是对所选区域进行保护，让其免于操作，而对非掩盖的地方应用操作，通过蒙版可以创建图像的选区，也可以对图像进行抠图。

2. 蒙版的原理

蒙版就是在原来的图层上加上一个看不见的图层，其作用就是显示和遮盖原来的图层。它使原图层的部分图像消失(透明)，但并没有删除掉，而是被蒙版给遮住了。蒙版是一个灰度图像，所以可以使用所有处理灰度图的工具去处理，如画笔工具、橡皮擦工具、部分滤镜等。

10.2　快速蒙版

在 Photoshop CS6 中，快速蒙版指的是在当前图像上创建一个半透明的图像。快速蒙版模式使用户可以将任何选区作为蒙版进行编辑，而不必使用“通道”调板，在查看图像时也可如此。将选区作为蒙版来编辑的优点是：几乎可以使用任何 Photoshop 工具或滤镜修改蒙版。比如创建一个选区，进入快速蒙版模式后，可以使用画笔扩展或收缩选区，使用滤镜设置选区边缘，通过对选区工具创建的选区进行填充来增加或减小蒙版范围，因为快速蒙版不是选区。当在快速蒙版模式中工作时，“通道”调板中出现一个临时快速蒙版通道。但是，所有的蒙版编辑都是在图像窗口中完成的。

10.2.1　创建快速蒙版

在工具箱中单击以快速蒙版模式编辑按钮，就可以进入快速蒙版编辑状态，如图 10-1 所示。当图像中存在选区时，单击以快速蒙版模式编辑按钮后，默认状态下，选区内的图像为可编辑区域，选区外的内容为受保护区域，如图 10-2 所示。

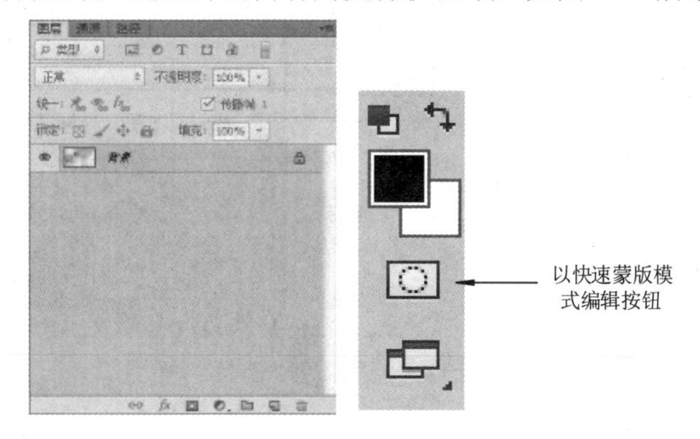

图 10-1　快速蒙版

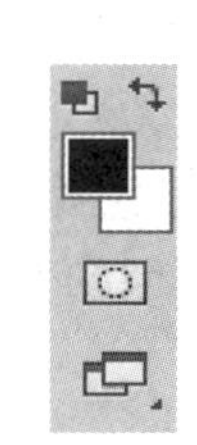

图 10-2　为选区创建快速蒙版

10.2.2　更改蒙版颜色

蒙版颜色是指覆盖在图像中保护图像某区域的透明颜色，默认状态下为红色，透明度为 50%。双击以快速蒙版模式编辑按钮，即可弹出如图 10-3 所示的“快速蒙版选项”对话框。

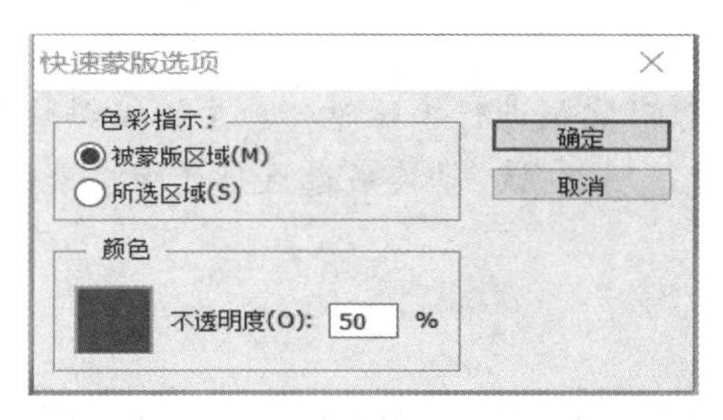

图 10-3　“快速蒙版选项”对话框

该对话框中各项的含义如下：

(1) 色彩指示：用来设置在快速蒙版状态时遮罩的显示位置。

① 被蒙版区域：快速蒙版中有颜色的区域代表被蒙版的范围，没有颜色的区域则是选区范围。

② 所选区域：快速蒙版中有颜色的区域代表选区范围，没有颜色的区域则是被蒙版的范围。

(2) 颜色：用来设置当前快速蒙版的颜色和透明程度，默认状态下不透明度为 50%，颜色为红色。单击颜色图标即可弹出“快速蒙版选项”对话框，选择的颜色即为快速蒙版状态下的蒙版颜色。图 10-4 所示的图像是蒙版颜色为蓝色的快速蒙版状态。

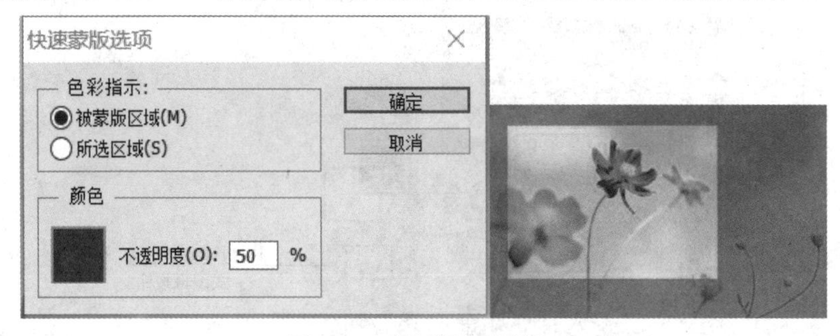

图 10-4　蒙版颜色为蓝色

10.2.3　编辑快速蒙版

进入快速蒙版模式编辑状态时，使用相应的工具(为方便讲解，这里使用画笔工具进行操作)可以对创建的快速蒙版重新编辑。在默认状态下，使用深色在可编辑区域填充时，即可将其转换为保护区域的蒙版；使用浅色在蒙版区域填充时，即可将其转换为可编辑状态，如图 10-5 所示。单击变换框，此时可编辑区域的变换效果与对选区内的图像变换效果一致，如图 10-6 所示。

图 10-5　涂抹蒙版

图 10-6　变换蒙版

技巧： ① 当使用橡皮擦对蒙版进行编辑时，产生的编辑效果正好与画笔相反。② 使用灰色涂抹的位置会出现半透明效果，转换成选区后边缘会非常柔和。

10.2.4　退出快速蒙版

在快速蒙版状态下编辑完毕后，单击工具箱中的以标准版模式编辑按钮，即可退出快速蒙版，此时被编辑的区域会以选区显示，如图 10-7 所示。

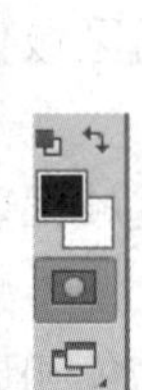

图 10-7　转换为标准模式

技巧：按住[Alt]键单击以快速蒙版模式编辑按钮，可以在不打开“快速蒙版选项”对话框的情况下，自动切换“被蒙版区域”和“所选区域”选项，蒙版会根据所选的选项而变化，如图10-8所示。

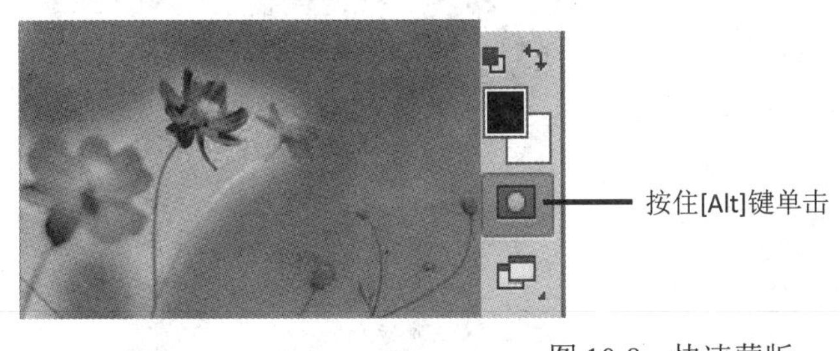

图10-8　快速蒙版

10.3　图 层 蒙 版

图层蒙版可以理解为在当前图层上面覆盖一层玻璃片，这种玻璃片有透明和黑色不透明两种，前者显示全部图像，后者隐藏部分图像。可用各种绘图工具在蒙版(即玻璃片)上涂色(只能涂黑、白、灰色)，涂黑色的地方蒙版变为不透明，看不见当前图层的图像；涂白色则使涂色部分变为透明，可看到当前图层上的图像；涂灰色使蒙版变为半透明，透明的程度由涂色的深浅决定。

图层蒙版可以用来在图层与图层之间创建无缝的合成图像，并且不会破坏图层中的图像像素，从而更加容易重新编辑效果不理想的图像。

10.3.1　创建图层蒙版的方法

在实际应用中往往需要在图像中创建不同的蒙版，在创建蒙版的过程中不同的样式会创建不同的图层蒙版。创建的图层蒙版可以分为整体蒙版和选区蒙版。下面介绍各种蒙版的创建方法。

1. 整体图层蒙版

整体图层蒙版是指创建一个将当前图层进行覆盖遮片效果的蒙版。具体创建方法如下：

(1) 执行菜单中的“图层”→“蒙版”→“显示全部”命令，此时在“图层”调板的该图层上便会出现一个白色蒙版缩略图；在“图层”调板中单击添加图层蒙版按钮，可以快速创建一个白色蒙版缩略图，如图10-9所示，此时蒙版为透明效果，在整个文件中该图层中的图像像素还会被显示在图像中。

(2) 执行菜单中的“图层”→“蒙版”→“隐藏全部”命令，此时在图层调板的该图层上便会出现一个黑色蒙版缩略图；在“图层”调板中按住[Alt]键单击添加图层蒙版按钮，可以快速创建一个黑色蒙版缩略图，如图10-10所示，此时蒙版为不透明效果。

提示：在图层中添加空白蒙版后，会在整个图像中仍然显示当前图层中的图像；在图层中添加黑色蒙版后，会在整个图像中隐藏当前图层中的图像。

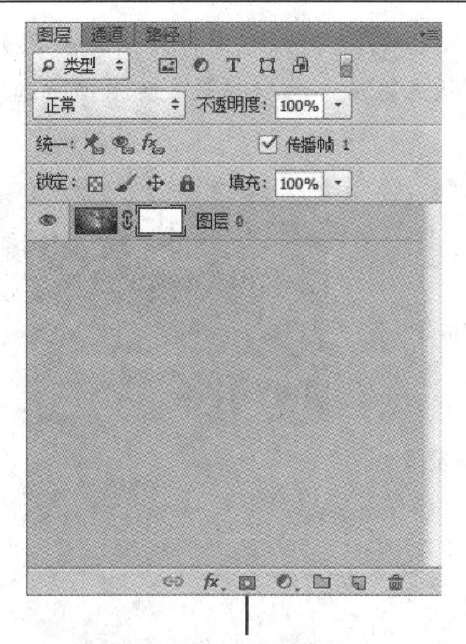

图 10-9　添加透明蒙版

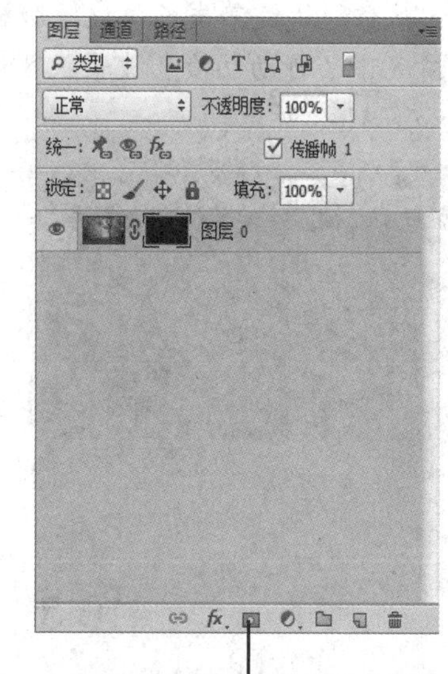

图 10-10　添加不透明蒙版

2. 选区蒙版

如果图层中存在选区，执行菜单中的“图层”→“蒙版”→“显示选区”命令，或在“图层”调板中单击添加图层蒙版按钮，此时选区内的图像会被显示，选区外的图像会被隐藏，如图 10-11 所示。

图 10-11　为选区添加透明蒙版

如果图层中存在选区，执行菜单中的“图层”→“蒙版”→“隐藏选区”命令，或在“图层”调板中按住[Alt]键单击添加图层蒙版按钮，此时选区内的图像会被隐藏，选区外的图像会被显示，如图 10-12 所示。

图 10-12　为选区添加不透明蒙版

10.3.2　链接和取消图层蒙版的链接

1. 链接和取图层蒙版的链接

创建蒙版后，在默认状态下蒙版与当前图层中的图像是处于链接状态的，在图层缩略图与蒙版缩略图之间会出现一个链接图标，此时移动图像时蒙版会跟随移动，如图 10-13(a)所示。执行菜单中的“图层”→“蒙版”→“取消链接”命令，会将图像与蒙版之间的链接取消，此时图标会被隐藏，移动图像时蒙版不会跟随移动，如图 10-13(b)所示。

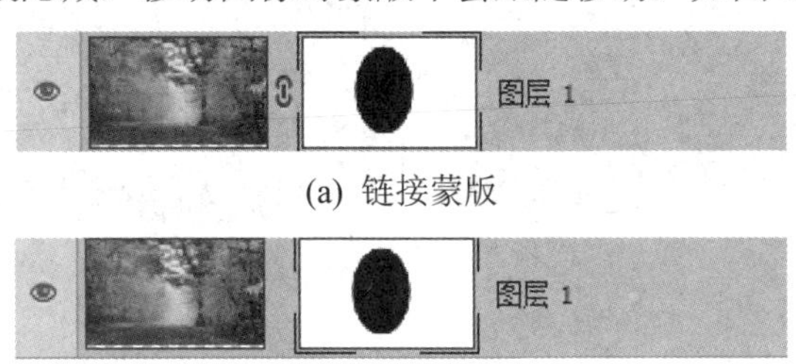

(a) 链接蒙版

(b) 取消链接蒙版

图 10-13　链接蒙版与取消链接蒙版

技巧：创建图层蒙版后，使用鼠标在图像缩略图与蒙版缩略图之间的图标上单击，即可解除蒙版的链接，在图标隐藏的位置单击又会重新建立链接。

2. 启用和停用图层蒙版

创建蒙版后，执行菜单中的“图层”→“蒙版”→“停用”命令，或在蒙版缩略图上单击鼠标右键，在弹出的菜单中选择“停用图层蒙版”命令，此时在蒙版缩略图上会出现一个红叉，表示此蒙版应用被停用，如图 10-14(a)所示。再执行菜单中的“图层”→“蒙版”→“启用”命令，或在蒙版缩略图上单击右键，在弹出的菜单中选择“启用图层蒙版”命令，即可重新启用蒙版效果，如图 10-14(b)所示。

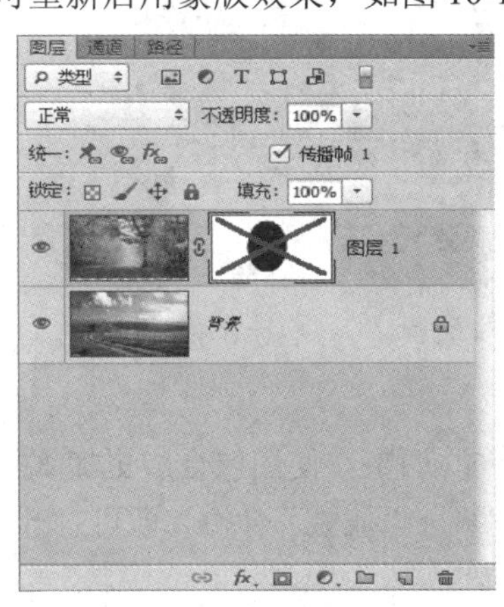

(a) 停用图层蒙版

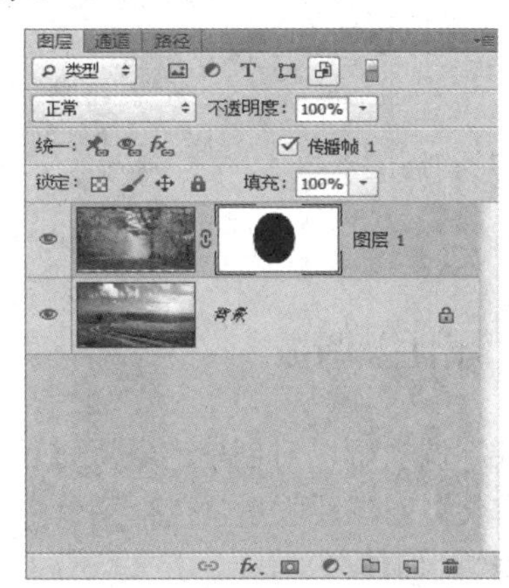

(b) 启用图层蒙板

图 10-14　停用与启用图层蒙版

3. 删除图层蒙版

创建蒙版后，执行菜单中的“图层”→“蒙版”→“删除”命令，即可将当前应用的蒙版效果从图层中删除，图像恢复原来效果，如图 10-15 所示。

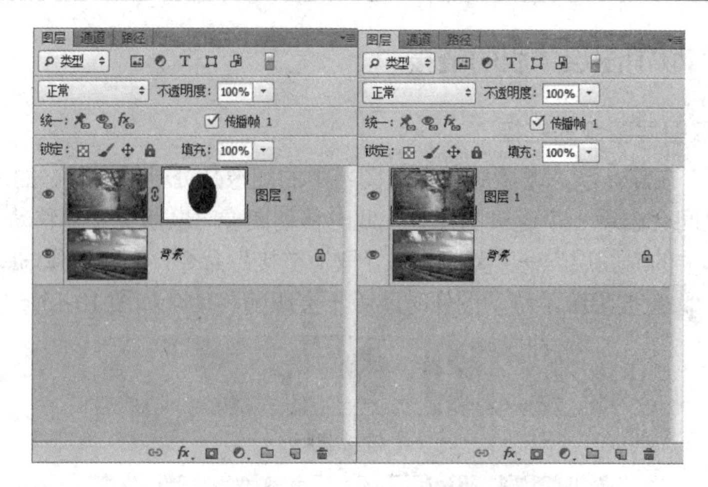

图 10-15　删除图层蒙版

4. 应用图层蒙版

创建蒙版后，执行菜单中的“图层”→“蒙版”→“应用”命令，可以将当前应用的蒙版效果直接与图像合并，如图 10-16 所示。

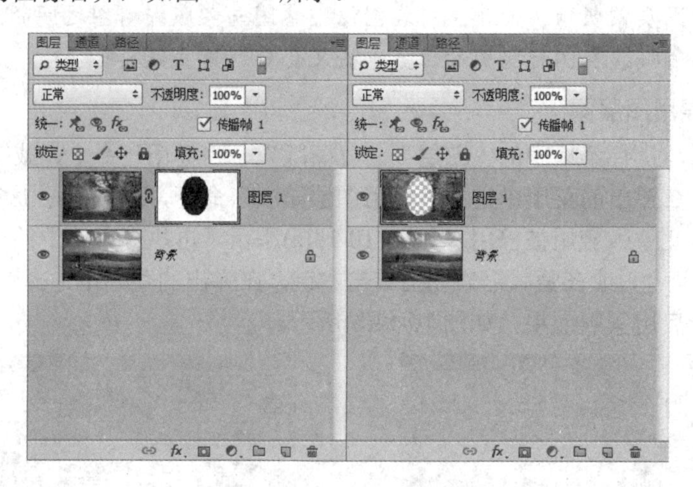

图 10-16　应用图层蒙版

10.3.3　“属性”调板

“属性”调板可以对创建的蒙版进行更加细致的调整，使图像合成更加细腻，使图像处理更加方便。创建蒙版后，执行菜单中的“窗口”→“属性”命令，即可打开如图 10-17 所示的“属性”调板。

“属性”该调板中各项的含义如下：

(1) 创建蒙版：用来为图像创建蒙版或在蒙版与图像之间选择。

(2) 创建矢量蒙版：用来为图像创建矢量蒙版或在矢量蒙版与图像之间选择。图像中不存在矢量蒙版时，只要单击该按钮，即可在该图层中新建一个矢量蒙版，如图 10-18 所示。

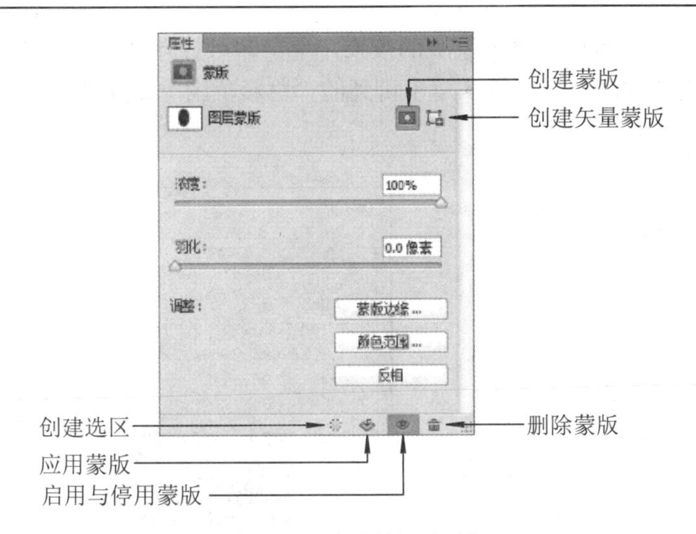

图 10-17　“属性”调板

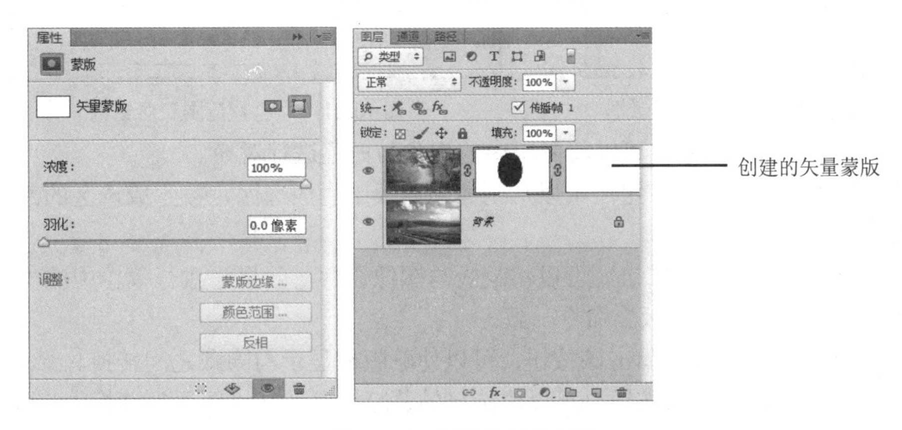

图 10-18　创建的矢量蒙版

(3) 浓度：用来设置蒙版中黑色区域的透明程度，数值越大，蒙版越透明，如图 10-19 所示。

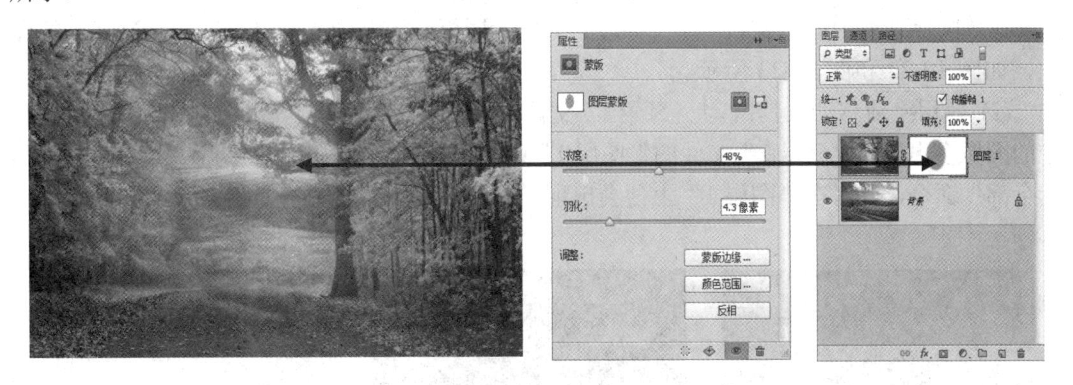

图 10-19　降低浓度后的蒙版

(4) 羽化：用来设置蒙版边缘的柔和程度，与选区羽化相类似。

(5) 蒙版边缘：可以更加细致地调整蒙版的边缘，单击会打开如图 10-20 所示的“调整蒙版”对话框，在其中设置各项参数即可调整蒙版的边缘。

(6) 颜色范围：用来重新设置蒙版的效果，单击即可打开“色彩范围”对话框，如图 10-21 所示。其具体使用方法与第 3 章中讲到的“色彩范围”设置选区的方法一样。

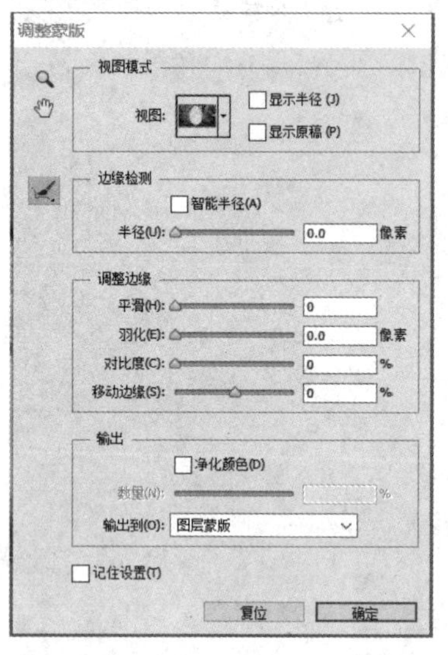

图 10-20　“调整蒙版”对话框

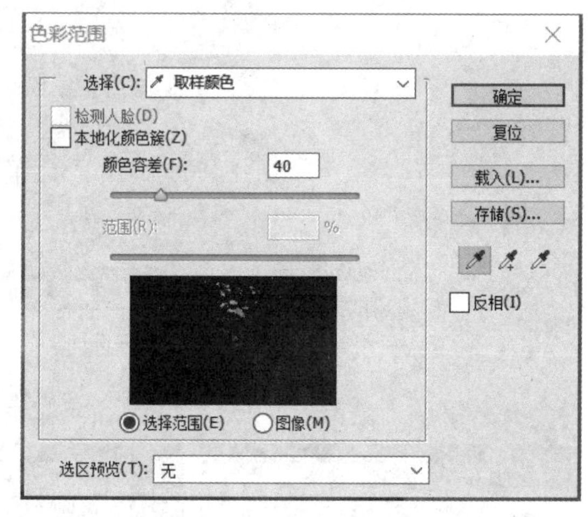

图 10-21　“色彩范围”对话框

(7) 反相：单击该按钮，可以将蒙版中的黑色与白色进行对换。

(8) 创建选区：单击该按钮，可以从创建的蒙版中生成选区，被生成选区的部分是蒙版中的白色部分。

(9) 应用蒙版：单击该按钮，可以将蒙版与图像合并，效果与执行菜单中的“图层”→“图层蒙版”→“应用蒙版”命令一致。

(10) 启用与停用蒙版：单击该按钮，可以使蒙版在显示与隐藏之间转换。

(11) 删除蒙版：单击该按钮，可以将选择的蒙版缩略图从“图层”调板中删除。

练习 1：编辑蒙版技巧——通过画笔编辑蒙版。

本练习主要让大家了解使用(画笔工具)编辑蒙版的方法。操作步骤如下：

(1) 执行菜单中的“文件”→“打开”命令或按组合键[Ctrl + O]，打开自己喜欢的图片，如图 10-22 和图 10-23 所示。

(2) 使用(移动工具)拖动“风景 1”文件中的图像到“风景 2”文件中，此时“风景 1”中的图像会出现在“风景 2”文件的”图层 1”中，执行菜单中的“图层”→“蒙版”→“显示全部”命令，此时在“图层 1”上便会出现一个白色蒙版缩略图，如图 10-24 所示。

图 10-22　风景 1

图 10-23　风景 2

图 10-24　图层调板

(3) 将前景色设置为黑色，选择(画笔工具)，设置相应的画笔大小和硬度，如图 10-25 所示。

(4) 使用(画笔工具)在图像中涂抹，此时 Photoshop 会自动对空白蒙版进行编辑，效果如图 10-26 所示。

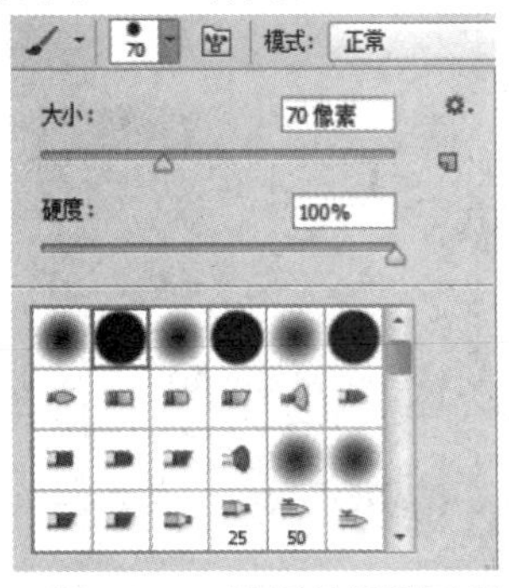

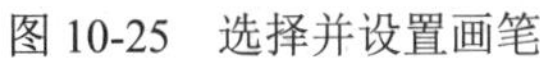

图 10-25　选择并设置画笔

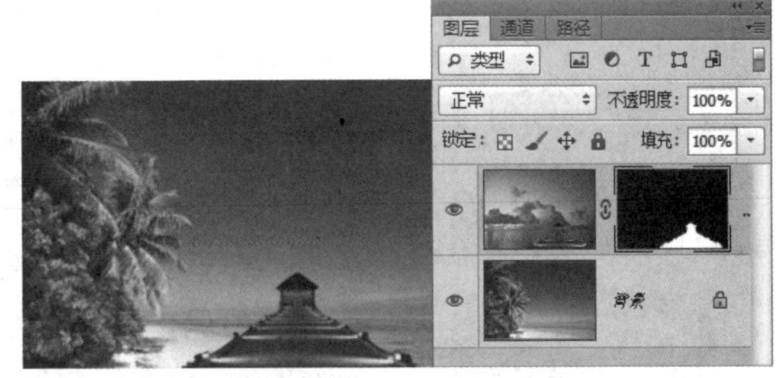

图 10-26　画笔编辑蒙版

技巧：使用(画笔工具)编辑蒙版，前景色为黑色时，画笔涂抹的位置会显示下一层中的图像；前景色为灰色时，涂抹的位置会以半透明的样式显示当前图层中的图像；前景色为白色时，涂抹的位置只会显示当前图层的图像。

练习 2：编辑蒙版技巧——通过橡皮擦编辑蒙版。

本练习主要让大家了解使用(橡皮擦工具)编辑蒙版的方法。操作步骤如下：

(1) 继续使用练习 1 中的素材图片。使用(移动工具)拖动“风景 1”文件中的图像到“风景 2”文件中，此时“风景 1”中的图像会出现在“风景 2”文件中的“图层 1”中，执行菜单中的“图层”→“蒙版”→“显示全部”命令，此时在“图层 1”上便会出现一个白色蒙版缩略图，设置前景色为白色、背景色为黑色，选择橡皮擦工具，设置画笔大小为 60 px，硬度为 71%。

(2) 使用橡皮擦工具在图像中涂抹，此时 Photoshop 会自动对空白蒙版进行编辑，效果如图 10-27 所示。

图 10-27　使用橡皮擦编辑蒙版

练习 3：编辑蒙版技巧——通过选区编辑蒙版。

本练习主要让大家了解使用选区工具编辑蒙版的方法。操作步骤如下：

(1) 依旧使用练习 1 中的素材图片。使用(移动工具)拖动“风景 1”文件中的图像到“风景 2”文件中，此时“风景 1”中的图像会出现在“风景 2”文件的“图层 1”中，执行菜单中的“图层”→“蒙版”→“显示全部”命令，此时在“图层 1”上便会出现一个白色蒙版缩略图，使用[⬚](矩形选框工具)设置羽化为 25 px，在图像中创建矩形选区，如图 10-28 所示。

(2) 将所创建的选区填充为黑色，效果如图 10-29 所示。

图 10-28　创建选区

图 10-29　选区编辑蒙版

练习 4：编辑蒙版技巧——通过渐变工具编辑蒙版。

本练习主要让大家了解使用渐变工具编辑蒙版的方法。操作步骤如下：

(1) 依旧使用练习 1 中的素材图片。使用[▸✥](移动工具)拖动“风景 1”文件中的图像到“风景 2”文件中，此时“风景 1”中的图像会出现在“风景 2”文件的“图层 1”中，执行菜单中的“图层”→“蒙版”→“显示全部”命令，此时在“图层 1”上便会出现一个白色蒙版缩略图。

(2) 设置前景色为黑色、背景色为白色，选择[■](渐变工具)设置渐变样式为线性渐变、渐变类型为从前景色到背景色，使用渐变工具在图像中水平拖动，效果如图 10-30 所示。

图 10-30　渐变工具编辑蒙版

10.3.4　贴入命令和外部粘贴命令创建图层蒙版

复制图像后，在其他图像中创建选区，再执行“贴入”命令，可以创建显示选区图层蒙版；执行“外部粘贴”命令，可以创建隐藏选区图像蒙版。

练习：贴入命令创建图层蒙版。

本练习主要让大家了解使用贴入命令创建图层蒙版的方法。

操作步骤如下：

(1) 打开风景图片，如图 10-31 所示，使用组合键[Alt + A]，全选图片，执行菜单中的“编辑”→“拷贝”命令，或者使用组合键[Ctrl + C]将图片复制到内存中。

(2) 打开“手机”图片，使用选区工具选出屏幕区域，如图 10-32 所示。

图 10-31　风景图

图 10-32　“手机”图片

(3) 执行菜单中的“编辑”→“选择性粘贴”→“贴入”命令，可以将风景图贴入并自动创建手机屏幕区域的图层蒙版，如图 10-33 所示。

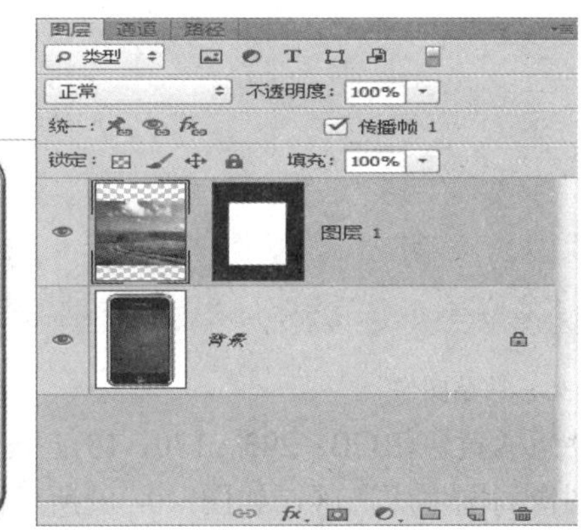

图 10-33　图层蒙版

10.3.5　创建剪贴蒙版

使用“创建剪贴蒙版”命令可以为图层添加剪贴蒙版效果。剪贴蒙版是使用基底图层中图像的形状来控制上面图层中图像的显示区域，执行菜单中的“图层”→“创建剪贴蒙版”命令，可以得到剪贴蒙版效果，本内容已在 4.6 节中详细介绍过。

范例 10-1　制作茶文化宣传卡。

制作茶文化

(1) 按组合键[Ctrl + N]，新建一个文件：宽度为 10 cm，高度为 7 cm，分辨率为 200 像素/英寸，颜色模式为 RGB，背景内容为白色，单击“确定”按钮。

(2) 新建图层并将其命名为“图形 1”。将前景色设为白色。选择圆角矩形工具，选择属性栏中的“像素”选项，将圆角半径设为105 px，拖曳鼠标绘制一个圆角矩形，单击“背景”图层左侧的眼睛图标，将背景图层隐藏，效果如图10-34所示。选择矩形选框工具，绘制一个矩形选区，如图10-35所示。按组合键[Ctrl + X]，剪切选区中的图像。

图10-34　绘制圆角矩形

图10-35　绘制矩形选区

(3) 新建图层并将其命名为“图形 2”。按组合键[Ctrl + V]，将选区中的图像粘贴到“图形2”中，如图10-36所示。选择移动工具，在“图层”调板中选取“图形1”和“图形2”图层，单击属性栏中的底对齐按钮，将两个图形对齐，并调整到适当的位置，效果如图10-37所示。

图10-36　粘贴图像

图10-37　底对齐

(4) 将前景色设为橘黄色(RGB：243，170，19)。按住[Ctrl]键的同时，单击“图形2”图层的缩览图，在图像周围生成选区，如图 10-38 所示。按住组合键[Alt + Delete]，用前景色填充选区。按组合键[Ctrl + D]取消选区，效果如图10-39所示。

图10-38　生成选区

图10-39　填充选区

(5) 显示“背景”图层。选中“图形 1”图层。单击“图层”调板下方的添加图层样式按钮，在弹出的菜单中选择“投影”命令，其相应选项的设置如图10-40所示。单击“确定”按钮，效果如图10-41所示，按住[Alt]键的同时，在“图层”调板中，将“图形1”图层的图层样式拖曳到“图形2”图层上，复制图层样式，效果如图10-42所示。

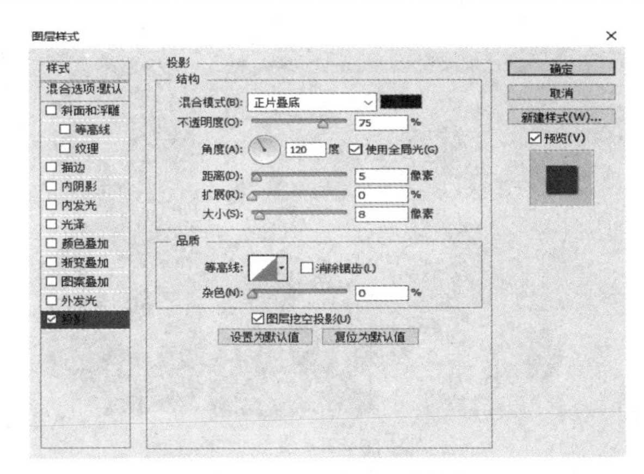

图 10-40　“投影”设置

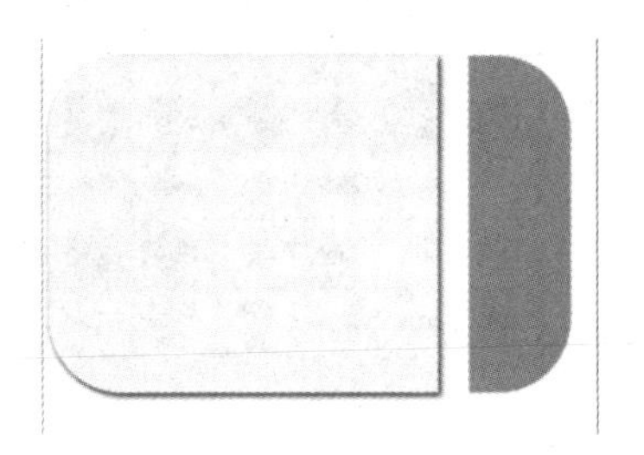
图 10-41　“投影”效果

(6) 按组合键[Ctrl + O]，打开“制作茶文化宣传卡”→“新素材”→“01.jpg”文件，选择移动工具，将图片拖曳到图像窗口中适当的位置，效果如图 10-43 所示。在“图层”调板中生成新的图层并将其命名为“图片”。

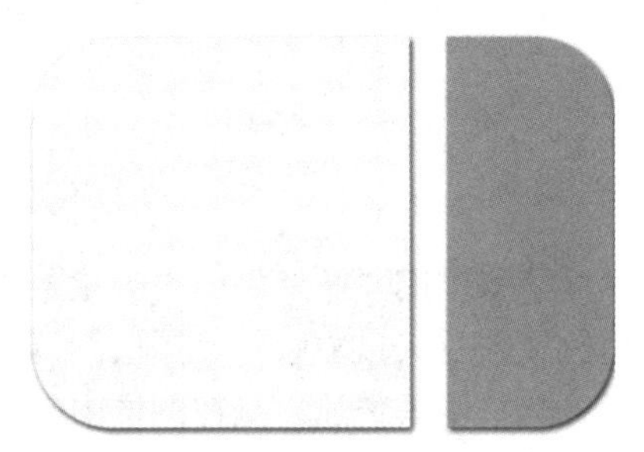
图 10-42　复制图层样式

图 10-43　插入新图像

(7) 按住[Alt]键的同时，将鼠标光标放在“图片”图层和“图形 1”图层的中间，鼠标光标变为带箭头的矩形，单击鼠标左键，创建剪贴蒙版，效果如图 10-44 所示。

(8) 按组合键[Ctrl + O]，打开“制作茶文化宣传卡”→“新素材”→“02.psd”文件，选择移动工具，将图片拖曳到图像窗口中适当的位置，效果如图 10-45 所示。在“图层”调板中生成新的图层并将其命名为“茶壶”。

图 10-44　创建剪贴蒙版

图 10-45　插入新图像

(9) 单击“图层”调板中下方的添加图层蒙版按钮，为“茶壶”图层添加蒙版。将前景色设为黑色。选择画笔工具，在属性栏中单击“画笔”选项右侧的按钮，弹出画笔选择面板，在面板中选择需要的画笔形状，如图 10-46 所示。在图像窗口中拖曳鼠标擦除多余图像，效果如图 10-47 所示。至此，茶文化宣传卡制作完成。

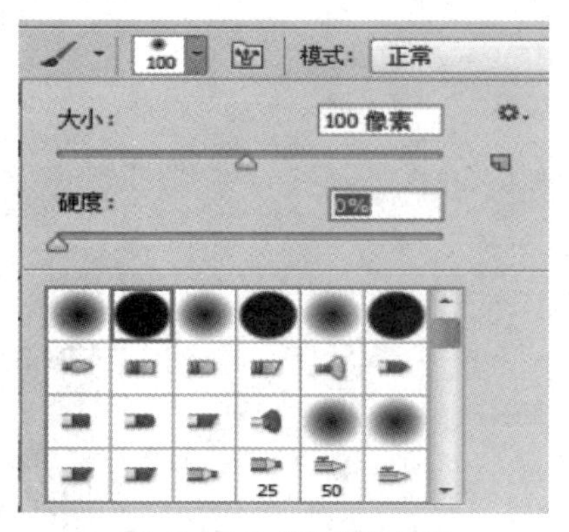

图 10-46　“画笔”设置

图 10-47　最终效果

10.4　矢 量 蒙 版

矢量蒙版的作用与图层蒙版类似，只是创建或编辑矢量蒙版时要使用钢笔工具或形状工具。选区、画笔、渐变工具不能编辑矢量蒙版。

10.4.1　创建矢量蒙版

矢量蒙版可以直接创建空白蒙版和黑色蒙版，执行菜单中的“图层”→“矢量蒙版”→“显示全部或隐藏全部”命令，即可在图层中创建白色或黑色矢量蒙版。“图层”调板中的“矢量蒙版”显示效果与“图层蒙版”显示效果相同，这里不再赘述。当在图像中创建路径后，执行菜单中的“图层”→“矢量蒙版”→“当前路径”命令，即可在路径中建立矢量蒙版。

练习：在矢量蒙版中添加形状。

本练习主要让大家了解在已经创建的矢量蒙版中添加形状的方法。操作步骤如下：

(1) 这里还是使用 10.3.3 节练习 1 中的素材图片。使用(移动工具)拖动“风景 1”文件中的图像到“风景 2”文件中，此时“风景 1”中的图像会出现在“风景 2”文件的“图层 1”中，执行菜单中的“图层”→“矢量蒙版”→“显示全部”命令，此时在“图层 1”上便会出现一个白色矢量蒙版缩略图，如图 10-48 所示。

图 10-48　矢量蒙版

(2) 选择(自定义形状工具)，在属性栏中选择“路径”选项，选择一个爪印图形，如图 10-49 所示。

图 10-49　选择形状

(3) 使用(自定义形状工具)在图像中绘制路径，效果如图 10-50 所示。

图 10-50　绘制路径

技巧： 如果在属性栏中设置样式为“从路径区域减去”，则绘制路径后，矢量蒙版会将路径内的图像保留。

10.4.2　矢量蒙版操作

1. 变换矢量蒙版

矢量蒙版创建后，可以通过“变换”命令对其进行变换，效果如图 10-51 所示。

图 10-51　变换矢量蒙版

2. 启用与停用矢量蒙版

创建矢量蒙版后，执行菜单中的“图层”→“矢量蒙版”→“停用”命令，或在蒙版缩略图上单击鼠标右键，在弹出的菜单中选择“停用矢量蒙版”命令，此时在蒙版缩略图上会出现一个红叉，表示此蒙版应用被停用，如图 10-52(a)所示。再执行菜单中的“图层”→“矢量蒙版”→“启用”命令，或在蒙版缩略图上单击鼠标右键，在弹出的菜单中选择“启用矢量蒙版”命令，即可重新启用矢量蒙版效果，如图 10-52(b)所示。

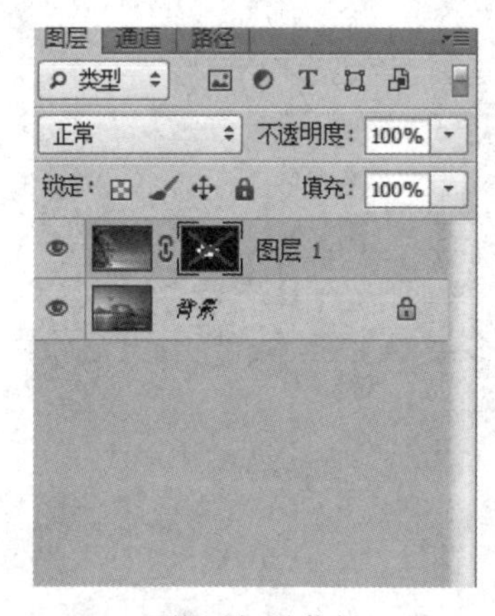

(a) 停用矢量蒙版

(b) 启用矢量蒙版

图 10-52　启用与停用矢量蒙版

3. 删除矢量蒙版

创建矢量蒙版后，执行菜单中的“图层”→“矢量蒙版”→“删除”命令，即可将当前应用的蒙版效果从图层中删除，图像恢复原来的效果，如图 10-53 所示。

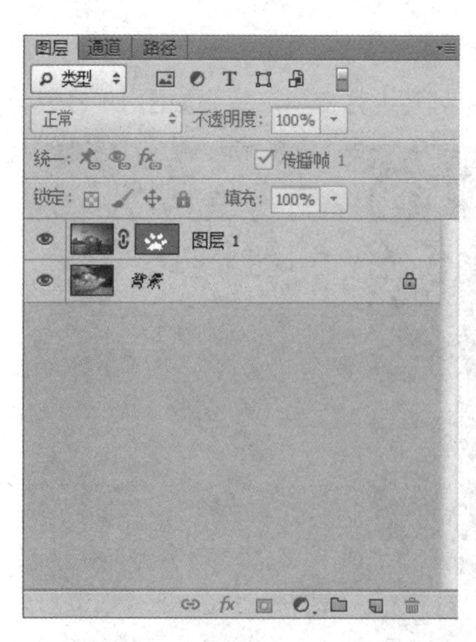

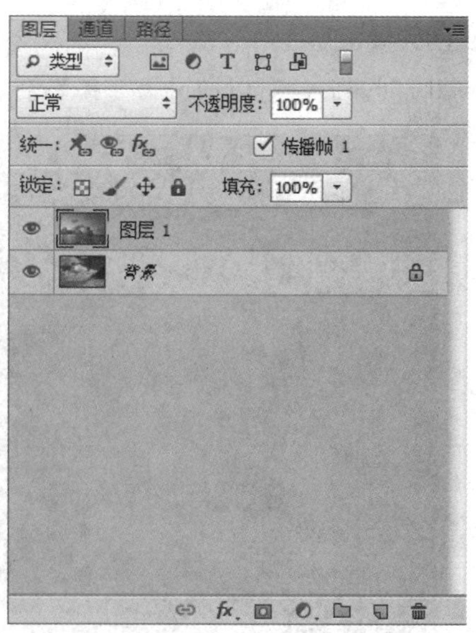

图 10-53　删除矢量蒙版

提示： 矢量蒙版的具体编辑与图层蒙版之间有许多共性，编辑方法也类似。

综合练习 A　制作梦幻人物作品

制作梦幻人物

制作梦幻人物作品的步骤如下：

(1) 打开素材“1.jpg”和素材“2.jpg”文件，使用移动工具将“1.jpg”拖曳到“2.jpg”中，按组合键[Ctrl + T]将图片大小调整到合适的图片大小，图片效果和图层效果分别如图 10-54 和图 10-55 所示。

(2) 选择“图层 1”，按下“图层”调板下方的添加图层蒙版按钮，为人物图层添加一个显示全部的蒙版，如图 10-56 所示。

图 10-54　练习图 1

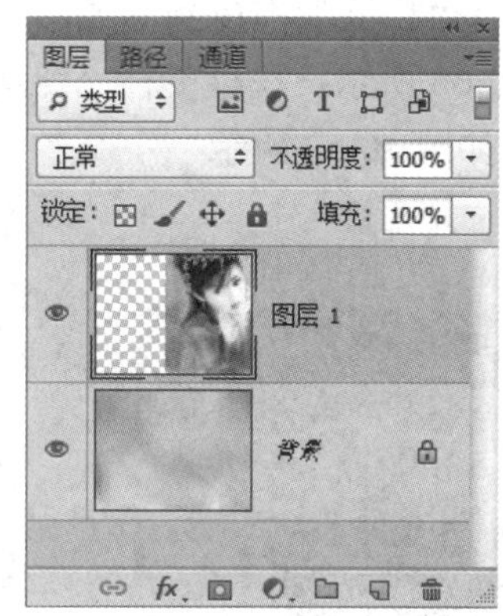

图 10-55　练习图 2

图 10-56　练习图 3

(3) 选择工具箱中的渐变填充工具，将前景色调整为黑色，背景色调整为白色，选择“图层 1”的白色蒙版，从两幅图的交界处开始绘制渐变色，如图 10-57 所示，在图层蒙版中填充由黑色到白色的渐变(见图 10-58)，效果如图 10-59 所示。

图 10-57　练习图 4

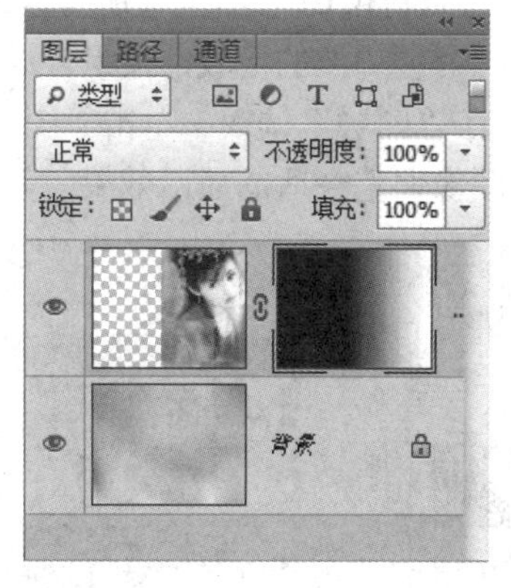

图 10-58　练习图 5

图 10-59　练习图 6

(4) 新建图层，选择工具箱中的画笔工具，载入素材中的素材“书法字体笔刷 4.abr”选择一个书法诗句，调整到合适画面大小的尺寸，如图 10-60 所示；在新图层上建立诗句，如图 10-61 所示。

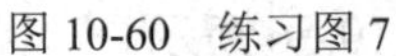

图 10-60　练习图 7

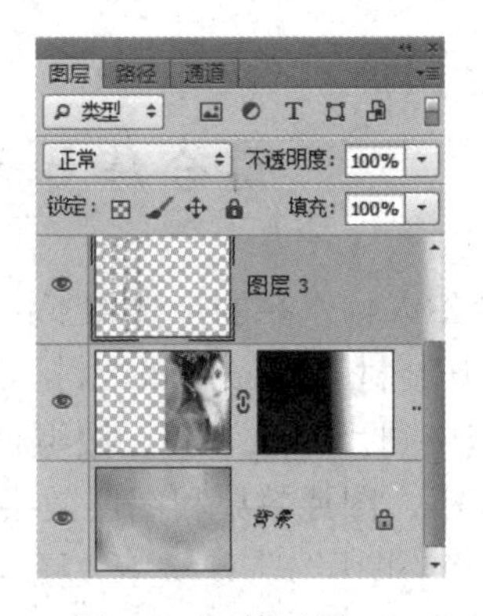

图 10-61　练习图 8

(5) 再次使用移动工具将“1.jpg”拖曳到图像中，按组合键[Ctrl + T]将图片大小调整到合适的图片大小，如图 10-62 所示；在菜单栏“图层”菜单下的“图层蒙版”命令中选择“隐藏全部”命令，效果如图 10-63 所示。

图 10-62　练习图 9

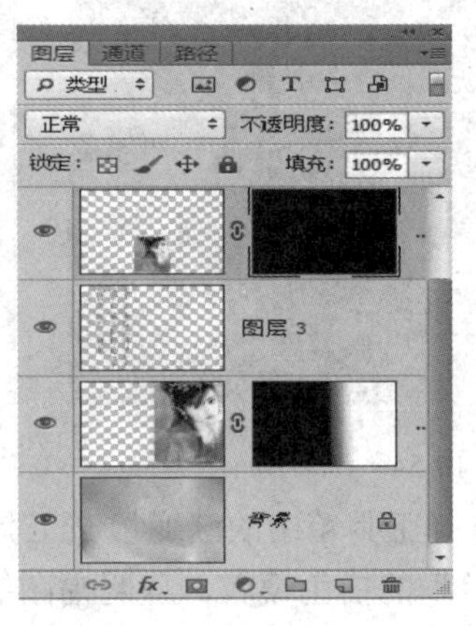

图 10-63　练习图 10

(6) 打开素材“3.jpg”，按组合键[Ctrl + A]全选所有素材，并按组合键[Ctrl + C]复制，回到图像中，按下[Alt]键，单击“图层 3”的蒙版，按组合键[Ctrl + V]将形状粘贴到蒙版中，移动到本图层图像对应的区域；在“图层”调板中单击“图层 3”面板与其蒙版的链接，如图 10-64 所示，移动“图层 3”图像调整合适的显示效果，其效果图如图 10-65 所示。

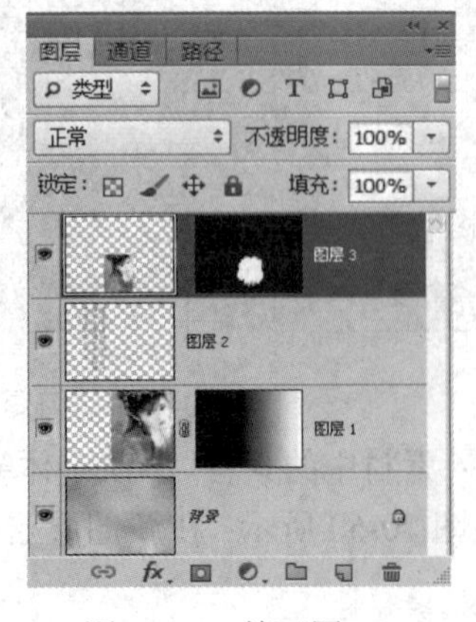

图 10-64　练习图 11

图 10-65　练习图 12

综合练习 B　制作精彩图像合成

图像合成

制作精彩图像合成的步骤如下：

(1) 打开素材“5.jpg”，新建图层，打开素材“7.jpg”，使用移动工具将“7.jpg”拖曳到图像中，按组合键[Ctrl + T]将图片大小调整到合适的图片大小，并将图像复制两个图层，如图 10-66 所示；再将 3 个木板图层合并，其效果图如图 10-67 所示。

图 10-66　练习图 1

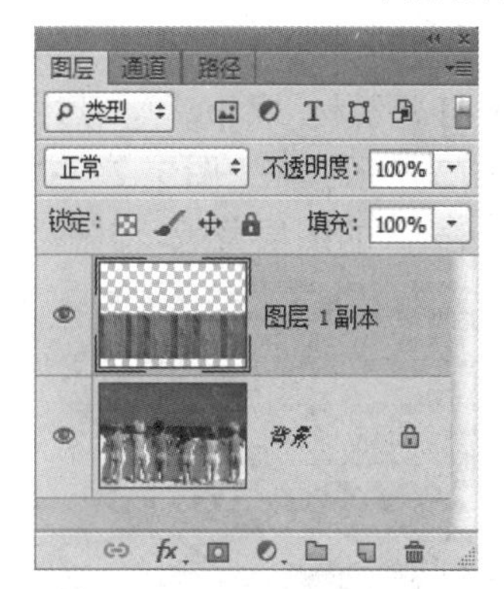

图 10-67　练习图 2

(2) 点击“图层 1”前面的眼睛图标，隐藏“图层 1”，在背景图层中利用选区工具创建墙面的完整选区，然后显示“图层 1”；选择“图层 1”，如图 10-68 所示，在菜单栏“图层”菜单下的“图层蒙版”命令中选择“显示选区”命令，在墙面显示木板效果，效果如图 10-69 所示。

图 10-68　练习图 3

图 10-69　练习图 4

(3) 按[Ctrl]键的同时，单击“图层 1”的蒙版缩略图，载入蒙版选区；选择“选择”菜单下的“反选”命令，选择“背景”图层，复制“背景”图层选区内容，粘贴内容到新图层“图层 2”，如图 10-70 所示；在“图层”调板下方选择添加图层样式按钮，为“图层 2”添加投影，设置距离为 11，扩展为 3，大小为 9，角度为 −37 度，其他参数为默认值，其效果如图 10-71 所示。

图 10-70　练习图 5

图 10-71　练习图 6

(4) 打开素材“7.jpg”，使用移动工具将“7.jpg”拖曳到图像中，隐藏“图层 3”，如图 10-72 所示；在“图层 2”中，用选区工具创建出大海的选择范围，并在“图层 3”中创建显示选区的图层蒙版，其效果图如图 10-73 所示。

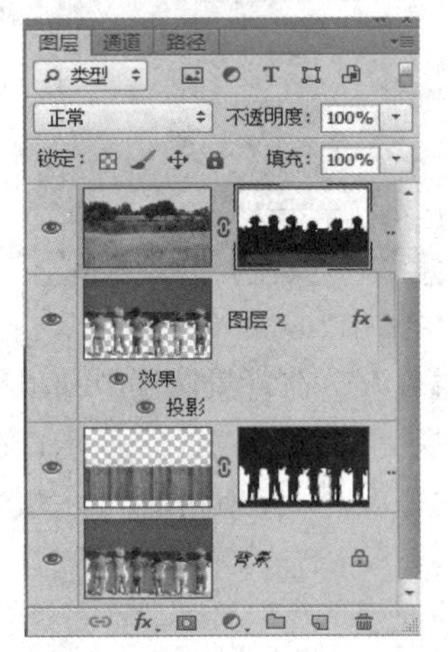

图 10-72　练习图 7

图 10-73　练习图 8

(5) 选择画笔工具，调整画笔为柔化边缘画笔，尺寸为 100，前景色为白色，选中“图层 3”的蒙版，在“图层 3”蒙版上的草地部分涂上白色以显示出草地，如图 10-74 所示，其效果图如图 10-75 所示。

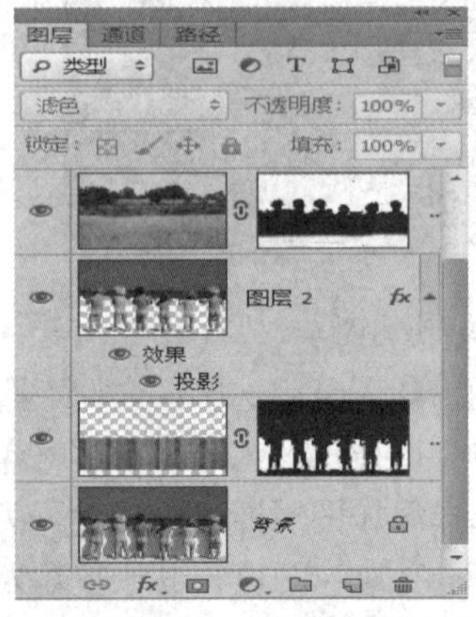

图 10-74　练习图 9

图 10-75　练习图 10

(6) 使用同样方法，再次选出大海区域，选择“图层”调板下的新建填充或调整图层按钮，添加渐变填充图层，如图 10-76 所示；选择一个合适的渐变颜色，创建带蒙版的填充图层，如图 10-77 所示；在“图层”调板最上方将图层混合模式改为颜色模式，其效果图如图 10-78 所示。

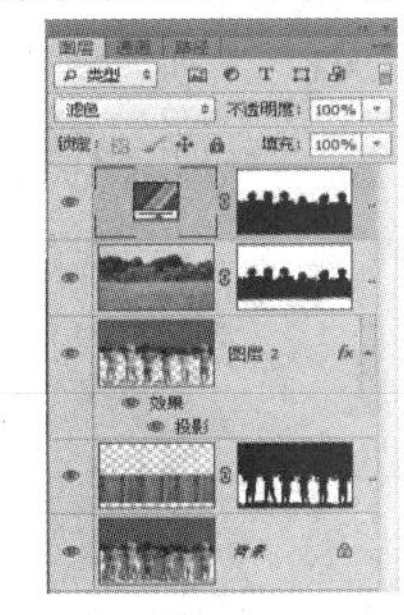

图 10-76　练习图 11

图 10-77　练习图 12

图 10-78　练习图 13

第11章 通 道

11.1 通道的基本概念

在 Photoshop 中，通道是存储不同类型信息的灰度图像。颜色信息通道是在打开新图像时自动创建的。图像的颜色模式决定了所创建的颜色通道的数目。例如，RGB 图像的每种颜色(红色、绿色和蓝色)都有一个通道，并且还有一个用于编辑图像的复合通道。

Alpha 通道将选区存储为灰度图像。可以添加 Alpha 通道来创建和存储蒙版，这些蒙版用于处理或保护图像的某些部分。专色通道指定用于专色油墨印刷的附加印版。

一个图像最多可有 56 个通道。所有的新通道都具有与原图像相同的尺寸和像素数目。通道所需要的文件大小由通道中的像素信息决定。某些文件格式(包括 TIFF 和 Photoshop 格式)将压缩通道信息并且可以节约空间。

1. 通道的概念

通道指独立的存放图像的颜色信息的原色平面。可以把通道看做是某一种色彩的集合，如蓝色通道，记录的就是图像中不同位置蓝色的深浅(即蓝色的灰度)，除了蓝色外，在该通道中不记录其他颜色的信息。大家知道，绝大部分的可见光可以用红、绿、蓝三原色按不同的比例和强度混合来表示，将三原色的灰度分别用一个颜色通道来记录，最后就可以合成各种不同的颜色。计算机的显示器使用的就是这种 RGB 颜色模式，Photoshop 中默认的颜色模式也是 RGB。

2. 通道的原理

通道通常是指将对应颜色模式的图像按照颜色存放在“通道”调板中，通过单独调整一个颜色的通道，可以更改整个图像的色调。Alpha 通道能够创建和存储图像的选区并可以对其进行相应的编辑，专色通道可以对有要求的图像进行专色的输出。

提示：只要以支持图像颜色模式的格式存储文件就可以保留颜色通道。只有以 Adobe Photoshop、PDF、PICT、TIFF 或 Raw 格式存储文件时，才能保留 Alpha 通道。DCS2.0 格式只保留专色通道，用其他格式存储文件时可能会导致通道信息丢失。

11.2 通道基础运用

在 Photoshop 中，通道被整体存放在“通道”调板中，“通道”调板列出了图像中的所有通道。对于 RGB、CMYK 和 Lab 图像，将最先列出复合通道。通道内容的缩略图显示在通道名称的左侧，在编辑通道时会自动更新缩略图。“通道”调板中一般包含复合通道、颜色通道、专色通道和 Alpha 通道，如图 11-1 所示。

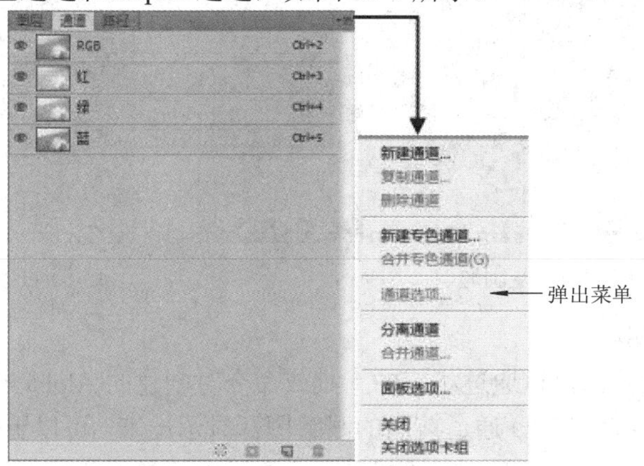

图 11-1　通道调板

技巧：利用快捷键可以在复合通道与单色通道、专色通道和 Alpha 通道之间转换，按快捷键[～]可以直接选择复合通道，按组合键[Ctrl＋1、2、3、4、5、…]可以快速选择单色通道、专色通道和 Alpha 通道。

1. 新建 Alpha 通道

在“通道”调板中单击创建新通道按钮，如图 11-2 所示。就会在“通道”调板中新建一个黑色 Alpha 通道。还可通过在弹出菜单中选择“新建通道”命令，打开“新建通道”对话框，如图 11-3 所示，在其中设置好新建 Alpha 通道的各选项，单击“确定”按钮新建一个 Alpha 通道。

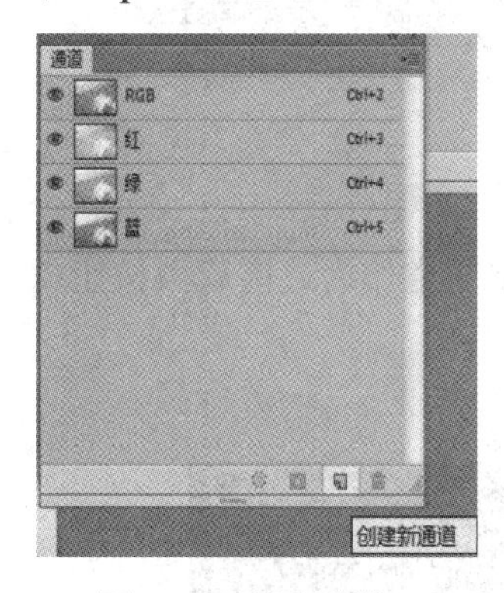

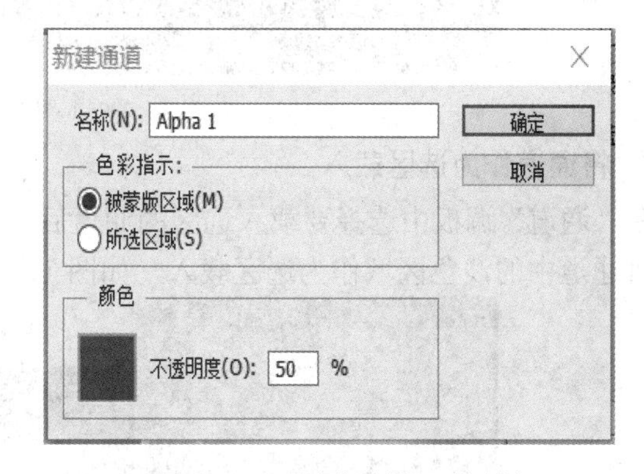

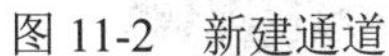

图 11-2　新建通道　　　　图 11-3　“新建通道”对话框

提示：“新建通道”对话框中的各项参数与快速蒙版选项中的参数类似。

技巧：按住[Alt]键单击创建新通道按钮，同样会弹出“新建通道”对话框。

2. 复制与删除通道

在“通道”调板中拖动选择的通道到创建新通道按钮上，即可得到一个该通道的副本，如图 11-4 所示。在“通道”调板中拖动选择的通道到删除通道按钮上，即可将当前通道从“通道”调板中删除，如图 11-5 所示。

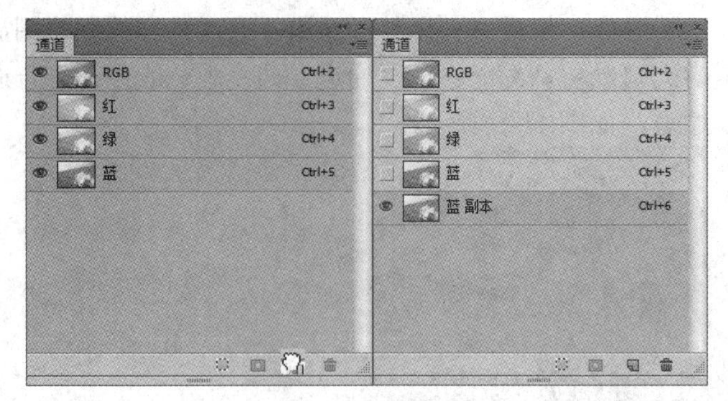

图 11-4　复制通道　　　　图 11-5　删除通道

3. 编辑 Alpha 通道

创建 Alpha 通道后，可以通过相应的工具或命令对创建的 Alpha 通道进行进一步的编辑。在“通道”调板中将 Alpha 通道前面的眼睛图标显示出来，可以更加直观地编辑通道，编辑方法与编辑快速蒙版相类似。默认状态下，通道中的黑色部分为保护区域，白色区域为可编辑位置，如图 11-6 所示。

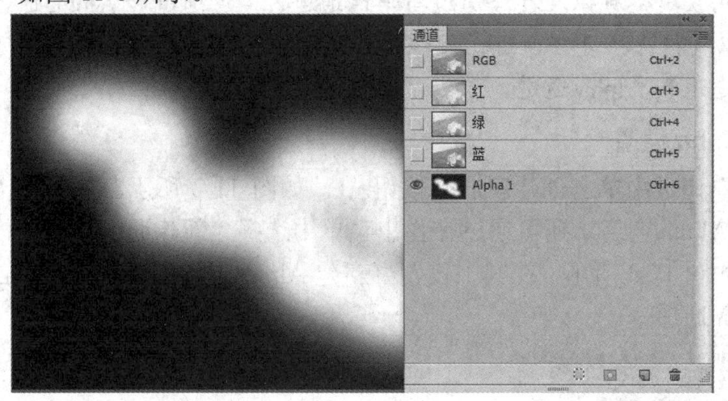

图 11-6　编辑 Alpha 通道

4. 将通道作为选区载入

在“通道”调板中选择要载入选区的通道后，单击将通道作为选区载入按钮，此时就会将通道中的浅色区域作为选区载入，如图 11-7 所示。

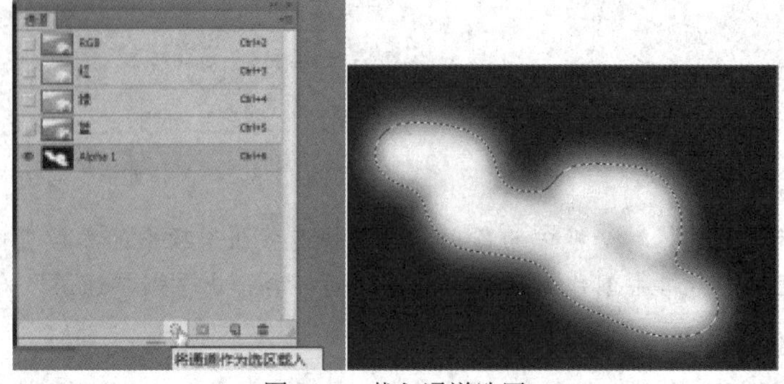

图 11-7　载入通道选区

技巧：按住[Ctrl]键单击选择的通道，可调出通道中的选区，拖动选择的通道到将通道作为选区载入按钮上，即可调出选区。

范例 11-1　通道应用技巧——通过通道为图像添加背景。

本范例主要让大家了解“通道”调板和(画笔工具)编辑蒙版的方法。

操作步骤：

(1) 执行菜单中的“文件”→“打开”命令或按组合键[Ctrl + O]，打开自己喜欢的素材，如图 11-8 所示。

(2) 执行菜单中的“窗口”→“通道”命令，打开“通道”调板，选择一个对比较大的通道，这里选择“蓝”通道，按住[Ctrl]键单击“蓝”通道调出选区，如图 11-9 所示。

图 11-8　素材

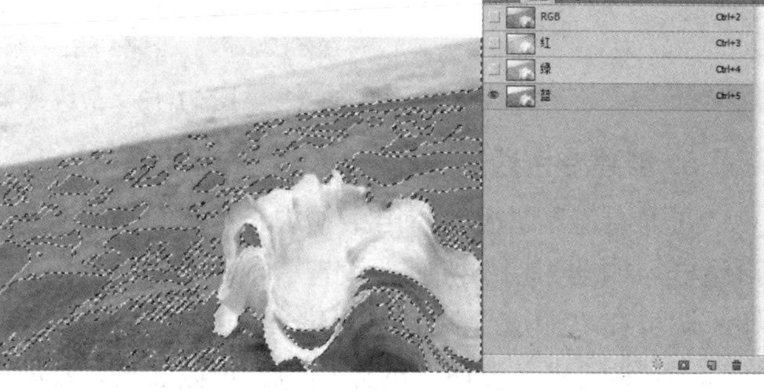

图 11-9　“通道”调板

(3) 转换到“图层”调板中新建图层，将前景色设置为白色，按组合键[Alt + Delete]填充前景色，如图 11-10 所示。

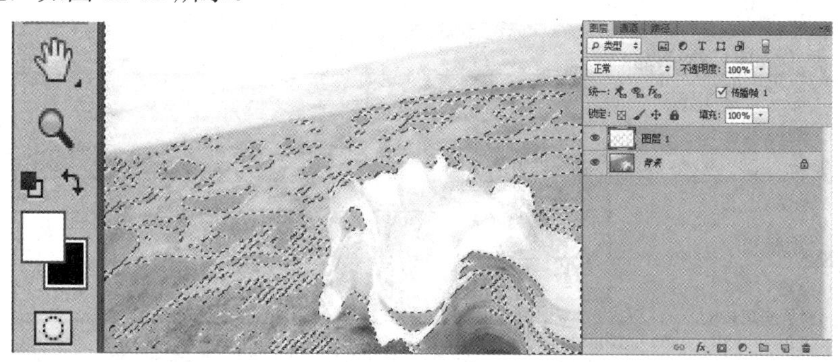

图 11-10　填充

(4) 按组合键[Ctrl + D]去掉选区，将前景色设置为黑色，单击添加图层蒙版按钮，添加空白蒙版后，使用(画笔工具)在海面上进行涂抹，效果如图 11-11 所示。

图 11-11　编辑蒙版

(5) 使用画笔工具在海面与陆地的边缘进行细致的涂抹后，完成本范例的制作，效果如图 11-12 所示。

图 11-12　最终效果

5. 创建专色通道

在“通道”调板的弹出菜单中选择“新建专色通道”命令，可以打开“新建专色通道”对话框，如图 11-13 所示。设置“油墨特性”的“颜色”和“密度”后，单击“确定”按钮，即可在“通道”调板中新建一个“专色 1”通道，如图 11-14 所示。如果在图像中存在选区，则创建专设通道的方法与无选区相同，只是在专色通道中可以看到选区内的专色，如图 11-15 所示。

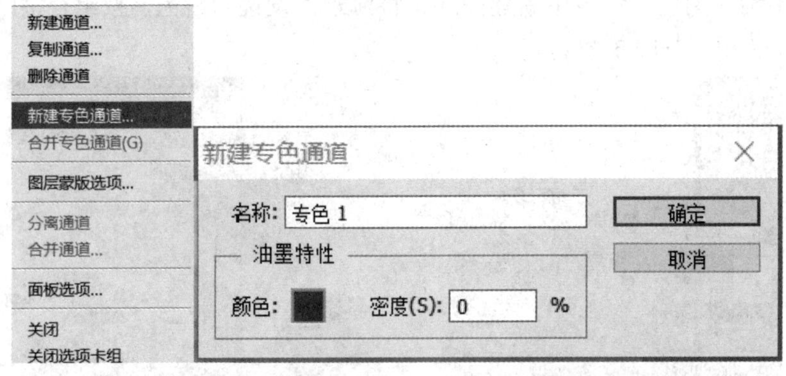

图 11-13　“新建专色通道”对话框

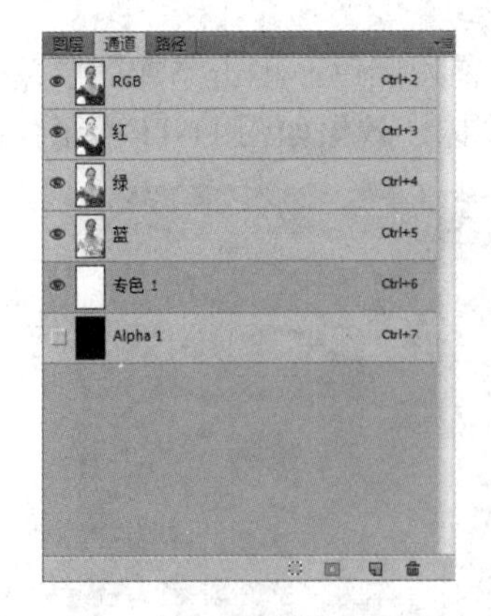

图 11-14　“通道”调板

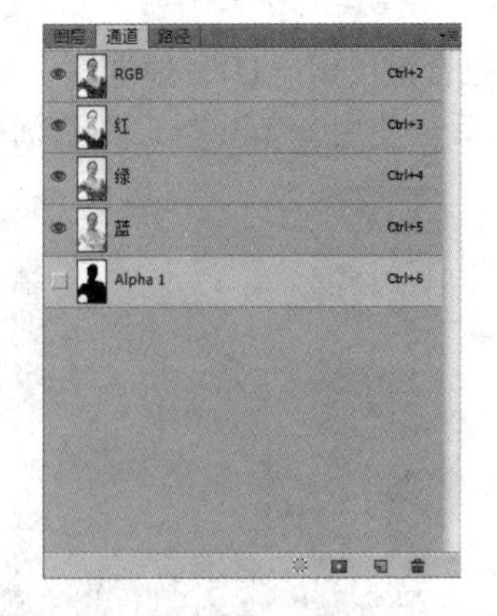

图 11-15　带选区时新建的专色通道

如果通道中存在 Alpha 通道，则只要使用鼠标双击 Alpha 通道的缩略图，即可打开“通道选项”对话框，在该对话框中只要选择“专色”单选框，单击“确定”按钮，就会发现 Alpha 通道已经转换成了专色通道，如图 11-16 所示。

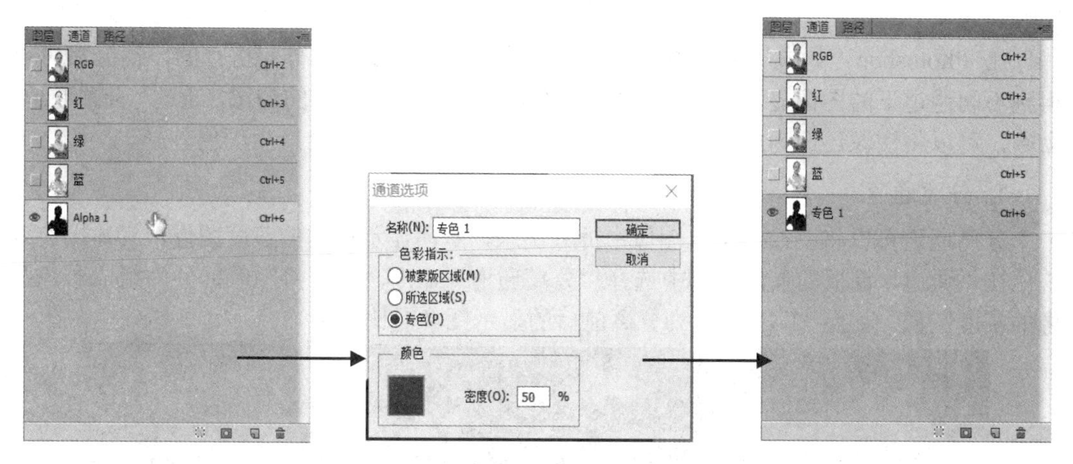

图 11-16 转换 Alpha 通道为专色通道

技巧：如果在专色通道中使用定制色彩，就不用为创建的专色重新命名了。如果重新命名了该通道，色彩就会被其他应用程序干扰。

6. 编辑专色通道

创建专色通道后，可以使用画笔、橡皮擦或滤镜命令对其进行相应的编辑。例如：

(1) 将前景色设置为白色，使用画笔工具在图像中进行涂抹，此时会将专色进行收缩，如图 11-17 所示。

(2) 将前景色设置为黑色，使用画笔工具在图像中进行涂抹，此时会将专色进行扩展，如图 11-18 所示。

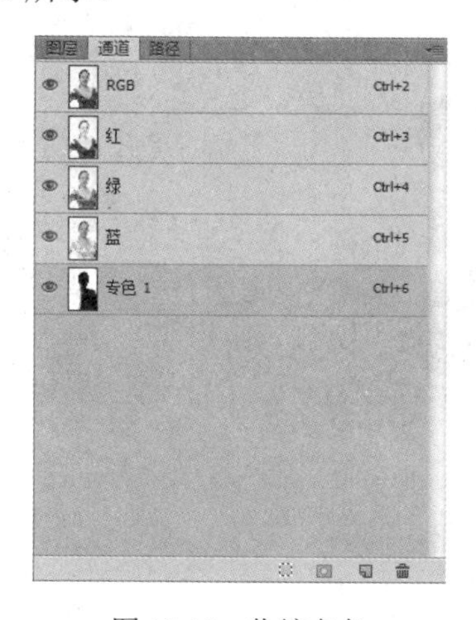

图 11-17 收缩专色

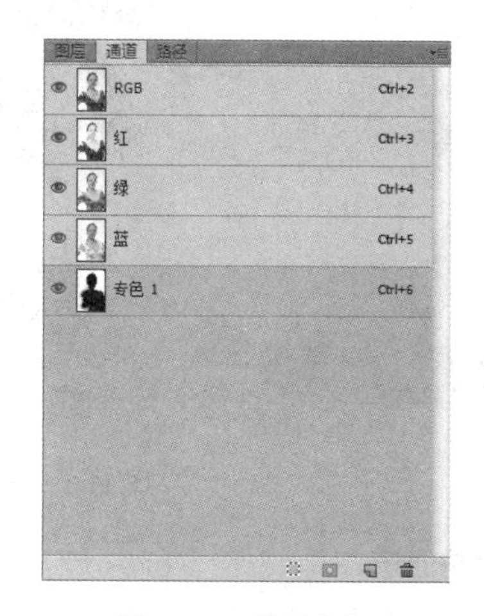

图 11-18 扩展专色

提示：更改通道的蒙版显示颜色与快速蒙版的改变方法相同；Alpha 通道一般用来存储选区；专色通道是一种预先混合的颜色，当只需要在部分图像上打印一种或两种颜色时，常使用专色通道，该通道经常使用在徽标或文字上，用来加强视觉效果，引人注意。

11.3　分离与合并通道

在 Photoshop“通道”调板中存在的通道是可以进行重新拆分和拼合的，拆分后可以得到不同通道下的图像显示的灰度效果，将分离后并单独调整后的图像，通过“合并通道”命令，可以将图像还原为彩色，只是在设置的通道图像不同时会产生颜色差异。

1. 分离通道

分离通道可以将图像从彩色图像中拆分出来，从而显示原本的灰度图像，具体操作方法：在“通道”调板的弹出菜单中选择“分离通道”命令，即可将图像拆分为组成彩色图像的灰度图像。如图 11-19 所示为分离前后的显示图像对比效果。

拆分前

拆分后

图 11-19　分离通道的对比效果

2. 合并通道

合并通道可以将分离后并调整完毕的图像合并。单击“通道”调板弹出菜单中的“合并通道”选项，系统会弹出如图 11-20 所示的“合并通道”对话框。在该对话框的“模式”下拉列表中选择“RGB 颜色”，在“通道”文本框中输入“3”。

调整完毕后，单击“确定”按钮，会弹出“合并 RGB 通道”对话框，在“指定通道”

选项中指定合并后的通道，如图 11-21 所示。

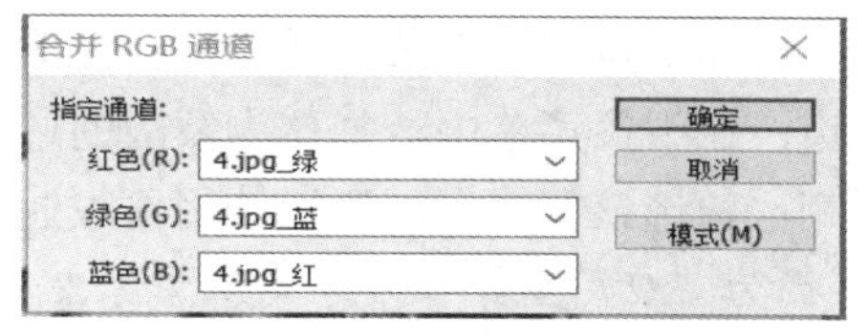

图 11-20　“合并通道”对话框　　图 11-21“合并 RGB 通道”对话框

设置完毕单击“确定”按钮，完成合并效果，如图 11-22 所示。

图 11-22　合并通道

11.4　应用图像与计算

在 Photoshop 中使用“应用图像”或“计算”命令可以通过通道与蒙版的结合而使图像混合更加细致，调出更加完美的选区，生成新的通道和创建新文档。

1. 应用图像

应用图像可以将源图像的图层或通道与目标图像的图层或通道进行混合，从而创建出特殊的混合效果。执行菜单中的“图像”→“应用图像”命令，即可打开“应用图像”对话框，对话框中的各项含义如下：

(1) 源：用来选择与目标图像相混合的源图像文件。

① 图层：如果源文件是多图层文件，则可以选择源图像中相应的图层作为混合对象。

② 通道：用来指定源文件参与混合的通道。

③ 反相：勾选该复选框，可以在混合时使用通道内容的负片。

(2) 目标：当前工作的文件图像。

(3) 混合：设置图像的混合模式。

① 不透明度：设置图像混合效果的强度。

② 保留透明区域：勾选该复选框，可以将效果只应用于目标图层的不透明区域而保留原来的透明区域。如果该图像只存在背景图层，那么该选项将不可用。

(4) 蒙版：可以应用图像的蒙版进行混合，勾选该复选框，可以弹出蒙版设置。

① 图像：在下拉菜单中选择包含蒙版的图像。

② 图层：在下拉菜单中选择包含蒙版的图层。

③ 通道：在下拉菜单中选择作为蒙版的通道。

④ 反相：勾选该复选框，可以使用蒙版通道内容的负片。

技巧：因为“应用图像”命令是基于像素对像素的方式来处理通道的，所以只有图像的宽、高和分辨率相同时，才可以为两个图像应用此命令。

范例 11-2　通过应用图像命令制作混合效果。

本范例主要让大家了解“应用图像”命令制作合成图像混合效果的方法。

操作步骤：

(1) 执行菜单中的“文件”→“打开”命令或按组合键[Ctrl + O]，打开图片素材，如图 11-23 所示。

素材 1

素材 2

图 11-23　素材

(2) 选择素材 1，执行菜单中“图像”→“应用图像”命令，打开“应用图像”对话框，设置源为素材 1，通道设置为绿，设置混合为划分，勾选“蒙版”复选框，设置图像为素材 2，设置通道为绿，如图 11-24 所示。

(3) 设置完毕单击“确定”按钮，即可完成本范例的制作，效果如图 11-25 所示。

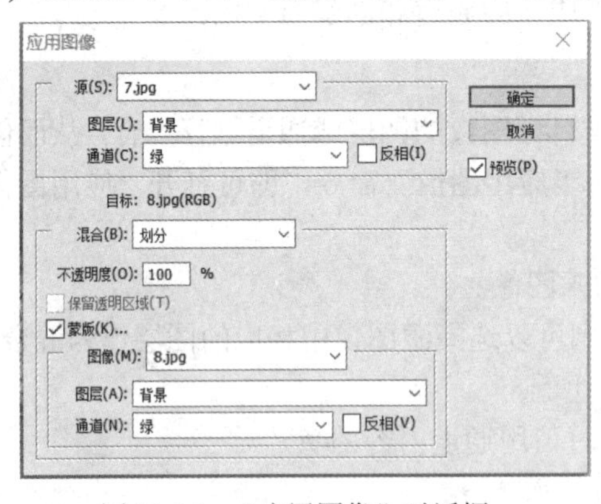

图 11-24　“应用图像”对话框

图 11-25　最终效果

2. 计算

使用“计算”命令可以混合两个来自一个或多个源图像的单个通道，从而得到新图像、新通道或当前图像的选区。执行菜单中的“图像”→“计算”命令，即可打开“计算”对话框，如图 11-26 所示。

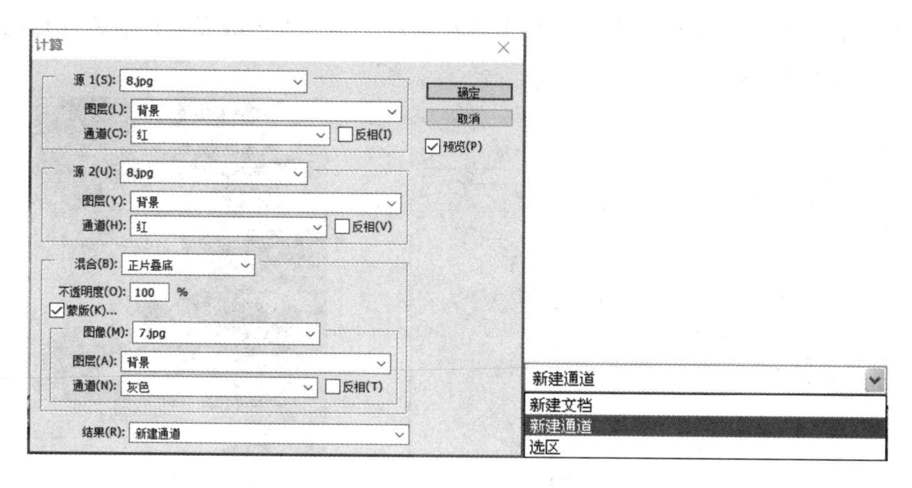

图 11-26　“计算”对话框

“计算”对话框中的部分选项含义如下：

(1) 通道：用来指定源文件参与计算的通道。在“计算”对话框中的“通道”下拉菜单中不存在复合通道。

(2) 结果：用来指定计算后出现的结果，包括新建文档、新建通道和选区。

① 新建文档：选择该项后，系统会自动生成一个多通道文档。

② 新建通道：选择该项后，在当前文件中新建 Alpha1 通道。

③ 选区：选择该项后，在当前文件中生成选区。

练习：通过“计算”命令调整混合图像。

本练习主要让大家了解利用“计算”命令输出选区抠图的使用方法。

操作步骤：

(1) 执行菜单中的“文件”→“打开”命令或按组合键[Ctrl + O]，打开图片素材，如图 11-27 所示。

图 11-27　素材

(2) 执行菜单中的“图像”→“计算”命令，打开“计算”对话框，在“源 1”部分设置源为素材图、通道为红，在“源 2”部分设置源为素材图、通道为绿，设置混合为叠加，设置结果为选区，其他参数为默认值，如图 11-28 所示。

(3) 设置完毕单击“确定”按钮，会发现在选择的图片中生成了两个通道计算的选区，效果如图 11-29 所示。

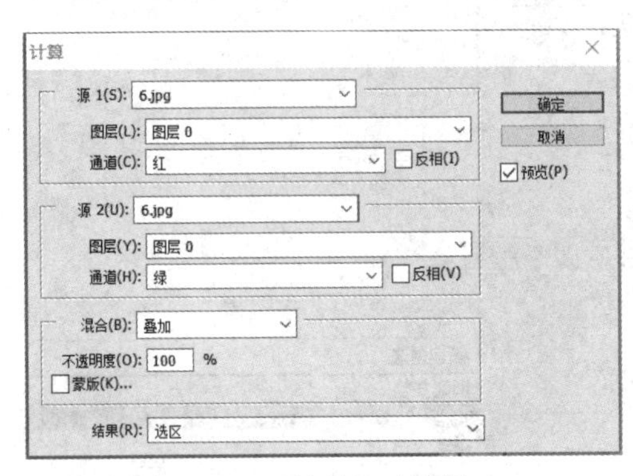

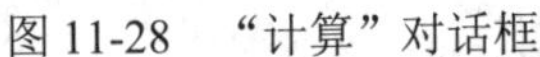
图 11-28　“计算”对话框

图 11-29　生成选区

(4) 执行菜单中的“选择”→“反向”命令，将选区反向。

(5) 单击“图层”调板下的添加图层蒙版按钮，为选区建立蒙版，此时已经将图像抠取出来，如图 11-30 所示。

图 11-30　建立蒙版

11.5　存储与载入选区

在 Photoshop 中存储的选区通常会被放置在 Alpha 通道中，再将选区进行载入时，被载入的选区就是存在于“通道”调板中的 Alpha 通道。

11.5.1　存储选区

在处理图像时创建的选区不止使用一次，如果对创建的选区要多次使用，就应该将其存储以便以后多次应用。对选区的存储可以通过“存储选区”命令来完成，比如在一张打开的图像中创建了一个选区，执行菜单中的“选择”→“存储选区”命令，即可打开“存储选区”对话框，如图 11-31 所示。单击“确定”按钮，即可将当前选区存储到 Alpha 通道中，如图 11-32 所示。

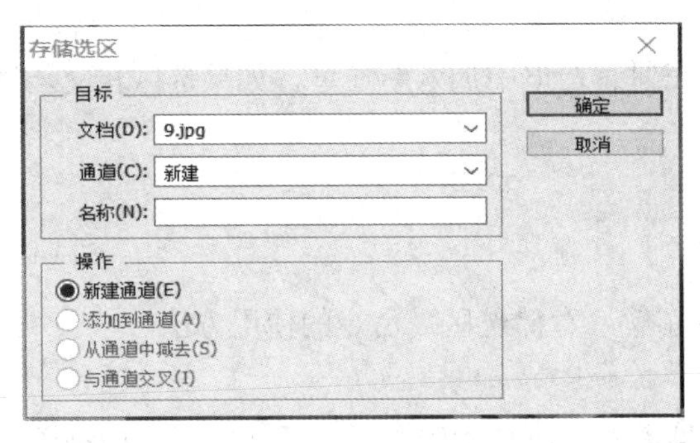

图 11-31　“存储选区”对话框

图 11-32　存储的选区

“存储选区”对话框中的各项含义如下：

(1) 文档：当前选区存储的文档。

(2) 通道：用来选择存储选区的通道。

(3) 名称：设置当前选区存储的名称，设置的结果是会将 Alpha 通道的名称替换。

(4) 新建通道：存储当前选区到新通道中。如果通道中存在 Alpha 通道，则在存储新选区时，在目标部分的“通道”选项栏中选择存在的 Alpha 通道时，操作部分的“新建通道”会变成“替换通道”，其他的选项也会被激活，如图 11-33 所示。

替换通道：替换原来的通道。

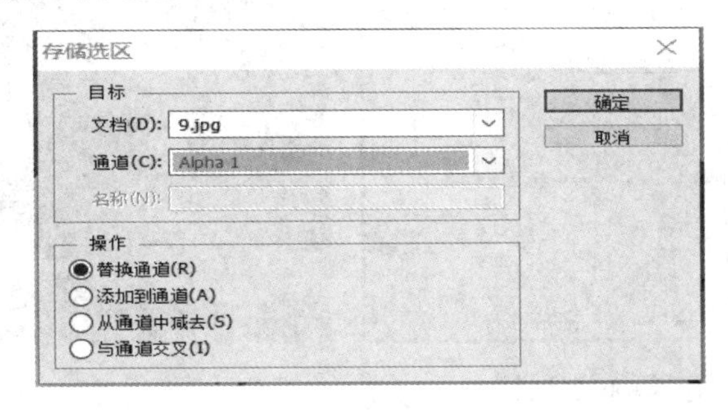

图 11-33　选择“替换通道”

(5) 添加到通道：在原有通道中加入新通道，如果选区相交，则组合成新的通道。

(6) 从通道中减去：在原有通道中加入新通道，如果选区相交，则合成的选择区域会刨除相交的区域。

(7) 与通道交叉：在原有通道中加入新通道，如果选区相交，则合成的选择区域会只留下相交的部分。

练习：存储选区的方法。

本练习主要让大家了解“存储选区”命令的使用方法。

操作步骤：

(1) 在图像中创建选区后，执行菜单中“选择”→“存储选区”命令，即可将选区存储到 Alpha 通道中，可以参考图 11-34 和图 11-35 所示的效果。

(2) 在图像左边边缘创建一个椭圆选区，如图 11-36 所示。

图 11-34　新建选区

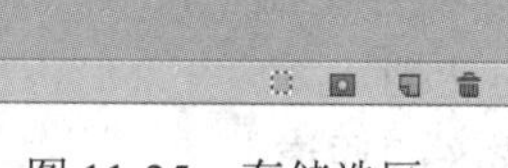

图 11-35　存储选区

图 11-36　重新绘制选区

(3) 执行菜单中的“选择”→“存储选区”命令，打开“存储选区”对话框，如图 11-37 所示，分别选择“添加到通道”“从通道中减去”和“与通道交叉”单选框，效果分别如图 11-37～图 11-40 所示。

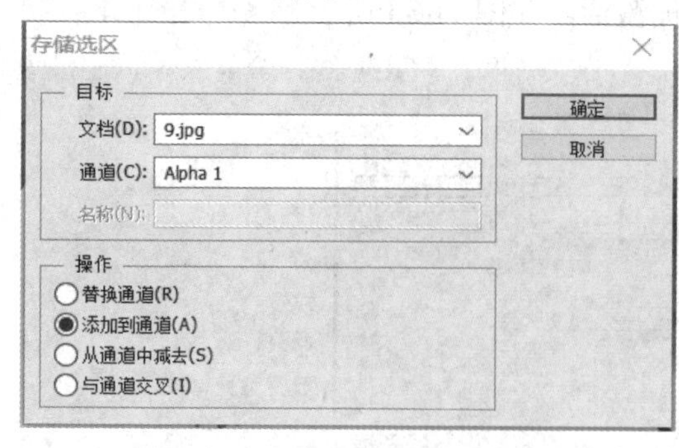

图 11-37　选择“添加到通道”

图 11-38　添加到通道

图 11-39　从通道中减去

图 11-40　与通道交叉

11.5.2　载入选区

存储选区后，在以后的应用中会经常用到存储的选区，下面为大家讲解将存储的选区载入的方法。当存储选区后，执行菜单中的“选择”→“载入选区”命令，可以打开“载入选区”对话框，如图 11-41 所示。

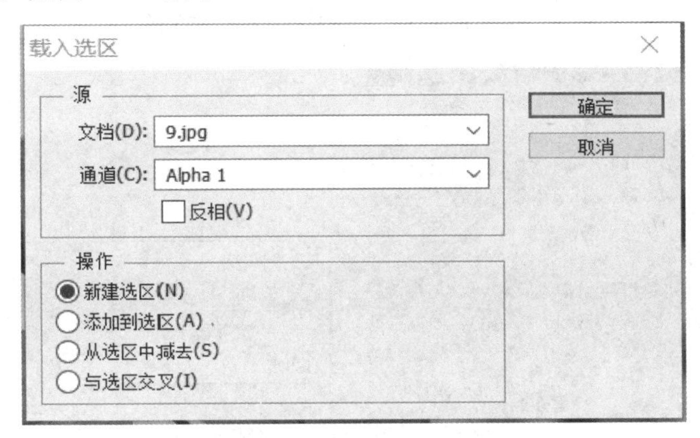

图 11-41　“载入选区”对话框

“载入选区”对话框中的各项含义如下：

(1) 文档：要载入选区的当前文档。

(2) 通道：载入选区的通道。

(3) 反相：勾选该复选框，会将选区反选。

(4) 新建选区：载入通道中的选区。当图像中存在选区时，勾选此项可以替换图像中的选区，此时操作部分的其他选项会被激活。

(5) 添加到选区：载入选区时与图像的选区合成一个选区。

(6) 从选区中减去：载入选区时与图像中选区交叉的部分将会被刨除。

(7) 与选区交叉：载入选区时与图像中选区交叉的部分保留。

通道更换照片背景

范例 11-3　使用通道更换照片背景。

(1) 按 Ctrl+O 组合键，打开“使用通道更换照片背景”→“新素材”

→“01.jpg、02.jpg”文件，效果如图 11-42 和图 11-43 所示。

图 11-42　原图 1

图 11-43　原图 2

(2) 选中 01.jpg 素材文件，选择“通道”控制面板，选中“蓝”通道，将其拖曳到“通道”控制面板下方的“创建新通道”按钮上进行复制，生成新的通道“蓝副本”，如图 11-44 所示。选择图像菜单下的亮度/对比度命令，参数如图 11-45 所示。

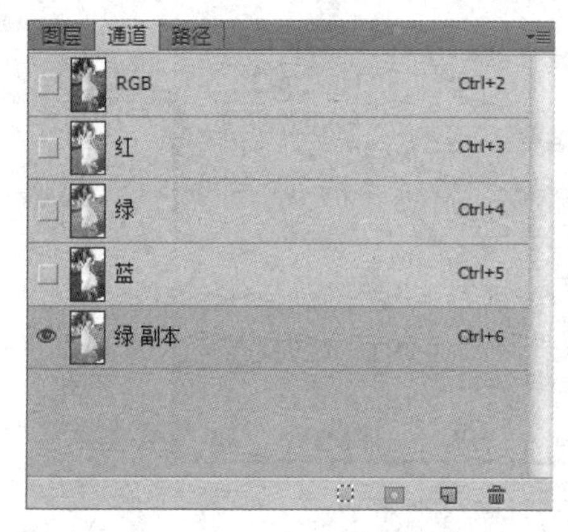

图 11-44　复制通道

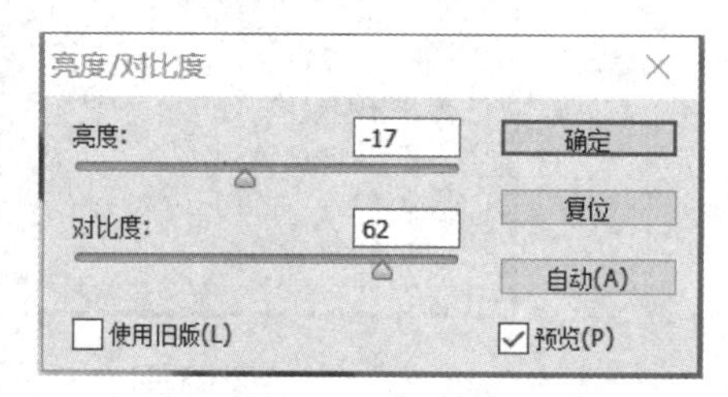

图 11-45　亮度/对比度调整

(3) 选择磁性套索工具，选择出人物边缘轮廓，个别细小的部分使用多边形套索配合，得到人物轮廓信息，设置前景色为白色，选择画笔工具，在图像窗口中将选区人物部分涂抹为白色，效果如图 11-46 所示。

(4) 选择“选择”菜单下的“反相”命令，或者使用[Shift+Ctrl+I]组合键，将选区反相后，设置前景色为黑色，按[Alt+Del]组合键，填充为黑色，效果如图 11-47 所示。

(5) 在“图层”调板中，按住 Ctrl 键的同时，单击“蓝副本”通道，在白色图像周边生成选区。选中“RGB”通道，按[Ctrl+C]组合键，将选区中的内容复制为新图层，选中 02.jpg 图片，按[Ctrl+A]组合键，图像窗口中生成选区，按 Ctrl+C 组合键，复制选区中的内容，在 02 图像窗口中，按[Ctrl+V]组合键，将选区中的内容粘贴到图像窗口中。在“图层”调板中生成新的图层并将其命名为“风景图片”，将其拖曳到“人物图片”图层的下方，变换合适大小，效果如图 11-48 所示。

图 11-46 涂抹人物

图 11-47 涂抹背景

图 11-48 合成图像

(6) 将“人物图片”图层拖曳到“图层”调板下方的创建新图层按钮上进行复制，生成新的图层“人物图片副本”。选择“滤镜”→“滤镜库”→“纹理”→“颗粒”命名，在弹出的对话框中进行设置，如图 11-49 所示，单击“确定”按钮，效果如图 11-50 所示。

图 11-49 设置滤镜

图 11-50 滤镜后的效果

(7) 单击“图层”调板下方的创建新的填充或调整图层按钮，在弹出的菜单中选择“渐变映射”命名，在“图层”调板中生成“渐变映射 1”图层，同时弹出“渐变映射”面板。单击“点击可编辑渐变”按钮，弹出“渐变编辑器”对话框，在“位置”

选项中分别输入 0、41、100 几个位置点，分别设置几个位置点颜色的 RGB 值为 0（12、6、102），41（233、150、5），100（248、234、195），如图 11-51 所示，单击“确定”按钮，效果如图 11-52 所示。

(8) 按[Ctrl+O]组合键，打开光盘中的“使用通道更换照片背景”→“新素材”→03.psd”文件，选择移动工具，将文字图形拖曳到图像窗口的适当位置，效果如图 11-53 所示，在“图层”调板中生成新的图层并将其命名为“文字”。至此，使用通道更换照片背景效果制作完成。

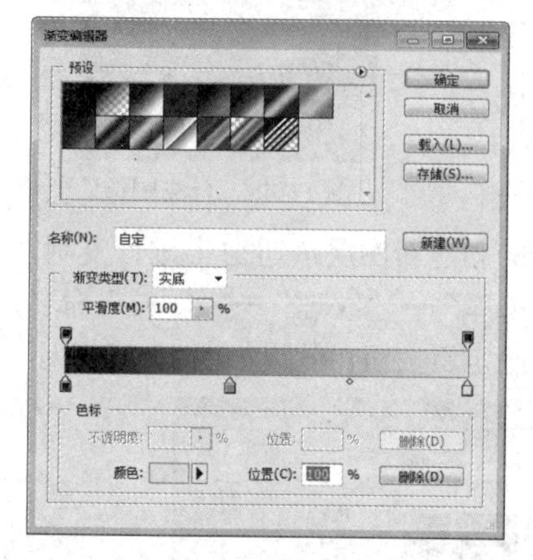

图 11-51　设置渐变

图 11-52　添加渐变后的效果

图 11-53　最终效果

综合练习　制作枕头广告

枕头广告

制作枕头广告的步骤如下：

(1) 打开素材“1.jpg”，选择“通道”调板，在“通道”调板中的“绿”通道上右键选择复制通道，如图 11-54 所示；在“通道”调板中出现“绿副本”通道，选择该通道，如图 11-55 所示。

(2) 利用“图像”菜单下的“调整”→“亮度/对比度”命令，调整对比度为 100，如图 11-56 所示；再选择“图像”菜单下的“调整”→“阈值”命令，调整色阶为 110，如图 11-57 所示，其图像效果如图 11-58 所示。

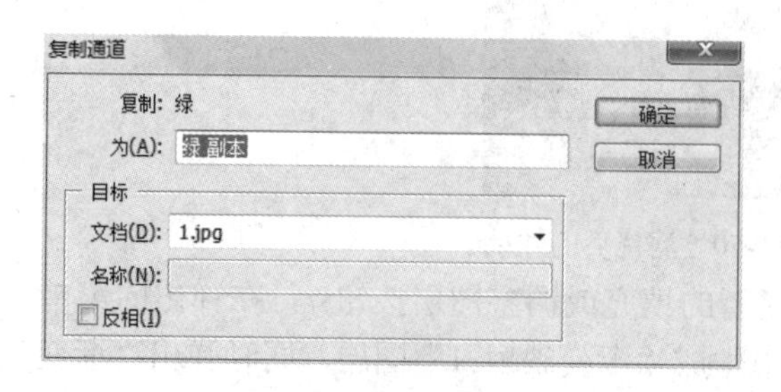

图 11-54　练习图 1

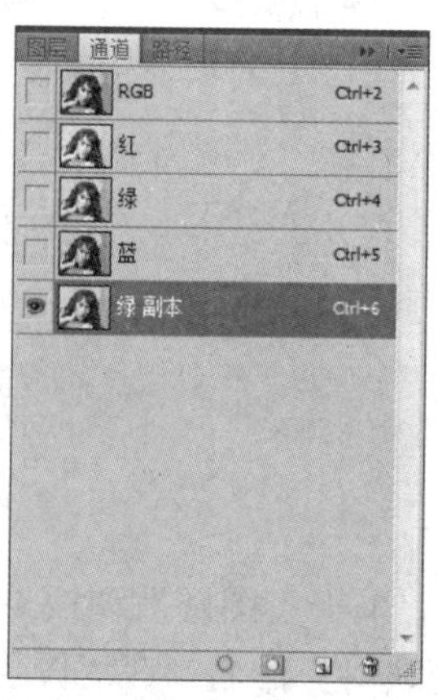

图 11-55　练习图 2

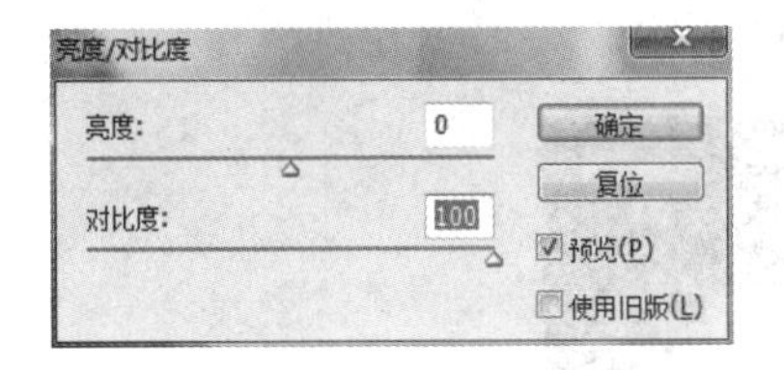

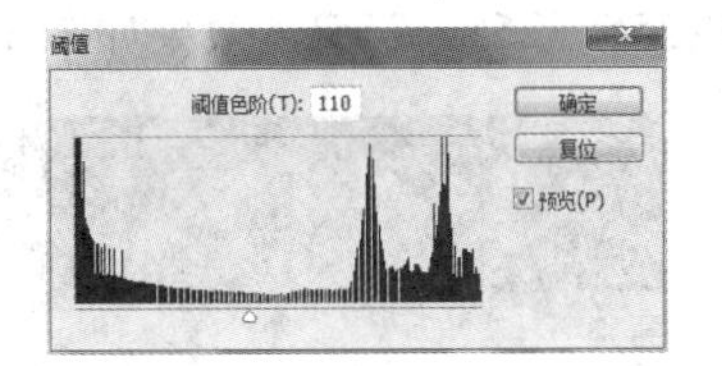

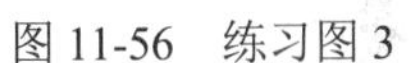

图 11-56 练习图 3　　图 11-57 练习图 4　　图 11-58 练习图 5

(3) 按下[Ctrl]键单击“绿副本”通道载入该通道选区，再次选择“RGB”通道查看图像选择效果，如图 11-59 所示。

(4) 选择多边形套索工具，在工具选项栏中选择选区相减，减去人物脸部、胳膊等多选的部分，逐步选出合适的背景区域，然后按组合键[Ctrl + Shift + I]进行反选，选中人物图像；打开“2.jpg”图像，利用移动工具将“1.jpg”的选区内部图像拖动到“2.jpg”中，其效果如图 11-60 所示。

图 11-59 练习图 6

图 11-60 练习图 7

(5) 选择人物图层，使用组合键[Ctrl + T]将人物素材进行自由变换，并调整到合适的位置，如图 11-61 所示。

(6) 打开“3.psd”文件，利用移动工具将素材移动到“1.jpg”中，使用组合键[Ctrl + T]将枕头素材进行自由变换，并调整到合适的位置，效果如图 11-62 所示。

图 11-61 练习图 8

图 11-62 练习图 9

(7) 使用文字工具在图片上加上文字“决明子健康枕”，字体为华文行楷，字号为 72 点，颜色为 RGB(255，255，255)；加上文字“安神 舒适 健康”，字体为黑体，字号为 30 点，颜色为 RGB(255，255，255)；加上文字“梦舒雅有限公司”，字体为黑体，字号为 30 点，颜色为 RGB(255，255，255)，效果如图 11-63 所示。

图 11-63　练习图 10

第 12 章　滤镜的应用

12.1　智 能 滤 镜

在 Photoshop CS6 中，智能滤镜可以在不破坏图像本身像素的条件下为图层添加滤镜效果。在“图层”调板中的显示就好比是图层样式，单击滤镜对应的名称可以重新打开“滤镜”对话框对其进行更符合主题的设置。

提示：对于没有对话框的滤镜，单击其名称会重新应用一次该滤镜命令。

1. 创建智能滤镜

对“图层”调板中的图层应用滤镜后，原来的图像将会被取代：“图层”调板中的智能对象可以直接将滤镜添加到图像中，但是不破坏图像本身的像素。首先执行菜单中的“图层”→“智能对象”→“转换为智能对象”命令，即可将普通图层或背景图层变成智能对象，或执行菜单中的“滤镜”→“转换为智能滤镜”命令，此时会弹出如图 12-1 所示的提示对话框。然后单击“确定”按钮，即可将当前图层转换成智能对象图层，再执行相应的滤镜命令，就会在“图层”调板中看到该滤镜显示在智能滤镜的下方，如图 12-2 所示。

图 12-1　提示对话框

图 12-2　智能滤镜

2. 编辑智能滤镜混合选项

在应用的滤镜效果名称上单击鼠标右键，在弹出的菜单中选择“编辑智能滤镜混合选项”命令，或双击，即可打开“混合选项”对话框，在该对话框中可以设置该滤镜在图层中的混合“模式”和“不透明度”，如图 12-3 所示。

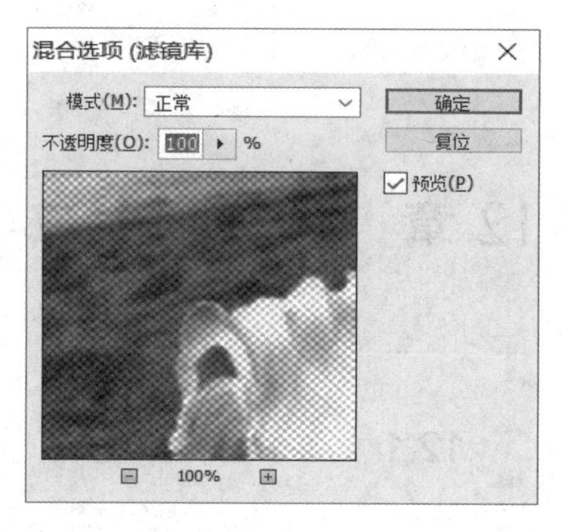

图 12-3　“混合选项”对话框

提示：创建“智能滤镜”后，在“图层”菜单中的“智能滤镜”才能被激活，选择相应的选项后可以对智能滤镜进行相应的编辑。

3. 停用/启用智能滤镜

在“图层”调板中应用智能滤镜后，执行菜单中的“图层”→“智能滤镜”→“停用智能滤镜”命令，即可将当前使用的智能滤镜效果隐藏，还原图像原来的品质，此时“智能滤镜”子菜单中的“停用智能滤镜”命令变成“启用智能滤镜”命令，执行此命令即可重新启用智能滤镜。

技巧：在“图层”调板中“智能滤镜”前面的小眼睛位置单击，可以使智能滤镜在停用与启用之间转换，如图 12-4 所示。

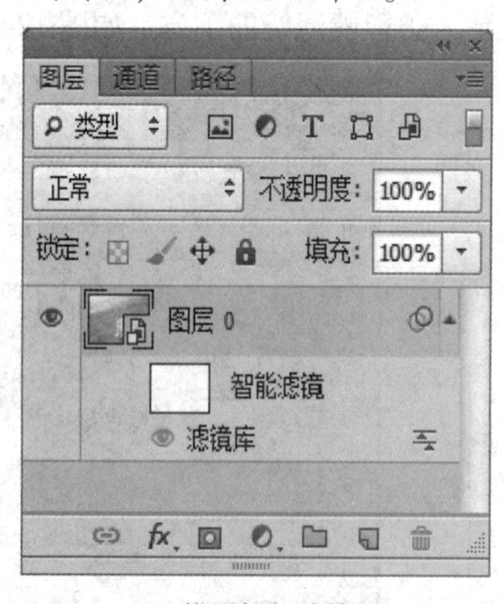

(a) 停用智能滤镜

(b) 启用智能滤镜

图 12-4　停用/启用智能滤镜

4. 删除与添加智能滤镜蒙版

执行菜单中的“图层”→“智能滤镜”→“删除智能滤镜蒙版”命令，即可将智能滤镜中的蒙版从“图层”调板中删除。此时“智能滤镜”子菜单中的“删除智能滤镜”命令变成“添加智能滤镜”命令，执行此命令即可将蒙版添加到智能滤镜后面，如图 12-5 所示。

技巧：在“图层”调板中的“智能滤镜”效果名称上单击鼠标右键，在弹出的菜单中可以选择“删除”或“添加”智能滤镜蒙版。

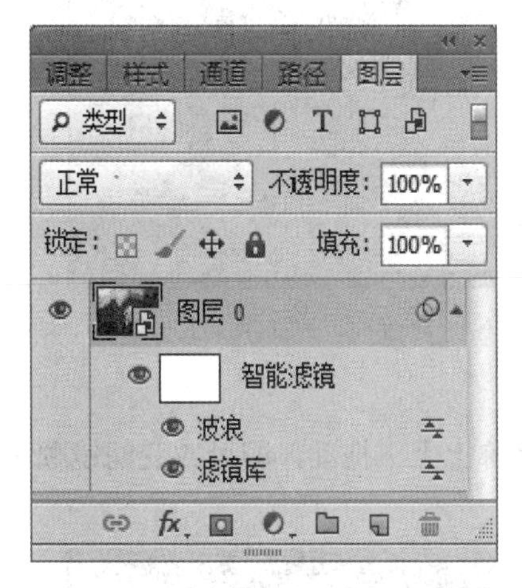

(a) 删除蒙版

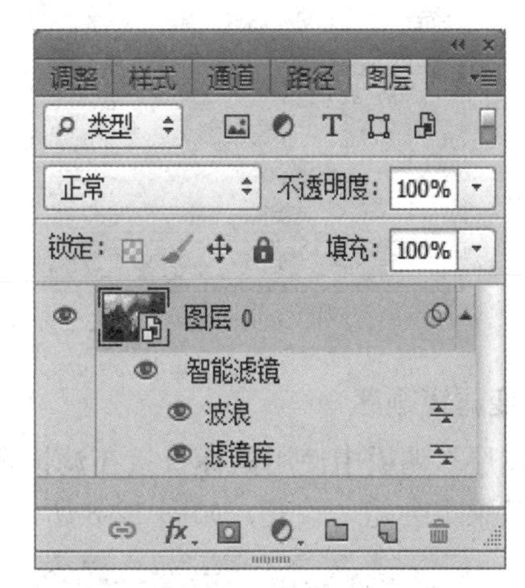

(b) 添加蒙版

图 12-5　删除与添加智能滤镜蒙版

5. 停用/启用智能滤镜蒙版

执行菜单中的“图层”→“智能滤镜”→“停用智能滤镜蒙版”命令，即可将智能滤镜中的蒙版停用，此时会在蒙版上出现一个红叉。应用“停用智能滤镜蒙版”命令后，“智能滤镜”子菜单中的“停用智能滤镜蒙版”命令变成“启用智能滤镜蒙版”命令，执行此命令即可重新启用蒙版，如图 12-6 所示。

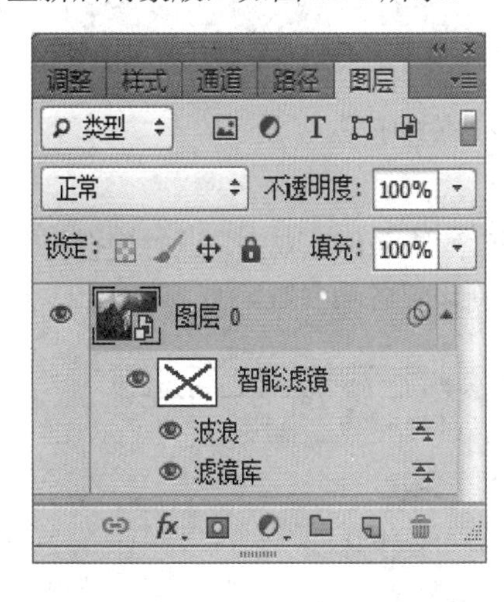

(a) 停用滤镜蒙版

(b) 启用滤镜蒙版

图 12-6　停用/启用智能滤镜蒙版

6. 清除智能滤镜

执行菜单中的“图层”→“智能滤镜”→“清除智能滤镜”命令，即可将应用的智能滤镜从“图层”调板中清除，如图 12-7 所示。

图 12-7　清除智能滤镜

7. 改变滤镜顺序

在“图层”调板中使用鼠标直接在滤镜名称上上下拖动，即可改变滤镜顺序，此时应用的滤镜效果也会随之改变，如图 12-8 所示。

图 12-8　改变滤镜顺序

8. 设置滤镜参数

在“图层”调板中使用鼠标直接在“木刻”滤镜名称上双击，此时便会打开如图 12-9 所示的“木刻”对话框，在该对话框中可以重新设置各项参数。

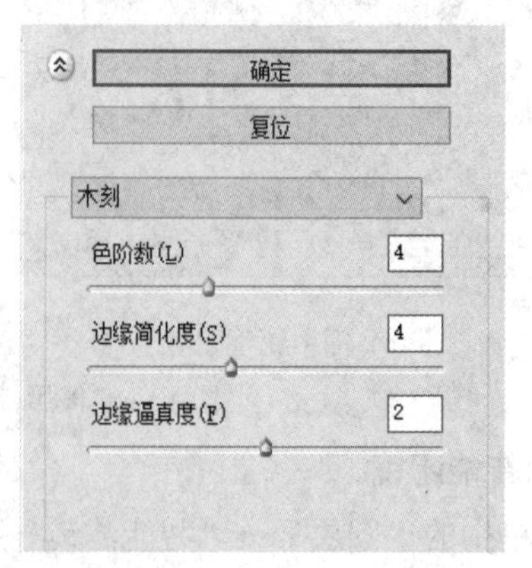

图 12-9　设置滤镜参数

12.2 滤 镜 库

使用“滤镜库”命令可以帮助读者在同一对话框中完成多个滤镜命令，并且可以重新改变使用滤镜的顺序或重复使用同一滤镜，从而得到不同的效果。在预览区中可以看到使用该滤镜得到的效果。执行菜单中的“滤镜”→“滤镜库”命令，可以打开如图 12-10 所示的“滤镜库”对话框。该对话框中各项的含义如下：

(1) 预览区：预览应用滤镜后的效果。

(2) 滤镜类别：显示滤镜组中的所有滤镜，单击前面的三角形按钮即可将当前滤镜类型中的所有滤镜展开。

(3) 显示/隐藏滤镜种类：单击该按钮即可隐藏滤镜库中的滤镜类别和缩略图，只留下滤镜预览区，再次单击将重新显示滤镜类别。

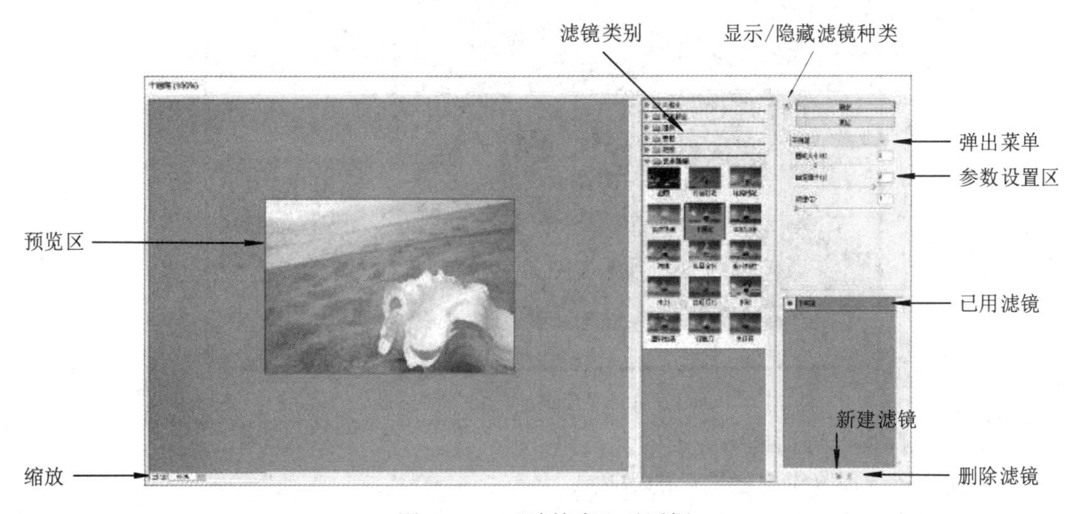

图 12-10 “滤镜库”对话框

(4) 弹出菜单：单击该按钮即可弹出滤镜类别中的所有滤镜名称，可以在下拉菜单中选择需要的滤镜。

(5) 参数设置区：在此处可以设置当前滤镜的各项参数。

(6) 已用滤镜：在此处可以选择已经应用过的滤镜，选择后可以在参数设置区对其重新设置。单击前面的小眼睛可以将选取的滤镜隐藏或显示，还可以通过拖动改变滤镜的顺序，从而改变滤镜的总体效果。

(7) 删除滤镜：单击此按钮，可以将当前选取的滤镜效果图层删除，同时滤镜效果也被删除。

(8) 新建滤镜：单击此按钮，可以创建一个滤镜效果图层。新建的滤镜效果图层可以使用滤镜效果。选取任何一个已存在的效果图层，再选择其他滤镜后该图层效果就会变成该滤镜的图层效果。

(9) 缩放：单击加号按钮可以放大预览区中的图像，单击减号按钮可以缩小预览区中的图像。

技巧：在预览区中按住[Ctrl]键单击鼠标左键可将图像放大，按住[Alt]键单击鼠标左键可将图像缩小。当图像放大到超出预览区时使用鼠标即可拖动图像来查看图像的局部。

12.3　自适应广角

Photoshop 为摄影师提供了一些更简单易用且功能强大的功能，“自适应广角”就是其中之一。顾名思义，这个功能的设计初衷是用来校正广角镜头畸变的。自适应广角滤镜可以校正使用广角镜头而造成的镜头扭曲，可以快速拉直在全景图或采用鱼眼镜头和广角镜头拍摄的照片中看起来弯曲的线条。我们还可以检测相机和镜头型号，并使用镜头特性拉直图像，或者添加多个约束，以指示图片的不同部分中的直线。执行菜单中的“滤镜”→“自适应广角”命令，可以打开如图 12-11 所示的“自适应广角”对话框。

图 12-11　“自适应广角”对话框

“自适应广角”对话框中各项的含义如下：

(1) 预览区：预览应用滤镜后的效果。

(2) 工具箱：用来存放自适应广角处理图像的校正工具。

① (约束工具)：使用该工具可以在图像上建立直线约束，会使图像根据约束线条变形，原图以“自适应广角”对话框中的预览图像校正为准。

技巧：在预览区中按住[Shift]键可以画直线，确定水平线和垂直线以约束画面的角度。

② (多边形约束工具)：使用该工具可以在图像上建立多边形约束，会使图像根据多边形约束形状变形。

③ (移动工具)：使用该工具可以在对话框预览图像中移动图像。

④ (抓手工具)：当图像放大到超出预览框时，使用该工具可以移动图像查看局部。

⑤ (缩放工具)：用来缩放预览区的视图，在预览区内单击鼠标会将图像放大，按住[Alt]键单击鼠标会将图像缩小。

(3) 校正选项：用来设置选择校正的参数。

① 校正：用来选择校正类别，可选参数有鱼眼、透视、自动和完整球面，其中“自动”是根据识别出的相机型号和镜头型号自动校正，若无法识别相机型号和镜头型号则会校正失败。

② 缩放：调整校正图像的缩放。

③ 焦距：调整图像的焦距。

④ 裁剪因子：调整图像的裁剪因子。

(4) 细节：放大鼠标位置以确定细节调节。

练习：自适应广角调节。

本练习主要让大家了解“自适应广角”滤镜的使用方法。

操作步骤：

(1) 打开广角镜头拍摄的图片，执行菜单中“滤镜”→“自适应广角”命令，打开“自适应广角”对话框。

(2) 选择(约束工具)，按住[Shift]键，在图像中画出校正后的水平线(按住[Shift]键后线条为黄色)，此时图像会自动校正水平方向，如图 12-12 所示。

图 12-12　“自适应广角”滤镜校正水平方向

(3) 继续选择(约束工具)，按住[Shift]键，在图像中画出校正后的垂直线(按住[Shift]键后线条为红色)，此时图像会自动校正垂直方向，如图 12-13 所示。

图 12-13　“自适应广角”滤镜校正垂直方向

(4) 点击“确定”按钮后，选择(裁剪工具)，裁剪掉不需要的部分，其效果如图 12-14

所示。

图 12-14　裁剪区域

12.4　镜 头 校 正

使用“镜头校正”滤镜命令可以对摄影时产生的镜头缺陷进行校正，例如桶形失真、枕形失真、晕影以及色差等。执行菜单中的“滤镜”→“镜头校正”命令，即可打开如图 12-15 和图 12-16 所示的“镜头校正”对话框。

图 12-15　自定调整状态下的镜头校正

图 12-16　自动校正状态下的镜头校正

“镜头校正”对话框中各项的含义如下：

(1) (移去扭曲工具)：使用该工具可以校正镜头枕形或桶形失真，从中心向外拖曳鼠标会使图像向外凸起，从边缘向中心拖曳鼠标会使图像向内收缩(凹陷)，如图 12-17 所示。

图 12-17　凸起与凹陷

(2) (拉直工具)：使用该工具在图像中绘制一条直线，可以将图像重新拉直到横轴或纵轴，如图 12-18 所示。

图 12-18　按纵轴调整角度

(3) (移动网格工具)：使用该工具在图像中拖动可以移动网格，使其重新对齐。

(4) (缩放工具)：用来缩放预览区的视图，在预览区内单击鼠标会使图像放大，按住[Alt]键单击鼠标会使图像缩小。

(5) (抓手工具)：当图像放大到超出预览框时，使用该工具可以移动图像查看局部。

(6) 设置：用来选择一个预设的控件设置。

(7) 移去扭曲：通过输入数值或拖动控制滑块，对图像进行校正处理。当输入的数值为负值或向左拖动控制滑块时，可以修复枕形失真；当输入的数值为正值或向右拖动控制滑块时，可以修复桶形失真。

(8) 色差：用来校正图像的色差。

① 修复红/青边：通过输入数值或拖动控制滑块来调整图像内围绕边缘细节的红边和青边。

② 修复蓝/黄边：通过输入数值或拖动控制滑块来调整图像内围绕边缘细节的蓝边和黄边。

(9) 晕影：用来校正由于镜头缺陷或镜头遮光处理不正确而导致的图像边缘较暗现象。

① 数量：调整围绕图像边缘的晕影量。

② 中点：选择晕影中点可影响晕影校正的外延。

(10) 设置镜头默认值：如果图像中包含“相机”“镜头”“焦距”等信息，在弹出菜单中选择该命令即可将其设置为默认值。

(11) 垂直透视：用来校正图像的顶端或底端的垂直透视。

(12) 水平透视：用来校正图像的左侧或右侧的水平透视。

(13) 角度：用来校正图像旋转角度，与▭(拉直工具)类似。

(14) 比例：用来调整图像大小，但不影响文件大小。

(15) 预览：勾选该复选框后，可以在原图中看到校正结果。

(16) 显示网格：勾选该复选框后，可以在预览工作区为图像显示网格，以便对齐。

(17) 大小：控制显示网格的大小。

(18) 颜色：控制显示网格的颜色。

(19) 预览区：用来显示当前校正图像并可以进行调整。

(20) 自动校正：按照不同的相机快速调整并校正扭曲。

(21) 自动缩放图像：勾选该复选框后，图像会自动填满当前图像的画布。

(22) 边缘：选择对校正图像边缘的填充方式。

① 透明度：以透明像素填充。

② 边缘扩展：以图像边缘的像素进行扩展填充。

③ 黑色：使用黑色填充校正边缘。

④ 白色：使用白色填充校正边缘。

(23) 搜索条件：选取相机的制造商、型号、镜头型号。

(24) 镜头配置文件：当前选取镜头对应的校正参数。使用“自动校正”时，只要选择相机、镜头等选项，即可自动对图像进行校正，如图 12-19 所示。

图 12-19　自动校正

12.5　液　　化

使用“液化”滤镜命令可以使图像产生液体流动的效果，从而创建出局部推拉、扭曲、放大、缩小、旋转等特殊效果。执行菜单中的“滤镜”→“液化”命令，即可打开如图 12-20 所示的“液化”对话框，该对话框的高级模式如图 12-21 所示。

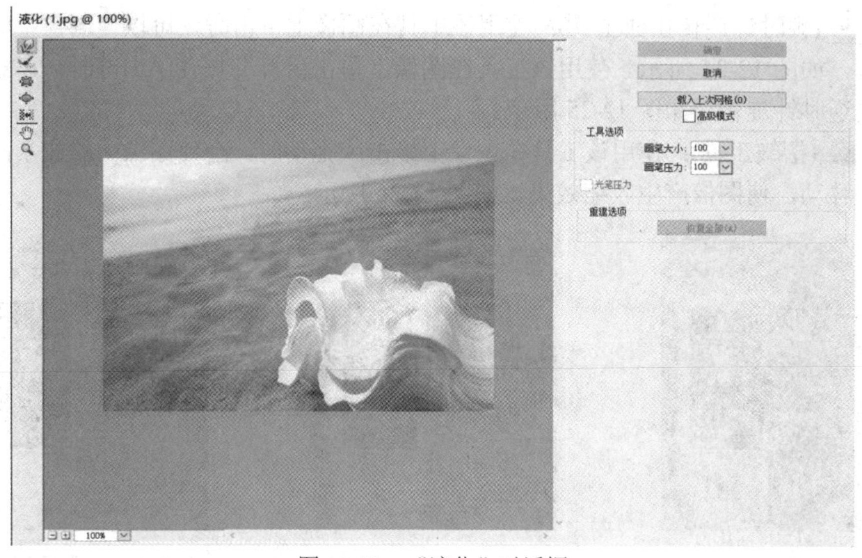

图 12-20　“液化”对话框

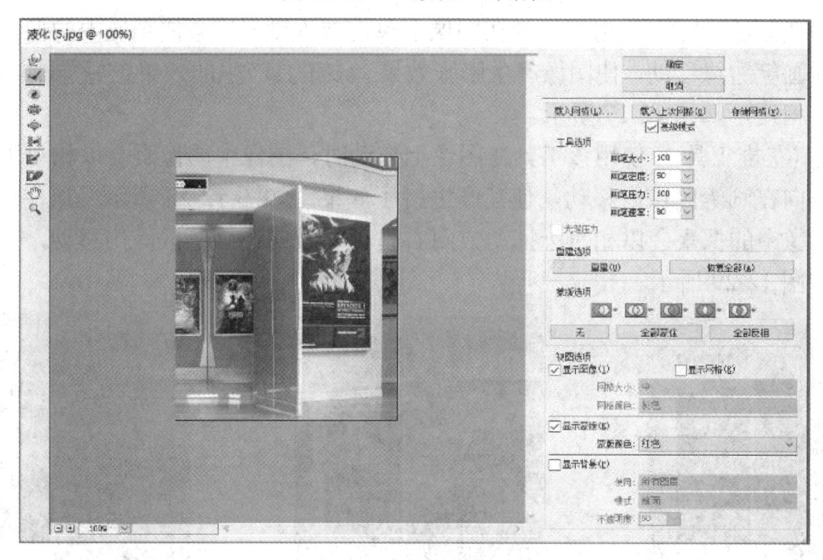

图 12-21　“液化”对话框高级模式

“液化”对话框中的各项含义如下：

(1) 工具箱：用来存放液化处理图像的工具。

① (向前变形工具)：使用该工具在图像上拖动，会使图像向拖动方向产生弯曲变形效果，如图 12-22 所示。原图以“液化”对话框中的预览图像为准。

② (重建工具)：使用该工具在图像上已发生变形的区域单击或拖动，可以使已变形图像恢复为原始状态，如图 12-23 所示。

图 12-22　向前变形效果

图 12-23　恢复原始状态

③ (顺时针旋转扭曲工具)：使用该工具在图像上单击时，可以使图像中的像素顺时针旋转，如图 12-24 所示。使用该工具在图像上单击鼠标并按住[Alt]键时，可以使图像中的像素逆时针旋转，如图 12-25 所示。

④ (褶皱工具)：使用该工具在图像上单击或拖动时，会使图像中的像素向画笔区域的中心移动，使图像产生收缩效果，如图 12-26 所示。

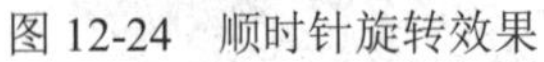

图 12-24　顺时针旋转效果　　图 12-25　逆时针旋转效果　　图 12-26　褶皱收缩效果

⑤ (膨胀工具)：使用该工具在图像上单击或拖动时，会使图像中的像素从画笔区域的中心向画笔边缘移动，使图像产生膨胀效果。该工具产生的效果正好与 (褶皱工具)产生的效果相反，如图 12-27 所示。

⑥ (左推工具)：使用该工具在图像上拖动时，图像中的像素会以相对于拖动方向左垂直的方向在画笔区域内移动，使其产生挤压效果，如图 12-28 所示；按住[Alt]键拖曳鼠标时，图像中的像素会以相对于拖动方向右垂直的方向在画笔区域内移动，使其产生挤压效果，如图 12-29 所示。

图 12-27　膨胀效果　　图 12-28　左推效果　　图 12-29　右推效果

⑦ (冻结蒙版工具)：使用该工具在图像上拖动时，图像中画笔经过的区域会被冻结，冻结后的区域不会受到变形的影响。如图 12-30 所示图像的红色区域就是预览区中的被冻结部分。使用向前变形工具在图像上拖动后经过冻结的区域图像不会被变形。

⑧ (解冻蒙版工具)：使用该工具在图像上已经冻结的区域上拖动时，画笔经过的地方将会被解冻，如图 12-31 所示。

⑨ (抓手工具)：当图像放大到超出预览框时，使用该工具可以移动图像查看局部。

⑩ (缩放工具)：用来缩放预览区的视图，在预览区内单击鼠标左键会将图像放大，按住[Alt]键单击鼠标会将图像缩小。

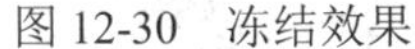

图 12-30　冻结效果　　图 12-31　部分解冻效果

提示：在“液化”对话框中，除了选择缩放工具外，按住[Ctrl]键在预览区单击鼠标左键也会将图像变大。

(2) 工具选项：用来设置选择相应工具时的设置参数。

① 画笔大小：用来控制选择工具的画笔宽度。

② 画笔密度：用来控制画笔与图像像素的接触范围。数值越大，范围越广。

③ 画笔压力：用来控制画笔的涂抹力度。压力为 0 时，将不会对图像产生影响。

④ 画笔速率：用来控制重建、膨胀等工具在图像中单击或拖动时的扭曲速度。

⑤ 湍流抖动：用来控制湍流工具混合像素时的紧密程度。

⑥ 重建模式：用来控制重建工具在重建图像时的模式。

⑦ 光笔压力：在计算机连接数位板时，该选项会被激活，勾选该复选框后，可以通过绘制时使用的压力大小来控制工具绘制效果。

(3) 重建选项：用来设置恢复图像的设置参数。

① 模式：在下拉菜单中可以选择重建的模式，包括恢复、刚性、生硬、平滑和松散五项。

② 重建：单击此按钮可以完成一次重建效果，单击多次可完成多次重建效果。

③ 恢复全部：单击此按钮可以去掉图像的所有液化效果，使其恢复到初始状态。即使冻结区域存在液化效果，单击此按钮也可以将其恢复到初始状态。

(4) 蒙版选项：用来设置与图像中存在的蒙版、通道等效果的混合选项。

① (替换选区)：显示原图像中的选区、蒙版或透明度，如图 12-32 所示。

② (添加到选区)：显示原图像中的蒙版，可以将冻结区域添加到选区蒙版，如图 12-33 所示。

图 12-32　替换选区

图 12-33　添加到选区

③ (从选区中减去)：从冻结区域减去选区或通道的区域，如图 12-34 所示。

图 12-34　从选区中减去

④ (与选区交叉)：只有冻结区域与选区或通道交叉的部分可用，如图 12-35 所示。

图 12-35　与选区交叉

⑤ (反相选区)：将冻结区域反选，如图 12-36 所示。

图 12-36　反相选区

⑥ 无：单击此按钮，可以将图像中的所有冻结区域解冻，如图 12-37 所示。

⑦ 全部蒙版：单击此按钮，可以将整个图像冻结，如图 12-38 所示。

⑧ 全部反相：单击此按钮，可以将冻结区域与非冻结区域调转，如图 12-39 所示。

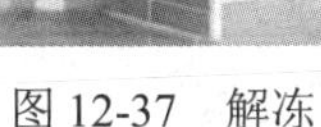
图12-37 解冻

图12-38 全部蒙版

图12-39 全部反相

(5) 视图选项：用来设置预览区域的显示状态。

① 显示图像：勾选此复选框，可以在预览区中看到图像。

② 显示网格：勾选此复选框，可以在预览区中看到网格，此时“网格大小”和“网格颜色”被激活，从中可以设置网格大小和颜色。

③ 显示蒙版：勾选此复选框，可以在预览区中看到图像中的冻结区域被掩盖。

④ 蒙版颜色：设置冻结区域的颜色。

⑤ 显示背景：勾选此复选框，可以设置在预览区中看到“图层”调板中的其他图层。

⑥ 使用：在下拉菜单中可以选择在预览区中显示的图层。

⑦ 模式：设置其他显示图层与当前预览区中图像的层叠模式，如前面、后面和混合等。

⑧ 不透明度：设置其他图层与当前预览区中图像之间的不透明度。

(6) 预览区：用来显示编辑过程的窗口。

练习：液化滤镜的使用。

本练习主要让大家了解“液化”滤镜的使用方法。

操作步骤：

(1) 打开图像图片，执行菜单中“滤镜”→“液化”命令，打开“液化”对话框。利用褶皱命令进行瘦身。

(2) 再次利用膨胀工具进行眼睛放大。如图12-40所示的效果为应用“液化”前后的效果对比图。

(a) 液化前

(b) 液化后

图12-40 液化图像对比图

12.6　油　　画

使用“油画”滤镜命令可以将照片转换为具有经典油画视觉效果的图像。借助几个简单的滑块，调整描边样式的数量、画笔比例、描边清洁度和其他参数，就能够快速实现油画图像的制作。执行菜单中的“滤镜”→“油画”命令，即可打开如图 12-41 所示的“油画”对话框。

图 12-41　“油画”对话框

“油画”对话框中各项的含义如下：

(1) 画笔：用来调节油画画笔的各种参数。

① 样式化：调整画笔描边样式，范围从涂抹效果 0 至平滑描边 10。

② 清洁度：调整画笔描边长度，范围从最短最起伏 0 至最长最流畅 10。

③ 缩放：调节画笔描边的比例，范围从最小 0.1 至最大 10。

④ 硬毛刷细节：调整毛刷画笔压痕的明显程度，强度值为 0～10。

(2) 光照：用来调节光照的选项和参数。

① 角方向：调整光照(而非画笔描边)的入射角。如果要将油画合并到另一个场景中，则此设置非常重要。

② 闪亮：调整光源的亮度和油画表面的反射量。

12.7　消　失　点

使用“消失点”滤镜命令中的工具可以在创建的图像选区内进行克隆、喷绘、粘贴图像等操作，所做的操作会自动应用透视原理，按照透视的比例和角度自动计算，自动适应对图像的修改，大大节约了精确设计和制作多面立体效果所需的时间。使用“消失点”滤镜命令还可以将图像依附到三维图像上，系统会自动计算图像各个面的透视程度。执行菜单中的“滤镜”→“消失点”命令，即可打开如图 12-42 所示的“消失点”对话框。

图 12-42　“消失点”对话框

“消失点”对话框中各项的含义如下：

(1) (创建平面工具)：可以在预览编辑区的图像中单击创建平面的 4 个点，节点之间会自动连接成透视平面，在透视平面边缘上按住[Ctrl]键向外拖动时，会产生另一个与之配套的透视平面，创建过程如图 12-43 所示。

(a) 创建第一个平面

(b) 创建第二个平面

图 12-43　创建平面过程

(2) (编辑平面工具)：可以对创建的透视平面进行选择、编辑、移动和调整大小。存在两个平面时，按住[Alt]键拖动控制点可以改变两个平面的角度。此时选项栏中的“网格大小”和“角度”两个选项会被激活，可以用来更改平面中的网格密度和角度，如图 12-44 所示。

图 12-44　选项栏

① 网格大小：用来控制透视平面中网格的密度。数值越小，网格越多。

② 角度：控制平面之间的角度。

提示：用(创建平面工具)创建平面以及用(编辑平面工具)编辑平面时，如果在创建或编辑的过程中节点连线成为“红色”或“黄色”，此时的平面将是无效平面。

(3) (选框工具)：在平面内拖动即可在平面内创建选区，如图 12-45 所示。按住[Alt]

键拖动选区可以将选区内的图像复制到其他位置，复制的图像会自动生成透视效果，如图 12-46 所示。按住[Ctrl]键拖动选区可以将选区停留的图像复制到创建的选区内，如图 12-47 所示。选择⬚(选框工具)后，在选项栏中将会出现“羽化”“不透明度”“修复”和“移动模式”4 个选项，如图 12-48 所示。

图 12-45　创建选区　　图 12-46　按住[Alt]键拖动选区　　图 12-47　按住[Ctrl]键拖动选区

图 12-48　选框工具选项栏

① 羽化：设置选区边缘的平滑程度。

② 不透明度：设置复制区域的透明程度。

③ 修复：设置复制区域与背景的混合处理，包括关、明亮度和开。

④ 移动模式：设置复制的模式，与按[Ctrl]键和[Alt]键的功能相同。

(4) (图章工具)：该工具与软件工具箱中的(仿制图章工具)用法相同，只是多了修复透视区域效果。按住[Alt]键在平面内取样，如图 12-49 所示。松开按键，移动鼠标到需要仿制的地方按下鼠标左键拖动即可复制，复制的图像会自动调整所在位置的透视效果，如图 12-50 所示。选择(图章工具)后，在选项栏中将会出现“直径”“硬度”“不透明度”“修复”和“对齐”5 个选项，如图 12-51 所示。

图 12-49　取样

图 12-50　修复

图 12-51　图章工具选项栏

① 直径：设置图章工具的画笔大小。

② 硬度：设置图章工具画笔边缘的柔和程度。

③ 对齐：勾选该复选框后，复制的区域将会与目标选取点处于同一直线；不勾选该复选框，可以在不同位置复制多个目标点。复制的对象会自动调整透视效果。

技巧：按住[Shift]键单击可以将描边扩展到上一次单击处。

(5) (画笔工具)：使用该工具可以在图像内绘制选定颜色的画笔，在创建的平面内绘制的画笔会自动调整透视效果。选择画笔工具后，在选项栏中将会出现“直径”“硬度”“不透明度”“修复”和“画笔颜色”5 个选项，如图 12-52 所示。

图 12-52　画笔工具选项栏

(6) (变换工具)：使用该工具可以对选区复制的图像进行调整变换，如图 12-53 所示。还可以将复制“消失点”对话框中的其他图像拖动到多维平面内，并可以对其进行移动和变换，如图 12-54 所示。选择变换工具后，在选项栏中将会出现“水平翻转”和“垂直翻转”两个选项，如图 12-55 所示。

图 12-53　变换复制的图像

图 12-54　变换复制的图像到多维平面内

图 12-55　变换工具选项栏

① 水平翻转：勾选该复选框可以将变换的图像水平翻转。

② 垂直翻转：勾选该复选框可以将变换的图像垂直翻转。

(7) (吸管工具)：在图像中采集颜色，选取的颜色可作为画笔的颜色。

(8) (缩放工具)：用来缩放预览区的视图，在预览区内单击鼠标左键会将图像放大，按住[Alt]键单击鼠标左键会将图像缩小。

(9) (抓手工具)：当图像放大到超出预览框时，使用该工具可以移动图像查看局部。

12.8　其他滤镜组

1.“风格化”滤镜组

“风格化”滤镜组可以使图像产生印象派或其他绘画效果，其效果非常显著，几乎看不出原图效果，其中包括查找边缘、等高线、风、浮雕效果、扩散、拼贴、曝光过度、凸出和照亮边缘 9 种滤镜。如图 12-56 所示为原图，图 12-57 和图 12-58 分别为应用“浮雕效果”和“凸出”滤镜后的效果。

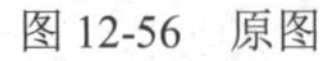
图 12-56　原图

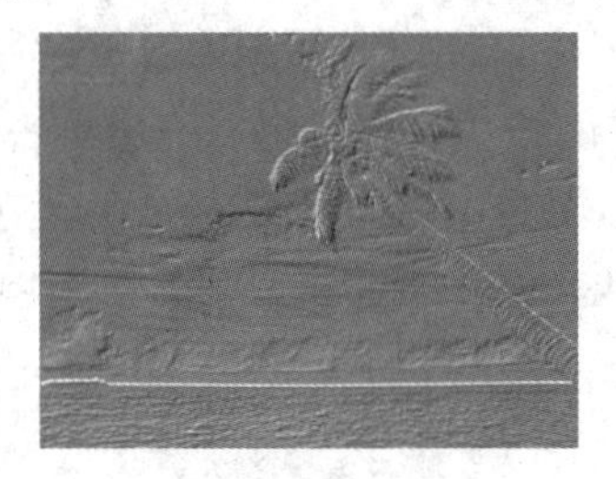
图 12-57　浮雕效果

图 12-58　凸出

2.“模糊”滤镜组

“模糊”滤镜组可以对图像中的像素起到柔化作用，从而使图像产生模糊效果，其中包括表面模糊、动感模糊、方框模糊、高斯模糊、进一步模糊、径向模糊、镜头模糊、模糊、平均、特殊模糊和形状模糊 11 种滤镜。如图 12-59 所示为原图，图 12-60 和图 12-61 分别为应用“径向模糊”和“特殊模糊”滤镜后的效果。

图 12-59　原图

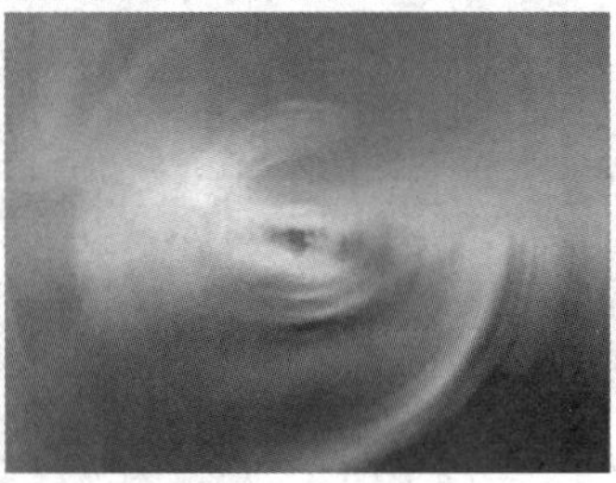
图 12-60　径向模糊

图 12-61　特殊模糊

3.“扭曲”滤镜组

“扭曲”滤镜组可以生成发光、波纹、旋转及扭曲效果，其中包括波浪、波纹、玻璃、海洋波纹、极坐标、挤压、扩散亮光、切变、球面化、水波、旋转扭曲和置换 12 种滤镜。如图 12-62 所示为原图，图 12-63 和图 12-64 分别为应用“旋转扭曲”和“水波”滤镜后的效果。

图 12-62　原图

图 12-63　旋转扭曲

图 12-64　水波

4.“锐化”滤镜组

“锐化”滤镜组可以增强图像中相邻像素间的对比度，从而在视觉上使图像变得更加清晰，其中包括 USM 锐化、进一步锐化、锐化、锐化边缘和智能锐化 5 种滤镜。如图 12-65 所示为原图，图 12-66 和图 12-67 分别为应用“进一步锐化”和“锐化边缘”滤镜后的效果。

图 12-65　原图　　图 12-66　进一步锐化　　图 12-67　锐化边缘

5. “像素化”滤镜组

“像素化”滤镜组可以将图像分块，使其看起来像由许多小块组成，其中包括彩块化、彩色半调、点状化、晶格化、马赛克、碎片和铜版雕刻 7 种滤镜。如图 12-68 所示为原图，图 12-69 和图 12-70 分别为应用“晶格化”和“铜版雕刻”后的效果。

图 12-68　原图　　图 12-69　晶格化　　图 12-70　铜版雕刻

6. “渲染”滤镜组

“渲染”滤镜组可以在图像中创建云彩图案、光照效果等，其中包括分层云彩、光照效果、镜头光晕、纤维和云彩 5 种滤镜。如图 12-71 所示为原图，图 12-72 和图 12-73 分别为应用“纤维”和“光照效果”滤镜后的效果。

图 12-71　原图　　图 12-72　纤维　　图 12-73　光照效果

提示：在“渲染”滤镜组中的“云彩”滤镜可以在空白图层中应用，产生的效果为前景色与背景色之间的混合效果。

7.“杂色”滤镜组

“杂色”滤镜组可以将图像中存在的噪点与周围像素融合，使其看起来不太明显，还可以在图像中添加许多杂色使之与图像转换成像素图案，其中包括减少杂色、蒙尘与划痕、添加杂色和中间值 4 种滤镜。如图 12-74 所示为原图，图 12-75 和图 12-76 分别为应用“蒙尘与划痕”和“添加杂色”滤镜后的效果。

图 12-74　原图

图 12-75　蒙尘与划痕

图 12-76　添加杂色

8. 其他滤镜组

其他滤镜组中的滤镜是一组单独的滤镜，不适用于任何滤镜组中的滤镜。该组中的滤镜可以用来偏移图像、调整最大值和最小值等，其中包括高反差保留、位移、自定、最大值和最小值 5 种滤镜。如图 12-77 所示为原图，图 12-78 和图 12-79 分别为应用“高反差保留”和“位移”滤镜后的效果。

图 12-77　原图

图 12-78　高反差保留

图 12-79　位移

范例 12-1　纹理背景。

纹理背景

本范例主要让大家了解“铜版雕刻”“云彩”和“分层云彩”滤镜的使用方法。操作步骤如下：

(1) 新建空白文档，按[D]键，将工具箱中的前景色设置为黑色，背景色设置为白色，执行菜单中的“滤镜”→“渲染”→“云彩”命令，效果如图 12-80 所示。

(2) 执行菜单中的“滤镜”→“渲染”→“分层云彩”命令，效果如图 12-81 所示。

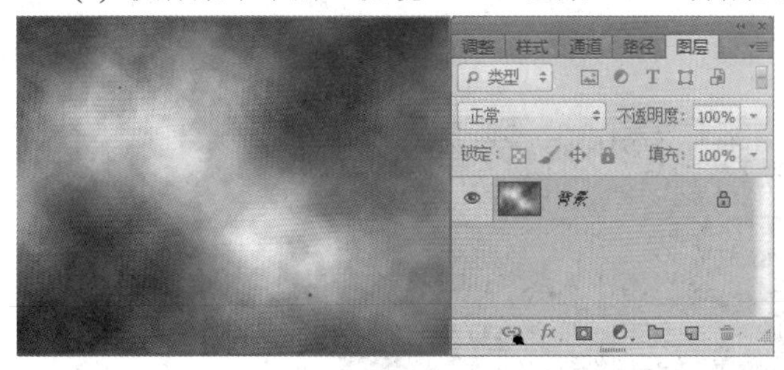

图 12-80 云彩

图 12-81 分层云彩

(3) 执行菜单中的“滤镜”→“像素化”→“铜版雕刻”命令，打开“铜版雕刻”对话框，在“类型”下拉菜单中选择“中等点”选项，如图 12-82 所示。

(4) 设置完毕单击“确定”按钮，效果如图 12-83 所示。

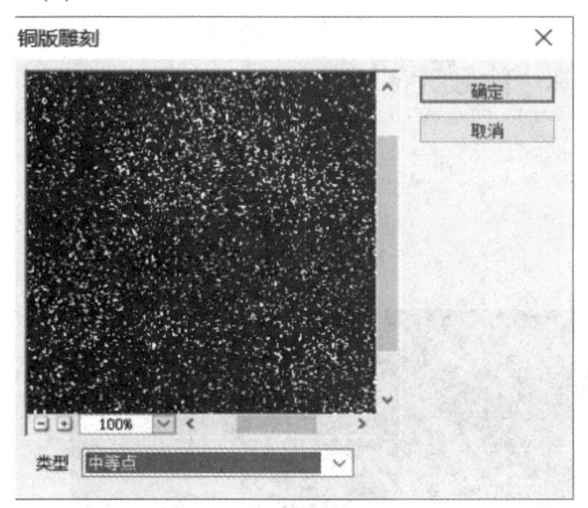

图 12-82 “铜版雕刻”对话框

图 12-83 铜版雕刻

(5) 在“图层”调板中拖动“背景”图层至新建图层按钮上，复制“背景”图层得到“背景副本”图层，选择“背景副本”图层，执行菜单中的“滤镜”→“模糊”→“径向模糊”命令，打开“径向模糊”对话框，参数设置如图 12-84 所示。

(6) 设置完毕单击“确定”按钮，效果如图 12-85 所示。

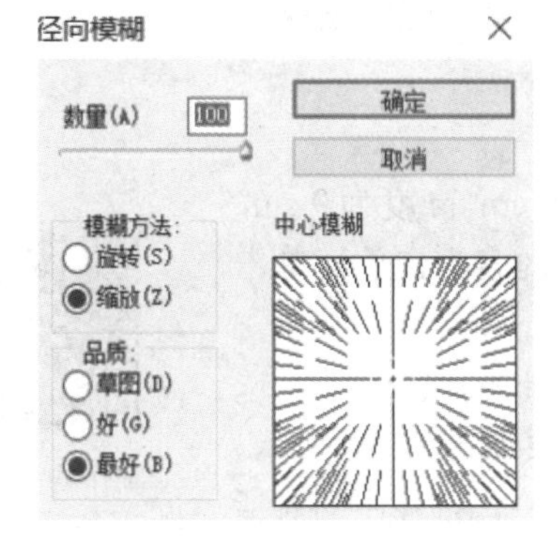

图 12-84 “径向模糊”对话框

图 12-85 模糊后

(7) 选择“背景”图层，执行菜单中的“滤镜”→“模糊”→“径向模糊”命令，打开“径向模糊”对话框，参数设置如图 12-86 所示。

(8) 设置完毕单击“确定”按钮，然后选择“背景副本”图层，设置该图层的混合模式为变亮，图像效果如图 12-87 所示。

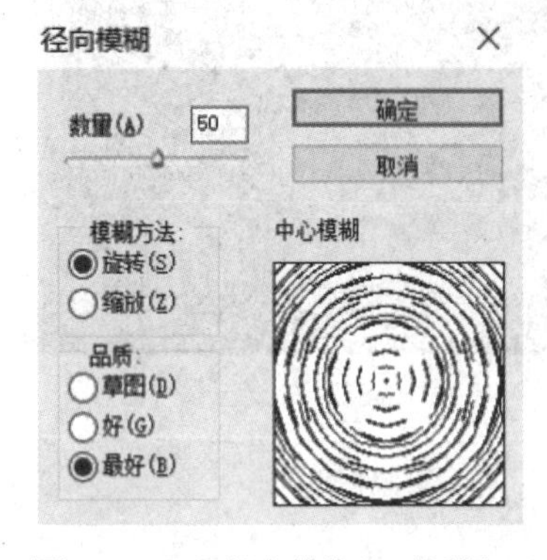

图 12-86　“径向模糊”对话框

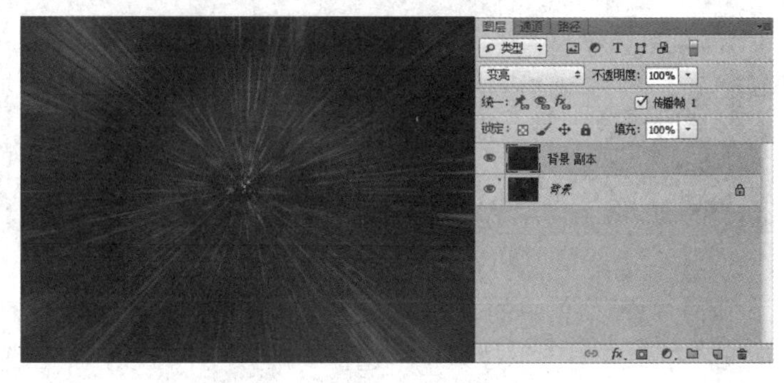

图 12-87　变亮模式

(9) 单击“图层”调板上的新建填充或调整图层按钮，在打开的菜单中选择“色相/饱和度”选项，打开“色相/饱和度”调整调板，其中的参数值设置如图 12-88 所示。

至此本范例制作完毕，效果如图 12-89 所示。

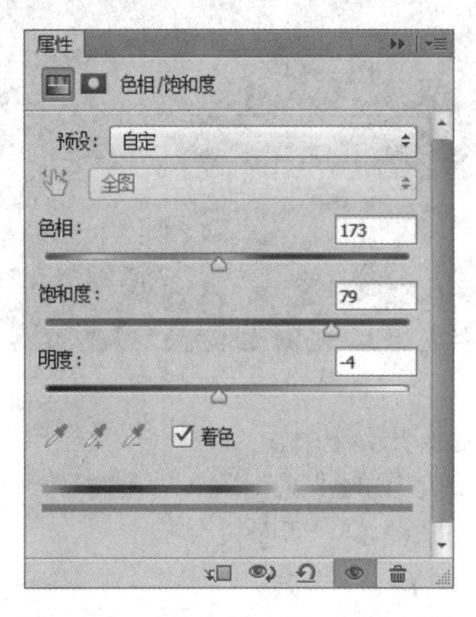

图 12-88　“色相/饱和度”调整调板

图 12-89　最终效果

范例 12-2　制作特效背景。

(1) 按组合键[Ctrl + N]，新建一个文件：宽度为 9 cm，高度为 9 cm，分辨率为 200 像素/英寸，颜色模式为 RGB，背景内容为白色，单击“确定”按钮。

制作特效背景

(2) 按[D]键，将工具箱的前景色和背景色恢复默认的黑白两色。选择菜单“滤镜”→“渲染”→“云彩”命令，图像效果如图 12-90 所示。选择菜单中的“滤镜”→“杂色”→“添加杂色”命令，在弹出的对话框中进行设置，如图 12-91 所示，单击“确定”按钮，效果如图 12-92 所示。

图 12-90　添加“云彩”滤镜

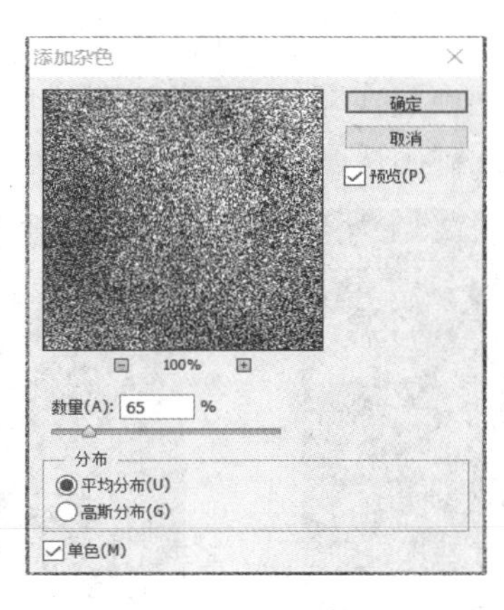

图 12-91　添加染色

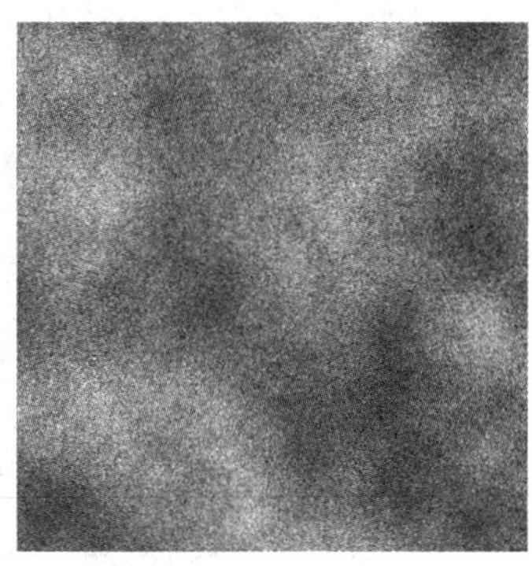

图 12-92　效果图

(3) 选择菜单中的“滤镜”→“像素化”→“晶格化”命令，在弹出的对话框中进行设置，如图 12-93 所示，单击“确定”按钮，效果如图 12-94 所示。

(4) 选择矩形选框工具，在图像窗口上方绘制一个矩形选区，按组合键[Ctrl + Shift + I]将选区反选。按组合键[Alt + Delete]，用前景色填充选区，按组合键[Ctrl + D]，取消选区，效果如图 12-95 所示。

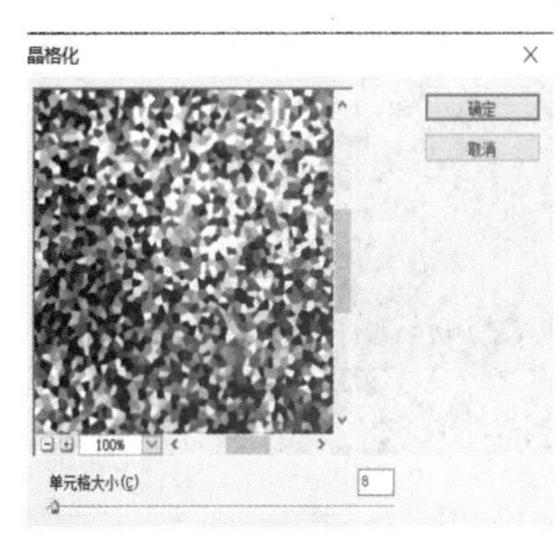

图 12-93　添加“晶格化”滤镜

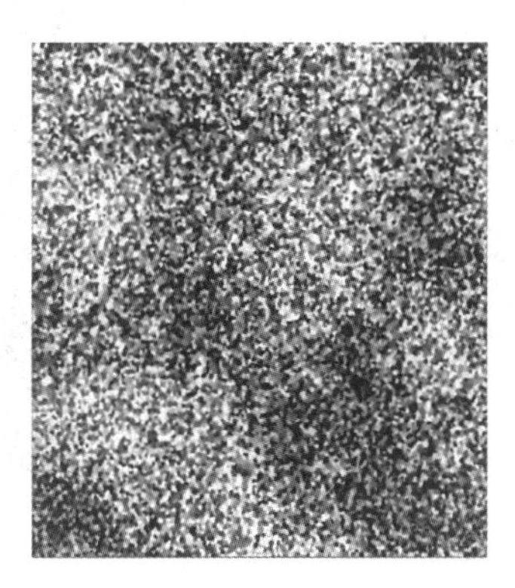

图 12-94　效果图

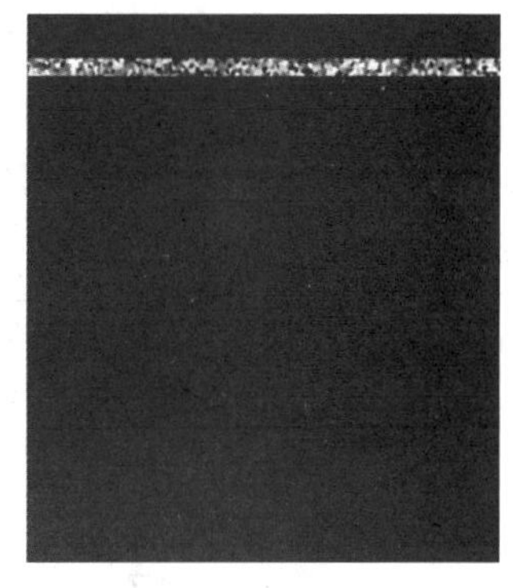

图 12-95　绘制矩形选区并填充

(5) 选择菜单中的“滤镜”→“模糊”→“动感模糊”命令，在弹出的对话框中进行设置，如图 12-96 所示，单击“确定”按钮，效果如图 12-97 所示。

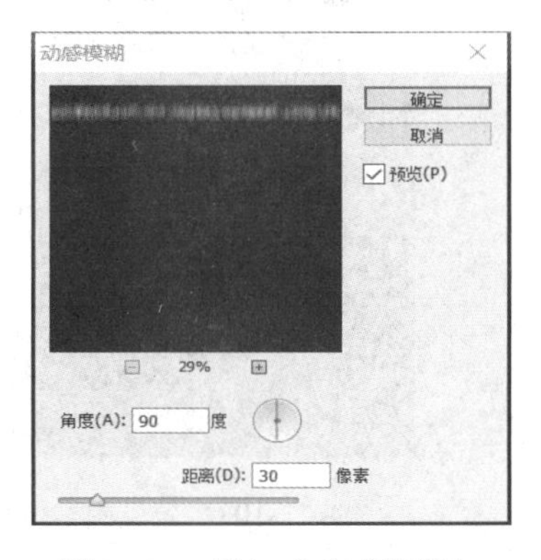

图 12-96　添加“动感模糊”

图 12-97　效果图

(6) 选择矩形选框工具，在图像窗口适当的位置绘制一个矩形选区，如图 12-98 所示。按组合键[Ctrl + T]，选区周围出现变换框，向下拖曳下方中间的控制手柄到合适的位置，将选区中的图像放大，按[Enter]键确认操作，取消选区后，效果如图 12-99 所示。

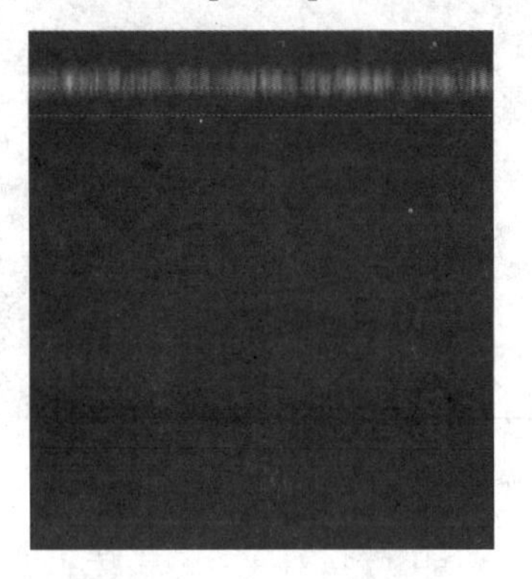

图 12-98　绘制矩形选区

图 12-99　效果图

(7) 选择菜单中的“滤镜”→“模糊”→“高斯模糊”命令，在弹出的对话框中进行设置，如图 12-100 所示，单击“确定”按钮，效果如图 12-101 所示。

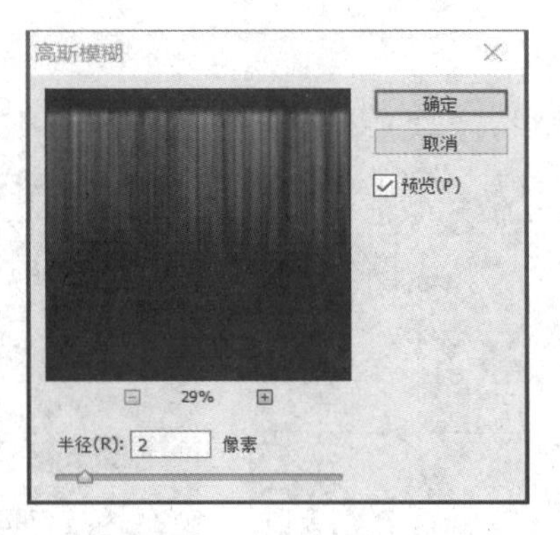

图 12-100　设置“高斯模糊”

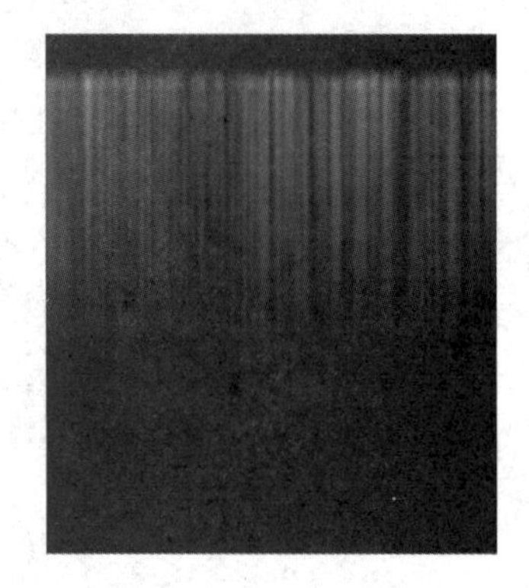

图 12-101　效果图

(8) 选择菜单中的“图像”→“调整”→“色阶”命令，在弹出的对话框中进行设置，如图 12-102 所示，单击“确定”按钮，效果如图 12-103 所示。

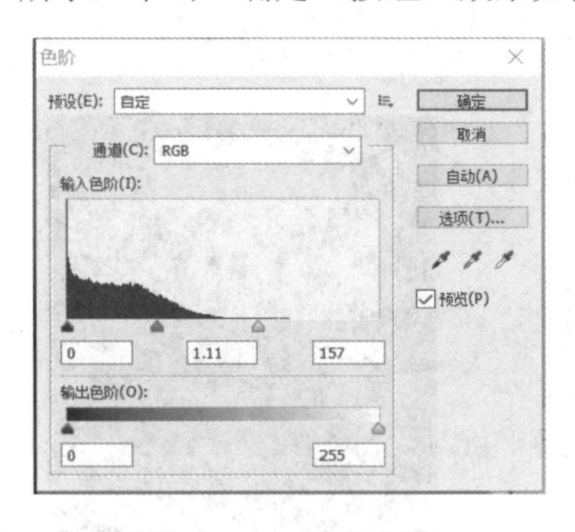

图 12-102　调整色阶

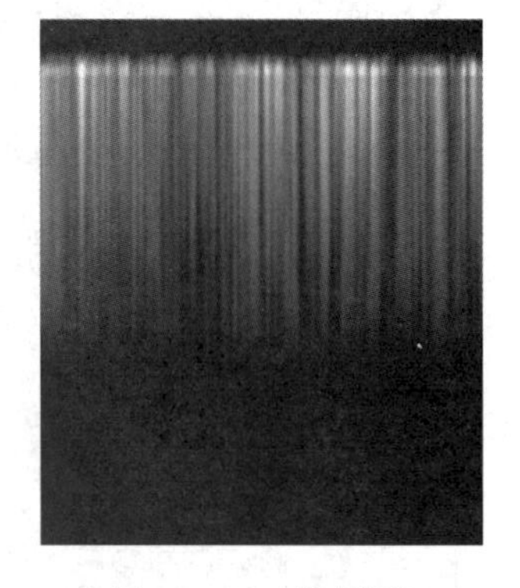

图 12-103　效果图

(9) 选择菜单中的“滤镜”→“扭曲”→“极坐标”命令，在弹出的对话框中进行设置，如图 12-104 所示，单击“确定”按钮，效果如图 12-105 所示。

图 12-104　设置“极坐标”

图 12-105　效果图

(10) 选择菜单中的“滤镜”→“扭曲”→“旋转扭曲”命令，在弹出的对话框中进行设置，如图 12-106 所示，单击“确定”按钮，效果如图 12-107 所示。

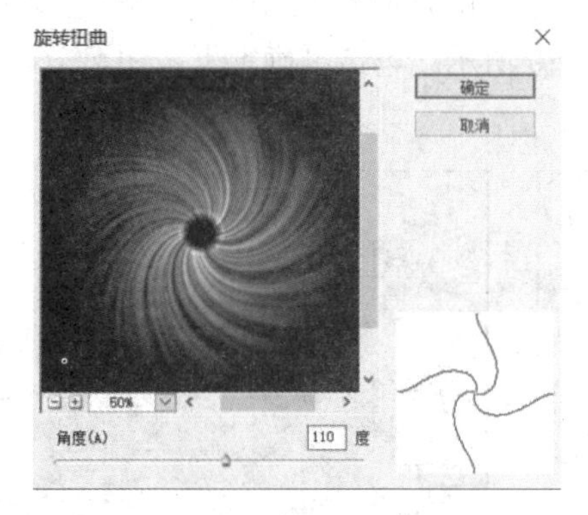

图 12-106　设置“旋转扭曲”

图 12-107　效果图

(11) 按住[Ctrl]键的同时，在“通道”调板中单击“RGB”通道，如图 12-108 所示，图形周围生成选区。新建图层并将其命名为“旋转扭曲”。按组合键[Ctrl + Delete]，用背景色填充选区，取消选区。选择“背景”图层，按组合键[Alt + Delete]，用前景色填充选区，如图 12-109 所示。

图 12-108　生成选区

图 12-109　填充选区

(12) 选中“旋转扭曲”图层。按组合键[Ctrl + T]，图形周围出现变换框，按住[Ctrl]键的同时，拖曳控制手柄，使图形透视变形，按[Enter]键确认操作，效果如图 12-110 所示。选择橡皮擦工具，在属性栏中调节画笔选项，如图 12-111 所示。在图像窗口中进行涂抹，效果如图 12-112 所示。

图 12-110　变形操作

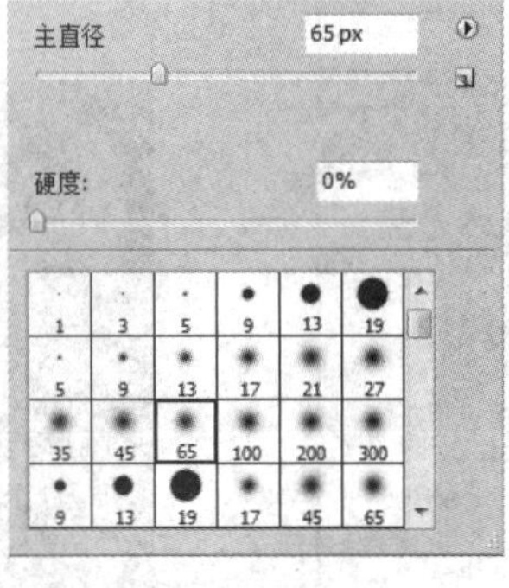

图 12-111　设置画笔形状

图 12-112　涂抹效果

(13) 单击“图层”调板下方的添加图层样式按钮，在弹出的菜单中选择“投影”命令，然后在“投影”对话框中将阴影颜色设置为浅蓝色(RGB：0，138，255)，其他选项的设置如图 12-113 所示。选择“外发光”选项，切换到相应的对话框，将发光颜色设为蓝色(RGB：0，156，255)，其他选项的设置如图 12-114 所示。单击“确定”按钮，效果如图 12-115 所示。

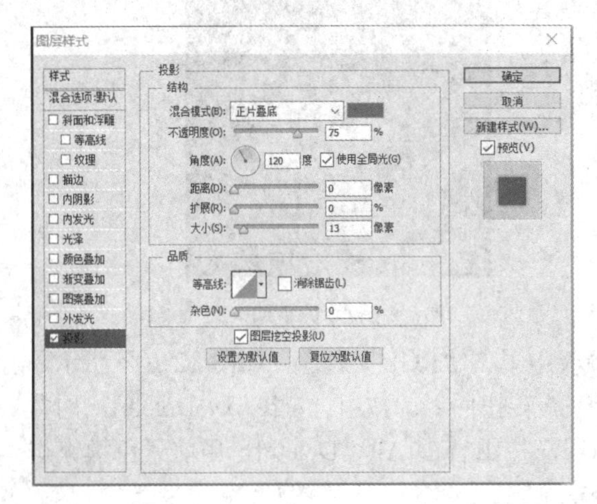

图 12-113　设置“投影”

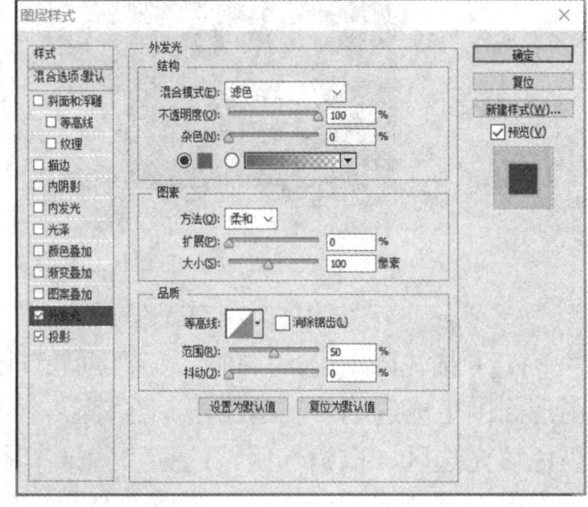

图 12-114　设置“外发光”

图 12-115　效果图

(14) 新建图层并将其命名为“背景颜色”，拖曳到“背景”图层的上方，将前景色设为灰蓝色(RGB：53，80，97)，按组合键[Alt + Delete]，用前景色填充“背景颜色”图层，

“图层”调板如图 12-116 所示，图像效果如图 12-117 所示。

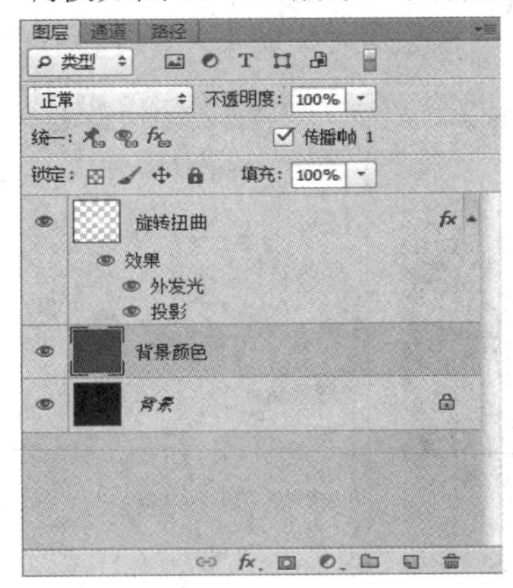

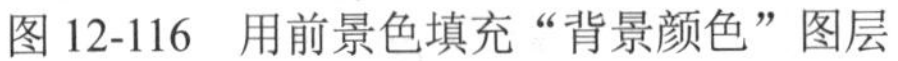

图 12-116　用前景色填充“背景颜色”图层　　　　　　　　图 12-117　效果图

(15) 按[D]键，将工具箱的前景色和背景色恢复默认的黑白两色。选择画笔工具，在属性栏中设置画笔形状，如图 12-118 所示。在图形中心部位进行涂抹，效果如图 12-119 所示。

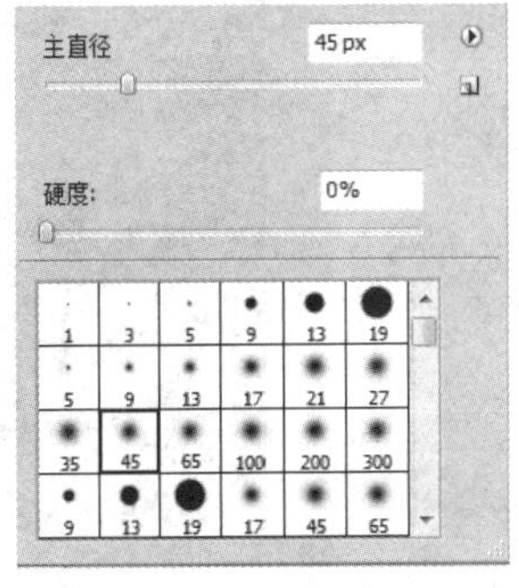

图 12-118　画笔选项　　　　　　　　图 12-119　效果图

(16) 新建图层并命名为“蓝色光”，将其拖曳到所有图层的上方。按组合键[Alt+Delete]，用前景色填充“背景颜色”图层，选择菜单中的“滤镜”→“杂色”→“添加杂色”命令，在弹出的对话框中进行设置，如图 12-120 所示，单击“确定”按钮，效果如图 12-121 所示。

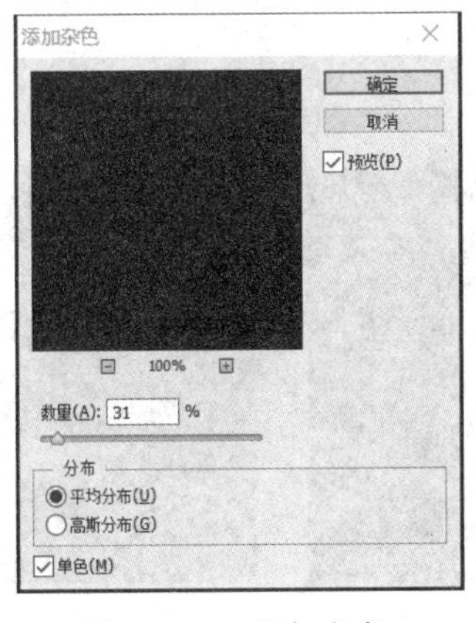

图 12-120　添加杂色　　　　　　　　　　　　　　图 12-121　效果图

(17) 选择菜单中的“滤镜”→“像素化”→“晶格化”命令，在弹出的对话框中进行设置，如图 10-122 所示，单击“确定”按钮，效果如图 12-123 所示。选择菜单中的“图像”→“调整”→“色阶”命令，在弹出的对话框中进行设置，如图 12-124 所示，单击“确定”按钮，效果如图 12-125 所示。

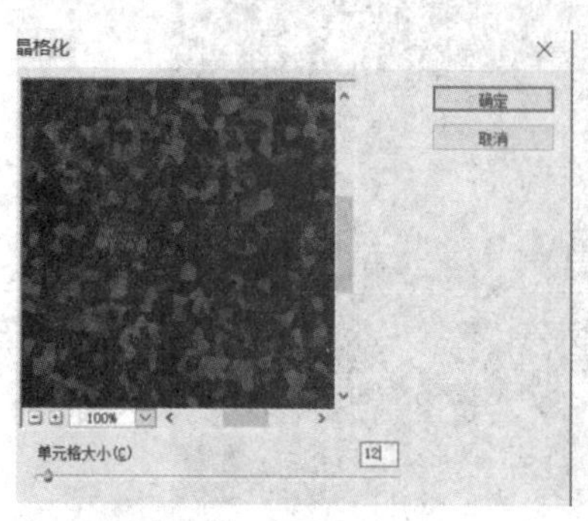

图 12-122　设置“晶格化”

图 12-123　效果图

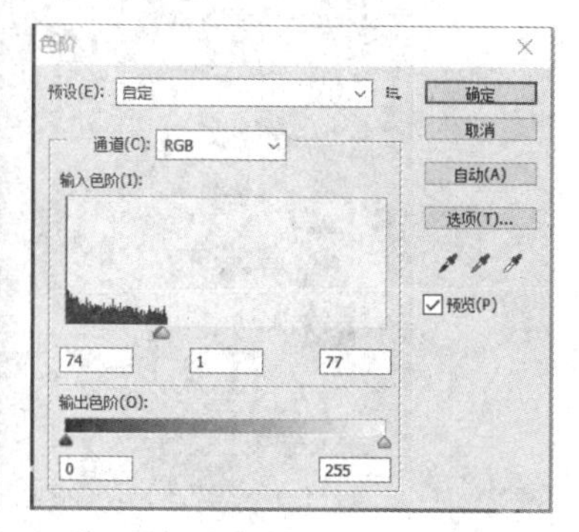

图 12-124　调整“色阶”

(18) 选择菜单中的“滤镜”→“模糊”→“径向模糊”命令，在弹出的对话框中进行设置，如图 12-126 所示，单击“确定”按钮，效果如图 12-127 所示。

图 12-125　效果图

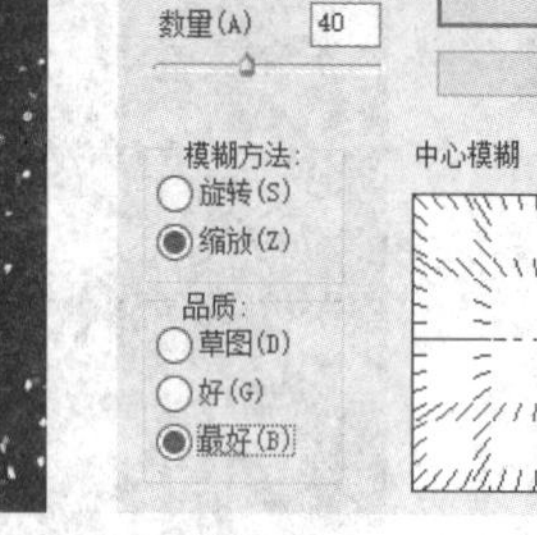

图 1-126　设置“径向模糊”

图 1-127　效果图

(19) 选择菜单中的“滤镜”→“扭曲”→“旋转扭曲”命令，在弹出的对话框中进行设置，如图 12-128 所示，单击“确定”按钮，效果如图 12-129 所示。在“图层”调板上方，将“蓝色光”图层的混合模式选项设为线性减淡(添加)，图像效果如图 12-130 所示。

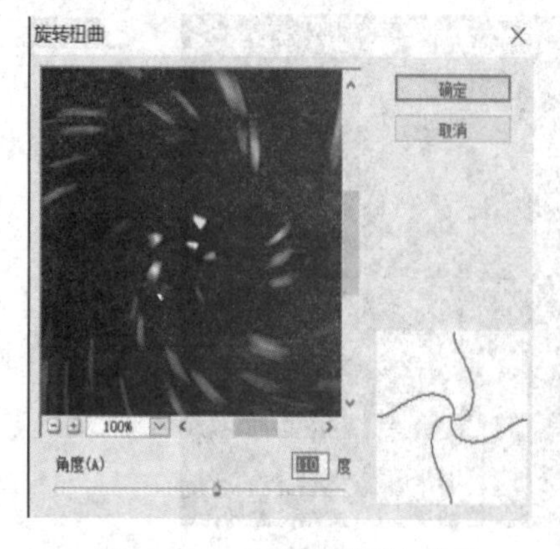

图 12-128　设置“旋转扭曲”

图 12-129　效果图

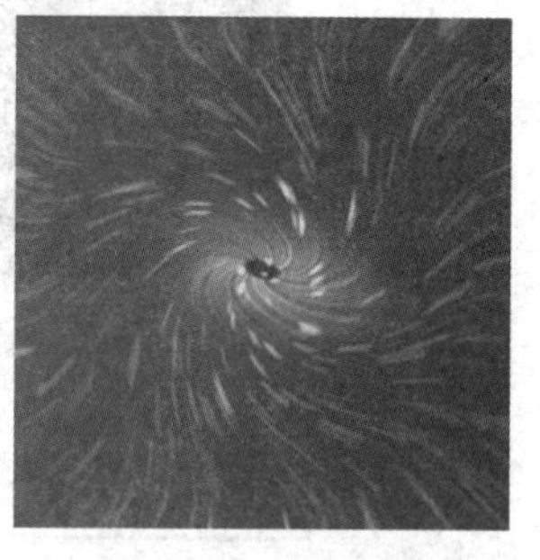

图 12-130　线性减淡效果

(20) 选择菜单中的“图像”→“调整”→“曲线”命令，在弹出的对话框中进行设置，如图 12-131 所示，单击“确定”按钮，效果如图 12-132 所示。

(21) 新建图层并将其命名为“叠加色”。按组合键[Alt + Delete]，用前景色填充图层，在“图层”调板上方，将该图层的混合模式选项设为柔光，图像效果如图 12-133 所示。

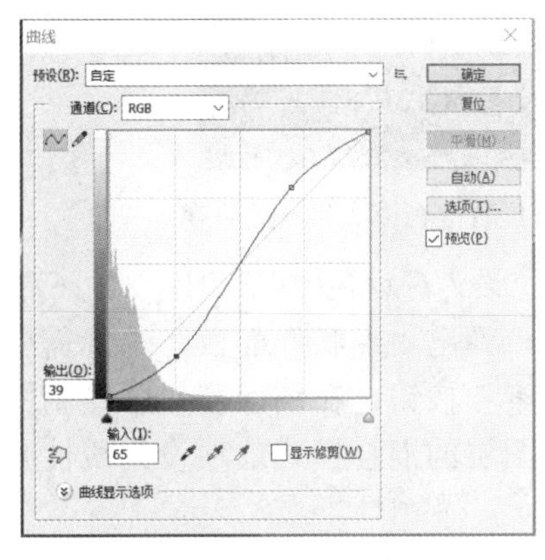

图 12-131　调整“曲线”

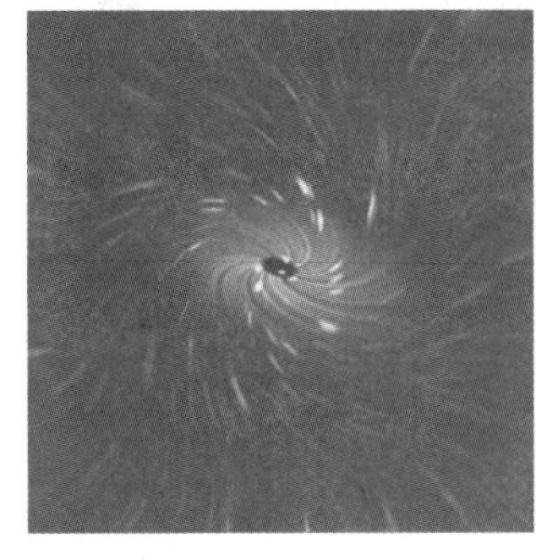

图 12-132　效果图

图 12-133　设置“柔光”混合模式

(22) 按住[Shift]键的同时，将“背景颜色”图层和“叠加色”图层之间的所有图层同时选取，如图 12-134 所示。按组合键[Ctrl + N]，新建一个文件：宽度为 30 cm，高度为 21 cm，分辨率为 200 像素/英寸，颜色模式为 RGB，背景内容为白色，单击“确定”按钮。选择移动工具，将选中的图层拖曳到新建的图像窗口中，并调整其大小，效果如图 12-135 所示。

(23) 按组合键[Ctrl + O]，打开“制作特效背景”→“新素材”→“01.psd”文件，选择移动工具，将图片拖曳到图像窗口中适当的位置，效果如图 12-136 所示。在“图层”调板中生成新的图层并将其命名为“文字”。

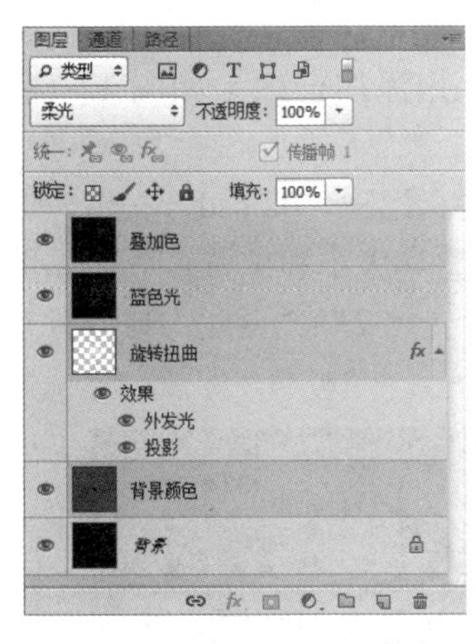

图 12-134　选取多个图层

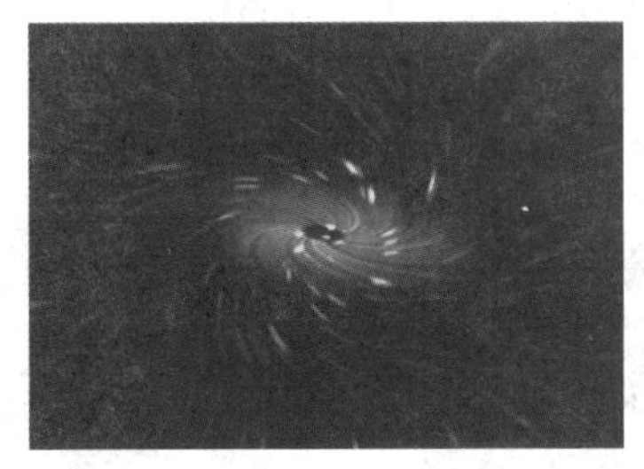

图 12-135　效果图

图 12-136　拖曳图片到窗口中

(24) 选择横排文字工具，在适当的位置输入需要的文字并将文字选取，在属性栏中选择合适的字体并设置文字大小，将文字颜色设为黄色(RGB：255，255，0)，如图 12-137 所示。在“图层”调板中生成新的文字图层。

(25) 在“图层”调板上方，将文字图层的混合模式选项设为柔光，不透明度设为 60%，图像效果如图 12-138 所示。

图 12-137　输入文字

图 12-138　设置混合模式和不透明度

(26) 新建图层并将其命名为“蓝色圆环”。将前景色设为深蓝色(RGB：1，21，67)。选择自定形状工具，选择属性栏中的“形状”选项，弹出“形状”面板，选择需要的图形，如图 12-139 所示。选中属性栏中的“填充像素”按钮，在图像窗口中绘制图形，效果如图 12-140 所示，在“图层”调板上方，将图层的混合模式选项设为线性减淡(添加)。

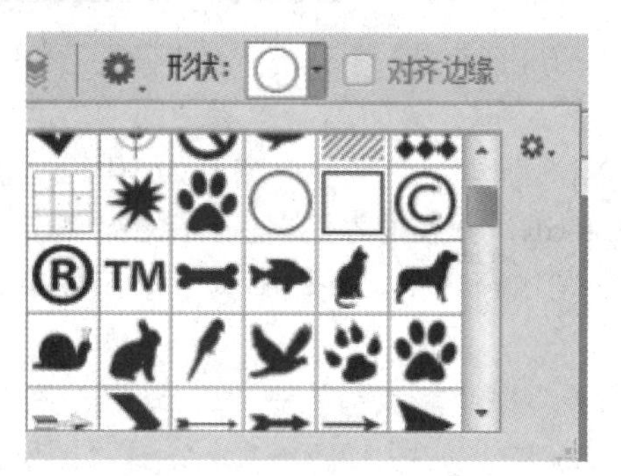

图 12-139　“形状”面板

图 12-140　绘制图形

(27) 新建图层并将其命名为“蓝色矩形”。选择矩形工具，在图像窗口中绘制图形，在“图层”调板上方，将图层的混合模式选项设为线性减淡(添加)，效果如图 12-141 所示。

(28) 按组合键[Ctrl + O]，打开“制作特效背景”→“新素材”→“02.psd”文件，选择移动工具，将图片拖曳到图像窗口中适当的位置，并调整其大小和位置，效果如图 12-142 所示。在“图层”调板中生成新的图层并将其命名为“文字 2”。至此，特效背景制作完成。

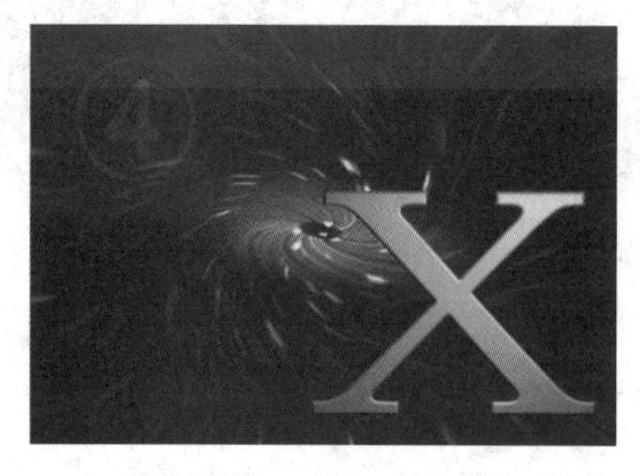

图 12-141　设置混合模式

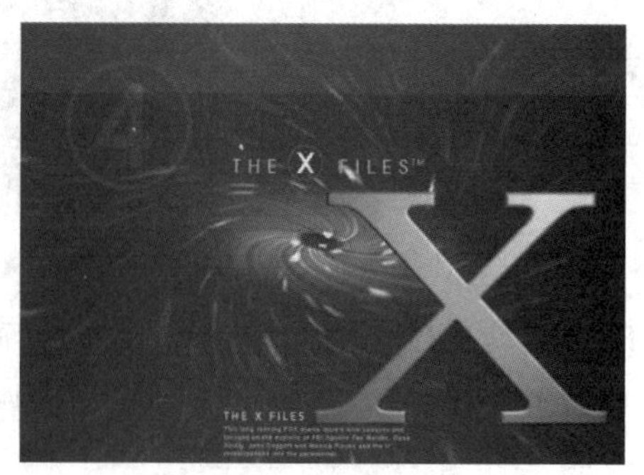

图 12-142　最终效果

综合练习　制作彩色贝壳

制作彩色贝壳的步骤如下：

制作贝壳

(1) 在Photoshop中新建宽度和高度均为10 cm，分辨率为300 dpi，背景色为白色的画布，如图12-143所示。

(2) 新建“图层1”，用矩形选框工具在工具选项栏中设置固定大小，宽度为0.25 cm，高度为10 cm，建立选区，填充颜色RGB(212，204，129)，如图12-144所示。

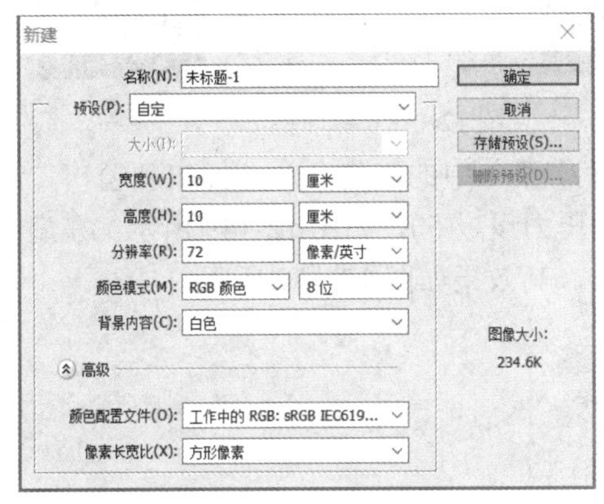

图12-143　练习图1

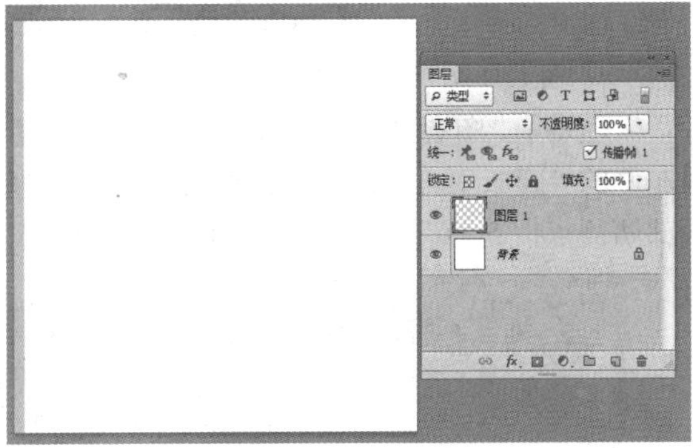

图12-144　练习图2

(3) 复制“图层1”，按组合键[Ctrl + T]对新图层进行变换，利用左箭头键，水平移动该对象40 px，并确定变换。按组合键[Ctrl + Shift + Alt + T]进行重复变换，将矩形条布满整个画布，将所有填充图层全选并合并，效果如图12-145所示。

(4) 利用组合键[Ctrl + T]进入自由变换，按下[Alt]键将“图层1”缩放为95%；执行菜单栏中的“滤镜”→“扭曲”→“球面化”命令，将数量值设为100%，其效果如图12-146所示。

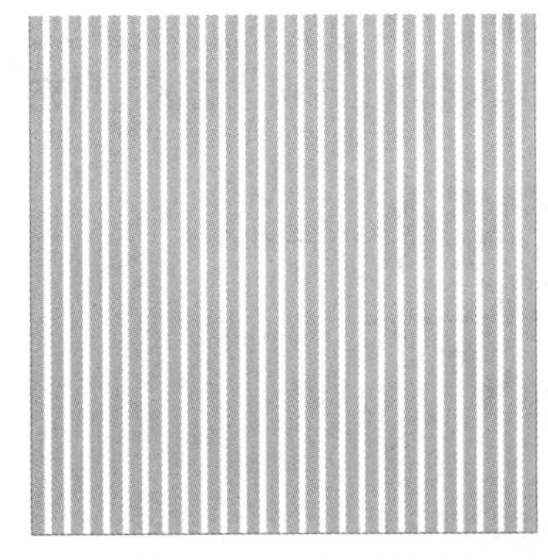

图12-145　练习图3

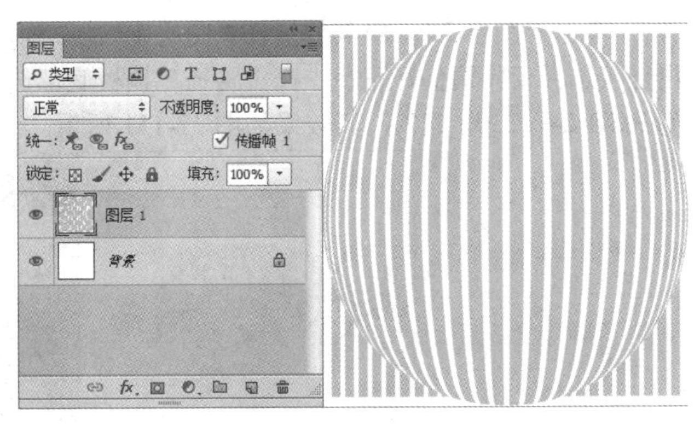

图12-146　练习图4

(5) 用圆形选框工具拉出一个正圆框住图中心形成的圆，按组合键[Ctrl + Shift + I]反选，并按[Delete]键删除多余部分；复制此图层，得到“图层1副本”图层，将该图层前的小眼睛关闭，暂时不用此图层，如图 12-147 所示。

(6) 将“图层 1”用组合键[Ctrl + T]进入自由变换命令，将宽度和高度设为 50%，将图层缩小至 1/4 画布大小，放置在画布中心；在右键菜单中选择透视，在选框上部的两个控制点中任选一点向外拉，下部的两个控制点中任选一个向内拉，直至重叠，如图 12-148 所示。

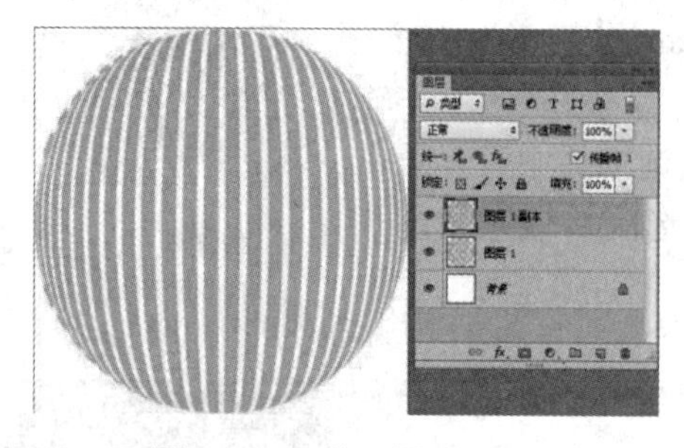

图 12-147　练习图 5

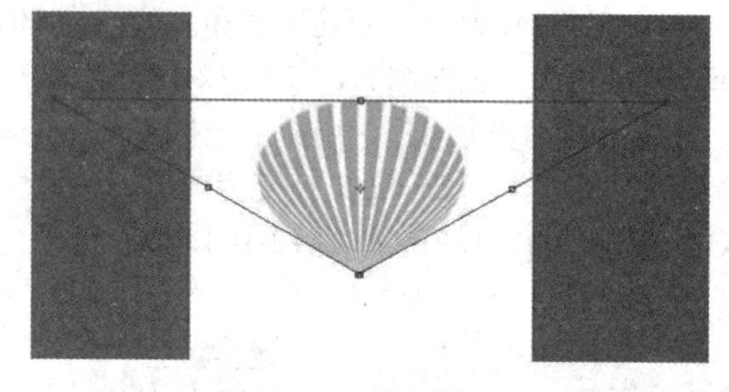

图 12-148　练习图 6

(7) 保持“图层 1”为当前图层，选择“滤镜”菜单中的液化命令，弹出新窗口，选择左侧的“膨胀工具”，画笔大小设成 250，画笔压力设成 50，如图 12-149 所示；在扇形底部两侧点按 5～6 次，使其具有膨胀效果后确认，其效果如图 12-150 所示。

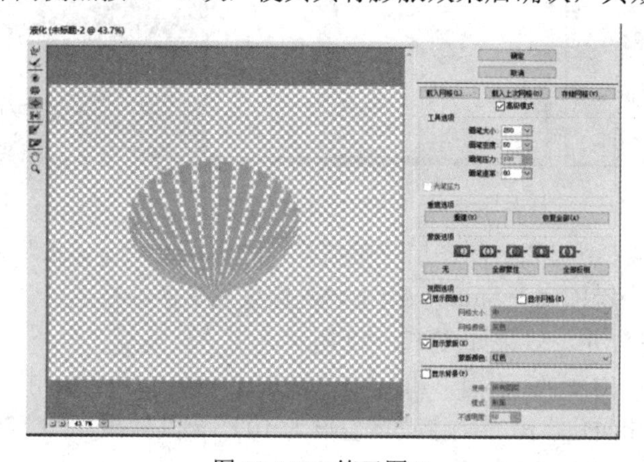

图 12-149　练习图 7

图 12-150　练习图 8

(8) 新建“图层 2”，将其放置在“图层 1”的下面，用钢笔工具将整个扇形勾画出来，并用直接选择工具调整好路径；在“路径”调板底部选择按钮将路径转换成选区，填充颜色为 RGB(24，230，112)，其效果如图 12-151 所示。

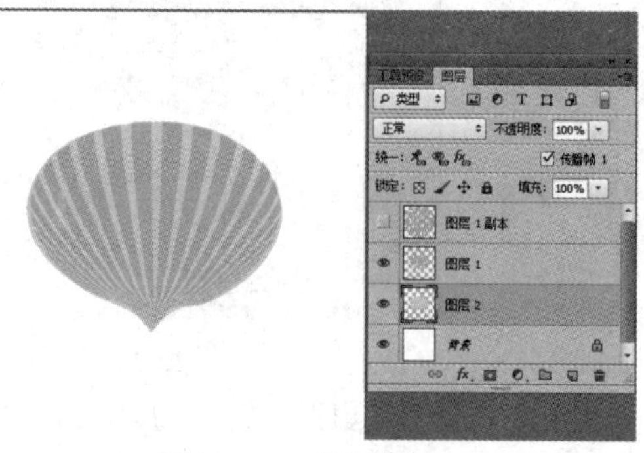

图 12-151　练习图 9

(9) 将“图层 1”应用图层样式的投影，不透明度设置为 53%，角度设置为 148°，距离为 12 像素，扩展为 4%，大小为 16 像素，其余设置不变，设置值如图 12-152 所示，其效果如图 12-153 所示。

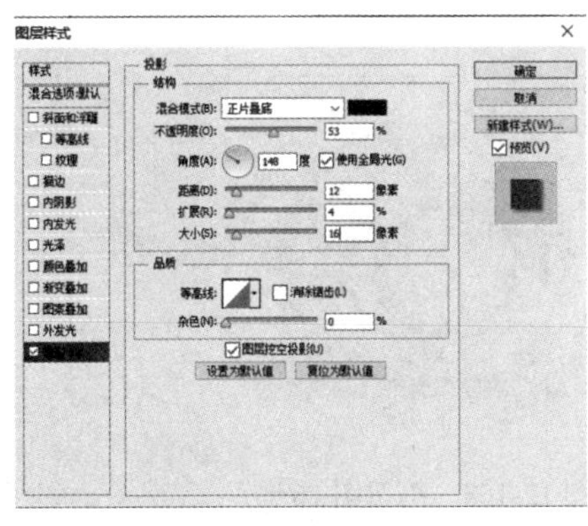

图 12-152　练习图 10

图 12-153　练习图 11

(10) 将“图层 1”与“图层 2”合并为“图层 1”，新建“图层 2”，填充白色 RGB(255, 255, 255)，将前景色改为 RGB(242, 230, 112)；对“图层 2”应用图层样式中的渐变叠加，将渐变编辑器设置成透明条纹，将样式设置为径向，其余不变，得到同心圆，如图 12-154 所示，其效果如图 12-155 所示；新建“图层 3”，与“图层 2”合并，使“图层 2”变为普通图层，其效果如图 12-156 所示。

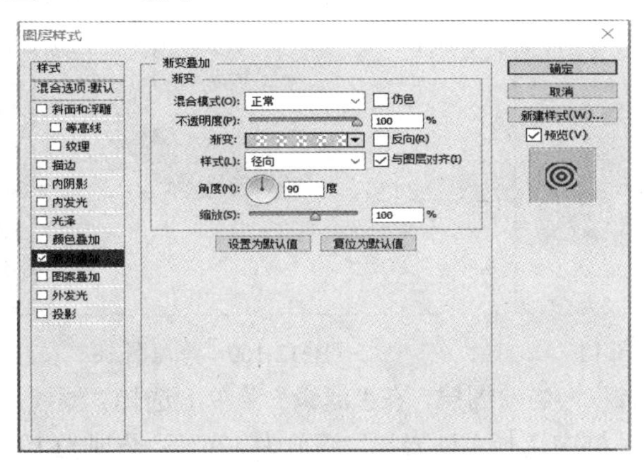

图 12-154　练习图 12

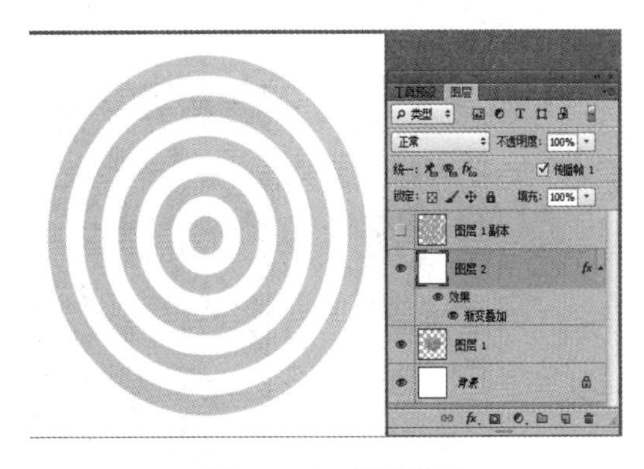

图 12-155　练习图 13

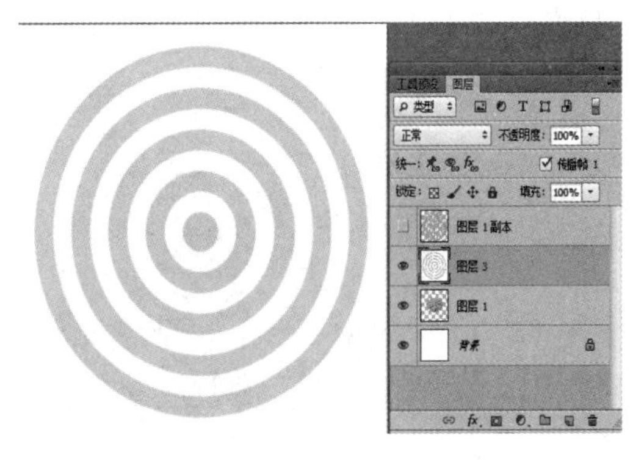

图 12-156　练习图 14

(11) 创建圆形选区，将最里层的白圈填充 RGB(242，230，112)，其效果如图 12-157 所示。

(12) 选择魔棒工具，设置容差值为 100，选取画面上白色的部分，按[Delete]键删除全部白色部分，如图 12-158 所示。

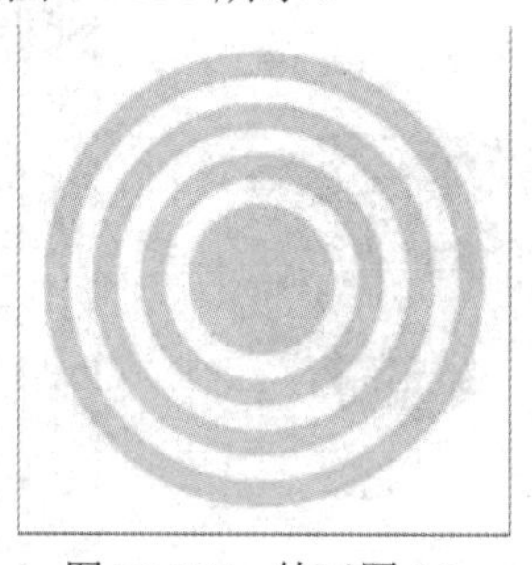

图 12-157　练习图 15

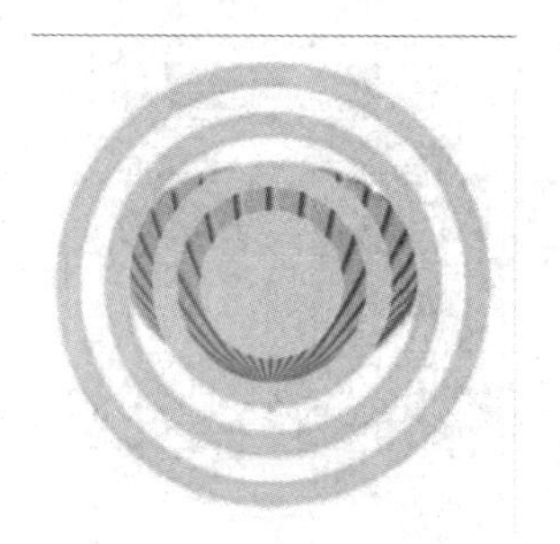

图 12-158　练习图 16

(13) 将“图层 2”用自由变换压成椭圆形，选择“滤镜”菜单中的“扭曲”→“球面化”，数量为 100%，并重复球面化动作 2 次，如图 12-159 所示；按住[Ctrl]键用鼠标左键在“图层 1”缩略图上点击载入选区，按组合键[Ctrl + Shift + I]反选，在“图层 2”上按[Delete]键删除多余部分，如图 12-160 所示。

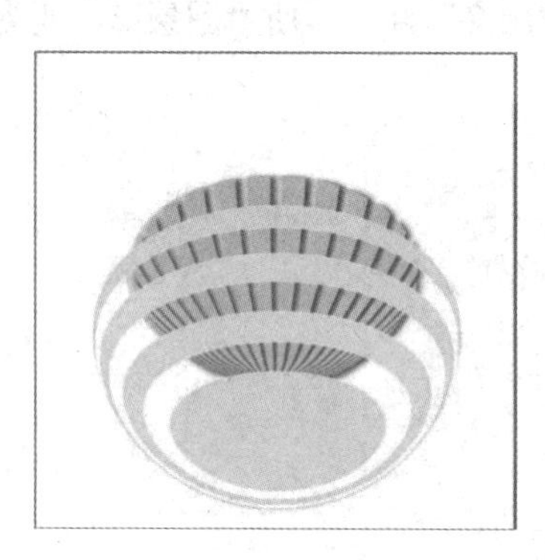

图 12-159　练习图 17

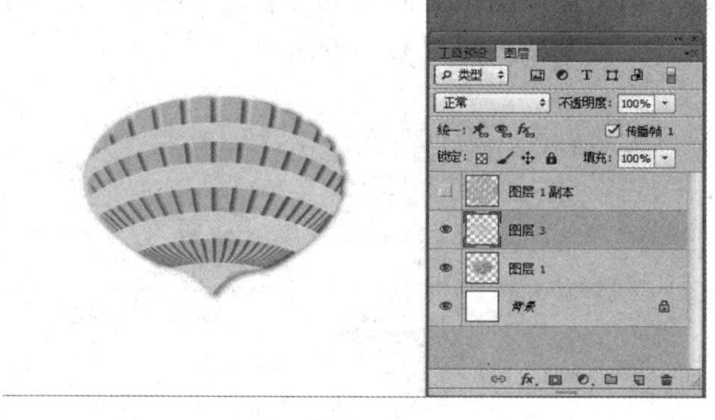

图 12-160　练习图 18

(14) 保持“图层 2”为当前图层，在“滤镜”菜单上选择“滤镜库”→“纹理”→“纹理化”，在弹出的对话框中选择“砂岩”，缩放为 126%，凸现为 10，其他如图 12-161 所示；确定后，在“图层”调板上将“图层 2”模式设为正片叠底，不透明度设为 58%，其效果如图 12-162 所示。

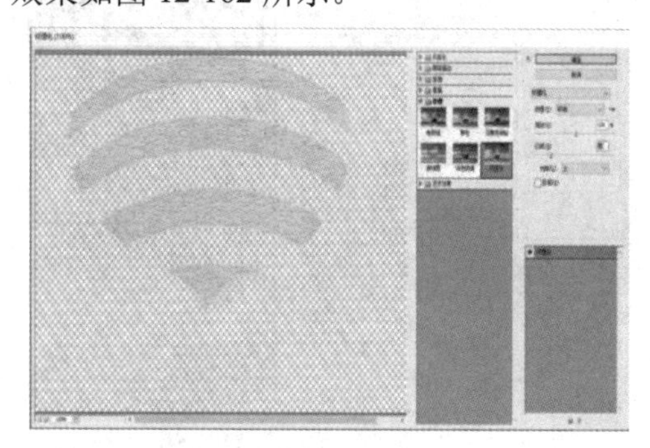

图 12-161　练习图 19

图 12-162　练习图 20

(15) 显示“图层 1 副本”图层，并将此图层放置于最底层，在菜单栏上选择“编辑”→“变换”→“旋转 90 度”，并用自由变换工具将其压扁成椭圆形，如图 12-163 所示。

(16) 将“图层 1 副本”应用“图层样式”→“投影”命令，不透明度设置为 53%，角度设置为 148 度，距离为 12 像素，扩展为 4%，大小为 16 像素，其余设置不变，如图 12-164 所示，其效果图如图 12-165 所示；新建“图层 3”，放于“图层 1 副本”下，用圆形选框拉出一个与“图层 1 副本”一样大小的椭圆，在图 12-165“图层 3”上填充 RGB(242，230，112)，与“图层 1 副本”合并为新的“图层 3”，如图 12-166 所示。

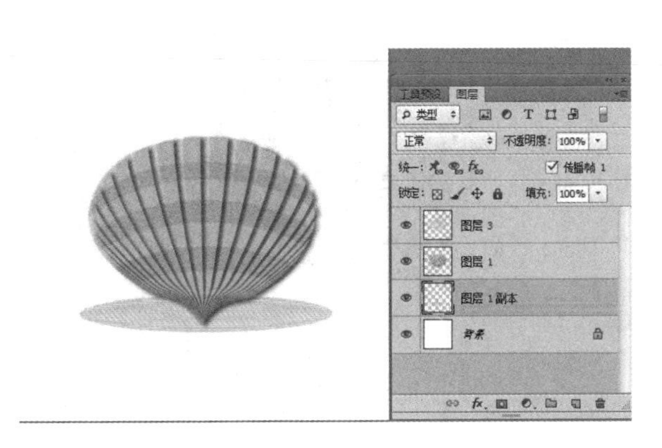

图 12-163　练习图 21

图 12-164　练习图 22

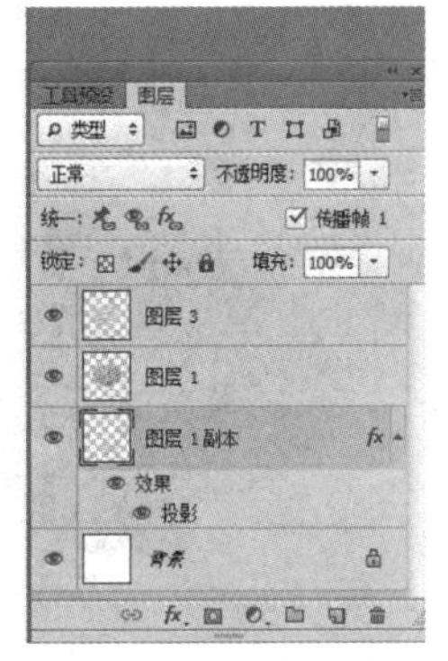

图 12-165　练习图 23

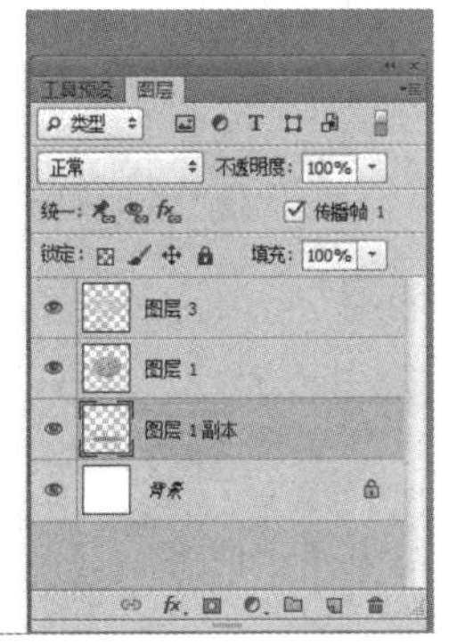

图 12-166　练习图 24

(17) 保持合并后的“图层 3”为当前层，在菜单栏上选择“滤镜”→“扭曲”→“球面化”，数量为 100%。在菜单栏中选择“编辑”→“变换”→“旋转 180 度”，确定后用多边形选择工具切出贝壳下部的棱角，如图 12-167 所示。

(18) 合并“图层 3”与“图层 2”，用大小为 60，强度为 50%的模糊工具对贝壳边缘以及底部进行模糊；用大小为 67，不透明度为 52%的橡皮工具将贝壳边缘擦出半透明效果；用大小为 70，曝光度为 46%的减淡工具，对贝壳底部凸出的部分进行减淡；用大小为 250，曝光度为 25%的加深工具对贝壳底部与扇面部进行加深，如图 12-168 所示；最后根据需要可以将贝壳复制多份或调整颜色使用，如图 12-169 所示。

图 12-167　练习图 25

图 12-168　练习图 26

图 12-169　练习图 27

第 13 章　Photoshop 高级应用

13.1　动　　画

在 Photoshop CS6 中通过“时间轴”调板(低版本中为“动画”调板)和“图层”调板的结合可以创建一些简单的动画效果，将动画格式设置为 GIF 格式时，可以直接将其导入到网页中，并以动画形式显示。学习制作动画首先要知道动画的基本原理，动画的形成依托于人类视觉中所具有的“视觉暂留”特性，当人眼看到一个影像后仍能继续保留其影像 0.1～0.4 秒左右，如果两个影像的时间间隔不超过这个时间，前一个影像和后一个影像就会融合在一起，连续播放多个画面，就形成了动画。动画技术正是利用这一特性，产生流畅的视觉动画效果。动画中的每一个画面称之为帧，利用 PS 制作动画，就是制作帧画面。创建动画既可以利用现有图像导入直接制作，也可以通过修改图层将图片制作为动画。

13.1.1　创建动画

创建动画的步骤如下：

(1) 若已经存在序列图片，可以通过打开并复制图层的方法将图片分别放置在不同图层中，也可以通过将文件载入堆栈的方法快速实现。执行菜单中的“文件”→“脚本”→“将文件载入堆栈”命令，如图 13-1 所示，打开对话框，选择浏览本地文件，将序列图片加入到列表中，如图 13-2 所示。

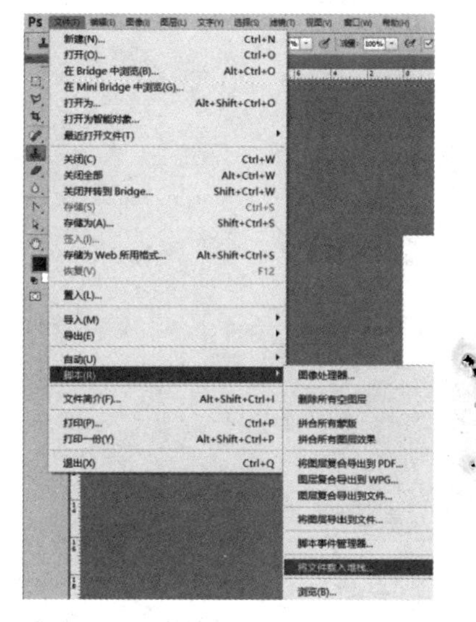

图 13-1　选择将文件载入堆栈

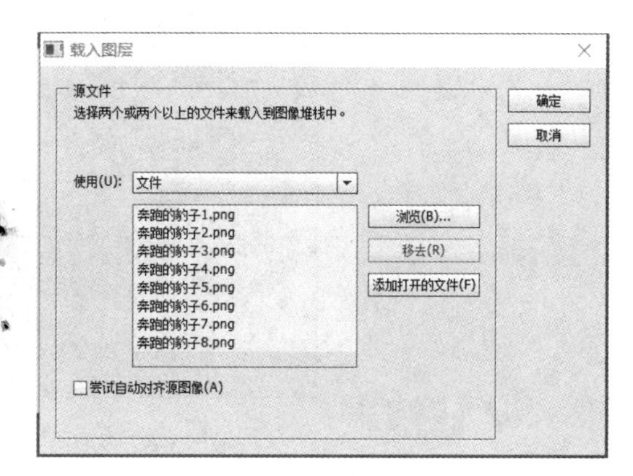

图 13-2　选择序列文件

(2) 执行确定载入堆栈命令后，计算机会自动执行，按顺序将序列图片分别保存到图层中，如图 13-3 所示，也可以用其他方法实现该效果。

(3) 执行菜单中的“窗口”→“时间轴”命令，打开“时间轴”对话框，此时在对话框中可以看到已经存在一个帧，可以选择“时间轴”调板右侧菜单中的“从图层建立帧”命令，如图 13-4 所示，这样就可以依次为每个图层创建一个动画帧了，如图 13-5 所示，其所对应的图层效果如图 13-6 所示。切换不同帧对象会发现帧和显示图层对象是一一对应的，这个效果也可以自己手动通过复制帧，显示隐藏图层来完成。

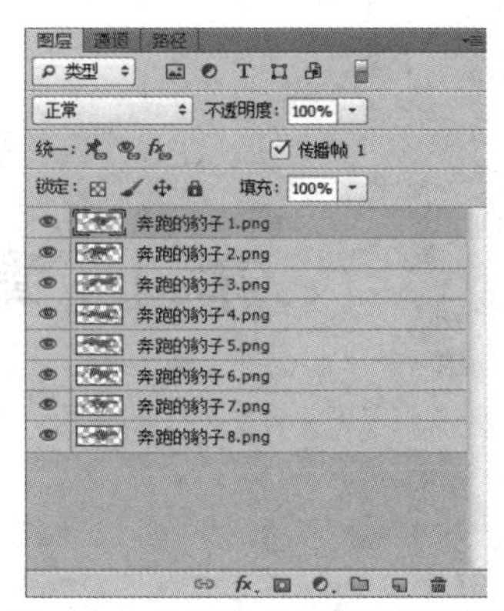

图 13-3　将图片分别保存到图层

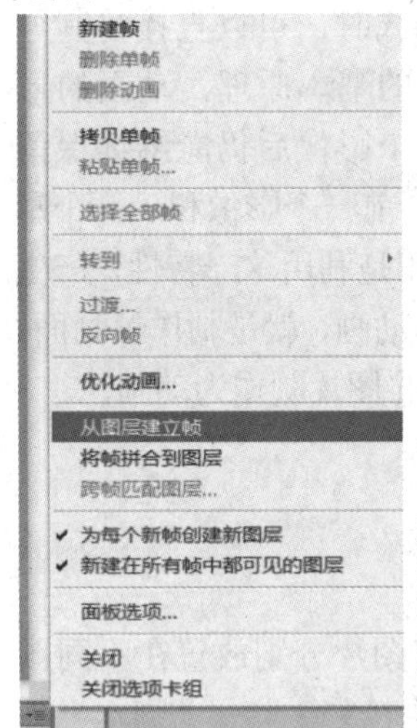

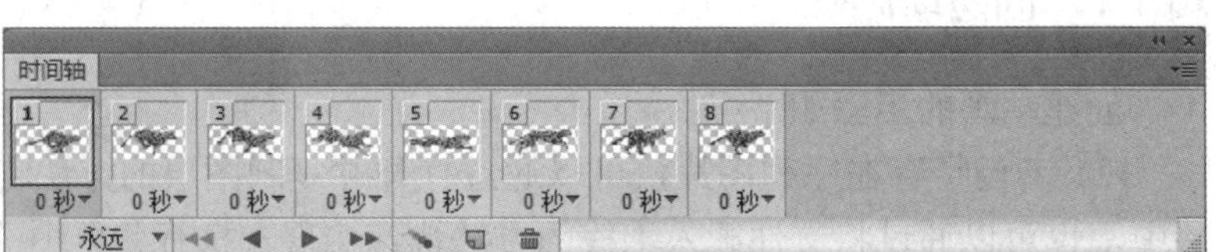

图 13-4　“从图层建立帧”命令　　　　图 13-5　从图层创建的帧

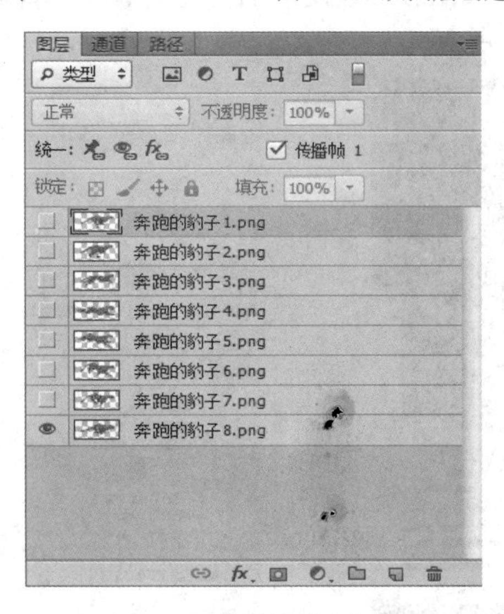

图 13-6　从图层创建的帧

(4) 设置每个帧对象的停留时间，如图 13-7 所示，若多个帧的停留时间相同，可以通过[Shift]键多选帧一起进行修改设置。动画制作完成效果如图 13-8 所示。

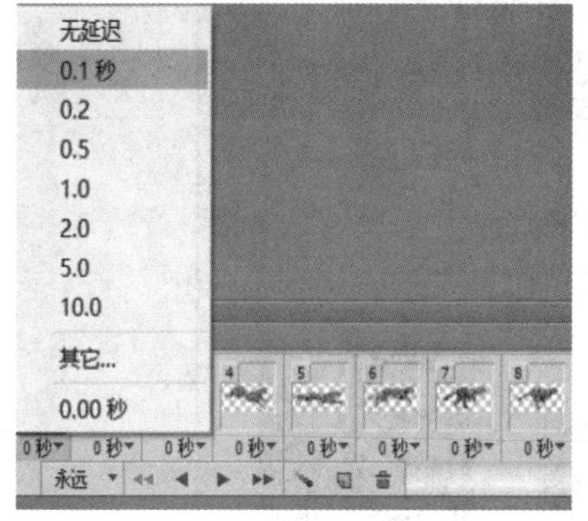

图 13-7 设置帧停留时间

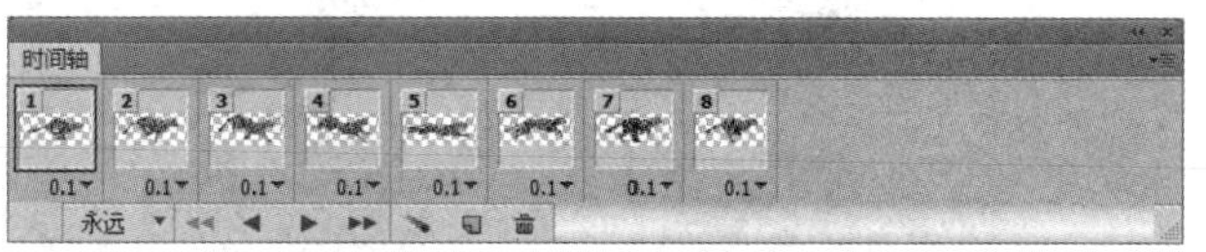

图 13-8 多选帧设置属性

13.1.2 预览动画

动画设置完成后，单击“动画”调板中的播放动画按钮▶，就可以在文档窗口观看创建的动画效果了。此时播放动画按钮▶会变成停止动画按钮■，单击停止动画按钮■，可以停止正在播放的动画。在窗口左下角的“选择循环选项”中可以选择播放的次数和执行设置播放次数，如图 13-9 所示。播放动画即可看到奔跑的豹子。

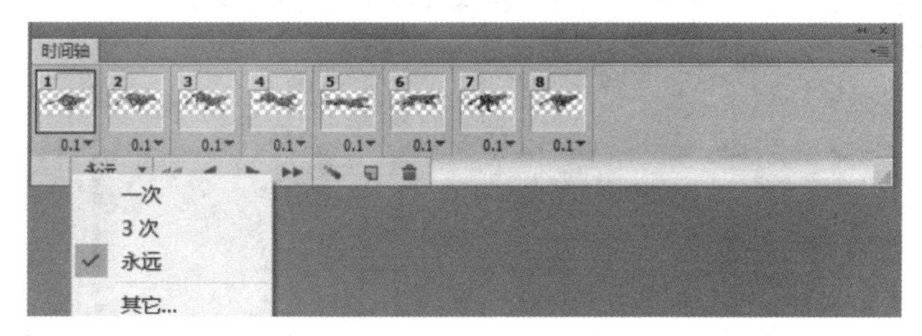

图 13-9 播放次数设置

技巧：选择相应的帧后，直接单击“动画”调板中的删除按钮，可以将其删除；或者直接拖动选择的帧到删除按钮上也可将其删除；在“图层”调板中删除图层可以将动画中的效果清除。

13.1.3 存储动画

创建动画后，一般要存储动画格式才可以看到动画效果。GIF 格式是用于存储动画的最方便的格式。执行菜单中的“文件”→“存储为 Web 和设备所用格式”命令，打开“存储为 Web 和设备所用格式”对话框，在“优化文件格式”下拉菜单中选择 GIF 格式，如图 13-10 所示。设置完毕单击“存储”按钮，打开“将优化结果存储为”对话框，设置格式为仅限图像(GIF)，如图 13-11 所示。单击“保存”按钮即可存储动画。

提示：将制作的动画存储为 GIF 格式后，只要找到存储的位置，在文件上双击，系统便可以自动播放动画，浏览器也可以识别 GIF 动画。

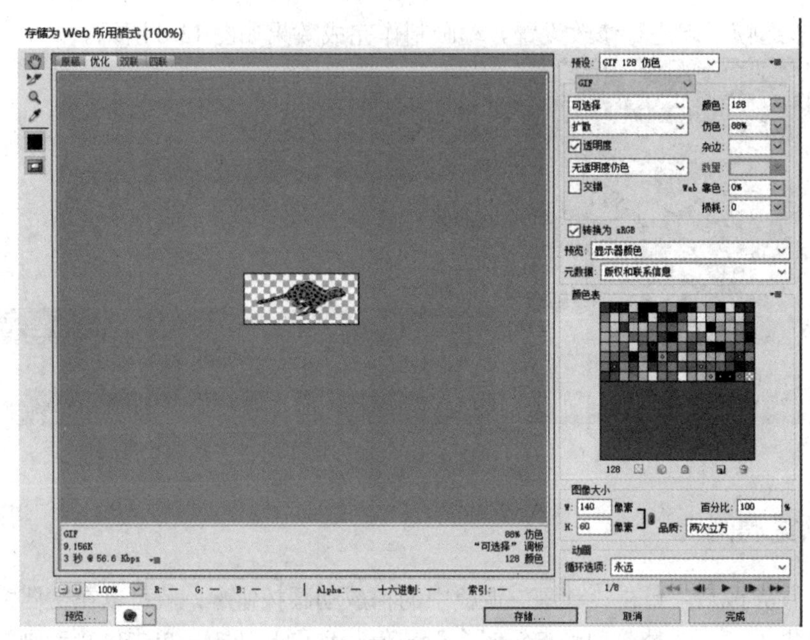

图 13-10　“存储为 Web 和设备所用格式”对话框

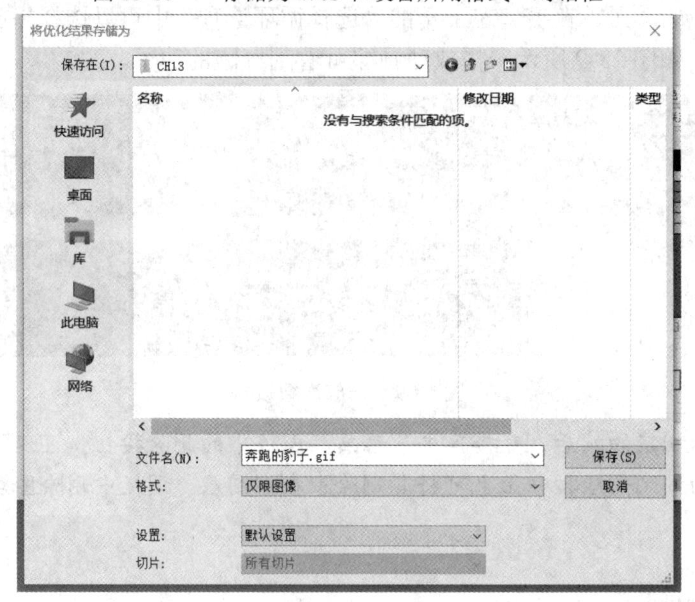

图 13-11　“将优化结果储存为”对话框

13.1.4　设置过渡帧

除了利用图片序列制作动画，Photoshop 中还能制作位置变化、不透明度变化或者效果变化等效果的动画，制作此类动画可以按之前的方法，每个帧设置成不同的效果来实现，还可以通过设置过渡帧的方法，让系统自动在两个帧之间添加的位置、不透明度或效果产生均匀变化的帧，设置过程介绍如下。

(1) 新建画布，新建图层，在图层上绘制一个红色的圆形，如图 13-12 所示。

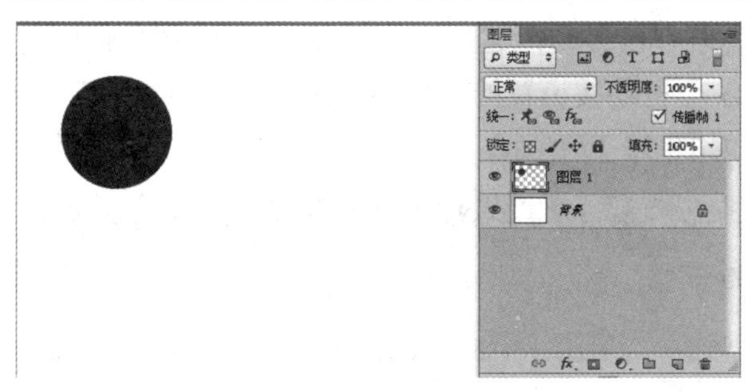

图 13-12　新建图层绘制形状

(2) 打开“时间轴”对话框，在“时间轴”对话框中复制帧，并利用移动工具调整第二帧中圆形的位置，如图 13-13 所示。

图 13-13　复制帧并调整位置

(3) 调整第二帧中圆形对象图层的不透明度为 10%，如图 13-4 所示。

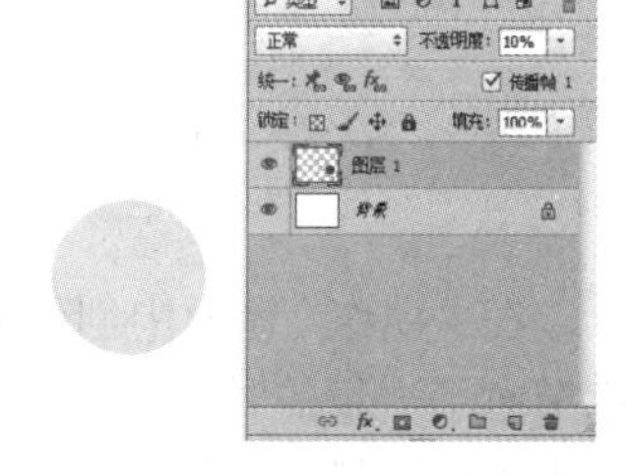

图 13-14　降低图层不透明度

(4) 单击过渡动画帧按钮，如图 13-15 所示，此时系统会自动弹出如图 13-16 所示的“过渡”对话框。

图 13-15　单击过渡动画帧按钮

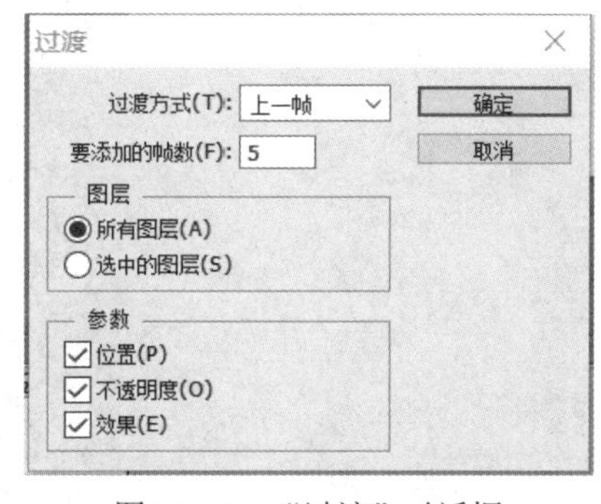

图 13-16　“过渡”对话框

“过渡”对话框中的各项含义如下：

① 过渡方式：用来选择当前帧与某一帧之间的过渡。

② 要添加的帧数：用来设置在两个帧之间要添加的过渡帧的数量。

③ 图层：用来设置在“图层”调板中针对的图层。

④ 参数：用来控制要改变帧的属性，如位置、不透明度和效果。

(5) 确定后，系统会自动按设置的参数添加过渡帧，可以看到帧对象中对象已经实现了逐渐变化的效果，如图 13-17 所示。

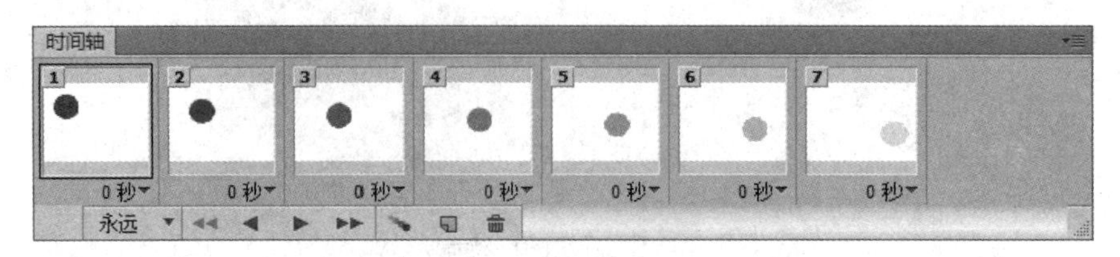

图 13-17　设置添加过渡帧后

(6) 最后根据需要设置帧画面的停留时间，播放即可看到逐渐过渡的动画效果，如图 13-18 所示，可以按照需要保存动画即可。

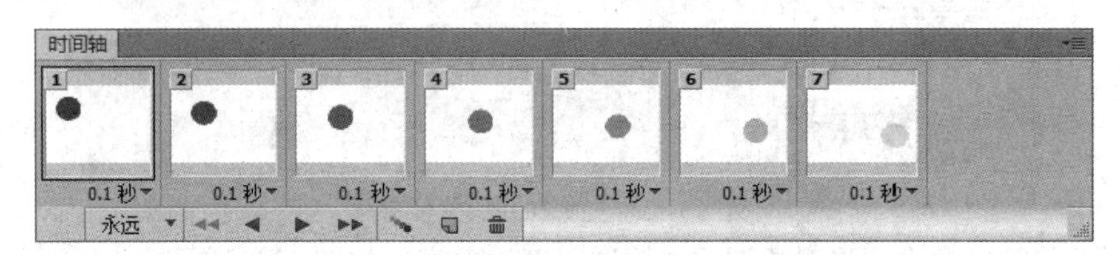

图 13-18　设置动画时间

13.2　“动作”调板

在“动作”调板中创建的动作可以应用于其他与之模式相同的文件中，如此一来便为大家节省了大量的时间。执行菜单中的“窗口”→“动作”命令，即可打开“动作”调板，该调板以标准模式和按钮模式两种形式存在。如图 13-19 所示的图像为展开时的“动作”调板。

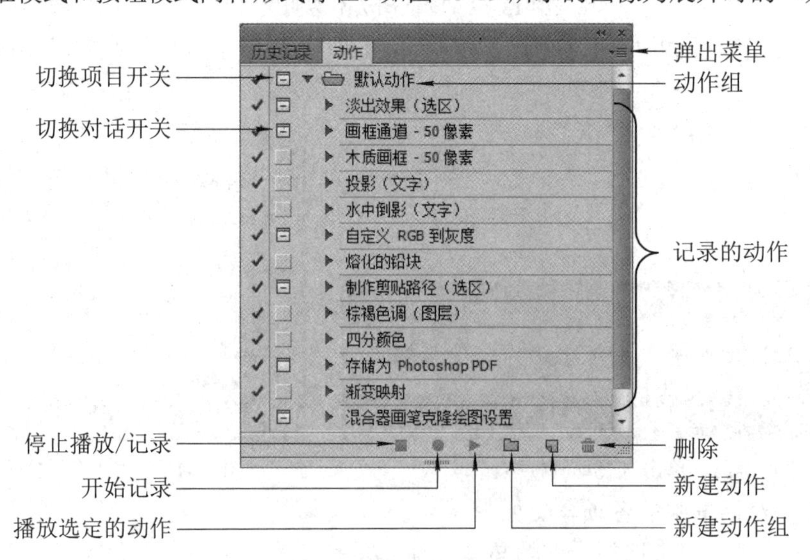

图 13-19　“动作”调板

“动作”调板中的各项含义如下：

(1) 切换项目开关：当“动作”调板中出现该图标时，表示该图标对应的动作组、动作或命令可以使用；当该图标处于隐藏状态时，表示该图标对应的动作组、动作或命令不可以使用。

(2) 切换对话开关：当“动作”调板中出现该图标时，表示该动作执行到该步时会暂停，并打开相应的对话框，设置参数后，可以继续执行以后的动作。

提示：当动作前面的切换对话开关图标显示为红色时，表示该动作中有部分命令设置了暂停。

(3) 新建动作组：创建用于存放动作的组。

(4) 播放选定的动作：单击此按钮可以执行对应的动作命令。

(5) 开始记录：录制动作的创建过程。

(6) 停止播放/记录：单击该按钮完成记录过程。

提示：“停止播放/记录”按钮只有在开始录制后才会被激活。

(7) 弹出菜单：单击此按钮打开“动作”调板对应的命令菜单，如图 13-20 所示。

(8) 动作组：存放多个动作的文件夹。

(9) 记录的动作：包含一系列命令的集合。

(10) 新建动作：单击该按钮会创建一个新动作。

(11) 删除：可以将当前动作删除。

使用按钮模式，则选择命令直接单击即可执行。

技巧：在“动作”调板中有些鼠标移动是不能被记录的。例如它不能记录使用画笔或铅笔工具等描绘的动作。但是“动作”调板可以记录文字工具输入的内容，形状工具绘制的图形和油漆桶进行的填充等过程。

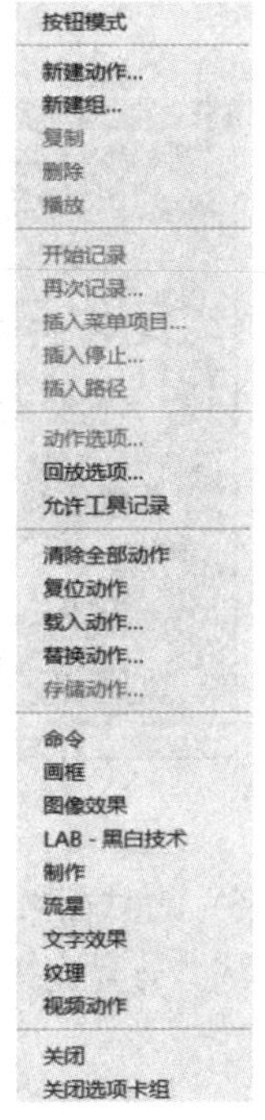

图 13-20　弹出菜单

13.2.1　新建动作

在“动作”调板中可以自行定义一些自己喜欢的动作到调板中以备后用。操作方法如下：

(1) 执行菜单中的“文件”→“打开”命令或按组合键[Ctrl + O]，打开自己喜欢的素材，如图 13-21 所示。

(2) 执行菜单中的“窗口”→“动作”命令，打开“动作”调板，单击“新建动作”按钮，打开“新建动作”对话框，设置名称为马赛克拼贴，颜色为黄色，如图 13-22 所示。

图 13-21　素材

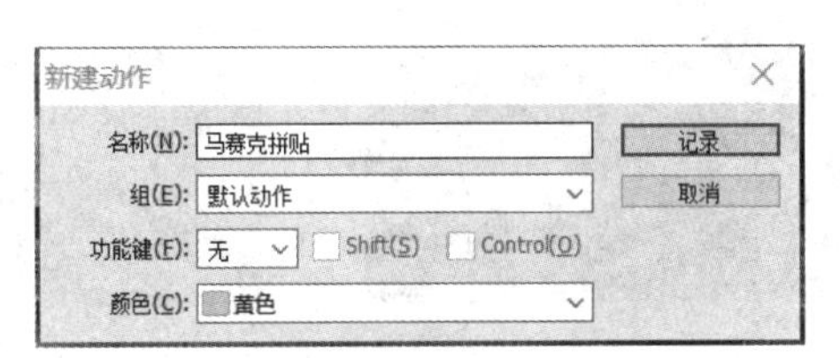

图 13-22　“新建动作”对话框

(3) 设置完毕单击“记录”按钮，执行菜单中的“滤镜”→“纹理”→“马赛克拼贴”命令，打开“马赛克拼贴”对话框，其中的参数值设置如图 13-23 所示。

(4) 设置完毕单击“确定”按钮，再单击停止播放/记录按钮■，此时即可完成动作的创建，效果如图 13-24 所示。

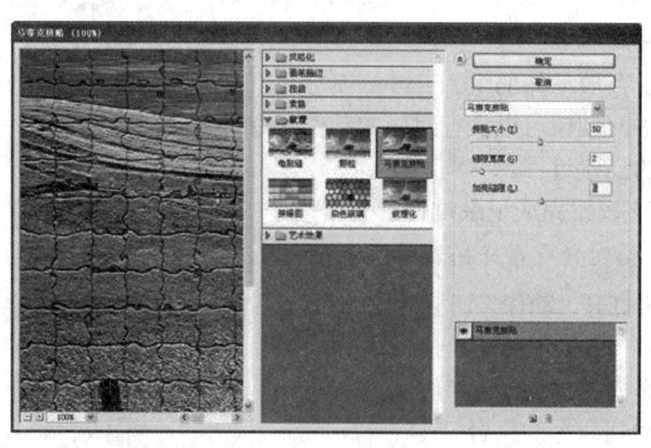
图 13-23　“马赛克拼贴”对话框

图 13-24　停止记录

(5) 此时在“动作”调板中可以看到创建的“马赛克拼贴”动作，转换到“按钮模式”会发现“马赛克拼贴”动作以蓝色按钮形式出现在“动作”调板中，如图 13-25 所示。

图 13-25　动作调板

13.2.2　应用动作

在“动作”调板中创建动作后，可以将其应用到其他图像中，方法如下：

(1) 执行菜单中的“文件”→“打开”命令或按组合键[Ctrl + O]，打开自己喜欢的素材，如图 13-26 所示。

(2) 在“动作”调板中选择之前创建的“马赛克拼贴”动作，单击播放选定的动作按钮，如图 13-27 所示。

(3) 此时就会看到素材应用了“马赛克拼贴”动作，效果如图 13-28 所示。

图 13-26　素材

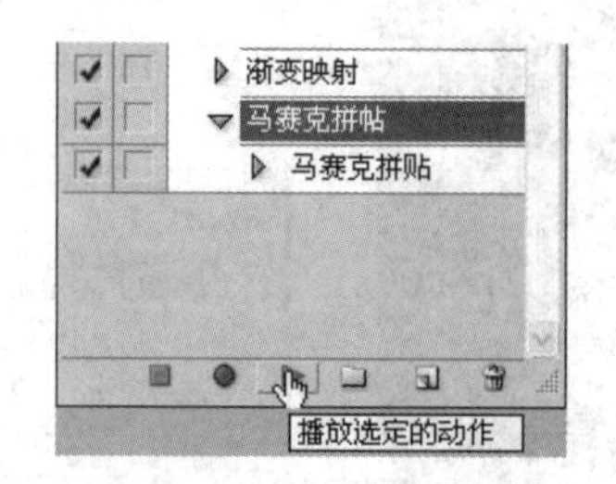

图 13-27　播放选定的动作

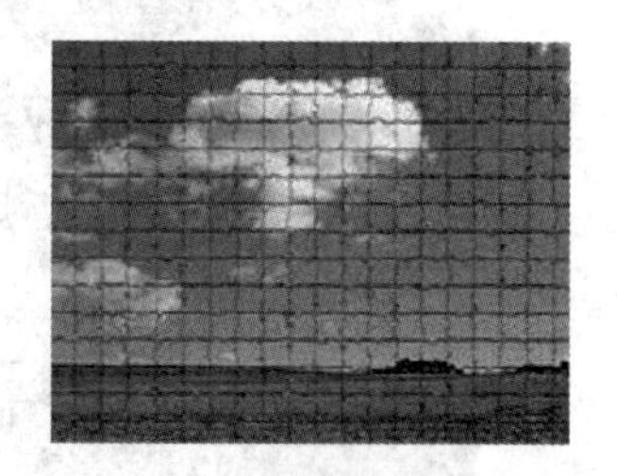
图 13-28　应用动作后

13.3 自动化工具

Photoshop CS6 软件提供的自动化命令可以十分轻松地完成大量的图像处理过程，从而减少工作时间。用于自动化的功能被放在“文件”→“自动”菜单中。

13.3.1 批处理

在“批处理”对话框中可以根据选择的动作将“源”部分文件夹中的图像应用指定的动作，并将应用动作后的所有图像都存放到“目标”部分设置的文件夹中。执行菜单中的“文件”→“自动”→“批处理”命令，即可打开“批处理”对话框，如图 13-29 所示。

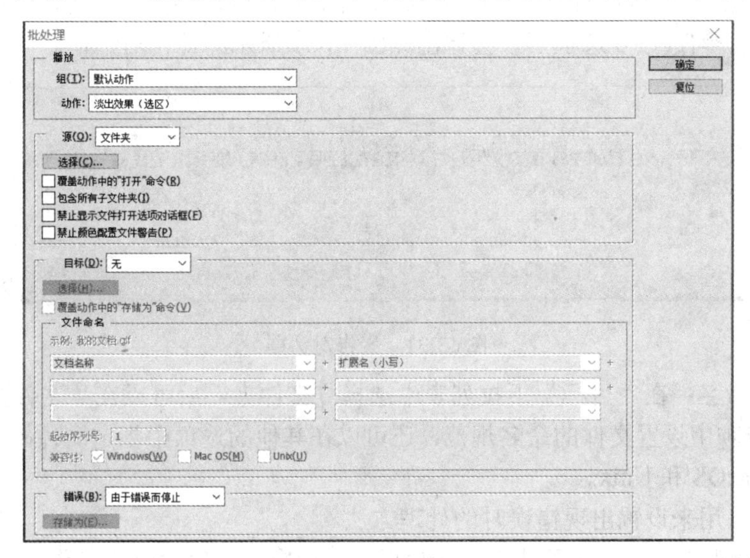

图 13-29 “批处理”对话框

“批处理”对话框中的各项含义如下：

(1) 播放：用来设置播放的动作组和动作。

(2) 源：设置要进行批处理的源文件。可以在下拉列表中选择需要进行批处理的选项，包括文件夹、导入、打开的文件和 Bridge。

① 选择：用来选择需要进行批处理的文件夹。

② 覆盖动作中的“打开”命令：在进行批处理时会忽略动作中的“打开”命令。但是在动作中必须包含一个“打开”命令，否则源文件将不会打开。勾选该复选框后，会弹出如图 13-30 所示的警告对话框。

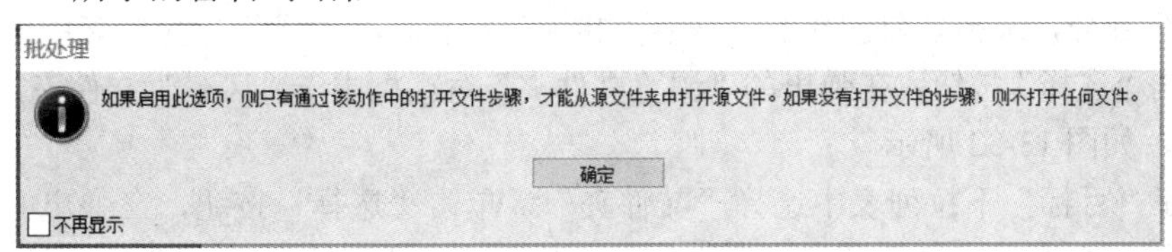

图 13-30 警告对话框

③ 包含所有子文件夹：在执行“批处理”命令时，会自动对应用于选取文件夹中子文件夹中的所有图像。

④ 禁止显示文件打开选项对话框：在执行“批处理”命令时，不打开“文件选项”对话框。

⑤ 禁止颜色配置文件警告：在执行“批处理”命令时，可以阻止颜色配置信息的显示。

(3) 目标：设置将批处理后的源文件存储的位置。可以在下拉列表中选择批处理后文件的保存位置选项，包括无、存储并关闭和文件夹。

① 选择：在“目标”选项中选择“文件夹”后，会激活该按钮，主要用来设置批处理后文件保存的文件夹。

② 覆盖动作中的“存储为”命令：如果动作中包含“存储为”命令，勾选该复选框后，在进行批处理时，动作的“存储为”命令将引用批处理的文件，而不是动作中指定的文件名和位置。勾选该复选框后，会弹出如图 13-31 所示的警告对话框。

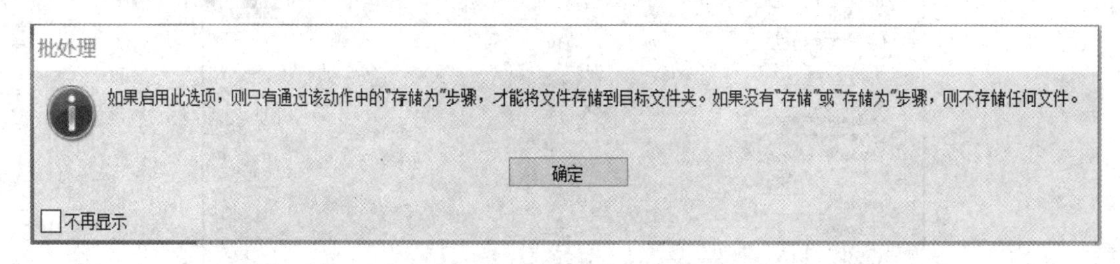

图 13-31　警告对话框

(4) 文件命名：在“目标”下拉列表中选择“文件夹”后可以在“文件命名”选项区域中的 6 个选项中设置文件的命名规范，还可以在其他的选项中指定文件的兼容性，包括 Windows、MacOS 和 Unix。

(5) 错误：用来设置出现错误时的处理方法。

① 由于错误而停止：出现错误时会出现提示信息，并暂时停止操作。

② 将错误记录到文件：在出现错误时不会停止批处理的运行，但是系统会记录操作中出现的错误信息，单击下面的“存储为”按钮，可以选择错误信息存储的位置。

练习：快速转换技巧——应用批处理为整个文件夹中的图像应用“马赛克拼贴”。

本练习主要让大家了解“批处理”命令的使用方法。本练习中使用我们之前创建的“马赛克拼贴”动作。

操作步骤：

(1) 执行菜单中的“文件”→“自动”→“批处理”命令，打开“批处理”对话框，在“播放”部分，选择之前创建的“马赛克拼贴”动作，在“源”下拉列表中选择“文件夹”，单击“选择”按钮；在弹出的“浏览文件夹”对话框中选“风景”文件夹，单击“确定”按钮，如图 13-32 所示。

(2) 在“目标”下拉列表中选择“文件夹”，单击“选择”按钮，在弹出的“浏览文件夹”对话框中选择“执行马赛克”文件夹，单击“确定”按钮，如图 13-33 所示。

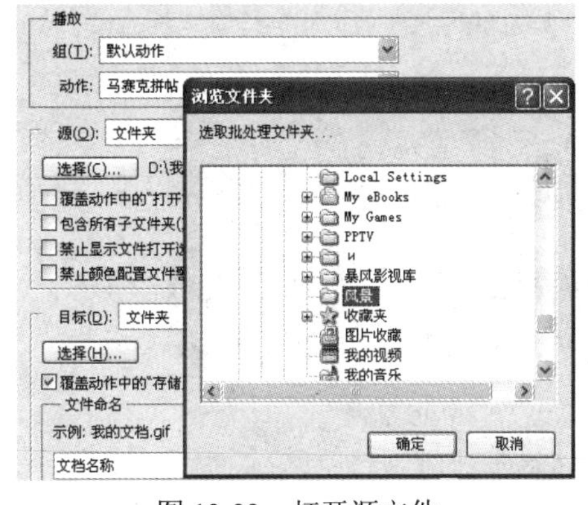

图 13-32　打开源文件

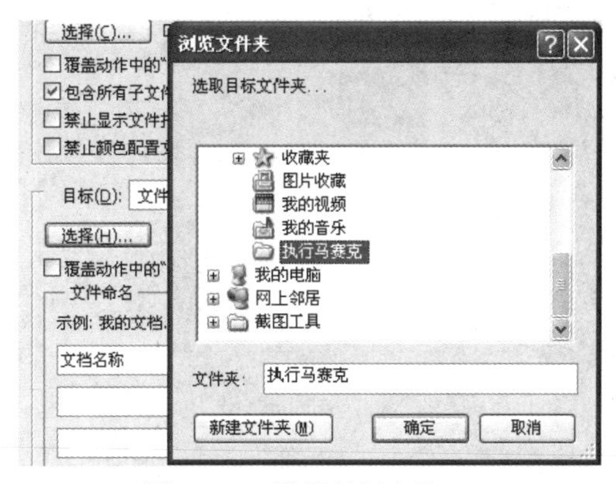

图 13-33　设置目标文件

(3) 全部设置完毕后，单击“批处理”对话框中的“确定”按钮，即可将“风景”中的文件执行“马赛克拼贴”滤镜并保存到“执行马赛克”文件夹中。

13.3.2　创建快捷批处理

应用“创建快捷批处理”命令创建图标后，只要将要应用该命令的文件拖动到图标上即可。执行菜单中的“文件”→“自动”→“创建快捷批处理”命令，即可打开“创建快捷批处理”对话框，如图 13-34 所示。

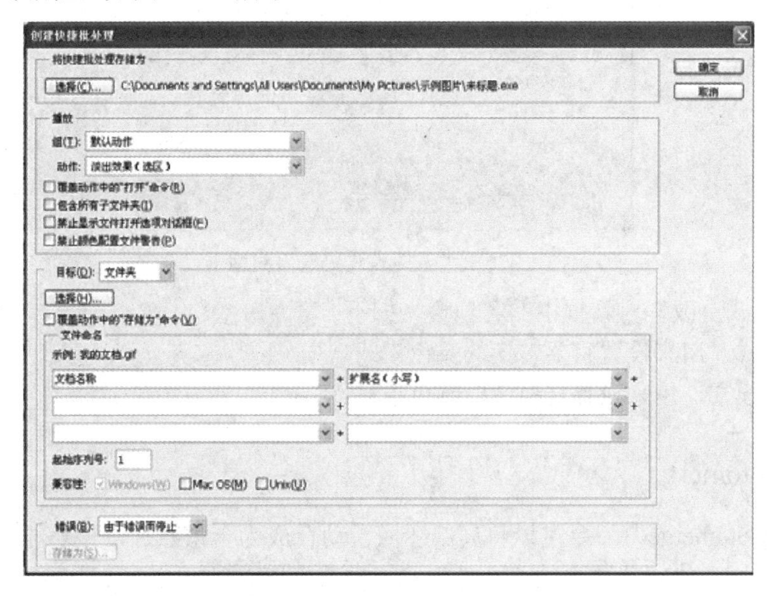

图 13-34　“创建快捷批处理”对话框

“创建快捷批处理”对话框中的选项含义如下：

将快捷批处理存储为：用来设置将生成的“创建快捷批处理”图标存储的位置。

13.3.3　裁剪并修齐照片

使用“裁剪并修齐照片”命令，可以自动将在扫描仪中一次性扫描的多个图像文件分成多个单独的图像文件，效果如图 13-35 所示。

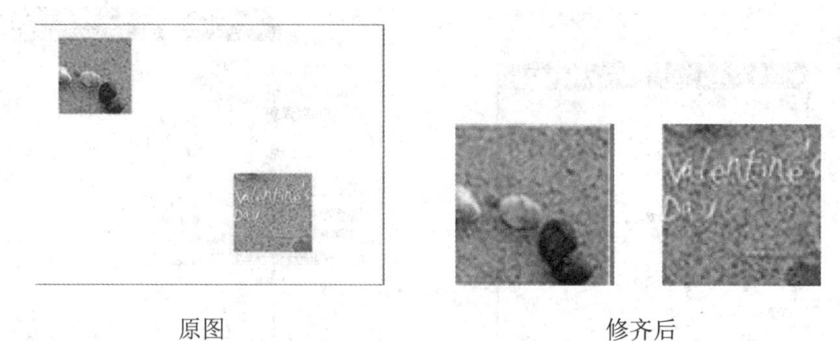

图 13-35　裁剪并修齐照片

13.3.4　条件模式更改

应用“条件模式更改”命令，可以将当前选取的图像颜色模式转换成自定颜色模式。执行菜单中的“文件”→“自动”→“条件模式更改”命令，可以打开如图 13-36 所示的“条件模式更改”对话框。

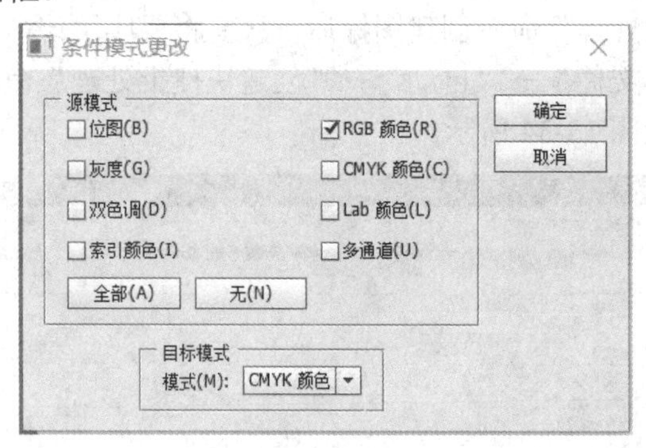

图 13-36　“条件模式更改”对话框

“条件模式更改”对话框中的各项含义如下：

(1) 源模式：用来设置将要转换的颜色模式。

(2) 目标模式：用来设置转换后的颜色模式。

13.3.5　Photomerge

应用“Photomerge”命令可以将局部图像自动合成为全景照片，该功能与“自动对齐图层”命令相同。执行菜单中的“文件”→“自动”→“Photomerge”命令，可以打开如图 13-37 所示的“Photomerge”对话框。设置相应的转换“版面”，选择要转换的文件后，单击“确定”按钮，就可以转换选择的文件为全景图片了。

“Photomerge”对话框中的各项含义如下：

(1) 版面：用来设置转换为前景图片时的模式。

(2) 使用：在下拉菜单中可以选择“文件”和“文件夹”。选择“文件”时，可以直接将选择的两个以上的文件制作成合并图像；选择“文件夹”时，可以直接将选择的文件夹中的文件制作成合并图片。

(3) 混合图像：勾选此复选框后，“Photomerge”命令会直接套用混合图像蒙版。
(4) 晕影去除：勾选该复选框，可以校正摄影时镜头中的晕影效果。
(5) 几何扭曲校正：勾选该复选框，可以校正摄影时镜头中的几何扭曲效果。
(6) 浏览：用来选择合成全景图像的文件或文件夹。
(7) 移去：单击此按钮可以删除列表中选择的文件。
(8) 添加打开的文件：单击该按钮可以将软件中打开的文件直接添加到列表中。

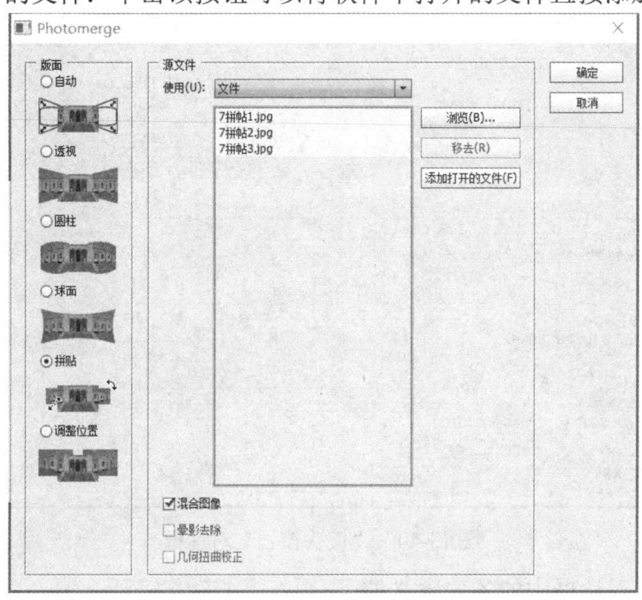

图 13-37　“Photomerge”对话框

应用“Photomerge”命令合成后的全景图片如图 13-38 所示。

图 13-38　应用“Photomerge”命令合成的全景图

13.3.6　限制图像

使用“限制图像”命令可以将当前图像在不改变分辨率的情况下改变高度与宽度。执行菜单中的“文件”→“自动”→“限制图像”命令，可以打开如图 13-39 所示的“限制图像”对话框。

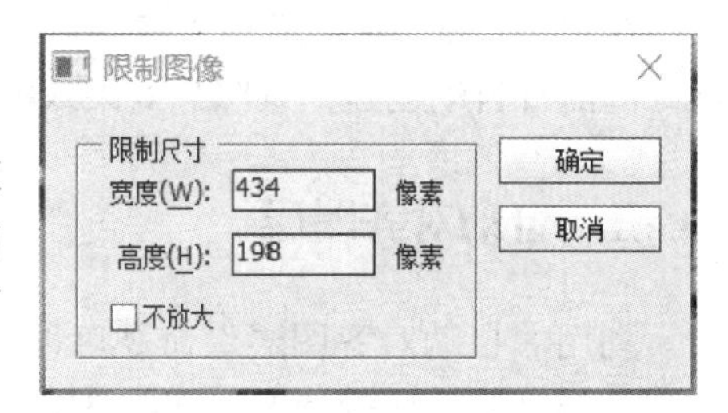

图 13-39　“限制图像”对话框

13.3.7 镜头校正

使用 “镜头校正”命令可以对多个图像进行校正。执行菜单中的“文件”→“自动”→“镜头校正”命令，可以打开如图 13-40 所示的“镜头校正”对话框。

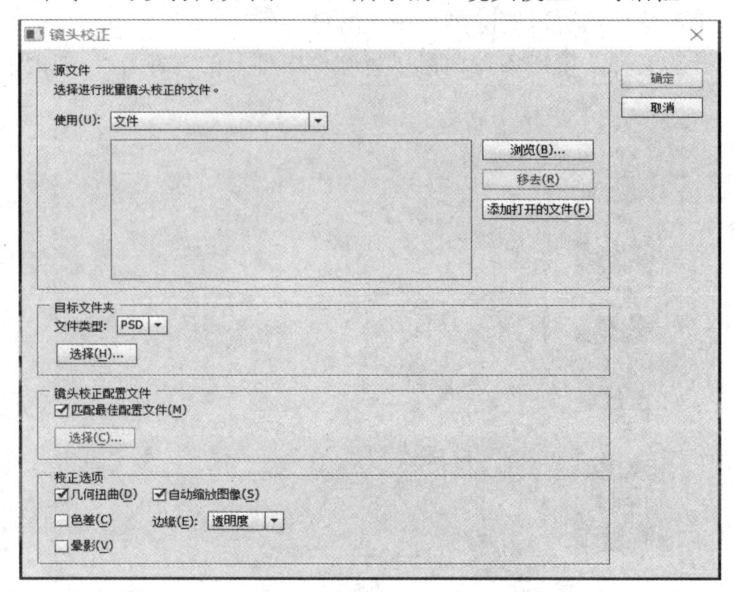

图 13-40　“镜头校正”对话框

“镜头校正”对话框中的各项含义如下：

(1) 源文件：用来选择进行批处理的文件。

① 使用：在下拉列表中选择“文件”或“文件夹”选项。

② 浏览：查找文件。

③ 移去：将选择的文件删除。

④ 添加打开的文件：在 Photoshop 中打开的文件。

(2) 目标文件夹：用来设置要进行校正后存储的位置。

(3) 校正选项：用来设置对照片进行校正时的设置选项。

13.4 “自动对齐图层”与“自动混合图层”命令

在 Photoshop 中，应用“自动对齐图层”与“自动混合图层”命令，可以为多个拍摄同处的照片自动创建全景照片效果或混合效果。

13.4.1 自动对齐图层

利用“自动对齐图层”命令可以快速将多张照片拼合成一张宽幅全景照并自动计算完成色调调整，既快速又简单，为摄影提供了非常方便的制作工具。选择多个图层后，执行菜单中的“编辑”→“自动对齐图层”命令，会弹出如图 13-41 所示的“自动对齐图层”对话框。

“自动对齐图层”对话框中的各项含义如下：

(1) 投影：用来设置多图层堆栈时的校正方法。

① 自动：自动确定最佳投影。

② 透视：只允许透视图像变换。

③ 拼贴：只允许图像的旋转、缩放和平移。

④ 圆柱：只允许圆柱体图像变换。

⑤ 球面：只允许球形图像变换。

⑥ 调整位置：只允许图像平移。

(2) 镜头校正：快速修整图像中的晕影和几何扭曲。

① 晕影去除：去除图像中的晕影和修整曝光度。

② 几何扭曲：对摄影时产生的透视扭曲进行校正。

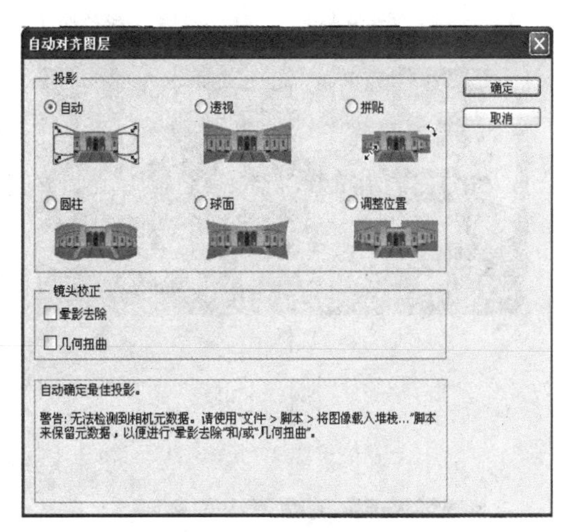

图 13-41 “自动对齐图层”对话框

13.4.2 自动混合图层

利用“自动混合图层”命令可以快速将多图层中的图像进行对齐并添加图层蒙版，使图层之间更加融合。选择多个图层后，执行菜单中的“编辑”→“自动混合图层”命令，会弹出如图 13-42 所示的“自动混合图层”对话框。

“自动混合图层”对话框中的各项含义如下：

(1) 混合方法：用来设置多图层堆叠时的混合效果。

① 全景图：将重叠的图像混合为一个全景图。

② 堆叠图像：单混合每个区域间的最佳细节(最适合于对齐的图像)。

(2) 无缝色调和颜色：调整颜色和色调以便进行无缝混合。

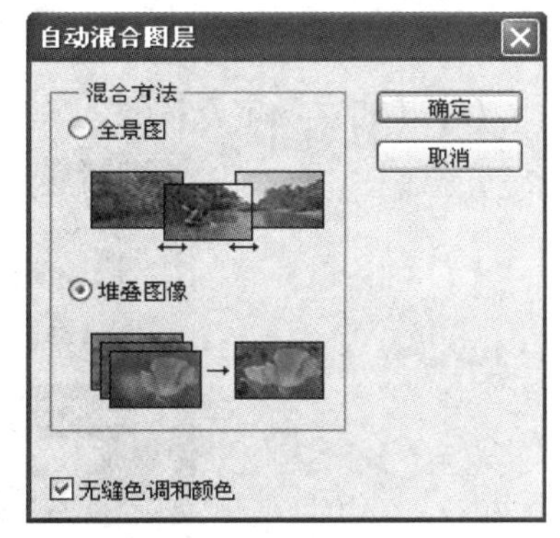

图 13-42 “自动混合图层”对话框

范例 13-1 通过自动对齐图层命令制作全景照片。

本范例主要介绍使用“自动对齐图层”命令将多个图像制作成全景照片的方法。

操作步骤：

(1) 执行菜单中的“文件”→“打开”命令或按组合键[Ctrl + O]，打开图片素材，如图 13-43 所示。

(2) 使用移动工具将素材 1 中的图像拖动到素材 2 中。

(3) 按住[Ctrl]键在不同图层上单击，将各个图层选取，如图 13-44 所示。

(4) 执行菜单中的“编辑”→“自动对齐图层”命令，打开“自动对齐图层”对话框，勾选“自动”单选框，其他参数不变，如图 13-45 所示。

素材 1

素材 2

图 13-43　素材图片

图 13-44　选择图层

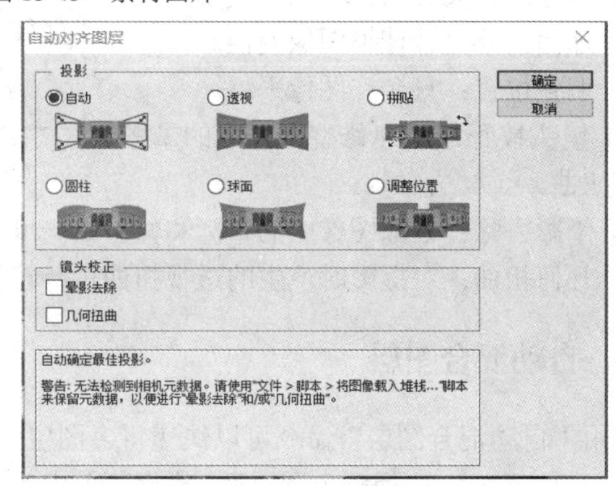

图 13-45　“自动对齐图层”对话框

(5) 单击“确定”按钮，效果如图 13-46 所示。

图 13-46　自动对齐后

范例 13-2　通过自动混合图层命令制作混合合成图像。

本范例主要让大家了解“自动混合图层”命令制作合成图像的方法。

操作步骤：

(1) 执行菜单中的“文件”→“打开”命令或按组合键[Ctrl + O]，打开图片素材，如图 13-47 所示。

(2) 按组合键[Ctrl + J]复制“背景”图层，得到“背景副本”图层。执行菜单中的“编辑”→“变换”→“水平翻转”命令，将图像水平翻转，效果如图 13-48 所示。

图 13-47　素材

图 13-48　翻转

(3) 按[Shift]键，将两个图层一起选择执行菜单中的“编辑”→“自动混合图层”命令，打开“自动混合图层”对话框，勾选“全景图”单选框，如图 13-49 所示。

(4) 设置完毕单击“确定”按钮，此时在“图层”调板中会自动出现一个黑色蒙版，如图 13-50 所示。

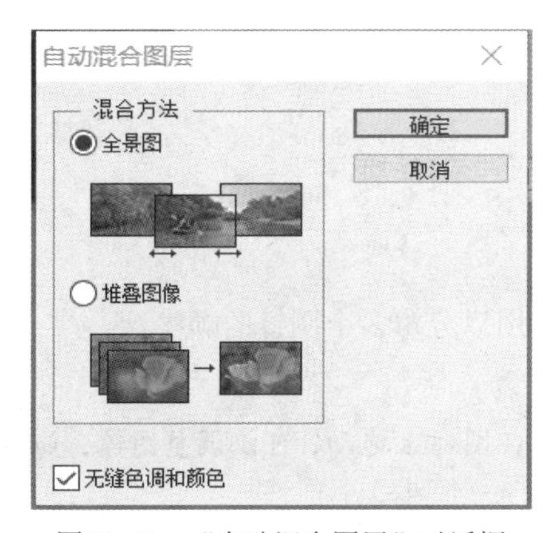

图 13-49　“自动混合图层”对话框

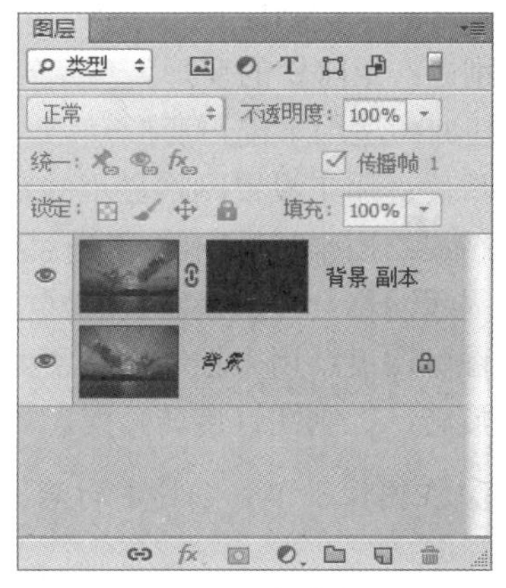

图 13-50　黑色蒙版

(5) 选择“背景副本”图层中的蒙版缩略图，将前景色设置为白色，使用(画笔工具)在图像中进行涂抹，效果如图 13-51 所示。

至此，本范例制作完成，效果如图 13-52 所示。

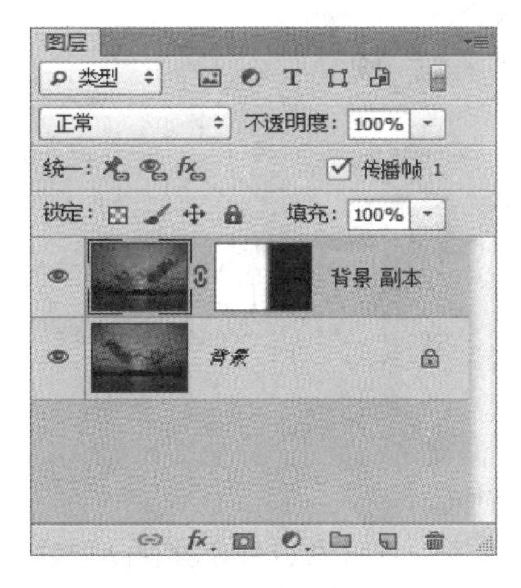

图 13-51　编辑蒙版

图 13-52　最终效果

13.5　操 控 变 形

操控变形功能能够通过添加的显示网格和图钉对图层中的图像进行变形，从而使僵化的变换变得更加具有柔性，使变换后的图像效果更加自然。在图像中选择图层后，执行菜单中的“编辑”→“操控变形”命令，此时系统会自动为图像添加上网格进行显示，并将选项栏变为操控变形时对应的效果，如图 13-53 所示。

模式: 正常　浓度: 正常　扩展: 2像素　☑显示网格　图钉深度:　旋转: 自动　-156　度

图 13-53　操控变形属性栏

操控变形属性栏中的各项含义如下：

(1) 模式：用来设置变形时的样式。

① 正常：默认刚性。

② 刚性：更刚性的变形。

③ 扭曲：适用于校正变形。

(2) 浓度：用来设置网格显示的密度以控制变形的品质。

(3) 扩展：用来扩展与收缩变换区域。

(4) 显示网格：在变换时显示网格。

(5) 图钉深度：用来控制图钉所处的层次，用以分辨多个图钉的顺序。

(6) 旋转：控制图钉旋转角度。

技巧：在图像上单击创建图钉后，使用鼠标在图钉上拖动，可以调整图像，如图 13-54 所示。

图 13-54　操控过程

技巧：在图像上单击创建图钉后，如果感觉太多，可以在图钉处按住[Alt]键，即可将此处的图钉清除。创建图钉后，在图钉处按住[Alt]键，此时会出现一个圆形旋转框，拖动鼠标即可在该图钉所在位置图像上进行变形。

提示：要想制作操控变形效果比较好，最好使用带有透明区域的图层，这样只会对不透明的部分进行变化。若原图是 JPG 格式的图片，建议先对要变形的部分抠图，分离图像和背景后，操控变形的效果会比较好。

13.6　优 化 图 像

在网络中，当创建的图像非常大时，传输的速度会非常慢，这就要求进行网页创建和利用网络传送图像时，要在保证一定质量、显示效果的同时尽可能降低图像文件的大小。当前常见的 Web 图像格式有 3 种：JPEG 格式、GIF 格式、PNG 格式。JPEG 与 GIF 格式大家已司空见惯，而 PNG (Portable Network Graphics)格式则是一种新兴的 Web 图像格式，以 PNG 格式保存的图像一般都很大，甚至比 BMP 格式还大一些，这对于 Web 图像来说无疑是致命的杀手，因此很少被使用。对于连续色调的图像最好使用 JPEG 格式进行压缩；而对于不连续色调的图像最好使用 GIF 格式进行压缩，以使图像质量和图像大小有一个最佳的平衡点。

13.6.1　设置优化格式

处理用于网络上传输的图像格式时，既要多保留原有图像的色彩质量又要使其尽量少占用空间，则需要对图像进行不同格式的优化设置。打开图像后，执行菜单中的“文件”→“存储为 Web 和设备所用格式”命令，即可打开如图 13-55 所示的“存储为 Web 和设备所用格式”对话框。要为打开的图像进行整体优化设置，只要在“优化设置”区域中的“设置优化格式”下拉列表中选择相应的格式后，再对其进行颜色和损耗等设置即可。如图 13-56～图 13-58 所示的图像分别优化为 GIF、JPEG 和 PNG 格式时的设置选项。

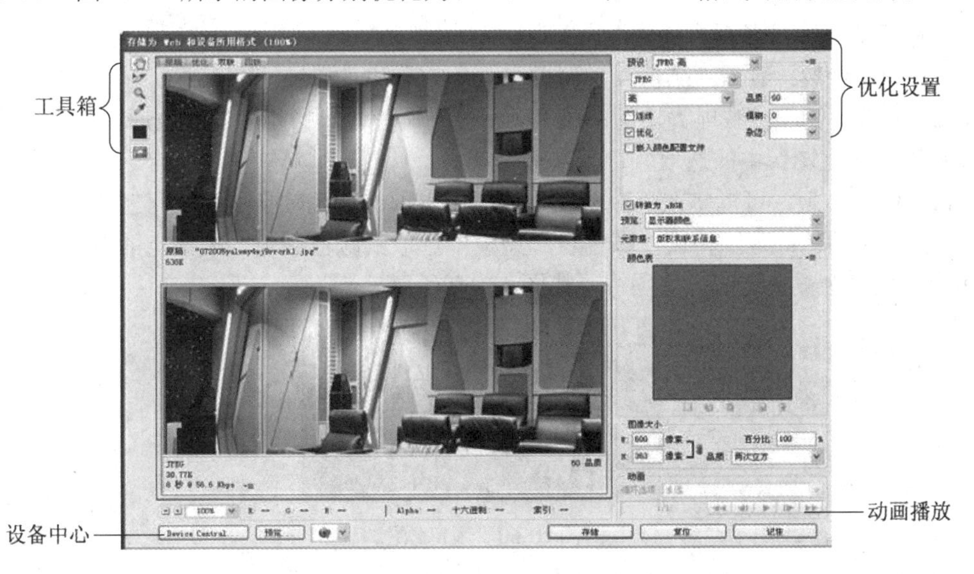

图 13-55　“存储为 Web 和设备所用格式”对话框

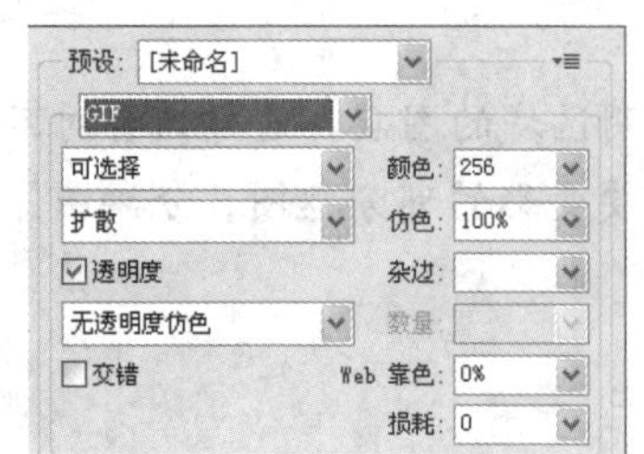

图 13-56　GIF 格式优化选项

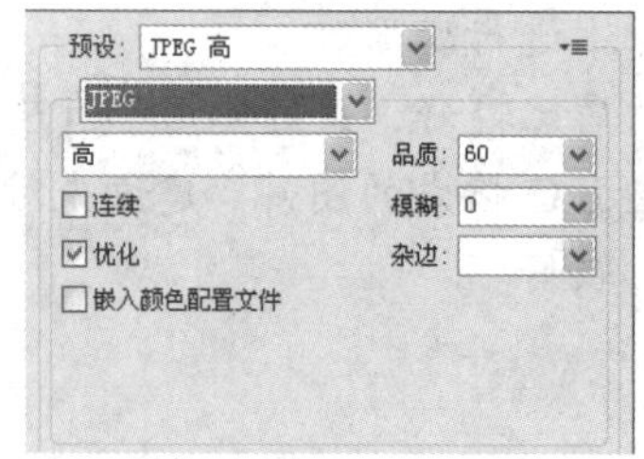

图 13-57　JPEG 格式优化选项

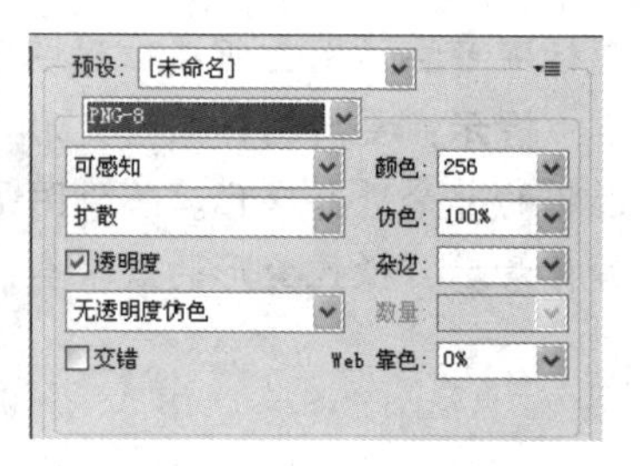

图 13-58　PNG 格式优化选项

提示：选择不同的格式后，可以将原稿与优化后的图像进行比较。

13.6.2　应用颜色表

将图像优化为 GIF 格式、PNG 格式和 BMP 格式时，可以通过“存储为 Web 和设备所用格式”对话框中的“颜色表”对颜色进行进一步设置，如图 13-59 所示。

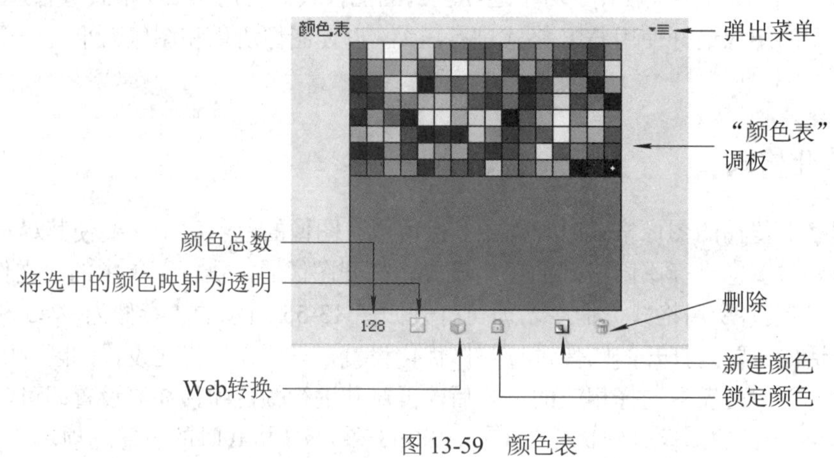

图 13-59　颜色表

“颜色表”中的各项含义如下：

(1) 颜色总数：显示“颜色表”调板中颜色的总和。

(2) 将选中的颜色映射为透明：在“颜色表”调板中选择相应的颜色后，单击该按钮，可以将当前优化图像中的选取颜色转换成透明。

(3) Web 转换：可以将在“颜色表”调板中选取的颜色转换成 Web 安全色。

(4) 锁定颜色：可以将在“颜色表”调板中选取的颜色锁定，被锁定的颜色样本在右下角会出现一个被锁定的方块图标，如图 13-60 所示。

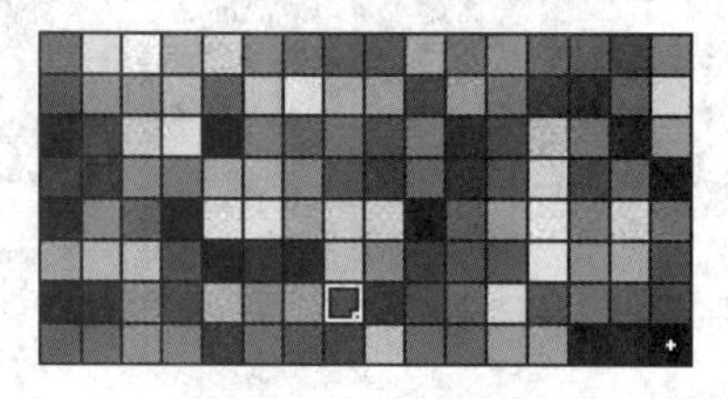

图 13-60　锁定颜色

提示：将锁定的颜色样本选取再单击锁定颜色按钮会将锁定的颜色样本解锁。

(5) 新建颜色：单击该按钮可以将 (吸管工具)吸取的颜色添加到“颜色表”调板中，新建的颜色样本会自动处于锁定状态。

(6) 删除：在“颜色表”调板中选择颜色样本后，单击此按钮可以将选取的颜色样本删除，或者直接拖曳到删除按钮上将其删除。

13.6.3 图像大小

颜色设置完毕后还可以通过“存储为 Web 和设备所用格式”对话框中的“图像大小”对优化的图像进一步设置输出大小，如图 13-61 所示。

图 13-61　图像大小

“图像大小”中的各项含义如下：

(1) W/H：用来设置修改图像的宽度和长度。

(2) 百分比：设置缩放比例。

(3) 品质：可以在下拉列表中选择一种插值方法，以便对图像重新取样。

13.7　打印与输出

13.7.1 打印

执行“文件”→“打印”命令，打开“打印”对话框，如图 13-62 所示。在“打印”对话框中可以预览打印作业并选择打印机、打印份数、输出选项和色彩管理选项。

图 13-62　“打印”对话框

1. 设置基本打印选项

(1) 打印机：在该选项的下拉列表中可以选择打印机。

(2) 份数：设置打印份数。

(3) 打印设置：单击该按钮，可以打开一个对话框设置纸张的方向、页面的打印顺序和打印页数。

(4) 位置：勾选“图像居中”，可以将图像定位于可打印区域的中心；取消勾选，则可在“顶”和“左”选项中输入数值定位图像，从而只打印部分图像。

(5) 缩放后的打印尺寸：如果勾选“缩放以适合介质”选项，可自动缩放图像至适合纸张的可打印区域；取消勾选，则可在“缩放”选项中输入图像的缩放比例，或者在“高度”和“宽度”选项中设置图像的尺寸。

(6) 定界框：未选择“图像居中”及“缩放以适合介质”时，勾选该项可调整定界框来移动或者缩放图像。

2. 指定色彩管理

“打印”对话框右侧是色彩管理选项组，它们可以设置如何调整色彩管理设置以获得尽可能最好的打印效果。

(1) 文档/校样：勾选“文档”，可打印当前文档；勾选“校样”，可打印印刷校样。印刷校样用于模拟当前文档在印刷机上的输出效果。

(2) 颜色处理：用来确定是否使用色彩管理。如果使用，则需要确定将其用在应用程序中，还是打印设备中。

(3) 打印机配置文件：可选择适用于打印机和将要使用的纸张类型的配置文件。

(4) 渲染方法：指定 Photoshop 如何将颜色转换为打印机颜色空间。对于大多数照片而言，“可感知”或“相对比色”是适合的选项。

(5) 黑场补偿：通过模拟输出设备的全部动态范围来保留图像中的阴影细节。

(6) 校样设置/模拟纸张颜色/模拟黑色油墨：当选择“校样”选项时，可在该选项中选择以本地方式存在于硬盘驱动器上的自定校样，以及模拟颜色在模拟设备的纸张上的显示效果，模拟设备的深色的亮度。

3. 图像印前处理

在正式打印之前，预览图形文件的打印情况是非常有必要的。图像印前处理包括设置位置和大小，选择“打印选定区域”，制订打印标记和其他输出内容，如图 13-63 所示。

(1) 打印标记：可在图像周围添加各种打印标记。

(2) 函数：单击“函数”选项中的“背景”“边界”“出血”等按钮，即可打开相应的选项设置对话框。其中“背景”用于选择要在页面上的图像区域外打印的背景色；“边界”用于在图像周围打印一个黑色边框；“出血”用于在图像内而不是在图像外打印裁切标记；“网屏”用于为印刷过程中使用的每个网屏设置网频和网点形状；“传递”用于调整传递函数，传递函数传统上用于补偿将图像传递到胶片时出现的网

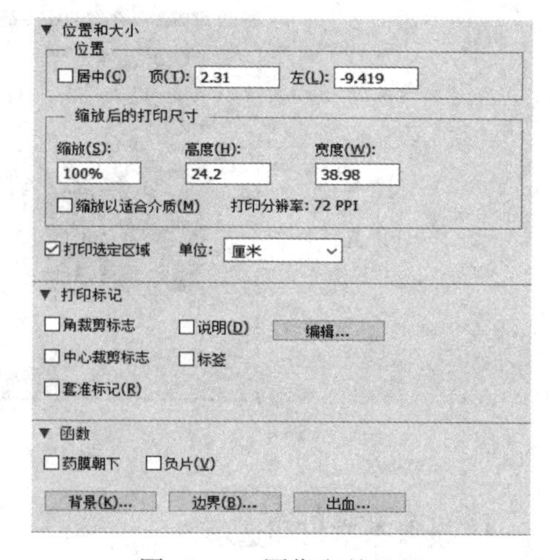

图 13-63　图像印前处理

点补正或网点丢失情况。

(3) 插值：通过在打印时自动重新取样，减少低分辨率图像的锯齿状外观。

(4) 包含矢量数据：如果图像包含矢量图形，如形状和文字，勾选该项时，Photoshop 可以将矢量数据发送到 PostScript 打印机。

4. 打印一份

如果要使用当前的打印选项打印一份文件，则可执行“文件”→“打印一份”命令来操作，该命令无对话框。

13.7.2 陷印

在叠印套色版时，如果套印不准，相邻的纯色之间没有对齐，便会出现小的缝隙。出现这种情况，通常都采用一种叠印技术(即叠印)来进行纠正。

执行“图像”→“陷印”命令，即可打开“陷印”对话框，如图 13-64 所示。其中，“宽度”代表印刷时颜色向外扩张的距离，该命令仅用于 CMYK 模式的图像。图像是否需要陷印一般由印刷商确定，如果需要陷印，印刷商会告知用户要在“陷印”对话框中输入的数值。

图 13-64　“陷印”对话框

综合练习 A　制作网页动画广告

制作网页动画广告

制作网页动画广告的步骤如下：

(1) 分别打开“1.jpg”“2.jpg”和“3.jpg”素材，把三幅素材拖放至同一个图像中的三个不同图层中，如图 13-65 所示。

(2) 打开“窗口”菜单下的“动画”调板，设置当前帧的延迟时间为 0.5 秒，如图 13-66 所示。

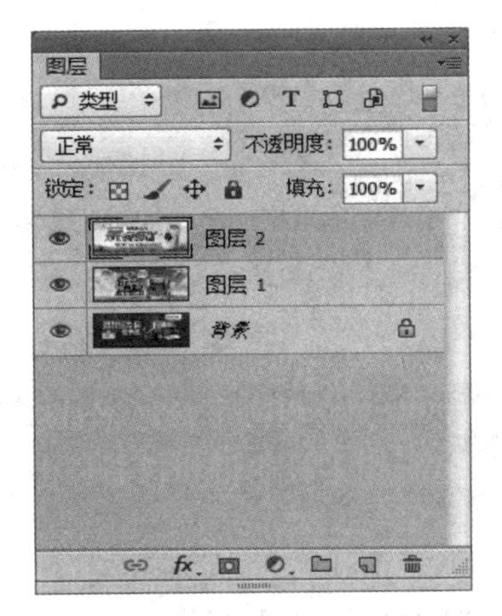

图 13-65　练习图 1

图 13-66 练习图 2

(3) 在“动画”调板的弹出菜单中选择“从图层建立帧”，效果如图 13-67 所示。此时已经完成了一个简单的 GIF 动画广告。

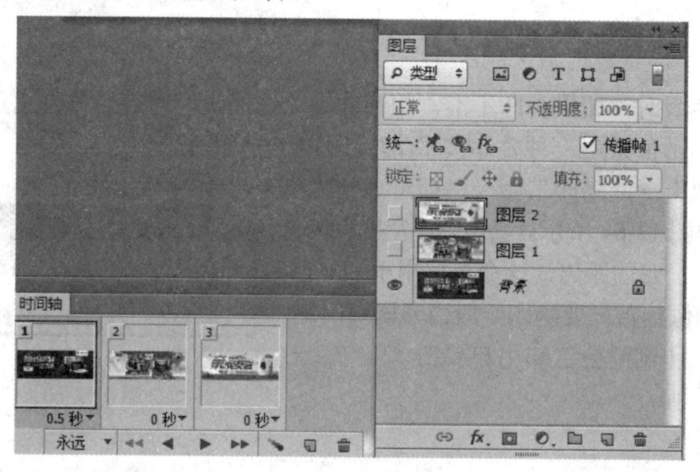

图 13-67 练习图 3

(4) 为了让图片的过渡效果更加自然，可以在已经完成的动画基础上继续制作过渡效果。在“动画”调板中，选择第一帧，点击调板下方的“过渡动画帧”；在弹出的“过渡”对话框中设置“要添加的帧数”为 5，如图 13-68 所示；系统会自动在两帧之间添加 5 帧过渡帧，将过渡帧时间调整为 0.2 秒，如图 13-69 所示；继续为第 7 和第 8 帧添加 5 帧过渡帧，做成过渡动画效果，如图 13-70 所示。

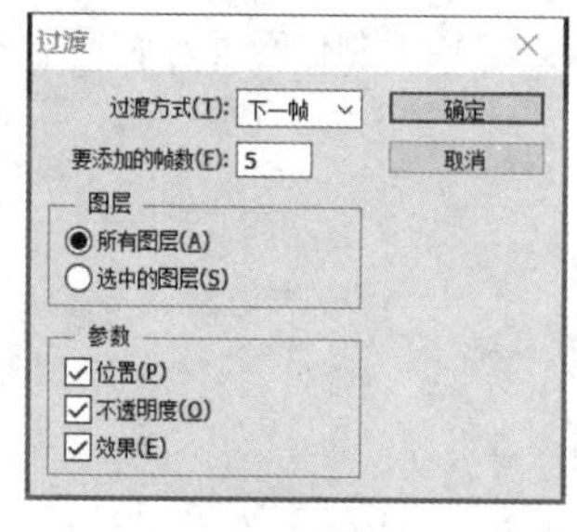

图 13-68 练习图 4

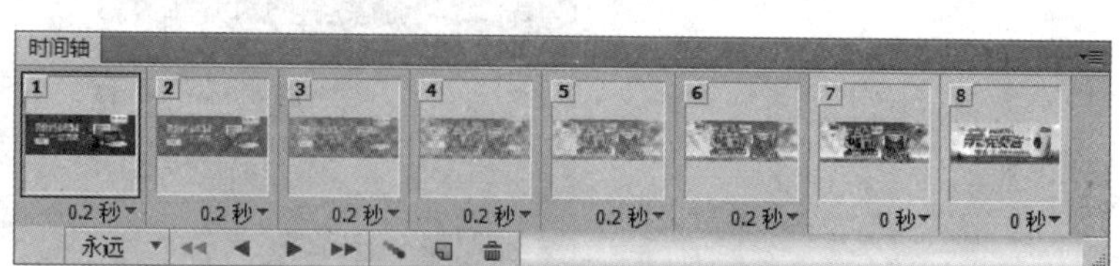

图 13-69 练习图 5

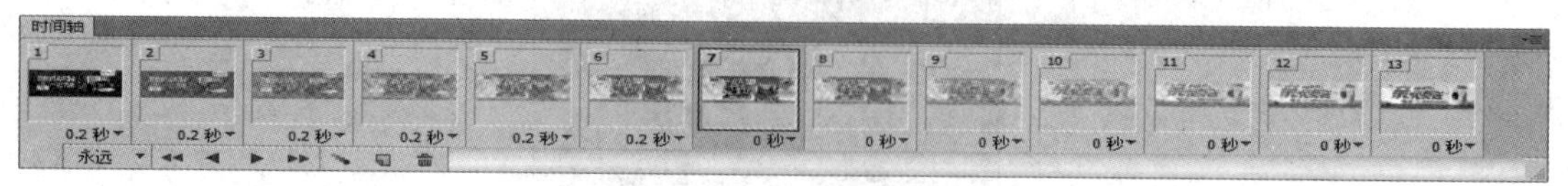

图 13-70 练习图 6

(5) 选择“文件”菜单下的“存储为 Web 和设备所用格式”，将图片保存为 GIF 动画在网页中使用。

综合练习 B　制作调皮大象

制作调皮大象的步骤如下：

(1) 打开“1.jpg”图片，利用磁性套索工具将大象区域选取出来，复制粘贴到一个新图层，如图 13-71 所示。

制作调皮大象

(2) 隐藏大象图层，选择“背景”图层，利用选区工具选择大象的鼻子部分，多次利用“编辑”菜单下的“填充为内容识别方式”对背景图像进行补充，结合仿制图章工具和修补工具，将背景图像中的大象去掉，恢复风景背景图片，其效果如图 13-72 所示。

图 13-71　练习图 1

图 13-72　练习图 2

(3) 显示大象图层，复制该图层，在新副本图层中选择“编辑”菜单下的“操纵变形”命令，在大象图像上创建控制图钉，分别将大象不想移动和改变的位置固定住，最后在大象鼻尖部添加控制图钉，并改变鼻子的位置，如图 13-73 所示。

图 13-73　练习图 3

(4) 复制“背景副本”图层，使用同样的方法调整大象鼻子的位置，打开“窗口”菜单下的“动画”调板，设置当前帧的延迟时间为 0.2 秒，新建 2 个动画帧，分别在每一帧显示一个单独的大象图层，如图 13-74 所示。

图 13-74　练习图 4

(5) 选择“文件”菜单下的“存储为 Web 和设备所用格式”，将图片保存为 GIF 动画，可以看到调皮的大象甩动鼻子的动画效果。

第 14 章 案 例

案例一 清凉一夏旅游胜地宣传单

【案例知识要点】

- 使用色彩平衡命令改变图片的颜色。
- 使用图层蒙版和画笔工具制作图片的合成效果。
- 使用矩形选框工具和文字工具制作宣传语。

清凉一夏旅游胜地宣传单效果图，如图 14-1 所示。下面介绍其具体的制作步骤。

图 14-1 清晾一夏旅游胜地宣传单效果图

旅游胜地

1. 制作背景图像

(1) 打开光盘中的“Ch14”→“素材”→“旅游广告”→“01.jpg”文件，选择矩形选框工具，在图像窗口的上半部分绘制选区，效果如图 14-2 所示。

图 14-2 绘制选区

(2) 单击“图层”调板下方的新建图层按钮，生成新的图层并将其命名为 “渐变叠加”。选择渐变工具，单击属性栏中的点按可编辑渐变按钮，弹出“渐变编辑器”对话框，将渐变色设为从深绿色 RGB(11，118，31)到绿色 RGB(79，229，33)，如图 14-3 所示，单击“确定”按钮。单击属性栏中的线性渐变按钮，按住[Shift]键的同时，在选区中从上向下拖曳渐变色，按组合键[Ctrl + D]取消选区，效果如图 14-4 所示。

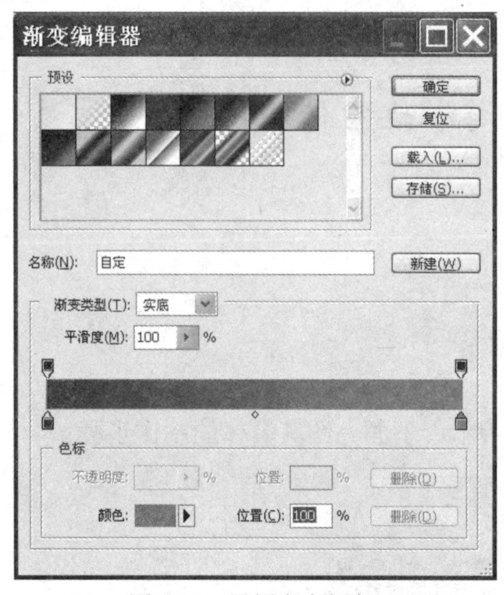

图 14-3　设置渐变颜色

图 14-4　填充渐变

(3) 单击“图层”调板下方的添加图层蒙版按钮，为“渐变叠加”图层添加蒙版。选择渐变工具，将渐变色设为从白色到黑色。按住[Shift]键的同时，在渐变图形上从上向下拖曳渐变，效果如图 14-5 所示。

(4) 在“图层”调板上方将“渐变叠加”图层的混合模式设为“线性减淡”，如图 14-6 所示，图像效果如图 14-7 所示。

图 14-5　渐变叠加

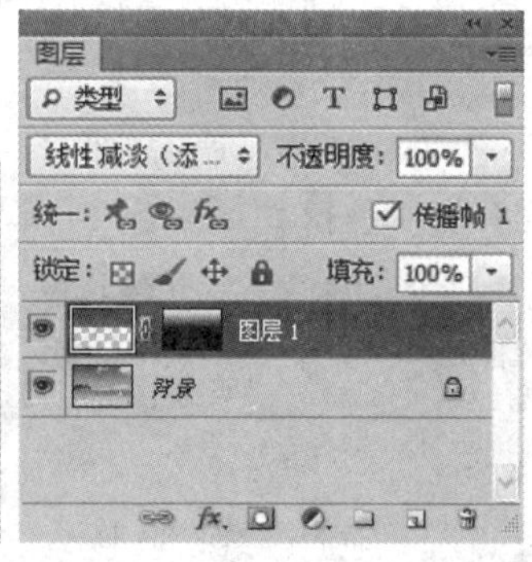

图 14-6　线性减淡

图 14-7　线性减淡效果

(5) 打开“旅游广告”→“02.jpg”文件，将人物图片拖曳到图像窗口的右侧，调整其大小并旋转调整角度，效果如图 14-8 所示，在“图层”调板中生成新的图层并将其命名为“人物”。单击“图层”调板下方的添加图层蒙版按钮，为“人物”图层添加蒙版。选择画笔工具，在属性栏中选择需要的画笔形状及硬度，在人物图像周围的海水上进行涂抹，如图 14-9 所示，涂抹区域被隐藏，效果如图 14-10 所示。

图 14-8　旋转图片

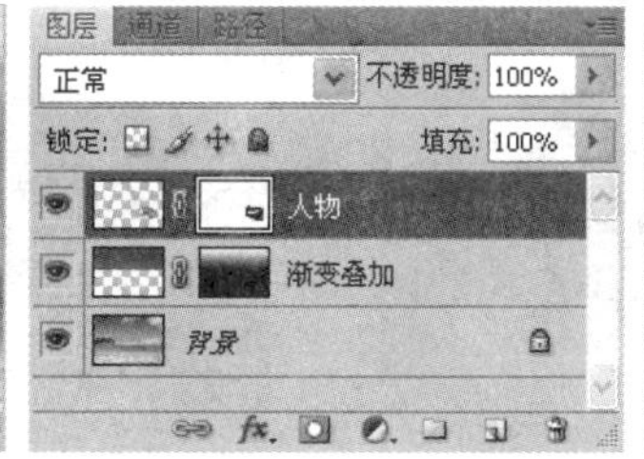

图 14-9　画笔涂抹

图 14-10　涂抹效果图

(6) 打开 “旅游广告”→“03.png”文件，将海星图片拖曳到图像窗口的沙滩处，调整其大小，单击“图层”调板下方的添加图层样式按钮，为“海星”图层添加投影样式，投影颜色为紫色 RGB(240，29，213)，效果如图 14-11 所示。

(7) 选中“海星”图层，复制多个海星，分别调整其大小和位置，添加不同的投影颜色，效果如图 14-12 所示。

图 14-11　海星投影样式

图 14-12　复制海星

(8) 打开 “旅游广告”→“04.psd”文件，将小鸟图片拖曳到图像窗口的天空处，调整其大小，效果如图 14-13 所示。

(9) 打开 “旅游广告”→“05.psd”文件，将光晕拖曳到图像窗口的天空处，调整其大小，效果如图 14-14 所示。

图 14-13　添加小鸟

图 14-14　添加光晕

2. 制作照片图形

(1) 新建图层并将其命名为“形状变换”。选择矩形选框工具，在图像窗口的左下方绘制选区，将选区填充为黄色，按组合键[Ctrl + D]取消选区，效果如图 14-15 所示。按组合键[Ctrl + T]，在图形周围出现变换框，将鼠标光标放在变换框的控制手柄外边，光标变为旋转图标，拖曳鼠标将图形旋转至适当的位置，按[Enter]键确定操作，效果如图 14-16 所示。

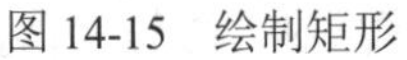

图 14-15　绘制矩形　　　　图 14-16　旋转矩形

(2) 单击“图层”调板下方的添加图层样式按钮 fx，在弹出的菜单中选择“投影”命令，在弹出的对话框中设置投影颜色为黑色，不透明度为 75%，角度为 115°，单击“确定”按钮，效果如图 14-17 所示。

图 14-17　添加图层样式

(3) 打开“旅游广告”→“03.png”文件，将图片拖曳到矩形的上方，调整其大小和倾斜度，效果如图 14-18 所示，在“图层”调板中生成新的图层并将其命名为“风景 1”。单击“图层”调板下方的新建填充或调整图层按钮，在弹出的菜单中选择“色彩平衡”命令，在“图层”调板中生成“色彩平衡 1”图层，同时在弹出的“色彩平衡”面板中进行设置，如图 14-19 所示，效果如图 14-20 所示。

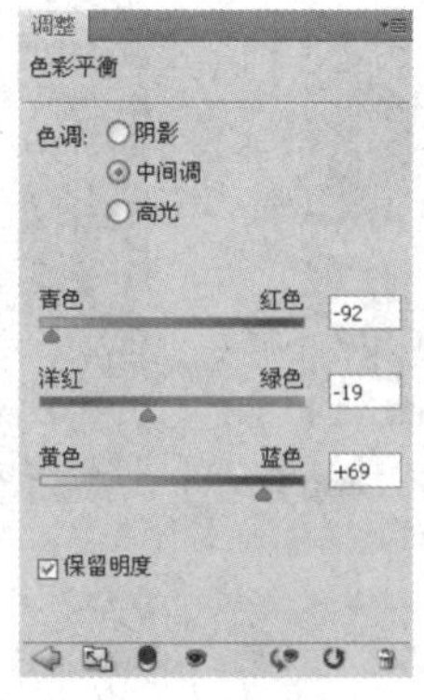

图 14-18　旋转图片　　图 14-19　色彩平衡　　图 14-20　色彩平衡效果

(4) 复制“形状变换”图层，生成新的图层并将其命名为“形状变换 2”。将“形状变换 2”图层拖曳到所有图层的上方，将复制出的图形拖曳到适当的位置，旋转角度和倾斜度，效果如图 14-21 所示。

图 14-21　形状变形 2

(5) 打开 “旅游广告”→“04.psd”文件，将图片拖曳到矩形的上方，调整其大小和倾斜度，效果如图 14-22 所示，在“图层”调板中生成新的图层并将其命名为“风景 2”。单击“图层”调板下方的新建填充或调整图层按钮，在弹出的菜单中选择“色彩平衡”命令，在“图层”调板中生成“色彩平衡 1”图层，同时在弹出的“色彩平衡”面板中进行设置，如图 14-23 所示，效果如图 14-24 所示。

图 14-22　旋转图片

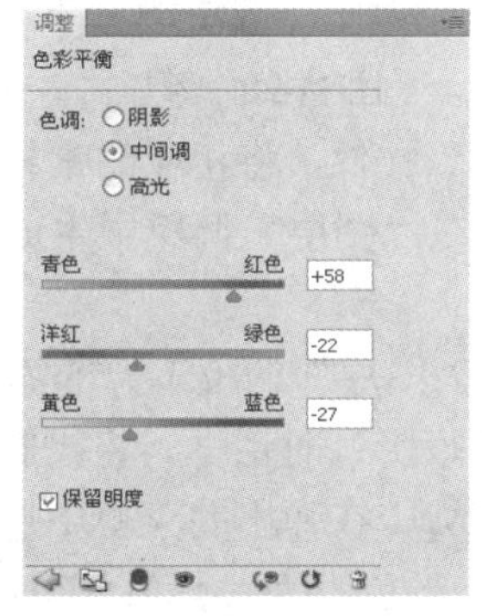

图 14-23　色彩平衡

图 14-24　色彩平衡效果图

(6) 复制“形状变换”图层，生成新的图层并将其命名为“形状变换 3”。将复制出的图形拖曳到适当的位置，并调整其大小和倾斜度，效果如图 14-25 所示。

(7) 打开“旅游广告”→“05.psd”文件，将图片拖曳到矩形的上方，调整其大小和倾斜度，效果如图 14-26 所示，在“图层”调板中生成新的图层并将其命名为“风景 3”。

图 14-25　形状变形

图 14-26　效果图

3. 制作广告语

(1) 新建图层并将其命名为“色块矩形”。选择矩形选框工具，在图像窗口中绘制一个矩形选区，选择“选择”→“变换选区”命令，在选区周围出现变换框，将鼠标光标放在变换框的控制手柄外边，光标变为旋转图标↰，拖曳鼠标将选区旋转至适当的位置，按[Enter]键确定操作，填充选区为橙黄色 RGB(253，144，17)，按组合键[Ctrl + D]取消选区，效果如图 14-27 所示。

(2) 选择横排文字工具T，输入需要的白色文字，选取文字，在属性栏中选择合适的字体并设置文字大小。在“图层”调板中生成新的文字图层。选择移动工具，按组合键[Ctrl + T]，在文字周围出现变换框，将文字旋转到适当的角度，按[Enter]键确定操作，效果如图 14-28 所示。用相同的方法，绘制多个不同的颜色的图形，分别在图形上输入需要的文字，效果如图 14-29 所示。

图 14-27　色块矩形

图 14-28　添加文字

图 14-29　添加文字效果图

(3) 打开 “旅游广告 06.psd”文件，将相应的素材图片拖曳到图像窗口，调整其大小和位置，效果如图 14-30 所示，在“图层”调板中生成新的 3 个图层分别命名为“夏”、“圆”、“光”。

(4) 选中“夏”图层，单击“图层”调板下方的添加图层样式按钮 fx，在弹出的菜单中选择“投影”命令，弹出“投影”对话框，将投影颜色设为黑色，再次单击“图层”调板下方的添加图层样式按钮 fx，在弹出的菜单中选择“描边”命令，弹出“描边”对话框，将描边大小设为 10 像素，颜色设为浅蓝色 RGB(0，143，217)，单击“确定”按钮。

(5) 选中“圆”、“光”图层，单击“图层”调板下方的添加图层样式按钮 fx，在弹出的菜单中选择“投影”命令，弹出“投影”对话框，将投影颜色设为黑色，效果如图 14-31 所示。

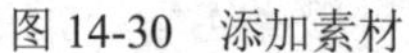

图 14-30　添加素材

图 14-31　添加图层样式

(6) 打开 “旅游广告”→“07.psd”文件，将相应的素材图片拖曳到图像窗口，调整其大小和位置，效果如图 14-32 所示，单击“图层”调板下方的添加图层样式按钮 fx，在弹出的菜单中选择“外发光”命令，弹出“外发光”对话框，将外发光颜色设为黄色 RGB(255，255，190)，其他选项的设置如图 14-33 所示。

图 14-32　添加素材

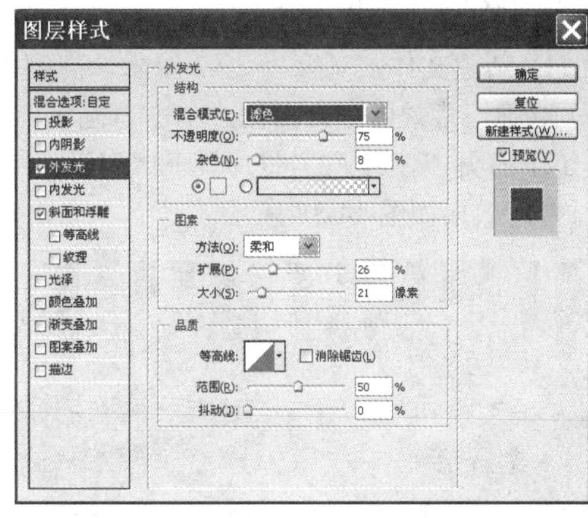

图 14-33　外发光设置

(7) 再次单击“图层”调板下方的添加图层样式按钮 *fx*，在弹出的菜单中选择“斜面和浮雕”命令，弹出“斜面和浮雕”对话框，选项的设置如图 14-34 所示，单击“确定”按钮，效果如图 14-35 所示。

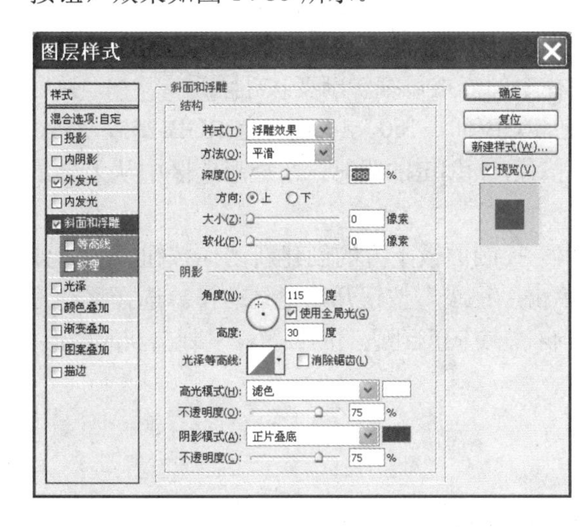

图 14-34　斜面和浮雕

图 14-35　最终效果

案例二　幸福童年照片

【案例知识要点】

幸福童年

- 使用矩形选框工具、渐变工具和动作面板制作背景。
- 使用钢笔工具和画笔工具制作色块。
- 使用横排文字工具添加文字。

幸福童年照片效果图如图 14-36 所示。下面介绍其具体的制作步骤。

1. 制作背景图像

(1) 新建文件：宽度为 29.7 厘米，高度为 21 厘米，分辨率为 300 像素/英寸，颜色模式为 RGB，背景内容为白色，单击“确定”按钮。

(2) 打开“幸福童年照片”→“01.jpg”文件，选择移动工具，将图片拖曳到图像窗口中，效果如图 14-37 所示。

图 14-36　幸福童年照片效果图

图 14-37　背景图片

(3) 新建图层并将其命名为“矩形”。选择矩形选框工具，在图像窗口的左侧绘制一个矩形选区。选择渐变工具，单击属性栏中的点按可编辑渐变按钮，弹出“渐变编辑器”对话框，将渐变色设为从绿色 RGB(60，150，14)到白色 RGB(255，255，255)，如图 14-38 所示，单击“确定”按钮。按住[Shift]键的同时，在矩形选区中从上至下拖曳渐变，按组合键[Ctrl + D]取消选区。

(4) 调出“动作”控制面板，单击“动作”控制面板下方的创建新动作按钮，弹出“新建动作”对话框，如图 14-39 所示，单击“记录”按钮开始记录动作。选择移动工具，按住组合键[Alt + Shift]的同时，水平向右拖曳图形到适当的位置，复制出新的图形。

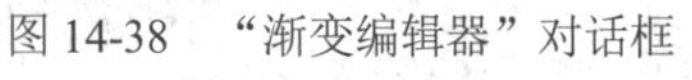
图 14-38　“渐变编辑器”对话框

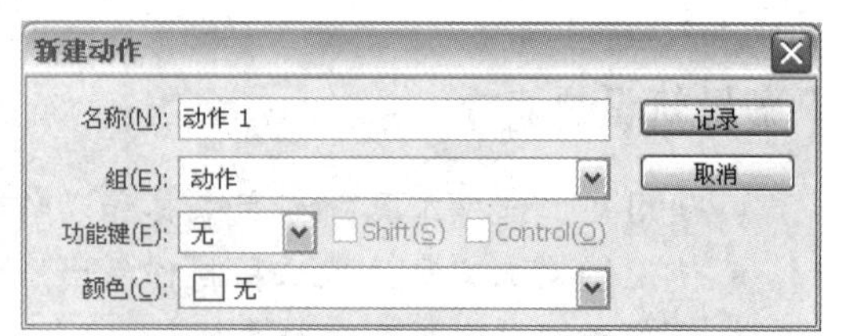

图 14-39　“新建动作”对话框

(5) 单击“动作”控制面板下方的停止播放/记录按钮，如图 14-40 所示。多次单击

“动作”控制面板下方的播放选定的动作按钮▶，复制出多个图形，效果如图 14-41 所示。

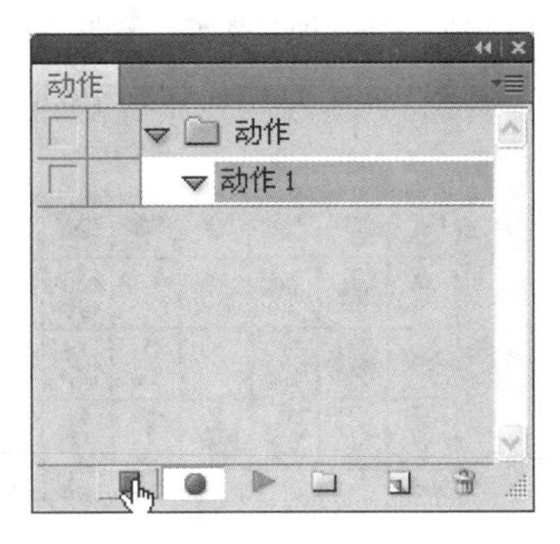

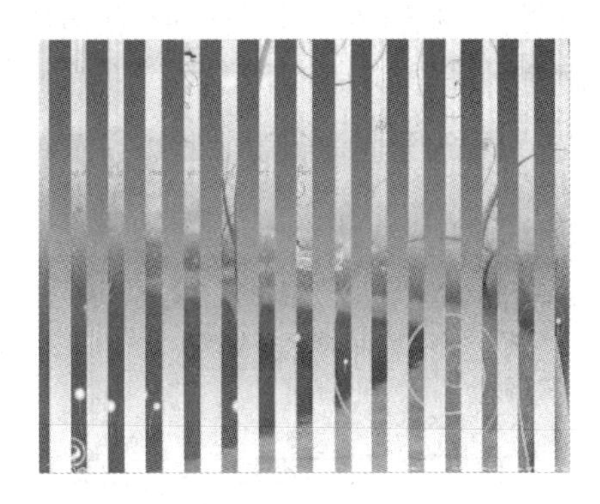

图 14-40　动作　　　　图 14-41　动作后效果

(6) 按住[Shift]键的同时，选中所有的矩形图层，按组合键[Ctrl + E]合并图层，并将其命名为“渐变矩形”。单击“图层”调板下方的添加图层蒙版按钮，为“渐变矩形”图层添加蒙版，如图 14-42 所示。选择渐变工具，将渐变色设为从黑色到白色。按住[Shift]键的同时，在图像窗口中从下至上拖曳渐变，效果如图 14-43 所示。

图 14-42　渐变矩形　　　　图 14-43　渐变效果图

(7) 在“图层”调板中生成新的图层并将其命名为“花草”，如图 14-44 所示。选择画笔工具，前景色设为绿色 RGB(60，150，14)，背景色设为红色 RGB(255，0，0)，画笔笔尖形状选择 134 和 74，分别添加草和树叶，如图 14-45 所示。

图 14-44　添加花草　　　　图 14-45　效果图

2. 修饰图像

(1) 新建图层并将其命名为“花”。将前景色设为白色。选择自定形状工具，单击属性栏中的“形状”选项，弹出“形状”面板，单击该面板右上方的黑色三角形按钮，在弹出的菜单中选择“全部”选项，弹出提示对话框，单击“追加”按钮，效果如图 14-46 所示。在“形状”面板中选择“花 7”图形，如图 14-47 所示。选中属性栏中的填充像素按钮，在图像窗口中绘制图形。

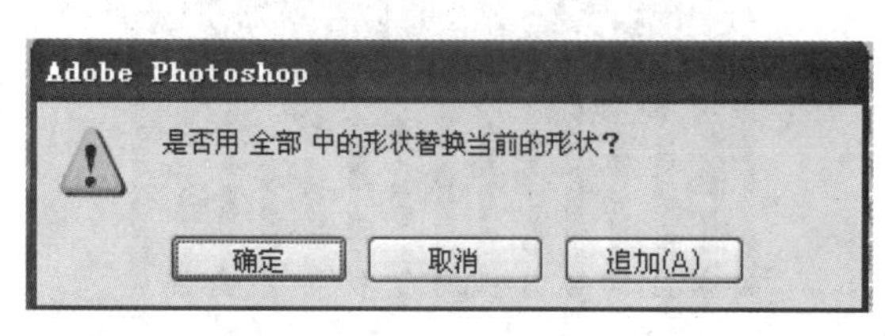

图 14-46　追加形状

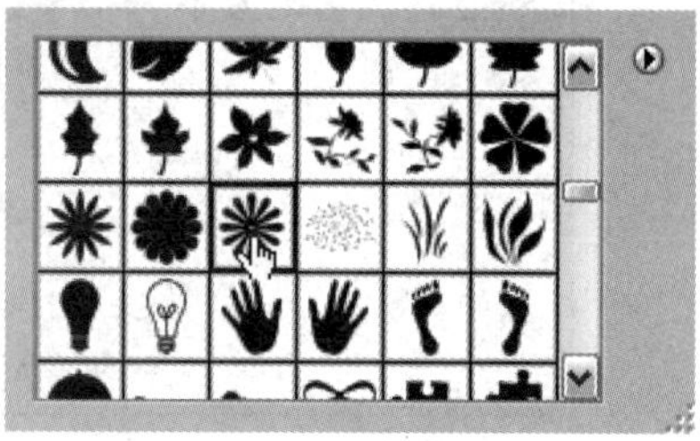

图 14-47　选择花 7

(2) 按组合键[Ctrl + T]，在图形周围出现变换框，在变换框中单击鼠标右键，在弹出的菜单中选择“扭曲”命令，分别拖曳各个控制手柄到适当的位置，将花图形进行变形，按[Enter]键确定操作。在“图层”调板上方，将“花”图层的“填充”选项设为 40%。

(3) 选择移动工具，按住[Alt]键的同时，拖曳花图形到适当的位置，复制出一个花图形。用相同的方法再次制作一个花图形并进行复制。

(4) 新建图层并将其命名为“心形”。选择自定形状工具，单击属性栏中的“形状”选项，弹出“形状”面板，在该面板中选择红心形卡，如图 14-48 所示。在图像窗口中绘制一个心形并旋转其角度。在“图层”调板上方，将“心形”图层的“填充”选项设为 40%，图像效果如图 14-49 所示。

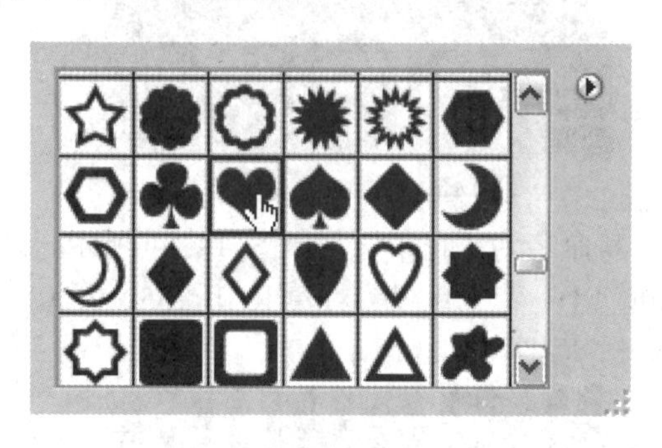

图 14-48　选择红心形卡

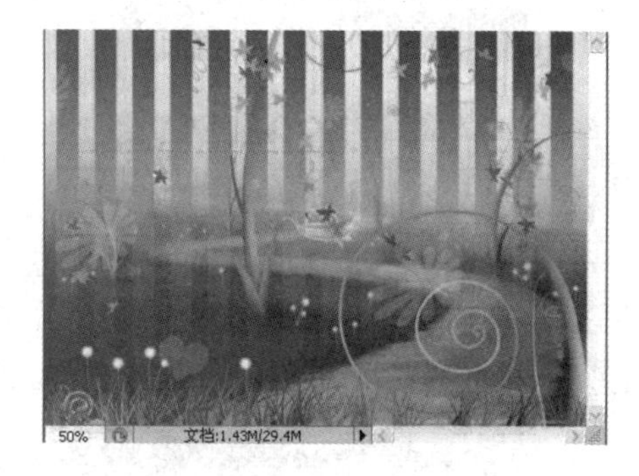

图 14-49　填充设置

3. 绘制色块并添加文字

(1) 新建图层并将其命名为“黄色块 1”。将前景色设为黄色 RGB(255，255，0)，背景色设为白色，选择钢笔工具，选中属性栏中的路径按钮，在图像窗口的左侧绘制路径将路径转换为选区，用渐变工具填充选区并取消选区，效果如图 14-50 所示。

图 14-50　黄色块 1

(2) 单击“图层”调板下方的添加图层样式按钮，在弹出的菜单中选择“投影”命令，弹出“投影”对话框，将投影颜色设为深粉色 RGB(224，156，169)，其他选项的设置如图 14-51 所示，单击“确定”按钮，效果如图 14-52 所示。

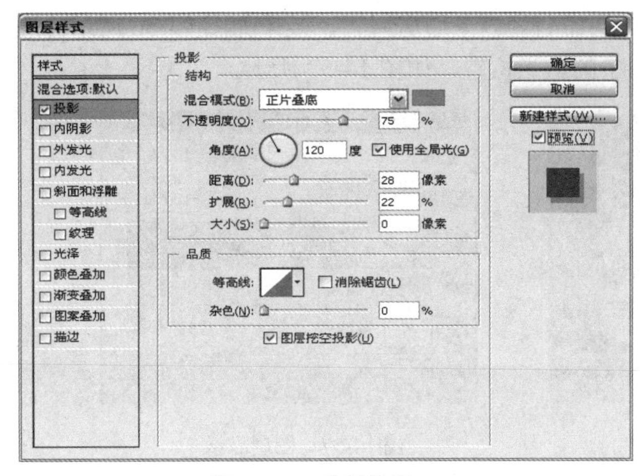

图 14-51　投影设置

图 14-52　效果图

(3) 新建图层组并将其命名为“虚线”。新建图层并将其命名为“虚线”。将前景色设为粉色 RGB(255，123，153)。选择画笔工具，单击属性栏中的切换画笔面板按钮，弹出“画笔”控制面板，单击面板右上方的图标，在弹出的菜单中选择“方头画笔”选项，在弹出的提示对话框中单击“追加”按钮。在“画笔”控制面板中选择“画笔笔尖形状”选项，切换到相应的面板中选择需要的画笔形状，其他选项的设置如图 14-53 所示。按住[Shift]键的同时，在图像窗口中绘制一条虚线，选择移动工具，将虚线拖曳到适当的位置并旋转其角度，效果如图 14-54 所示。

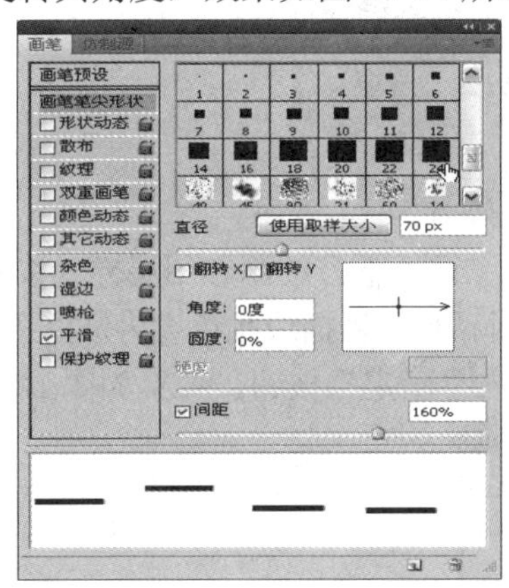

图 14-53　画笔

图 14-54　绘制虚线

(4) 再次新建图层并将其命名为“虚线 2”“虚线 3”“虚线 4”“虚线 5”。选择画笔工具，分别在相应的图层中绘制虚线并旋转其角度，效果如图 14-55 所示。

图 14-55　绘制多条虚线

(5) 新建图层组并将其命名为“色块 1”。打开“幸福童年照片”→“02.jpg”文件。

在“图层”调板中分别将新生成的图层命名为“卡通房屋”，效果如图 14-56 所示。选择移动工具，拖曳素材到图像窗口中的适当位置，如图 14-57 所示。

图 14-56　卡通房屋

图 14-57　图层显示

(6) 在“图层”调板中分别生成新的文字图层，如图 14-58 所示。将前景色设为洋红色 RGB(254，40，114)。选择横排文字工具，分别输入需要的文字，分别选取文字，在属性栏中选择合适的字体并设置文字大小，调整文字到适当的间距和行距。

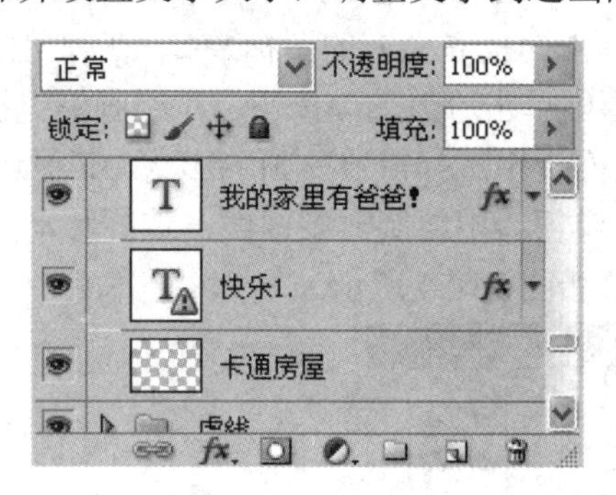

图 14-58　横排文字

(7) 选中“快乐 1.”文字图层，单击“图层”调板下方的添加图层样式按钮，在弹出的菜单中选择“描边”命令，弹出“描边”对话框，将描边颜色设为洋红色 RGB(254，40，114)，其他选项的设置如图 14-59 所示，单击“确定”按钮，效果如图 14-60 所示。

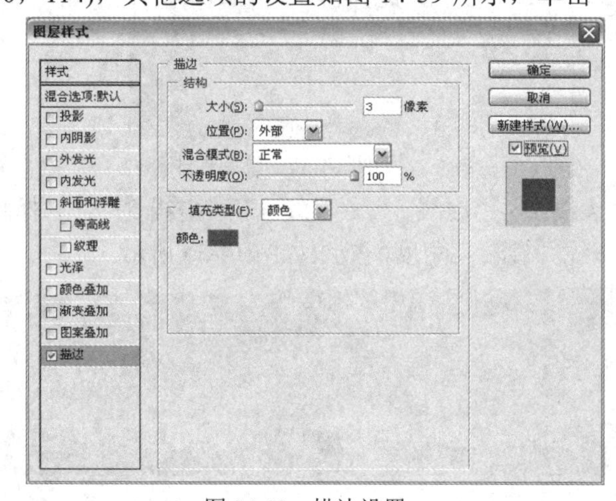

图 14-59　描边设置

图 14-60　添加文字

(8) 选中“我的家里有爸爸！”文字图层，单击“图层”调板下方的添加图层样式按钮 fx，在弹出的菜单中选择“描边”命令，弹出“描边”对话框，将描边颜色设为白色，其他选项的设置如图 14-61 所示，单击“确定”按钮，效果如图 14-62 所示。

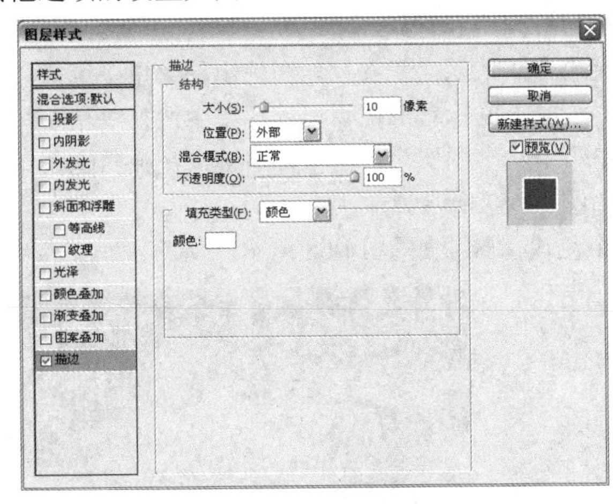

图 14-61　描边设置

图 14-62　添加文字

(9) 用上述的方法，新建图层并将其命名为“黄色块 2”，效果如图 14-63 所示。

(10) 新建图层组并将其命名为“虚线 2”。分别新建图层并将其命名为“虚线 2”“虚线 3”“虚线 4”“虚线 5”“虚线 6”，效果如图 14-64 所示。

图 14-63　黄色块 2

图 14-64　添加虚线

(11) 新建图层组并将其命名为“色块 2”。打开“幸福童年照片”→“03.jpg”文件，在“图层”调板中将新生成的图层命名为“帽子”，选择移动工具，拖曳素材到图像窗口中的适当位置，效果如图 14-65 所示。

(12) 新建图层并将其命名为“人物”。打开“幸福童年照片”→“04.jpg”文件。选择移动工具，将人物图像拖曳到图像窗口中，效果如图 14-66 所示。

图 14-65　添加帽子

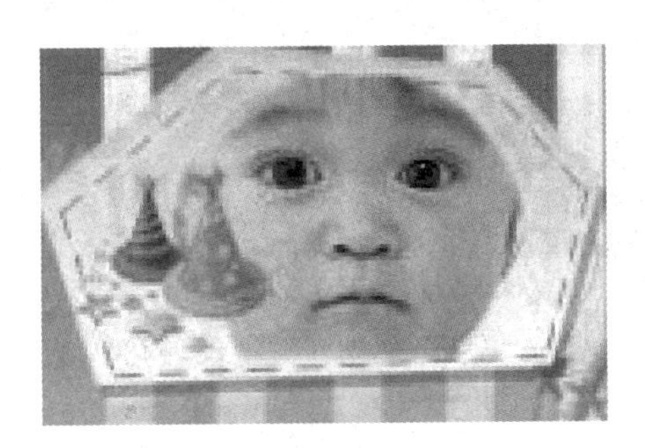

图 14-66　添加人物

(13) 将前景色设为洋红色 RGB(254，40，114)。在“图层”调板中分别生成新的文字图层，选择横排文字工具 T，分别输入需要的文字，分别选取文字，在属性栏中选择合适的字体并设置文字大小，调整文字到适当的间距和行距。

(14) 在“图层”调板中，用鼠标右键单击“快乐 1.”图层，在弹出的菜单中选择“拷贝图层样式”命令，选中“快乐 2.”图层，单击鼠标右键在弹出的菜单中选择“粘贴图层样式”命令。选中“和家人一起住在大房子中！”图层，单击鼠标右键，在弹出的菜单中选择“拷贝图层样式”命令，图像效果如图 14-67 所示。

(15) 用上述所讲的方法制作出第 3 个色块，效果如图 14-68 所示。

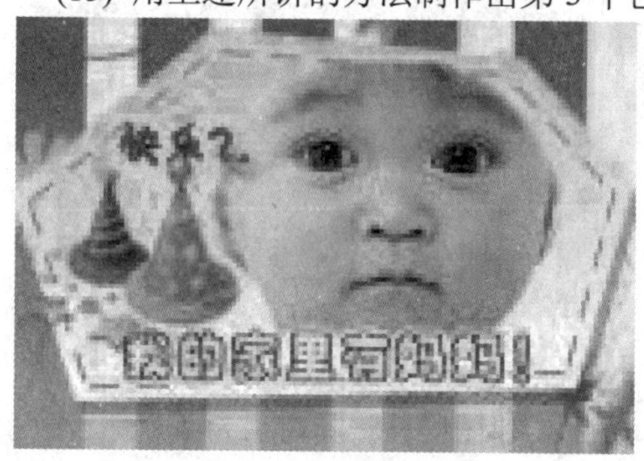

图 14-67　横排文字

图 14-68　黄色块 3

(16) 打开“幸福童年照片”→“05.jpg”文件。在“图层”调板中生成新的图层并将其命名为“人物 3”，选择移动工具，将人物图像拖曳到图像窗口的右下方，效果如图 14-69 所示。单击“图层”调板下方的添加图层样式按钮 fx，在弹出的菜单中选择“投影”命令，弹出“投影”对话框，将投影颜色设为深粉色 RGB(230，118，134)，其他选项的设置如图 14-70 所示。

图 14-69　添加人物

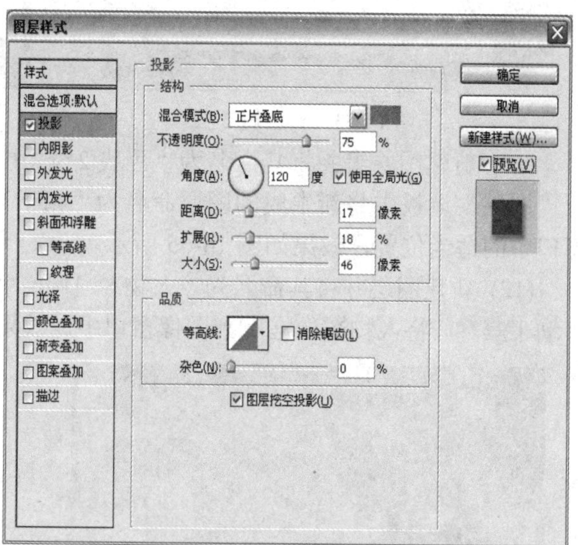

图 14-70　投影设置

(17) 复制“人物 3”图层，创建“人物 3 副本”图层，将图像水平翻转，效果如图 14-71 所示。

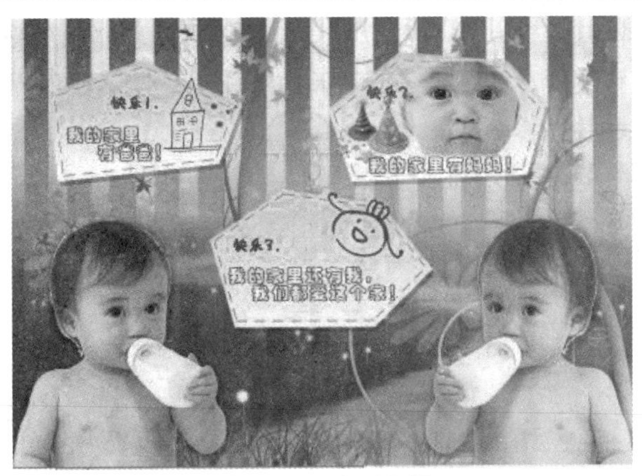

图 14-71　水平翻转

4. 添加文字

(1) 新建图层并将其命名为“文字”。将前景色设为紫色 RGB(255，78，205)。选择横排文字工具T，输入需要的文字，选取文字，在属性栏中选择合适的字体并设置文字大小，调整文字到适当的间距。

(2) 单击“图层”调板下方的添加图层样式按钮 fx，在弹出的菜单中选择“投影”命令，弹出“投影”对话框，单击“等高线”选项右侧的按钮，在弹出的面板中选择“画圆步骤”等高线，如图 14-72 所示。返回到“投影”对话框中进行设置，如图 14-73 所示。选中“描边”选项，切换到相应的对话框，将描边颜色设为白色，单击“确定”按钮，效果如图 14-74 所示。

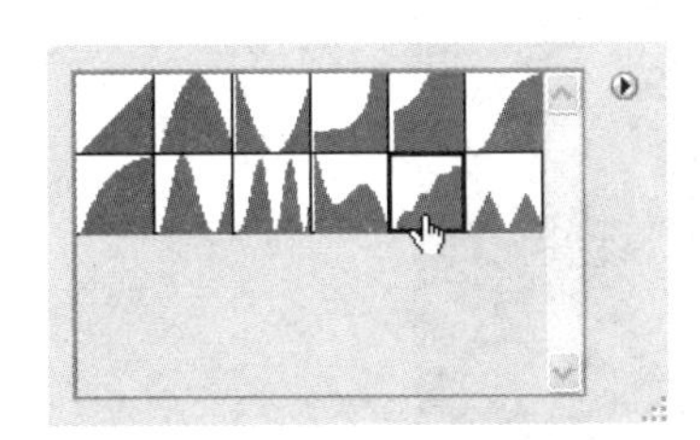

图 14-72　等高线

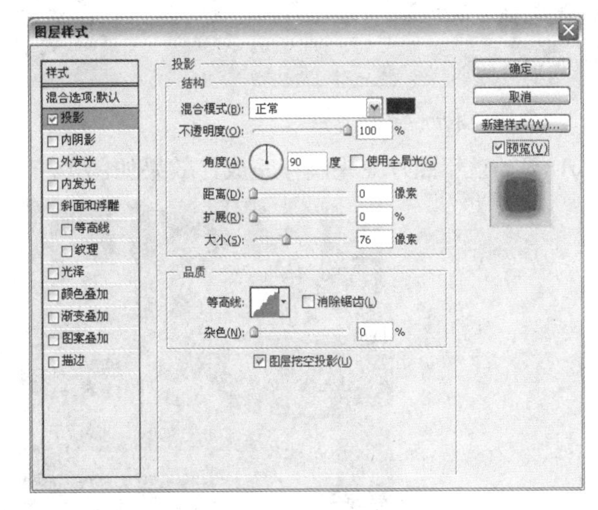

图 14-73　投影设置

图 14-74　文字效果图

(3) 选择横排文字工具，选取需要的文字，单击属性栏中创建文字变形按钮，在弹出的对话框中进行设置，如图 14-75 所示，单击“确定”按钮，效果如图 14-76 所示。

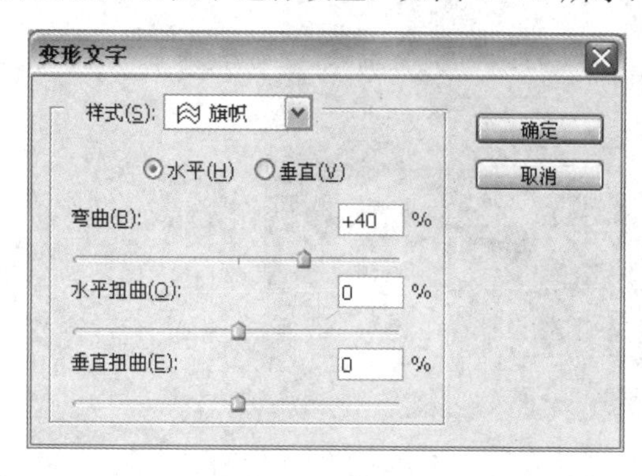

图 14-75　变形文字

图 14-76　文字变形效果

(4) 将前景色设为黄色 RGB(254，241，0)，选择横排文字工具，输入需要的文字，选取文字，在属性栏中选择合适的字体并设置文字大小，旋转文字到适当的角度，如图 14-77 所示。

(5) 单击“图层”调板下方的添加图层样式按钮，在弹出的菜单中选择“投影”命令。选中“描边”选项，切换到相应的对话框，将描边颜色设为紫色 RGB(255，78，205)，单击“确定”按钮，效果如图 14-78 所示。

图 14-77　旋转文字

图 14-78　添加图层样式

(6) 幸福童年照片效果制作完成，效果如图 14-79 所示。

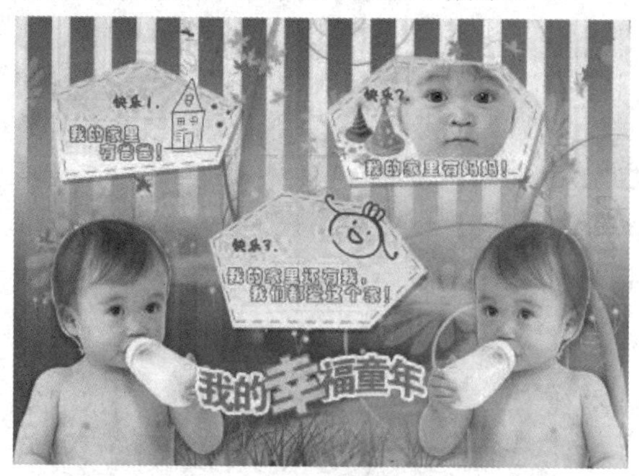

图 14-79　最终效果